普通高等教育“十四五”系列教材

港工钢筋混凝土结构学

主 编 汪基伟 冷 飞
主 审 陈 达

中国水利水电出版社
www.waterpub.com.cn
·北京·

内 容 提 要

本书依据《水运工程混凝土结构设计规范》（JTS 151—2011）编写。全书共有10章，主要内容为：绪论，钢筋与混凝土材料的物理力学性能，设计计算原理，钢筋混凝土受弯构件、受压构件、受拉构件与受扭构件承载力计算，钢筋混凝土构件裂缝宽度验算，受弯构件挠度验算，结构耐久性要求，钢筋混凝土肋形梁板与刚架设计，预应力混凝土构件承载力计算与正常使用验算。

本书可作为港口航道与海岸工程等专业的钢筋混凝土结构课程教材，也可作为相关专业工程技术人员的参考书。

图书在版编目（CIP）数据

港工钢筋混凝土结构学 / 汪基伟，冷飞主编. -- 北京：中国水利水电出版社，2021.12
普通高等教育“十四五”系列教材
ISBN 978-7-5226-0342-1

Ⅰ. ①港… Ⅱ. ①汪… ②冷… Ⅲ. ①港口工程－水工结构－钢筋混凝土结构－高等学校－教材 Ⅳ. ①TV332

中国版本图书馆CIP数据核字(2021)第266831号

书　名	普通高等教育“十四五”系列教材 **港工钢筋混凝土结构学** GANGGONG GANGJIN HUNNINGTU JIEGOUXUE
作　者	主编　汪基伟　冷　飞　主审　陈　达
出版发行	中国水利水电出版社 （北京市海淀区玉渊潭南路1号D座　100038） 网址：www.waterpub.com.cn E-mail：sales@mwr.gov.cn 电话：（010）68545888（营销中心）
经　售	北京科水图书销售有限公司 电话：（010）68545874、63202643 全国各地新华书店和相关出版物销售网点
排　版	中国水利水电出版社微机排版中心
印　刷	清淞永业（天津）印刷有限公司
规　格	184mm×260mm　16开本　24.75印张　602千字
版　次	2021年12月第1版　2021年12月第1次印刷
印　数	0001—2000册
定　价	**68.00**元

前言

“港工钢筋混凝土结构”课程为港口航道与海岸工程等专业的专业基础课，旨在培养同学掌握钢筋混凝土结构基本原理和计算方法，理解常用的构造要求，为以后的专业学习和工作奠定基础。

土木、水运、水利水电、桥梁等不同行业的混凝土结构各有特点，结构功能、结构形式、所承受的荷载、所处环境条件、设计控制条件等都有差异，因而各个行业都有自己的混凝土结构设计规范。虽然各规范的计算原理、所依据的混凝土结构基础知识和解决问题思路是相同的，只要通过一本规范的学习掌握这些基础知识，就能通过自学掌握和应用其他规范，但若直接采用依据本行业规范编写的教材，无疑可使同学更快地掌握本专业结构设计的基本概念和方法，更快适应今后的专业课学习。

我国有 30 多所高校开设有港口航道与海岸工程专业，由于缺乏合适的港工混凝土结构教材，大多高校采用土木、水利水电行业的混凝土结构教材授课。为此，我们依据《水运工程混凝土结构设计规范》(JTS 151—2011) 编写了这本教材，供各校选择采用。本书除可用作教材外，可也供相关专业工程技术人员参考。

本书编写过程中，主要参考了由汪基伟主编，河海大学、武汉大学、大连理工大学、郑州大学合编的《水工钢筋混凝土结构学》(第 5 版)，借鉴其章节编排与编写风格，力求突出原理、说理清楚、紧密联系实际、突出水运行业的特点，为此还专门邀请设计人员参加本书的编写。书中例题绝大多数取自港口工程中的实际构件和结构，且按港口与航道工程制图标准绘制配筋图。在第 5 章受压构件编入港口工程中常见的圆形与环形截面受压构件内容；在第 9 章肋形结构与刚架结构编入叠合受弯构件内容，提供了一个高桩码头上部结构设计案例；在第 10 章预应力混凝土结构中，详细给出了码头后方桩台预应力空心面板的设计过程。这些教学内容和工程案例能使同学更早接触本行业结构，了解本行业特点，更好地适应后续专业课程的学习。

本书的辅助用书《港工钢筋混凝土结构学习指导》将同时出版，其主要内容分为知识点讲解、综合练习与设计计算三个部分，其中综合练习附有参考答案。

参加编写工作的有河海大学汪基伟、冷飞、欧阳峰、蒋勇、吴二军和长江勘测规划设计研究有限责任公司航运规划设计院陈迪。全书由汪基伟和冷飞主编，河海大学陈达主审。

本书编写过程中，还参考了多本相关教材，吸收了他们的编写经验，在此谨表谢意，特别感谢《水工钢筋混凝土结构学》（第 5 版）的其他编者。同时本书编写也得到了中国水利水电出版社的大力支持，在此表示感谢。

对于书中存在的错误和缺点，恳请读者批评指正。热忱希望有关院校在使用本书过程中将意见和建议及时告知我们。

编者

2021 年 6 月

目　录

绪　论

0.1　钢筋混凝土结构的特点及分类

0.1.1　钢筋混凝土结构的特点

钢筋混凝土结构是由钢筋和混凝土两种材料组成共同受力的结构。

混凝土是一种抗压能力较强而抗拉能力很弱的建筑材料，这就使得素混凝土结构的应用受到很大限制。例如，一根截面为 200mm×300mm，跨长为 2.5m，混凝土立方体抗压强度为 22.5N/mm² 的素混凝土简支梁，当跨中承受约 13.5kN 集中力时，就会因混凝土受拉而断裂，如图 0-1 (a) 所示。这种素混凝土梁不仅承载力低，而且破坏时是一种突然发生的脆性断裂。但是，如果在这根梁的受拉区配置 2 根直径 20mm、屈服强度为 318.2N/mm² 的钢筋，用钢筋来承受拉力，则梁能承受的集中力可增加到 72.3kN，如图 0-1 (b) 所示。由此可知，同样截面形状、尺寸及混凝土强度的钢筋混凝土梁比素混凝土梁可承受大得多的外荷载；而且，钢筋混凝土梁破坏以前将发生较大的变形，破坏不再是脆性的。

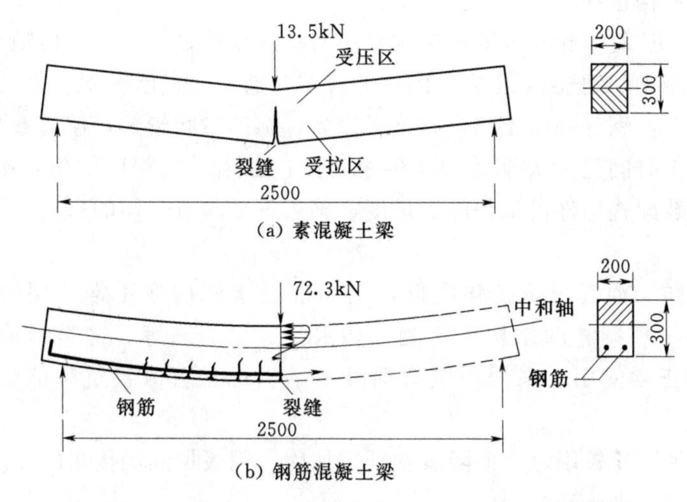

图 0-1　混凝土及钢筋混凝土简支梁的承载力

一般来说，在钢筋混凝土结构中，混凝土承担压力，钢筋承担拉力，必要时钢筋也可承担压力。因此在钢筋混凝土结构中，两种材料的力学性能都能得到充分利用。

钢筋和混凝土这两种性能不同的材料能结合在一起共同工作，主要是由于它们之间有良好的黏结力，能牢固地黏结成一个整体。当构件承受外荷载时，钢筋和相邻混凝土能协调变形而共同工作。而且钢筋与混凝土的温度线膨胀系数较为接近，当温度变化时，这两种材料不致产生明显的相对温度变形而破坏它们之间的结合。

钢筋混凝土结构除了较合理地利用了钢筋和混凝土两种材料的力学性能外，还有下列优点：

(1) 耐久性好。在钢筋混凝土结构中，钢筋因受到混凝土保护而不易锈蚀，且混凝土强度随时间的增长会有所提高，因此钢筋混凝土结构在一般环境下是经久耐用的，不像钢、木结构那样需要经常的保养和维修。处于侵蚀环境下的钢筋混凝土结构，经过合理的耐久性设计后一般可满足工程要求。

(2) 整体性好。目前广泛采用的现浇整体式和装配整体式钢筋混凝土结构整体性好，有利于抗震及抗爆。

(3) 可模性好。钢筋混凝土可根据设计需要浇制成各种形状和尺寸的结构，尤其适合于建造外形复杂的大体积结构、空间薄壁结构等。这一特点是砖石、钢、木等结构所不能代替的。

(4) 耐火性好。混凝土是不良导热体，遭火灾时，由传热性较差的混凝土作为钢筋的保护层，在普通的火灾下不致使钢筋达到变态点温度而导致结构的整体坍塌。因此，其耐火性比钢、木结构好。

(5) 就地取材。钢筋混凝土结构中所用的砂、石材料一般可就地或就近取材，因而材料运输费用少，可显著降低工程造价。

(6) 节约钢材。钢筋混凝土结构合理地发挥了材料各自优良性能，在某些情况下可以代替钢结构，因而能节约钢材。

钢筋混凝土结构也存在如下一些缺点：

(1) 自重大。这对于建造大跨度结构及高层抗震结构是不利的，但随着轻质、高强混凝土、预应力混凝土和钢-混凝土组合结构的应用，这一缺点已得到克服。

(2) 施工复杂。钢筋混凝土结构施工工序多，施工时间较长，但随着泵送混凝土和大模板的应用，施工时间已大大缩短。在冬季施工，必须采用相应的施工措施才能保证质量，但采用预制装配式构件可加快施工进度，施工不受季节气候的影响，从而可弥补这一不足。

(3) 抗裂性差。混凝土抗拉强度低，钢筋混凝土结构在正常使用时往往带裂缝工作，这对要求不出现裂缝的结构很不利，如水池、储油罐等。这类结构若出现裂缝会引起渗漏，影响正常使用。采用预应力混凝土结构可显著改善抗裂能力，控制裂缝的开展。

(4) 修补和加固比较困难。但随着碳纤维加固、钢板加固等技术的发展和环氧树脂堵缝剂的应用，这一困难已经减少。

钢筋混凝土结构由于具有很多优点，因而在土木、水运和水利水电工程中得到了广泛的应用。

在土木工程中，钢筋混凝土可用来建造厂房、仓库、多高层楼房、水池、水塔、桥梁、电视塔、地下隧道等，在水运和水利水电工程中可以用来建造码头、码头仓库、坝、水电站厂房、调压塔、压力水管、水闸、船闸、渡槽、涵洞、倒虹吸管等。

0.1.2 钢筋混凝土结构的分类

钢筋混凝土结构可作如下分类：

(1) 按结构的构造外形可分为杆件体系和非杆件体系。杆件体系有梁、板、柱、墙等，非杆件体系有空间薄壁结构、块体结构、与围岩接触的地下洞室等。在杆件体系中，按结构的受力状态又可分为受弯构件、受压构件、受拉构件、受扭构件等。

(2) 按结构的制造方法可分为整体式、装配式和装配整体式三种。整体式结构是在现场先架立模板、绑扎钢筋，然后浇捣混凝土而成的结构。它整体性好，刚度也较大，目前应用较多，但施工受气候的影响。装配式结构则是在工厂（或预制工场）预先制成各种构件（图 0-2），然后运往工地装配而成。采用装配式结构有利于实现建筑工业化（设计标准化、制造工业化、安装机械化）；制造不受季节限制，能加速施工进度；可利用工厂较好的施工条件，提高构件质量；有利于模板重复使用，还可免去脚手架，节约木料或钢材。但装配式结构的接头构造较为复杂，整体性较差，对抗渗及抗震不利，目前应用有所减少。装配整体式结构在结构内有一部分为预制的装配式构件，另一部分为现浇的混凝土，其中预制装配式部分常可作为现浇部分的模板和支架。它比整体式结构有较高的工业化程度，又比装配式结构有较好的整体性，近年在民用建筑中被大力推广应用，发展较快。

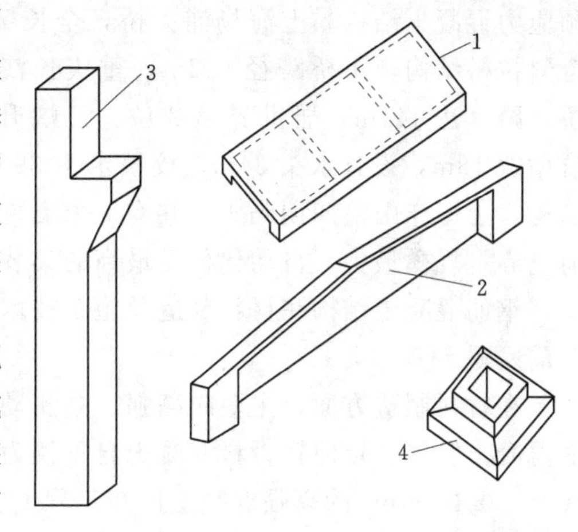

图 0-2 装配式构件
1—屋面板；2—梁；3—柱；4—基础

(3) 按结构的初始应力状态可分为钢筋混凝土结构和预应力混凝土结构。预应力混凝土结构在结构承受荷载以前，预先对混凝土施加压力，造成人为的压应力状态，使产生的压应力可全部或部分地抵消荷载引起的拉应力。预应力混凝土结构的主要优点是控制裂缝性能好，能充分利用高强度材料，可用来建造大跨度的承重结构，但施工较复杂。

0.2 钢筋混凝土结构的发展简史

钢筋混凝土从 19 世纪中叶开始采用以来，至今仅有 100 多年的历史，其发展极为迅速。1848 年法国人朗波（L. Lambot）制造了第一只钢筋混凝土小船，1854 年英国人威尔金生（W. B. Wilkinson）在建筑中采用了配置铁棒的钢筋混凝土楼板，但通常认为钢筋混凝土是法国巴黎花匠蒙列（J. Monier）发明的，他用水泥制作花盆，内中配置钢筋网以提高其强度，并于 1867 年申请了专利。1872 年美国人沃德（W. E. Ward）在纽约建造了第一座钢筋混凝土房屋，1877 年美国人哈特（T. Hyatt）发表了各种钢筋混凝土梁的试验结果，1905 年美国人特奈（C. A. P. Turner）提出了在无梁楼板柱顶周围布置“蘑菇头”钢筋笼抵抗剪力的设计概念。1925 年德国采用钢筋混凝土建造了薄壳结构，1928 年法国工程师弗列西涅（E. Freyssinet）利用高强钢丝和混凝土制成了预应力混凝土构件，开创了预应力混凝土应用的时代。目前一些标志性建筑有：德国法兰克福市的飞机库屋盖，它采用预应力轻骨料混凝土建造，结构跨度达90m；加拿大多伦多的预应力混凝土电视塔，高达553m；马来西亚吉隆坡的双塔大厦，建筑高度达452m，内筒与外筒采用钢筋混凝土建造；美国的苹果公园，占地26万m^2，使用了超过1万件预制构件，是世界上最大的装配式建筑。

我国在1876年开始生产水泥，之后逐渐有了钢筋混凝土建筑物，最近十几年发展很快。据统计，2020年全国混凝土年产量达28.99亿m^3，建筑用钢量达5.74亿t，居世界首位。上海中心大厦，总高632m，地下5层，地上124层，主体为巨型框架-核心筒-伸臂桁架结构，主体高580m。上海东方明珠电视塔，主体结构高350m，塔高468m，采用预应力混凝土结构。上海杨浦大桥，全长7658m，主桥为双塔双索面钢筋混凝土与钢叠合斜拉桥结构，主桥跨径602m。重庆长江二桥，主桥为双塔双索面预应力混凝土斜拉桥，跨度达444m，居世界第2位。三峡升船机上闸首结构，全长125m，墩墙高44m，航槽宽18m，设计水头34m，校核水头39.4m，是目前世界上最大的预应力混凝土坞式结构。上海洋山港四期码头，共有7个集装箱泊位，集装箱码头岸线总长达2350m，是目前世界上规模最大、自动化程度最高的集装箱码头。

钢筋混凝土结构在材料制造及施工技术等方面都已经历了很大的发展，并且还在继续向前发展。

在材料制造方面，主要向高强、高流动性、自密实、轻质、耐久及具备特异性能方向的混凝土发展。目前轻骨料混凝土自重仅为14～18kN/m^3，强度可达50N/mm^2；强度为100～200N/mm^2的高强混凝土已在工程上应用。各种轻质混凝土、绿色混凝土、纤维混凝土、聚合物混凝土、耐腐蚀混凝土、微膨胀混凝土、水下不分散混凝土以及品种繁多的外加剂在工程中的应用和发展，已使大跨度结构、高层建筑、高耸结构和具备某种特殊性能的钢筋混凝土结构的建造成为现实。另外，有专家预计，到21世纪末纤维混凝土的抗拉与抗压强度比可提高到1/2，并具有早强、收缩徐变小等特点，将使混凝土性能得到极大的改善。

采用高强度的材料，是发展钢筋混凝土结构的重要途径。目前我国混凝土结构安全度总体上低于欧美发达国家，但材料用量并没有相应降低，这是因为我国混凝土结构采用的钢筋和混凝土平均强度等级低于欧美发达国家，欧美发达国家较高的安全度是依靠较高强度的材料实现的。为此，用于建筑工程的《混凝土结构设计规范》（GB 50010—2010），以及用于水运工程的《水运工程混凝土结构设计规范》（JTS 151—2011）已将混凝土的最高强度等级由C60提高到C80，对钢筋混凝土结构优先推广使用强度为400N/mm^2级的钢筋，对预应力混凝土结构则优先推广使用高强钢丝和钢绞线。

在计算理论方面，钢筋混凝土结构经历了容许应力法、破坏阶段法和极限状态法三个阶段。目前我国混凝土结构设计规范已采用基于概率理论和数理统计分析的可靠度理论，它以可靠指标度量结构构件的可靠度，采用分项系数的设计表达式进行设计，使极限状态计算体系在理论上向更完善、更科学的方向发展。

混凝土的强度理论、钢筋混凝土非线性有限单元法和极限分析的计算理论等也有很大进展。有限单元法和现代测试技术的应用，使得钢筋混凝土结构的计算理论和设计方法正在向更高的阶段发展。

在施工技术方面，随着预拌混凝土（或称商品混凝土）、泵送混凝土及滑模施工新技术的应用，已显示出在保证混凝土质量、节约原材料和能源、实现文明施工等方面的优越性。采用预先在模板内填实粗骨料，再将水泥浆用压力灌入粗骨料空隙中形成的压浆混凝土，以及用于大体积混凝土结构（如大坝、大型基础）、公路路面与厂房地面的碾压混凝土，它们的浇筑过程都采用机械化施工，浇筑工期可大为缩短，并能节约大量材料，从而获得经济效益。为减少钢筋绑扎和成型过程中的手工操作，已发明了各种钢筋成型机械和绑扎机具。钢筋接头，已有绑扎搭接、焊接、螺栓及机械挤压套筒连接等多种方式；随着化工胶结剂的发展，黏结技术还会有更大的发展。装配整体式结构近年得到迅速发展，墙板、楼板、阳台、楼梯、梁、柱等大多数建筑部件在车间机械化生产完成，使得现场现浇作业量大为减小，既加快了施工进度又节能环保。

值得注意的是，近年来钢-混组合结构、外包钢混凝土结构及钢管混凝土结构等已在工程中推广应用。这些组合结构具有充分利用材料强度、较好的适应变形能力（延性）、施工较简单等特点。

0.3　钢筋混凝土结构课程的特点

钢筋混凝土结构是土木、水运和水利水电工程中最基本的结构种类，钢筋混凝土结构课程也是土木工程、港口航道与海岸工程、水利水电工程、水务工程等专业中最为重要的专业基础课程。学习钢筋混凝土结构课程的主要目的是：掌握钢筋混凝土结构构件设计计算的基本理论和构造知识，为学习有关专业课程和顺利从事混凝土建筑物的结构设计打下牢固的基础。学习该课程需要注意以下几个方面的问题：

（1）从某种意义上来说，钢筋混凝土结构学是研究钢筋混凝土的材料力学，它与材料力学有相同之处，也有不同之处，学习时要注意两者之间的异同。材料力学研究的是线弹性体做成的构件，而钢筋混凝土结构学研究的是钢筋和混凝土这两种材料组成的构件。由于混凝土为非弹性材料，且拉应力很小就会开裂，因而材料力学的许多公式不能直接应用于钢筋混凝土构件。但材料力学中分析问题的基本思路，即由材料的物理关系、变形的几何关系和受力的平衡关系建立计算公式的分析方法，同样适用于钢筋混凝土构件。

（2）钢筋混凝土结构的计算公式是在大量试验基础上经理论分析建立起来的，学习时要重视试验在建立计算公式中的地位与作用，注意每个计算公式的适用范围和条件，在实际工程设计中正确运用这些计算公式，不要盲目地生搬硬套。

（3）钢筋混凝土结构设计除需配置数量合适的钢筋外，还必须满足构造要求。如图0－3所示的悬臂板，其纵向受力钢筋的设计是先根据图中A—A截面弯矩由计算公式确定纵向受力钢筋的用量，然后按板中受力钢筋的间距与直径要求选择纵向受力钢筋的根数与直径，最后按锚固长度要求确定纵向受

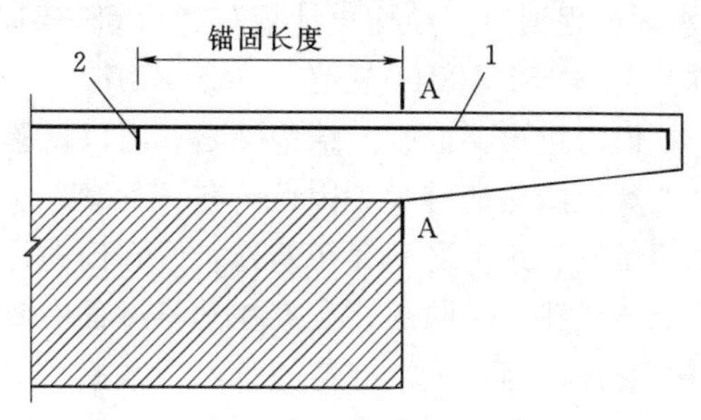

图0－3　悬臂板受力钢筋配筋图

1—纵向受力钢筋；2—纵向受力钢筋切断点

力钢筋的切断点。这里的钢筋间距与直径、锚固长度要求就是构造要求，需遵守构造规定。构造规定是长期科学试验和工程经验的总结，在设计结构和构件时，构造与计算是同样重要的。如在图0-3中，纵向受力钢筋若锚固长度不足，则会在达到其强度之前被拨出，起不了应有的作用；纵向受力钢筋布置过稀，板有可能发生局部损坏，布置过密则不利于混凝土浇筑。因此，要充分重视对构造知识的学习，但在学习过程中不必死记硬背构造的具体规定，应注意弄懂其中的道理，即要明白为什么要有这个构造要求，这个构造要求的作用是什么，通过平时的作业和课程设计逐步掌握一些基本构造知识。

（4）钢筋混凝土构件的受力性能取决于钢筋和混凝土两种材料的力学性能及两种材料间的相互作用。两种材料的配比关系（数量和强度）会引起构件受力性能的改变，当两者配比关系超过一定界限时，构件受力性能会有显著差别，这是在单一材料构件中所没有的，在学习中对此应给予充分的重视。

（5）钢筋混凝土结构课程同时又是一门结构设计课程，有很强的实践性。要做好工程结构设计，除了要有扎实的基础理论知识以外，还要综合考虑材料、施工、经济、构造细节等各方面的因素。因而，同学们应努力参加实践工作，逐步提高对各种因素的综合分析能力。此外，整理编写设计书、绘制施工图纸是结构设计的基本功，同学们也应注重这方面的训练。

（6）为保证工程安全，设计时必须遵循国家颁布的相关工程结构设计规范，特别是规范中的强制性条文。设计规范是工程设计实践的总结，各个国家经济发展水平不同，工程实践传统也不同，因此各国的混凝土结构设计规范不尽相同。即使在同一国家，各行业因其行业自身的特点也有自己的混凝土设计规范。在我国，《混凝土结构设计规范》（GB 50010—2010）由住房和城乡建设部发布实施，是我国混凝土结构设计的国家标准，适用于房屋和一般构筑物的钢筋混凝土、预应力混凝土等结构的设计；《水工混凝土结构设计规范》（DL/T 5057—2009）和《水工混凝土结构设计规范》（SL 191—2008）分别由国家能源局和水利部发布实施，适用于水利水电工程中的钢筋混凝土、预应力混凝土等结构的设计；《公路钢筋混凝土及预应力混凝土桥涵设计规范》（JTG 3362—2018）由交通运输部发布实施，适用于桥涵结构设计；港口工程采用的是《水运工程混凝土结构设计规范》（JTS 151—2011），它由交通运输部发布实施。

这些规范之间有一定差别，大的如设计表达式，小的如具体计算公式与构造都有区别。作为教材，不可能罗列所有规范的设计表达式、计算公式和构造要求，只能以教材所服务的专业的相关规范为依据来编写。本教材主要服务于港口航道与海洋工程专业，就以《水运工程混凝土结构设计规范》（JTS 151—2011）为依据编写，在以后章节中，将其简称为JTS 151—2011规范。

但需指出，混凝土结构又是一门以试验为基础，利用力学知识研究钢筋混凝土及预应力混凝土结构的科学。因此，各国之间、各行业之间的混凝土结构设计规范有共同的基础。虽然各规范之间存在差异，但它们的计算原则、所依据的混凝土结构基础知识和解决问题的思路是相同的。大家在学习过程中要着重计算原则、基本理论、解决问题思路的理解与掌握。通过一本规范的学习，掌握了这些基础知识，其他规范通过自学也能很快掌握和应用。此外，这也说明只有真正掌握钢筋混凝土结构的基本知识，才能正确理解与应用规范，在规范的框架内发挥设计者的主动性，设计出完美的结构。

第1章　混凝土结构材料的物理力学性能

1.1　钢筋的品种和力学性能

1.1.1　钢筋的品种

在我国，混凝土结构中所采用的钢筋有热轧钢筋、钢丝、钢绞线、预应力螺纹钢筋及钢棒等。

按其在结构中所起作用的不同，钢筋可分为普通钢筋和预应力筋两大类。普通钢筋是指用于钢筋混凝土结构中的钢筋以及用于预应力混凝土结构中的非预应力筋；预应力筋是指用于预应力混凝土结构中预先施加预应力的钢筋。热轧钢筋主要用作普通钢筋，而钢丝、钢绞线、预应力螺纹钢筋及钢棒主要用作预应力筋。

按化学成分的不同，钢筋可分为碳素钢和普通低合金钢两大类。碳素钢除了含有铁元素和碳元素外，还含有炉料带入的少量锰、硅、磷、硫等杂质。碳素钢的机械性能与含碳量的多少有关。含碳量增加，能使钢材强度提高，性质变硬，但也将使钢材的塑性和韧性降低，焊接性能也会变差。碳素钢按其碳的含量分为低碳钢（含碳量＜0.25%）、中碳钢（含碳量0.25%～0.60%）和高碳钢（含碳量0.60%～1.40%），用作钢筋的碳素钢主要是低碳钢。如果炼钢时在碳素钢的基础上加入少量（一般不超过3.50%）钒、镍、钛等合金元素，就成为普通低合金钢。锰、硅、钒、镍、钛等可使钢材的强度、塑性等综合性能提高。磷、硫则是有害杂质，其含量超过约0.045%后会使钢材变脆，塑性显著降低，且不利于焊接。普通低合金钢钢筋具有强度高、塑性及可焊性好的特点，因而应用广泛。为节约合金资源，20世纪末冶金行业研制开发出细晶粒钢筋，这种钢筋在热轧过程中通过控轧控冷工艺获得超细组织，能在不增加合金含量的基础上大幅提高钢材的性能，从而可以不添加或添加很少合金元素就能达到与正常添加合金元素相同的效果。但鉴于当时细晶粒钢筋的工艺稳定性、可焊性等问题还需进一步研究，JTS 151—2011规范未列入细晶粒钢筋。

热轧钢筋按其外形分为热轧光圆钢筋和热轧带肋钢筋两类，光圆钢筋的表面是光面的，带肋钢筋亦称变形钢筋，有螺旋纹、人字纹和月牙肋三种，如图1-1所示。螺旋纹和人字纹钢筋以往称为等高肋钢筋，等高肋钢筋由于基圆面积率小，锚固延性差，疲劳性能差，已被淘汰。目前常用的是月牙肋钢筋，它与同样公称直径的等高肋钢筋相比，强度稍有提高，凸缘处应力集中也得到改善；它与混凝土之间的黏结强度虽略低于等高肋钢筋，但仍具有良好的黏结性能。

下面将JTS 151—2011规范列入的主要钢筋（品种与直径）作一简介。

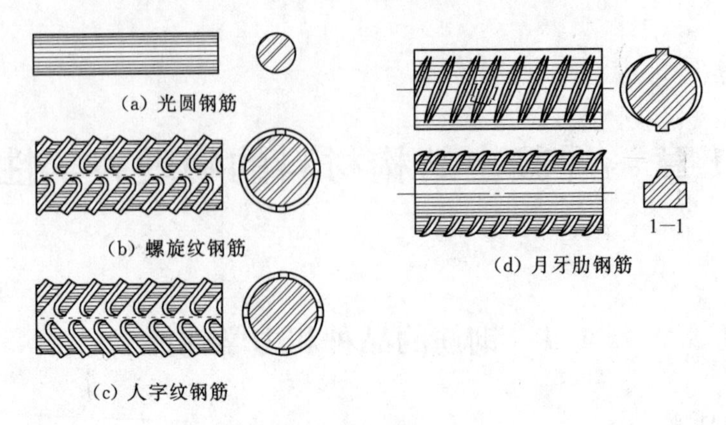

(a) 光圆钢筋　(b) 螺旋纹钢筋　(c) 人字纹钢筋　(d) 月牙肋钢筋

图 1-1　钢筋表面及截面形状

1.1.1.1　热轧钢筋

热轧钢筋是低碳钢或普通低合金钢在高温状态下轧制而成的。按照其强度的高低，分为 HPB300、HRB335、HRB400、HRB500 等几种。符号中的 H 表示热轧（hot rolled），P 表示光面（plain），R 表示带肋（ribbed），B 表示钢筋（bar），数字 300、400 等则表示该级别钢筋的屈服强度标准值（N/mm^2）。可以看出 HPB300 钢筋为热轧光圆钢筋，HRB335、HRB400 和 HRB500 为热轧带肋钢筋。

1. 热轧光圆钢筋

热轧光圆钢筋（HPB300）的公称直径范围为 6～22mm，有 6mm、8mm、10mm、12mm、14mm、16mm、18mm、20mm、22mm 等 9 种，直径增量为 2mm。热轧光圆钢筋属于低碳钢，质量稳定，塑性及焊接性能良好，但强度稍低，而且由于其表面为光面，与混凝土的黏结锚固性能较差，控制裂缝开展的能力弱，用作受拉钢筋时末端需要加弯钩，给施工带来不便，一般只用于受力不大的薄板或用作箍筋、架立筋、分布筋及吊环等。在图纸与计算书中，HPB300 用符号Φ表示。

在过去，热轧光圆钢筋为 HPB235 钢筋，也用符号Φ表示。该钢筋应用历史很长，由于其强度低，现在已被 HPB300 钢筋取代。

2. 热轧带肋钢筋

水运工程采用的热轧带肋钢筋包括 HRB335、HRB400、HRB500 等品种，公称直径范围为 6～50mm，直径变化范围很大，有 6mm、8mm、10mm、12mm、14mm、16mm、18mm、20mm、22mm、25mm、28mm、32mm、36mm、40mm、50mm 等 15 种，6～22mm 之间的钢筋直径增量为 2mm。热轧带肋钢筋的强度、塑性及可焊性都较好。由于强度比较高，为增加钢筋与混凝土之间的黏结力，保证两者能共同工作，钢筋表面轧制成月牙肋。

在过去，HRB335 钢筋在水运工程中应用最为广泛，由于其强度较低，现行国家标准《钢筋混凝土用钢 第 2 部分：热轧带肋钢筋》（GB/T 1499.2—2018）已不再列入，目前 HRB400 钢筋已成为主导的钢筋品种。在图纸与计算书中，HRB335、HRB400、HRB500 这三种钢筋分别用符号Φ、Φ、Φ表示。

1.1.1.2 余热处理钢筋

余热处理钢筋的牌号为RRB400，用符号Φ^R表示，它是在钢筋热轧后淬火以提高其强度，再利用芯部余热回火处理而保留一定延性的钢筋。余热处理钢筋资源能源消耗和生产成本低，但其延性、可焊性、机械连接性能及施工适应性也相应降低，在一般情况下它可以作为强度400N/mm^{2}级的钢筋使用；但在焊接时焊接处因受热可能会降低其强度，此外，由于其高强部分集中在钢筋表面，抗疲劳的性能会受到影响，钢筋机械连接表面切削加工时也会削弱其强度，因此应用受到一定的限制。一般可用于对钢筋变形性能及加工性能要求不高的构件，如基础、大体积混凝土、楼板、墙体以及次要的结构构件中。

1.1.1.3 钢丝

我国预应力混凝土结构采用的钢丝都是消除应力钢丝。消除应力钢丝是将钢筋拉拔后，经中温回火消除应力并进行稳定化处理的钢丝。按照消除应力时采用的处理方式不同，消除应力钢丝又可分为低松弛和普通松弛两种，普通松弛钢丝用作预应力筋时应力松弛损失较大，现行国家标准《预应力混凝土用钢丝》（GB/T 5223—2014）已经取消了普通松弛钢丝。

钢丝按其表面形状可分为光圆、螺旋肋及刻痕三种。

光圆钢丝的公称直径范围为4～12mm，有4mm、4.8mm、5mm、6mm、6.25mm、7mm、8mm、9mm、10mm、12mm等10种。

螺旋肋钢丝是以普通低碳钢或普通低合金钢热轧的圆盘条为母材，经冷轧减径后在其表面冷轧成两面或三面有月牙肋的钢丝，公称直径与光圆钢丝相同。

刻痕钢丝是在光圆钢丝的表面上进行机械刻痕处理，以增加与混凝土的黏结能力，其公称直径分为小于等于5mm和大于5mm两种。

1.1.1.4 钢绞线

钢绞线是由多根高强光圆或刻痕钢丝捻制在一起经过低温回火处理清除内应力后而制成的，分为2根、3根、7根3种。7根钢丝捻制的钢绞线还可再经模拔而制成型号为（1×7）C的钢绞线。钢绞线的公称直径有许多种，详见附录B表B-8。

1.1.1.5 螺纹钢筋

过去习惯上将这种钢筋称为“高强精轧螺纹钢筋”，目前称为“预应力混凝土用螺纹钢筋”，或直接称“螺纹钢筋”。它按屈服强度划分级别，直径变化范围很大，有18mm、25mm、32mm、40mm、50mm等5种，主要用作预应力锚杆。在我国的桥梁工程及水电站地下厂房的预应力岩壁吊车梁中，预应力螺纹钢筋已有较多的应用。

1.1.1.6 钢棒

预应力混凝土用钢棒按表面形状分为光圆钢棒、螺旋槽钢棒、螺旋肋钢棒、带肋钢棒4种。光圆钢棒公称直径有9种，变化范围为6～16mm，详见附录B表B-8；螺旋槽钢棒公称直径有7.1mm、9.0mm、10.7mm、12.6mm等4种；螺旋肋钢棒公称直径有6mm、7mm、8mm、10mm、12mm、14mm等6种；带肋钢棒公称直径有6种，变化范围为6～16mm，直径增量都为2mm。

预应力混凝土用钢棒的主要优点是强度高、延性好，具有可焊性和镦锻性，可盘卷，主要应用于预应力混凝土离心管桩、电杆、铁路轨枕、桥梁、码头基础、地下工程、污水处理工程及其他建筑预制构件中。

除上述热轧钢筋和预应力钢丝、钢绞线、钢棒等外，在过去我国还有用于钢筋混凝土结构的冷拉Ⅰ级钢筋和用于预应力混凝土结构的冷拉Ⅱ、Ⅲ、Ⅳ级钢筋，以及细直径的冷轧带肋钢筋等。钢筋经过冷拉或冷轧等冷加工后，屈服强度得到提高，但钢材性质变硬变脆，延性大大降低，这对于承受冲击荷载和抗震都是不利的。冷加工钢筋在我国经济困难、物质匮乏时代曾起到过节约钢筋的作用，但在目前细直径的热轧钢筋、高强度的预应力钢丝和钢棒等已能充分供应的情况下，冷加工钢筋在我国已基本不再采用。但JTS 151—2011规范仍列入冷拉HRB400钢筋，也就是原来的冷拉Ⅲ级钢筋，用作预应力筋。

1.1.2　钢筋的力学性能

上节所述的各种钢筋与钢丝，由于化学成分及制造工艺的不同，力学性能有显著差别。按力学的基本性能来分，则有两种类型：①热轧钢筋，其力学性质相对较软，称为软钢；②预应力钢丝、钢绞线、钢棒，其力学性质高强而硬，称为硬钢。

1.1.2.1　钢筋的应力-应变曲线

1. 软钢的应力-应变曲线

软钢从开始加载到拉断，有四个阶段，即弹性阶段、屈服阶段、强化阶段与破坏阶段。下面以HPB300钢筋的受拉应力-应变曲线为例来说明软钢的力学特性，如图1-2所示。

自开始加载至应力达到点a以前，应力σ与应变ε呈线性关系，点a称为比例极限，$0a$段属于线弹性工作阶段。应力达到点b后，钢筋进入屈服阶段，产生很大的塑性变形，应力-应变曲线呈现一水平段，称为流幅；点b的应力称为屈服强度（流限）。超过点c后，应力应变关系重新表现为上升的曲线，为强化阶段。曲线最高点d的应力称为抗拉强度。此后钢筋试件产生颈缩现象，应力应变关系呈现为下降曲线，应变继续增大，到点e钢筋被拉断。

点e所对应的横坐标称为伸长率，它反映的是钢筋的塑性。伸长率越大，塑性越好。

软钢的强度指标有屈服强度和抗拉强度，屈服强度（流限）是软钢的主要强度指标。混凝土结构构件中的钢筋，当应力达到屈服强度后，荷载不增加，应变会继续增大，使得混凝土裂缝开展过宽，构件变形过大，结构构件不能正常使用。所以软钢的受拉强度限值以屈服强度为准，其强化阶段只作为一种安全储备考虑。

钢材中含碳量越高，屈服强度和抗拉强度就越高，伸长率就越小，流幅也相应缩短。图1-3表示了不同强度软钢的应力-应变曲线的差异。

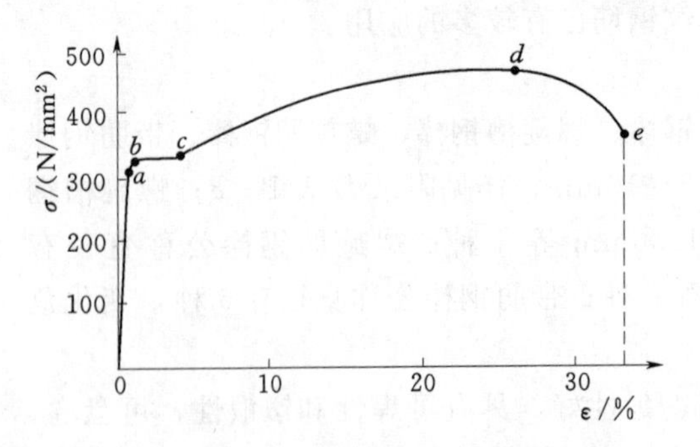

图1-2　HPB300钢筋的应力-应变曲线

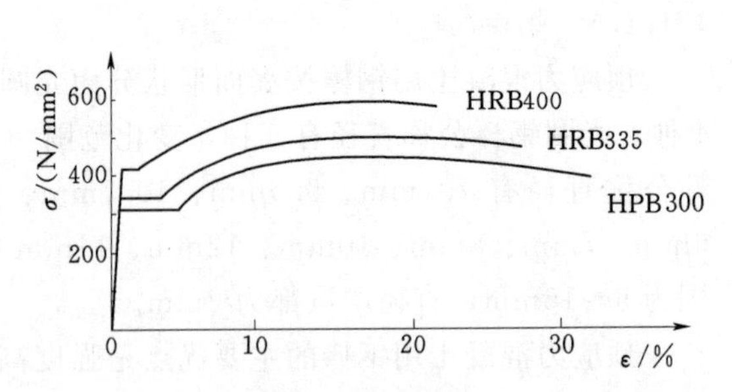

图1-3　不同强度软钢的应力-应变曲线

2. 硬钢的应力-应变曲线

硬钢强度高，但塑性差，脆性大。从加载到拉断，不像软钢那样有明显的阶段，基本上不存在屈服阶段（流幅）。图1-4为硬钢的应力-应变曲线。

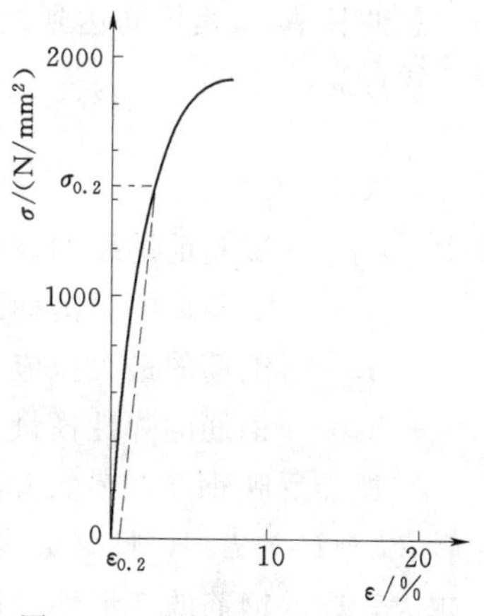

图1-4 硬钢的应力-应变曲线

硬钢没有明确的屈服台阶（流幅），所以设计中一般以“协定流限”作为强度标准，所谓协定流限是指加载到该应力，然后卸载，卸载后尚存有0.2%永久残余变形时的应力，用$\sigma_{0.2}$表示。$\sigma_{0.2}$亦称“条件屈服强度”或“非比例延伸强度”，一般相当于极限抗拉强度的80%～90%。对钢丝、钢绞线、钢棒和螺纹钢筋，JTS 151—2011规范取极限抗拉强度的85%作为条件屈服强度。

硬钢塑性差，伸长率小。因此，仅用硬钢配筋的混凝土构件，受拉破坏时往往突然断裂，不像用软钢配筋的构件那样，在破坏前有明显的预兆。

1.1.2.2 钢筋的疲劳

钢筋的疲劳是指钢筋在承受重复、周期性的动荷载作用下，经过一定次数的循环重复后，突然脆断的现象。一些承受重复荷载的钢筋混凝土构件在正常使用期间会由于疲劳发生破坏。

钢筋的疲劳一般被认为是由于钢材内部有杂质和气孔，外表面有斑痕缺陷，以及表面形状突变引起的应力集中造成的。应力集中过大时，钢筋晶粒滑移，使钢材产生微裂纹，在重复应力作用下，钢筋会因裂纹扩展而发生突然断裂。因此钢筋的疲劳强度小于静荷载作用下的极限强度。

试验表明，影响疲劳强度的主要因素为钢筋的疲劳应力幅Δf_y^f，Δf_y^f为一次循环应力中同一层钢筋的最大应力$\sigma_{s,\max}^f$与最小应力$\sigma_{s,\min}^f$的差值，即$\Delta f_y^f=\sigma_{s,\max}^f-\sigma_{s,\min}^f$。

2015年版《混凝土结构设计规范》(GB 50010—2010) 给出了不同等级钢筋的疲劳应力幅Δf_y^f的限值，并规定该限值与疲劳应力比值ρ_s^f($=\sigma_{s,\min}^f/\sigma_{s,\max}^f$) 有关。$\Delta f_y^f$的限值除与$\rho_s^f$有关外，还与循环重复次数有关。循环重复次数要求越高，Δf_y^f的限值就越小，我国要求满足的循环重复次数为200万次。

在水运工程中，周期性重复荷载对结构构件影响不大，所以一般可不验算材料的疲劳强度，JTS 151—2011规范也未给出相应的规定。但如采油平台等海工建筑受到波浪的冲击，就应考虑这一问题，其使用荷载作用下的材料应力就不能过高。

1.1.2.3 钢筋的弹性模量

钢筋在弹性阶段的应力与应变的比值，称为弹性模量，用符号E_s表示，常用钢筋的弹性模量E_s见附录B表B-5。

1.1.2.4 钢筋的变形

钢筋的塑性能力除用伸长率δ表示外，还可以用总伸长率δ_{gt}来表示。钢筋的伸长率是指钢筋试件上标距为$5d$或$10d$（d为钢筋直径）范围内的极限伸长率，记为δ_5或δ_{10}。伸长率反映了钢筋拉断时残余变形的大小，其中还包含了断口颈缩区域的局部变形，这使得量测标距大时测得的延伸率小，反之则大。此外，量测钢筋拉断后长度时，需将拉断的两段钢筋对合后再量测，这既不能反映钢筋的弹性变形，也容易产生误差。

总伸长率 δ_{gt} 是钢筋达到最大应力（极限抗拉强度）点 d 对应的横坐标（图 1-2），按下式计算：

$$\delta_{gt}=\left(\frac{L-L_0}{L_0}+\frac{\sigma_b}{E_s}\right)\times 100\% \tag{1-1}$$

式中 L_0——试验前的原始标距；

L——试验后的量测标距之间的长度；

σ_b——钢筋的最大拉应力；

E_s——钢筋的弹性模量。

δ_{gt} 既能反映钢筋在最大应力下的弹性变形（σ_b/E_s），又能反映在最大应力下的塑性变形[$(L-L_0)/L_0$]，且测量误差比 δ 小，因此近年来钢筋的塑性常采用 δ_{gt} 来检验。δ 和 δ_{gt} 越大，表示钢筋的变形性能越好。在我国，钢筋验收检验时可从伸长率 δ 和总延伸率 δ_{gt} 两者选一，但仲裁检验时采用总延伸率 δ_{gt}。

钢筋塑性除需满足 δ 或 δ_{gt} 的要求外，还用冷弯试验来检验，以保证加工时不至于断裂。冷弯就是把钢筋围绕直径为 D 的钢辊弯转 α 角而要求不发生裂纹。钢筋塑性越好，冷弯角 α 就可越大，钢辊直径 D 也可越小，如图1-5所示。在我国，进行冷弯试验检验时 α 角取为定值 180°，钢辊直径 D 取值则和钢筋种类有关。

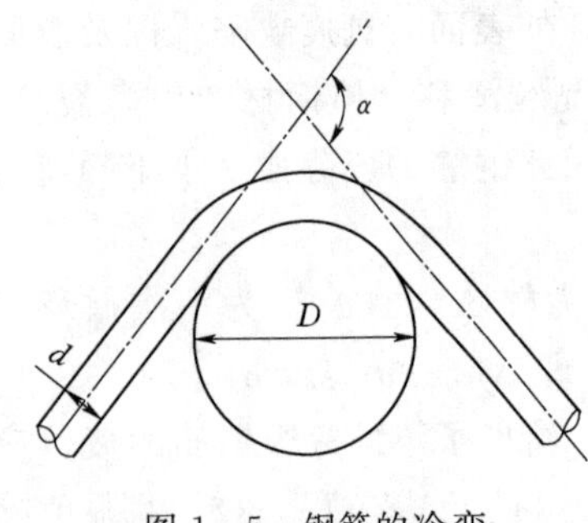

图 1-5 钢筋的冷弯

1.1.3 混凝土结构对钢筋性能的要求

1. 钢筋的强度

采用高强度钢筋可以节约钢材，取得较好的经济效果，但混凝土结构中钢筋的强度并非越高越好。由于钢筋的弹性模量并不因其强度提高而增大，高强钢筋若充分发挥其强度，则与高应力相应的大伸长变形势必会引起混凝土结构过大的变形和裂缝宽度。因此，对于钢筋混凝土结构而言，钢筋的设计强度限值宜在 400N/mm² 左右。预应力混凝土结构较好地解决了这个矛盾，但又带来钢筋与混凝土之间的锚固与协调受力的问题，过高的强度仍然难以充分发挥作用，故目前预应力筋的最高强度限值约为 2000N/mm²。

2. 钢筋的塑性

要求钢筋有一定的塑性是为了使钢筋在断裂前有足够的变形，能给出构件裂缝开展过宽将要破坏的预兆信号。钢筋的伸长率、总伸长率和冷弯性能是施工单位验收钢筋塑性是否合格的主要指标。

3. 钢筋的可焊性

在很多情况下，钢筋之间的连接需通过焊接进行，可焊性是评定钢筋焊接接头性能的指标。可焊性好，就是要求在一定的工艺条件下钢筋焊接后不产生裂纹及过大的变形，焊接处的钢材强度不降低过多。我国的 HPB300、HRB335 及 HRB400 的可焊性均较好，但也应注意高强钢丝、钢绞线等是不可焊的。

4. 钢筋与混凝土之间的黏结性能

为了保证钢筋与混凝土共同工作，要求钢筋与混凝土之间必须有足够的黏结力，黏结力良好的钢筋方能使裂缝宽度控制在合适的限值内。钢筋的表面形状是影响黏结力的主要因素，带肋钢筋与混凝土之间的黏结性能明显优于光圆钢筋与混凝土之间的黏结性能，因此构件中的纵向受力钢筋应优先选用带肋钢筋。

1.2 混凝土的物理力学性能

混凝土是由水泥、水及骨料按一定配合比组成的人造石材，水泥和水在凝结硬化过程中形成水泥胶块把骨料黏结在一起。混凝土内部有液体和孔隙存在，是一种不密实的混合体，主要依靠由骨料和水泥胶块中的结晶体组成的弹性骨架来承受外力。弹性骨架使混凝土具有弹性变形的特点，同时水泥胶块中的凝胶体又使混凝土具有塑性变形的性质。由于混凝土内部结构复杂，因此，它的力学性能也极为复杂。

1.2.1 混凝土的强度

1.2.1.1 混凝土的立方体抗压强度和强度等级

混凝土立方体试件的抗压强度量测比较稳定，我国混凝土结构设计规范把混凝土立方体试件的抗压强度作为混凝土各种力学指标的基本代表值，并把立方体抗压强度作为评定混凝土强度等级的依据。混凝土立方体抗压强度与水泥强度等级、水泥用量、水胶比、配合比、龄期、施工方法及养护条件等因素有关；试验方法及试件形状尺寸也会影响所测得的强度数值。

在国际上，用于确定混凝土抗压强度的试件有圆柱体和立方体两种，我国规范规定用150mm×150mm×150mm 的立方体试件作为标准试件。由标准立方体试件所测得的抗压强度，称为标准立方体抗压强度，用 f_{cu} 表示。

试验方法对立方体抗压强度有较大的影响。试块在压力机上受压，纵向发生压缩而横向发生鼓胀。当试块与压力机垫板直接接触时，试块上下表面与垫板之间有摩擦力存在，使试块横向不能自由扩张，就会提高混凝土的抗压强度。此时，靠近试块上下表面的区域内，好像被箍住一样，试块中部由于摩擦力的影响较小，混凝土仍可横向鼓张。随着压力的增加，试块中部先发生纵向裂缝，然后出现通向试块角隅的斜向裂缝。破坏时，中部向外鼓胀的混凝土向四周剥落，使试块只剩下如图 1－6（a）所示的角锥体。

当试块上下表面涂有油脂或填以塑料薄片以减少摩擦力时，则所测得的抗压强度就较不涂油脂者为小。破坏时，试块出现垂直裂缝，如图 1－6（b）所示。这也说明，混凝土受压破坏是由于横向变形产生的拉应变引起混凝土开裂导致的，或者说混凝土纵向受压破坏是因其横向拉裂造成的。

(a) 上下表面无减摩措施

(b) 上下表面有减摩措施

图 1－6 混凝土立方体试块的破坏情况

为了统一标准，规定在试验中均采用不涂油脂、不填塑料薄片的试件。

当采用不涂油脂的试件时，若立方体试件尺寸小于 150mm，试验时两端摩擦的影响较大，测得的强度就较高；反之，当试件尺寸大于 150mm 时测得的强度就较低。用非标准尺寸的试件进行试验，其结果应乘以换算系数，换算成标准试件的立方体抗压强度。200mm×200mm×200mm 的试件，换算系数取 1.05；100mm×100mm×100mm 的试件，换算系数取 0.95。

试验时加载速度对强度也有影响，加载速度越快则测得强度越高。试验时采用的加载速度与混凝土立方体抗压强度 f_{cu} 有关，通常 $f_{cu} < 30\text{N/mm}^2$ 时，加载速度为 $0.3\sim0.5\text{N/(mm}^2\cdot\text{s)}$；$30\text{N/mm}^2 \leqslant f_{cu} < 60\text{N/mm}^2$ 时，加载速度为 $0.5\sim0.8\text{N/(mm}^2\cdot\text{s)}$；$f_{cu} \geqslant 60\ \text{N/mm}^2$，加载速度为 $0.8\sim1.0\text{N/(mm}^2\cdot\text{s)}$。

由于混凝土中水泥胶块的硬化过程需要若干年才能完成，混凝土的强度也随龄期的增长而增长，开始增长得很快，以后逐渐变慢。试验观察得知，混凝土强度增长可延续到 15 年以上，保持在潮湿环境中的混凝土，强度的增长会延续得更久。

我国混凝土结构设计规范规定以边长为 150mm 的立方体，在温度为 (20±2)℃、相对湿度不小于 95%的条件下养护 28d，用标准试验方法测得的具有 95%保证率的立方体抗压强度标准值 f_{cuk}（图 1-7）作为混凝土强度等级，以符号 C 表示，单位为 N/mm^2。例如 C25 混凝土，就表示该混凝土立方体抗压强度标准值为 25N/mm^2。

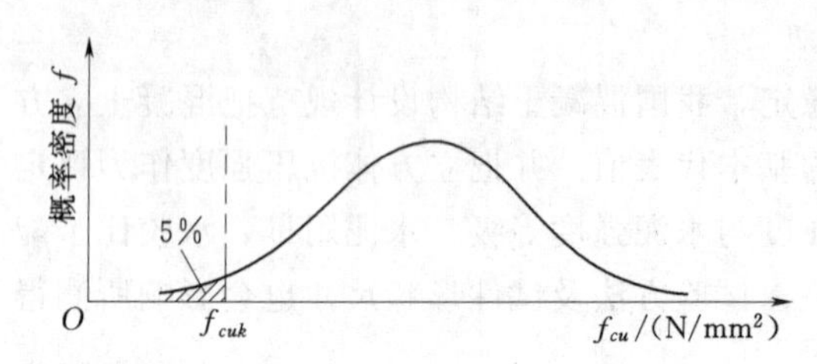

图 1-7 混凝土立方体抗压强度概率分布曲线及强度等级 f_{cuk} 的确定

水运工程中所采用的混凝土强度等级分为 C15、C20、C25、C30、C35、C40、C45、C50、C55、C60、C65、C70、C75、C80，共 14 个等级，其中 C50 及以下为普通混凝土，C50 以上为高强混凝土。混凝土强度等级的选用与结构的用途、所处环境的耐久性要求等有关。如 JTS 151—2011 规范要求：沉箱结构的混凝土强度等级不应低于 C30，处于淡水和海水环境下有耐久性要求的钢筋混凝土结构不应低于 C25 和 C30。

美国、日本、加拿大等国家的混凝土结构设计规范，采用圆柱体标准试件（直径 150mm、高 300mm）测定的抗压强度来作为强度的标准，用符号 f_c' 表示。对不超过 C50 的混凝土，圆柱体抗压强度与我国立方体抗压强度的实测平均值之间的换算关系为

$$f_c' = (0.79\sim0.81) f_{cu} \tag{1-2}$$

立方体和圆柱体抗压强度都不能用来代表实际构件中混凝土真实的强度，只是作为在同一标准条件下表示混凝土相对强度水平和品质的标准。

1.2.1.2 棱柱体抗压强度——轴心抗压强度 f_c

钢筋混凝土受压构件的实际长度常比它的截面尺寸大得多，因此采用棱柱体试件比采用立方体试件能更好地反映混凝土实际的抗压能力。用棱柱体试件测得的抗压强度称为轴心抗压强度，又称为棱柱体抗压强度，用符号 f_c 表示。

棱柱体抗压强度低于立方体抗压强度，即 $f_c < f_{cu}$，这是因为当试件高度增大后，两

端接触面摩擦力对试件中部的影响逐渐减弱所致。f_c 随试件高度与宽度之比 h/b 而异，当 $h/b>3$ 时，f_c 趋于稳定。我国混凝土结构设计规范规定棱柱体标准试件的尺寸为 150mm×150mm×300mm，$h/b=2$。取 $h/b=2$ 既能基本上摆脱两端接触面摩擦力的影响，又能使试件免于失稳。

f_c 与 f_{cu} 大致呈线性关系，两者比值 $\alpha_{c1}=f_c/f_{cu}$ 和 f_{cu} 大小有关。根据试验结果，对于 C50 及以下混凝土，取 $\alpha_{c1}=0.76$；对于 C80 混凝土，取 $\alpha_{c1}=0.82$；中间，按线性规律变化插值。考虑到实际工程中的结构构件与试验室试件之间，制作及养护条件、尺寸大小及加载速度等因素的差异，对实际结构的混凝土轴心抗压强度还应乘以折减系数 0.88。另外，由于高强混凝土破坏时表现出明显的脆性性质，且工程经验相对较少，故在上述基础上再乘以考虑混凝土脆性的折减系数 α_{c2}。α_{c2} 的取值为：C40 及以下混凝土，$\alpha_{c2}=1.0$；C80 混凝土，$\alpha_{c2}=0.87$；中间，按线性规律变化插值。故实际结构中混凝土轴心抗压强度与标准立方体抗压强度的关系为

$$f_c=0.88\alpha_{c1}\alpha_{c2}f_{cu} \tag{1-3}$$

1.2.1.3 轴心抗拉强度 f_t

混凝土轴心抗拉强度 f_t 远低于轴心抗压强度 f_c，f_t 仅相当于 f_c 的 1/17～1/8（普通混凝土）和 1/24～1/20（高强混凝土），混凝土强度等级越高，f_t/f_c 的比值越小。凡影响抗压强度的因素，一般对抗拉强度也有相应的影响，但不同因素对抗压强度和抗拉强度的影响程度却不同。例如水泥用量增加，可使抗压强度增加较多，而抗拉强度则增加较少。用碎石拌制的混凝土，其抗拉强度比用卵石的要大，而骨料形状对抗压强度的影响则相对较小。

各国测定混凝土抗拉强度的方法不尽相同。我国近年来采用的是直接受拉法，但各行业采用的试件形式及尺寸并不相同，图 1-8 是《水运工程混凝土试验检测技术规范》(JTS/T 236—2019) 采用的试件，它是用钢模浇筑成型的 100mm×100mm×550mm 的棱柱体试件，两端设有埋深为 150mm 的对中带肋钢筋（直径 18mm）。

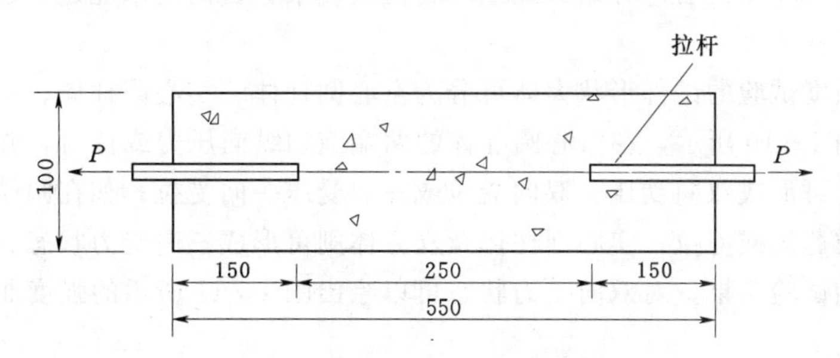

图 1-8 混凝土轴心拉伸试验及埋件

试验时张拉两端钢筋，使试件受拉，直至混凝土试件的中部产生断裂。这种试验方法由于不易将拉力对中，会形成偏心影响。而且由于带肋钢筋端部有应力集中，常使断裂出现在埋入钢筋尽端的截面处。这些因素都对 f_t 的正确量测有影响。

国内外也常用劈裂法测定混凝土的抗拉强度。这是将立方体试件（或平放的圆柱体试件）通过垫条施加线荷载 P（图 1-9），在试件中间的垂直截面上除垫条附近极小部分

外，都将产生均匀的拉应力。当拉应力达到混凝土的抗拉强度 f_t 时，试件就对半劈裂。根据弹性力学可计算出其抗拉强度为

$$f_t=\frac{2P}{\pi d^2} \tag{1-4}$$

式中　P——破坏荷载；

d——立方体边长。

由劈裂法测定的 f_t 值，一般比直接受拉法测得的要低，但也有相反的情况。这主要是由于试件与垫条接触处有应力集中，如果垫条太细，应力集中影响就很大，所测得的抗拉强度就比直接受拉法测得的要低[1]。

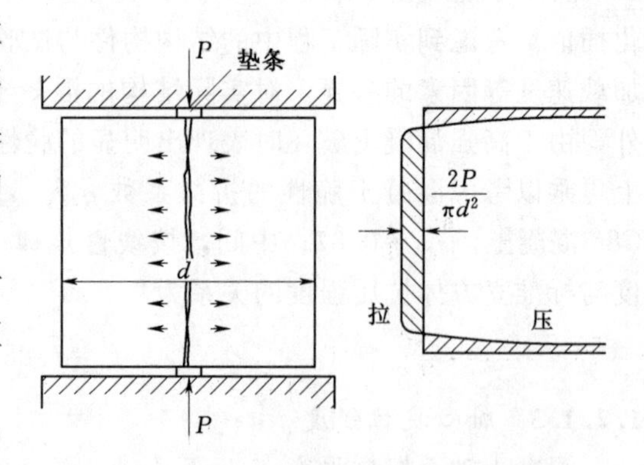

图 1-9　用劈裂法测定混凝土的抗拉强度

根据我国过去对普通混凝土和近年来对高强混凝土轴心抗拉强度与标准立方体抗压强度的对比试验，两者的关系为

$$f_t=0.395f_{cu}^{0.55}(\mathrm{N/mm^2}) \tag{1-5}$$

根据与轴心受压强度相同的理由，引入相应的折减系数 α_{c2}，实际结构中混凝土轴心抗拉强度与标准立方体抗压强度的关系为

$$f_t=0.88\times0.395\alpha_{c2}f_{cu}^{0.55}(\mathrm{N/mm^2}) \tag{1-6}$$

1.2.1.4　复合应力状态下的混凝土强度

上面所讲的混凝土抗压强度和抗拉强度，均是指单轴受力条件下所得到的混凝土强度。实际上，结构物很少处于单向受压或单向受拉状态，工程上经常遇到的都是一些双向或三向受力的复合应力状态，如简支梁的弯剪段就存在着正应力与剪应力共同作用。研究复合应力状态下的混凝土强度，对于进行混凝土结构的合理设计是极为重要的，但这方面的研究在 20 世纪 50 年代后才开始，加上问题比较复杂，目前还未能建立起比较完善的强度理论。

复合应力强度试验的试件形状大体可分为空心圆柱体、实心圆柱体、正方形板、立方体等几种。如图 1-10 所示，在空心圆柱体的两端施加纵向压力或拉力，并在其内部或外部施加液压，就可形成双向受压、双向受拉或一向受压一向受拉；如在两端施加一对扭转力矩，就可形成剪压或剪拉；实心圆柱体及立方体则可形成三向受力状态。

根据现有的试验结果，对双向受力状态可以绘出图 1-11 所示的强度曲线，从中得出以下几点规律：

（1）双向受压时（Ⅰ区），混凝土的抗压强度比单向受压的强度要高。最大抗压强度为 $(1.25\sim1.60)f_c$，发生在应力比 $\sigma_1/\sigma_2=0.3\sim0.6$。

---

[1] 过去常用 5mm×5mm 方钢垫条，所测得的抗拉强度一般均小于直接受拉法测得的强度。目前，《混凝土物理力学性能试验方法标准》（GB/T 50081—2019）要求使用宽 20mm、厚 3～4mm 的普通胶合板或硬质纤维板垫条，以及边长 150mm 的立方体标准试件。试验时，垫条与试验机上下压板之间还需安放横截面半径为 75mm、高为 20mm 的钢制弧形垫块。

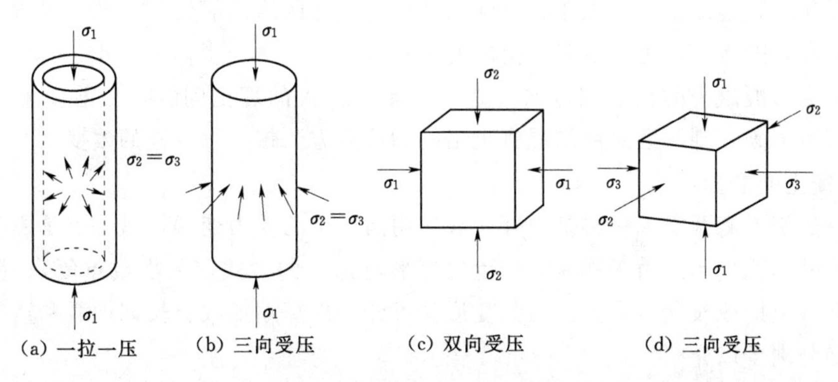

图 1-10 复合应力强度试验的试件形状及荷载作用示意图

(2) 双向受拉时（Ⅱ区），混凝土一向抗拉强度基本上与另一向拉应力的大小无关。也就是说，双向受拉时的混凝土抗拉强度与单向受拉强度基本相同。

(3) 一向受拉一向受压时（Ⅲ区），混凝土抗压强度随另一向的拉应力的增加而降低，或者说，混凝土的抗拉强度随另一向的压应力的增加而降低，此时的抗压和抗拉强度分别低于单轴抗压和抗拉强度。

由于复合应力状态下的试验方法很不统一，影响强度的因素很多，所得出的试验数据有时相差可达 300%，根据各自的试验资料所提出的强度公式也多种多样，具体公式可参见文献 [21]、[22]。

在单轴向压应力 σ 及剪应力 τ 共同作用下，混凝土的破坏强度曲线也可采用 σ/f_c 及 τ/f_c 为坐标来表示，如图 1-12 所示。当有压应力存在时，混凝土的抗剪强度有所提高，但当压应力过大时，混凝土的抗剪强度反而有所降低；当有拉应力存在时，混凝土的抗剪强度随拉应力的增大而降低。或者说，当有剪应力存在时，混凝土抗压和抗拉强度分别低于单轴抗压和抗拉强度。

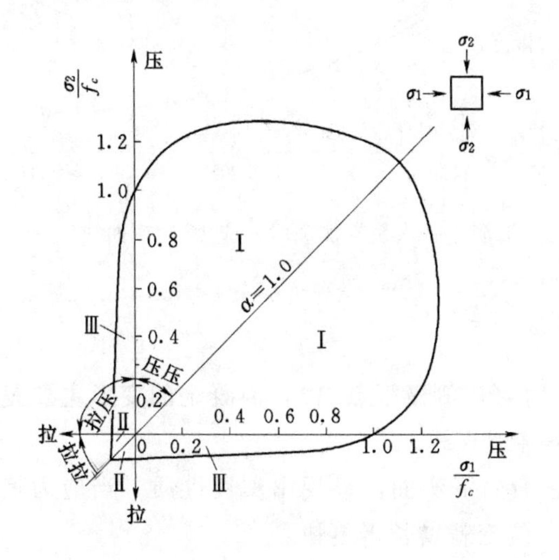

图 1-11 混凝土双向应力下的强度曲线

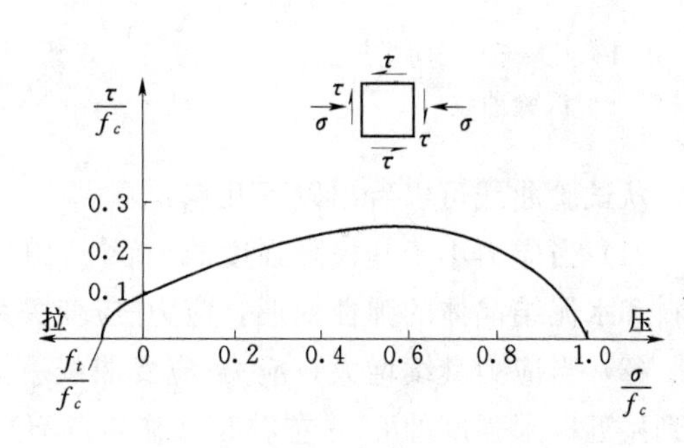

图 1-12 混凝土的复合受力强度曲线

三向受压时，混凝土一向抗压强度随另两向压应力的增加而增加，并且极限压应变也可以大大提高，图1-13为一组三向受压的试验曲线。

复合受力时混凝土的强度理论研究是一个难度较大的理论问题，目前尚未能完满解决，一旦有所突破，则将会对钢筋混凝土结构的计算方法带来根本性的改变。

1.2.2　混凝土的变形

混凝土的变形有两类：一类是由外荷载作用而产生的受力变形，另一类是由温度和干湿变化引起的体积变形。由于外荷载产生的变形与加载的方式（一次或重复）、荷载作用的持续时间（短期或长期）有关，因此变形又可分一次短期加载、长期加载和重复加载等几种，下面分别予以介绍。

1.2.2.1　混凝土在一次短期加载时的应力-应变曲线

混凝土的应力-应变关系是混凝土力学特征的一个重要方面，它是钢筋混凝土结构构件的承载力计算、变形验算和有限元非线性计算等必不可少的依据。混凝土一次短期加载时的变形性能一般采用棱柱体试件测定，由试验得出的一次短期加载时的应力-应变曲线如图1-14所示。

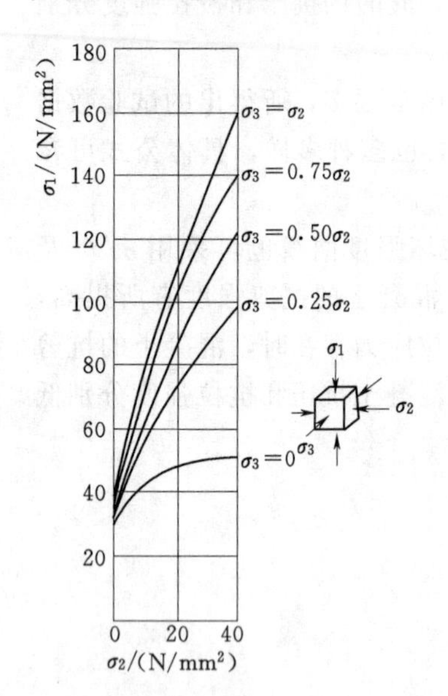

图1-13　混凝土三向受压的试验曲线

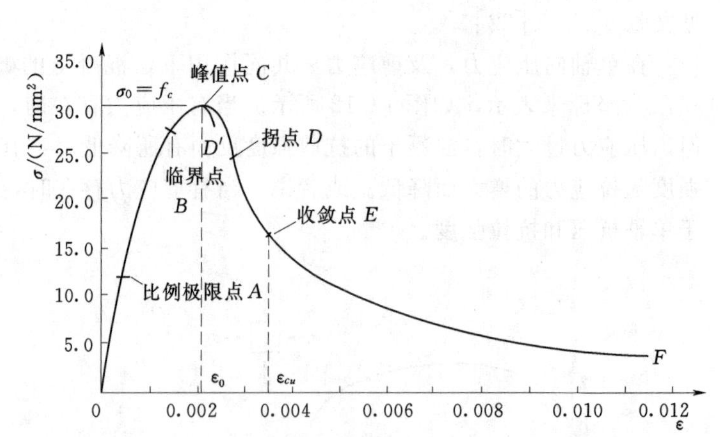

图1-14　混凝土一次短期加载时的应力-应变曲线

从试验曲线可以看出以下几点：

（1）当应力小于其极限强度的30%～40%时（比例极限点A），混凝土的变形主要是骨料和水泥结晶体的弹性变形，应力-应变关系接近直线。

（2）当应力继续增大，应力-应变曲线就逐渐向下弯曲，呈现出塑性性质。当应力增大到接近极限强度的80%左右时（临界点B），应变就增长得更快。

（3）当应力达到极限强度（峰值点C）时，试件表面出现与加压方向平行的纵向裂缝，试件开始破坏。这时达到的最大应力σ_0为混凝土轴心抗压强度f_c，相应的应变为

ε_0。ε_0 随混凝土强度等级的不同在 0.0015～0.0025 之间变动，结构计算时取 $\varepsilon_0=0.002$（普通混凝土）和 $\varepsilon_0=0.002\sim0.00215$（高强混凝土）。

（4）试件在普通材料试验机上进行抗压试验时，达到最大应力后试件就立即崩碎，呈脆性破坏特征。所得应力－应变曲线如图 1－14 中的 0$ABCD'$，下降段曲线 CD'无一定规律。这种突然性破坏是由于试验机的刚度不足所造成的。因为试验机在加载过程中也发生变形，储存了很大的弹性变形能，当试件达到最大应力以后，试验机因荷载减小而很快回弹变形（释放能量），试件受到试验机的冲击而急速破坏。

（5）如果试验机的刚度极大，或在试验机上增设了液压千斤顶之类的刚性元件，试验机所储存的弹性变形就会比较小或回弹变形得以控制，当试件达到最大应力后，试验机所释放的弹性变形能不至于立即将试件破坏，则可以测出混凝土的应力-应变全过程曲线，如图 1－14 中的 0$ABCDEF$。也就是随着缓慢的卸载，试件还能承受一定的荷载，应力逐渐减小而应变却持续增加。曲线中的 0C 段称为上升段，$CDEF$ 段称为下降段。当曲线下降到拐点 D 后，应力-应变曲线凸向应变轴发展。在拐点 D 之后应力-应变曲线中曲率最大点 E 称为"收敛点"。点 E 以后试件中的主裂缝已很宽，内聚力已几乎耗尽，对于无侧向约束的混凝土已失去了结构的意义。

应力-应变曲线中应力峰值 σ_0 与其相应的应变值 ε_0，以及破坏时的极限压应变 ε_{cu}（点 E）是曲线的三大特征值。ε_{cu}越大，表示混凝土的塑性变形能力越大，也就是延性（指构件最终破坏之前经受非弹性变形的能力）越好。

不同强度的混凝土的应力-应变曲线有着相似的形状，但也有实质性的区别。图1－15 所示试验曲线表明，随着混凝土强度的提高，曲线上升段和峰值应变 ε_0 的变化不是很显著，而下降段形状有较大的差异。强度越高，下降段越陡，材料的延性越差。

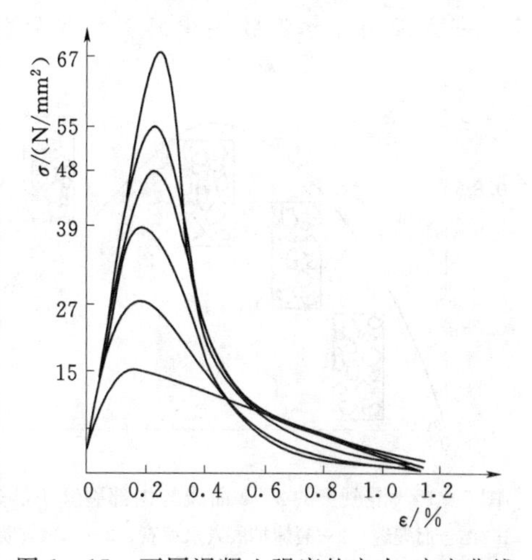

图 1－15　不同混凝土强度的应力-应变曲线

如果混凝土试件侧向受到约束，不能自由变形（例如在混凝土周围配置了较密的箍筋，使混凝土在横向不能自由扩张），则混凝土应力-应变曲线的下降段还可有较大的延伸，ε_{cu}增大很多。

在过去，人们习惯于从强度的观点来考虑问题，对混凝土力学性能的研究主要集中在混凝土的最大应力及弹性模量方面，也就是应力-应变曲线的上升段范围内。随着结构抗震理论的发展，有必要深入了解材料达到极限强度后的变形性能，研究的范围就扩展到应力-应变曲线的全过程。

混凝土的应力-应变曲线的表达式是钢筋混凝土结构学科中的一个基本问题，在许多理论问题中都要用到它。但由于影响因素复杂，所提出的表达式各种各样。一般来说，曲线的上升段比较相近，对于中低强度的混凝土大体上可用下式表示：

$$\sigma=\sigma_0\left[2\frac{\varepsilon}{\varepsilon_0}-\left(\frac{\varepsilon}{\varepsilon_0}\right)^2\right] \tag{1-7}$$

式中　σ_0——应力峰值；

ε_0——峰值应变，相应于应力峰值时的应变值，一般可取为 0.002。

曲线的下降段则相差很大，有的假定为一直线段，有的假定为曲线或折线，有的还考虑配筋的影响，这些不同的表达式可参阅有关文献［21］、［22］。

混凝土受拉时的应力应变关系与受压时类似，但它的极限拉应变比受压时的极限压应变小得多，应力-应变曲线的弯曲程度也比受压时要小，在受拉极限强度的 50％范围内，应力-应变关系可认为是一条直线。曲线下降段随混凝土强度的提高而更加陡峭。

从混凝土的应力应变关系，可以得知混凝土是一种弹塑性材料。但为什么混凝土有这种非弹性性质呢？就混凝土的基本成分而言，石子的应力应变关系直到破坏都是直线；硬化了的水泥浆其应力应变关系也近似直线；砂浆的应力应变关系虽为曲线，但弯曲的程度仍比同样水胶比的混凝土的应力应变曲线为小。从这一现象可以得知，混凝土的非弹性性质并非其组成材料本身性质所致，而是它们之间的结合状态造成的，也就是说在骨料与水泥石的结合面上存在着薄弱环节。

试验研究已表明：在混凝土拌和过程中，石子的表面吸附了一层水膜；成型时，混凝土中多余的水分上升，在粗骨料的底面停留形成水囊；加上凝结时水泥石的收缩，使得骨料和水泥石的结合面上形成了局部的结合面微细裂缝（界面裂缝）。

棱柱体试件受压时，这些结合面裂缝就会扩展和延伸。当应力小于极限强度的 30％～40％时，混凝土的应变主要取决于由骨料和水泥胶块中的结晶体组成的骨架的弹性变形，结合面裂缝的影响可以忽略不计，所以应力应变关系接近于直线。当应力逐步增大后，一方面由于水泥胶块中的凝胶体的黏性流动，而更主要的在于这些结合面裂缝的扩展和延伸，混凝土应变的增长比应力的增长要快，造成了塑性变形。当应力达到极限强度的 80％左右时，这些裂缝快速扩展延伸入水泥石中，并逐步连贯起来，表现为应变的剧增。当裂缝全部连贯形成平行于受力方向的纵向裂缝并在试件表面呈现时，试件也就达到了它的最大承载力（图 1－16）。

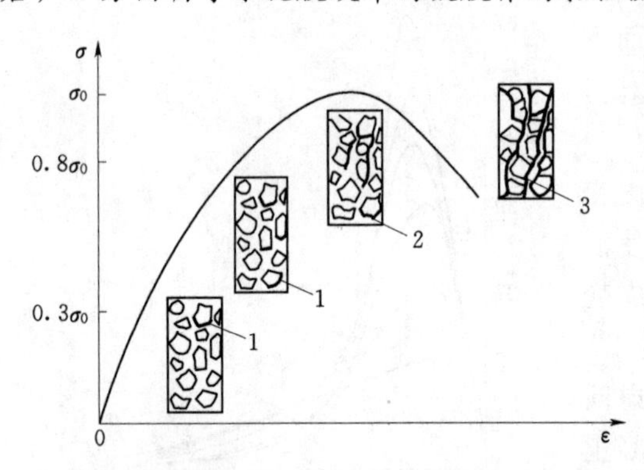

图 1－16　混凝土的 σ－ε 曲线与内部裂缝扩展过程

1—结合面裂缝；2—裂缝扩展入水泥石；3—形成连贯裂缝

混凝土的这种内部裂缝逐步扩展而导致破坏的机理说明，即使在轴向受压的情况下，混凝土的破坏也是由开裂而引起的，破坏的过程本质上是由连续材料逐步变成不连续材料的过程。混凝土这种内部裂缝的存在和扩展的机理也可以用试件的体积变化来加以证实。在加载初期试件的体积因受到纵向压缩而减小，其压缩量大致与所加荷载成比例。但当荷载增大到极限荷载的 80％左右后，试件的表观体积反而随荷载的增加而增大，这说明内部裂缝的扩展使体积增大的影响已超过了纵向压缩使体积减小的影响。

1.2.2.2　混凝土在重复荷载下的应力-应变曲线

混凝土在多次重复荷载作用下，其应力-应变的性质与短期一次加载有显著不同。由于混凝土是弹塑性材料，初次卸载至应力为0时，应变不能全部恢复。可恢复的那一部分称为弹性应变 ε_{ce}，不可恢复的残余部分称为塑性应变 ε_{cp}（图1-17）。因此，在一次加载卸载过程中，混凝土的应力-应变曲线形成一个环状。但随着加载卸载重复次数的增加，每次加、卸载产生的残余应变会逐渐减小，一般重复5～10次后，加载和卸载的应力-应变环状曲线就会越来越闭合并接近一条直线，此时混凝土如同弹性体一样工作（图1-18）。试验表明，这条直线与一次短期加载时的曲线在0点的切线基本平行。

当应力超过某一限值时，经过多次循环，应力-应变曲线成为直线后，又会很快重新变弯，这时加载段曲线也凹向应力轴，且随循环次数的增加应变越来越大，试件很快破坏（图1-18）。这个限值也就是混凝土能够抵抗周期重复荷载的疲劳强度（f_c^f）。

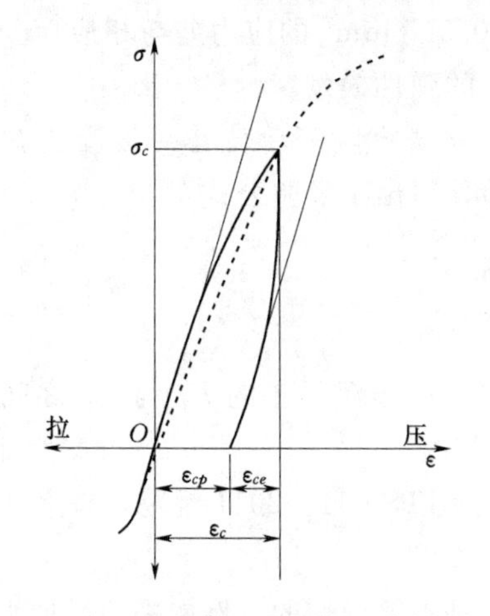

图1-17 混凝土在短期一次加载卸载过程中的 $\sigma-\varepsilon$ 曲线

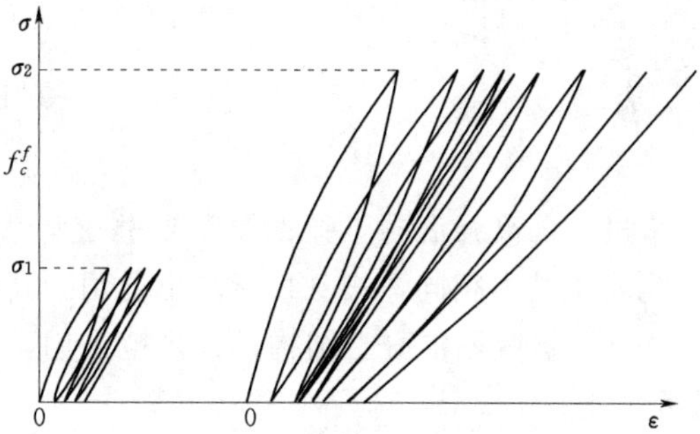

图1-18 混凝土在重复荷载下的 $\sigma-\varepsilon$ 曲线

混凝土的疲劳强度与疲劳应力比值 ρ_c^f 有关，ρ_c^f 为截面同一纤维上的混凝土受到的最小应力 $\sigma_{c,\min}^f$ 与最大应力 $\sigma_{c,\max}^f$ 的比值，$\rho_c^f=\sigma_{c,\min}^f/\sigma_{c,\max}^f$。$\rho_c^f$ 越小，疲劳强度越低。疲劳强度还与荷载重复的次数有关，重复次数越多，疲劳强度越低。例如，当 $\rho_c^f=0.15$，荷载重复次数为200万次时，受压疲劳强度约为 $(0.55\sim0.65)f_c$，当荷载重复次数增至700万次时，疲劳强度则降为 $(0.50\sim0.60)f_c$。

我国要求满足的循环重复次数为200万次，也就是混凝土疲劳强度（f_c^f）定义为混凝土试件承受200万次重复荷载时发生破坏的应力值。

混凝土轴心抗压疲劳强度与轴心抗拉疲劳强度分别等于轴心抗压强度与轴心抗拉强度乘以相应的疲劳强度修正系数 γ_p。相同的 ρ_c^f 下，轴心抗压强度的 γ_p 要大于轴心抗拉强度的 γ_p，2015年版《混凝土结构设计规范》（GB 50010—2010）给出了不同 ρ_c^f 对应下的轴心抗压强度和轴心抗拉强度的 γ_p。

1.2.2.3 混凝土的弹性模量

计算超静定结构内力、温度应力以及构件在使用阶段的截面应力时，为了方便，常近似地将混凝土看作弹性材料进行分析，这时，就需要用到混凝土的弹性模量。对于弹性材料，应力应变为线性关系，弹性模量为一常量。但对于混凝土来说，应力应变关系为一曲线，因此，就产生了怎样恰当地规定混凝土的这项“弹性”指标的问题。

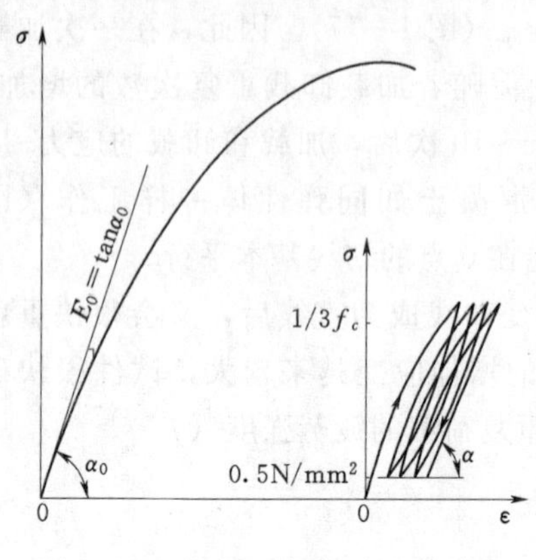

图 1-19　混凝土应力-应变曲线与弹性模量

在图 1-19 所示的受压混凝土应力-应变曲线中，通过原点的切线斜率为混凝土的初始弹性模量 E_0，但它的稳定数值不易从试验中测得。目前的规范是利用多次重复加载卸载后的应力-应变曲线趋于直线的性质来确定弹性模量 E_c 的（图 1-19）。试验时，先对试件对中预压，再进行重复加载：从 0.5N/mm² 加载至 $f_c/3$，然后卸载至 0.5N/mm²；重复加载卸载至少 2 次后再加载至试件破坏。取最后一次加载的 $f_c/3$ 与 0.5N/mm² 的应力差与相应应变差的比值作为混凝土的弹性模量。

中国建筑科学研究院等单位曾对混凝土弹性模量做了大量试验，得出了经验公式：

$$E_c=\frac{10^5}{2.2+\frac{34.7}{f_{cuk}}}(\text{N/mm}^2) \tag{1-8}$$

近年来进行的高强混凝土弹性模量试验统计表明，高强混凝土的 E_c 与 f_{cuk} 之间的关系与普通混凝土基本相同，式（1-8）也适用于高强混凝土。

式（1-8）被我国混凝土结构设计规范采用，包括 JTS 151—2011 规范，按上式计算的 E_c 值列于附录 B 表 B-2。

实际上弹性模量的变化规律仅仅用强度 f_{cuk} 来反映是不够确切的。例如采用增加水泥用量而得到的高强度等级的混凝土与同等级的干硬性混凝土相比，其弹性模量值往往偏低，所以按式（1-8）计算的弹性模量值，其误差有时可达 20%。有些文献建议的弹性模量计算公式中就包括了骨料性质、胶凝材料的含量等因素在内；有的国家的规范中则包括了混凝土重力密度的因素在内。但总的说来，按式（1-8）计算基本上能满足工程上的要求。

混凝土的弹性模量与强度一样，随龄期的增长而增长。这对大体积混凝土的温度应力计算会有显著的影响。同时，快速加载时，测得的混凝土的弹性模量和强度均会提高。

根据中国水利水电科学研究院的试验，混凝土的受拉弹性模量与受压弹性模量大体相等，其比值为 0.82～1.12，平均为 0.995。所以在设计计算中，混凝土受拉与受压的弹性模量可取为同一值。

在应力较大时，混凝土的塑性变形比较显著，此时再用式（1-8）计算就不再合适了，特别是需要把应力转换为应变或把应变转换为应力时，就不能再用常值 E_c，此时应该由应力-应变曲线［参阅式（1-7）］直接求解。

应力 σ_c 较大时的混凝土的应力与应变之比称为变形模量，常用 E_c' 表示，$E_c'=\sigma_c/\varepsilon_c$，$E_c'$ 与弹性模量 E_c 的关系可用弹性系数 ν 来表示：

$$E_c'=\nu E_c \tag{1-9}$$

ν 是小于 1 的变数，随着应力增大，ν 值逐渐减小。

混凝土的泊松比 ν_c 随应力大小而变化，并非一常值。但在应力不大于 $0.5f_c$ 时，可

以认为 ν_c 为一定值，一般取 1/6。当应力大于 $0.5f_c$ 时，则内部结合面裂缝剧增，ν_c 值就迅速增大。

混凝土的剪切模量 G_c 目前还不易通过试验得出，可由弹性理论求得

$$G_c=\frac{E_c}{2(1+\nu_c)} \tag{1-10}$$

1.2.2.4 混凝土的极限变形

混凝土的极限压应变 ε_{cu} 除与混凝土本身性质有关外，还与试验方法（加载速度、量测标距等）有关。因此，极限压应变的实测值可以在很大范围内变化。

加载速度较快时，测得极限压应变将减小；反之，测得极限压应变将增大。

混凝土偏心受压试验表明，试件截面最大受压边缘的极限压应变还随着外力偏心距的增加而增大。受压边缘的 ε_{cu} 可为 0.0025～0.005，大多在 0.003～0.004 的范围内。

钢筋混凝土受弯及偏心受压试件的试验表明，混凝土的极限压应变还与配筋数量有关。国外的一些规范规定，在计算钢筋混凝土梁及偏心受压柱时 ε_{cu} 取为 0.003（美国 ACI 318 规范）或 0.0035（英国、欧洲规范等）。我国四川省建筑科学研究院等单位进行了 299 个钢筋混凝土偏心受压柱的试验，得出偏心小时 ε_{cu} 为 0.00312，偏心大时为 0.00335，平均可取为 0.0033。在我国的规范中，均匀受压的 ε_{cu} 一般取为 ε_0，非均匀受压的 ε_{cu} 一般取为 0.0033（普通混凝土）和 0.0033～0.0030（高强混凝土）。

混凝土的极限拉应变 ε_{tu}（极限拉伸值）比极限压应变小得多，实测值也极为分散，在 0.00005～0.00027 的大范围内变化。计算时一般可取为 0.0001。

混凝土的极限拉应变值的大小对建筑物的抗裂性能有很大影响，提高混凝土的极限拉伸值能直接提高结构构件的抗裂性。

极限拉伸值随着抗拉强度的增加而增加。除抗拉强度以外，影响极限拉伸值的因素还有很多：经潮湿养护的混凝土的 ε_{tu} 可比干燥存放的大 20%～50%；采用强度等级高的水泥可以提高极限拉伸值；用低弹性模量骨料拌制的混凝土或碎石及粗砂拌制的混凝土，ε_{tu} 值也较大；水泥用量不变时，增大水胶比，会减小 ε_{tu} 值。

应注意，混凝土的抗裂性能并非只取决于极限拉伸值一种因素，还与混凝土的收缩、徐变等其他因素有关。因此，如何获得抗裂性能最好的混凝土，需从各方面综合考虑。

1.2.2.5 混凝土在长期荷载作用下的变形——徐变

混凝土在荷载长期持续作用下，应力不变，变形也会随着时间的增加而增加，这种现象称为混凝土的徐变。

图 1-20 是混凝土试件在持续荷载作用下，应变与时间的关系曲线。在加载的瞬间，试件就有一个变形，这个应变称为混凝土的初始瞬时应变 ε_0。当荷载保持不变并持续作用时，应变就会随时间增长。试验指出，中小结构混凝土的最终徐变 $\varepsilon_{cr,\infty}$ 可为瞬时应

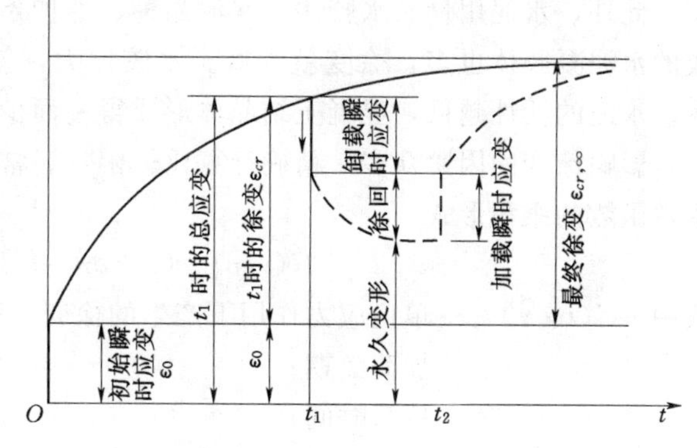

图 1-20 混凝土的徐变（应变与时间增长关系）

变的 2～3 倍。如果在时间 t_1时把荷载卸去，变形就会恢复一部分。在卸载的瞬间，应变急速减少的部分是混凝土弹性影响引起的，它属于弹性变形；在卸载之后一段时间内，应变还可以逐渐恢复一部分，称之为徐回；剩下的应变不再恢复，为永久变形。如果在以后又重新加载，则瞬时应变和徐变又发生，如图 1-20 中虚线所示。

徐变与塑性变形不同。塑性变形主要是混凝土中结合面裂缝的扩展延伸引起的，只有当应力超过了材料的弹性极限后才发生，而且是不可恢复的。徐变不仅部分可恢复，而且在较小的应力时就能发生。

一般认为产生徐变的原因主要有两个：一个原因是混凝土受力后，水泥石中的凝胶体产生的黏性流动（颗粒间的相对滑动）要延续一个很长的时间，因此沿混凝土的受力方向会继续发生随时间而增长的变形。另一个原因是混凝土内部的微裂缝在荷载长期作用下不断发展和增加，从而导致变形的增加。在应力较小时，徐变以第一个原因为主；应力较大时，以第二个原因为主。

试验表明，影响混凝土徐变的因素很多，主要有下列 3 个：

（1）徐变与加载应力大小的关系。一般认为，对于普通混凝土，应力低于 $0.5f_c$ 时，徐变与应力为线性关系，这种徐变称为线性徐变。它的前期徐变较大，在 6 个月中已完成了全部徐变的 70%～80%，一年后变形即趋于稳定，两年以后徐变就基本完成。当应力在 $(0.5\sim0.8)f_c$ 范围内时，徐变与应力不成线性关系，徐变增长比应力要快，徐变收敛性随应力增加而变差，但仍能收敛，这种徐变称为非线性徐变。当应力大于 $0.8f_c$ 时，徐变的发展是非收敛的，最终将导致混凝土破坏。因此，在正常使用阶段混凝土应避免经常处于高应力状态，一般取 $0.8f_c$ 作为混凝土的长期抗压强度。

高强混凝土徐变比普通混凝土小，在应力大于 $0.65f_c$ 时才开始产生非线性徐变，长期抗压强度约为 $(0.8\sim0.85)f_c$。

（2）徐变与加载龄期的关系。加载时混凝土龄期越长，水泥石晶体所占的比重越大，凝胶体的黏性流动就越少，徐变也就越小。

（3）周围湿度对徐变的影响。混凝土周围的湿度是影响徐变大小的主要因素之一。外界相对湿度越低，混凝土的徐变就越大。这是因为在总徐变值中还包括由于混凝土内部水分受到外力后向外逸出而造成的徐变在内。外界湿度越低，水分越易外逸，徐变就越大，反之亦然。同理，大体积混凝土（内部湿度接近饱和）的徐变比小构件的徐变要小。

此外，水泥用量、水胶比、水泥品种、养护条件等也对徐变有影响。水泥用量多，形成的水泥凝胶体也多，徐变就大些。水胶比大，使水泥凝胶体的黏滞度降低，徐变就增大。水泥的活性越低，混凝土结晶体形成得慢而少，徐变就越大。

影响徐变的因素众多，精确计算比较困难。常用的表达式是指数函数形式或幂函数与指数函数的乘积形式：

$$C(t,\tau)=(a+b\tau^{-c})\left[1-e^{-d(t-\tau)}\right] \tag{1-11}$$

式中　$C(t,\tau)$——单位应力作用下产生的徐变，称为徐变度；

τ——加荷龄期；

$(t-\tau)$——持荷时间；

a、b、c、d——试验常数，取决于混凝土的级配与材料性质。

混凝土的徐变会显著影响结构物的应力状态。可以从另一角度来说明徐变特性：如果结构受外界约束而无法变形，则结构的应力将会随时间的增加而降低，这种应力降低的现象称为应力松弛。松弛与徐变是一个事物的两种表现方式。

因混凝土徐变引起的应力变化，在不少情况下是有利的。例如，局部的应力集中可以因徐变而得到缓和；支座沉陷、温度与湿度变化引起的应力也可由于徐变而得到松弛。

混凝土的徐变还能使钢筋混凝土结构中的混凝土应力与钢筋应力发生重分布。以钢筋混凝土柱为例，在任何时刻，柱所承受的总荷载等于混凝土承担的力与钢筋承担的力之和。在开始受载时，混凝土与钢筋的应力大体与它们的弹性模量成比例。当荷载持久作用后，混凝土发生徐变，好像变“软”了一样，就导致混凝土应力的降低与钢筋应力的增大。

混凝土徐变的一个不利作用是它会使结构的变形增大。另外，在预应力混凝土结构中，它还会造成较大的预应力损失，是极为不利的，详见第10章。

1.2.2.6 混凝土的温度变形和干湿变形

除了荷载引起的变形外，混凝土还会因温度和湿度的变化而引起体积变化，称为温度变形及干湿变形。

温度变形一般来说是很重要的，尤其是对大体积混凝土结构或超长结构。当这些结构的变形受到约束时，温度变化所引起的应力常常可能超过外部荷载引起的应力。有时，仅温度应力就可能形成贯穿性裂缝，进而导致渗漏、钢筋锈蚀、结构整体性能下降，使结构承载力和混凝土的耐久性显著降低。

混凝土的温度线膨胀系数 α_c 约为 $(7\times10^{-6}\sim11\times10^{-6})/℃$。它与骨料性质有关，骨料为石英岩时 α_c 最大，其次为砂岩、花岗岩、玄武岩以及石灰岩。一般计算时，也可取 $\alpha_c=10\times10^{-6}/℃$。

大体积混凝土结构常需要计算温度应力。混凝土内的温度变化取决于混凝土的浇筑温度、水泥结硬过程中产生的水化热引起的绝热温升以及外界介质的温度变化。

混凝土失水干燥时会产生收缩（干缩），已经干燥的混凝土再置于水中，混凝土又会重新发生膨胀（湿胀），这说明外界湿度变化时混凝土会产生干缩与湿胀。湿胀系数比干缩系数小得多，而且湿胀常产生有利的影响，所以在设计中一般不考虑湿胀的影响。当干缩变形受到约束时，结构会产生干缩裂缝，应加以注意。如果构件是能够自由伸缩的，则混凝土的干缩只是引起构件的缩短而不会导致干缩裂缝。但不少结构构件都程度不同地受到边界的约束作用，例如板受到四边梁的约束，梁受到支座的约束，大体积混凝土的表面混凝土受到内部混凝土的约束等。对于这些受到约束不能自由伸缩的构件，混凝土的干缩就会使构件产生有害的干缩应力，导致裂缝的产生。

混凝土的干缩是由于混凝土中水分的散失或湿度降低所引起的。混凝土内水分扩散的规律与温度的传播规律一样，但是干燥过程比降温冷却过程慢得多。所以对于大体积混凝土，干燥实际上只限于很浅的表面。有试验表明：一面暴露在相对湿度50%空气中的混凝土，干燥深度达到70mm需用时1个月，达到700mm则需用时将近10年。但干缩会引起表面广泛发生裂缝，这些裂缝向内延伸一定距离后，在湿度平衡区内消失。在不利条件下，表面裂缝还会发展成为危害性的裂缝。对于薄壁结构来说，干缩的有害影响应予以足够的关注。

外界相对湿度是影响干缩的主要因素，此外，水泥用量越多，水胶比越大，干缩也越大。因此，应尽可能加强养护不使其干燥过快，并增加混凝土密实度，减小水泥用量及水胶比。混凝土的干缩应变一般在 $2\times10^{-4}\sim6\times10^{-4}$ 之间，计算混凝土干缩应变的经验公式，可参考相关文献［23］。

在混凝土结构中，企图用钢筋来防止温度裂缝或干缩裂缝的“出现”是不可能的。但在不配钢筋或配筋过少的混凝土结构中，一旦出现裂缝，则裂缝数目虽不多但往往开展得很宽。布置适量钢筋后，能有效地使裂缝分散（增加裂缝条数），从而限制裂缝的开展宽度，减轻危害。所以在水运和水利水电工程中，对于遭受剧烈气温或湿度变化作用的混凝土结构表面，常配置一定数量的钢筋网。

为减少温度及干缩的有害影响，应对结构形式、施工工艺及施工程序等方面加以研究。措施之一就是间隔一定距离设置伸缩缝，大多数混凝土结构设计规范都规定了伸缩缝的最大间距。

1.2.3　混凝土的其他性能

除了上面所介绍的力学性能以外，混凝土还有一些特性需要在设计和施工中加以考虑。

1. 重力密度（或重度）

混凝土的重力密度与所用的骨料及振捣的密实程度有关。对于一般的骨料，在缺乏实际试验资料时，可按如下数值采用：

以石灰岩或砂岩为粗骨料的混凝土，经人工振捣的，其重力密度为 23.0kN/m^3；机械振捣的为 24.0kN/m^3。

以花岗岩、玄武岩等为粗骨料的混凝土，按上列标准再加 1.0kN/m^3。

设计混凝土结构时，如其稳定性需由混凝土自重来保证时，则混凝土重力密度应由试验确定。

设计一般的钢筋混凝土结构或预应力混凝土结构时，其重力密度可近似地取为 25.0kN/m^3。

2. 耐久性

混凝土的耐久性在一般环境条件下是较好的。但如果混凝土抵抗渗透能力差，或受冻融循环、侵蚀介质的作用，都会使其可能遭受碳化、冻害、腐蚀等，给结构的使用寿命造成严重影响。

混凝土的耐久性与其抗渗、抗冻、抗冲刷、抗碳化和抗腐蚀等性能有密切关系。在水运工程中，对混凝土的抗渗性、抗冻性要求很高。在第 8 章中将结合我国的混凝土结构设计规范讨论混凝土结构耐久性的若干问题。

1.3　钢筋与混凝土的黏结

1.3.1　钢筋与混凝土之间的黏结力

钢筋与混凝土之间的黏结是这两种材料能组成复合构件共同受力的基本前提。一般来说，外力很少直接作用在钢筋上，钢筋所受到的力通常都要通过周围的混凝土来传给它，这就要依靠钢筋与混凝土之间的黏结力来传递。钢筋与混凝土之间的黏结力如果遭到破坏，就会使构件变形增加、裂缝剧烈开展，甚至提前破坏。在重复加载特别是强烈地震作用下，很多结构的毁坏都是由于黏结破坏及锚固失效引起的。

为了加强与混凝土的黏结，钢筋需轧制成有凸缘（肋）的表面。在我国，这种带肋钢筋常轧成月牙肋。

钢筋与混凝土之间的黏结应力可用拉拔试验来测定，即在混凝土试件的中心埋置钢筋，在加荷端拉拔钢筋，如图 1-21 所示。沿钢筋长度上的黏结应力 τ_b 可由两点之间的钢筋拉力的变化除以钢筋与混凝土的接触面积来计算：

$$\tau_b=\frac{\Delta\sigma_s A_s}{u\times 1}=\frac{d}{4}\Delta\sigma_s \tag{1-12}$$

式中 $\Delta\sigma_s$——单位长度上钢筋应力变化值；

A_s——钢筋截面面积；

u——钢筋周长；

d——钢筋直径。

测量钢筋沿长度方向各点的应变，就可得到钢筋应力 σ_s 及黏结应力 τ_b 沿钢筋长度方向的分布曲线，图 1-22 为一拉拔试验的实测结果。

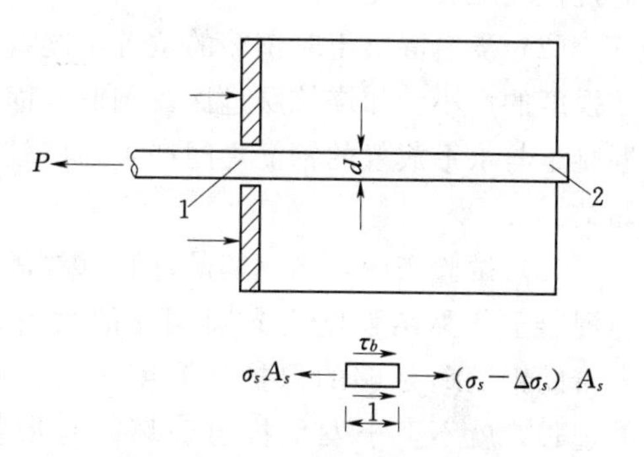

图 1-21 钢筋拉拔试验

1—加荷端；2—自由端

从试验结果（图 1-22）可以看出黏结应力有下列特点：①光圆钢筋 σ_s 曲线为凸形，σ_s 随离加荷端距离的增大逐渐减小；带肋钢筋 σ_s 曲线为凹形，σ_s 随离加荷端距离的增大迅速减小。这表明带肋钢筋的应力传递比光圆钢筋快，黏结性能比光圆钢筋好。②对于光圆钢筋，随着拉拔力的增加，τ_b 曲线的峰值位置由加荷端向

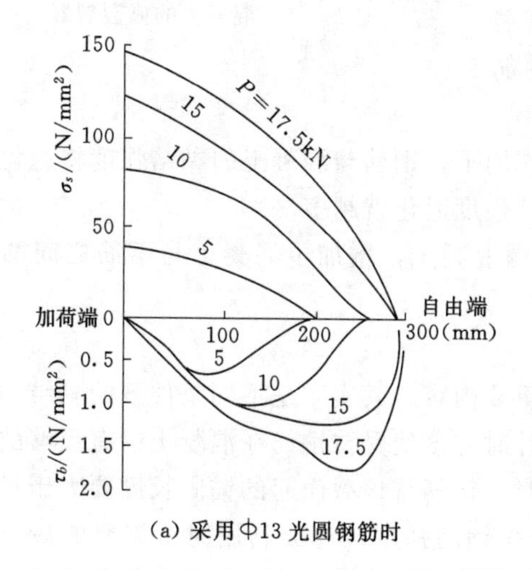

(a) 采用Φ13 光圆钢筋时

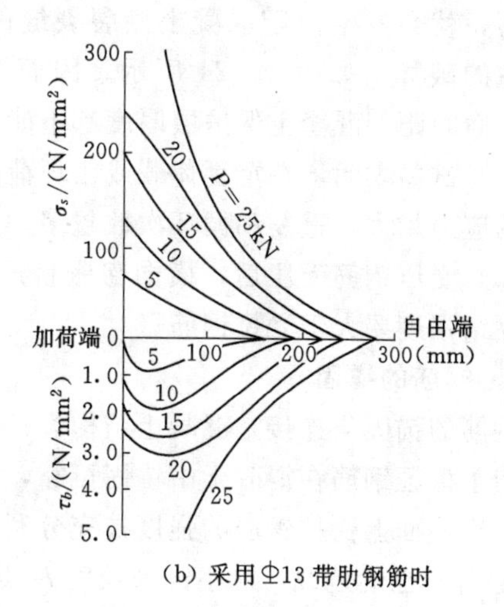

(b) 采用Φ13 带肋钢筋时

图 1-22 钢筋应力及黏结应力图

内移动，临近破坏时，移至自由端附近，同时 τ_b 曲线的长度（有效埋长）也达到了自由端。对于带肋钢筋，τ_b 曲线的峰值位置始终在加荷端附近，有效埋长增加得也很缓慢。这说明带肋钢筋的黏结强度大得多，钢筋中的应力能够很快向四周混凝土传递。

试验表明，光圆钢筋的黏结力由三部分组成：①水泥凝胶体与钢筋表面之间的胶结力；②混凝土收缩，将钢筋紧紧握固而产生的摩擦力；③钢筋表面不平整与混凝土之间产生的机械咬合力。带肋钢筋的黏结力除了胶结力、摩擦力和机械咬合力以外，更主要的是钢筋表面凸出的横肋对混凝土的挤压力，如图 1－23 所示。

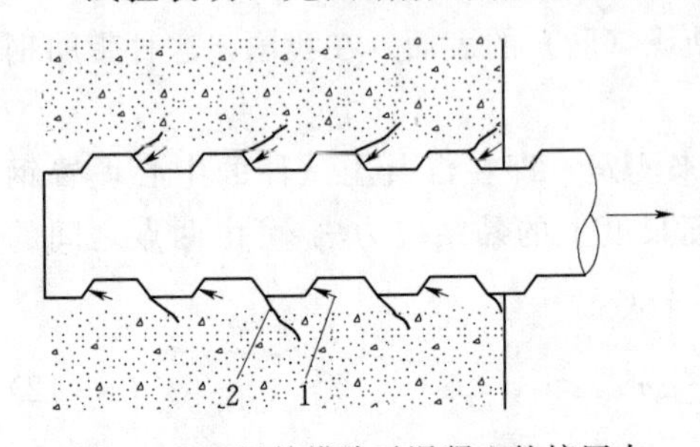

图 1－23　钢筋横肋对混凝土的挤压力

1—钢筋凸肋上的挤压力；2—内部裂缝

影响黏结强度的因素除了钢筋的表面形状以外，还有混凝土的抗拉强度、浇筑混凝土时钢筋的位置、钢筋周围的混凝土厚度等，它们对黏结强度的影响如下：

（1）光圆钢筋与带肋钢筋的黏结强度都随混凝土强度的提高而提高，大体上与混凝土的抗拉强度成正比。

（2）浇筑混凝土时钢筋的位置不同，其周围的混凝土的密实性不一样，也会影响到黏结强度的大小。如浇筑层过深，钢筋底面的混凝土会出现沉淀和离析泌水，气泡逸出，使混凝土与水平放置的钢筋之间产生强度较低的疏松空隙层，从而削弱钢筋与混凝土之间的黏结。

（3）试验表明，当钢筋的埋长（锚固长度）不足时，有可能发生拔出破坏。带肋钢筋与混凝土的黏结强度比光圆钢筋的大得多，只要带肋钢筋有足够的保护层厚度，而且有一定的埋长，就不至于发生拔出破坏。但带肋钢筋受力时，在钢筋凸肋的角端上，混凝土会发生内部裂缝（图 1－23），如果钢筋周围的混凝土层过薄，就会发生由于混凝土撕裂裂缝的延展而导致的破坏，如图 1－24 所示。因而，钢筋之间的净间距与混凝土保护层厚度都不能太小。

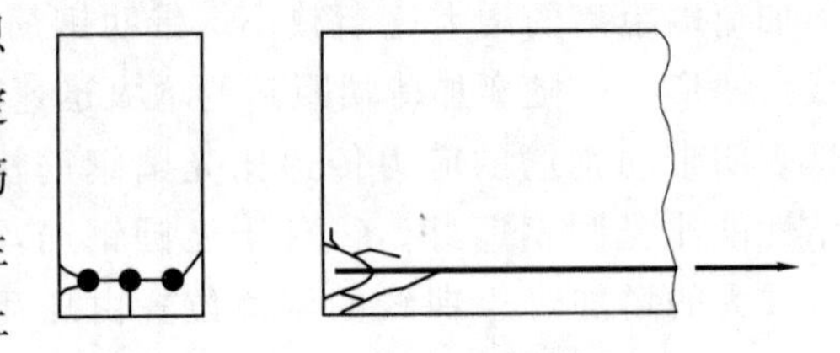

图 1－24　混凝土的撕裂裂缝

（4）试验表明，在重复荷载或循环荷载作用下，钢筋与混凝土的黏结强度将退化。所施加的应力越大，重复和循环次数越多，黏结强度退化就越多。

（5）受压钢筋受压后，横向膨胀挤压周围混凝土，增加了混凝土与钢筋之间的摩擦力，黏结强度要大于受拉钢筋。

1.3.2　钢筋的锚固

钢筋的锚固与连接是混凝土结构设计的重要内容，其实质是不同条件下的黏结问题。

为了保证钢筋在混凝土中锚固可靠，设计时应该使受拉钢筋在混凝土中有足够的锚固长度。当截面上受拉钢筋的强度被充分利用时，钢筋从该截面起的锚固长度要大于最小锚固长度 l_a。也就是说，最小锚固长度 l_a 是受拉钢筋强度被充分利用时所需要的最小锚固长度。最小锚固长度 l_a 可根据钢筋应力达到屈服强度 f_y 时钢筋才被拔动的条件确定。设

最小锚固长度 l_a 范围内平均黏结应力为 $\bar{\tau}_b$，则钢筋与混凝土之间的黏结力为 $\bar{\tau}_b \pi d l_a$，d 为钢筋直径，于是有

$$f_y A_s = l_a \bar{\tau}_b \pi d \tag{1-13}$$

$$l_a = \frac{f_y A_s}{\bar{\tau}_b \pi d} = \frac{f_y d}{4\bar{\tau}_b} \tag{1-14}$$

又如前述，黏结力与混凝土单轴抗拉强度 f_t 成正比，于是设 $\bar{\tau}_b = \frac{f_t}{4\alpha}$，代入式（1-14）得

$$l_a = \alpha \frac{f_y}{f_t} d \tag{1-15}$$

式中 α——钢筋外形系数，热扎光圆钢筋取 $\alpha=0.16$，热扎带肋钢筋取 $\alpha=0.14$，预应力钢筋 α 值可查阅附录 D 表 D-3；

f_y——钢筋抗拉强度设计值，按附录 B 表 B-3 取用；

f_t——混凝土轴心抗拉强度设计值，按附录 B 表 B-1 取用；当混凝土强度等级大于 C60 时，按 C60 取值；

d——钢筋直径。

从式（1-15）可知，钢筋强度越高，直径越粗，混凝土强度越低，则锚固长度要求越长。

实际采用的最小锚固长度 l_a 还应根据锚固条件的不同进行修正，如对钢筋直径大于 25mm、钢筋在施工过程易受扰动等情况，式（1-15）算得的 l_a 还要乘以 1.1 的修正系数，具体可查阅附录 D。

如截面上受拉钢筋的强度未被充分利用，则钢筋从该截面起的锚固长度可小于最小锚固长度 l_a。对于受压钢筋，由于钢筋受压时会侧向鼓胀，对混凝土产生挤压，增加了黏结力，所以它的锚固长度可以短些。当受压钢筋强度被充分利用时，其锚固长度不得小于相应受拉锚固长度的 70%。

为了保证光圆钢筋的黏结强度的可靠性，规范还规定绑扎骨架中的受力光圆钢筋应在末端做成 180°弯钩，如图 1-25 所示。

带肋钢筋及焊接骨架中的光圆钢筋由于其黏结力较好，可不做弯钩。轴心受压构件中的光圆钢筋也可不做弯钩。

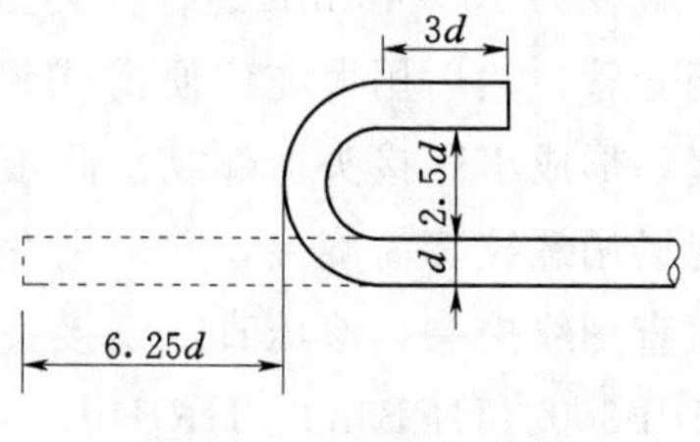

图 1-25 钢筋的弯钩

1.3.3 钢筋的接头

出厂的钢筋，为了便于运输，除小直径的盘条外，一般为长 9～12m 的直条。在实际使用过程中，往往会遇到钢筋长度不足的情况，这时就需要把钢筋接长至设计长度，这就是钢筋的接头。

钢筋接头有三种办法：绑扎搭接、焊接、机械连接。

钢筋的接头位置宜设置在构件受力较小处，并宜相互错开。

绑扎搭接接头就是在钢筋搭接处用铁丝绑扎（图 1-26）。采用绑扎搭接接头时，钢

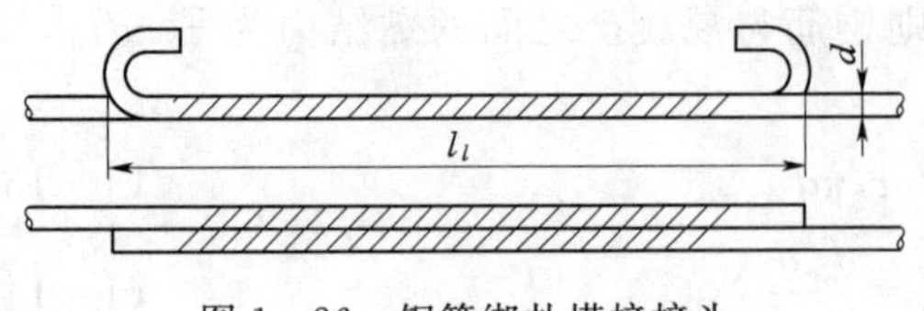

图1-26　钢筋绑扎塔接接头

筋间力的传递是依靠钢筋与混凝土之间的黏结力，因此必须有足够的搭接长度。与锚固长度一样，钢筋屈服强度越高、直径越大，要求的搭接长度就越长。JTS 151—2011规范规定纵向受拉钢筋搭接长度l_l应满足$l_l \geqslant \zeta_l l_a$及$l_l \geqslant 300$mm，$l_a$为受拉钢筋的最小锚固长度，$\zeta_l$为纵向受拉钢筋搭接长度修正系数，按表1-1取值。从表1-1可看到，$\zeta_l > 1.0$，即l_l是大于l_a的；位于同一连接区段搭接接头的钢筋越多，所需的l_l就越大。

受压钢筋的搭接长度l_l'可小于受拉钢筋的搭接长度，应满足的条件为$l_l' \geqslant 0.7\zeta_l l_a$及$l_l' \geqslant 200$mm。

表1-1　　纵向受拉钢筋搭接长度修正系数ζ_l

纵向钢筋搭接接头面积百分率/%	≤25	50
ζ_l	1.2	1.4

注　纵向钢筋搭接接头面积百分率为该区段有搭接接头的纵向受力钢筋与全部纵向受力钢筋截面面积的比值，对于梁类、板类、墙类构件该百分率不宜大于25%，对柱类构件不宜大于50%。

轴心受拉构件、小偏心受拉构件以及承受振动的构件中的纵向钢筋接头，不得采用绑扎搭接。当受力钢筋直径$d > 25$mm时，不宜采用绑扎搭接接头。

焊接接头是在两根钢筋接头处焊接。钢筋直径$d \leqslant 28$mm的焊接接头，最好用对焊机将两根钢筋直接对头接触电焊（即闪光对焊），如图1-27（a）所示，或用手工电弧焊搭接，如图1-27（b）所示；$d \geqslant 28$mm且直径相同的钢筋，可采用将两根钢筋对头外加钢筋帮条的电弧焊接方式，如图1-27（c）所示。焊接接头的具体要求可查阅《钢筋焊接及验收规程》（JGJ 18—2012）。

机械连接接头可分为挤压套筒接头和螺纹套筒接头两大类。钢筋挤压套筒接头可适用于直径为18～40mm的各种类型带肋钢筋，其连接方法是在两根待连接的钢筋端部套上钢套管，然后用大吨位便携式钢筋挤压机挤压钢套管，使之与带肋钢筋紧紧地咬合在一起，形成牢固接头。螺纹套筒接头是由专用套丝机在钢筋端部套成螺纹，然后在施工作业现场用螺纹套筒旋接，并采用专用测力扳手拧紧。螺纹套筒接头又可分为锥螺纹接头、镦粗直螺纹接头、滚压直螺纹接头等。图1-28为一锥螺纹接头，可连接直径16～40mm的HPB300、HRB335、HRB400同径或异径钢筋。

机械连接接头具有工艺操作简单、接头性能可靠、连接速度快、施工安全等特点。特别是用于过缝钢筋连接时，钢筋不会像焊接接头那样出现残余温度应力。机械连接接头目前已在实际工程中得到了较多的应用。

机械连接接头按力学性能可分为Ⅰ、Ⅱ和Ⅲ级，其选用及布置应符合《钢筋机械连接技术规程》（JGJ 107—2016）。

和受拉钢筋搭接一样，当受拉钢筋采用焊接或机械连接时，有焊接或机械连接的纵向受力钢筋与全部纵向受力钢筋截面面积的比值都要小于某一定值，详见附录D。

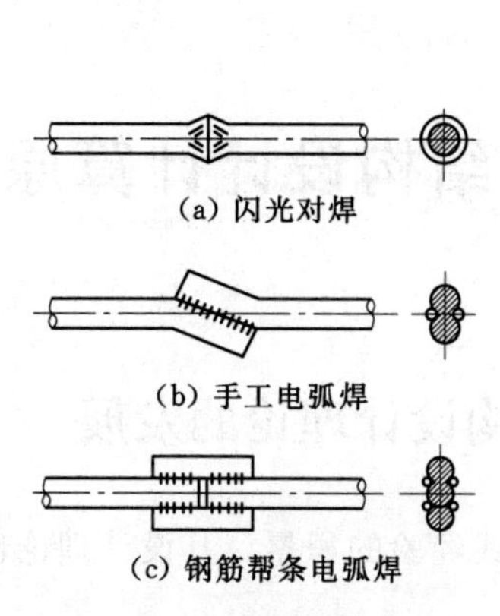

图 1-27 钢筋焊接接头

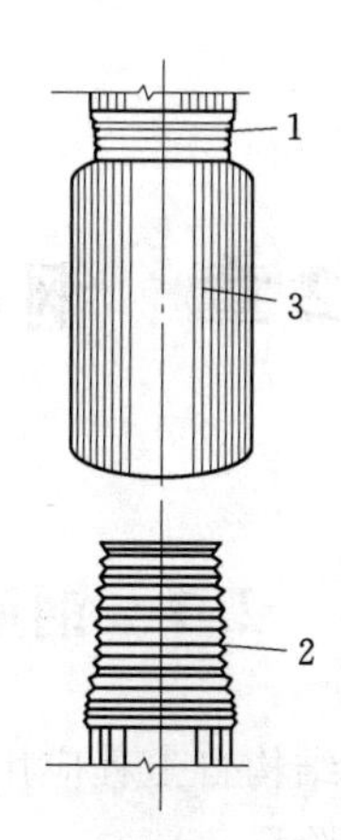

图 1-28 锥螺纹钢筋的连接示意图

1—上钢筋；2—下钢筋；3—套筒（内有凹螺纹）

第2章 钢筋混凝土结构设计计算原理

2.1 钢筋混凝土结构设计理论的发展

钢筋混凝土结构自工程应用以来，随着实践经验的积累，其设计理论也不断发展，大体上可分为三个阶段。

2.1.1 容许应力法

最早的钢筋混凝土结构设计理论采用的是以材料力学为基础的容许应力法。它假定钢筋混凝土结构为弹性材料，要求在规定的使用阶段荷载作用下，按材料力学计算出的构件截面应力σ不大于规定的材料容许应力$[\sigma]$。由于钢筋混凝土结构是由混凝土和钢筋两种材料组合而成的，因此就分别规定了：

$$\sigma_c \leqslant [\sigma_c] = \frac{f_c}{K_c} \tag{2-1}$$

$$\sigma_s \leqslant [\sigma_s] = \frac{f_y}{K_s} \tag{2-2}$$

式中 σ_c、σ_s——使用荷载作用下构件截面上的混凝土最大压应力和受拉钢筋的最大拉应力；

$[\sigma_c]$、$[\sigma_s]$——混凝土的容许压应力和钢筋的容许拉应力，它们分别由混凝土抗压强度f_c、钢筋抗拉屈服强度f_y除以相应的安全系数K_c、K_s确定。安全系数是一个大于1的值，根据经验判断取定。

由于钢筋混凝土并不是弹性材料，因此以弹性理论为基础的容许应力法不能如实地反映构件截面的应力状态，依据它设计出的钢筋混凝土结构构件的截面承载力是否安全也无法用试验来加以佐证。

但容许应力法的概念比较简明，只要相应的容许应力取得比较恰当，它也可在结构设计的安全性和经济性两方面取得很好的协调，因此容许应力法曾在相当长的时间内为工程界所采用。至今，在某些场合，如预应力混凝土构件等设计中仍采用它的一些计算原则。

2.1.2 破坏阶段法

20世纪30年代出现了能考虑钢筋混凝土塑性性能的“破坏阶段承载力计算方法”。这种方法着眼于研究构件截面达到最终破坏时的应力状态，从而计算出构件截面在最终破坏时能承载的极限内力（对梁、板等受弯构件，就是极限弯矩M_u）。为保证构件在使用时有必要的安全储备，规定由使用荷载产生的内力应不大于极限内力除以安全系数K。对受弯构件，就是使用弯矩M应不大于极限弯矩M_u除以安全系数K，即

$$M \leqslant \frac{M_u}{K} \tag{2-3}$$

安全系数 K 仍是由工程实践经验判断取定的。

破坏阶段法的概念非常清楚，计算假定符合钢筋混凝土的特性，计算得出的极限内力可由试验得到确证，计算也非常简便，因此被迅速推广应用。其缺点是它只验证了构件截面的最终破坏，而无法得知构件在正常使用期间的使用情况，如构件的变形和裂缝开展等。

2.1.3　极限状态法

随着科学研究的不断深入，在 20 世纪 50 年代，钢筋混凝土构件变形和裂缝开展宽度的计算方法得到实现，从而使破坏阶段法迅速发展成为极限状态法。

极限状态法规定了结构构件的两种极限状态：承载能力极限状态（用于计算结构构件最终破坏时的极限承载力）和正常使用极限状态（用于验算构件在正常使用时的裂缝开展宽度和挠度变形是否满足适用性的要求）。显然，极限状态法比破坏阶段法更能反映钢筋混凝土结构的全面性能。

同时，极限状态法还把单一安全系数 K 改为多个分项系数，对不同的荷载，不同的材料，以及不同工作条件的结构采用不同量值的分项系数，以反映它们对结构安全度的不同影响，这对于安全度的分析就更深入了一步。目前国际上几乎所有国家的混凝土结构设计规范都采用了多个系数表达的极限状态设计法。

20 世纪 80 年代，应用概率统计理论来计算工程结构可靠度（安全度）的研究进入了一个新的阶段，它把影响结构可靠度的因素都视作为随机变量，形成了以概率理论为基础的“概率极限状态设计法”。它以失效概率或可靠指标来度量结构构件的可靠度，并采用以分项系数表达的实用设计表达式进行设计。有关这方面的内容见 2.3～2.5 节。

2.2　结构的功能要求、荷载效应与结构抗力

2.2.1　结构的功能要求

工程结构设计的基本目的是使结构在预定的设计使用年限内能满足设计所预定的各项功能要求，做到安全可靠和经济合理。

这里的“设计使用年限”是指设计规定的结构或结构构件不需进行大修即可按预定目的使用的年限，也就是在正常设计、正常施工、正常使用和正常维护条件下，结构能按设计的预定功能使用应达到的年限。各类结构的设计使用年限并不相同，具体由各专业的“可靠性设计统一标准”规定。如《港口工程结构可靠性设计统一标准》（GB 50158—2010）规定：永久性港口建筑物设计使用年限为 50 年，临时性港口建筑物为 5～10 年。

需要说明的是，结构设计使用年限并不等同于结构实际使用寿命或耐久年限。当结构的使用年限达到后，并不意味结构会立即失效报废，只意味结构的可靠度将逐渐降低，可能会低于设计时的预期值，但结构仍可继续使用或经维修后使用。

工程结构的功能要求主要包括三个方面：

（1）安全性。安全性是指结构在正常施工和正常使用时能承受可能出现的施加在结构上的各种“作用”（荷载），以及在发生设定的偶然事件和地震时，结构仍能保持必要的整体稳定。如发生爆炸、非正常撞击、人为错误等偶然事件时，结构能保持必要的整体稳固

性，不出现与起因不相称的破坏后果，避免结构出现连续倒塌；发生地震时，结构仅产生局部损坏而不致发生整体倒塌。

(2) 适用性。适用性是指结构在正常使用时具有良好的工作性能，如不发生影响正常使用的过大变形和振幅，不发生过宽的裂缝等。

(3) 耐久性。耐久性是指结构在正常维护条件下具有足够的耐久性能，即要求结构在规定的环境条件下，在预定的设计使用年限内，材料性能的劣化（如混凝土的风化、脱落、腐蚀、渗水，钢筋的锈蚀等）不会导致结构正常使用的失效。

完成上述三方面功能要求的能力统称为结构的可靠性，也就是结构在设计规定的时间内和规定的条件下，完成预定功能的能力。而结构可靠度则是结构在设计规定的时间内和规定的条件下，完成预定功能的概率。

要得到符合要求的可靠性，就要妥善处理好结构中对立的两个方面的关系。这两个方面中的一个就是施加在结构上的作用（荷载）所引起的“荷载效应”和环境作用对结构引起的“环境影响”，另一个就是由构件截面尺寸、配筋数量及材料强度构成的“结构抗力”。

2.2.2　作用（荷载）与荷载效应

“作用”是指直接施加在结构上的力（如自重、楼面活荷载、风载、波浪力等）和引起结构外加变形、约束变形的原因（如温度变形、基础沉降、地震等）的总称。前者称为直接作用，通常也称为荷载；后者则称为间接作用。但从工程习惯和叙述简便起见，本教材后面的章节中，对两者不作区分，一律称为荷载。而荷载在结构构件内所引起的内力、变形和裂缝等反应则称为荷载效应。

荷载可作如下分类。

1. 随时间的变异分类

(1) 永久荷载。永久荷载是指在设计使用年限内始终存在，其量值不随时间变化或其变化与平均值相比可以忽略不计的荷载，或其变化是单调的并趋于某个限值的荷载，如结构的自重、土压力、围岩压力、预应力等。永久荷载也称为恒载，常用符号 G、g 表示。

(2) 可变荷载。可变荷载是指在设计使用年限内其量值随时间变化，且其变化与平均值相比不可忽略的荷载，如安装荷载、楼面活载、波浪力、风荷载、雪荷载、吊车轮压、温度作用等。可变荷载也称为活载，常用符号 Q、q 表示。

其中，大写字母 G、Q 表示集中荷载，小写字母 g、q 表示分布荷载。

(3) 偶然荷载。偶然荷载是指在设计使用年限内不一定出现，但一旦出现其量值很大且持续时间很短的荷载，如爆炸、非正常撞击等。

(4) 地震荷载。地震荷载是指地震动对结构产生的作用。它也是一种在设计使用年限内不一定出现，但一旦出现其量值很大且持续时间很短的荷载。

2. 随空间位置的变异分类

(1) 固定荷载。固定荷载是指在结构上具有固定位置的荷载，如结构自重、固定设备的重量等。

(2) 移动荷载。移动荷载是指在结构空间位置的一定范围内可任意移动的荷载，如吊车荷载、汽车轮压、楼面人群荷载等，设计时应考虑它的最不利的分布。

3. 按结构的反应特点分类

(1) 静态荷载。静态荷载是指不会使结构产生加速度，或产生的加速度可以忽略不计的荷载，如自重、楼面人群荷载等。

(2) 动态荷载。动态荷载是指使结构产生不可忽略的加速度的荷载，如地震动、机械设备振动等。动态荷载所引起的荷载效应不仅与荷载有关，还与结构自身的动力特征有关。设计时应考虑它的动力效应。

4. 按有无界值分类

(1) 有界荷载。有界荷载是指在设计基准期内不会超越某一界限值，且界限值已经确定的荷载，如铁路荷载；或者达到界限值概率较低的荷载，如装卸机械荷载。这类荷载均为与人类活动有关的非自然作用，其荷载值是由材料自重、设备自重、载重量或限定设计条件下的不均匀性等决定，因此不会超过某一界限值，且该界限值是可以确定或近似确定的。

(2) 无界荷载。无界荷载是指无法给出界限值的荷载，如波浪力、风荷载等。这类荷载属于自然因素产生的，不为人类意志所决定。虽然工程上根据多年实测资料进行统计分析，按照某一重现期给出了相应的荷载参数，但由于自然作用的复杂性和人类认识的局限性，这些荷载参数取值需要不断调整，属于没有明确界限值的荷载。

上述荷载分类，是出于结构设计规范化的需要。如吊车荷载，按时间变异分类属于可变荷载，应考虑其荷载值随时间变异性较大对结构可靠性的不利影响；按空间位置变异分类属于移动荷载，应考虑它在结构上的最不利位置对内力的影响；按结构反应分类属于动态荷载，应考虑结构的动力响应，按静态荷载计算时需考虑是否要乘以动力系数；按有无界值分类属于有界荷载，应考虑它的实际荷载值不可能超过某一界限值对结构可靠性的有利影响。

荷载是不确定的随机变量，甚至是与时间有关的随机过程，因此，宜用概率统计理论加以描述。

荷载效应除了与荷载数值的大小、荷载分布的位置、结构的尺寸及结构的支承约束条件等有关外，还与荷载效应的计算模式有关。而这些因素都具有不确定性，因此荷载效应也是一个随机变量或随机过程。荷载效应常用符号 S 表示。

2.2.3 环境影响和效应

环境影响是指二氧化碳、氧、盐、酸等环境因素对结构的影响。这种影响有可能使结构的材料性能随时间的变化发生不同程度的退化，影响结构的安全性和适用性。

环境影响对结构产生的效应主要是材料性能的降低，它与材料本身有密切关系。因此，环境影响效应根据材料特点予以确定。

和荷载一样，环境影响对结构产生的效应也应尽量予以定量描述，但大多数情况下难以做到，目前主要以环境对结构影响程度（轻微、轻度、中度、严重）进行定性描述，并在设计中采用相应的耐久性措施。

2.2.4 结构抗力

结构抗力是结构或结构构件承受荷载效应 S 的能力，就本教材所涉及的内容而言，主要指的是构件截面的承载力、构件的刚度、截面的抗裂度等，常用符号 R 表示。

结构抗力主要与结构构件的几何尺寸、配筋数量、材料性能以及抗力的计算模式与实际的吻合程度等有关，由于这些因素都是随机变量，因此结构抗力显然也是一个随机变量。

2.3　概率极限状态设计的概念

2.3.1　极限状态的定义与分类

结构的极限状态是指结构或结构的一部分超过某一特定状态就不能满足设计规定的某一功能要求，此特定状态就称为该功能的极限状态。

根据功能要求，通常把钢筋混凝土结构的极限状态分为承载能力极限状态和正常使用极限状态两类。

1. 承载能力极限状态

这一极限状态对应于结构或结构构件达到最大承载力或达到不适于继续承载的变形。超过了承载能力极限状态，结构或结构构件就不满足安全性的功能要求。出现下列情况之一时，就认为结构或结构构件已达到承载能力极限状态。

(1) 结构整体或结构的一部分作为刚体失去平衡。

(2) 结构构件或连接件因超过材料强度而破坏，或因过度的变形而不适于继续承载。

(3) 结构转变为机动体系，丧失承载能力。

(4) 结构或结构构件丧失稳定。

(5) 地基丧失承载能力而失效。

(6) 结构构件疲劳破坏。

满足承载能力极限状态的要求是结构设计的头等任务，因为这关系到结构的安全，所以所有构件均应进行承载力计算，且应有较高的可靠度（安全度）水平。

2. 正常使用极限状态

这一极限状态对应于结构或结构构件达到影响正常使用或耐久性能的某项规定限值。出现下列情况之一时，就认为结构或结构构件已达到正常使用极限状态：

(1) 影响正常使用或外观的变形。

(2) 影响正常使用或耐久性的局部损坏。

(3) 影响正常使用的振动。

(4) 影响正常使用或耐久性性能的其他特定状态。

结构或结构构件达到正常使用极限状态时，会影响正常使用功能及耐久性，但还不会造成生命财产的重大损失，所以它的可靠度水平允许比承载能力极限状态的可靠度水平有所降低。

在水运工程中，是根据钢筋混凝土结构构件不同的使用要求进行不同的验算，来满足正常使用极限状态要求。如对使用上需要控制变形的结构构件进行变形验算，对使用上要求不出现裂缝的构件进行抗裂验算，对使用上允许出现裂缝的构件进行裂缝宽度验算。

2.3.2 极限状态方程、失效概率和可靠指标

2.3.2.1 极限状态方程

结构的极限状态可用极限状态函数（或称功能函数）Z 来描述。设影响结构极限状态的有 n 个独立变量 $X_i(i=1,2,\cdots,n)$，函数 Z 可表示为

$$Z=g(X_1,X_2,\cdots,X_n) \tag{2-4}$$

X_i 代表了各种不同性质的荷载、混凝土和钢筋的强度、构件的几何尺寸、配筋数量、施工的误差以及计算模式的不定性等因素。从概率统计理论的观点来看，这些因素都不是“确定的值”而是随机变量，具有不同的概率特性和变异性。

为叙述简明起见，下面用最简单的例子加以说明，即将影响极限状态的众多因素用荷载效应 S 和结构抗力 R 两个变量来代表，则

$$Z=g(R,S)=R-S \tag{2-5}$$

显然，$Z>0$（即 $R>S$）表示结构处于安全可靠状态，$Z<0$（即 $R<S$）表示结构处于失效状态，$Z=0$（即 $R=S$）则表示结构正处于极限状态。所以公式 $Z=g(R,S)=0$ 就称为极限状态方程。

2.3.2.2 失效概率

在概率极限状态设计法中，认为结构抗力和荷载效应都不是“定值”，而是随机变量，因此应该用概率论的方法来描述它们。

由于 R、S 都是随机变量，故 Z 也是随机变量。

出现 $Z<0$ 的概率，也就是出现 $R<S$ 的概率，称为结构的失效概率，用 p_f 表示。Z 的概率密度分布曲线及 β 与 p_f 的关系如图 2-1 所示，p_f 值等于图中阴影部分的面积。

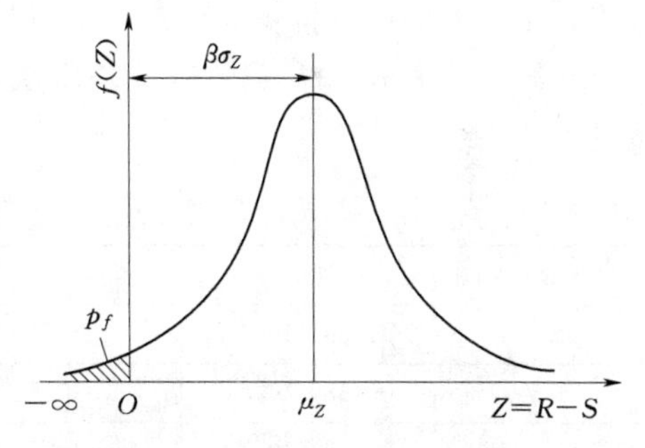

图 2-1 Z 的概率密度分布曲线及 β 与 p_f 的关系

从理论上讲，用失效概率 p_f 来度量结构的可靠度，当然比用一个完全由工程经验判定的安全系数 K 来得合理，它能比较确切地反映问题的本质。

如果假定结构抗力 R 和荷载效应 S 这两个随机变量都服从正态分布，它们的平均值和标准差分别为 μ_R、μ_S 和 σ_R、σ_S，则由概率论可知，功能函数 Z 也服从正态分布，Z 的平均值和标准差分别为 μ_Z 和 σ_Z。

Z 的正态分布的概率密度函数为

$$f(z)=\frac{1}{\sqrt{2\pi}\sigma_Z}\exp\left[-\frac{(z-\mu_Z)^2}{2\sigma_Z^2}\right] \tag{2-6}$$

则由图 2-1 可知，失效概率 p_f 可由下式求得

$$p_f=\int_{-\infty}^{0}\frac{1}{\sqrt{2\pi}\sigma_Z}\exp\left[-\frac{(z-\mu_Z)^2}{2\sigma_Z^2}\right]\mathrm{d}z \tag{2-7}$$

由上式可知，p_f 的计算是相当复杂的。

2.3.2.3 可靠指标

在图2-1中，随机变量Z的平均值μ_Z可用它的标准差σ_Z来度量，即令

$$\mu_Z=\beta\sigma_Z \tag{2-8}$$

从图2-1不难看出，β与p_f之间存在着一一对应的关系。β小时，p_f就大；β大时，p_f就小。所以β和p_f一样，也可作为衡量结构可靠度的一个指标，β称为可靠指标。

根据$Z=R-S$的函数关系，由概率论可得

$$\begin{cases}\mu_Z=\mu_R-\mu_S\\ \sigma_Z=\sqrt{\sigma_R^2+\sigma_S^2}\end{cases} \tag{2-9}$$

将式（2-9）代入式（2-8），可求得可靠指标：

$$\beta=\frac{\mu_R-\mu_S}{\sqrt{\sigma_R^2+\sigma_S^2}} \tag{2-10}$$

将上式与式（2-7）相比，可见可靠指标β的计算比直接求失效概率p_f来得方便。

由式（2-10）可见，可靠指标β不仅与结构抗力R和荷载效应S的平均值μ_R、μ_S有关，还与它们的标准差σ_R、σ_S有关。R和S的平均值μ_R与μ_S相差越大，β也越大，结构就越安全可靠，这与传统的采用定值的安全系数在概念上是一致的。在R和S的平均值μ_R、μ_S不变的情况下，它们的标准差σ_R、σ_S越小，也就是说它们的变异性（离散程度）愈小时，β值就越大，结构就越安全可靠，这是传统的安全系数K所无法反映的。

用概率的观点来研究结构的可靠度，绝对可靠的结构是不存在的，但只要其失效概率很小，小到人们可以接受的程度，就可认为该结构是安全可靠的。

当结构抗力R和荷载效应S均服从正态分布时，失效概率p_f和可靠指标β的对应关系见表2-1。

表2-1 p_f与β的对应关系

β	p_f	β	p_f	β	p_f
1.0	1.59×10^{-1}	2.7	3.47×10^{-3}	3.7	1.08×10^{-4}
1.5	6.68×10^{-2}	3.0	1.35×10^{-3}	4.0	3.17×10^{-5}
2.0	2.28×10^{-2}	3.2	6.87×10^{-4}	4.2	1.33×10^{-5}
2.5	6.21×10^{-3}	3.5	2.33×10^{-4}	4.5	3.40×10^{-6}

应该知道，式（2-10）只是两个变量的最简单的情况。在实际工程设计中，影响结构可靠度的变量可能不下十几个，它们有的服从正态分布，大部分却是非正态的，在计算中要先转化为当量正态分布后再投入运算，因此，可靠指标β就不能用式（2-10）那样的简单公式计算了，它的计算就会变得非常复杂，无法在一般设计工作中直接应用。

有关结构可靠度设计理论的进一步探讨可参阅相关文献[21]。

2.3.2.4 目标可靠指标与结构安全等级

为使所设计的结构构件既安全可靠又经济合理，必须确定一个大家能接受的结构允许失效概率$[p_f]$。要求在设计使用年限内，结构的失效概率p_f不大于允许失效概率$[p_f]$。

当采用可靠指标 β 表示时，则要确定一个“目标可靠指标 β_T”，要求在设计使用年限内，结构的可靠指标 β 不小于目标可靠指标 β_T，即

$$\beta \geqslant \beta_T \tag{2-11}$$

目标可靠指标 β_T 理应根据结构的重要性、破坏后果的严重程度以及社会经济等条件，以优化方法综合分析得出的。但由于大量统计资料尚不完备，目前只能采用“校准法”来确定目标可靠指标。

校准法认为：由原有的设计规范所设计出来的大量结构构件反映了长期工程实践的经验，其可靠度水平在总体上是可以接受的，所以可以运用前述“概率极限状态理论”（或称为近似概率法），反算出由原有设计规范设计出的各类结构构件在不同材料和不同荷载组合下的一系列可靠指标 β_i，再在分析的基础上把这些 β_i 综合成一个较为合理的目标可靠指标 β_T。

承载能力极限状态的目标可靠指标与结构的安全等级、构件的破坏性质有关。结构安全等级要求愈高，目标可靠指标就应愈大；钢筋混凝土构件受压、受剪破坏时，发生的是突发性的脆性破坏，与受拉、受弯破坏发生前有明显变形或预兆的延性破坏相比，其破坏后果要严重许多，因此脆性破坏的目标可靠指标应高于延性破坏。

根据校准法，《建筑结构可靠性设计统一标准》（GB 50068—2018）根据结构破坏可能造成的后果将建筑物划分为三个安全等级，规定了它们各自的承载能力极限状态的目标可靠指标，见表 2-2。表中的“很严重”“严重”和“不严重”分别对应着破坏后果对人的生命、经济、社会或环境的影响“很大”“较大”和“较小”。

表 2-2　建筑结构的安全等级和承载能力极限状态的目标可靠指标 β_T

建筑结构的安全等级	破坏后果	建筑物类型	承载能力极限状态的目标可靠指标	
			延性破坏	脆性破坏
一	很严重	大型公共建筑等重要结构	3.7	4.2
二	严重	普通住宅和办公楼等一般结构	3.2	3.7
三	不严重	小型或临时性储存建筑等次要结构	2.7	3.2

《港口工程结构可靠性设计统一标准》（GB 50158—2010）也将港口工程结构的安全等级分为三个等级，对于不同安全等级采用的目标可靠指标 β_T 见表 2-3。表 2-3 并未区分延性与脆性破坏 β_T 要求的不同，其 β_T 取值大约为表 2-2 所列延性与脆性破坏 β_T 的平均值。

表 2-3　港口工程结构的安全等级和承载能力极限状态的目标可靠指标 β_T

港口工程结构的安全等级	失效后果	适用范围	承载能力极限状态的目标可靠指标
一	很严重	有特殊安全要求的结构	4.0
二	严重	一般港口工程结构	3.5
三	不严重	临时性港口工程结构	3.0

正常使用极限状态时的目标可靠指标显然可以比承载能力极限状态的目标可靠指标要低，这是因为正常使用极限状态只关系到使用的适用性，而不涉及结构构件的安全性这一根本问题。目前，正常使用极限状态的目标可靠指标研究得还很不成熟，在我国，只笼统地认为 β_T 可取为 0～1.5。

2.4　荷载代表值和材料强度标准值

我国各行业的混凝土结构设计规范基本上都采用以概率为基础的极限状态设计法，并以可靠指标 β 来度量结构的可靠度水平。但如前所述，β 的计算是十分复杂的，对每个因素（随机变量 X_i）都需得知它的平均值 μ_{Xi} 和标准差 σ_{Xi}，以及它的概率分布类型，这就需要大量统计信息和十分烦琐的计算。所以在实际工作中，直接由式（2-11）来进行设计，是极不方便甚至是完全不可能的。

因此，设计规范都采用了实用的设计表达式。为便于计算，在设计表达式中，荷载和材料强度不用它们的平均值 μ_{Xi}、均方差 σ_{Xi} 等随机变量来表达，而是采用固定值，这些固定值就是荷载的代表值和材料的强度值。此外，在设计表达式中，还设置了若干个分项系数，用来调整各个随机变量对可靠度的影响。如此，设计人员不必直接计算可靠指标 β，而只要采用规范规定的代表值和各个分项系数按实用设计表达式对结构构件进行设计，即可认为设计出的结构构件所隐含的 β 值就可满足式（2-11）的要求。

应予注意的是，不同设计规范所取用的分项系数的个数和其取值是有所不同的，不能将不同规范的系数相互混用。

在实用设计表达式中，首先要定出荷载的代表值和材料强度的标准值，所以在此先对这两个概念进行介绍。

2.4.1　荷载代表值

由于荷载，特别是可变荷载是随时间变化而变化的，因而荷载代表值的大小就和确定其量值所采用的统计时间有关，这个统计时间称为设计基准期。在我国，不同行业设计基准期规定有所不同，港口工程结构和建筑结构的设计基准期一般取用为 50 年，而铁路桥涵结构一般为 100 年。

结构设计时，对不同的荷载效应组合应采用不同的荷载代表值。永久荷载代表值只有 1 个，就是它的标准值；可变荷载代表值有标准值、组合值、准永久值和频遇值 4 种，其中标准值是可变荷载的基本代表值，其他代表值都是以标准值为基础乘以相应的系数后得出的。

2.4.1.1　*荷载标准值*

荷载标准值是荷载的主要代表值，理论上它应按设计基准期内荷载最大值的概率分布的某一分位值确定。但目前在土木、水运、水利水电工程中，只有部分荷载给出了概率分布，有些荷载，如土压力、风荷载、波浪力、冰荷载、挤靠力、撞击力等，缺乏或根本无法取得正确的实测统计资料，所以其标准值主要还是根据历史经验确定或由理论公式推算得出。

当结构的设计使用年限大于或小于设计基准期时，设计采用的可变荷载标准值就需要用一个大于或小于 1.0 的作用调整系数进行调整。

2.4.1.2　可变荷载组合值

当结构构件承受两种或两种以上的可变荷载时，考虑到这些可变荷载同时以标准值出现的概率极小，因此除了一个主要的可变荷载（主导可变荷载）取为标准值外，其余的可变荷载都可以取为“组合值”。如此，可使结构构件在两种或两种以上可变荷载参与的情况与仅有一种可变荷载参与的情况具有大致相同的可靠指标。

荷载组合值可以由可变荷载的标准值 Q_k 乘以组合值系数 ψ_c 得出，即荷载组合值就是乘积 $\psi_c Q_k$。

目前尚无足够的资料能确切地得出不同荷载组合时的组合值系数 ψ_c，ψ_c 值还是凭工程经验确定。《建筑结构荷载规范》(GB 50009—2012) 对一般楼面活载，取 $\psi_c=0.7$；对书库、档案库、贮藏室、密集柜书库、通风机房和电梯机房的楼面活载，取 $\psi_c=0.9$。在 JTS 151—2011 规范中，除对经常以界值出现的有界荷载取 $\psi_c=1.0$ 外，其余荷载取 $\psi_c=0.7$。

2.4.1.3　可变荷载准永久值与频遇值

可变荷载的量值是随时间变化的，有时出现得大些，有时出现得小些，有时甚至不出现，如图 2-2 所示。在可变荷载随机过程中，荷载超越某水平 Q_x 的表示方式，可用超载 Q_x 的总持续时间 $T_x=\sum t_i$ 与设计基准期 T 的比率 T_x/T 来表示。

荷载准永久值是指可变荷载在结构设计基准期 T 内，其被超越的总时间约为设计基准期 1/2 的荷载值，即在图 2-2 中，若 $(t_1+t_2+t_3+t_4)/T\approx 1/2$，则 Q_x 就为荷载准永久值。荷载准永久值由可变荷载标准值 Q_k 乘以准永久值系数 ψ_q 得到，即荷载准永久值就是乘积 $\psi_q Q_k$。荷载准永久值在设计基准期 T 内经常作用，其作用相当于永久荷载。

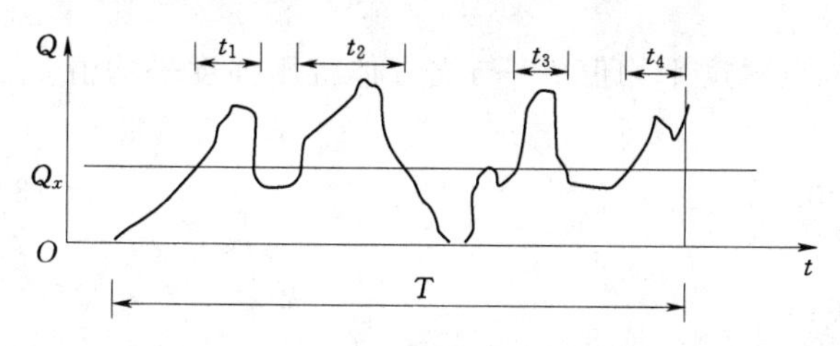

图 2-2　可变荷载随时间的变化

荷载频遇值是指可变荷载在结构设计基准期 T 内，其被超越的总时间与设计基准期的比率较小的荷载值，一般规定 $(t_1+t_2+t_3+t_4)/T\leqslant 0.1$。它由可变荷载标准值 Q_k 乘以频遇值系数 ψ_f 得到，即荷载频遇值就是乘积 $\psi_f Q_k$。荷载频遇值在设计基准期 T 内较频繁出现，且量值较大但总小于标准值。

不同行业的规范对频遇值系数 ψ_f 和准永久值系数 ψ_q 的规定有所不同，如《建筑结构荷载规范》(GB 50009—2012) 规定了每一种可变荷载的 ψ_f 和 ψ_q 值；JTS 151—2011 规范则取较为固定的 ψ_f 和 ψ_q 值，$\psi_f=0.7$、$\psi_q=0.6$，但对经常以界值出现的有界荷载取 $\psi_q=1.0$；而在水利水电行业，由于给不出 ϕ_c、ψ_f 和 ψ_q 值，《水工混凝土结构设计规范》(SL 191—2008) 和《水工混凝土结构设计规范》(DL/T 5057—2009) 中，则没有可变荷载组合值、频遇值、永久值等概念。

结构上有些荷载密切相关，且可能同时以最大值出现，这些荷载就应合在一起作为同一种荷载计算。如作用在结构立面上的波浪力与作用在结构底面上的波浪浮托力密切相关，它们的最大值会同时出现，它们就不能各自按单独荷载计算，应合在一起按同一种荷载考虑，当其中一个荷载为主导可变荷载时，其余荷载也为主导可变荷载。

2.4.2 材料强度标准值

2.4.2.1 混凝土强度标准值

1. 混凝土强度等级

如第1章所述，混凝土的强度等级即是混凝土标准立方体试件用标准试验方法测得的具有95%保证率的立方体抗压强度标准值 f_{cuk}。f_{cuk} 可由下式决定：

$$f_{cuk}=\mu_{fcu}-1.645\sigma_{fcu}=\mu_{fcu}(1-1.645\delta_{fcu}) \tag{2-12}$$

式中 μ_{fcu}——混凝土立方体抗压强度的统计平均值；

σ_{fcu}——混凝土立方体抗压强度的统计标准差；

δ_{fcu}——混凝土立方体抗压强度的变异系数，$\delta_{fcu}=\dfrac{\sigma_{fcu}}{\mu_{fcu}}$。

根据中交第一、二、三、四航务局1978—1988年对现场混凝土试块强度的统计分析结果，JTS 151—2011规范取用的 δ_{fcu} 值见表2-4。从表2-4可看到，混凝土强度等级越高，δ_{fcu} 越小，质量越好。

表2-4 JTS 151—2011规范取用的 δ_{fcu}

混凝土强度等级	C10	C15	C20	C25	C30	C35	C40、C45	C50、C65
δ_{fcu}	0.22	0.17	0.16	0.14	0.12	0.11	0.10	0.09

2. 混凝土轴心抗压强度标准值 f_{ck}

从第1章已知，混凝土棱柱体轴心抗压强度平均值 μ_{fc} 与立方体抗压强度平均值 μ_{fcu} 之间的关系为

$$\mu_{fc}=0.88\alpha_{c1}\alpha_{c2}\mu_{fcu} \tag{2-13}$$

由此，轴心抗压强度标准值则为

$$\begin{aligned}f_{ck}&=\mu_{fc}(1-1.645\delta_{fc})\\&=0.88\alpha_{c1}\alpha_{c2}\mu_{fcu}(1-1.645\delta_{fc})\\&=0.88\alpha_{c1}\alpha_{c2}\frac{f_{cuk}}{1-1.645\delta_{fcu}}(1-1.645\delta_{fc})\end{aligned} \tag{2-14}$$

假定 $\delta_{fc}=\delta_{fcu}$，则

$$f_{ck}=0.88\alpha_{c1}\alpha_{c2}f_{cuk} \tag{2-15}$$

3. 混凝土轴心抗拉强度标准值 f_{tk}

从第1章已知，混凝土轴心抗拉强度平均值 μ_{ft} 与立方体抗压强度平均值 μ_{fcu} 之间的关系为

$$\mu_{ft}=0.88\times0.395\alpha_{c2}\mu_{fcu}^{0.55} \tag{2-16}$$

假定轴心抗拉强度的变异系数 δ_{ft} 与立方体抗压强度的变异系数 δ_{fcu} 相同，则可得混凝土轴心抗拉强度标准值为

$$\begin{aligned}f_{tk}&=\mu_{ft}(1-1.645\delta_{ft})\\&=0.88\times0.395\alpha_{c2}\mu_{fcu}^{0.55}(1-1.645\delta_{ft})\\&=0.88\times0.395\alpha_{c2}\left(\frac{f_{cuk}}{1-1.645\delta_{fcu}}\right)^{0.55}(1-1.645\delta_{ft})\\&=0.88\times0.395\alpha_{c2}f_{cuk}^{0.55}(1-1.645\delta_{fcu})^{0.45}\end{aligned} \tag{2-17}$$

式（2-15）和式（2-17）中的系数 α_{c1}、α_{c2} 的含义与取值同式（1-3）。按式（2-15）和式（2-17）计算，分别保留一位和两位小数，即得出混凝土不同强度等级时的轴心抗压强度标准值 f_{ck} 和轴心抗拉强度标准值 f_{tk}，见附录B表B-6。

2.4.2.2 钢筋强度标准值

为了使钢筋强度标准值与钢筋的检验标准统一，对于有明显物理流限的热轧钢筋，采用国标规定的钢筋屈服强度作为其强度标准值，用符号 f_{yk} 表示。国标规定的屈服强度即钢筋出厂检验的废品限值，其保证率不小于95%。附录B表B-7给出了热轧钢筋的强度标准值。

对于无明显物理流限的预应力钢丝、钢绞线、预应力螺纹钢筋和钢棒等，则采用国标规定的极限抗拉强度作为强度标准值，用符号 f_{ptk} 表示，其值见附录B表B-8。

2.5 《水运工程混凝土结构设计规范》的实用设计表达式

2.5.1 设计状况

设计状况是表示一定时间内结构的一组实际设计条件。结构在施工、安装、运行、检修等不同阶段可能出现不同的结构体系、不同的荷载及不同的环境条件，所以在设计时应分别考虑不同的设计状况，以保证结构在可能遇到的状况下不超越相关的极限状态，安全可靠。在水运工程中，设计状况分成下列4种：

（1）持久状况——结构在使用过程中一定出现，持续时段与设计使用年限相当的设计状况，也就是结构正常使用时的状况。

（2）短暂状况——结构在施工和使用过程中一定出现，但与设计使用年限相比，持续时段较短的设计状况，包括施工、维修和短期特殊使用等。

（3）地震状况——结构遭遇地震时的状况。在抗震设防地区的结构必须考虑地震状况。

（4）偶然状况——偶发的，使结构产生异常状态的设计状况，包括非正常撞击、火灾、爆炸等。

对于持久、短暂和地震三种设计状况，都应进行承载能力极限状态设计。有特殊要求时，也可对偶然状况进行承载能力极限状态设计或防护设计。

对持久状况，应进行正常使用极限状态的验算；对短暂状况，可根据需要进行正常使用极限状态的验算；对地震和偶然状况，一般不进行正常使用极限状态的验算。

2.5.2 承载能力极限状态设计时采用的分项系数

JTS 151—2011规范在承载能力极限状态实用设计表达式中，采用了3个分项系数，它们是结构重要性系数 γ_0、荷载分项系数 γ_G 和 γ_Q、材料分项系数 γ_c 和 γ_s。规范用这3个分项系数构成并保证结构的可靠度。

1. 结构重要性系数 γ_0

建筑物的结构构件安全等级不同，所要求的目标可靠指标也不同，为反映这种要求，可用计算出的荷载效应值再乘以结构重要性系数 γ_0。对于安全等级为一级、二级、三级的结构构件，γ_0 分别取为1.1、1.0、0.9。

2. 荷载分项系数 γ_G 和 γ_Q

结构构件在其运行使用期间，实际作用的荷载仍有可能超过规定的荷载代表值。为考虑这一超载的可能性，在承载能力极限状态设计中规定荷载标准值还应乘以相应的荷载分项系数。显然，对变异性较小的永久荷载，荷载分项系数 γ_G 就可小一些；对变异性较大的可变荷载，荷载分项系数 γ_Q 就应大一些。表 2-5 列出常用的荷载分项系数。需要注意的是：

1）当永久荷载对结构承载力起有利作用时，其荷载分项系数取值不应大于 1.0。

2）当荷载以结构自重、固定设备重、土重等为主（约占总荷载的 50%）时，这些荷载的荷载分项系数应增大，数值应不小于 1.30。

3）短暂组合时，荷载分项系数可按表 2-5 所列数值减 0.10 取用。

表 2-5　**JTS 151—2011 规范采用的荷载分项系数**

荷载名称	荷载分项系数	荷载名称	荷载分项系数
永久荷载（不包括土压力、静水压力）	1.20	铁路荷载	1.40
五金钢铁荷载	1.50	汽车荷载	1.40
散货荷载	1.50	缆车荷载	1.40
起重机载荷载	1.50	船舶系缆力	1.40
船舶撞击力	1.50	船舶挤靠力	1.40
水流力	1.50	运输机载荷载	1.40
冰荷载	1.50	风荷载	1.40
波浪力（构件计算）	1.50	人群荷载	1.40
一般件杂货、集装箱荷载	1.40	土压力	1.35
液体管道（含推力）荷载	1.40	剩余水压力	1.05

荷载代表值乘以相应的荷载分项系数后，称为荷载的设计值。但工程上，荷载设计值一般指荷载标准值与相应荷载分项系数的乘积。

3. 材料分项系数 γ_c 和 γ_s

为了充分考虑材料强度的离散性及不可避免的施工误差等因素带来的使材料实际强度低于材料强度标准值的可能，在承载能力极限状态计算时，规定混凝土与钢筋的强度标准值还应分别除以混凝土材料分项系数 γ_c 与钢筋材料分项系数 γ_s。JTS 151—2011 规范规定：在承载能力极限状态计算时，混凝土材料分项系数 γ_c 取为 1.40；延性较好的热轧钢筋除 HRB500 需适当提高安全储备，材料分项系数 γ_s 取为 1.15 外，其余都取为 1.10；延性较差的预应力用高强钢筋（钢丝、钢绞线、钢棒和螺纹钢筋等）γ_s 取为 1.20。

混凝土的轴心抗压强度和轴心抗拉强度标准值除以混凝土材料分项系数 γ_c 后，就得到混凝土轴心抗压和轴心抗拉的强度设计值 f_c 与 f_t；热轧钢筋的强度标准值除以钢筋的材料分项系数 γ_s 后，就得到热轧钢筋的抗拉强度设计值 f_y；预应力用高强钢筋的抗拉强度设计值 f_{py} 则是由钢筋的条件屈服强度除以 γ_s 后得出的，而条件屈服强度取为极限抗拉强度的 85%。

钢筋的抗压强度设计值 f'_y 由混凝土的极限压应变 ε_{cu}（偏安全取 $\varepsilon_{cu}=0.002$）与钢筋

弹性模量 E_s 的乘积确定，同时规定 f'_y 不大于钢筋的抗拉强度设计值 f_y。

由此得出的材料强度设计值见附录 B 表 B-1、表 B-3 及表 B-4，设计时可直接查用。所以，在承载能力极限状态实用设计表达式中就不再出现材料强度标准值及材料分项系数。

2.5.3 承载能力极限状态的设计表达式

1. 基本表达式

承载能力极限状态设计表达式如下：

$$\gamma_0 S_d \leqslant R \tag{2-18}$$

$$R = R(f_c, f_y, a_k) \tag{2-19}$$

式中 γ_0——结构重要性系数，对于安全等级为一级、二级、三级的结构构件，γ_0 分别取为 1.1、1.0、0.9；

S_d——荷载效应组合设计值，按式（2-20）和式（2-21）计算；

R——结构构件抗力设计值，按各类结构构件的承载力公式计算，计算公式将在以后各章介绍；

$R(\cdot)$——结构构件的抗力函数；

f_c、f_y——混凝土、钢筋的强度设计值，按附录 B 表 B-1、表 B-3 及表 B-4 查用；

a_k——结构构件几何尺寸的标准值。

2. 荷载效应组合设计值

每一种设计状况所对应的荷载效应组合是不同的，结构设计时应根据所考虑设计状况选用不同的荷载效应组合。荷载效应与荷载之间的关系有线性和非线性两种，按线弹性体计算内力时一般按线性关系考虑。在 JTS 151—2011 规范中，荷载效应和荷载按线性关系考虑，所以本书荷载效应和荷载也按线性关系考虑。

持久组合、短暂组合的效应设计值 S_d 按下列公式计算：

持久组合
$$S_d = \sum_{i\geqslant 1}\gamma_{Gi}S_{Gik} + \gamma_p S_p + \gamma_{Q1}S_{Q1k} + \sum_{j>1}\gamma_{Qj}\psi_{cj}S_{Qjk} \tag{2-20}$$

短暂组合
$$S_d = \sum_{i\geqslant 1}\gamma_{Gi}S_{Gik} + \gamma_p S_p + \sum_{j\geqslant 1}\gamma_{Qj}S_{Qjk} \tag{2-21}$$

式中 γ_{Gi}——第 i 个永久荷载的荷载分项系数，按表 2-5 查用；

S_{Gik}——第 i 个永久荷载标准值产生的荷载效应；

γ_p——预应力的分项系数，当预应力效应对结构有利时取 $\gamma_p=1.0$；不利时应取 $\gamma_p=1.20$；

S_p——预应力作用有关代表值的效应；

γ_{Q1}、γ_{Qj}——主导可变荷载、第 j 个可变荷载的荷载分项系数，按表 2-5 查用；

S_{Q1k}、S_{Qjk}——主导可变荷载、第 j 个可变荷载标准值产生的效应；

ψ_{cj}——第 j 个可变荷载的组合系数，除对经常以界值出现的有界荷载取 $\psi_{cj}=1.0$ 外，其余荷载取 $\psi_{cj}=0.7$。

地震组合、偶然组合荷载效应设计值的计算可参阅《港口工程结构可靠性设计统一标准》（GB 50158—2010）等有关规范。

以上就是 JTS 151—2011 规范按承载能力极限状态计算时的设计表达式。

对承载能力极限状态来说，它的荷载效应 S_d 就是荷载在结构构件上产生的内力，也就是构件截面上承受的弯矩 M、轴力 N、剪力 V 或扭矩 T 等。需要强调的是，为了表达式的简洁，在具体构件计算时，JTS 151—2011 规范将 γ_0 并入荷载效应组合设计值 S_d，并仍称 $\gamma_0 S_d$ 为荷载效应组合设计值。因此在本书中的内力设计值 N、M、V、T 都是指荷载效应组合设计值 S_d 与 γ_0 的乘积。

对承载能力极限状态来说，它的结构抗力 R 就是构件截面的极限承载力。具体对于某一截面，就是截面的极限弯矩 M_u、极限轴力 N_u、极限剪力 V_u 或极限扭矩 T_u 等。

2.5.4　正常使用极限状态的设计表达式

1. 基本表达式

正常使用极限状态的设计表达式如下：

$$S_d \leqslant C \tag{2-22}$$

$$S_d = S_d(G_k, Q_k, f_k, a_k) \tag{2-23}$$

式中　S_d——正常使用极限状态的荷载效应设计值；

$S_d(\cdot)$——正常使用极限状态的荷载效应组合值函数；

C——结构构件达到正常使用要求所规定的变形、裂缝宽度或应力等限值；

G_k、Q_k——永久荷载、可变荷载标准值；

f_k——材料强度标准值。

2. 荷载组合的效应设计值

在按正常使用极限状态验算时，应按荷载效应的标准组合、频遇组合及准永久组合分别进行验算。三种组合的效应设计值 S_d 按下列公式计算：

标准组合
$$S_d = \sum_{i\geqslant 1} S_{Gik} + S_p + S_{Q1k} + \sum_{j>1} \psi_{cj} S_{Qjk} \tag{2-24}$$

频遇组合
$$S_d = \sum_{i\geqslant 1} S_{Gik} + S_p + \psi_f S_{Q1k} + \sum_{j>1} \psi_{qj} S_{Qjk} \tag{2-25}$$

准永久组合
$$S_d = \sum_{i\geqslant 1} S_{Gik} + S_p + \sum_{j\geqslant 1} \psi_{qj} S_{Qjk} \tag{2-26}$$

式中　ψ_{qj}——第 j 个可变荷载的准永久值系数，除对经常以界值出现的有界荷载取 $\psi_{qj}=1.0$ 外，其余荷载取 $\psi_{qj}=0.6$；

ψ_f——主导可变荷载的频遇值系数 ψ_f，$\psi_f=0.7$。

其余符号意义与式（2-20）、式（2-21）相同。

标准组合主要用于当一个极限状态被超越时将产生严重的永久性损害的情况，一般用于不可逆正常使用极限状态；频遇组合主要用于当一个极限状态被超越时将产生局部损害、较大的变形与短暂的振动等情况，一般用于可逆正常使用极限状态；准永久组合主要用荷载的长期效应起主要作用的情况。

由以上可见：

1）用于正常使用极限状态验算的 3 种荷载效应组合，其永久荷载取值相同，都取为标准值，其差别在于可变荷载的取值。在标准组合中，主导可变荷载取为标准值，其他可变荷载取为组合值；在频遇组合中，主导可变荷载取为荷载频遇值，其他可变荷载取为荷载准永久值；在准永久组合中，可变荷载都取为荷载准永久值。

2）正常使用极限状态验算时，材料强度采用标准值，荷载采用标准值、频遇值或准永久值。其原因是正常使用极限状态验算时，它的可靠度水平要求可以低一些。

下面，用一些算例来说明荷载组合效应设计值的计算。

【例 2-1】 某梁板式高桩码头，安全等级为二级，后方桩台横梁为现浇倒 T 形梁，下横梁宽 1100mm、高 800mm，上横梁宽 700mm、高 500mm，如图 2-3 所示。面板为空心板，面板自重作用在横梁上的标准值为 51.83kN/m；面板面层厚 20mm，容重 24.0kN/m³；施工期面板荷载标准值为 2.50kN/m²。试按 JTS 151—2011 规范计算施工期该横梁支座和跨中截面用于承载能力极限状态计算的弯矩设计值。

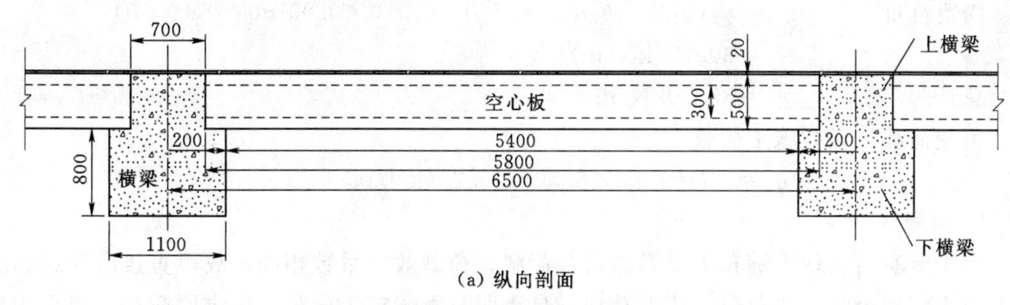

(a) 纵向剖面

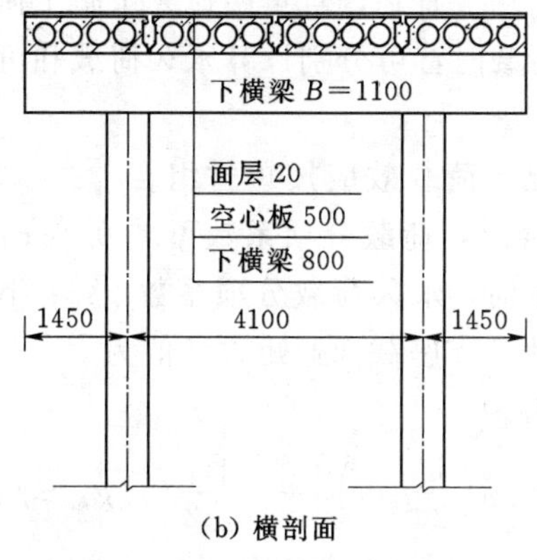

(b) 横剖面

图 2-3　桩台横梁

解：

1. 资料

二级安全等级，重要性系数 $\gamma_0=1.0$。面板面层厚 $t=0.02$m，跨长 $l=6.50$m，容重 $\gamma_1=24.0$kN/m³；空心面板自重作用在横梁上的标准值为 51.83kN/m；横梁为由下横梁和上横梁组成的倒 T 形梁，下横梁宽 $b_1=1.10$m、高 $h_1=0.80$m，上横梁宽 $b_2=0.70$m、高 $h_2=0.50$m，容重 $\gamma_2=25.0$kN/m³。面板上施工荷载荷载标准值为 2.50kN/m²。

横梁为两端外伸的简支梁，计算简图和弯矩分布如图 2-4 所示。横梁上的荷载有两部分：①面板自重和作用在面板上的施工荷载，它们沿纵向作用范围为一跨面板跨长 l（一根横梁承受左右跨各一半的荷载）；②横梁自重。

2. 荷载标准值

永久荷载，只有自重，由下列 3 部分组成：

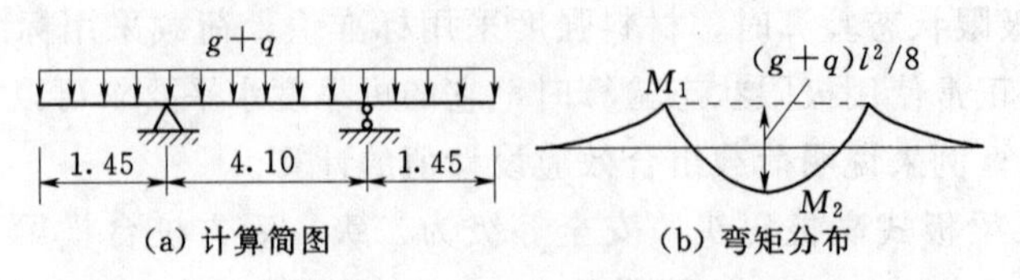

图2-4　横梁计算简图和弯矩分布（单位：m）

面板面层自重　$g_{1k}=\gamma_1 tl=24.0\times0.02\times6.50=3.12(\text{kN/m})$

空心面板自重　$g_{2k}=51.83\text{kN/m}$

横梁自重　$g_{3k}=\gamma_2(b_1h_1+b_2h_2)=25.0\times(1.10\times0.80+0.70\times0.50)$

$=30.75(\text{kN/m})$

总计　$g_k=85.70\text{kN/m}$

可变荷载，只有施工荷载：

$$q_k=q'_k l=2.50\times6.50=16.25(\text{kN/m})$$

3. 弯矩设计值

由于所有荷载均为满布于横梁的均布荷载，荷载效应系数相同，故可直接由荷载标准值大小判断哪个是主要荷载。从上看到，自重明显大于施工荷载，为主要荷载。当无法直接判断永久荷载是否为主要荷载时，可分别计算永久荷载和可变荷载产生的内力值，再进行判断。

施工阶段属短暂设计状况，荷载效应按短暂组合［式（2-21）］计算。JTS 151—2011规范规定，荷载短暂组合时，荷载分项系数可减0.10；同时也规定结构自重、固定设备重、土重等永久荷载为主时，永久荷载分项系数γ_G不小于1.30。因此，$\gamma_Q=1.40-0.10=1.30$，$\gamma_G=1.30$。如此，支座截面弯矩设计值为

$$M_1=\gamma_0(\gamma_G M_{Gk}+\gamma_Q M_{Qk})$$

$$=\gamma_0\left[\gamma_G\left(\frac{1}{2}g_k l_0^2\right)+\gamma_Q\left(\frac{1}{2}q_k l_0^2\right)\right]=\gamma_0\left[\frac{1}{2}(\gamma_G g_k+\gamma_Q q_k)l_0^2\right]$$

$$=1.0\times\frac{1}{2}\times(1.30\times85.70+1.30\times16.25)\times1.45^2=139.33(\text{kN}\cdot\text{m}) \quad (2-27)$$

式（2-27）中，M_{Gk}和M_{Qk}分别为自重和施工荷载标准值引起的支座截面弯矩。式（2-27）还可以写成：

$$M_1=\gamma_0\left[\frac{1}{2}(\gamma_G g_k+\gamma_Q q_k)l_0^2\right]=\gamma_0\left[\frac{1}{2}(g+q)l_0^2\right] \quad (2-28)$$

在式（2-28）中，g、q为永久荷载与可变荷载设计值。式（2-28）说明在荷载效应与荷载呈线性关系的假定下，荷载效应也可按荷载设计值进行计算。

$$g=\gamma_G g_k=1.30\times85.70=111.41(\text{kN/m})$$

$$q=\gamma_Q Q_k=1.30\times16.25=21.13(\text{kN/m})$$

将荷载设计值g、q代入式（2-28），有

$$M_1=\gamma_0\left[\frac{1}{2}(g+q)l_0^2\right]=1.0\times\frac{1}{2}\times(111.41+21.13)\times1.45^2=139.33(\text{kN}\cdot\text{m})$$

跨中截面弯矩设计值为

$$M_2=\gamma_0\left[\frac{1}{8}(g+q)l_0^2\right]-M_1=1.0\times\frac{1}{8}\times(111.41+21.13)\times4.10^2-139.33$$
$$=139.17(\mathrm{kN\cdot m})$$

【例 2-2】 某海港扶壁码头，安全等级为二级，立板为双肋结构，如图 2-5 所示。配置立板水平钢筋时，立板按两边悬臂的简支板计算（沿墙高取单位高度计算），计算简图如图 2-6 所示。立板在极端低水位时，均载作用下的土压力标准值为 9.51kN/m，剩余水压力（墙后地下水位高于墙前计算低水位时产生的水压力）标准值为 5.32kN/m，填料作用土压力标准值为 52.86kN/m，波浪力（波谷波吸力）作用标准值为 6.84kN/m。试按 JTS 151—2011 规范计算肋板处立板用于承载能力极限状态计算的弯矩设计值和用于正常使用极限状态验算的频遇组合设计值。

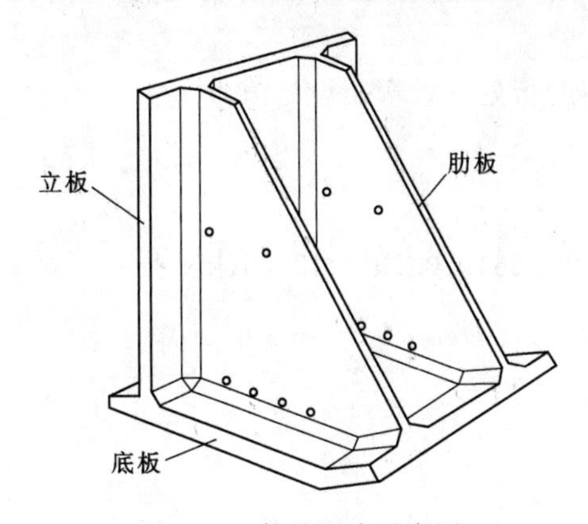

图 2-5 扶壁码头示意图

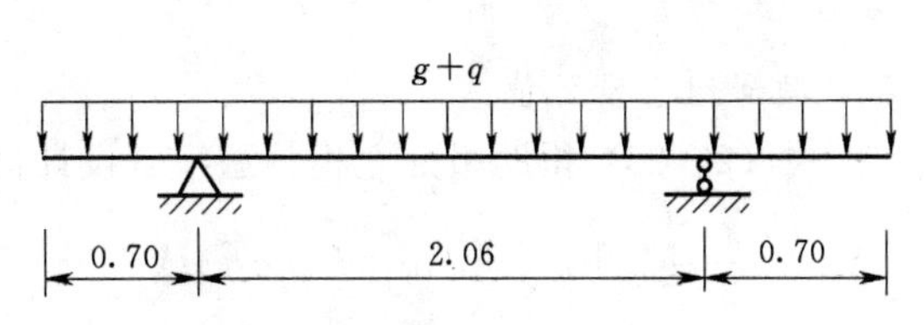

图 2-6 立板计算简图（单位：m）

解：

1. 资料

二级安全等级，重要性系数 $\gamma_0=1.0$。查表 2-5 可得：剩余水压力荷载分项系数 $\gamma_{G1}=1.05$，填料土压力荷载分项系数 $\gamma_{G2}=1.35$；均载土压力荷载分项系数 $\gamma_{Q1}=1.35$，波浪力荷载分项系数为 $\gamma_{Q2}=1.50$。取 1m 高度计算。

2. 荷载标准值

永久作用：

剩余水压力　$g_{1k}=5.32\mathrm{kN/m}$

填料土压力　$g_{2k}=52.86\mathrm{kN/m}$

可变作用：

均载土压力　$q_{1k}=9.51\mathrm{kN/m}$

波浪力　$q_{2k}=6.84\mathrm{kN/m}$

3. 荷载设计值

永久作用：

剩余水压力　$g_1=\gamma_{G1}g_{1k}=1.05\times5.32=5.59(\mathrm{kN/m})$

填料土压力　$g_2=\gamma_{G2}g_{2k}=1.35\times52.86=71.36(\mathrm{kN/m})$

可变作用：

均载土压力　　$q_1=\gamma_{Q1}q_{1k}=1.35\times 9.51=12.84(kN/m)$

波浪力　　$q_2=\gamma_{Q2}q_{2k}=1.50\times 6.84=10.26(kN/m)$

由于所有荷载均为满布于立板的均布荷载，荷载效应系数和组合系数相同，故可直接分别由可变荷载设计值和标准值大小判断哪个为用于承载能力和正常使用极限状态计算的弯矩设计值的主导可变荷载。综上可见：可变荷载中均载土压力大于波谷波吸力，为主导可变荷载。

波浪力的组合系数 $\psi_c=0.7$，准永久值系数 $\psi_q=0.6$；均载土压力频遇值系数 $\psi_f=0.7$。

当无法直接判断哪个可变荷载为主导可变荷载时，若可变荷载组合系数相同，则可分别计算各可变荷载的荷载效应，荷载效应最大的可变荷载就为主导可变荷载；不然可轮流取各个可变荷载作为主导可变荷载计算内力，从中选择数值最大的结果作为内力设计值。

4. 弯矩设计值

由式（2-20）并乘以结构重要性系数 γ_0，得肋板处立板弯矩设计值为

$$M=\gamma_0\left[\frac{1}{2}(g_1+g_2+q_1+\psi_{c2}q_2)l_0^2\right]$$

$$=1.0\times\frac{1}{2}\times(5.59+71.36+12.84+0.7\times 10.26)\times 0.70^2=23.76(kN\cdot m)$$

5. 频遇组合设计值

由式（2-25）得肋板处立板频遇组合设计值为

$$M_q=\frac{1}{2}(g_{1k}+g_{2k}+\psi_f q_{1k}+\psi_q q_{2k})l_0^2$$

$$=\frac{1}{2}\times(5.32+52.86+0.7\times 9.51+0.6\times 6.84)\times 0.7^2=16.89(kN\cdot m)$$

第 3 章　钢筋混凝土受弯构件正截面承载力计算*

典型的受弯构件是板和梁。图 3-1 所示的整体式楼面结构的面板、主梁、次梁，图 3-2 所示的梁板式码头的横梁、纵梁、面板，图 3-3 所示的扶壁式挡土墙和第 2 章图 2-5 所示的扶壁式码头的立板、底板都是受弯构件。沉箱的外墙和底板、工作桥的面板和纵梁等，也都是受弯构件。还有些结构，从表面上看并不像一般的梁，然而根据它们的受力特点和变形特征，仍可按梁一样计算。如图 3-4 所示的渡槽，沿着水流方向，可近似地将一节槽身作为支承在排架上的 U 形梁来计算。

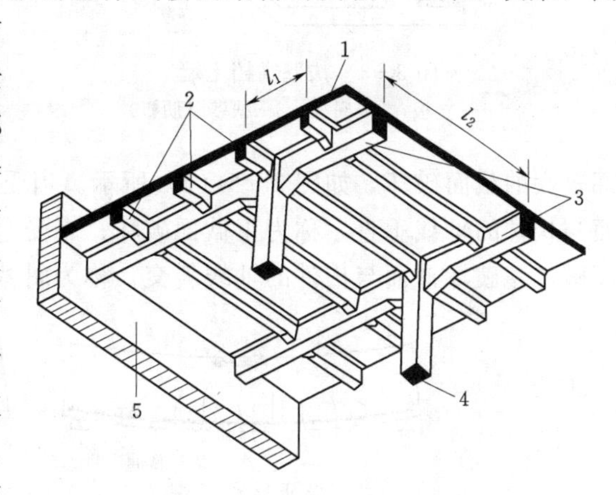

图 3-1　整体式楼面结构

1—面板；2—次梁；3—主梁；4—柱；5—墩墙

受弯构件的特点是在荷载作用下截面上承受弯矩 M 和剪力 V，以等截面通长配筋的简支梁为例，它可能发生两种破坏：一种是沿弯矩最大的截面破坏，如图 3-5 (a) 所示；另一种是沿剪力最大或弯矩和剪力

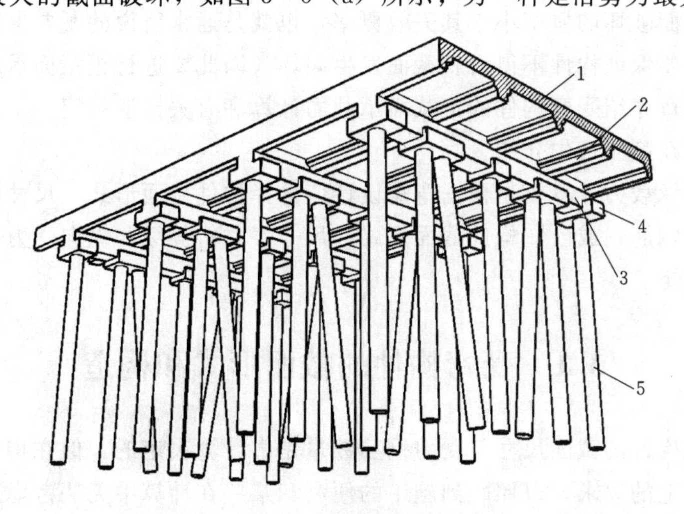

图 3-2　梁板式码头

1—面板；2—纵梁；3—横梁；4—桩帽；5—桩

* 本章所指受弯构件为跨高比 $l_0/h \geqslant 5$ 的一般受弯构件。对于 $l_0/h < 5$ 的构件，应按深受弯构件计算，具体可参阅规范。

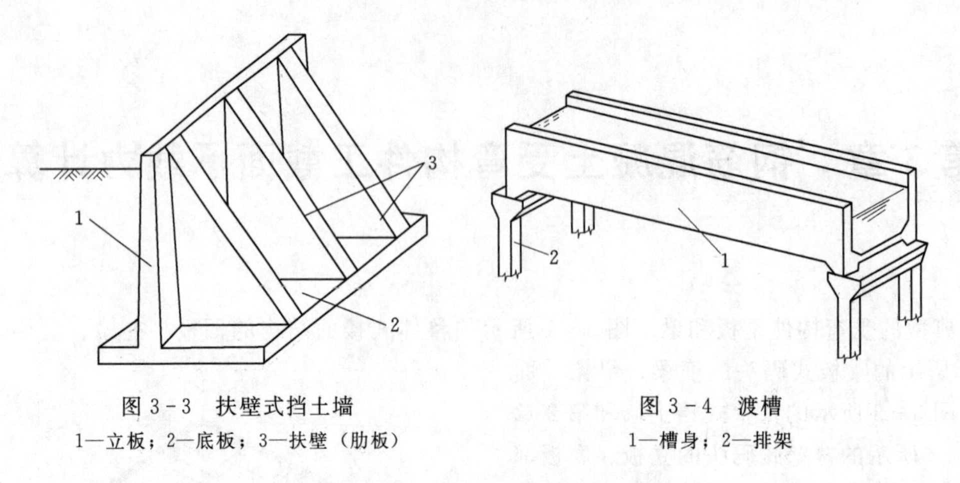

图3-3　扶壁式挡土墙
1—立板；2—底板；3—扶壁（肋板）

图3-4　渡槽
1—槽身；2—排架

都较大的截面破坏，如图3-5（b）所示。当受弯构件沿弯矩最大的截面破坏时，破坏截面与构件的轴线垂直，称为正截面破坏；当受弯构件沿剪力最大或弯矩和剪力都较大的截面破坏，破坏截面与构件的轴线斜交，称为斜截面破坏。

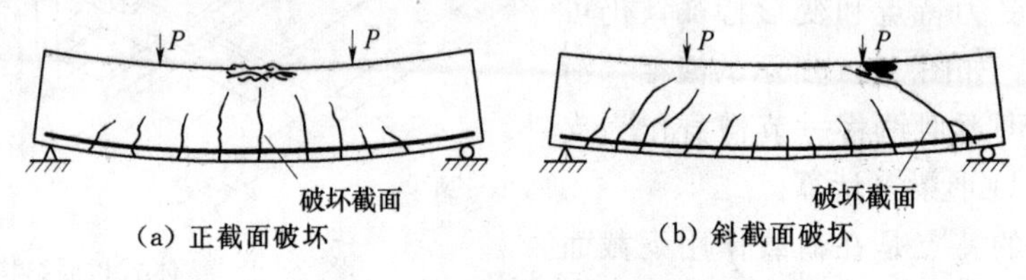

(a) 正截面破坏　　(b) 斜截面破坏

图3-5　受弯构件的破坏形式

受弯构件设计时，既要保证构件发生沿正截面破坏的概率小于其失效概率，又要保证构件发生沿斜截面破坏的概率小于其失效概率，也就是通常所说的既要保证构件不得沿正截面发生破坏又要保证构件不得沿斜截面发生破坏，因此要进行正截面承载力与斜截面承载力的计算。本章介绍受弯构件的正截面承载力计算和有关构造规定，斜截面承载力计算及其构造规定将在第4章中介绍。

所谓正截面承载力计算就是根据弯矩设计值选择构件截面形式、尺寸和材料等级，计算配置纵向受力钢筋；或已知构件截面形式、尺寸、材料等级和纵向受力钢筋用量，计算构件能承受的弯矩。

3.1　受弯构件的截面形式和构造

钢筋混凝土构件的截面尺寸与受力钢筋数量是由计算决定的，但在构件设计中，还需要满足许多构造上的要求，以照顾到施工的便利和某些在计算中无法考虑到的因素，这是必须予以充分重视的。

下面列出水运工程中钢筋混凝土受弯构件正截面的一般构造规定，以供参考。

3.1.1　截面形式与截面尺寸

梁的截面最常用的是矩形、T形和I形截面。在装配式构件中，为了减轻自重及增大截面惯性矩，也常采用Ⅱ形、箱形及空心形等截面，如图 3-6（a）所示。板的截面一般是实心矩形，也有采用槽形和空心的，如码头的空心大板等，如图 3-6（b）所示。

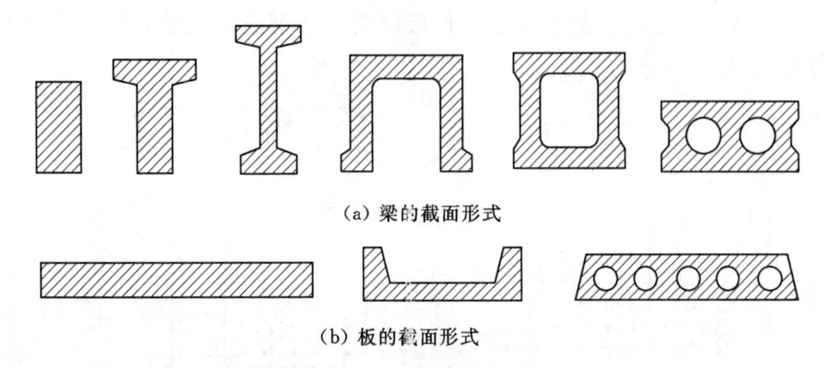

(a) 梁的截面形式

(b) 板的截面形式

图 3-6　梁、板的截面形式

受弯构件中，仅在受拉区配置纵向受力钢筋的截面称为单筋截面，如图 3-7（a）所示；受拉区和受压区都配置纵向受力钢筋的截面称为双筋截面，如图 3-7（b）所示。

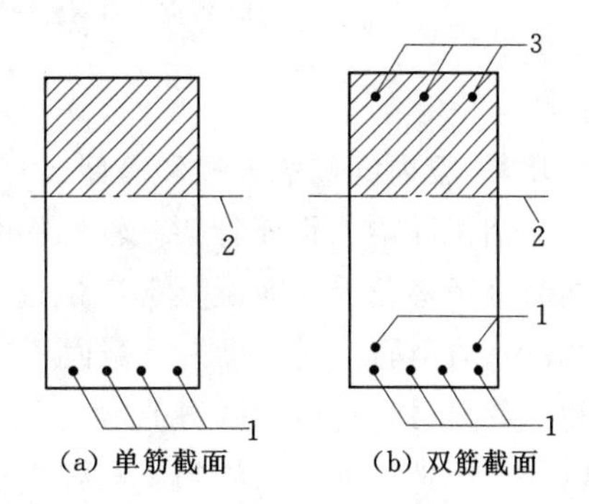

(a) 单筋截面　(b) 双筋截面

图 3-7　梁的单筋及双筋截面

1—受拉钢筋；2—中和轴；3—受压钢筋

为了使构件的截面尺寸有统一的标准，能重复利用模板并便于施工，确定截面尺寸时，通常要考虑以下一些规定。

现浇的矩形梁梁宽及 T 形梁梁肋宽 b 常取为 120mm、150mm、180mm、200mm、220mm、250mm，250mm 以上者以 50mm 为模数递增。梁高 h 常取为 250 mm、300mm、350mm、…、800mm，以 50mm 为模数递增；800mm 以上则可以 100mm 递增。

梁高 h 通常可由跨度 l_0 决定，简支梁和连续梁的高跨比 h/l_0 一般分别取为 1/12～1/8 和 1/18～1/10。梁宽 b 通常由梁高 h 确定，矩形截面梁和 T 形截面梁的高宽比 h/b 一般取为 2.0～3.5 和 2.5～5.0，但预制薄腹梁的 h/b 有时可达 6。

在水运工程中，板的厚度变化范围很大，薄的可为 100mm 左右，厚的则可达几米。对于实心板，其厚度一般不宜小于 100mm。板的厚度在 250mm 以下，以 10mm 为模数递增；在 250mm 以上则可以 50mm 递增；超过 800mm 时则以 100mm 递增。

板的厚度 h 一般也由跨度 l_0 决定。厚度不大的简支板和连续板，厚跨比 h/l_0 一般分别为 1/35～1/30 和 1/40～1/35。

对预制构件，为了减轻自重，其截面尺寸可根据具体情况决定，级差模数不受上述规定限制。

某些厚度较大的板，如水闸底板、船闸底板等，板厚则常由稳定或运行条件确定。

3.1.2　混凝土保护层厚度

在钢筋混凝土构件中，为防止钢筋锈蚀，保证结构的耐久性、防火性及钢筋和混凝土能牢固黏结在一起，钢筋外面必须有足够厚度的混凝土保护层，如图 3-8 所示。这种必要的保护层厚度主要与钢筋混凝土结构构件的种类、所处环境条件等因素有关，预应力混凝土构件的保护层厚度要大于钢筋混凝土构件，海水环境下的构件的保护层厚度要大于淡水环境的构件。纵向受力钢筋的混凝土保护层厚度（从钢筋外边缘算起）不应小于附录D表D-1所列的数值。

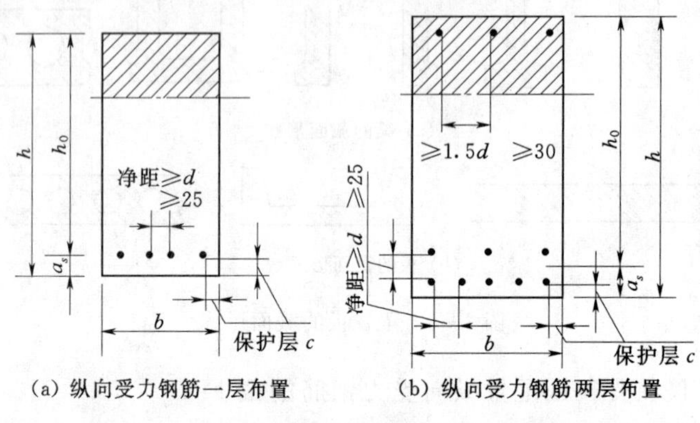

图3-8 混凝土保护层厚度与梁内纵向钢筋净距

3.1.3 梁内钢筋的直径和净距

为保证梁内钢筋骨架有较好的刚度并便于施工，梁的纵向受力钢筋的直径不能太小；同时为了避免受拉区混凝土产生过宽的裂缝，直径也不宜太大，通常可选用直径为12～28mm的钢筋。同一梁中，截面一边的纵向受力钢筋直径最好相同，但为了选配钢筋方便和节约钢材，也可用两种直径。当采用两种直径的钢筋时，两种直径至少应相差2mm，以便于识别；为受力均匀，两种直径相差也不宜超过6mm。

热轧钢筋的直径应选用常用直径，例如12mm、14mm、16mm、18mm、20mm、22mm、25mm、28mm等，当然也需根据材料供应的情况决定。

梁跨中截面纵向受力钢筋的根数一般不少于3～4根。截面尺寸特别小且不需要弯起钢筋的小梁，纵向受力钢筋也可少到2根。梁中钢筋的根数也不宜太多，太多会增加浇灌混凝土的困难。

为了便于混凝土的浇捣并保证混凝土与钢筋之间有足够的黏结力，梁内下部纵向钢筋的净距不应小于最大钢筋直径 d，也不应小于25mm；上部纵向钢筋的净距不应小于1.5d，也应不小于30mm（图3-8）。下部纵向受力钢筋尽可能排成一层，当根数较多时，也可排成两层，但因钢筋重心向上移，内力臂减小，对承载力有一定影响。当两层还布置不开时，也允许将钢筋成束布置（每束以2根为宜）。在纵向受力钢筋多于两层的特殊情况，第三层及以上各层的钢筋水平方向的间距应比下面两层的间距增大1倍。钢筋排成两层或两层以上时，应避免上下层钢筋互相错位，同时各层钢筋之间的净间距应不小于25mm和最大钢筋直径 d，否则将使混凝土浇灌发生困难。

3.1.4 板内钢筋的直径与间距

一般厚度的板，其受力钢筋直径常用6mm、8mm、10mm、12mm；厚板（如沉箱底板、船闸底板、水闸底板）的受力钢筋直径常用12～25mm，也有用到32mm、36mm甚至40mm的。为方便施工，对一般厚度的板，同一板中的受力钢筋尽量采用同一种直径，有时为节约钢材也可采用两种直径，但两种直径要相差2mm，以便于识别。

为传力均匀及避免混凝土局部破坏，板中受力钢筋的间距（中距）不能太大，允许的受力钢筋最大间距和板厚 h 有关。对于采用绑扎骨架（钢筋以绑扎方式形成的骨架）的板，当 $h \leqslant 150$mm 时，受力钢筋最大间距取值为200mm；当 $h > 150$mm 时，取为 $1.5h$ 且每米不少于4根。

为便于施工，板中钢筋的间距也不要过小，最小间距为70mm，即每米板宽中最多放14根钢筋。

在板中，若只在一个方向配置受力钢筋，垂直于受力钢筋方向还要布置分布钢筋，如图3-9所示。分布钢筋的作用是将板面荷载更均匀地传布给受力钢筋，同时在施工中用以固定受力钢筋形成骨架，并起抵抗混凝土收缩和温度应力的作用。分布钢筋主要起构造作用，布置在受力钢筋的内侧，可采用光圆钢筋。

一般厚度的板中，分布钢筋的直径多采用6～8mm，间距不宜大于250mm。承受均布荷载时，分布钢筋不宜少于单位宽度受力钢筋截面面积的15%。承受集中荷载时，分布钢筋的用量和布置与板的宽跨比有关。若板的宽跨比不大于1.0，分布钢筋不宜少于单位宽度受力钢筋截面面积的20%；若板宽跨比大于1.5，板中间1/2跨范围内的分布钢筋不宜少于35%，其余范围不宜小于25%；若板宽跨比在1.0～1.5之间，分布钢筋数量可在上述规定范围内确定。

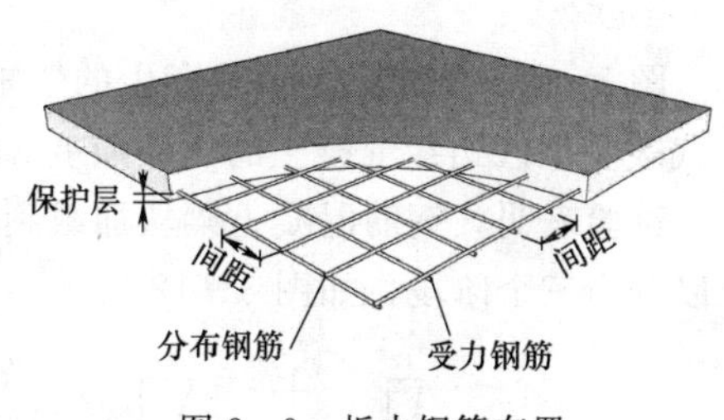

图3-9 板内钢筋布置

当板处于温度变幅较大或处于不均匀沉陷的复杂条件，且在与受力钢筋垂直的方向所受约束很大时，分布钢筋还宜适当增加。

3.2 受弯构件正截面的试验研究

3.2.1 梁的受弯试验和应力-应变阶段

钢筋混凝土构件的计算理论是建立在大量试验的基础之上的。因此，在计算钢筋混凝土受弯构件以前，应该对它从开始受力直到破坏为止整个受力过程中的应力应变变化规律有充分的了解。

为了着重研究正截面的应力和应变变化规律，钢筋混凝土梁受弯试验常采用两点对称加载，使梁的两个对称荷载之间的中间区段处于纯弯曲状态，保证其发生正截面破坏，这个中间区段（纯弯段）就是这次试验要观察的部位，试验梁的布置如图3-10所示。试验时按预计的破坏荷载分级加载。采用仪表量测纯弯段内沿梁高两侧布置的测点的应变（梁的纵向变形），利用安装在跨中和两端的千分表测定梁的跨中挠度，并用读数放大镜观察裂缝的出现与开展。

由试验可知，在受拉区混凝土开裂之前，截面在变形后仍保持为平面。在裂缝发生之后，截面不再保持为绝对平面。但只要测量应变的仪表有一定的标距（跨过一条裂缝或几条裂缝），所测得的应变实际上为标距范围内的平均应变值，则沿截面高度测得的各纤维层的平均应变值从开始加载到接近破坏，基本上是按直线分布的，即可以认为始终符合平截面假定，如图 3-11 所示。由试验还可以看出，随着荷载的增加，受拉区裂缝向上延伸，中和轴不断上移，受压区高度逐渐减小。

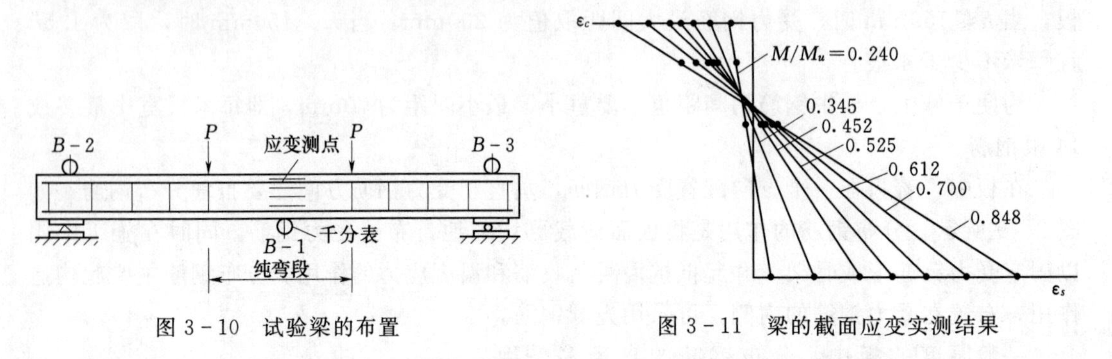

图 3-10　试验梁的布置　　　　图 3-11　梁的截面应变实测结果

图 3-11 中 M 代表荷载产生的弯矩值，M_u 代表截面破坏时所承受的实测极限弯矩，ε_c 代表受压区边缘混凝土的压缩应变，ε_s 代表纵向受拉钢筋的拉伸应变。

试验表明，钢筋混凝土梁从加载到破坏，正截面上的应力和应变不断变化，整个过程可以分为三个阶段，如图 3-12 所示。

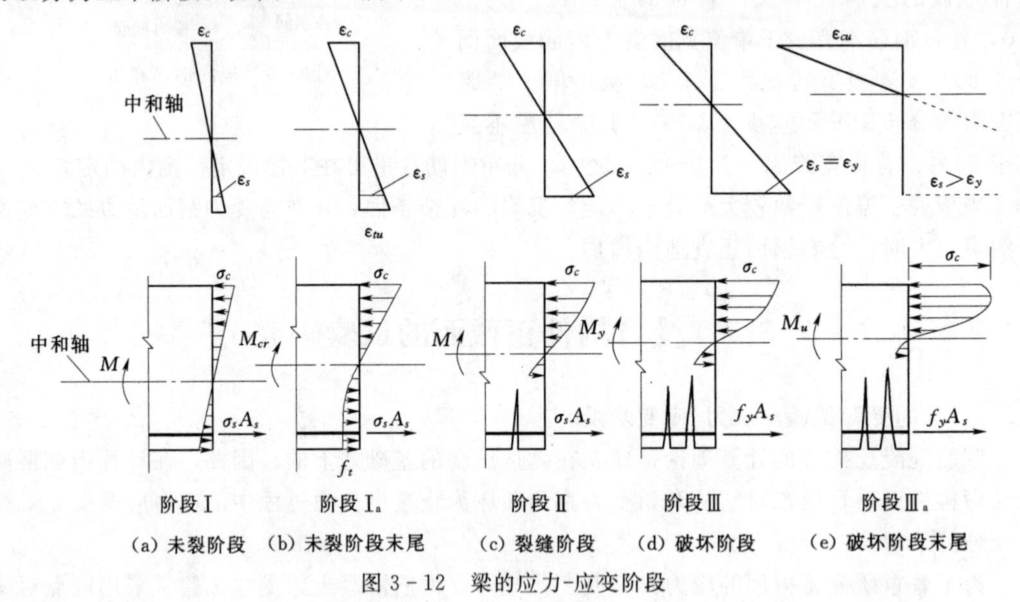

图 3-12　梁的应力-应变阶段

1. 第Ⅰ阶段——未裂阶段

荷载很小时，梁的截面在弯曲后仍保持为平面。截面上混凝土应力 σ_c 与纵向受拉钢筋应力 σ_s 都不大，变形基本上是弹性的，应力与应变之间保持线性关系，混凝土受拉及受压区的应力分布均为线性，如图 3-12 (a) 所示，图中 A_s 为纵向受拉钢筋截面面积。

当荷载逐渐增加到这个阶段的末尾时，混凝土拉应力大部分达到抗拉强度 f_t[1]，受

[1] 本书的构件受力试验研究分析中，所有符号 f_t、f_c、f_y、f_y' 均表示为各自强度的实际值，并非它们的设计值。

拉区边缘混凝土应变达到了极限拉应变 ε_{tu}。此时受拉区混凝土呈现出很大的塑性变形，拉应力图形表现为曲线状，若荷载再稍有增加，受拉区混凝土就将发生裂缝。但在受压区，由于压应力还远小于混凝土抗压强度，混凝土的力学性质基本上还处于弹性范围，应力图形仍接近三角形。这一受力状态称为阶段 I_a [图 3-12（b）]，是计算受弯构件抗裂时所采用的应力阶段。

在未裂阶段中，拉力是由受拉混凝土与纵向受拉钢筋共同承担的，两者应变相同，所以钢筋应力很小，一般只达到 20～30N/mm^2。

2. 第Ⅱ阶段——裂缝阶段

当荷载继续增加，混凝土受拉边缘应变超过受拉极限变形，受拉区混凝土就出现裂缝，进入第Ⅱ阶段，即裂缝阶段。裂缝一旦出现，裂缝截面的受拉区混凝土大部分退出工作，拉力几乎全部由纵向受拉钢筋承担，纵向受拉钢筋应力和第Ⅰ阶段相比有突然的增大。

随着荷载增加，裂缝扩大并向上延伸，中和轴也向上移动，纵向受拉钢筋应力和受压区混凝土压应变不断增大。这时受压区混凝土也有一定的塑性变形发展，压应力图形呈平缓的曲线形，如图 3-12（c）所示。

第Ⅱ阶段相当于一般不要求抗裂的构件在正常使用时的情况，是计算受弯构件正常使用阶段的变形和裂缝宽度时所依据的应力阶段。

3. 第Ⅲ阶段——破坏阶段

随着荷载继续增加，纵向受拉钢筋应力和应变不断增大，当达到屈服强度 f_y 和屈服应变 ε_y 时 [图 3-12（d）]，即认为梁已进入破坏阶段。此时纵向受拉钢筋应力不增加而应变迅速增大，促使裂缝急剧开展并向上延伸。随着中和轴的上移，混凝土受压区面积被迫减小，混凝土压应力增大，受压混凝土的塑性特征也明显发展，压应力图形呈现曲线形。

当受压区边缘混凝土应变达到极限压应变 ε_{cu} 时，受压混凝土发生纵向水平裂缝而被压碎，梁就随之破坏。这一受力状态称为阶段 III_a [图 3-12（e）]，是计算受弯构件正截面承载力时所依据的应力阶段。

应当指出，上述应力阶段是对纵向受拉钢筋用量适中的梁来说的，对于纵向受拉钢筋用量过多或过少的梁则并不如此。

3.2.2　正截面的破坏特征

钢筋混凝土受弯构件正截面承载力计算，是以构件截面的破坏阶段的应力状态为依据的。为了正确进行承载力计算，有必要对截面在破坏时的破坏特征加以研究。

试验指出，对于截面尺寸和混凝土强度等级相同的受弯构件，其正截面的破坏特征主要与纵向受拉钢筋数量有关，可分下列三种情况。

1. 第 1 种破坏情况——适筋破坏

配筋量适中的截面，在开始破坏时，裂缝截面的纵向受拉钢筋应力首先到达屈服强度，发生很大的塑性变形，有一根或几根裂缝迅速开展并向上延伸，受压区面积大大减小，迫使受压区边缘混凝土应变达到极限压应变 ε_{cu}，混凝土被压碎，构件即告破坏 [图 3-13（a）]，这种配筋情况称为适筋。适筋梁在破坏前，构件有显著的裂缝开展和挠度，即有明显的破坏预兆。在破坏过程中，虽然最终破坏时构件所能承受的荷载仅稍大于纵向受拉钢筋刚达到屈服时承受的荷载，但挠度的增长却相当的大（图 3-14）。这意味着构件在截面承载力无显著变化的情况下，具有较大的变形能力，也就是构件的延性较好，属于延性破坏。

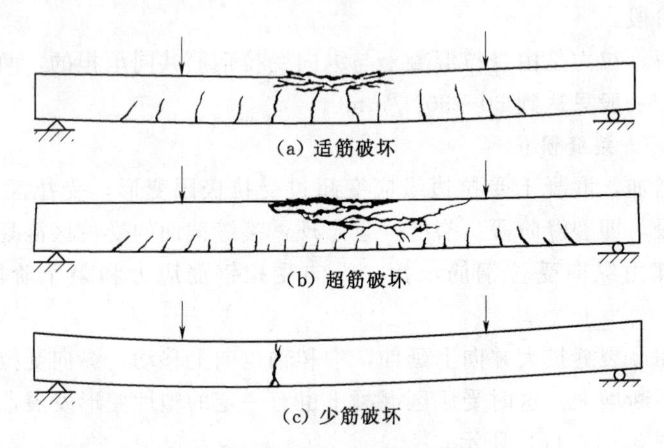

图 3-13　梁的正截面破坏情况

2. 第 2 种情况——超筋破坏

若配筋量过多，加载后纵向受拉钢筋应力尚未达到屈服强度前，受压区边缘混凝土应变却已先达到极限压应变而被压坏，致使整个构件也突然破坏［图 3-13（b）］，这种配筋情况称为超筋。由于承载力控制于混凝土受压区，所以尽管配置了很多纵向受拉钢筋，也不能增加截面承载力，钢筋未能发挥其应有的作用。超筋梁在破坏时裂缝根数较多，裂缝宽度比较细，挠度也比较小。但超筋构件由于混凝土压坏前无明显预兆，破坏突然发生，属于脆性破坏，对结构的安全很不利，因此，在设计中必须加以避免。

3. 第 3 种破坏情况——少筋破坏

若配筋量过少，受拉区混凝土一旦出现裂缝，裂缝截面的纵向受拉钢筋应力很快达到屈服强度，并可能经过流幅段而进入强化阶段，这种配筋情况称为少筋。少筋梁在破坏时往往只出现一条裂缝，但裂缝开展很宽，挠度也很大［图 3-13（c）］。虽然受压混凝土还未压碎，但对于一般的板、梁，实用上认为已不能使用。因此，可以认为它的开裂弯矩就是它的破坏弯矩。少筋构件的破坏基本上属于脆性破坏，在设计中也应避免采用。

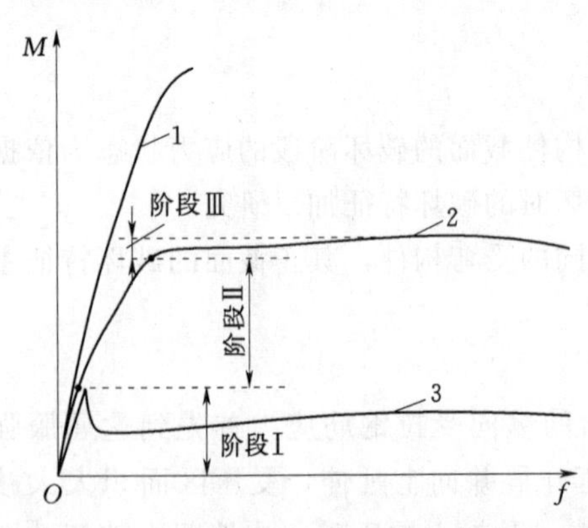

图 3-14　三种配筋构件的弯矩-挠度曲线

1—超筋构件；2—适筋构件；3—少筋构件

图 3-14 为适筋、超筋及少筋构件的弯矩-挠度（$M-f$）关系曲线。由图可见，对于适筋构件，在裂缝出现前（第Ⅰ阶段）和裂缝出现后（第Ⅱ阶段），挠度随荷载的增加大致按线性变化增长。但在裂缝出现后，由于截面受拉混凝土退出工作，截面刚度显著降低，因此挠度的增长远较裂缝出现前要大。在第Ⅰ阶段与第Ⅱ阶段

过渡处，挠度曲线有一个转折，该转折点的标志是受拉区边缘混凝土应变达到了极限拉应变 ε_{tu}。当纵向受拉钢筋达到屈服（进入第Ⅲ阶段）时，挠度增加更为剧烈，曲线出现第二个转折点，该转折点的标志是纵向受拉钢筋达到了屈服应变 ε_y。以后在弯矩变动不大的情况下，挠度持续增加，表现出良好的延性性质，直到受压区边缘混凝土应变达到极限压应变 ε_{cu} 时构件破坏。

对于超筋构件，由于直到破坏时纵向受拉钢筋应力还未达到屈服强度，因此挠度曲线没有第二个转折点，呈现出突然的脆性破坏性质，延性极差。

对于少筋构件，在达到开裂弯矩后，原由混凝土承担的拉力需要纵向受拉钢筋来承担，但因配筋量过小，纵向受拉钢筋马上屈服，其能承担的拉力小于开裂前混凝土承担的拉力，使得此时截面能承受的弯矩还不及开裂前能承担的弯矩大，因而曲线有一下降段，此后挠度急剧增加。

综上所述，当受弯构件的截面尺寸、混凝土强度等级相同时，正截面的破坏特征随纵向受拉钢筋配筋量多少而变化，其规律是：①配筋量太小时，构件的破坏弯矩接近于开裂弯矩，其大小取决于混凝土的抗拉强度及截面尺寸大小；②配筋量过大时，配筋不能充分发挥作用，构件的破坏弯矩取决于混凝土的抗压强度及截面尺寸大小；③配筋量适中时，构件的破坏弯矩取决于配筋量、钢筋的强度等级及截面尺寸。合理的配筋应配筋量适中，避免发生超筋或少筋的破坏情况。因此，在下面计算公式推导中所取用的应力图形也仅是针对纵向受拉钢筋配筋量适中的截面来说的。

3.3 正截面受弯承载力计算原则

3.3.1 计算方法的基本假定

（1）平截面假定。多年来，国内外对用各种钢材配筋（包括各种形状截面）的受弯构件所进行的大量试验表明，在各级荷载作用下，一定的标距范围内的平均应变值沿截面高度线性分布，基本上符合平截面假定，如图 3-11 所示。根据平截面假定，截面上任意点的应变与该点到中和轴的距离成正比，所以平截面假定提供了变形协调的几何关系。

（2）不考虑受拉区混凝土的工作。对于极限状态下的承载力计算来说，受拉区混凝土的作用相对很小，完全可以忽略不计。

（3）受压区混凝土的应力应变关系采用理想化的应力应变曲线，如图 3-15 所示。

当 $\varepsilon_c \leqslant \varepsilon_0$ 时，应力应变关系为曲线，即

$$\sigma_c = f_c\left[1-\left(1-\frac{\varepsilon_c}{\varepsilon_0}\right)^n\right] \tag{3-1a}$$

当 $\varepsilon_0 < \varepsilon_c \leqslant \varepsilon_{cu}$ 时，应力应变关系为水平线，即

$$\sigma_c = f_c \tag{3-1b}$$

其中

$$\varepsilon_0 = 0.002 + 0.5(f_{cuk}-50)\times 10^{-5} \tag{3-1c}$$

$$\varepsilon_{cu} = 0.0033-(f_{cuk}-50)\times 10^{-5} \tag{3-1d}$$

$$n = 2-\frac{1}{60}(f_{cuk}-50) \tag{3-1e}$$

式中 f_c——混凝土轴心抗压强度设计值，按附录 B 表 B－1 取用；

f_{cuk}——混凝土立方体抗压强度标准值；

ε_0——混凝土压应力达到其轴心抗压强度设计值 f_c 时的压应变，按式（3－1c）计算，当计算值小于 0.002 时取 $\varepsilon_0=0.002$；

ε_{cu}——混凝土极限压应变，混凝土非均匀受压时，ε_{cu} 按式（3－1d）计算，当计算值大于 0.0033 时取 $\varepsilon_{cu}=0.0033$，混凝土均匀受压时，取 $\varepsilon_{cu}=\varepsilon_0$；

n——系数，按式（3－1e）计算，当计算值大于 2 时取 $n=2$。

（4）有明显屈服点的钢筋（热轧钢筋），其应力应变关系可简化为理想的弹塑性曲线（图 3－16），受拉钢筋极限拉应变取为 0.01。

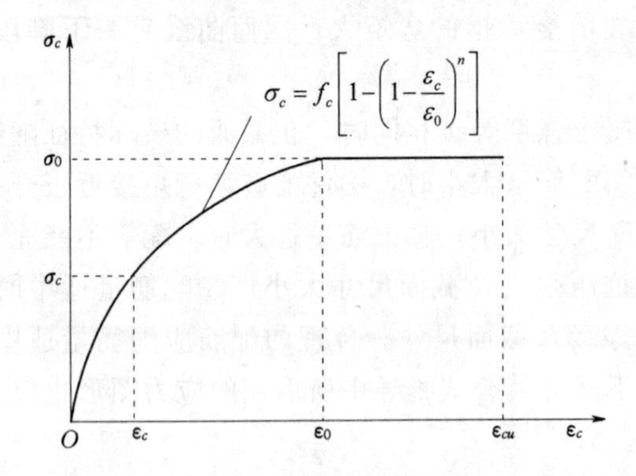

图 3－15　混凝土的 $\sigma_c-\varepsilon_c$ 设计曲线

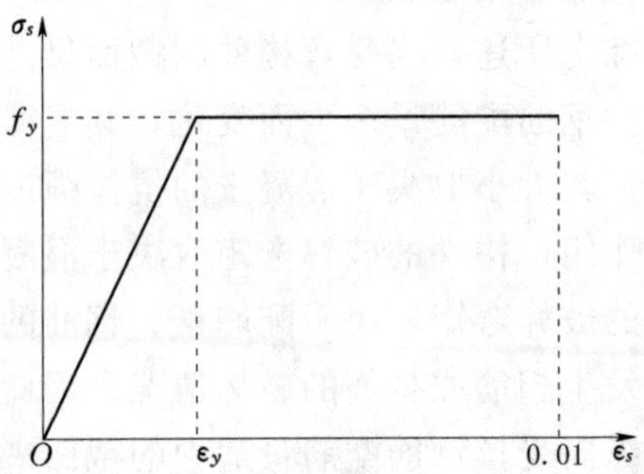

图 3－16　有明显屈服点钢筋的 $\sigma_s-\varepsilon_s$ 设计曲线

当 $0\leqslant\varepsilon_s\leqslant\varepsilon_y$ 时，应力应变关系为斜率等于钢筋弹性模量 E_s 的直线，即

$$\sigma_s=\varepsilon_s E_s \tag{3-2a}$$

当 $\varepsilon_y<\varepsilon_s<0.01$ 时，应力应变关系为水平线，即

$$\sigma_s=f_y \tag{3-2b}$$

式中 f_y——钢筋抗拉强度设计值，按附录 B 表 B－3 取用；

ε_y——钢筋应力达到 f_y 时的应变。

将受拉钢筋极限拉应变 ε_{su} 取为 0.01，也就是将 $\varepsilon_{su}=0.01$ 作为构件达到承载能力极限状态的标志之一，这样，只要 ε_{cu} 和 ε_{su} 两个极限应变中达到其中一个，构件就达到了承载能力极限状态。

3.3.2　等效矩形应力图形

当已知混凝土的应力-应变曲线，同时也已知截面的应变规律时，则可根据截面各点的应变从混凝土的应力-应变曲线上求得相应的应力值，来确定截面上的混凝土应力图形。如此，根据假定的受压区混凝土应力应变关系（图 3－15）和平截面假定，可以得出截面受压区混凝土的应力图形，如图 3－17（a）所示。但采用图 3－17（a）所示的应力图形进行计算仍比较烦琐。为了简化计算，便于应用，在进行正截面承载力计算时，采用等效的矩形应力图形代替曲线应力图形，如图 3－17（b）所示。矩形应力图形中的应力取为 $\alpha_1 f_c$，高度取为 $x=\beta_1 x_0$。其中，α_1、β_1 分别为矩形应力图形压应力等效系数和受压区高度等效系数，x_0 为混凝土受压区的实际高度。

根据图 3-17（a）和图 3-17（b）所示的两个应力图形合力相等和合力作用点位置不变的原则，可以求得 α_1 和 β_1。为便于应用，JTS 151—2011 规范对 α_1 和 β_1 进行简化后规定：对强度等级不超过 C50 的混凝土，取 $\alpha_1=1.00$、$\beta_1=0.80$；对 C80 混凝土，取 $\alpha_1=0.94$、$\beta_1=0.74$；强度等级在 C50 与 C80 之间的混凝土，线性插值。表 3-1 给出了各混凝土强度等级对应的 α_1 和 β_1 取值。

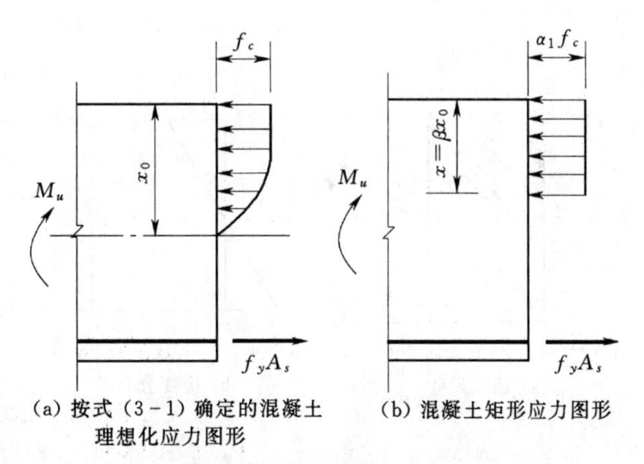

(a) 按式（3-1）确定的混凝土理想化应力图形　(b) 混凝土矩形应力图形

图 3-17　等效矩形应力图形

表 3-1　**α_1 和 β_1 值**

混凝土强度等级	≤C50	C55	C60	C65	C70	C75	C80
α_1	1.00	0.99	0.98	0.97	0.96	0.95	0.94
β_1	0.80	0.79	0.78	0.77	0.76	0.75	0.74

在实际设计计算时，常用矩形应力图形的受压区计算高度 x 代替 x_0，用相对受压区计算高度 ξ 代替 ξ_0，此处 $\xi=x/h_0$，$\xi_0=x_0/h_0$，h_0 为矩形截面有效高度（纵向受拉钢筋合力点至截面受压区边缘的距离）。

3.3.3 适筋和超筋破坏的界限

如前所述，适筋破坏的特点是纵向受拉钢筋应力首先达到屈服强度 f_y，经过一段流幅变形后，受压区边缘混凝土应变也达到极限压应变 ε_{cu}，构件随即破坏。此时，$\varepsilon_s>\varepsilon_y=f_y/E_s$，而 $\varepsilon_c=\varepsilon_{cu}$。超筋破坏的特点是在纵向受拉钢筋应力尚未达到屈服强度时，受压区边缘混凝土应变已达到极限压应变，构件破坏。此时，$\varepsilon_s<\varepsilon_y=f_y/E_s$，而 $\varepsilon_c=\varepsilon_{cu}$。显然，在适筋破坏和超筋破坏之间必定存在着一种界限状态。这种状态的特征是在纵向受拉钢筋应力达到屈服强度的同时，受压区边缘混凝土应变恰好达到极限压应变 ε_{cu} 而破坏，此时的破坏即为界限破坏。此时，$\varepsilon_s=\varepsilon_y=f_y/E_s$，$\varepsilon_c=\varepsilon_{cu}$，如图 3-18 所示。

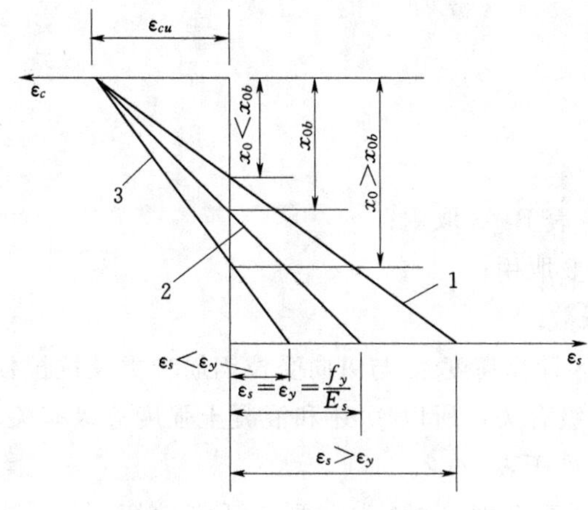

图 3-18　适筋、超筋、界限破坏时的截面平均应变图

1—适筋破坏；2—界限破坏；3—超筋破坏

利用平截面假定所提供的变形协调条件，可以建立判别适筋或超筋破坏的界限条件。下面以单筋矩形截面为例加以说明（图 3-19）。

矩形截面有效高度为 h_0，纵向受拉钢筋的截面面积为 A_s。在界限破坏状态，截面的界限受压区实际高度 $x_0=x_{0b}$。由于在界限破坏时，$\varepsilon_s=\varepsilon_y=f_y/E_s$，$\varepsilon_c=\varepsilon_{cu}$；根

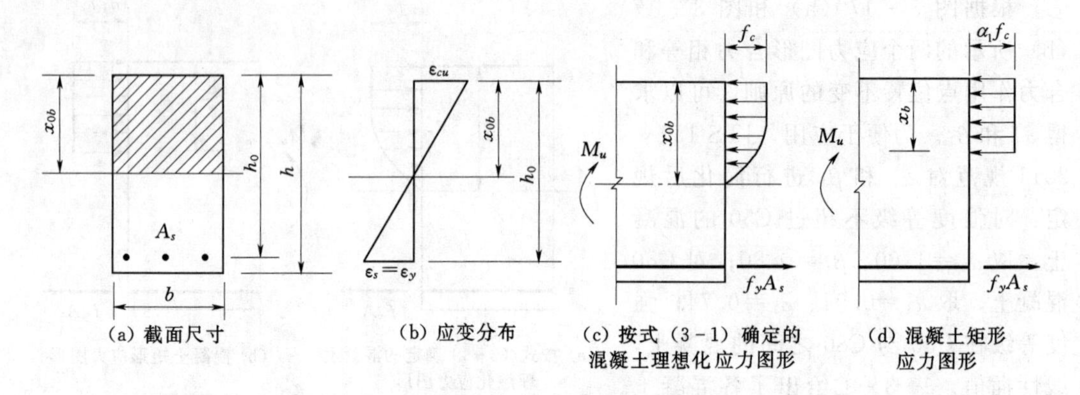

(a) 截面尺寸　(b) 应变分布　(c) 按式（3-1）确定的混凝土理想化应力图形　(d) 混凝土矩形应力图形

图 3-19　界限破坏时的截面受压区高度及混凝土应力图形

据平截面假定，截面应变为直线分布，因此可按比例关系求出界限破坏时截面的界限受压区实际高度 x_{0b} 或相对受压区实际高度 ξ_{0b}：

$$\xi_{0b}=\frac{x_{0b}}{h_0}=\frac{\varepsilon_{cu}}{\varepsilon_{cu}+\varepsilon_y}=\frac{\varepsilon_{cu}}{\varepsilon_{cu}+\dfrac{f_y}{E_s}}=\frac{1}{1+\dfrac{f_y}{\varepsilon_{cu}E_s}} \tag{3-3a}$$

非界限破坏时，截面受压区实际高度为 x_0，相对受压区实际高度为 ξ_0，$\xi_0=x_0/h_0$。从图 3-18 可明显看出：当 $\xi_0<\xi_{0b}$（即 $x_0<x_{0b}$）时，$\varepsilon_s>\varepsilon_y=f_y/E_s$，纵向受拉钢筋应力可以达到屈服强度，因此，为适筋破坏；当 $\xi_0>\xi_{0b}$（即 $x_0>x_{0b}$）时，$\varepsilon_s<\varepsilon_y=f_y/E_s$，纵向受拉钢筋应力达不到屈服强度，因此，为超筋破坏。

对于界限状态，$x_0=x_{0b}$，记此时的相对受压区计算高度 ξ 为 ξ_b，根据 ξ 的定义，可得

$$\xi_b=\frac{x_b}{h_0}=\frac{\beta_1 x_{0b}}{h_0}=\frac{\beta_1}{1+\dfrac{f_y}{\varepsilon_{cu}E_s}} \tag{3-3b}$$

式中　x_b——界限受压区计算高度；

ξ_b——相对界限受压区计算高度；

h_0——截面有效高度；

f_y——钢筋抗拉强度设计值，按附录 B 表 B-3 取用；

E_s——钢筋弹性模量，按附录 B 表 B-5 取用；

β_1——矩形应力图形受压区高度等效系数。

从式（3-3b）可以看出：相对界限受压区计算高度 ξ_b 与纵向受拉钢筋种类及抗拉强度设计值有关；由于 ε_{cu} 及 β_1 与混凝土强度等级有关，所以 ξ_b 还和混凝土强度等级有关。为方便计算，将按式（3-3b）计算得出的 ξ_b 列于表 3-2。

在进行构件设计时，若计算出的受压区计算高度 $x\leqslant\xi_b h_0$，则为适筋破坏；若 $x>\xi_b h_0$，则为超筋破坏。

表 3-2　　ξ_b、α_{sb}值

混凝土强度等级		≤C50	C55	C60	C65	C70	C75	C80
HPB300	ξ_b	0.576	0.566	0.556	0.547	0.537	0.528	0.518
	α_{sb}	0.410	0.406	0.402	0.397	0.393	0.388	0.384
HRB335	ξ_b	0.550	0.541	0.531	0.522	0.512	0.503	0.493
	α_{sb}	0.399	0.394	0.390	0.386	0.381	0.376	0.372
HRB400、RRB400	ξ_b	0.518	0.508	0.499	0.490	0.481	0.472	0.463
	α_{sb}	0.384	0.379	0.375	0.370	0.365	0.360	0.356
HRB500	ξ_b	0.482	0.473	0.464	0.455	0.447	0.438	0.429
	α_{sb}	0.366	0.361	0.357	0.352	0.347	0.342	0.337

3.3.4　纵向受拉钢筋最小配筋率

从 3.2 节可知，钢筋混凝土构件不应采用少筋截面，以避免一旦出现裂缝后，构件因裂缝宽度或挠度过大而失效。在混凝土结构设计规范中，是通过规定纵向受拉钢筋配筋率 ρ 大于其最小配筋率 $\rho_{\min}$，或纵向受拉钢筋用量 A_s 大于其最小配筋面积 $A_{s\min}$ 来避免构件出现少筋破坏的，即

$$\rho=\frac{A_s}{A_\rho}\geqslant\rho_{\min} \tag{3-4a}$$

或

$$A_s\geqslant A_{s\min}=\rho_{\min}A_\rho \tag{3-4b}$$

式中　ρ——受弯构件纵向受拉钢筋配筋率；

A_ρ——计算配筋率所用的截面面积；

$\rho_{\min}$——受弯构件纵向受拉钢筋最小配筋率，可按附录 D 表 D-5 取用。

不同的受力构件，A_ρ 的计算方法有所不同。对受弯构件，A_ρ 为全截面扣除受压翼缘的面积，按下列公式计算：

矩形或 T 形截面　　$A_\rho=bh$　　(3-5a)

I 形或倒 T 形截面　　$A_\rho=bh+(b_f-b)h_f$　　(3-5b)

式中　b——矩形截面宽度或 T 形、I 形、倒 T 形截面的腹板宽度；

h——截面高度；

b_f、h_f——I 形、倒 T 形截面受拉翼缘的宽度和高度，如图 3-20 所示。

在受弯构件中，最小配筋率 $\rho_{\min}$ 取 0.20% 和 $0.45f_t/f_y$ 的较大值，即 $\rho_{\min}$ 与混凝土和纵向受拉钢筋的抗拉强度有关；计算配筋率 ρ 所用的截面面积 A_ρ 为全截面扣除受压翼缘后的面积，即要计入所有受拉截面面积。这是因为，对受弯构件，理论上 $\rho_{\min}$ 是少筋梁与适筋梁的配筋的界限，如果仅从承载力考虑，$\rho_{\min}$ 可以根据配置了最小配筋面积 $A_{s\min}$ 的钢筋混凝土受弯构件和素混凝土受弯构件破坏时的承载力 M_u 相等的原则来确定。素混凝土受弯构件一开裂就破坏，其破坏承载力 M_u 和混凝土开裂时的开裂弯矩 M_{cr} 相等。也就是说，$\rho_{\min}$ 可按 $M_u=$

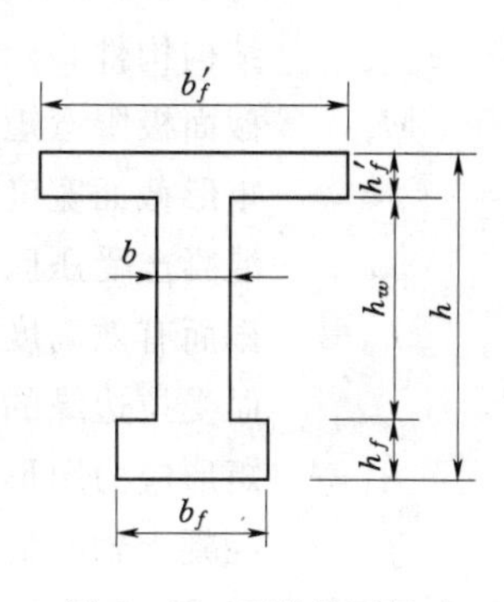

图 3-20　I 形截面尺寸

M_{cr}的原则确定。由于M_{cr}的大小取决于混凝土抗拉强度f_t和截面面积，f_t和截面面积越大，M_{cr}就越大，但受压区翼缘外伸部分面积$(b'_f-b)h'_f$对M_{cr}影响甚少，将其扣除；M_u的大小与纵向受拉钢筋抗拉强度f_y有关，f_y越大，M_u就越大，要M_u达到M_{cr}所需的纵向受拉钢筋面积就越小。因此，$\rho_{\min}$与混凝土的抗拉强度成正比，与钢筋的抗拉强度成反比，A_ρ采用全截面扣除受压翼缘后的面积。

最小配筋率$\rho_{\min}$的确定除需考虑$M_u=M_{cr}$外，还需考虑材料强度的离散性、混凝土收缩和温度应力等的不利影响，以及已有的工程经验，因此 JTS 151—2011 取受弯构件的$\rho_{\min}$为 0.20%和$0.45f_t/f_y$的较大值。对于常用的 HPB300 和 HRB400 钢筋，当混凝土强度等级分别不大于 C20 和 C35 时，$\rho_{\min}=0.20\%$；不然$\rho_{\min}=0.45f_t/f_y$。

3.4　单筋矩形截面构件正截面受弯承载力计算

3.4.1　计算简图与基本公式

根据受弯构件适筋破坏特征和正截面承载力计算基本假定，在进行受弯构件单筋矩形截面正截面受弯承载力计算时，忽略受拉区混凝土的作用；受压区混凝土的应力图形采用等效矩形应力图形，应力值取α_1倍混凝土的轴心抗压强度设计值$\alpha_1 f_c$；纵向受拉钢筋应力达到钢筋的抗拉强度设计值f_y。计算简图如图 3-21 所示。

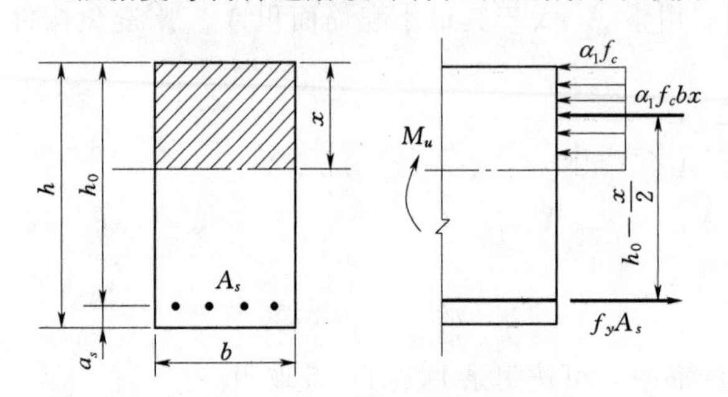

图 3-21　单筋矩形截面受弯构件正截面受弯承载力计算简图

根据计算简图和截面内力的平衡条件，并满足承载能力极限状态的计算要求，可得下列两个基本公式：

$$M \leqslant M_u=\alpha_1 f_c bx\left(h_0-\frac{x}{2}\right) \tag{3-6}$$

$$\alpha_1 f_c bx=f_yA_s \tag{3-7}$$

式中　M——弯矩设计值，为式（2-20）（持久组合）或式（2-21）（短暂组合）计算值与γ_0的乘积，γ_0为结构重要性系数，对于安全等级为一级、二级、三级的结构构件，γ_0分别取为 1.1、1.0、0.9；

M_u——截面极限弯矩；

b——矩形截面宽度；

x——混凝土受压区计算高度；

h_0——截面有效高度，$h_0=h-a_s$，h为截面高度，a_s为纵向受拉钢筋合力点至截面受拉边缘的距离；

α_1——矩形应力图形压应力等效系数，按表 3-1 取用；

f_c——混凝土轴心抗压强度设计值，按附录 B 表 B-1 取用；

f_y——钢筋抗拉强度设计值，按附录 B 表 B-3 取用；

A_s——纵向受拉钢筋截面面积。

为了保证构件是适筋破坏，应用基本公式时应满足下列两个适用条件：

$$x \leqslant \xi_b h_0 \tag{3-8}$$

$$\rho \geqslant \rho_{\min} \tag{3-9}$$

式中 ξ_b——相对界限受压区计算高度，对于热轧钢筋，按式（3-3b）计算或按表3-2取用；

ρ——纵向受拉钢筋配筋率[1]；

$\rho_{\min}$——受弯构件纵向受拉钢筋最小配筋率，按附录D表D-5取用。

第一个条件［式（3-8）］是为了防止配筋过多而发生超筋破坏，第二个条件［式（3-9）］是为了防止配筋过少而发生少筋破坏。如计算出的配筋率 ρ 小于 $\rho_{\min}$ 时，则应按 $\rho_{\min}$ 配筋。

在已知材料强度、截面尺寸等条件下，可联立求解基本公式（3-6）和式（3-7），得出受压区计算高度 x 及纵向受拉钢筋截面面积 A_s，其计算步骤见［例3-1］。

但利用基本公式求解时，必须解一元二次联立方程组，比较麻烦，为了计算方便可将基本公式作如下处理。

将 $\xi = x/h_0$（即 $x = \xi h_0$）代入式（3-6）、式（3-7），并令

$$\alpha_s = \xi(1-0.5\xi) \tag{3-10}$$

则有

$$M \leqslant M_u = \alpha_s \alpha_1 f_c b h_0^2 \tag{3-11}$$

$$\alpha_1 f_c b \xi h_0 = f_y A_s \tag{3-12}$$

此时，其适用条件相应为

$$\xi \leqslant \xi_b \tag{3-13}$$

$$\rho \geqslant \rho_{\min} \tag{3-14}$$

式中 α_s——截面抵抗矩系数，按式（3-10）计算；

ξ——相对受压区计算高度。

设计时应满足 $M_u \geqslant M$，但为经济起见一般取 $M_u = M$。具体计算时，可先由式（3-11）求 α_s：

$$\alpha_s = \frac{M}{\alpha_1 f_c b h_0^2} \tag{3-15}$$

再由式（3-10）求解 ξ：

$$\xi = 1 - \sqrt{1-2\alpha_s} \tag{3-16}$$

---

[1] 我国以往的规范规定，受弯构件纵向受拉钢筋配筋率采用 $\rho = A_s/(bh_0)$ 计算，且 $\rho_{\min}$ 取固定值0.20%。从1989年颁布的《混凝土结构设计规范》（GBJ 10—89）开始，《混凝土结构设计规范》和《水运工程混凝土结构设计规范》采用"$M_u = M_{cr}$"的原则来确定 $\rho_{\min}$，不再采用 $\rho = A_s/(bh_0)$ 来计算受弯构件的配筋率。如今，许多用于土木工程专业的钢筋混凝土结构教材仍采用 $\rho = A_s/(bh_0)$ 计算受弯构件的配筋率，并对矩形截面受弯构件采用 $\rho = A_s/(bh_0) \geqslant \rho_{\min}(h/h_0)$ 进行最小配筋率验算，但这些教材未交代倒T形或I形截面受弯构件最小配筋率验算的方法。

采用 $\rho = A_s/(bh_0)$ 的好处在于可以建立 ρ 与 ξ 之间的关系，$\rho = \xi(\alpha_1 f_c/f_y)$。当界限破坏时 $\xi = \xi_b$，ρ 达到最大配筋率 $\rho_{\max}$，$\rho_{\max} = \xi_b(\alpha_1 f_c/f_y)$。有了 $\rho_{\max}$，就可以采用配筋率来避免发生少筋破坏和超筋破坏：$\rho \geqslant \rho_{\min}$ 用于防止少筋破坏，$\rho \leqslant \rho_{\max}$ 用于防止超筋破坏，也就更容易建立"适筋破坏要求纵向受拉钢筋不多不少"的概念。

若 ξ 满足式（3-13），即 $\xi \leqslant \xi_b$，则将 ξ 代入式（3-12）即可求得纵向受拉钢筋截面面积 A_s：

$$A_s = \frac{\alpha_1 f_c b \xi h_0}{f_y} \tag{3-17}$$

在确定截面有效高度 h_0 时，纵向受拉钢筋合力点至截面受拉边缘的距离 a_s 可由混凝土保护层厚度 c 和钢筋直径 d 计算得出。钢筋单层布置时，$a_s = c + \frac{d}{2}$；钢筋双层布置时，$a_s = c + d + \frac{e}{2}$，其中 e 为两层钢筋间的净距。一般情况下，a_s 值也可取下列近似值。

梁：单层钢筋　$a_s = c + 10(\mathrm{mm})$　(3-18a)

　　双层钢筋　$a_s = c + 35(\mathrm{mm})$　(3-18b)

板：薄板　$a_s = c + 5(\mathrm{mm})$　(3-19a)

　　厚板　$a_s = c + 10(\mathrm{mm})$　(3-19b)

混凝土保护层厚度 c 可根据构件性质及构件所处的环境条件类别定出，其值应不小于附录 D 表 D-1 所列数值，表中的构件所在部位具体划分参见附录 A。

在基本公式中，是假定纵向受拉钢筋应力达到 f_y，受压区混凝土边缘压应变达到 ε_{cu} 的。由上节介绍可知，这种应力状态只在纵向受拉钢筋配筋量适中的构件中才会发生，所以基本公式只适用于适筋构件，而不适用于超筋构件和少筋构件。

3.4.2　截面设计

截面设计时，一般可先根据建筑物使用要求、外荷载（弯矩设计值）大小及所选用的混凝土等级与钢筋种类，凭设计经验或参考类似结构定出构件的截面尺寸 $b \times h$，然后计算纵向受拉钢筋截面面积 A_s。

在设计中，有多种不同截面尺寸可供选择。显然，截面尺寸定得大，配筋量就可小一些；截面尺寸定得小，配筋量就会大一些。截面尺寸的选择应使计算得出的纵向受拉钢筋配筋率 ρ 处在常用配筋率范围之内，对一般的板和梁，其常用配筋率范围为：板，0.4%～0.8%；矩形截面梁，0.6%～1.5%；T 形截面梁，0.9%～1.8%（相对于梁肋来说）。

应当指出，对于有特殊使用要求的构件，应灵活处理。例如，为了减轻预制构件的自重，可采用比上述常用配筋率略高的数值。

下面介绍正截面抗弯配筋的设计步骤。

1. 作出板或梁的计算简图

计算简图中应标示支座和荷载的情况，以及板或梁的计算跨度。

简支板、梁（图 3-22）的计算跨度 l_0 可取下列各相应 l_0 值中的较小者：

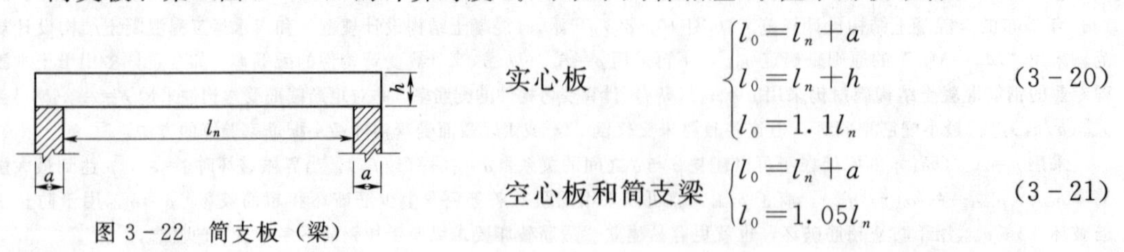

图 3-22　简支板（梁）

实心板　$\begin{cases} l_0 = l_n + a \\ l_0 = l_n + h \\ l_0 = 1.1 l_n \end{cases}$　(3-20)

空心板和简支梁　$\begin{cases} l_0 = l_n + a \\ l_0 = 1.05 l_n \end{cases}$　(3-21)

式中 l_n——板或梁的净跨度；

a——板或梁的支承长度；

h——板厚。

对图 3-22 所示的简支板或梁，可按式（2-20）（持久组合）或式（2-21）（短暂组合）求出跨中最大弯矩，再乘以结构重要性系数 γ_0，得出跨中最大弯矩设计值。当板的宽度比较大时，计算宽度 b 可取单位宽度（1.0m）。

2. 配筋计算

（1）由式（3-15）计算出 α_s。

（2）根据 α_s 值，由式（3-16）计算出相对受压区计算高度 ξ，并检查 ξ 值是否满足适用条件 $\xi \leqslant \xi_b$。如不满足，则应加大截面尺寸、提高混凝土强度等级重新计算；若不能加大截面尺寸、提高混凝土强度等级，则采用双筋截面重新计算。ξ_b 按式（3-3b）计算或直接由表 3-2 查出。

也可在第（1）步求出 α_s 后，直接检查是否满足 $\alpha_s \leqslant \alpha_{sb}$，$\alpha_{sb}=\xi_b(1-0.5\xi_b)$。如不满足，则按 $\xi>\xi_b$ 一样处理。α_{sb} 也可直接由表 3-2 查出。

（3）由式（3-17）计算出所需要的纵向受拉钢筋截面面积 A_s。

（4）计算纵向受拉钢筋配筋率 ρ，$\rho=A_s/A_\rho$，检查是否满足适用条件 $\rho \geqslant \rho_{\min}$。如不满足，则应按最小配筋率 $\rho_{\min}$ 配筋，即取 $A_s=\rho_{\min}A_\rho$，A_ρ 按式（3-5）计算。

最好使求得的 ρ 处在常用配筋率范围内，如不在范围内，可修改截面尺寸，重新计算。经过一两次计算后，就能够确定出合适的截面尺寸和钢筋数量。

（5）由附录 C 表 C-1 选择合适的钢筋直径及根数。对板，宽度较大时由附录 C 表 C-2 选择合适的钢筋直径及间距。实际采用的钢筋截面面积一般应等于或略大于计算需要的钢筋截面面积，若小于计算所需的面积，则相差不应超过 5%，钢筋的直径和间距等应符合 3.1 节所述的有关构造规定。

3. 绘制截面配筋图

配筋图上应标示截面尺寸和配筋情况，注意应按适当比例正规绘制。

3.4.3 承载力复核

有时已知构件截面尺寸、混凝土强度等级、纵向受拉钢筋种类和截面面积，需要复核该构件正截面受弯承载力的大小，这时可按下列步骤进行：

（1）由式（3-12）计算相对受压区计算高度 ξ，并检查是否满足适用条件式 $\xi \leqslant \xi_b$。如不满足，表示截面配筋属于超筋，承载力控制于混凝土受压区，则取 $\xi=\xi_b$ 计算。

（2）根据 ξ 值由式（3-10）计算 α_s。

（3）由式（3-11）计算出截面受弯承载力 M_u。

（4）当已知截面承受的弯矩设计值 M 时，按承载能力极限状态计算要求，应满足 $M \leqslant M_u$。

【例 3-1】 某码头栈桥钢筋混凝土矩形截面梁，安全等级为二级，处于淡水环境水位变动区，梁截面尺寸 $b \times h=250\text{mm} \times 550\text{mm}$。正常使用期，梁上均布永久荷载标准值 $q_k=8.25\text{kN/m}$（包括自重），流动机械轮距 1.0m，轮压荷载标准值 $Q_k=100.0\text{kN}$，如图 3-23（a）所示。混凝土强度等级为 C30，纵向受力钢筋采用 HRB400，试计算所需要的纵向受拉钢筋面积。

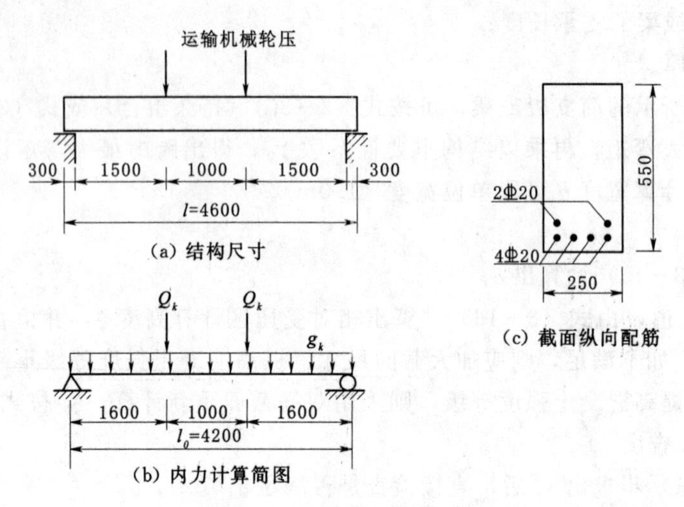

图 3-23 某码头栈桥简支梁

解：

1. 资料

混凝土强度等级 C30，$\alpha_1=1.0$，查附录 B 表 B-1 得 $f_c=14.3\text{N/mm}^2$、$f_t=1.43\text{N/mm}^2$；HRB400 钢筋，查附录 B 表 B-3 得 $f_y=360\text{N/mm}^2$，查表 3-2 或由式（3-3b）计算可得 $\xi_b=0.518$，相应的 $\alpha_{sb}=0.384$。

二级安全等级，结构重要性系数 $\gamma_0=1.0$。正常使用期为持久状况，查表 2-5 得永久荷载分项系数 $\gamma_G=1.20$，运输机械荷载分项系数 $\gamma_Q=1.40$。

2. 荷载计算

永久荷载：标准值 $g_k=8.25\text{kN/m}$

设计值 $g=\gamma_G g_k=1.20\times8.25=9.90(\text{kN/m})$

可变荷载：标准值 $Q_k=100.0\text{kN/m}$

设计值 $Q=\gamma_Q Q_k=1.40\times100.0=140.0(\text{kN/m})$

3. 内力计算

梁两端搁在支座上，按简支梁计算。计算简图如图 3-23（b）所示。

梁的净跨 $l_n=4000\text{mm}$，计算跨度 l_0 取下列两者中的较小值：

$$l_0=l_n+a=4.0+0.30=4.30(\text{m})$$

$$l_0=1.05l_n=1.05\times4.0=4.20(\text{m})$$

取计算跨度 $l_0=4.20\text{m}$。

如图 3-23（a）所示，当运输机械行驶至梁跨中时，跨中弯矩最大，此时轮压至支座距离为 $a=1.60\text{m}$，则简支梁跨中弯矩最大值为

$$M=\gamma_0\left(\frac{1}{8}gl_0^2+Qa\right)=1.0\times\left(\frac{1}{8}\times9.90\times4.20^2+140.0\times1.60\right)$$

$$=245.83(\text{kN}\cdot\text{m})$$

4. 配筋计算

淡水环境水位变动区，查附录D表D－1取保护层厚度 $c=45\text{mm}$。初估纵向受拉钢筋直径 $d=20\text{mm}$，双层布置，则 $a_s=c+d+e/2=45+20+25/2=78(\text{mm})$，取整得 $a_s=80\text{mm}$，$h_0=h-a_s=550-80=470(\text{mm})$。

将各已知数值代入基本公式（3－6）和式（3－7），可得

$$245.83\times10^6=1.0\times14.3\times250x(470-0.5x) \tag{3-22a}$$

$$1.0\times14.3\times250x=360A_s \tag{3-22b}$$

由式（3－22a）、式（3－22b）联立求解，可得

$$x=181\text{mm}<\xi_b h_0=243\text{mm}$$

$$A_s=1797\text{mm}^2$$

上述直接利用基本公式计算钢筋用量需求解一元二次方程，比较麻烦，下面再利用系数 α_s 和 ξ 进行计算。

由式（3－15）得

$$\alpha_s=\frac{M}{\alpha_1 f_c b h_0^2}=\frac{245.83\times10^6}{1.0\times14.3\times250\times470^2}=0.311<\alpha_{sb}=0.384$$

由式（3－16）得

$$\xi=1-\sqrt{1-2\alpha_s}=1-\sqrt{1-2\times0.311}=0.385<\xi_b=0.518$$

由式（3－17）得

$$A_s=\frac{\alpha_1 f_c b\xi h_0}{f_y}=\frac{1.0\times14.3\times250\times0.385\times470}{360}=1797(\text{mm}^2)$$

可以看出，利用系数进行计算比解方程简便，因此截面承载力计算和复核一般都采用系数法进行。

$$\rho=\frac{A_s}{A_\rho}=\frac{A_s}{bh}=\frac{1797}{250\times550}=1.31\%>\rho_{\min}=\max\left(0.20\%,0.45\frac{f_t}{f_y}\right)=0.20\%$$

查附录C表C－1，选用6 ⌀ 20，实配 $A_s=1884\text{mm}^2$。

5. 绘制施工图

将4 ⌀ 20排成一层，需要的宽度为2×45（两侧保护层厚度）＋4×20（钢筋直径）＋3×25（钢筋净距，钢筋净距要求见图3－8）＝245(mm)，小于截面宽度，即将4 ⌀ 20排成一层能满足钢筋净距要求。另外2 ⌀ 20布置在第二层，置于截面两侧，与第一层钢筋对齐布置，如图3－23（c）所示。

【讨论】

如将本例混凝土强度等级改为C35，纵向受力钢筋仍采用HRB400，按JTS 151—2011规范计算，$A_s=1728\text{mm}^2$。与前面计算结果相比较，混凝土强度等级由C30提高到C35，f_c 值提高了16.78%，但 A_s 仅减少3.84%。可见，在配筋适量的受弯构件中，承载力主要决定于纵向受拉钢筋用量及钢筋强度，而混凝土强度等级对正截面受弯承载力的影响并不敏感。但对混凝土率先受压破坏的超筋梁来说，混凝土强度等级大小对正截面受弯承载力 M_u 的影响就很大了。

【例3－2】 某引桥人行板，安全等级为二级，处于海水环境大气区，两端搁置长度

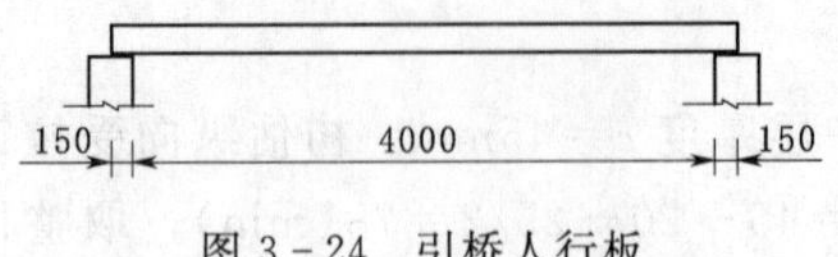

图 3 - 24　引桥人行板

为 150mm，净跨 4.0m，板宽 1.35m，如图 3 - 24 所示。在正常使用期，板上人群荷载标准值为 5.0kN/m²。已知混凝土强度等级为 C30，纵向受力钢筋采用 HRB400，请配置该人行板的钢筋。

解：

1. 资料

混凝土强度等级为 C30，$\alpha_1=1.0$，查附录 B 表 B - 1 得 $f_c=14.3\text{N/mm}^2$、$f_t=1.43\text{N/mm}^2$；HRB400 钢筋，查附录 B 表 B - 3 得 $f_y=360\text{N/mm}^2$，查表 3 - 2 或由式（3 - 3b）计算可得 $\xi_b=0.518$，相应的 $\alpha_{sb}=0.384$。

二级安全等级，结构重要性系数 $\gamma_0=1.0$。正常使用期为持久状况，查表 2 - 5 得自重荷载分项系数 $\gamma_G=1.20$，人群荷载分项系数 $\gamma_Q=1.40$。

2. 荷载计算

参考类似结构，估计板厚 $h=200\text{mm}$。取单位宽度（1.0m）板进行计算。

单位宽度（1.0m）板承受的荷载标准值为

均布永久荷载（板自重）$g_k=0.20\times1.0\times25.0=5.0(\text{kN/m})$

均布可变荷载（人群荷载）$q_k=5.0\times1.0=5.0(\text{kN/m})$

3. 内力计算

面板的计算跨度 l_0 取下列三个计算值中的最小值：

$$l_0=l_n+h=4.0+0.20=4.20(\text{m})$$

$$l_0=l_n+a=4.0+0.15=4.15(\text{m})$$

$$l_0=1.1l_n=1.1\times4.0=4.40(\text{m})$$

取计算跨度 $l_0=4.15\text{m}$。

跨中最大弯矩设计值为

$$M=\frac{1}{8}(\gamma_G g_k+\gamma_Q q_k)l_0^2=\frac{1}{8}\times(1.20\times5.0+1.40\times5.0)\times4.15^2=27.99(\text{kN}\cdot\text{m})$$

4. 配筋计算

海水环境大气区，查附录 D 表 D - 1 取保护层厚度 $c=50\text{mm}$。初估纵向受力钢筋直径 $d=10\text{mm}$，单层布置，则 $a_s=c+d/2=50+10/2=55(\text{mm})$，$h_0=h-a_s=200-55=145(\text{mm})$。板厚 200mm，故纵向受力钢筋最大间距为 250mm。

由式（3 - 15）得

$$\alpha_s=\frac{M}{\alpha_1 f_c b h_0^2}=\frac{27.99\times10^6}{1.0\times14.3\times1000\times145^2}=0.093<\alpha_{sb}=0.384$$

由式（3 - 16）得

$$\xi=1-\sqrt{1-2\alpha_s}=1-\sqrt{1-2\times0.093}=0.098<\xi_b=0.518$$

由式（3 - 17）得

$$A_s=\frac{\alpha_1 f_c b\xi h_0}{f_y}=\frac{1.0\times14.3\times1000\times0.098\times145}{360}=564(\text{mm}^2)$$

$$\rho=\frac{A_s}{A_p}=\frac{A_s}{bh}=\frac{564}{1000\times200}=0.28\%>\rho_{\min}=\max\left(0.20\%,0.45\frac{f_t}{f_y}\right)=0.20\%$$

查附录C表C-2，选用⏀12@200，实配$A_s=565mm^2/m$。

在受力钢筋内侧应布置与受力钢筋相垂直的分布钢筋，分布钢筋选配Φ6@200。

5. 绘制施工图

为便于板的安装铺设，板的构造长度比标志长度减小20mm，构造宽度比标志宽度减小10mm，预制板的施工图如图3-25所示。

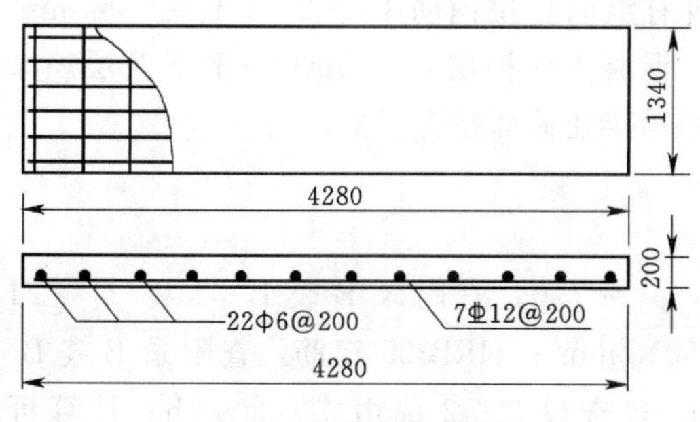

图3-25　预制板施工图

【例3-3】某矩形截面钢筋混凝土梁，安全等级为二级，处于海水环境大气区，截面尺寸$b\times h=250mm\times500mm$，跨中截面设计值$M=252.60kN\cdot m$。混凝土强度等级为C30，纵向受力钢筋采用HRB400，试计算截面所需的纵向受拉钢筋截面面积。

解：

1. 资料

二级安全等级，结构重要性系数$\gamma_0=1.0$。混凝土强度等级C30，$\alpha_1=1.0$，查附录B表B-1得$f_c=14.3N/mm^2$、$f_t=1.43N/mm^2$；HRB400钢筋，查附录B表B-3得$f_y=360N/mm^2$，查表3-2或由式（3-3b）计算可得$\xi_b=0.518$，相应的$\alpha_{sb}=0.384$。

2. 配筋计算

海水环境大气区，查附录D表D-1取$c=55mm$。由于弯矩较大，初估纵向受拉钢筋直径$d=20mm$，双层布置，取$a_s=c+d+e/2=55+20+25/2=88(mm)$，取整得$a_s=90mm$，则$h_0=h-a_s=500-90=410(mm)$。

$$\alpha_s=\frac{M}{\alpha_1 f_c bh_0^2}=\frac{252.60\times10^6}{1.0\times14.3\times250\times410^2}=0.420$$

$$\xi=1-\sqrt{1-2\alpha_s}=1-\sqrt{1-2\times0.420}=0.600>\xi_b=0.518$$

说明构件截面尺寸偏小或混凝土强度等级偏低，将发生超筋破坏。此题也可以不计算ξ，直接由$\alpha_s>\alpha_{sb}$判定将发生超筋破坏。

将混凝土强度等级提高到C35重新进行设计，$\alpha_1=1.0$，$f_c=16.7N/mm^2$，$f_t=1.57N/mm^2$，$\xi_b=0.518$。

$$\alpha_s=\frac{M}{\alpha_1 f_c bh_0^2}=\frac{252.60\times10^6}{1.0\times16.7\times250\times410^2}=0.360$$

$$\xi=1-\sqrt{1-2\alpha_s}=1-\sqrt{1-2\times0.360}=0.471<\xi_b=0.518$$

$$A_s=\frac{\alpha_1 f_c b\xi h_0}{f_y}=\frac{1.0\times16.7\times250\times0.471\times410}{360}=2240(mm^2)$$

$$\rho=\frac{A_s}{A_\rho}=\frac{A_s}{bh}=\frac{2240}{250\times500}=1.79\%>\rho_{\min}=\max\left(0.20\%,0.45\frac{f_t}{f_y}\right)=0.20\%$$

查附录C表C-1，选用6⏀22，实配$A_s=2281mm^2$。

此题也可不提高混凝土强度等级，而将截面尺寸改为$b\times h=250mm\times550mm$（梁高不大于 800mm 时，梁高以 50mm 模数增加)，读者可自行计算。

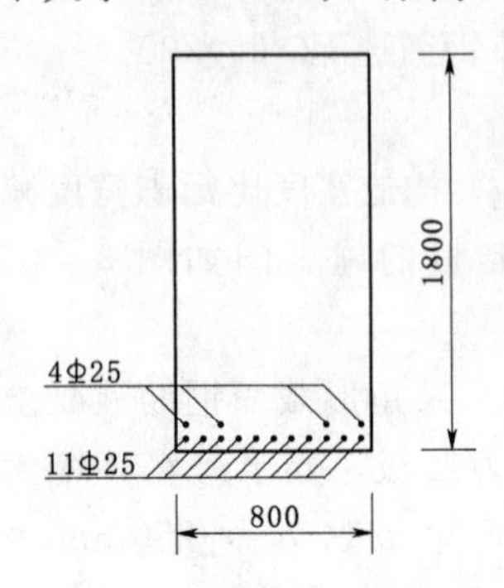

图 3-26　码头纵梁截面纵向配筋

【例 3-4】 某北方地区高桩梁板码头矩形截面纵梁，安全等级为二级，处于海水环境浪溅区，截面尺寸 $b\times h=800\text{mm}\times1800\text{mm}$，承受弯矩设计值为 3507.20kN·m。采用 C45 混凝土，配置有纵向受拉钢筋 15 Φ 25 ($A_s=7364\text{mm}^2$)，如图 3-26 所示，混凝土保护层 $c=65\text{mm}$，上下两层筋净距 $e=30\text{mm}$，试复核该梁正截面是否安全。

解：

1. 资料

C45 混凝土，$\alpha_1=1.0$，查附录 B 表 B-1 得 $f_c=21.1\text{N/mm}^2$、$f_t=1.80\text{N/mm}^2$；HRB335 钢筋，查附录 B 表 B-3 得 $f_y=300\text{N/mm}^2$，查表 3-2 或由式 (3-3b) 计算可得 $\xi_b=0.550$。

2. 复核计算

截面有效高度 $h_0=h-a_s=h-(c+d+e/2)=1800-(65+25+30/2)=1695(\text{mm})$。

$$\rho=\frac{A_s}{A_p}=\frac{A_s}{bh}=\frac{7364}{800\times1800}=0.51\%>\rho_{\min}=\max\left(0.20\%,0.45\frac{f_t}{f_y}\right)=0.27\%。$$

由式 (3-12) 得

$$\xi=\frac{f_yA_s}{\alpha_1f_cbh_0}=\frac{300\times7364}{1.0\times21.1\times800\times1695}=0.077<\xi_b=0.550$$

由式 (3-10) 得

$$\alpha_s=\xi(1-0.5\xi)=0.077\times(1-0.5\times0.077)=0.074$$

由式 (3-11) 得

$$\begin{aligned}M_u&=\alpha_1\alpha_sf_cbh_0^2=1.0\times0.074\times21.1\times800\times1695^2\\&=3588.75\times10^6(\text{N}\cdot\text{mm})=3588.75\text{kN}\cdot\text{m}>M=3507.20\text{kN}\cdot\text{m}\end{aligned}$$

截面安全。

3.5　双筋矩形截面构件正截面受弯承载力计算

如果截面承受的弯矩很大，而截面尺寸受到建筑设计的限制不能加大，混凝土强度等级又不便提高，以致采用单筋截面已无法满足 $\xi\leqslant\xi_b$ 的适用条件时，就需要在受压区配置纵向受压钢筋来帮助混凝土受压，此时就成为双筋截面，应按双筋截面公式计算。或者当截面既承受正向弯矩又可能承受反向弯矩，截面上下均应配置纵向受力钢筋，而在计算中又考虑纵向受压钢筋作用时，也应按双筋截面计算。

用钢筋来帮助混凝土受压是不经济的，但对构件的延性有利。因此，在抗震地区，一般都宜配置必要的纵向受压钢筋。

3.5.1　计算简图和基本公式

由于钢筋和混凝土共同工作时两者之间具有黏结力，因而受压区纵向钢筋和混凝土有相同的变形，即 $\varepsilon_s=\varepsilon_c$。当构件破坏时，受压区边缘混凝土应变达到极限压应变 ε_{cu}，此时纵向受压钢筋应力最多可达到 $\sigma_s=\varepsilon_s E_s=\varepsilon_c E_s\approx\varepsilon_{cu}E_s$。$\varepsilon_{cu}$ 值在 0.002～0.004 范围内变化，为安全计，计算纵向受压钢筋应力时，取 $\varepsilon_{cu}=0.002$，而 E_s 值为 $2.10\times10^5\text{N/mm}^2$（HPB300）或 $2.00\times10^5\text{N/mm}^2$（带肋热轧钢筋）、$2.05\times10^5\text{N/mm}^2$（消除应力钢丝）、$1.95\times10^5\text{N/mm}^2$（钢绞线），所以相应的 σ_s 最大能达到 420N/mm^2 或 400N/mm^2、410N/mm^2、390N/mm^2。由此可见，在破坏时，对一般强度的纵向受压钢筋来说，其应力均能达到屈服强度，计算时可直接采用钢筋的屈服强度作为抗压强度设计值 f'_y；但当采用高强度钢筋作为受压钢筋时，由于受到受压区混凝土极限压应变的限制，钢筋的强度不能充分发挥，这时只能取用 390～410N/mm² 作为钢筋的抗压强度设计值 f'_y，见附录 B 表 B-3 和表 B-4。

双筋构件破坏时截面应力图形与单筋构件相似，不同之处仅在于受压区增加了纵向受压钢筋承受的压力，如图 3-27 所示。试验表明，只要保证 $\xi\leqslant\xi_b$，双筋构件就仍为适筋破坏。

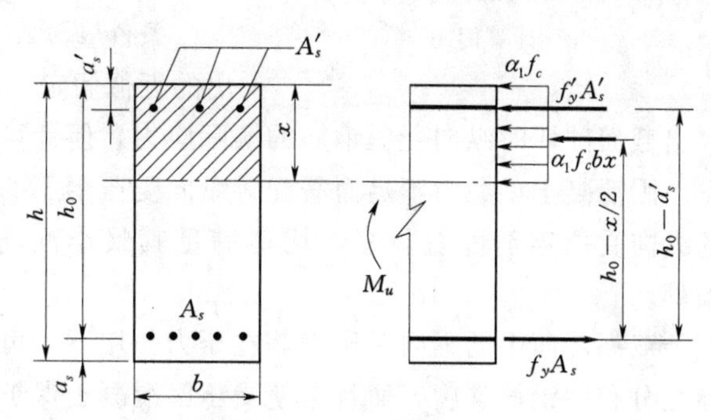

图 3-27 双筋矩形截面受弯构件正截面受弯承载力计算简图

根据计算简图和内力平衡条件，可列出两个基本公式：

$$M\leqslant M_u=\alpha_1 f_c bx\left(h_0-\frac{x}{2}\right)+f'_yA'_s(h_0-a'_s) \tag{3-23}$$

$$\alpha_1 f_c bx=f_yA_s-f'_yA'_s \tag{3-24}$$

为了计算方便，将 $x=\xi h_0$ 代入式（3-23）和式（3-24），可得

$$M\leqslant M_u=\alpha_s\alpha_1 f_c bh_0^2+f'_yA'_s(h_0-a'_s) \tag{3-25}$$

$$\alpha_1 f_c b\xi h_0=f_yA_s-f'_yA'_s \tag{3-26}$$

式中 f'_y——钢筋抗压强度设计值，按附录 B 表 B-3 取用；

A'_s——纵向受压钢筋截面面积；

a'_s——纵向受压钢筋合力点至受压区边缘的距离；

其余符号意义同前。

基本公式的适用条件有两个，分别为

$$\xi\leqslant\xi_b \tag{3-27}$$

$$x\geqslant 2a'_s \tag{3-28}$$

上列第一个条件［式（3-27）］的意义与单筋截面一样，即避免发生超筋情况。第二个条件［式（3-28）］的意义是保证纵向受压钢筋应力能够达到抗压强度设计值。因为纵向受压钢筋如太靠近中和轴，将得不到足够的变形，应力就无法达到抗压强度设计值，基本公式（3-23）及式（3-24）便不能成立。只有当纵向受压钢筋布置在混凝土压应力合力点之上，才认为纵向受压钢筋的应力能够达到抗压强度设计值。

如果计算中不计纵向受压钢筋的作用，则条件 $x\geqslant 2a'_s$ 就可取消。

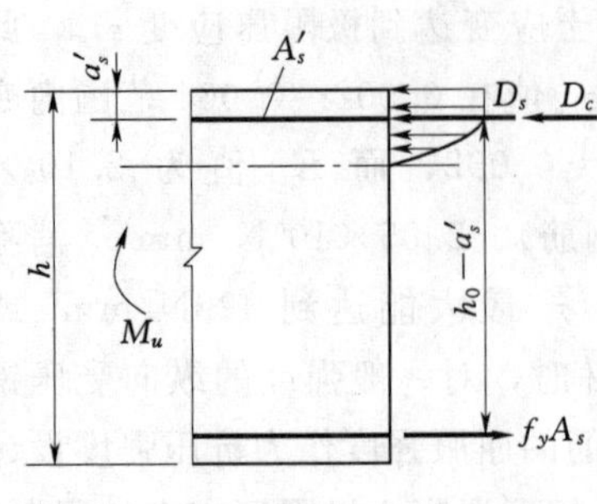

图3-28　$x<2a'_s$ 时的双筋截面计算简图

当 $x<2a'_s$ 时，截面破坏时纵向受压钢筋应力达不到 f'_y。对此情况，在计算中可近似地假定纵向受压钢筋的压力和受压混凝土的压力，其作用点重合，均在纵向受压钢筋合力点位置上（图3-28）。以纵向受压钢筋合力点为矩心取矩，可得

$$M \leqslant M_u = f_y A_s (h_0 - a'_s) \tag{3-29}$$

上式是双筋截面当 $x<2a'_s$ 时的唯一基本公式，纵向受拉钢筋数量可用此式确定。

条件 $x \geqslant 2a'_s$ 及式（3-29）的计算，都是由试验得出的近似假定。如果采用平截面假定，则可比较正确地求出截面破坏时纵向受压钢筋的实际应力，但计算就没有近似假定那么简便了。

因混凝土承载力不足而需配置纵向受压钢筋的双筋截面，一般承受的弯矩较大，相应的纵向受拉钢筋配置较多，均能满足其最小配筋率的要求，故可不再进行 $\rho_{\min}$ 条件的验算。

双筋截面中的纵向受压钢筋在压力作用下，可能产生纵向弯曲而向外凸出，这样就不能充分利用钢筋强度，而且会使受压区混凝土保护层过早崩裂。因此，在设计时必须采用封闭式箍筋将纵向受压钢筋箍住，箍筋的间距也不能太大，直径不能过小，其构造规定详见第4章4.5节。

3.5.2　截面设计

双筋截面设计时，将会遇到下面两种情况。

1. 第一种情况

已知弯矩设计值、截面尺寸、混凝土强度等级和钢筋种类，求纵向受压钢筋和受拉钢筋截面面积。此时，可按下列步骤进行计算：

（1）先由单筋截面的式（3-15）计算 α_s，即 $\alpha_s=\dfrac{M}{\alpha_1 f_c b h_0^2}$。

（2）根据 α_s 值由式（3-16）计算相对受压区计算高度 ξ，并检查是否满足适用条件 $\xi \leqslant \xi_b$。也可检查 α_s 是否满足条件 $\alpha_s \leqslant \alpha_{sb}$，$\xi_b$ 和 α_{sb} 可直接由表3-2查得。如满足，则可按单筋矩形截面进行配筋计算。

（3）如不满足适用条件 $\xi \leqslant \xi_b$，且不便加大截面尺寸、提高混凝土强度等级，则可按双筋截面设计。此时可根据充分利用受压区混凝土受压而使总的钢筋用量（$A_s+A'_s$）为最小的原则，取 $\xi=\xi_b$，即取 $\alpha_s=\alpha_{sb}$。

（4）将 $\alpha_s=\alpha_{sb}$ 代入式（3-25），计算纵向受压钢筋截面面积 A'_s：

$$A'_s=\frac{M-\alpha_{sb}\alpha_1 f_c b h_0^2}{f'_y(h_0-a'_s)} \tag{3-30}$$

（5）将 ξ_b 及求得的 A'_s 值代入式（3-26），计算纵向受拉钢筋截面面积 A_s：

$$A_s=\frac{\alpha_1 f_c b \xi_b h_0+f'_y A'_s}{f_y} \tag{3-31}$$

应该指出，在纵向受压钢筋截面面积 A'_s 未知的第一种情况中，若实际选配 A'_s 超过

按式（3－30）计算的 A_s' 较多时（例如，按公式算出的 A_s' 很小，而按构造要求配置的 A_s' 较多时；或在地震区为了增加构件的延性有利于结构抗震，适当多配纵向受压钢筋 A_s' 时），由于此时实际的相对受压区计算高度 ξ 将小于相对界限受压区计算高度 ξ_b 较多，则应按纵向受压钢筋截面面积 A_s' 为已知（等于实际选配的 A_s'）的下述第二种情况重新计算纵向受拉钢筋截面面积 A_s，以减少钢筋总用量。

2. 第二种情况

已知弯矩设计值、截面尺寸、混凝土强度等级和钢筋种类，并已知纵向受压钢筋截面面积 A_s'，求纵向受拉钢筋截面面积 A_s。由于纵向受压钢筋截面面积 A_s' 已知，此时不能再用公式 $x=\xi_b h_0$，必须按下列步骤进行计算：

(1) 由式（3－25）求 α_s：

$$\alpha_s=\frac{M-f_y'A_s'(h_0-a_s')}{\alpha_1 f_c b h_0^2} \tag{3-32}$$

(2) 根据 α_s 值由式（3－16）计算相对受压区计算高度 ξ，并检查是否满足适用条件 $\xi\leqslant\xi_b$。如不满足，则表示已配置的纵向受压钢筋 A_s' 数量还不够，应增加其数量，此时可看作纵向受压钢筋未知的情况（即前述第一种情况），且直接取 $\xi=\xi_b$ 按双筋截面计算 A_s' 和 A_s，无须判断是否要按双筋截面计算。

(3) 如满足适用条件 $\xi\leqslant\xi_b$，则计算 $x=\xi h_0$，并检查是否满足适用条件 $x\geqslant 2a_s'$。如满足，则由式（3－26）计算纵向受拉钢筋截面面积 A_s：

$$A_s=\frac{\alpha_1 f_c b\xi h_0+f_y'A_s'}{f_y} \tag{3-33}$$

如不满足 $x\geqslant 2a_s'$ 的条件，表示纵向受压钢筋 A_s' 的应力达不到抗压强度，此时可改由式（3－29）计算纵向受拉钢筋截面面积 A_s：

$$A_s=\frac{M}{f_y(h_0-a_s')} \tag{3-34}$$

计算配筋率 $\rho(\rho=A_s/A_\rho)$，检查是否满足适用条件 $\rho\geqslant\rho_{\min}$。如不满足，则应按最小配筋率 $\rho_{\min}$ 配筋，即取 $A_s=\rho_{\min}A_\rho$，A_ρ 按式（3－5）计算。

为便于理解与记忆，下面列出双筋矩形截面的配筋计算步骤图（图 3－29），以供参考。

3.5.3 承载力复核

已知构件截面尺寸、混凝土强度等级、钢筋种类、纵向受拉钢筋和受压钢筋的截面面积，需要复核构件正截面受弯承载力的大小，可按下列步骤进行：

(1) 由式（3－26）计算相对受压区计算高度 ξ，并检查是否满足适用条件式 $\xi\leqslant\xi_b$。如不满足，则取 $\xi=\xi_b$，再代入式（3－25）计算 M_u。

(2) 如满足条件 $\xi\leqslant\xi_b$，则计算 $x=\xi h_0$，并检查是否满足条件 $x\geqslant 2a_s'$。如不满足，则应由式（3－29）计算正截面受弯承载力 M_u

(3) 如满足条件 $x\geqslant 2a_s'$，则先根据 ξ 由式（3－10）计算 α_s，再由式（3－25）计算正截面受弯承载力 M_u。

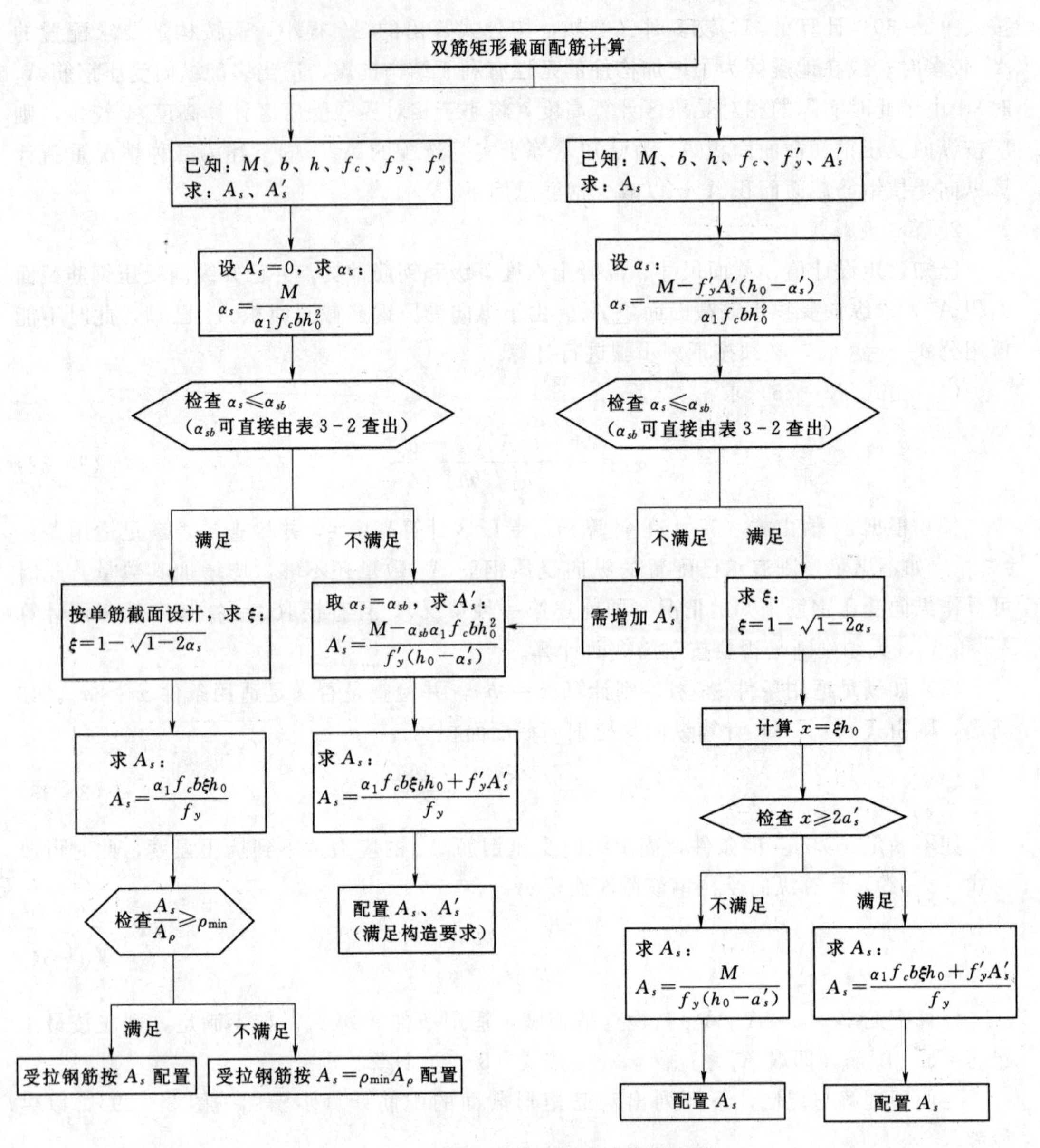

图 3-29　双筋矩形截面配筋计算步骤图

（4）当已知截面承受的弯矩设计值 M 时，应满足 $M \leqslant M_u$。

【例 3-5】 已知一矩形截面简支梁，安全等级为二级，处于淡水环境水位变动区，截面尺寸 $b \times h = 250\text{mm} \times 500\text{mm}$。持久状况下，永久荷载标准值在跨中截面产生的弯矩为 88.40kN·m，可变荷载标准值（堆货）在跨中截面产生的弯矩为 126.40kN·m。混凝土强度等级为 C30，纵向受力钢筋采用 HRB400，试设计该梁纵向受力钢筋方案。

解：

1. 资料

二级安全等级，结构重要性系数 $\gamma_0 = 1.0$。持久状况，查表 2-5 得自重荷载分项系

数 $\gamma_G=1.20$，堆货荷载分项系数 $\gamma_Q=1.40$。

C30 混凝土，$\alpha_1=1.0$，$f_c=14.3\text{N/mm}^2$，$f_t=1.43\text{N/mm}^2$；HRB400 钢筋，$f_y=f'_y=360\text{N/mm}^2$，查表 3-2 或由式（3-3b）计算可得 $\xi_b=0.518$，相应的 $\alpha_{sb}=0.384$。

2. 内力计算

截面承担的弯矩设计值为

$$M=1.0\times(1.20\times88.40+1.40\times126.40)=283.04(\text{kN}\cdot\text{m})$$

3. 配筋计算

淡水环境水位变动区，查附录 D 表 D-1 取保护层厚度 $c=45\text{mm}$。弯矩较大，预估纵向受拉钢筋直径 $d=20\text{mm}$，双层放置，$a_s=45+20+25/2=78(\text{mm})$，取整得 $a_s=80\text{mm}$，则 $h_0=h-a_s=500-80=420(\text{mm})$。

（1）按单筋截面设计，判别是否超筋。由式（3-15）得

$$\alpha_s=\frac{M}{\alpha_1 f_c b h_0^2}=\frac{283.04\times10^6}{1.0\times14.3\times250\times420^2}=0.449>\alpha_{sb}=0.384$$

截面将发生超筋截面。

（2）若截面尺寸和混凝土强度等级不能提高，则只能按双筋截面设计，计算 A'_s。纵向受压钢筋一般为单层布置，取 $a'=c+d/2=45+20/2=55(\text{mm})$。

为使截面总钢筋用量最小，补充 $\xi=\xi_b=0.518$，则由式（3-30）得

$$A'_s=\frac{M-\alpha_{sb}\alpha_1 f_c b h_0^2}{f'_y(h_0-a'_s)}=\frac{283.04\times10^6-0.384\times1.0\times14.3\times250\times420^2}{360\times(420-55)}$$

$$=311(\text{mm}^2)$$

纵向受压钢筋选配 2 ⌀ 14，实配 $A'_s=308\text{mm}^2$，小于计算值，但不超过 5%。

（3）计算 A_s。纵向受压钢筋实配面积 308mm^2 与计算所需面积 311mm^2 相差不多，故仍取 $\xi=\xi_b$，由式（3-31）计算 A_s：

$$A_s=\frac{\alpha_1 f_c b\xi_b h_0+f'_yA'_s}{f_y}=\frac{1.0\times14.3\times250\times0.518\times420+360\times311}{360}$$

$$=2471(\text{mm}^2)$$

纵向受拉钢筋选配 3 ⌀ 25+3 ⌀ 20，实配 $A_s=2415\text{mm}^2$，小于计算值，但不超过 5%，截面配筋如图 3-30 所示。也可以选配 3 ⌀ 25+3 ⌀ 22，实配 $A_s=2613\text{mm}^2$。

【例 3-6】 已知一矩形截面简支梁，安全等级为二级，处于淡水环境大气区（不受水汽积聚），截面尺寸 $b\times h=200\text{mm}\times500\text{mm}$，所承受的弯矩设计值 $M=197.91\text{kN}\cdot\text{m}$。混凝土强度等级为 C30，纵向受力钢筋采用 HRB400，已配有 2 ⌀ 18 纵向受压钢筋（$A'_s=509\text{mm}^2$），试计算纵向受拉钢筋截面面积 A_s。

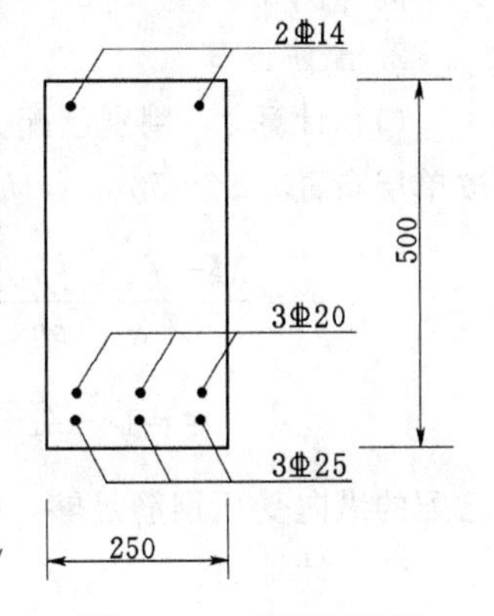

图 3-30　截面配筋图

解：

1. 资料

C30 混凝土，$\alpha_1=1.0$，$f_c=14.3\text{N/mm}^2$，$f_t=1.43\text{N/mm}^2$；HRB400 钢筋，$f_y=f'_y=360\text{N/mm}^2$。查表 3-2 或由

式(3-3b)计算可知$\xi_b=0.518$，相应的$\alpha_{sb}=0.384$。

2. 配筋计算

淡水环境大气区（不受水汽积聚），查附录D表D-1取保护层厚度$c=40\text{mm}$。$a'_s=40+18/2=49(\text{mm})$。预估纵向受拉钢筋按单层布置，取$a_s=50\text{mm}$，$h_0=450\text{mm}$。

（1）计算ξ，判别已配A'_s是否足够。由式（3-32）得

$$\alpha_s=\frac{M-f'_yA'_s(h_0-a'_s)}{\alpha_1 f_c bh_0^2}=\frac{197.91\times10^6-360\times509\times(450-49)}{1.0\times14.3\times200\times450^2}=0.215$$

由式（3-16）得

$$\xi=1-\sqrt{1-2\alpha_s}=1-\sqrt{1-2\times0.215}=0.245<\xi_b=0.518$$

已配的纵向受压钢筋足够，满足受拉钢筋屈服适用条件。

（2）计算A_s。

$$x=\xi h_0=0.245\times450=110(\text{mm})>2a'_s=98\text{mm}$$

满足纵向受压钢筋屈服条件。

由式（3-33）得

$$A_s=\frac{\alpha_1 f_c b\xi h_0+f'_yA'_s}{f_y}=\frac{1.0\times14.3\times200\times0.245\times450+360\times509}{360}$$

$$=1385(\text{mm}^2)$$

$$\rho=\frac{A_s}{A_p}=\frac{A_s}{bh}=\frac{1385}{200\times500}=1.39\%>\rho_{\min}=\max\left(0.20\%,0.45\frac{f_t}{f_y}\right)=0.20\%。$$

纵向受拉钢筋可选用3⌀25，实配$A_s=1473\text{mm}^2$。

【例3-7】 若［例3-6］简支梁受压区已配置纵向受压钢筋3⌀20（$A'_s=942\text{mm}^2$），试求纵向受拉钢筋截面面积A_s。

解：

1. 资料

同［例3-6］。

2. 配筋计算

（1）计算ξ，判别已配A'_s是否足够。$a'_s=40+20/2=50(\text{mm})$；预估纵向受拉钢筋按单层布置，$a_s=50\text{mm}$，$h_0=450\text{mm}$。

$$\alpha_s=\frac{M-f'_yA'_s(h_0-a'_s)}{\alpha_1 f_c bh_0^2}=\frac{197.91\times10^6-360\times942\times(450-50)}{1.0\times14.3\times200\times450^2}=0.108$$

$$\xi=1-\sqrt{1-2\alpha_s}=1-\sqrt{1-2\times0.108}=0.115<\xi_b=0.518$$

已配的纵向受压钢筋足够，满足纵向受拉钢筋屈服适用条件。

（2）计算A_s。

$$x=\xi h_0=0.115\times450=52\text{mm}<2a'_s=100\text{mm}$$

不满足纵向受压钢筋屈服条件，由式（3-34）得

$$A_s=\frac{M}{f_y(h_0-a'_s)}=\frac{197.91\times10^6}{360\times(450-50)}=1374(\text{mm}^2)$$

$$\rho=\frac{A_s}{A_\rho}=\frac{A_s}{bh}=\frac{1374}{200\times500}=1.37\%>\rho_{\min}=0.20\%$$

纵向受拉钢筋可选用3 ⌀ 25，实配 $A_s=1473\text{mm}^2$。

【例3-8】 某矩形截面钢筋混凝土简支梁，安全等级为一级，处于淡水环境水下区。由设计图纸可知：该梁截面尺寸 $b\times h=250\text{mm}\times600\text{mm}$，受拉区配置6 ⌀ 22（双层，$A_s=2281\text{mm}^2$），受压区配置3 ⌀ 20（$A'_s=942\text{mm}^2$），混凝土强度等级为C30。在正常使用期，该梁承受弯矩设计值为 $M=323.76\text{kN}\cdot\text{m}$，试校核该梁正截面是否安全。

解：

1. 资料

C30混凝土，$\alpha_1=1.0$，$f_c=14.3\text{N/mm}^2$，$f_t=1.43\text{N/mm}^2$；HRB400钢筋，$f_y=f'_y=360\text{N/mm}^2$，查表3-2或由式（3-3b）计算可知 $\xi_b=0.518$。

2. 截面复核

淡水环境水下区，查附录D表D-1取保护层厚度 $c=40\text{mm}$。纵向受拉钢筋按双层布置，$a_s=40+22+25/2=75(\text{mm})$，$h_0=h-a_s=600-75=525(\text{mm})$；纵向受压钢筋按单层布置，$a'_s=40+20/2=50(\text{mm})$。

（1）计算 ξ，判别是否超筋。由式（3-26）得

$$\xi=\frac{f_yA_s-f'_yA'_s}{\alpha_1f_cbh_0}=\frac{360\times2281-360\times942}{1.0\times14.3\times250\times525}=0.257<\xi_b=0.518$$

满足纵向受拉钢筋屈服的适用条件。

（2）计算 x，判别受压钢筋是否屈服。

$$x=\xi h_0=0.257\times525=135(\text{mm})>2a'_s=90\text{mm}$$

满足纵向受压钢筋屈服的适用条件。

（3）计算 M_u，判断是否安全。

由式（3-10）得

$$\alpha_s=\xi(1-0.5\xi)=0.257\times(1-0.5\times0.257)=0.224$$

由式（3-25）得

$$\begin{aligned}M_u&=\alpha_s\alpha_1f_cbh_0^2+f'_yA'_s(h_0-a'_s)\\&=0.224\times1.0\times14.3\times250\times525^2+360\times942\times(525-50)\\&=381.80\times10^6(\text{N}\cdot\text{mm})=381.80\text{kN}\cdot\text{m}>M=323.76\text{kN}\cdot\text{m}\end{aligned}$$

截面安全。

3.6　T 形截面构件正截面受弯承载力计算

3.6.1　一般说明

矩形截面的受拉区混凝土在承载力计算时由于开裂而不计其作用，若去掉其一部分，将纵向受拉钢筋集中放置，就成为 T 形截面（图 3－31），这样并不降低它的受弯承载力，却能节省混凝土与减轻自重，显然较矩形截面有利。

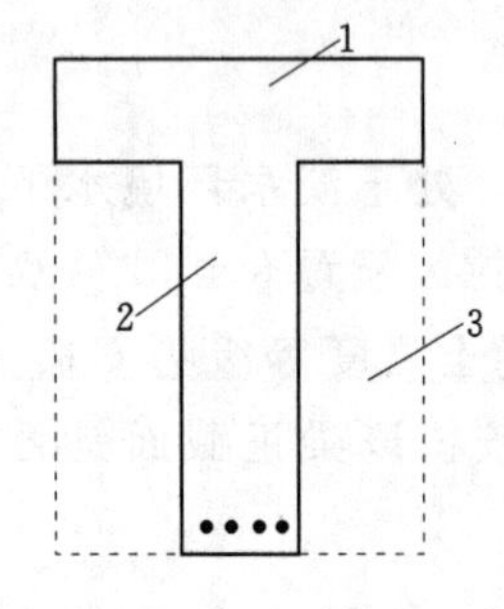

图 3－31　T 形截面
1—翼缘；2—梁肋；
3—去掉的混凝土

整体式肋形结构，梁与板整浇在一起，板就成为梁的翼缘，在纵向与梁共同受力。桥梁与码头的上部结构以及厂房整体式楼盖等的主梁与次梁均为 T 形梁。独立梁亦常采用 T 形截面，例如吊车梁。

T 形梁由梁肋和位于受压区的翼缘所组成。是否按 T 形截面计算，要根据混凝土受压区的形状而定。图 3－32 所示 T 形外伸梁，跨中截面（1—1）承受正弯矩，截面上部受压下部受拉，翼缘位于受压区，即混凝土受压区为 T 形，所以应按 T 形截面计算；支座截面（2—2）承受负弯矩，截面上部受拉下部受压，翼缘位于受拉区，由于翼缘受拉后混凝土会发生裂缝，不起受力作用，所以仍应按矩形截面计算。

I 形、Ⅱ形、空心形等截面（图 3－33）的受压区与 T 形截面相同，因此均可按 T 形截面计算。

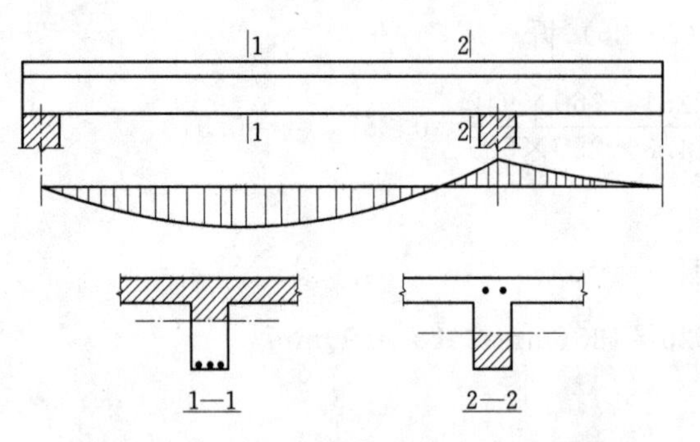

图 3－32　T 形外伸梁跨中截面与支座截面

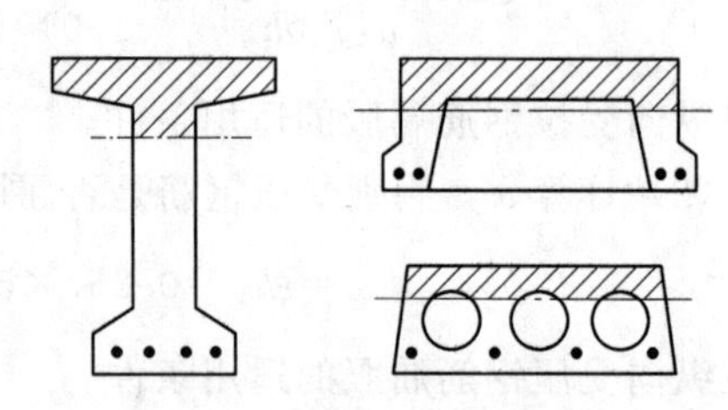

图 3－33　I 形、Ⅱ形、空心形截面

T 形梁受压区很大，混凝土足够承担压力，不必再加纵向受压钢筋，一般都是单筋截面。

根据试验和理论分析可知，当 T 形梁受力时，沿翼缘宽度上压应力的分布是不均匀的，压应力由梁肋中部向两边逐渐减小，如图 3－34（a）所示。当翼缘宽度很大时，远离梁肋的一部分翼缘几乎不承受压力，因而在计算中不能将离梁肋较远、受力很小的翼缘也算为 T 形梁的一部分。为了简化计算，将 T 形截面的翼缘宽度限制在一定范围内，这个宽度称为翼缘计算宽度 b'_f。在这个范围以内，认为翼缘上所受的压应力是均匀的，最终均可达到混凝土的轴心抗压强度设计值 f_c；在这个范围以外，认为翼缘已不起作用，如图 3-34（b）所示。

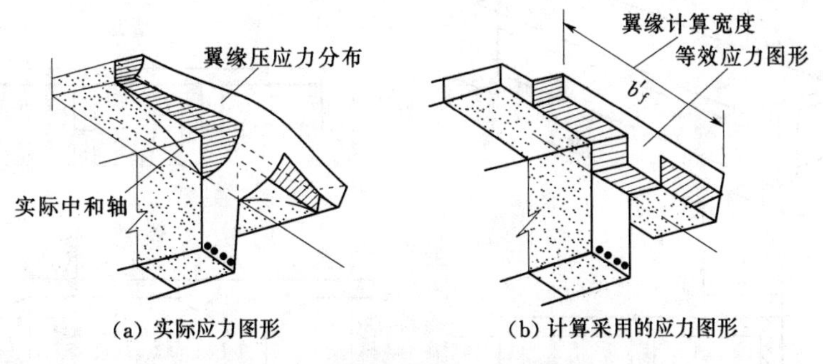

图 3-34　T形梁受压区实际应力和计算应力图形

试验和理论计算表明，翼缘计算宽度 b'_f 主要与梁的工作情况（是整体肋形梁还是独立梁）、梁的跨度以及翼缘高度与截面有效高度之比（h'_f/h_0）有关。JTS 151—2011 规范规定的翼缘计算宽度 b'_f 列于表 3-3（表中符号的意义如图 3-35 所示）。计算时，取所列各项中的最小值，但 b'_f 应不大于受压翼缘的实有宽度。

表 3-3　　T形、I形及倒L形截面受弯构件翼缘计算宽度 b'_f

项次	考虑情况		b'_f		
			T形、I形截面		倒L形截面
			肋形梁（板）	独立梁	肋形梁（板）
1	按计算跨度 l_0 考虑		$l_0/3$	$l_0/3$	$l_0/6$
2	按梁（肋）净距 s_n 考虑		$b+s_n$	—	$b+s_n/2$
3	按翼缘高度 h'_f 考虑	当 $h'_f/h_0 \geqslant 0.1$	—	$b+12h'_f$	—
		当 $0.1>h'_f/h_0 \geqslant 0.05$	$b+12h'_f$	$b+6h'_f$	$b+5h'_f$
		当 $h'_f/h_0<0.05$	$b+12h'_f$	b	$b+5h'_f$

注　1. 表中 b 为梁的腹板宽度，h_0 为有效截面高度。

2. 如肋形梁在梁跨内设有间距小于纵肋间距的横肋时，则可不遵守表中项次 3 的规定。

3. 对加腋的T形、I形和倒L形截面，当受压区加腋的高度 $h_h \geqslant h'_f$ 且加腋的宽度 $b_h \leqslant 3h_h$ 时，其翼缘计算宽度可按表中项次 3 的规定分别增加 $2b_h$（T形、I形截面）和 b_h（倒L形截面）。

4. 独立梁受压区的翼缘板在荷载作用下经验算沿纵肋方向可能产生裂缝时，其计算宽度应取用腹板宽度 b。

3.6.2　计算简图和基本公式

T形梁的计算，按混凝土受压区计算高度的不同分为两种情况。

1. 第一种T形截面

混凝土受压区计算高度 $x \leqslant h'_f$，受压区为矩形，如图 3-36 所示。因受拉混凝土不起作用，这样的T形截面与宽度为 b'_f 的矩形截面完全一样。因而单筋矩形截面的基本公式及适用条件在此都能应用。但应注意截面的计算宽度为翼缘计算宽度 b'_f，而不是梁肋宽 b。

应当指出，第一种T形截面显然不会发生超筋破坏，不必验算 $\xi \leqslant \xi_b$ 的条件。还应提醒，在验算 $\rho \geqslant \rho_{min}$时，T形截面的配筋率仍然采用 $\rho=A_s/(bh)$ 计算，其中 b 按梁肋宽取用；I形和倒T形截面配筋率采用 $\rho=A_s/[bh+(b_f-b)h_f]$计算，详见本章 3.3.4 节。

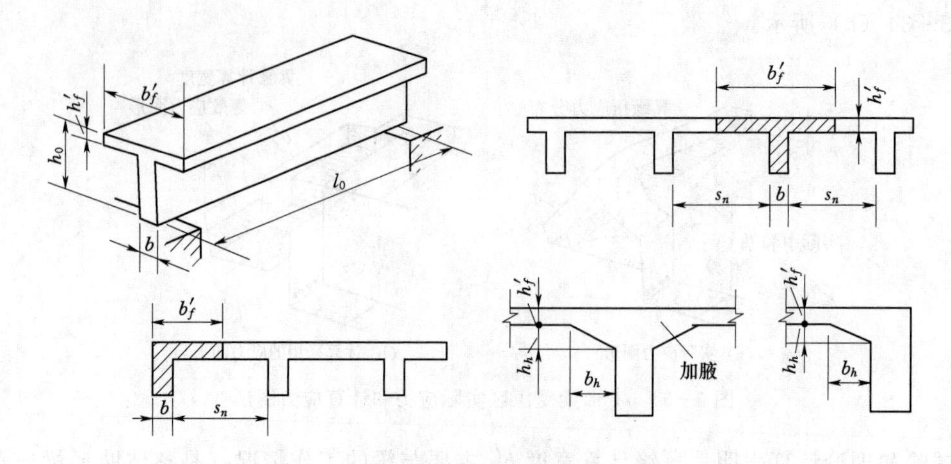

图 3-35　T形、倒 L 形截面梁翼缘计算宽度 b'_f

2. 第二种 T 形截面

混凝土受压区计算高度 $x>h'_f$，受压区为 T 形，计算简图如图 3-37 所示。

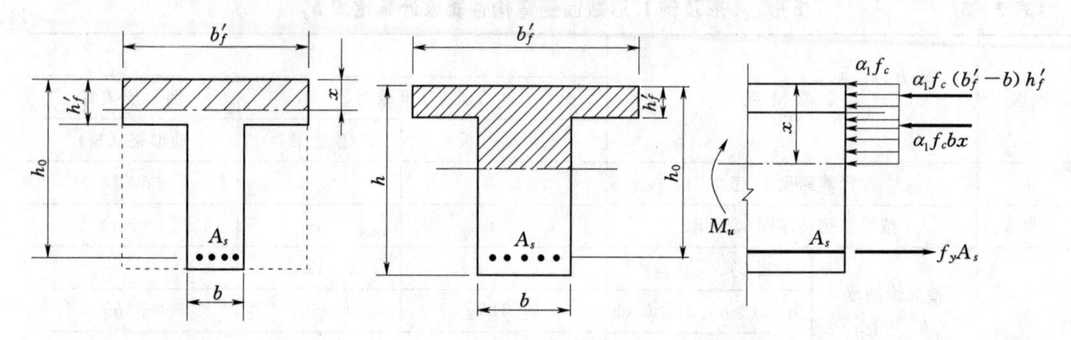

图 3-36　第一种 T 形截面　　　图 3-37　第二种 T 形截面受弯构件正截面受弯承载力计算简图

根据计算简图和内力平衡条件，可列出第二种 T 形截面的两个基本公式：

$$M\leqslant M_u=\alpha_1 f_c bx\left(h_0-\frac{x}{2}\right)+\alpha_1 f_c(b'_f-b)h'_f\left(h_0-\frac{h'_f}{2}\right) \tag{3-35}$$

$$f_y A_s=\alpha_1 f_c bx+\alpha_1 f_c(b'_f-b)h'_f \tag{3-36}$$

将 $x=\xi h_0$ 代入式（3-35）及式（3-36），可得

$$M\leqslant M_u=\alpha_s\alpha_1 f_c bh_0^2+\alpha_1 f_c(b'_f-b)h'_f\left(h_0-\frac{h'_f}{2}\right) \tag{3-37}$$

$$f_y A_s=\alpha_1 f_c b\xi h_0+\alpha_1 f_c(b'_f-b)h'_f \tag{3-38}$$

式中　b'_f——T 形截面受压区的翼缘计算宽度，按表 3-3 确定；

　　　h'_f——T 形截面受压区的翼缘高度；

其余符号意义同前。

第二种 T 形截面的基本公式适用条件仍为 $\xi\leqslant\xi_b$ 及 $\rho\geqslant\rho_{\min}$ 两项。倘若计算得出 $\xi>\xi_b$ 时（一般不会发生），说明将发生超筋破坏，此时应在受压区配置纵向受压钢筋，成为双筋 T 形截面（它的基本公式和适用条件请读者自行推导）。第二种 T 形截面的纵向受拉钢

筋配置必然比较多，均能满足$\rho \geqslant \rho_{min}$的要求，一般不必进行此项验算，但按T形截面计算的I形和箱形截面仍需验算最小配筋率。

鉴别T形截面属于第一种还是第二种，可按下面办法进行。混凝土受压区计算高度恰好等于翼缘高度（即$x=h'_f$）时为两种情况的分界，这时有平衡方程：

$$M=\alpha_1 f_c b'_f h'_f\left(h_0-\frac{h'_f}{2}\right) \tag{3-39}$$

$$f_y A_s=\alpha_1 f_c b'_f h'_f \tag{3-40}$$

所以当满足

$$M\leqslant\alpha_1 f_c b'_f h'_f\left(h_0-\frac{h'_f}{2}\right) \tag{3-41}$$

或

$$f_y A_s\leqslant\alpha_1 f_c b'_f h'_f \tag{3-42}$$

时，说明混凝土受压区计算高度$x\leqslant h'_f$，属于第一种T形截面。反之属于第二种T形截面。

3.6.3　截面设计

T形梁的截面尺寸一般可预先假定或参考类同的结构取用（梁高h取为梁跨长l_0的1/12～1/8，梁的高宽比h/b取为2.5～5）。

截面尺寸决定后，先判断混凝土受压区计算高度是否大于翼缘高度。由于A_s未知，不能用式（3-42），而应该用式（3-41）来鉴别：若$M\leqslant\alpha_1 f_c b'_f h'_f\left(h_0-\frac{h'_f}{2}\right)$，则为第一种T形截面，按梁宽为$b'_f$的矩形截面计算；若$M>\alpha_1 f_c b'_f h'_f\left(h_0-\frac{h'_f}{2}\right)$，则为第二种T形截面。此时可先由式（3-37）求出α_s，然后根据α_s由式（3-16）求得相对受压区计算高度ξ，再由式（3-38）求得纵向受拉钢筋截面面积A_s。

有关T形截面的配筋设计框图，读者可自行列出。

在独立T形梁中，除受拉区配置纵向受力钢筋之外，为保证受压区翼缘与梁肋的整体性，一般在翼缘板的顶面配置横向构造钢筋，其直径不小于8mm，间距取为$5h'_f$，且每米跨长内不少于3根钢筋（图3-38）。当翼缘板外伸较长而厚度又较小时，则应按悬臂板计算翼缘的承载力，板顶面钢筋数量由计算决定。

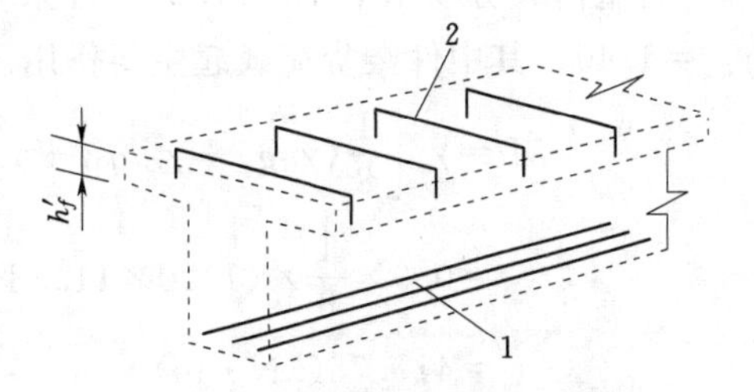

图3-38　翼缘顶面构造钢筋
1—纵向受力钢筋；2—翼缘板横向钢筋

3.6.4　承载力复核

首先用式（3-42）鉴别构件属于第一种还是第二种T形截面。若为第一种T形截面，则应按宽度为b'_f的矩形截面复核；若为第二种，则由式（3-36）计算相对受压区计算高度ξ，然后代入式（3-10）求得α_s，再由式（3-37）计算正截面受弯承载力M_u。当已知截面弯矩设计值M时，应满足$M\leqslant M_u$。

【例3-9】　某整体浇筑梁板式码头，安全等级为三级，处于淡水环境大气区（不受水汽聚集）。纵梁计算跨度 6.0m、间距 2.0m，截面如图 3－39 所示。纵梁一侧的面板承受人群荷载 5.0kN/m，另一侧的面板承受件杂货荷载 60.0kN/m。混凝土强度等级为 C30，纵向受力钢筋采用 HRB400，试计算该梁所需的纵向受力钢筋截面面积。

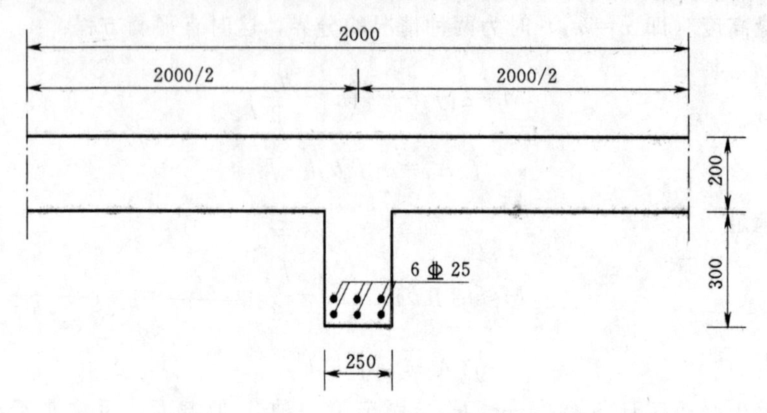

图 3－39　码头纵梁截面

解：

1. 资料

三级安全等级，结构重要性系数 $\gamma_0=0.9$。C30 混凝土，$\alpha_1=1.0$，$f_c=14.3\text{N/mm}^2$，$f_t=1.43\text{N/mm}^2$；HRB400 钢筋，$f_y=f'_y=360\text{N/mm}^2$。

2. 荷载和内力计算

永久作用：

纵梁自重　　$g_k=25.0\times[0.25\times0.50+0.20\times(2.0-0.25)]=11.88(\text{kN/m})$

可变作用：

人群荷载　　$q_{1k}=5.0\times2.0/2=5.0(\text{kN/m})$

件杂货荷载　　$q_{2k}=60.0\times2.0/2=60.0(\text{kN/m})$

自重荷载分项系数 $\gamma_G=1.20$，件杂货荷载分项系数 $\gamma_{Q1}=1.40$，人群荷载分项系数 $\gamma_{Q2}=1.40$，其中件杂货荷载起主要作用。跨中最大弯矩设计值为

$$
\begin{aligned}
M&=\gamma_0\left[\frac{1}{8}(\gamma_G g_k+\gamma_{Q1}q_{1k}+\gamma_{Q2}\psi_c q_{2k})l_0^2\right]\\
&=0.9\times\frac{1}{8}\times(1.20\times11.88+1.40\times60.0+1.40\times0.7\times5.0)\times6.0^2\\
&=417.78(\text{kN}\cdot\text{m})
\end{aligned}
$$

3. 配筋计算

淡水环境大气区（不受水汽聚集），查附录 D 表 D－1 取保护层厚度 $c=40\text{mm}$。纵向受拉钢筋按双层布置，取 $a_s=75\text{mm}$，$h_0=h-a_s=500-75=425(\text{mm})$。

（1）确定翼缘计算宽度。

该梁为肋形梁，查表 3－3 有

1）按翼缘高度考虑，$h'_f/h_0=200/425=0.471>0.1$，表 3－3 无符合条件的 b'_f 取值规定。

2）按计算跨度考虑，$l_0=6000\text{mm}$，$b'_f=l_0/3=6000/3=2000(\text{mm})$。

3）按梁净距考虑，$b+s_n=2000\text{mm}$。

取以上数值中的最小值，故翼缘计算宽度 $b'_f=2000\text{mm}$。

（2）鉴别T形梁所属情况。按式（3-41）鉴别T形梁所属情况：

$$\begin{aligned}\alpha_1 f_c b'_f h'_f\left(h_0-\frac{h'_f}{2}\right)&=1.0\times14.3\times2000\times200\times\left(425-\frac{200}{2}\right)\\&=1.8590\times10^6(\text{N}\cdot\text{mm})\\&=1859.0\text{kN}\cdot\text{m}>M=415.94\text{kN}\cdot\text{m}\end{aligned}$$

属于第一种T形截面，按宽度为2000mm的矩形截面计算。

（3）计算 A_s

$$\alpha_s=\frac{M}{\alpha_1 f_c b'_f h_0^2}=\frac{417.78\times10^6}{1.0\times14.3\times2000\times425^2}=0.081$$

$$\xi=1-\sqrt{1-2\alpha_s}=1-\sqrt{1-2\times0.081}=0.085$$

$$A_s=\frac{\alpha_1 f_c b'_f\xi h_0}{f_y}=\frac{1.0\times14.3\times2000\times0.085\times425}{360}=2870(\text{mm}^2)$$

$$\rho=\frac{A_s}{A_p}=\frac{A_s}{bh}=\frac{2870}{200\times500}=2.87\%>\rho_{\min}=\max\left(0.20\%,0.45\frac{f_t}{f_y}\right)=0.20\%。$$

选用6⌀25，实配 $A_s=2945\text{mm}^2$，截面配筋如图3-39所示。

【例3-10】 某独立T形截面轨道梁，截面尺寸如图3-40所示，安全等级为二级，处于淡水环境大气区（不受水汽积聚）。计算跨度5.40m，在正常使用期截面承受弯矩设计值 $M=594.50\text{kN}\cdot\text{m}$，混凝土强度等级为C30，纵向受力钢筋采用HRB400，求正常使用期该梁截面所需的纵向受力钢筋。

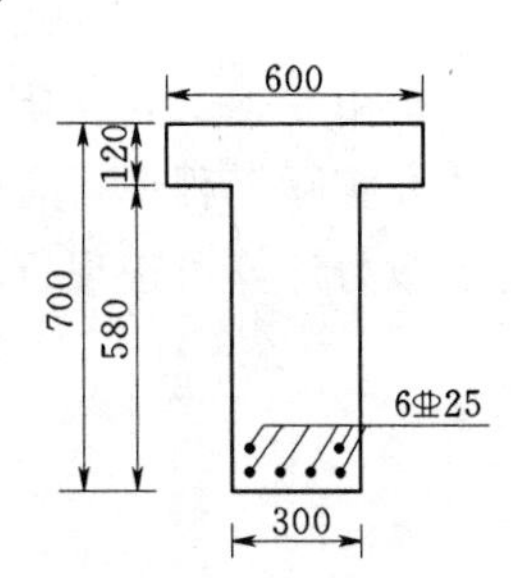

图3-40　轨道梁截面

解：

1. 资料

C30混凝土，$\alpha_1=1.0$，$f_c=14.3\text{N/mm}^2$，$f_t=1.43\text{N/mm}^2$；HRB400钢筋，$f_y=360\text{N/mm}^2$，查表3-2或由式（3-3）计算可得 $\xi_b=0.518$。

2. 配筋计算

淡水环境大气区（不受水汽积聚），查附录D表D-1取保护层厚度 $c=40\text{mm}$。纵向受拉钢筋按双层布置，取 $a_s=75\text{mm}$，$h_0=h-a_s=700-75=625(\text{mm})$。

（1）确定翼缘计算宽度。该梁为独立T形梁，查表3-3有

1）按翼缘高度考虑，$h'_f/h_0=120/625=0.192>0.1$，$b'_f=b+12h'_f=300+12\times120=1740(\text{mm})$。

2）按计算跨度考虑，$l_0=5400\text{mm}$，$b'_f=l_0/3=5400/3=1800(\text{mm})$。

以上翼缘计算宽度均大于翼缘实际宽度600mm，取 $b'_f=600\text{mm}$。

（2）判别T形截面类型。

$$\alpha_1 f_c b'_f h'_f\left(h_0-\frac{h'_f}{2}\right)=1.0\times14.3\times600\times120\times\left(625-\frac{120}{2}\right)$$

$$=581.72\times10^6(\mathrm{N\cdot mm})$$

$$=581.72\mathrm{kN\cdot m}<M=594.50\mathrm{kN\cdot m}$$

属于第二种T形截面。

(3) 计算 A_s。由式 (3-37) 得

$$\alpha_s=\frac{M-\alpha_1 f_c(b'_f-b)h'_f\left(h_0-\frac{h'_f}{2}\right)}{\alpha_1 f_c b h_0^2}$$

$$=\frac{594.50\times10^6-1.0\times14.3\times(600-300)\times120\times\left(625-\frac{120}{2}\right)}{1.0\times14.3\times300\times625^2}$$

$$=0.181$$

$$\xi=1-\sqrt{1-2\alpha_s}=1-\sqrt{1-2\times0.181}=0.201<\xi_b=0.518$$

由式 (3-38) 得

$$A_s=\frac{\alpha_1 f_c\xi b h_0+\alpha_1 f_c(b'_f-b)h'_f}{f_y}$$

$$=\frac{1.0\times14.3\times0.201\times300\times625+1.0\times14.3\times(600-300)\times120}{360}$$

$$=2927(\mathrm{mm}^2)$$

选用6⌀25，实配 $A_s=2945\mathrm{mm}^2$，截面配筋如图3-40所示。

在实际工程中，有时也会遇到环形、圆形截面受弯构件和双向受弯构件，其正截面受弯承载力计算可按现行水运混凝土结构设计规范的有关公式进行。

3.7 受弯构件的延性

3.7.1 延性的意义

结构构件在设计时，除了考虑承载力以外，还应满足一定的延性要求。所谓延性是指结构构件或截面在受力钢筋应力超过屈服强度后，在承载力无显著变化情况下的后期变形能力，也就是最终破坏之前经受非弹性变形的能力。延性好的结构破坏过程比较长，破坏前有明显的预兆，因此，它能提醒使用者及早采取措施，避免发生伤亡事故及建筑物的全面崩溃。延性差的结构，破坏时会突然发生脆性破坏，破坏后果较为严重。延性好的结构还可使超静定结构发生内力重分布，从而增加结构的极限荷载。特别是延性好的结构能以残余的塑性变形来吸收地震能量，这对地震区的建筑物来说是极为重要的。可以说，对抗震结构，延性至少是与承载能力同等重要的。

延性有多种描述方法，一般可从材料、构件和结构三个不同层次来描述。材料的延性，一般通过材料的应力-应变曲线下降段或材料的韧性等指标来描述；构件的延性，通常采用截面曲率延性系数、位移延性系数、塑性铰转动能力、滞回特性和耗能能力来描述；结构的延性，通常采用结构的位移延性系数或层间位移角来描述。

截面曲率延性系数以曲率的比值 ϕ_u/ϕ_y 表示。图 3-41 可以概括地说明截面曲率延性的概念。在图中，ϕ_y 相当于纵向受拉钢筋刚屈服时的截面曲率；ϕ_u 相当于混凝土最终被压碎时的截面曲率，即构件最终破坏时的截面曲率。ϕ_y 与 ϕ_u 可以由相应阶段的截面应变梯度求得，即 $\phi_y=\varepsilon_y/(h_0-x_{0y})$，$\phi_u=\varepsilon_{cu}/x_{0u}$，其中 ε_y 为纵向受拉钢筋达到屈服强度时的应变，ε_{cu}为混凝土极限压应变。显然，曲率延性系数 $\mu_\phi=\phi_u/\phi_y$ 越大，截面延性越好。在图 3-41 中，对比了脆性破坏和延性破坏的不同变形能力。

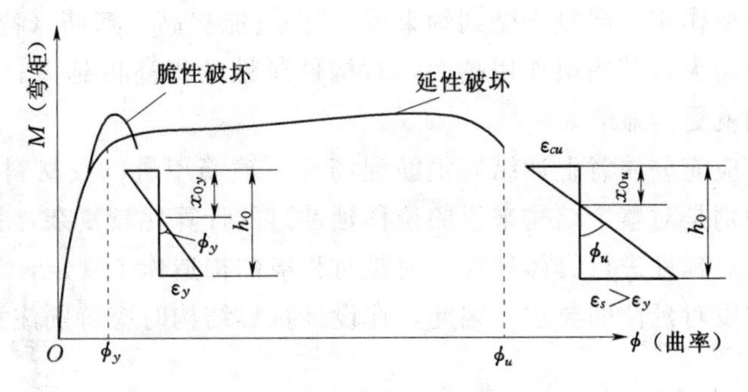

图 3-41　弯矩与截面曲率的关系曲线

对于整个结构来说，延性应该用整个结构的变形来衡量。对于钢筋混凝土结构，为抵抗强震，常要求位移延性系数 $\mu_\Delta=\Delta_u/\Delta_y$ 不小于 3～5。应注意 μ_Δ 在数值上与截面的曲率延性系数 μ_ϕ 是完全不同的。为了初步弄懂概念，本节只限于曲率延性的介绍。

3.7.2　影响受弯构件曲率延性的因素

通过理论分析和试验证明，受弯构件的曲率延性主要与下列因素有关。

1. 纵向钢筋用量

由纵向受拉钢筋刚开始屈服时的曲率 $\phi_y=\varepsilon_y/(h_0-x_{0y})$ 与混凝土最终压碎时的 $\phi_u=\varepsilon_{cu}/x_{0u}$可知，增加纵向受拉钢筋配筋率 ρ，则两式中相应的受压区高度 x_{0y}及 x_{0u}均增加，从而 ϕ_y 增大而 ϕ_u 减小，于是曲率延性系数 μ_ϕ 就减小，延性降低。因此，为了使受弯构件破坏时具有足够的延性，纵向受拉钢筋配筋率不宜太大。

配置纵向受压钢筋 A_s' 可使延性增大。因为增加纵向受压钢筋配筋率 ρ'，可使 x_{0y}减小，因而 ϕ_y 减小 ϕ_u 增大，延性明显提高。

图 3-42 和图 3-43 表示了纵向钢筋配筋率 ρ 和 ρ'对受弯构件截面延性的影响。

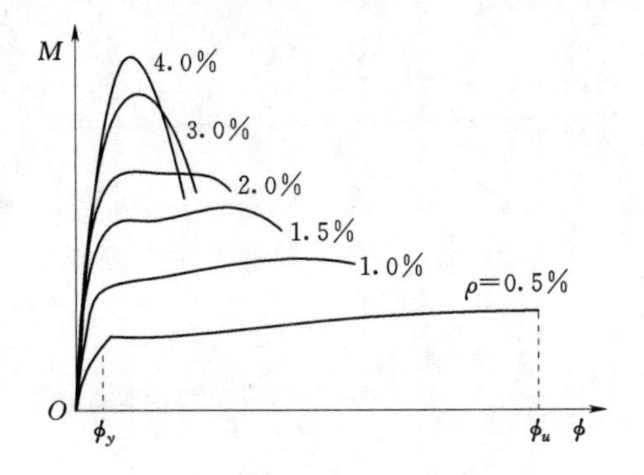

图 3-42　配筋率 ρ 对截面延性的影响

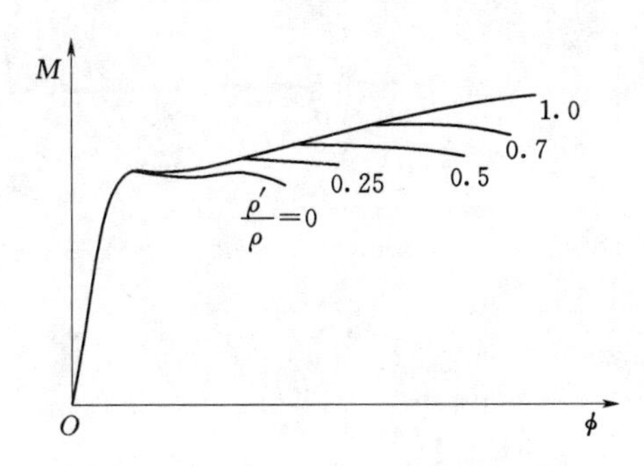

图 3-43　配筋率 ρ'对截面延性的影响

2. 材料强度

混凝土强度提高或钢筋强度降低时，延性增大；反之，延性减小。因此，为了保证有足够的延性，不宜采用高强度钢筋及强度等级过低的混凝土。但混凝土强度过高时，材性会变脆，即其 ε_{cu} 降低，也会使延性减小。故对抗震结构，混凝土等级不宜大于 C60。

3. 箍筋用量

沿梁的纵向配置封闭的箍筋，不但能防止脆性的剪切破坏（见第 4 章），而且可以对受压区混凝土起约束作用。混凝土受到约束后，其 ε_{cu} 能提高。箍筋（特别是螺旋形箍筋）布置得越密，直径越大，其约束作用越大，对构件延性的提高也越大。特别是超筋情况，箍筋对延性的影响就更为显著。

设计构件时，应充分注意上述纵向钢筋配筋率、箍筋用量以及材料强度等级等要求。由于延性指标（特别是对整个结构来说的位移延性）的计算比较复杂，目前的抗震规范对一般建筑还不要求对延性进行具体计算，而是对相应的构造作了规定，认为只要遵循这些规定就可以满足抗震对延性的要求。因此，在设计抗震结构时应特别注意有关抗震的构造要求。

第 4 章　钢筋混凝土受弯构件斜截面承载力计算*

第 3 章已介绍，承受弯矩 M 和剪力 V 的受弯构件有可能发生两种破坏：一种是沿弯矩最大的截面破坏，此时破坏截面与构件的轴线垂直，称为正截面破坏；另一种是沿剪力最大或弯矩和剪力都较大的截面破坏，此时破坏截面与构件的轴线斜交，称为斜截面破坏。受弯构件设计时，既要保证构件不沿正截面发生破坏，又要保证构件不沿斜截面发生破坏，因此要同时进行正截面承载力与斜截面承载力的计算。

斜截面破坏的原因，可以用受弯构件在弯矩与剪力共同作用下的应力状态加以简要说明。

由材料力学可知，在弯矩和剪力共同作用下，匀质弹性材料梁中任意一微小单元体上作用有由弯矩引起的正应力 σ 和由剪力引起的剪应力 τ（图 4 - 1），而 σ 与 τ 在单元体上产生主拉应力 σ_{tp} 及主压应力 σ_{cp}。分析任一截面 Ⅰ—Ⅰ 上三个微小单元体 1、2、3 的应力状态，可得知主拉应力的方向各不相同：在中和轴处（单元体 2）$\sigma=0$，主拉应力 σ_{tp} 的方向与梁轴线成 45°夹角；在中和轴以下的受拉区（单元体 3），σ 为拉应力，主拉应力 σ_{tp} 的方向与梁轴线的夹角小于 45°；在中和轴以上的受压区（单元体 1），σ 为压应力，主拉应力 σ_{tp} 的方向与梁轴线的夹角大于 45°。因此，主拉应力的轨迹线，除支座处受集中反力的影响外，大体如图 4 - 1 中虚线所示，与主拉应力成正交的主压应力的轨迹线则如图中实线所示。

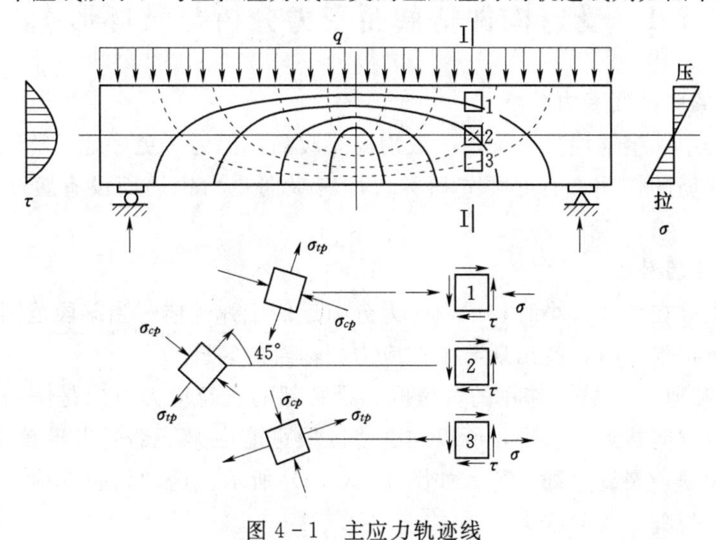

图 4 - 1　主应力轨迹线

* 本章所述受弯构件是指跨高比 $l_0/h\geqslant5$ 的一般受弯构件。对于 $l_0/h<5$ 的构件，应按深受弯构件计算，具体计算公式可参阅规范。

对钢筋混凝土梁来说，当荷载很小，材料尚处于弹性阶段时，梁内应力分布近似于图 4-1。但当主拉应力接近于混凝土的抗拉强度时，由于塑性变形的发展，沿主应力轨迹上的主拉应力分布将逐渐均匀。当在一段范围内的主拉应力达到混凝土的抗拉强度时，就会出现大体上与主拉应力轨迹线相垂直的斜裂缝。斜裂缝的出现和发展使梁内应力发生变化，最终导致在剪力较大区域的混凝土被剪压破碎或拉裂，发生斜截面破坏。

为防止斜截面破坏，就要进行斜截面承载力设计，它包括下列两方面的内容：一是斜截面受剪承载力计算，配置抗剪钢筋，保证斜截面受剪承载力满足要求。抗剪钢筋也称作腹筋。腹筋的形式可以采用垂直于梁轴的箍筋或由纵向钢筋弯起的斜筋（也称为弯起钢筋，简称弯筋）。纵筋、箍筋、弯筋和固定箍筋所需的架立筋（一般不考虑它参与受力）组成了构件的钢筋骨架，如图 4-2 所示。二是当腹筋采用了弯起钢筋或负弯矩区有切断纵向受力钢筋时，余留的纵向受力钢筋仍能满足斜截面受弯承载力要求，这就是斜截面受弯承载力问题。目前，斜截面受弯承载力一般不采用承载力公式直接计算，而是通过画抵抗弯矩图并满足相应的要求来保证。

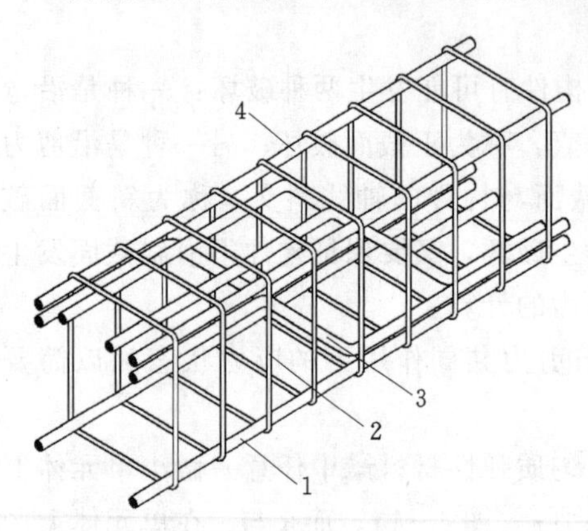

图 4-2　梁的钢筋骨架

1、3—纵向受力钢筋；2—箍筋；3—弯起钢筋；4—架立筋

第 3 章介绍了钢筋混凝土受弯构件正截面的破坏形态、正截面受弯承载力计算方法和有关构造规定，本章将介绍斜截面的破坏形态、斜截面承载力计算方法及其构造规定。

4.1　受弯构件斜截面受力分析与破坏形态

4.1.1　无腹筋梁斜截面受力分析

在实际工程中，钢筋混凝土梁内一般均配置腹筋，但为了更好地了解钢筋混凝土梁的抗剪性能以及腹筋的作用，有必要先研究仅配有纵向受力钢筋而没有腹筋的梁（无腹筋梁）的抗剪性能。

4.1.1.1　斜裂缝的种类

钢筋混凝土梁在荷载很小时，梁内应力分布近似于弹性体。当某段范围内的主拉应力超过混凝土的抗拉强度时，就出现与主拉应力相垂直的裂缝。

在弯矩 M 和剪力 V 共同作用的剪跨段，梁腹部的主拉应力方向是倾斜的，而在梁的下边缘主拉应力方向接近于水平，所以在这些区段可能在梁下部先出现较小的垂直裂缝，然后延伸为斜裂缝，裂缝上细下宽，如图 4-3 (a) 所示。这种斜裂缝称为弯剪裂缝，它是一种常见的斜裂缝。

当梁腹很薄时，支座附近（主要是剪力 V 的作用）的最大主拉应力出现于梁腹中和轴周围，就可能在此处先出现斜裂缝，然后向上、下方延伸，裂缝两头细、中间宽，呈枣核形，如图 4-3 (b) 所示。这种斜裂缝称为腹剪裂缝。

试验表明，斜裂缝可能发生若干条，但荷载增加到一定程度时，在若干斜裂缝中总有一条开展得特别宽并很快向集中荷载作用点处延伸的斜裂缝。这条斜裂缝常称为临界斜裂缝。在无腹筋梁中，临界斜裂缝的出现预示着斜截面受剪破坏即将来临。

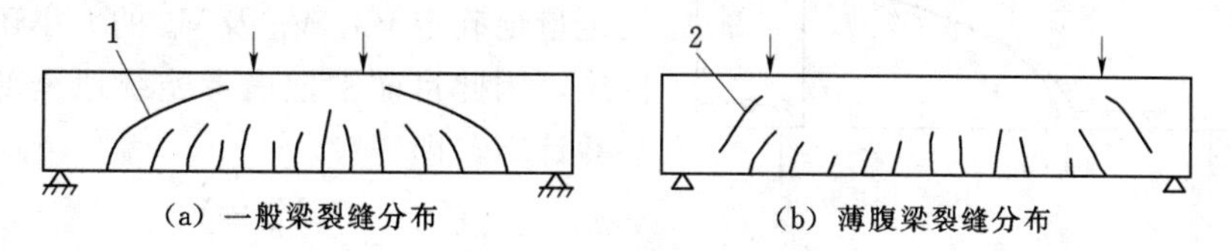

图 4-3　弯剪裂缝与腹剪裂缝

1—弯剪裂缝；2—腹剪裂缝

4.1.1.2　斜裂缝出现后的梁内受力状态

承受两个对称集中荷载作用的无腹筋简支梁，在弯矩 M 和剪力 V 共同作用下出现了斜裂缝 BA，如图 4-4 (a) 所示，现取支座到斜裂缝之间的梁段为隔离体来分析它的应力状态。

在如图 4-4 (b) 所示的隔离体上，外荷载在斜截面 BA 上引起的最大弯矩为 M_A，最大剪力为 V_A。斜截面上平衡 M_A 和 V_A 的力有：①纵向钢筋的拉力 T；②斜截面端部余留的剪压面（AA'）上混凝土承担的剪力 V_c 及压力 C；③在梁的变形过程中，斜裂缝的两侧发生相对剪切位移产生的骨料咬合力 V_a；④纵筋的销栓力 V_d[1]。

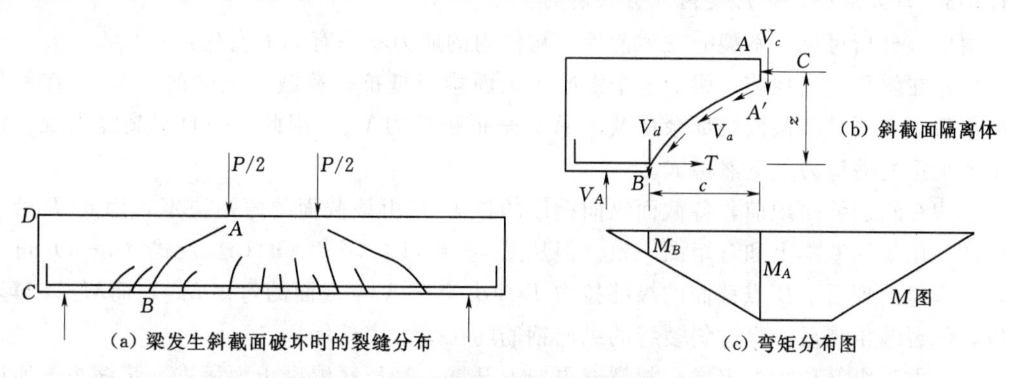

图 4-4　无腹筋梁的斜裂缝及隔离体受力图

在这些力中能与 V_A 保持平衡的为 V_c、V_y 及 V_d 3 个力，其中 V_y 为咬合力 V_a 的竖向分力，即

$$V_A = V_c + V_y + V_d \tag{4-1}$$

在无腹筋梁中，纵筋的销栓作用很弱，因为能阻止纵向钢筋发生垂直位移的只有纵筋下面的混凝土保护层。在 V_d 作用下，纵筋两侧的混凝土产生垂直的拉应力，很容易沿纵向钢筋将混凝土撕裂，如图 4-5 所示。混凝土产生撕裂裂缝后，销栓作用就随之降低。同时，纵筋就会失去和混凝土的黏结而发生滑动，使斜裂缝迅速增大，V_a 也相应减小。

[1] 由于斜裂缝的两侧有相对的上下错动，穿过斜裂缝的纵向钢筋也承担一定的剪力，该剪力称为纵筋的销栓力 V_d。

在梁接近破坏时，V_c 渐渐增加到它的最大值，此时梁内剪力主要由 V_c 承担，V_a 与 V_d 仅承担很小一部分。

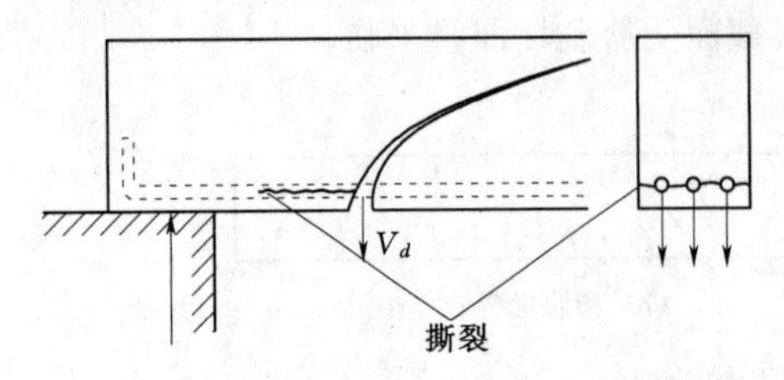

图 4-5 纵筋销栓力作用下混凝土发生撕裂

同时，由于剪力传递机理的复杂性，要分别定量地确定 V_c、V_y 及 V_d 的大小还有相当的困难，因此目前常把三者笼统地全部归入 V_c，一并计算，即

$$V_A = V_c \tag{4-2}$$

现在再看截面上的内力又是如何平衡弯矩 M_A 的。如图 4-4（b）所示，对压力 C 的作用点求矩，并假定 V_a 的合力通过压力 C 的作用点，则平衡 M_A 的内力矩为

$$M_A = Tz + V_d c \tag{4-3}$$

式中 T——纵向钢筋承受的拉力；

z——纵筋拉力到混凝土压应力合力点的力臂；

c——斜裂缝的水平投影长度。

在无腹筋梁中，纵筋销栓力 V_d 数值较小且不可靠，为安全计可近似认为

$$M_A = Tz \tag{4-4}$$

4.1.1.3 斜裂缝出现前后梁内应力状态的变化

由以上分析可见，斜裂缝发生前后，构件内的应力状态有如下变化：

（1）在斜裂缝出现前，梁的整个混凝土截面均能抵抗外荷载产生的剪力 V_A。在斜裂缝出现后，主要是斜截面端部余留截面 AA' 来抵抗剪力 V_A。因此，一旦斜裂缝出现，混凝土所承担的剪应力就突然增大。

（2）在斜裂缝出现前，各截面纵向钢筋的拉力 T 由该截面的弯矩决定，因此 T 沿梁轴线的变化规律基本上和弯矩图一致。但从图 4-4（b）、图 4-4（c）及式（4-4）可看到，斜裂缝出现后，B 点截面的纵筋拉力 T 却决定于 A 点截面的弯矩 M_A，而 $M_A > M_B$。所以，斜裂缝出现后，穿过斜裂缝的纵向钢筋的拉应力突然增大。

（3）由于纵筋拉力的突增，斜裂缝更向上开展，受压区混凝土面积进一步缩小。所以在斜裂缝出现后，受压区混凝土的压应力更进一步增大。

（4）由于 V_d 的作用，混凝土沿纵向钢筋还受到撕裂力。

如果构件能适应上述这些应力的变化，就能在斜裂缝出现后重新建立平衡，否则构件会立即破坏，呈现出脆性。

4.1.2 有腹筋梁斜截面受力分析

为了提高钢筋混凝土梁的斜截面受剪承载力，防止梁沿斜截面发生脆性破坏，在实际工程中，除跨度和高度都很小的梁以外，一般梁内都应配置腹筋。

有腹筋梁在斜裂缝出现之前，混凝土在各方向的应变都很小，所以腹筋的应力也很低，对斜截面开裂荷载的影响很小。因此，在斜裂缝出现前，有腹筋梁的受力状态与无腹筋梁没有显著差异。但是当斜裂缝出现之后，与无腹筋梁相比，斜截面上增加了箍筋承担的剪力 V_{sv} 和弯起钢筋的拉力 T_{sb}（图 4-6），由此有腹筋梁通过以下几个方面大大地加强

了斜截面受剪承载力：

（1）与斜裂缝相交的腹筋本身就能承担很大一部分剪力。

（2）腹筋能阻止斜裂缝开展过宽，延缓斜裂缝向上伸展，保留了更大的混凝土余留截面，从而提高了混凝土的受剪承载力 V_c。

（3）腹筋能有效地减少斜裂缝的开展宽度，提高了斜裂缝上的骨料咬合力 V_a。

（4）箍筋可限制纵筋的竖向位移，有效地阻止了混凝土沿纵筋的撕裂，从而提高了纵筋的销栓力 V_d。

因此，可以认为从斜裂缝的产生直至腹筋屈服之前，有腹筋梁的斜截面受剪承载力由 V_c、V_d、V_y、V_{sv} 及 $V_{sb}=T_{sb}\sin\alpha_s$ 构成。图 4-7 给出了仅配箍筋的有腹筋梁上述各分量之间的大致分配情况。

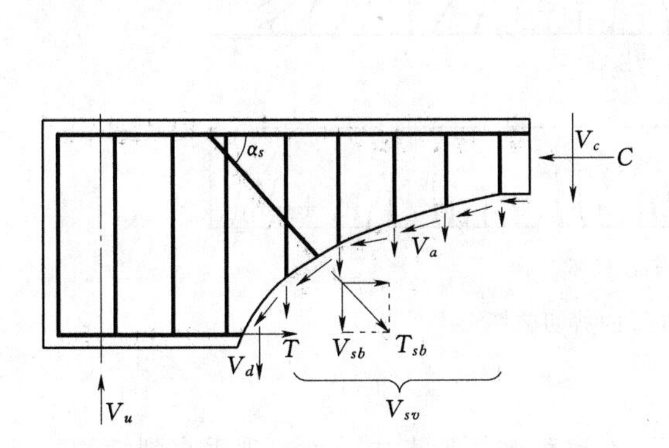

图 4-6　有腹筋梁的斜截面隔离体受力图

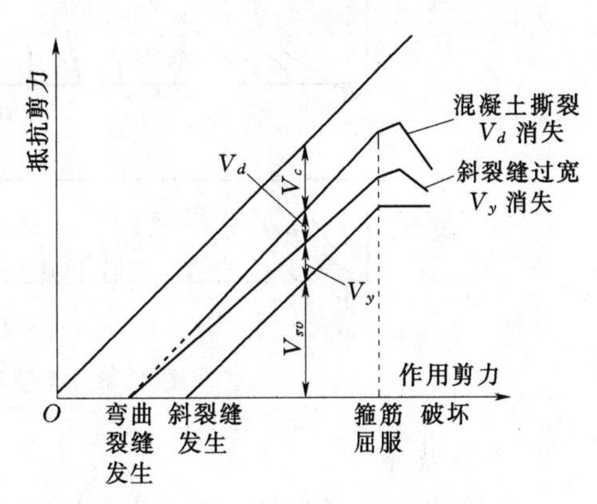

图 4-7　V_c、V_d、V_y、V_{sv} 之间的分配

弯起钢筋差不多和斜裂缝正交，因而传力直接，但弯起钢筋是由纵筋弯起而成，一般直径较大，根数较少，使梁的内部受力不很均匀；箍筋虽不与斜裂缝正交，但分布均匀，因而对斜裂缝宽度的遏制作用更为有效，且纵向钢筋也需要箍筋一起形成骨架。在配置腹筋时，一般总是先配一定数量的箍筋，需要时再加配适量的弯筋。

4.1.3　受弯构件斜截面破坏形态

4.1.3.1　无腹筋梁斜截面受剪破坏形态与发生条件

根据试验观察，无腹筋梁的受剪破坏形态，大致可分为斜拉破坏、剪压破坏和斜压破坏三种，其发生的条件主要与剪跨比 λ 有关。

所谓剪跨比 λ，对梁顶只作用有集中荷载的梁，是指剪跨 a 与截面有效高度 h_0 的比值（图 4-8），即 $\lambda=\dfrac{a}{h_0}=\dfrac{Va}{Vh_0}=\dfrac{M}{Vh_0}$。

对于承受分布荷载或其他多种荷载的梁，剪跨比可用无量纲参数 $\dfrac{M}{Vh_0}$ 表达，一般也称 $\dfrac{M}{Vh_0}$ 为广义剪跨比。

1. 斜拉破坏

当剪跨比 $\lambda>3$ 时，无腹筋梁常发生斜拉破坏。在这种破坏形态中，斜裂缝一出现就很快形成临界斜裂缝，并迅速向上延伸到梁顶的集中荷载作用点处，将整个截面裂通，整个构件被斜拉为两部分而破坏［图 4-8 (a)］。其特点是整个破坏过程急速而突然，破坏荷载比斜裂缝形成时的荷载增加不多。斜拉破坏的原因是混凝土余留截面上剪应力的上升，使截面上的主拉应力超过了混凝土抗拉强度。

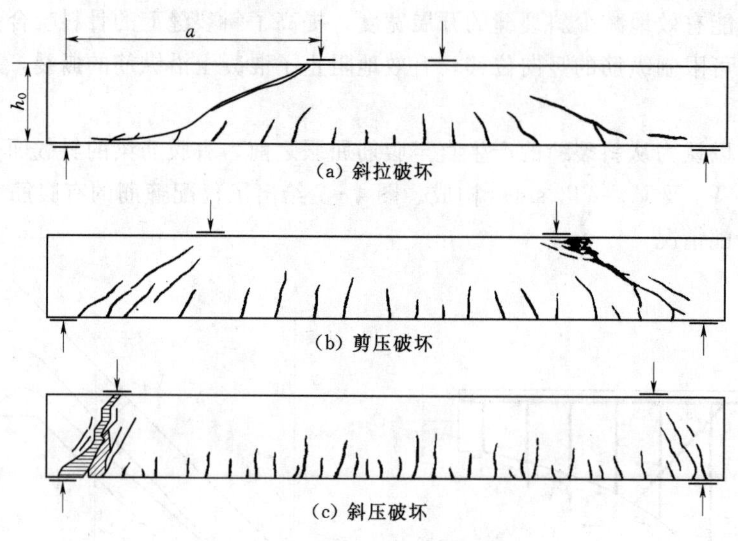

图 4-8　无腹筋梁的剪切破坏形态

2. 剪压破坏

当剪跨比 $1<\lambda\leqslant 3$ 时，常发生剪压破坏。在这种破坏形态中，先出现垂直裂缝和几条细微的斜裂缝。当荷载增大到一定程度时，其中一条斜裂缝发展成临界斜裂缝。这条临界斜裂缝虽向斜上方伸展，但仍能保留一定的压区混凝土截面不裂通，直到斜裂缝末端的余留混凝土在剪应力和压应力共同作用下被压碎而破坏［图 4-8 (b)］。它的破坏过程比斜拉破坏缓慢一些，破坏时的荷载明显高于斜裂缝出现时的荷载。剪压破坏的原因是混凝土余留截面上的主压应力超过了混凝土在压力和剪力共同作用下的抗压强度。

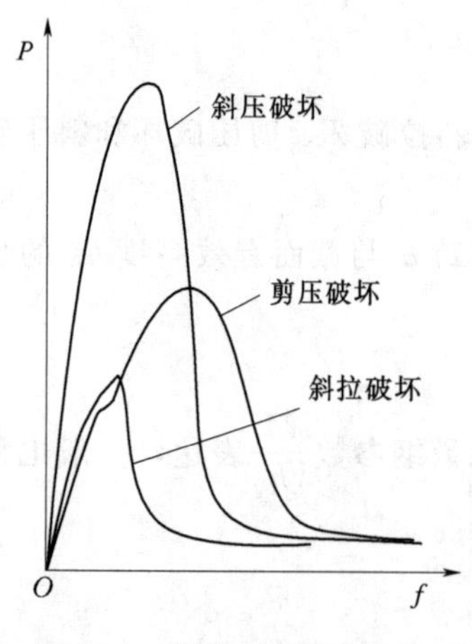

图 4-9　斜截面破坏的荷载-挠度曲线

3. 斜压破坏

当剪跨比 $\lambda\leqslant 1$ 时，常发生斜压破坏。在这种破坏形态中，在靠近支座的梁腹部首先出现若干条大体平行的斜裂缝，梁腹被分割成几条倾斜的受压柱体，随着荷载的增大，过大的主压应力将梁腹混凝土压碎［图 4-8 (c)］。

图 4-9 为 3 根受弯构件的荷载-挠度曲线，它们尺寸相同，由于剪跨比的不同而分别发生斜拉破坏、剪压破坏与斜压破坏。从图中曲线可见，就其受剪承载力而言，斜拉破坏最低，剪压破坏较高，斜压破坏最高。但就其破坏性质而言，由于它们达到破坏时的跨中挠度都不大，因而均属于无预兆的脆性破坏，其中斜拉破坏最为脆性。

4.1.3.2　有腹筋梁斜截面受剪破坏形态与发生条件

有腹筋梁的斜截面受剪破坏形态与无腹筋梁相似，也可归纳为斜拉破坏、剪压破坏及斜压破坏三种。它们的特征与无腹筋梁的三种破坏特征相同，但发生条件有所区别。在有腹筋梁中，除剪跨比 λ 对破坏形态有影响外，腹筋数量也影响着破坏形态的发生。

1. 斜拉破坏

腹筋配置很少的有腹筋梁，在斜裂缝出现以后，腹筋很快达到屈服，所以不能起到限制斜裂缝的作用，此时梁的破坏与无腹筋梁类似。因而，腹筋配置很少且剪跨比较大的有腹筋梁，将发生斜拉破坏。

2. 剪压破坏

腹筋配置比较适中的有腹筋梁大部分发生剪压破坏。这种梁在斜裂缝出现后，由于腹筋的存在延缓和限制了斜裂缝的开展和延伸，荷载仍能有较大的增长，直到腹筋屈服不能再控制斜裂缝开展，最终使斜裂缝末端余留截面混凝土在剪、压复合应力作用下达到极限强度而破坏。此时梁的斜截面受剪承载力主要与截面尺寸、混凝土强度和腹筋数量有关。

腹筋配置少但剪跨比不大的有腹筋梁，仍将发生剪压破坏。

3. 斜压破坏

当腹筋配置得过多或剪跨比很小，尤其在梁腹较薄（例如T形或I形薄腹梁）时，将发生斜压破坏。这种梁在箍筋屈服以前，斜裂缝间的混凝土因主压应力过大而被压坏，此时梁的斜截面受剪承载力取决于构件的截面尺寸和混凝土的强度，与无腹筋梁斜压破坏时的斜截面受剪承载力相近。

4.2 影响受弯构件斜截面受剪承载力的主要因素

影响钢筋混凝土梁斜截面受剪承载力的因素很多，主要有剪跨比、混凝土强度、纵向受拉钢筋配筋率及其强度、腹筋配筋率及其强度、截面形状及尺寸、加载方式（直接、间接）和结构类型（简支梁、连续梁）等。

4.2.1 剪跨比 λ

剪跨比 λ 之所以能影响破坏形态，是因为 λ 反映了截面所承受的弯矩和剪力的相对大小，也就是正应力 σ 和剪应力 τ 的相对关系，而 σ 和 τ 的相对关系影响着主拉应力的大小与方向。同时还因为梁顶集中荷载及支座反力的局部作用，使受压区混凝土除受到剪应力 τ 及沿梁轴方向的正应力 σ_x 外，还受到垂直向的正应力 σ_y，这就减小了压区的主拉应力，有可能阻止斜拉破坏的发生。当 $\lambda=a/h_0$ 值增大，集中荷载的局部作用不能影响到支座附近的斜裂缝时，斜拉破坏就会发生。

图 4-10 为集中荷载作用下无腹筋梁的 $\frac{V_u}{f_t b h_0}$ 与 λ 关系的试验资料。由图可见，斜截面受剪承载力的试验值甚为离散，但仍可明显看出：当 λ 较大（$\lambda>3.0$）时，λ 对受剪承载力影响不明显；当 λ 较小（$\lambda<3.0$）时，λ 对受剪承载力影响明显，受剪承载力随着 λ 的减小有增大的趋势。

对于有腹筋梁，λ 对梁的斜截面受剪承载力的影响与腹筋多少有关。腹筋较少时，λ 的影响较大；随着腹筋的增加，λ 对受剪承载力的影响就有所降低。

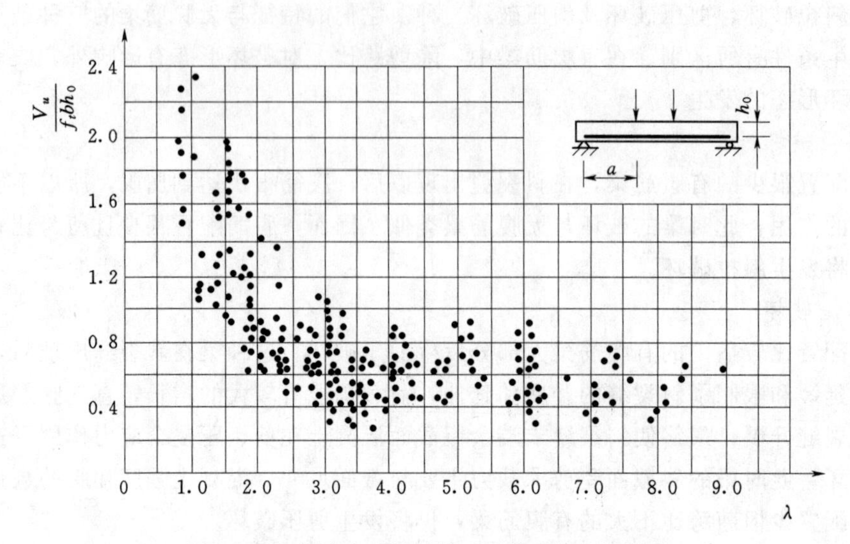

图 4-10　剪跨比对梁斜截面受剪承载力的影响

4.2.2　混凝土强度

图 4-11 为 5 组不同剪跨比混凝土立方体抗压强度对梁斜截面受剪承载力的影响的试验资料，它们的截面尺寸及纵向受拉钢筋配筋率相同，混凝土立方体抗压强度 f_{cu} 由 17N/mm² 变化至 110N/mm²。从图中可见，梁的斜截面受剪承载力随 f_{cu} 的提高而提高，两者基本呈线性关系。小剪跨比梁的受剪承载力随 f_{cu} 的提高而增加的速率高于大剪跨比的情况。当 $\lambda=1.0$ 时，梁发生斜压破坏，梁的受剪承载力取决于混凝土的轴心抗压强度 f_c；当 $\lambda=3.0$ 时，发生斜拉破坏，其受剪承载力取决于混凝土的轴心抗拉强度 f_t。f_c 与 f_{cu} 基本上成正比，故直线的斜率较大；而 f_t 与 f_{cu} 并不成正比关系，当 f_{cu} 越大时 f_t 的增加幅度越小，故当近似取为线性关系时，其直线的斜率较小；当 $1.0<\lambda<3.0$ 时，一般发生剪压破坏，其直线的斜率介于上述两者之间。

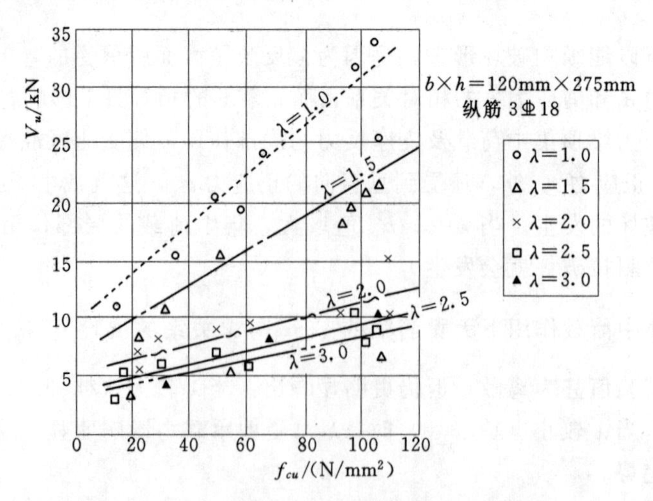

图 4-11　混凝土立方体抗压强度对梁斜截面受剪承载力的影响

由于混凝土强度等级大于 C50 之后，f_c 与 f_{cu} 的比值随 f_{cu} 的提高而提高，因此虽然梁的斜截面受剪承载力近似与 f_{cu} 成正比；但对于高强混凝土，随 f_{cu} 的提高，梁的受剪承载力随 f_c 的提高而增加的幅度变小。如此，若以 f_c 作为参数来衡量受剪承载力的大小，可能会高估受剪承载力。而高强混凝土的 f_t 随 f_{cu} 的提高幅度的变化不像 f_c 那么明显，所以受剪承载力和 f_t 之间有较好的线性关系，如图 4-12 所示。所以目前多采用 f_t 来计算斜截面受剪承载力。

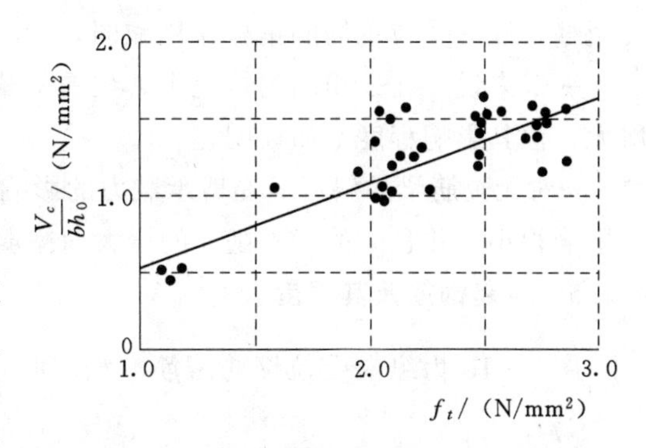

图 4-12 混凝土轴心抗拉强度对梁斜截面受剪承载力的影响

4.2.3 箍筋配筋率及其强度

试验表明，在配箍量适当的情况下，梁的斜截面受剪承载力随配箍量的增多和箍筋强度的提高而有较大幅度的增长。配箍量大小一般用箍筋配筋率（又称配箍率）ρ_{sv} 表示：

$$\rho_{sv}=\frac{A_{sv}}{bs}=\frac{nA_{sv1}}{bs} \tag{4-5}$$

式中 A_{sv}——同一截面内的箍筋截面面积；

n——同一截面内的箍筋肢数；

A_{sv1}——单肢箍筋的截面面积；

b——截面宽度；

s——沿构件长度方向上箍筋的间距。

构件的斜截面受剪承载力 $\frac{V_u}{bh_0}$ 与 $\rho_{sv}f_{yv}$ 的关系如图 4-13 所示。由图可见，当其他条件不变时，两者大致呈线性关系。但要强调的是，这只在配箍量适当的条件下成立。

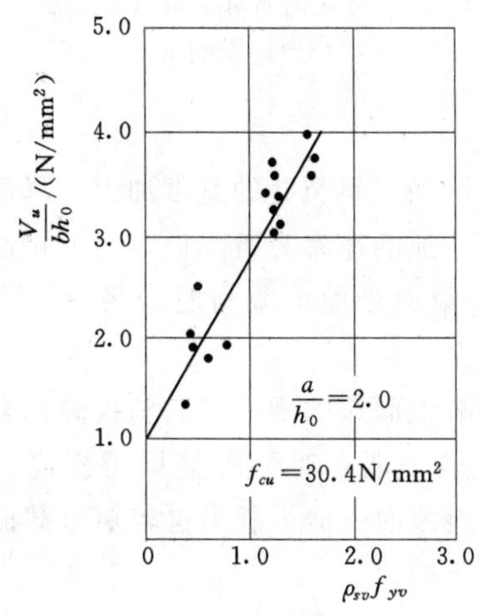

图 4-13 箍筋对梁斜截面受剪承载力的影响

4.2.4 纵向受拉钢筋配筋率及其强度

斜截面破坏的直接原因是剪压区混凝土被压碎（剪压）或拉裂（斜拉）。增加纵向受拉钢筋的配筋率 ρ 一方面可抑制斜裂缝向剪压区的伸展，增大剪压区混凝土余留高度，从而提高骨料咬合力和剪压区混凝土的抗剪能力；另一方面，纵向受拉钢筋数量的增加也可提高纵筋的销栓作用。因而，梁的斜截面受剪承载力随 ρ 的提高而增大。

试验表明，梁的斜截面受剪承载力与 ρ 大致呈线性关系（图 4-14），但增幅不太大。从图中可以看出，各直线的斜率随剪跨比的不同而变化：小剪跨比时，纵筋的销栓作用较强，ρ 对受剪承载力的影响也较大；剪跨比较大时，由于纵向受拉钢筋附近混凝土容易发生撕裂裂缝，纵向受拉钢筋的销栓作用减弱，ρ 对受剪承载力的影响减小。

一般来说，在 ρ 相同的情况下，梁的斜截面受剪承载力随纵向钢筋强度的提高而有所增大，但其影响程度不如 ρ 明显。

ρ 对无腹筋梁的斜截面受剪承载力的影响比较明显，对有腹筋梁的斜截面受剪承载力的影响很小，并且 ρ 的影响随 ρ 的增大而减弱。

4.2.5　弯起钢筋及其强度

图 4-15 为纵向受拉钢筋配筋率相同时，配有弯起钢筋梁的斜截面受剪承载力 $\frac{V_u}{f_t b h_0}$ 与 $\rho_{sb}\frac{f_y}{f_t}$ 的试验曲线，其中 ρ_{sb} 和 f_y 分别为弯起钢筋的配筋率和强度，$\rho_{sb}=\frac{A_{sb}}{bh_0}$，$A_{sb}$ 为弯起钢筋的截面面积。由图可见，$\frac{V_u}{f_t b h_0}$ 与 $\rho_{sb}\frac{f_y}{f_t}$ 大致呈线性关系，即梁的斜截面受剪承载力随弯起钢筋截面面积的增大、强度的提高而线性增大。

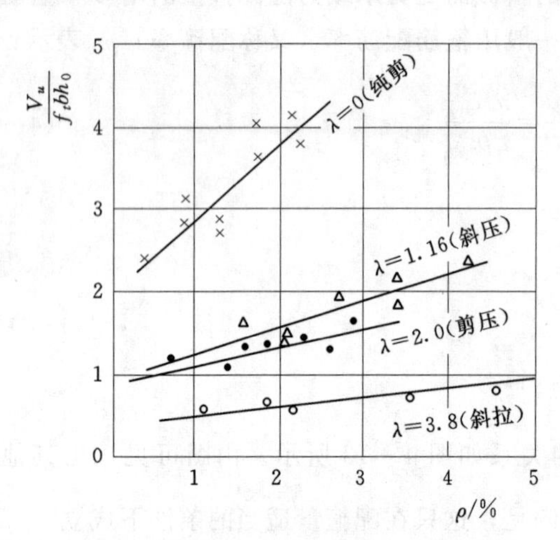

图 4-14　纵向受拉钢筋配筋率对梁斜截面受剪承载力的影响

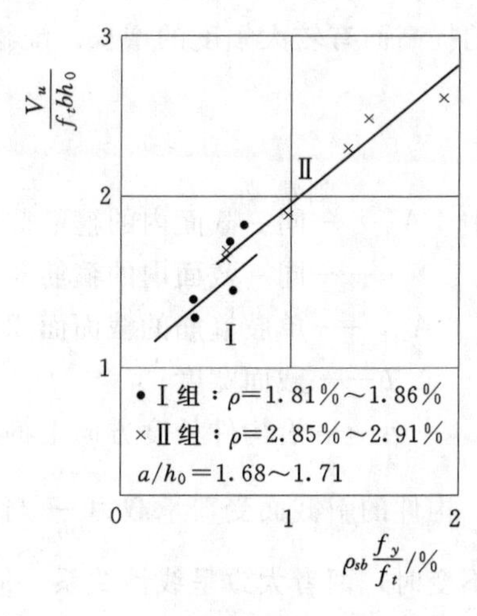

图 4-15　弯起钢筋对梁斜截面受剪承载力的影响

4.2.6　截面形状与尺寸

试验表明，对无腹筋受弯构件，随着构件截面高度的增加，斜裂缝的宽度加大，降低了裂缝间骨料的咬合力，从而使构件的斜截面受剪承载力增加的速率有所降低，这就是通常所说的“截面尺寸效应”。因此，在计算大尺寸构件斜截面受剪承载力时应考虑尺寸效应。

对于T形和I形等有受压翼缘的截面，由于剪压区混凝土面积的增大，其斜拉破坏和剪压破坏的承载力比相同宽度的矩形截面有所提高。试验表明，对无腹筋梁可提高约20%，对有腹筋梁提高约5%。即便是倒T形截面梁，其斜截面受剪承载力也较矩形截面梁略高，这是由于受拉翼缘的存在延缓了斜裂缝的开展和延伸。

4.2.7　加载方式

试验表明，当荷载不是作用在梁顶而是作用在梁的侧面时，即便是剪跨比很小的梁也可能发生斜拉破坏。

除了上述几个主要影响因素外，构件的类型（简支梁、连续梁等）与受力状态（是否同时作用有轴向力、扭矩等）等因素，都将影响梁的斜截面受剪承载力。

4.3 受弯构件斜截面受剪承载力计算

4.3.1 受剪承载力计算理论概况

受剪承载力计算是一个极为复杂的问题。虽然各类构件的受剪承载力试验在国内外已累计进行了几千个，发表的论文已达数百篇，但至今仍未能提出一个被普遍认可的能适用于各种情况的破坏机理、破坏模式和计算理论。

造成受剪承载力计算理论复杂性的原因是影响受剪承载力的因素太多。各研究者给出的计算公式都是依据一定范围条件下的试验结果提出的，只能计及其中若干主要因素，而不可能把所有因素都考虑在内。加上各研究者的试验条件和试验方法不同，因此所提出公式的计算结果相互间的差异是相当大的。

从第 3 章已知，当配筋适量时，受弯构件的正截面受弯承载力主要取决于纵向受拉钢筋数量和钢筋强度，钢筋的材性是比较匀质的，因此正截面受弯承载力的试验结果离散性相对较小。而斜截面破坏与此不同，斜截面临界斜裂缝的产生主要取决于混凝土强度，同时混凝土强度对最终破坏时的斜截面受剪承载力也起了很大作用，而混凝土强度的离散性是很大的（特别是抗拉强度），因此，即便是同一研究者的同一批试验，其试验结果的离散程度也相当大。

目前，国内外学者所提出的斜截面受剪的破坏机理和计算理论主要有：拉杆拱模型、平面比拟桁架模型、变角桁架模型、拱-梳状齿模型、极限平衡理论等。各种理论的计算结果不尽相同，某些计算模型过于复杂，还无法在工程设计中实际应用。

在我国的设计规范中，斜截面受剪承载力计算公式是在大量试验的基础上，依据极限平衡理论，采用理论与经验相结合的方法建立起来的。其特点是考虑的因素较少，公式形式简单，计算比较方便。

从前面的介绍已得知，斜截面受剪有斜拉破坏、斜压破坏和剪压破坏三种破坏形态。其中，斜拉破坏的脆性最为严重，它类似于正截面受弯时的少筋破坏，在设计中应该控制腹筋数量不能太少，即箍筋的配筋率不能小于它的最小配筋率，以防止斜拉破坏的发生。斜压破坏时的承载力主要取决于混凝土的抗压能力，破坏性质类似于正截面受弯时的超筋破坏，在设计时应控制构件的截面尺寸不能过小，混凝土强度不能过低，以防止斜压破坏的发生。

斜拉破坏和斜压破坏均可采用配筋构造规定予以避免，因此，下面所述的斜截面受剪承载力基本计算公式实质上只是针对剪压破坏而言的。

4.3.2 基本计算公式

对配有箍筋和弯筋的梁，当发生剪压破坏时，可取如图 4－16 所示的隔离体进行分析。隔离体由梁靠近支座的一端与临界斜裂缝及上部余留的混凝土截面所围成。为方便设计，骨料咬合力的竖向分力 V_y 及纵筋销栓力 V_d 已并入余留混凝土截面所承担的受剪承

载力 V_c 之中。

由隔离体竖向力的平衡，可认为梁的斜截面极限受剪承载力 V_u 是由混凝土承担的剪力 V_c、箍筋承担的剪力 V_{sv} 及弯筋承担的剪力 V_{sb}（即弯筋屈服时承担的拉力 T_{sb} 的竖向分力）三个独立部分所组成的，基本计算公式如下：

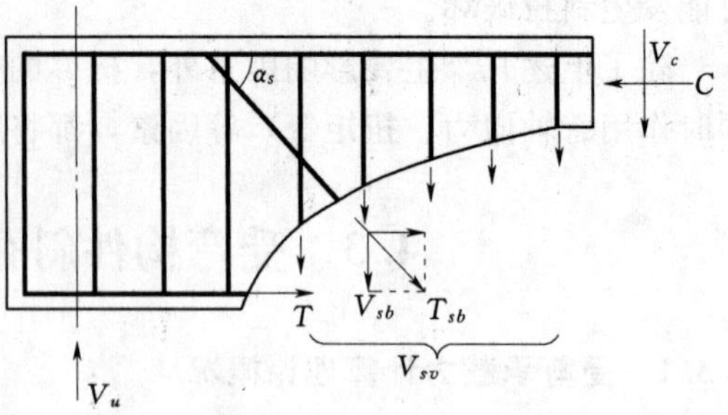

$$V_u = V_c + V_{sv} + V_{sb} \quad (4-6)$$

图4-16 有腹筋梁的斜截面受剪承载力计算图

式中 V_u——斜截面受剪承载力；

V_c——混凝土的受剪承载力；

V_{sv}——箍筋的受剪承载力；

V_{sb}——弯筋的受剪承载力。

令 $V_{cs} = V_c + V_{sv}$，则式（4-6）变为

$$V_u = V_{cs} + V_{sb} \quad (4-7)$$

式中 V_{cs}——箍筋和混凝土总的受剪承载力。

为保证斜截面受剪的安全，JTS 151—2011 规范作了以下规定：

$$V \leqslant \frac{1}{\gamma_d} V_u = \frac{1}{\gamma_d}(V_{cs} + V_{sb}) \quad (4-8)$$

式中 V——剪力设计值，为式（2-20）（持久组合）或式（2-21）（短暂组合）计算值与 γ_0 的乘积；γ_0 为结构重要性系数，对于安全等级为一级、二级、三级的结构构件，γ_0 分别取为 1.1、1.0、0.9；

γ_d——结构系数，取 1.1，用于进一步增强受剪承载力计算的可靠性；

其余符号意义同前。

4.3.3 仅配箍筋梁的斜截面受剪承载力计算

对于仅配箍筋的梁，可以认为其斜截面受剪承载力是由混凝土的受剪承载力 V_c 和箍筋的受剪承载力 V_{sv} 两部分组成的。

1. 混凝土的受剪承载力 V_c

混凝土的受剪承载力 V_c 是通过无腹筋梁的大量试验资料（不同荷载形式、不同剪跨比或跨高比、不同混凝土强度、不同结构形式）得出的，即认为混凝土的受剪承载力 V_c 就是无腹筋梁的极限受剪承载力 V_u。

由于试验资料的离散性很大，V_c 是按试验值的偏下限取值的（图4-17），对一般受弯构件取 $V_c = 0.7 f_t b h_0$；对集中荷载为主的独立梁（单独集中荷载作用，或有多种荷载作用但集中荷载对支座截面或节点边缘所产生的剪力值占总剪力的75%以上的情况），取 $V_c = \frac{1.75}{\lambda + 1.5} f_t b h_0$。同时引入截面高度影响系数 β_h，以考虑大尺寸构件随截面尺寸加大而斜截面受剪承载力下降的截面尺寸效应。如此，V_c 变为 $V_c = 0.7 \beta_h f_t b h_0$（一般受弯构件）和 $V_c = \frac{1.75}{\lambda + 1.5} \beta_h f_t b h_0$（集中荷载为主的独立梁）。

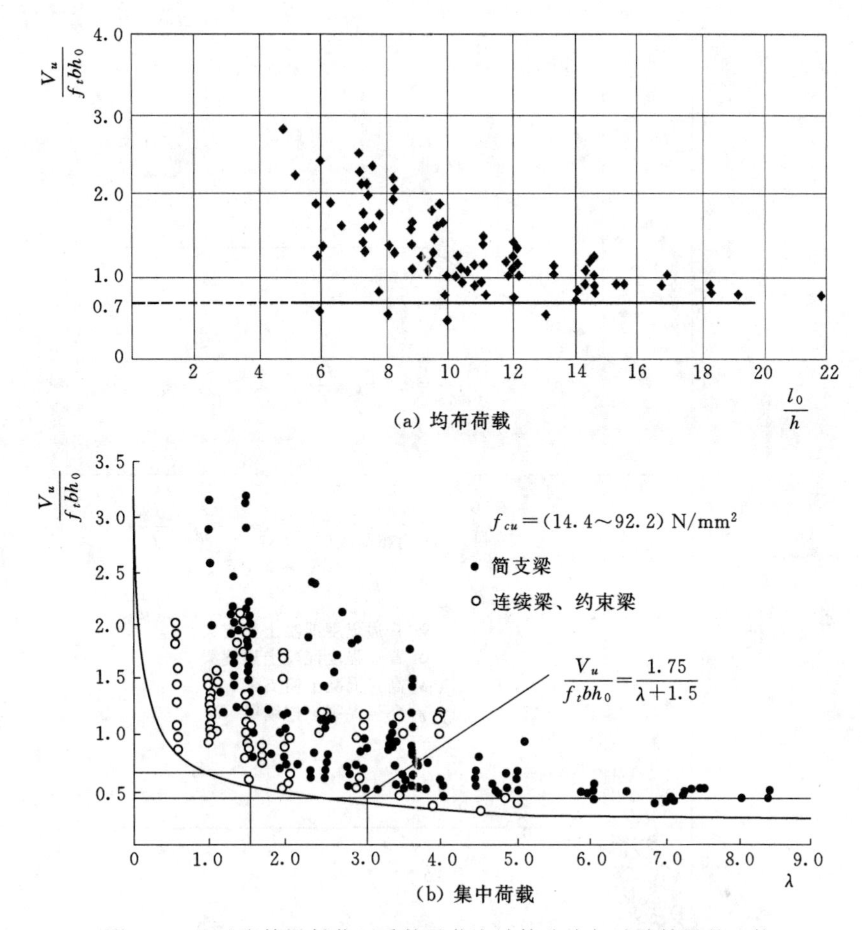

图 4-17 无腹筋梁斜截面受剪承载力计算公式与试验结果的比较

2. 箍筋的受剪承载力 V_{sv}

箍筋的受剪承载力 V_{sv} 取决于配箍率 ρ_{sv}、箍筋强度 f_{yv} 和斜裂缝水平投影长度。图 4-18 为仅配置箍筋梁在荷载作用下的斜截面受剪承载力实测数据，采用无量纲的 $\frac{V_u}{f_t b h_0}$ 和 $\rho_{sv}\frac{f_{yv}}{f_t}$ 来表示实测的受剪承载力与箍筋用量及箍筋强度之间的关系。

由试验可知，梁的斜截面受剪承载力随箍筋数量的增加、强度的提高而提高。同时可看出，实测出的 V_u 离散性是很大的，为此，规范取实测值的偏下线作为计算斜截面受剪承载力的依据。

当仅配箍筋时，式（4-8）变为

$$V \leqslant V_u = \frac{1}{\gamma_d} V_{cs} \tag{4-9}$$

对仅配置箍筋的矩形、T 形和 I 形截面的一般受弯构件，有

$$V_{cs} = 0.7\beta_h f_t b h_0 + f_{yv}\frac{A_{sv}}{s}h_0 \tag{4-10}$$

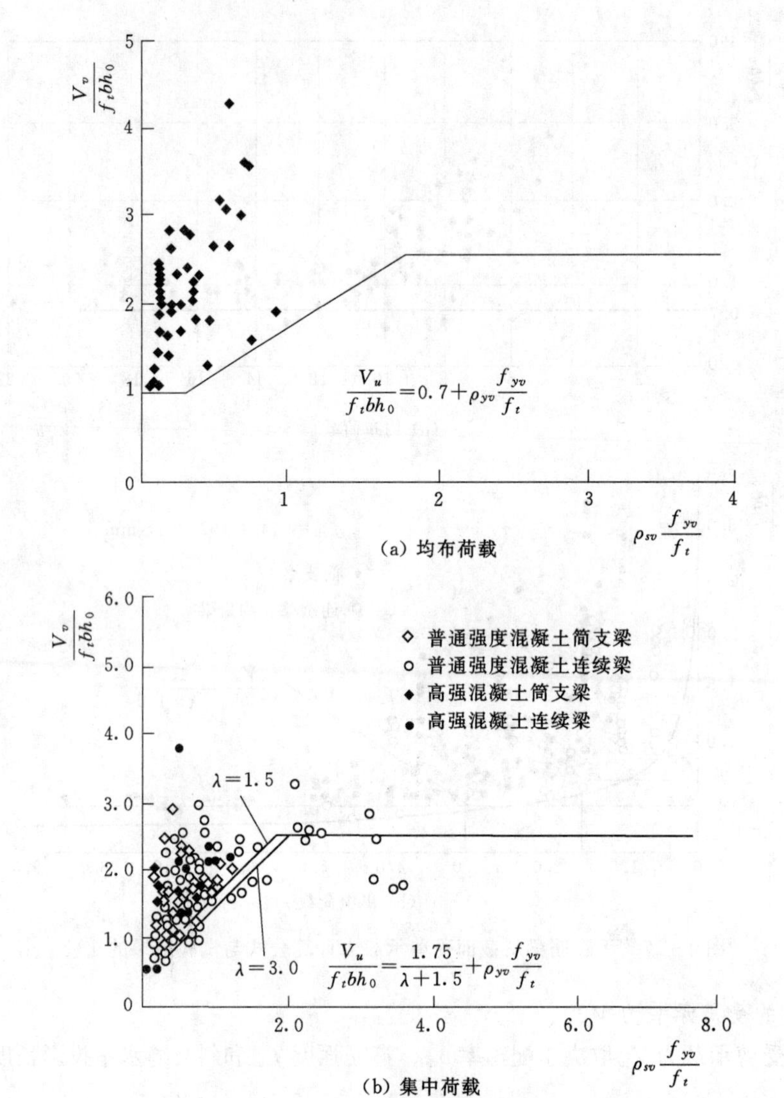

图4-18　仅配箍筋梁的斜截面受剪承载力

对于集中荷载为主的独立梁（单独集中荷载作用，或有多种荷载作用但集中荷载对支座截面或节点边缘所产生的剪力值占总剪力的75%以上的情况），有

$$V_{cs}=\frac{1.75}{\lambda+1.5}\beta_h f_t b h_0+f_{yv}\frac{A_{sv}}{s}h_0 \tag{4-11}$$

式中　λ——计算截面剪跨比，可取$\lambda=a/h_0$（a为集中荷载作用点至支座或节点边缘的距离），$\lambda<1.5$时，取$\lambda=1.5$；$\lambda>3.0$时，取$\lambda=3.0$；

β_h——截面高度影响系数；

f_t——混凝土轴心抗拉强度设计值，按附录B表B-1取用；

b——矩形截面的宽度或T形、I形截面的腹板宽度；

h_0——截面的有效高度；

f_{yv}——箍筋抗拉强度设计值，按附录B表B-3中的 f_y 值确定，当 $f_y > 360\text{N/mm}^2$ 时取 $f_y = 360\text{N/mm}^2$；

A_{sv}——同一截面内的箍筋截面面积；

s——沿构件长度方向上箍筋的间距；

其余符号意义同前。

截面高度影响系数 β_h 按下式计算：

$$\beta_h = \left(\frac{800}{h_0}\right)^{1/4} \tag{4-12}$$

在式（4-12）中，$h_0 < 800\text{mm}$ 时取 $h_0 = 800\text{mm}$，$h_0 > 2000\text{mm}$ 时取 $h_0 = 2000\text{mm}$，即式（4-12）只适用于 h_0 在800～2000mm之间的构件。当 $h_0 < 800\text{mm}$ 时，不宜考虑斜截面受剪承载力的提高；当 $h_0 > 2000\text{mm}$ 时，其受剪承载力还会有所下降，但因缺乏试验资料，规范未作进一步规定。

当剪跨比 λ 在1.5～3.0之间时，式（4-11）中第一项系数 $\frac{1.75}{\lambda+1.5}$ 在0.58～0.39之间变化，表明随 λ 增大，梁斜截面受剪承载力降低。同时可见，对于相同的截面梁，承受集中力时的斜截面受剪承载力比承受均布荷载时的低。

需要指出的是，式（4-10）中的 $0.7\beta_h f_t b h_0$ 和式（4-11）中的 $\frac{1.75}{\lambda+1.5}\beta_h f_t b h_0$ 是根据无腹筋梁试验结果确定的，梁配置了箍筋后，由于箍筋限制了斜裂缝的开展，提高了余留截面混凝土承担的剪力，因此混凝土受剪承载力 V_c 较无腹筋梁增加，且增加的幅度与箍筋强度与数量有关。因此，式（4-10）和式（4-11）中的 $f_{yv}\frac{A_{sv}}{s}h_0$ 除包括了箍筋的受剪承载力之外，还包括了有腹筋梁的 V_c 较无腹筋 V_c 的提高，因而箍筋和混凝土的受剪承载力通常用它们的总受剪承载力 V_{cs} 来表示。

4.3.4 抗剪弯起钢筋的计算

既配箍筋又配弯筋的梁，斜截面极限受剪承载力按式（4-7）计算。该公式中弯筋的受剪承载力 V_{sb} 为弯筋拉力 T_{sb} 竖向分力（图4-16）。弯筋只能通过斜裂缝才起作用，同时若它穿过斜裂缝时太靠近斜裂缝顶端，则有可能会因接近受压区而达不到屈服。计算时考虑这一不利因素，假定斜截面破坏时弯筋的应力只能达到其抗拉强度设计值的80%。如此，若在同一弯起平面内弯筋的截面面积为 A_{sb}，则 $T_{sb} = 0.8 f_y A_{sb}$，于是

$$V_{sb} = 0.8 f_y A_{sb} \sin\alpha_s \tag{4-13}$$

式中 A_{sb}——同一弯起平面内弯筋的截面面积；

f_y——弯筋的抗拉强度设计值，按附录B表B-3采用；

α_s——斜截面上弯筋与构件纵向轴线的夹角。

由此得出，矩形、T形和I形截面的受弯构件，当同时配有箍筋和弯筋时的斜截面受剪承载力应满足下列要求：

$$V \leqslant V_u = \frac{1}{\gamma_d}(V_{cs} + 0.8 f_y A_{sb} \sin\alpha_s) \tag{4-14}$$

上式中的 V_{cs} 按式（4-10）或式（4-11）计算。

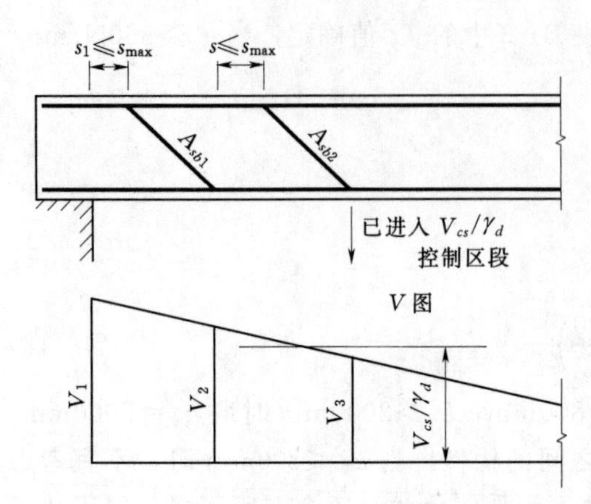

图 4-19　计算弯起钢筋时 V 的取值规定及弯筋间距要求

按式（4-14）设计抗剪弯筋时，剪力设计值按以下规定采用（图 4-19）：

当计算支座截面第一排（对支座而言）弯筋时，取支座边缘处的最大剪力设计值 V_1；当计算以后每排弯起钢筋时，取用前一排（对支座而言）弯筋弯起点处的剪力设计值 V_2……弯筋的计算一直要进行到最后一排弯筋已进入 V_{cs}/γ_d 的控制区段为止。

设计时，如能符合式（4-15a）和式（4-15b），说明仅靠混凝土的受剪承载力就能满足斜截面受剪承载力要求，则可不进行斜截面受剪承载力计算，仅需按构造要求配置箍筋。

一般受弯构件
$$V \leqslant \frac{1}{\gamma_d}(0.7\beta_h f_t b h_0) \tag{4-15a}$$

集中荷载为主的独立梁
$$V \leqslant \frac{1}{\gamma_d}\left(\frac{1.75}{\lambda+1.5}\beta_h f_t b h_0\right) \tag{4-15b}$$

4.3.5　梁截面尺寸或混凝土强度等级的下限

从式（4-10）、式（4-11）和式（4-14）来看，似乎只要增加箍筋 A_{sv}/s 或弯筋 A_{sb}，就可以将构件的抗剪承载力提高到任何所需要的程度。但事实并非如此，当构件截面尺寸较小而荷载又过大时，就会在支座上方产生过大的主压应力，使构件端部发生斜压破坏，这种破坏形态的斜截面受剪承载力基本上取决于混凝土的抗压强度及构件的截面尺寸，而腹筋的数量影响甚微。为了防止发生斜压破坏和避免构件在使用阶段过早地出现斜裂缝及斜裂缝开展过大，JTS 151—2011 规范规定，构件截面尺寸应符合下列要求：

$$V \leqslant \frac{1}{\gamma_d}\beta_s \beta_c f_c b h_0 \tag{4-16}$$

式中　V——支座边缘截面的最大剪力设计值；

β_s——系数，$h_w/b \leqslant 4$ 时，取 $\beta_s = 0.25$（有实践经验时可取 $\beta_s = 0.30$）；$h_w/b \geqslant 6$ 时，取 $\beta_s = 0.20$；$4 < h_w/b < 6$ 时，β_s 按线性内插法确定；

h_w——截面的腹板高度，矩形截面取有效高度 h_0，T 形截面取有效高度减去翼缘高，I 形截面取腹板净高；

β_c——混凝土强度影响系数，混凝土强度等级不超过 C50 时，取 $\beta_c = 1.0$；强度等级为 C80 时，取 $\beta_c = 0.8$；强度等级在 C50 与 C80 之间时，β_c 按线性内插法确定；

f_c——混凝土的轴心抗压强度设计值，按附录 B 表 B-1 采用；

其余符号意义同前。

式（4-16）表示梁在相应情况下斜截面受剪承载力的上限值，相当于规定了梁必须具有的最小截面尺寸和不可超过的最大配箍率。若上述条件不能满足，则必须加大截面尺寸或提高混凝土强度等级。

4.3.6　防止腹筋过稀过少

上面讨论的腹筋抗剪作用的计算，只是在箍筋和斜筋（弯筋）具有一定密度和一定数量时才有效。如腹筋布置得过稀过少，即使计算上满足要求，仍可能出现斜截面受剪破坏的情况。

如腹筋间距过大，有可能在两根腹筋之间出现不与腹筋相交的斜裂缝，这时腹筋便无从发挥作用（图 4-20）。同时箍筋分布的疏密对斜裂缝开展宽度也有影响，采用较密的箍筋对抑制斜裂缝宽度有利。为此有必要对腹筋的最大间距 s_{max} 加以限制，箍筋的 s_{max} 值列于 4.5 节的表 4-1。对弯筋而言，间距是指前一根弯筋的下弯点到后一根弯筋的上弯点之间的梁轴线投影长度。弯起钢筋的 s_{max} 值按表 4-1 中 $V>0.7f_tbh_0/\gamma_d$ 项取用。在任何情况下，腹筋的间距 s 不得大于表 4-1 中的 s_{max} 值；同时，从支座算起第一根弯筋的上弯点或第一根箍筋离开支座边缘的距离 s_1 也不得大于 s_{max}（图 4-20）。

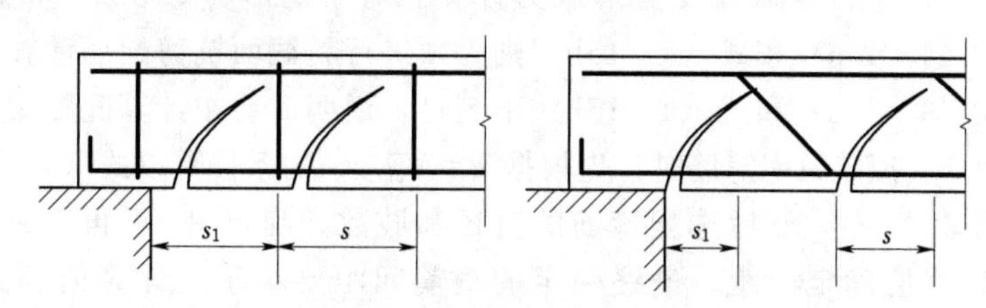

图 4-20　腹筋间距过大时产生的影响

s_1—支座边缘到第一根箍筋的距离或支座边缘到第一根弯筋上弯点的距离；

s—箍筋或弯起钢筋的间距

箍筋配置过少，一旦斜裂缝出现，由于箍筋的抗剪作用不足以代替斜裂缝发生前混凝土原有的作用，就可能发生突然性的斜拉破坏。为了防止这种危险的脆性破坏，JTS 151—2011 规范规定当 $V>0.7f_tbh_0/\gamma_d$ 时，箍筋的配置应满足它的最小配箍率 ρ_{svmin} 要求：

对光圆钢筋，配箍率应满足　$\rho_{sv}=\dfrac{A_{sv}}{bs}\geqslant\rho_{svmin}=0.12\%$　(4-17a)

对带肋钢筋，配箍率应满足　$\rho_{sv}=\dfrac{A_{sv}}{bs}\geqslant\rho_{svmin}=0.08\%$　(4-17b)

4.3.7　斜截面抗剪配筋计算步骤

设计斜截面抗剪配筋的步骤如下：

(1) 作梁的剪力图。计算剪力时，计算跨度取构件的净跨度。

(2) 确定斜截面受剪承载力计算的截面位置。斜截面受剪承载力计算时，需对下列截面进行计算：

1) 支座边缘处的截面（图 4-21 中截面 1—1）。

2) 受拉区弯起钢筋弯起点处的截面 [图 4-21 (a) 中截面 2—2、3—3]。

3) 箍筋数量或间距改变处的截面 [图 4-21 (b) 中截面 4—4]。

4) 腹板宽度改变处的截面。

(3) 梁截面尺寸和混凝土强度复核。以式 (4-16) 验算构件截面尺寸是否满足要求，

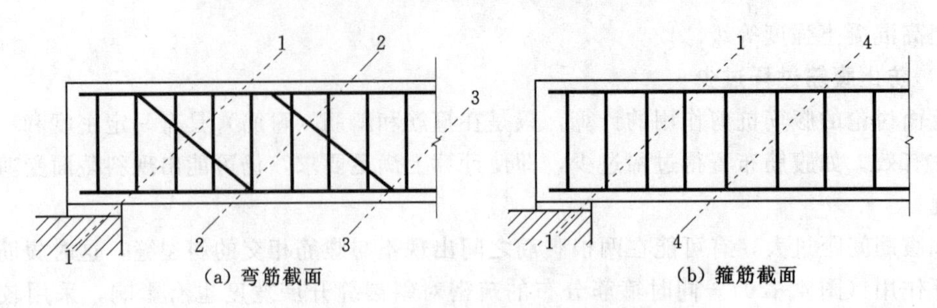

(a) 弯筋截面　　(b) 箍筋截面

图 4-21　斜截面受剪承载力的计算位置

(注：1—1 为支座边缘处的斜截面；2—2、3—3 为受拉区弯起钢筋弯起点的斜截面；4—4 为箍筋截面面积或间距改变处的斜截面)

如不满足，则必须加大截面尺寸或提高混凝土强度等级。

(4) 确定是否需进行斜截面受剪承载力计算。对于矩形、T 形及 I 形截面的受弯构件，如能符合式 (4-15a) 和式 (4-15b) 则无须进行斜截面抗剪配筋计算，按构造要求配置腹筋；如式 (4-15a) 和式 (4-15b) 不满足，说明需要按计算配置腹筋。

(5) 腹筋计算。拟定只配箍筋时，先根据 $V=V_{cs}/\gamma_d$ 的条件，以式 (4-10) 或式 (4-11) 计算箍筋用量 A_{sv}/s，然后选配箍筋的直径和肢数，确定 A_{sv} 后再由 A_{sv}/s 计算得到 s，最后根据 s 计算值确定间距。最终确定的箍筋间距要小于 s 计算值和最大箍筋间距 $s_{\max}$，且满足配箍率大于最小配箍率 $\rho_{sv\min}$ 的要求。当箍筋间距不合理（过密或过稀）时，应调整箍筋直径或肢数重新计算确定箍筋间距。

拟定同时配置箍筋与弯筋时，应根据所选配的纵筋情况，先选择弯筋的直径、根数与弯起位置，由式 (4-13) 计算出弯筋的受剪承载力 V_{sb}，然后由式 (4-14)、式 (4-10) 或式 (4-11) 计算箍筋的用量。也可先选定箍筋方案 (n、A_{sv1}、s)，然后按式 (4-10)、式 (4-11) 和式 (4-14) 计算所需的弯筋面积，再选择合适的纵筋弯起。这时，弯起钢筋应满足 $s\leqslant s_{\max}$，箍筋应满足 $\rho_{sv}\geqslant\rho_{sv\min}$ 和 $s\leqslant s_{\max}$。

4.3.8　实心板的斜截面受剪承载力计算

对于普通薄板，由于其截面高度甚小，承载力主要取决于正截面受弯。因此对于普通薄板，斜截面受剪不会发生问题，一般均可不做验算。但在水运工程中有截面高度较大的沉箱底板，在高层房屋建筑中也会有很厚的基础底板和转换层实心楼板。这些厚板有可能发生斜截面受剪破坏，其斜截面受剪承载力就必须加以验算。

由于板类构件难以配置箍筋，所以常常成为不配置箍筋和弯筋的无腹筋厚板的斜截面受剪承载力计算问题。

影响无腹筋厚板斜截面受剪承载力的因素，除了截面尺寸和混凝土强度等级外，和受弯梁一样，截面高度的尺寸效应也是一个相当重要的因素。试验表明，在其他条件相同的情况下，斜截面受剪承载力会随着板厚的加大而降低。其原因是随着板厚的加大，斜裂缝的宽度也会增大，从而会使混凝土的骨料咬合力相应减弱。因此 JTS 151—2011 规范规定，对于无腹筋（不配置箍筋和弯筋）的一般板，其斜截面受剪承载力应符合下列要求：

$$V\leqslant V_u=\frac{1}{\gamma_d}(0.7\beta_h f_t bh_0) \tag{4-18}$$

式（4-18）符号意义同前。必须指出，式（4-18）只能用于无腹筋的实心板，绝不意味着梁也可以按无腹筋梁设计。

当板所受剪力很大，不能满足式（4-18）的要求时，也可考虑配置弯筋，使之与混凝土共同承受剪力。

对于受集中荷载的无腹筋单向板，其斜截面受剪承载力应符合下列要求：

$$V \leqslant V_u = \frac{1}{\gamma_d}\left(\gamma \frac{2}{\lambda + 0.8} f_t b_c h_0\right) \tag{4-19}$$

式中 γ——板的跨宽比影响系数；

λ——剪跨比，$\lambda < 1$ 时，取 $\lambda = 1$；$\lambda > 4$ 时，取 $\lambda = 4$；

b_c——受集中荷载板受剪计算宽度；

其余符号意义同前。

受集中荷载板受剪计算宽度 b_c（图 4-22）和板的跨宽比影响系数 γ 按下列公式计算：

中置荷载

$$b_c = b_1 + 3.6h_0 + 0.6a \tag{4-20a}$$

$$\gamma = 0.8 + \frac{0.3B}{l_n} \tag{4-20b}$$

偏置荷载

$$b_c = b_1 + 1.8h_0 + 0.3a \tag{4-21a}$$

$$\gamma = 1.0 \tag{4-21b}$$

式中 b_1——集中荷载在垂直板跨方向的传递宽度，如图 4-22 所示；

a——剪跨，即集中荷载作用中心点至支座内边缘的距离，如图 4-22 所示；

B——板的实际宽度；

l_n——板的净跨；

其余符号意义同前。

当按上述公式计算得到的 b_c 大于板实际宽度时，取 b_c 为板的实际宽度；当计算得到的 $\gamma > 1.2$ 时，取 $\gamma = 1.2$。

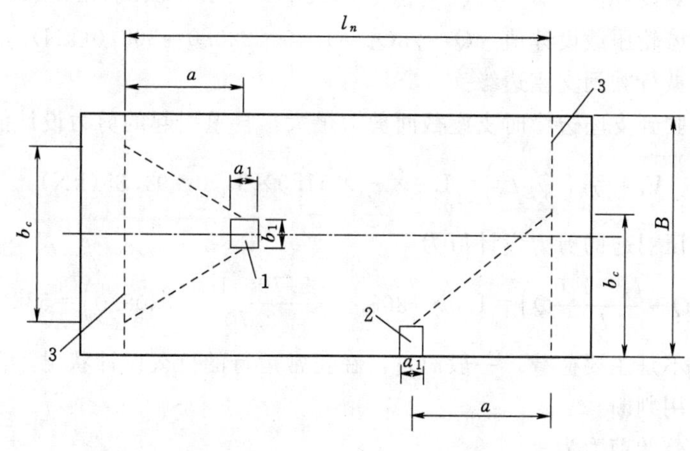

图 4-22 集中荷载斜截面受剪承载力计算时板的计算宽度

1—中置集中荷载；2—边置集中荷载；3—支座；a_1—集中荷载沿板跨方向的传递宽度

【例 4-1】 某码头栈桥钢筋混凝土 T 形截面简支梁，安全等级为二级，处于淡水环境水位变动区，截面尺寸及计算简图如图 4-23 所示。梁上荷载标准值为自重 42.50kN/m，流动机械轮压 $Q_k=220.0$kN。采用 C35 混凝土，已配有抗弯纵向受力钢筋 6 ⌀ 28，试配置箍筋。

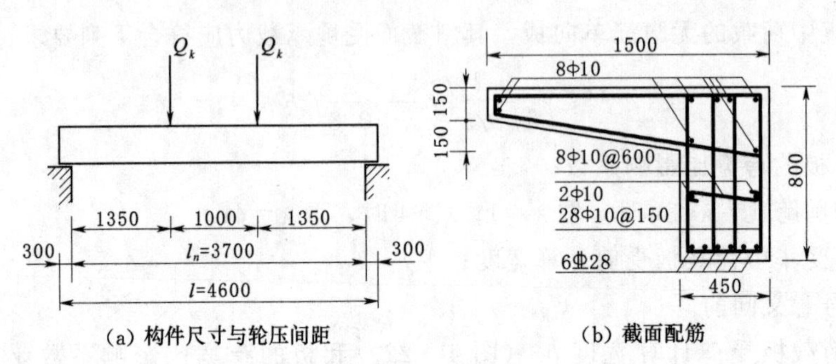

(a) 构件尺寸与轮压间距　　(b) 截面配筋

图 4-23　某码头栈桥 T 形截面简支梁

解：

1. 资料

二级安全等级，$\gamma_0=1.0$；结构系数 $\gamma_d=1.1$；C35 混凝土，$f_c=16.7\text{N/mm}^2$，$f_t=1.57\text{N/mm}^2$，混凝土强度影响系数 $\beta_c=1.0$；箍筋采用 HPB300 钢筋，$f_{yv}=270\text{N/mm}^2$。自重的荷载分项系数 $\gamma_G=1.20$，流动机械轮压的荷载分项系数 $\gamma_Q=1.40$。受压翼缘高度取其根部与外边缘高度的平均值，即 $h'_f=(150+300)/2=225(\text{mm})$。

该简支梁处于淡水环境水位变动区，由附录 D 表 D-1 规定值查得保护层最小厚度为 40mm。预估箍筋直径为 8mm，由附录 D 表 D-1 注 1 “箍筋直径超过 6mm 时，保护层厚度应按表中规定值增加 5mm”，最终取保护层厚度 $c=45$mm。纵向受力钢筋单排布置，$a_s=c+d/2=45+28/2=59(\text{mm})$，$h_0=h-a_s=800-59=741(\text{mm})$。

2. 剪力设计值

自重荷载设计值　　$g=\gamma_G g_k=1.20\times42.50=51.0(\text{kN/m})$

流动机械轮压载设计值　$Q=\gamma_Q Q_k=1.40\times220.0=308.0(\text{kN})$

(1) 运输机械行驶到支座边缘

运输机械行驶到支座边缘时支座截面剪力最大，自重引起的剪力设计值为

$$V_G=\gamma_0\left(\frac{1}{2}gl_n\right)=1.0\times\frac{1}{2}\times51.0\times3.70=94.35(\text{kN})$$

流动机械轮压引起的剪力设计值为

$$V_Q=\gamma_0\left(Q+\frac{l_n-1.0}{l_n}Q\right)=1.0\times\left(308.0+\frac{3.70-1.0}{3.70}\times308.0\right)=532.76(\text{kN})$$

可见，自重不是主要荷载。一般而言，在正常运行的持久设计状况，自重不会成为主要荷载，一般不用判断。

支座截面承受的剪力为

$$V=V_G+V_Q=94.35+532.76=627.11(\text{kN})$$

其中，V_Q 为集中荷载引起的剪力，$V_Q/V=532.76/627.11=0.85$，即集中荷载引起的剪

力占总剪力的比值为85%，大于75%，为集中荷载为主的独立梁。

(2) 运输机械行驶到λ为最大的截面

当两个轮压沿梁长中心对称布置时，剪跨$a=(3.70-1.0)/2=1.35(\mathrm{m})$为最大，相应的$\lambda=a/h_0=1.35/0.741=1.82<3$，即$\lambda=1.82$是最大的剪跨比。当$\lambda=1.82$时，$\frac{1.75}{\lambda+1.5}\beta_h f_t b h_0$达到最小值，故应对运输机械行驶到$\lambda=1.82$截面的情况进行计算。

此时，流动机械轮压引起的剪力设计值为

$$V'_Q=\gamma_0 Q=1.0\times308.0=308.0(\mathrm{kN})$$

支座截面承受的剪力为

$$V'=V_G+V'_Q=94.35+308.0=402.35(\mathrm{kN})$$

其中，V'_Q为集中荷载引起的剪力，$V'_Q/V'=308.0/402.35=0.77$，即集中荷载引起的剪力占总剪力的比值为77%，大于75%，仍为集中荷载为主的独立梁。

3. 验算截面尺寸

$h_w=h_0-h'_f=741-225=516(\mathrm{mm})$，$\frac{h_w}{b}=\frac{516}{450}=1.15<4.0$，取$\beta_s=0.25$。

由式(4-16)得

$$\frac{1}{\gamma_d}\beta_s\beta_c f_c b h_0=\frac{1}{1.1}\times0.25\times1.0\times16.7\times450\times741$$

$$=1265.59\times10^3(\mathrm{N})=1265.59\mathrm{kN}>V=627.11\mathrm{kN}$$

截面尺寸满足抗剪要求。

4. 抗剪箍筋计算

$h_0<800\mathrm{mm}$，由式(4-12)得$\beta_h=1.0$。

(1) 运输机械行驶到支座边缘

λ按距离支座最近的集中荷载计算，$\lambda=0<1.5$，取$\lambda=1.5$，由式(4-15b)得

$$\frac{1}{\gamma_d}\frac{1.75}{\lambda+1.5}\beta_h f_t b h_0=\frac{1}{1.1}\times\frac{1.75}{1.5+1.5}\times1.0\times1.57\times450\times741$$

$$=277.62\times10^3(\mathrm{N})=277.62\mathrm{kN}<V=627.11\mathrm{kN}$$

需要计算配置腹筋。

若只配置箍筋而不弯起钢筋，由式(4-9)和式(4-11)得

$$V\leqslant V_u=\frac{1}{\gamma_d}V_{cs}=\frac{1}{\gamma_d}\left(\frac{1.75}{\lambda+1.5}\beta_h f_t b h_0+f_{yv}\frac{A_{sv}}{s}h_0\right)$$

则

$$\frac{A_{sv}}{s}=\frac{\gamma_d V-\frac{1.75}{\lambda+1.5}\beta_h f_t b h_0}{f_{yv}h_0}$$

$$=\frac{1.1\times627.11\times10^3-\frac{1.75}{1.5+1.5}\times1.0\times1.57\times450\times741}{270\times741}$$

$$=1.922(\mathrm{mm}^2/\mathrm{mm})$$

(2) 运输机械行驶到λ为最大的截面

此时 $\lambda=1.82$，由式（4-15b）得

$$\frac{1}{\gamma_d}\left(\frac{1.75}{\lambda+1.5}\beta_h f_t b h_0\right)=\frac{1}{1.1}\times\frac{1.75}{1.82+1.5}\times 1.0\times 1.57\times 450\times 741$$

$$=250.86\times 10^3(\text{N})=250.86\text{kN}<V'=402.35\text{kN}$$

$$\frac{A_{sv}}{s}=\frac{\gamma_d V-\dfrac{1.75}{\lambda+1.5}\beta_h f_t b h_0}{f_{yv}h_0}$$

$$=\frac{1.1\times 402.35\times 10^3-\dfrac{1.75}{1.82+1.5}\times 1.0\times 1.57\times 450\times 741}{270\times 741}$$

$$=0.833(\text{mm}^2/\text{mm})$$

可见运输机械行驶到支座边缘为控制工况。采用 4 肢箍筋，由于梁高 $h\leqslant 800$mm 时箍筋直径不宜小于 6mm，故选用 4 肢Φ 10，$A_{sv}=314\text{mm}^2$，代入 $\frac{A_{sv}}{s}=1.922$，得

$$s\leqslant\frac{314}{1.922}=163(\text{mm})$$

由表 4-1 可查得 s_{max}250mm，取 $s_{max}=150\text{mm}<s_{max}$，即配箍方案为 4 肢Φ 10@150。

（3）最小配箍率复核

$$\rho_{sv}=\frac{A_{sv}}{bs}=\frac{314}{450\times 150}=0.47\%>\rho_{sv\min}=0.12\%$$

满足要求。

5. 选配箍筋，绘制截面配筋图

截面配筋如图 4-23（b）所示。

【例 4-2】 某码头栈桥钢筋混凝土矩形截面梁，安全等级为二级，处于淡水环境水位变动区。梁上均布永久作用标准值 $q_k=8.25\text{kN/m}^2$（含自重），流动机械轮距为 1000mm，轮压作用标准值 $Q_k=60.0$kN，如图 4-24（a）所示。梁截面尺寸 $b\times h=250\text{mm}\times 550\text{mm}$。采用 C30 混凝土，梁中已配有 6 Φ 20 抗弯纵向钢筋。试设计该梁腹筋。

解：

1. 资料

二级安全等级，$\gamma_0=1.0$；结构系数 $\gamma_d=1.1$；C30 混凝土，$f_c=14.3\text{N/mm}^2$，$f_t=1.43\text{N/mm}^2$，混凝土强度影响系数 $\beta_c=1.0$；箍筋采用 HPB300 钢筋，$f_{yv}=270\text{N/mm}^2$。永久荷载分项系数荷载 $\gamma_G=1.20$，流动机械轮压的荷载分项系数 $\gamma_Q=1.40$。

淡水环境水位变动区，由附录 D 表 D-1 取保护层厚度 $c=45$mm。纵向受力钢筋双排布置，$a_s=c+d+e/2=45+20+25/2=78(\text{mm})$，$h_0=h-a_s=550-78=472(\text{mm})$。

2. 剪力设计值

分布荷载设计值　　　　$g=\gamma_G g_k=1.20\times 8.25=9.90(\text{kN/m})$

流动机械轮压设计值　　$Q=\gamma_Q Q_k=1.40\times 60.0=84.0(\text{kN})$

（1）运输机械行驶到支座边缘

运输机械行驶到支座边缘时支座截面剪力最大，剪力设计值为

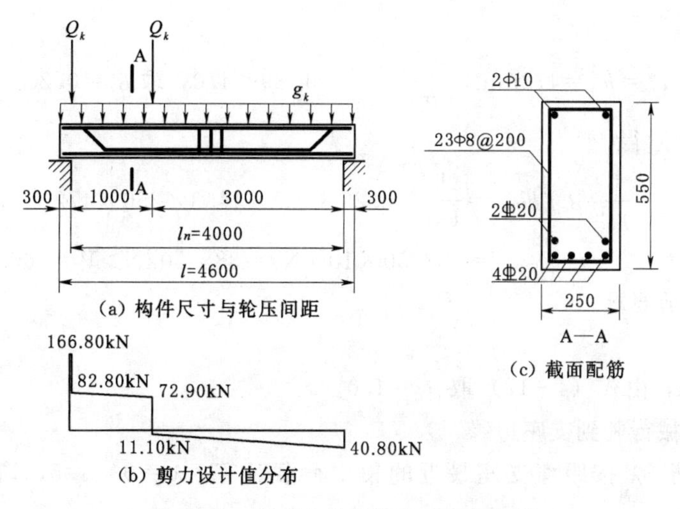

图 4-24 某码头栈桥矩形截面简支梁

$$V_G=\gamma_0\left(\frac{1}{2}gl_n\right)=1.0\times\frac{1}{2}\times9.90\times4.0=19.80\times10^3(\mathrm{N})=19.80(\mathrm{kN})$$

$$V_Q=\gamma_0\left(Q+\frac{l_n-1.0}{l_n}Q\right)=1.0\times\left(84.0+\frac{4.0-1.0}{4.0}\times84.0\right)$$

$$=147.0\times10^3(\mathrm{N})=147.0\mathrm{kN}$$

支座截面承受的剪力为

$$V=V_G+V_Q=19.80+147.0=166.80(\mathrm{kN})$$

其中，V_Q 为集中荷载引起的剪力，$V_Q/V=147.0/166.80=0.88$，即集中荷载引起的剪力占总剪力的比值为 88%，大于 75%，为集中荷载为主的独立梁。

(2) 运输机械行驶到 $\lambda=3.0$ 截面

当两个轮压沿梁长中心对称布置时，剪跨 $a=(4.0-1.0)/2=1.50(\mathrm{m})$，相应的 $\lambda=a/h_0=1.50/0.472=3.18>3.0$。当 $\lambda=3.0$ 时，$\frac{1.75}{\lambda+1.5}\beta_h f_t bh_0$ 达到最小值，且支座剪力大于 $\lambda=3.18$ 时的剪力，故应对运输机械行驶到 $\lambda=3.0$ 截面的情况进行计算。此时，剪跨为

$$a=3.0h_0=3.0\times0.472=1.42(\mathrm{m})$$

流动机械轮压引起的剪力设计值为

$$V'_Q=\gamma_0\left(\frac{l_n-a}{l_n}Q+\frac{l_n-a-1.0}{l_n}Q\right)=\gamma_0Q\,\frac{2l_n-2a-1.0}{l_n}$$

$$=1.0\times84.0\times\frac{2\times4.0-2\times1.42-1.0}{4.0}=87.36(\mathrm{kN})$$

支座截面承受的剪力为

$$V'=V_G+V'_Q=19.80+87.36=107.16(\mathrm{kN})$$

其中，V'_Q 为集中荷载引起的剪力，$V'_Q/V'=87.36/107.16=0.82$，即集中荷载引起的剪力占总剪力的比值为 82%，大于 75%，仍为集中荷载为主的独立梁。

3. 验算截面尺寸

$$h_w=h_0=472\text{mm}，\frac{h_w}{b}=\frac{472}{250}=1.89<4.0，取\beta_s=0.25。$$

由式（4-16）得

$$\begin{aligned}\frac{1}{\gamma_d}\beta_s\beta_c f_c bh_0 &=\frac{1}{1.1}\times0.25\times1.0\times14.3\times250\times472\\&=383.50\times10^3(\text{N})=383.50\text{kN}>V=166.80\text{kN}\end{aligned}$$

截面尺寸满足抗剪要求。

4. 腹筋计算

$h_0<800\text{mm}$，由式（4-12）取 $\beta_h=1.0$。

（1）运输机械行驶到支座边缘

1）确定箍筋。λ 按距离支座最近的集中荷载计算，$\lambda=0<1.5$，取 $\lambda=1.5$，由式（4-15b）得

$$\begin{aligned}\frac{1}{\gamma_d}\left(\frac{1.75}{\lambda+1.5}\beta_h f_t bh_0\right)&=\frac{1}{1.1}\times\frac{1.75}{1.5+1.5}\times1.0\times1.43\times250\times472\\&=89.48\times10^3(\text{N})=89.48\text{kN}<V=166.80\text{kN}\end{aligned}$$

需要计算配置腹筋。

梁高 $h=550\text{mm}$，查表4-1得 $s_{\max}=250\text{mm}$。箍筋选配双肢Φ8@200，$\rho_{sv}=\frac{A_{sv}}{bs}=\frac{101}{250\times200}=0.20\%>\rho_{\min}=0.12\%$，$s\leqslant s_{\max}$，满足要求。

由式（4-11）得

$$\begin{aligned}V_{cs}&=\frac{1.75}{\lambda+1.5}\beta_h f_t bh_0+f_{yv}\frac{A_{sv}}{s}h_0\\&=\frac{1.75}{1.5+1.5}\times1.0\times1.43\times250\times472+270\times\frac{101}{200}\times472\\&=162.79\times10^3(\text{N})=162.79\text{kN}\end{aligned}$$

$$\frac{1}{\gamma_d}V_{cs}=\frac{162.79}{1.1}=147.99\text{kN}<V=166.80\text{kN}$$

应增设弯筋帮助抗剪。

2）确定弯起钢筋。取弯筋角度为45°，由式（4-14）得

$$\begin{aligned}A_{sb}&=\frac{\gamma_d V-V_{cs}}{0.8f_y\sin\alpha_s}=\frac{1.1\times166.80\times10^3-162.79\times10^3}{0.8\times360\times\sin45^\circ}\\&=102(\text{mm}^2)\end{aligned}$$

从抗弯纵筋中弯起1⏀20（$A_{sb}=314\text{mm}^2$）即可，但为使梁有较好的对称性，此处弯起第二层的2⏀20（$A_{sb}=628\text{mm}^2$）。

第一排弯起钢筋的下弯点离支座边缘的距离为 $S_1=s_1+s\sin\theta$，其中 s_1 为第一排弯起钢筋的上弯点至支座边缘距离，取 $s_1=200\text{mm}\leqslant s_{\max}$；$s$、$\theta$ 为弯筋弯起段长度与弯起角度。取 $\theta=45^\circ$，则 $s\sin\theta=h'$，h'为弯筋弯起前后水平段钢筋重心之间的距离，$h'=h-$

$2c-2d-e=550-2\times45-2\times20-25=395(\mathrm{mm})$，$S_1=s_1+h'=200+395=595(\mathrm{mm})$。如此，第一排弯起钢筋下弯点截面的剪力设计值为 $V-\gamma_0(Q+0.595g)=166.80-1.0\times(84.0+0.595\times9.90)=76.91(\mathrm{kN})<\dfrac{V_{cs}}{\gamma_d}=147.99\mathrm{kN}$，不需要再弯第二排。

（2）运输机械行驶到 $\lambda=3.0$ 截面

由式（4-15b）得

$$\frac{1}{\gamma_d}\left(\frac{1.75}{\lambda+1.5}\beta_h f_t b h_0\right)=\frac{1}{1.1}\times\frac{1.75}{3.0+1.5}\times1.0\times1.43\times250\times472$$

$$=59.66\times10^3(\mathrm{N})=59.66\mathrm{kN}<V'=107.16\mathrm{kN}$$

需要计算配置腹筋。箍筋仍选配双肢Φ8@200，有

$$V_{cs}=\frac{1.75}{\lambda+1.5}\beta_h f_t b h_0+f_{yv}\frac{A_{sv}}{s}h_0$$

$$=\frac{1.75}{3.0+1.5}\times1.0\times1.43\times250\times472+270\times\frac{101}{200}\times472$$

$$=129.98\times10^3(\mathrm{N})=129.98\mathrm{kN}$$

$$\frac{1}{\gamma_d}V_{cs}=\frac{129.98}{1.1}=118.16(\mathrm{kN})>V'=107.16\mathrm{kN}$$

无须弯起钢筋帮助抗剪。

5. 绘制配筋图

运输机械行驶到支座边缘为控制工况，配筋如图 4-24（a）和（c）所示。

【例 4-3】 已知某承受均布荷载 q 的钢筋混凝土简支梁，安全等级为二级，所处环境条件为淡水环境水位变动区。梁截面尺寸 $b\times h=200\mathrm{mm}\times450\mathrm{mm}$，净跨 $l_n=4.50\mathrm{m}$。混凝土强度等级为 C30，梁截面中配置有双肢箍筋Φ8@200，试求该梁在正常使用期按斜截面受剪承载力要求能承担的均布荷载设计值 q。

解：

1. 资料

二级安全等级，$\gamma_0=1.0$；结构系数 $\gamma_d=1.1$；C30 混凝土，$f_c=14.3\mathrm{N/mm^2}$，$f_t=1.43\mathrm{N/mm^2}$，混凝土强度影响系数 $\beta_c=1.0$；HPB300 钢筋，$f_{yv}=270\mathrm{N/mm^2}$。

双肢箍筋Φ8@200，$A_{sv}=101\mathrm{mm^2}$，$s=200\mathrm{mm}$；淡水环境水位变动区，由附录 D 表 D-1 取保护层厚度 $c=45\mathrm{mmm}$；纵向受力钢筋按单层考虑，取 $a_s=55\mathrm{mm}$，$h_0=h-a_s=450-55=395(\mathrm{mm})$。梁高 $h=450\mathrm{mm}$，查表 4-1 得 $s_{\max}=200\mathrm{mm}$。

2. 最小配箍率复核

$$s=200\mathrm{mm}\leqslant s_{\max}=200\mathrm{mm}$$

$$\rho_{sv}=\frac{A_{sv}}{bs}=\frac{101}{200\times200}=0.25\%>\rho_{svmin}=0.12\%$$

箍筋间距和配箍率满足要求。

3. 由斜截面受剪承载力条件确定最大剪力设计值

$h_0<800\mathrm{mm}$，由式（4-12）取 $\beta_h=1.0$。梁可承受的最大剪力为其受剪极限承载力，对仅配箍筋的梁，由式（4-9）和式（4-10）得

$$V=V_u=\frac{1}{\gamma_d}\left(0.7\beta_h f_t bh_0+f_{yv}\frac{A_{sv}}{s}h_0\right)$$
$$=\frac{1}{1.1}\left(0.7\times1.0\times1.43\times200\times395+270\times\frac{101}{200}\times395\right)$$
$$=120.85\times10^3(\text{N})=120.85\text{kN}$$

4. 截面尺寸复核

为防止发生斜压破坏，需对截面尺寸进行复核：

$$h_w=h_0=395\text{mm},\ \frac{h_w}{b}=\frac{395}{200}=1.98<4.0，取\ \beta_s=0.25。$$

由式（4-16）得

$$\frac{1}{\gamma_d}\beta_s\beta_c f_c bh_0=\frac{1}{1.1}\times0.25\times1.0\times14.3\times200\times395$$
$$=256.75\times10^3(\text{N})=256.75\text{kN}>V=120.85\text{kN}$$

截面尺寸满足要求。

5. 确定可承受的最大均布荷载设计值 q

$$q=\frac{2V}{l_n}=\frac{2\times120.85}{4.50}=53.71(\text{kN/m})$$

该梁按斜截面受剪承载力要求能承担的均布荷载设计值 q 为 53.71kN/m。

4.4　钢筋混凝土梁的正截面与斜截面受弯承载力

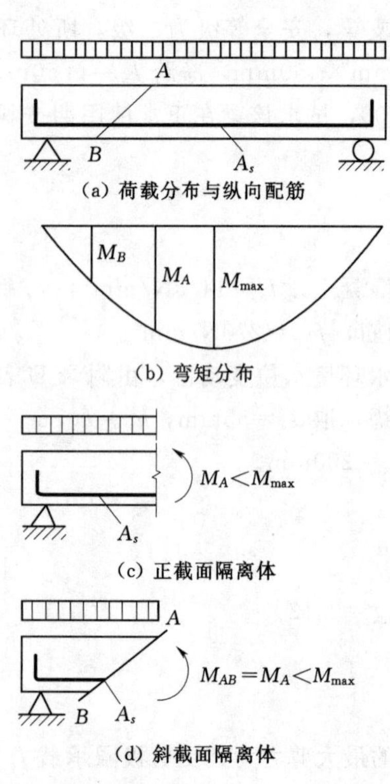

图 4-25　弯矩图与斜截面上的弯矩 M_{AB}

4.4.1　问题的提出

在讨论正截面与斜截面受弯承载力之前，首先来研究按梁内最大弯矩 M_{max} 配置受弯纵向钢筋后，为什么正截面与斜截面受弯承载力还会成为问题。

图 4-25 为一承受均布荷载的简支梁和它的弯矩图，其中任一截面 A 的弯矩 M_A 是根据图 4-25（c）所示的隔离体计算得出的。

设取一斜截面 AB，要计算作用在斜截面上的弯矩 M_{AB}，所取隔离体如图 4-25（d）所示，很明显，$M_{AB}=M_A$，所以，按跨中截面的最大弯矩 M_{max} 配置的纵筋，只要在梁全长内既不切断也不弯起，则必然可以承受任何斜截面上的弯矩 M_{AB}。但是，如果一部分纵筋在截面 B 之前被弯起或被切断，则所余的纵筋可能出现下面两种情况：①所余的纵筋不能抵抗截面 B 上的正截面弯矩 M_B；②所余的纵筋虽能抵抗截面 B 上的正截面弯矩 M_B，但斜截面 AB 上的受弯承载力仍有可能不足，因为 $M_{AB}=M_A>M_B$。

因此，在纵筋被切断或被弯起时，沿梁轴线各正截面抗弯及斜截面抗弯就有可能成为问题。

下面将分别讨论在切断或弯起纵筋时，如何保证正截面与斜截面受弯承载力。在讨论之前，先有必要弄清楚怎样根据正截面弯矩确定切断或弯起纵筋的数量及位置。这个问题在设计中一般是通过画正截面的抵抗弯矩图的方法来解决的。抵抗弯矩图也称材料图，为了方便，下面简称 M_R 图。

4.4.2 抵抗弯矩图的绘制

所谓抵抗弯矩图或 M_R 图，就是各截面实际能抵抗的弯矩图形，如图 4－26 所示。图形上的各纵坐标就是各个截面实际能够抵抗的弯矩值，它可根据截面实有的纵筋截面面积求得。作 M_R 图的过程也就是对钢筋布置进行图解设计的过程。下面以某梁中的负弯矩区段为例，说明 M_R 图的做法。

4.4.2.1 纵筋的理论切断点与充分利用点

图 4－26 表示某梁的负弯矩区段的配筋情况（为清晰起见未画箍筋）。按支座最大负弯矩计算需配置 3 ⏀ 22＋2 ⏀ 18，纵筋的布置及编号见剖面图。

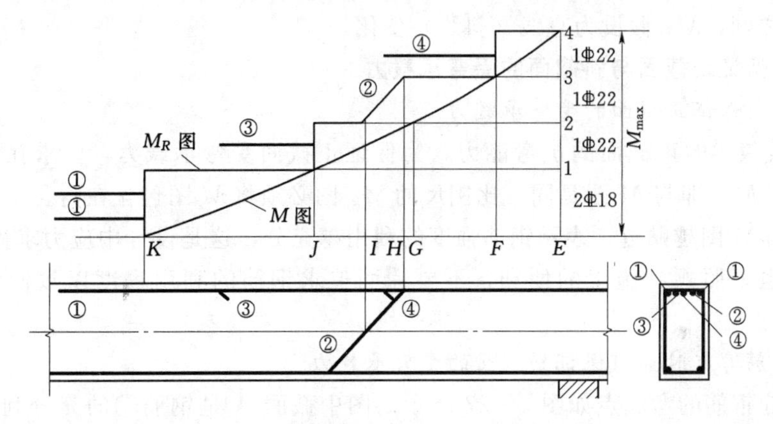

图 4－26 抵抗弯矩图（M_R 图）

支座截面 E 的配筋是按点 E 的 M_{max} 计算出来的，所以在 M_R 图上点 E 的纵坐标 $E4$ 就等于 M_{max}[❶]。在纵筋无变化的截面，M_R 图的纵坐标都和截面 E 相同（图中 EF 段）。

可按钢筋截面面积的比例将坐标 $E4$ 近似划分为各钢筋各自抵抗的弯矩，例如坐标 $E1$ 代表 2 ⏀ 18［钢筋①］所抵抗的弯矩，坐标 $E2$ 代表 1 ⏀ 22＋2 ⏀ 18［钢筋①＋钢筋③］所抵抗的弯矩……显然，在截面 F，亦即坐标 $E3$ 与 M 图相交处的截面，可以减去（切断）1 ⏀ 22［钢筋④］，也就是 2 ⏀ 22＋2 ⏀ 18［钢筋①＋钢筋③＋钢筋②］已可满足正截面的抗弯要求。同样，在截面 G 处，又可再减去 1 ⏀ 22，但在图中由于要在截面 H 弯下 1 ⏀ 22 钢筋［钢筋②］，因此就不能再在截面 G 切断钢筋了。直到截面 J 及 K 才可切断 1 ⏀ 22［钢筋③］及 2 ⏀ 18［钢筋①］。

截面 F 被称为钢筋④的“不需要点”，同时 F 又是钢筋②的“充分利用点”，因为过

❶ 实际配置的钢筋截面面积与计算所需的值相差较大时，$E4$ 坐标可根据实有的配筋面积 A_s 反算得到，即 $M_R=\alpha_1 f_c bx\left(h_0-\frac{x}{2}\right)$，其中 $x=\frac{f_y A_s}{\alpha_1 f_c b}$；也可采用公式 $M_R=M_{max}\frac{A_{s实配}}{A_{s计算}}$简化计算得到。

了截面 F，钢筋②的强度就不再需要充分发挥了。

同样，截面 G 是钢筋②的不需要点，同时又是钢筋③的充分利用点；其他可类推。

一根钢筋的不需要点也称作该钢筋的“理论切断点”，因为对正截面抗弯要求来说，这根钢筋既然是多余的，在理论上便可予以切断，但实际切断点还将伸过一定长度，见下节介绍。

4.4.2.2　钢筋切断与弯起时 M_R 图的表示方法

钢筋切断反映在 M_R 图上便是截面抵抗弯矩能力的突变，例如在图 4－26 中，M_R 图在截面 F 的突变反映钢筋④在该截面被切断。

图 4－26 中，钢筋②在截面 H 处被弯下，这必然也要影响构件的 M_R 图。在截面 F、H 之间，M_R 的坐标值还是 $E3$，弯下钢筋②后，M_R 的坐标值应降为 $E2$。但是由于在弯下的过程中，弯筋还多少能起一些正截面的抗弯作用，所以 M_R 的下降不是像切断钢筋时那样突然，而是逐渐下降。在截面 I 处，弯筋穿过了梁的截面中和轴，基本上进入受压区，它的正截面抗弯作用才被认为完全消失。因此在截面 I 处，M_R 的坐标降为 $E2$。在截面 H、I 之间，M_R 假设为直线（斜线）变化。

4.4.3　如何保证正截面与斜截面的受弯承载力

4.4.3.1　如何保证正截面的受弯承载力

M_R 图代表梁的正截面的抗弯能力，为保证正截面受弯承载力，要求在各个截面上 M_R 均不小于 M，即与 M 图是同一比例尺的 M_R 图必须将 M 图包含在内。

M_R 图与 M 图越贴近，表示钢筋强度的利用越充分，这是设计中应力求做到的一点。与此同时，也要照顾到施工的便利，不要片面追求钢筋的利用程度以致使钢筋构造复杂化。

4.4.3.2　纵筋弯起时如何保证斜截面的受弯承载力

某梁弯起钢筋的弯起点如图 4－27 所示。图中截面 A 是钢筋①的充分利用点。在伸过截面 A 一段距离 a 以后，钢筋①被弯起。如果发生斜裂缝 AB，则斜截面 AB 上的弯矩仍为 M_A。若要求斜截面 AB 的受弯承载力仍足以抵抗为 M_A，就必须要求：

$$z_b \geqslant z \tag{4-22a}$$

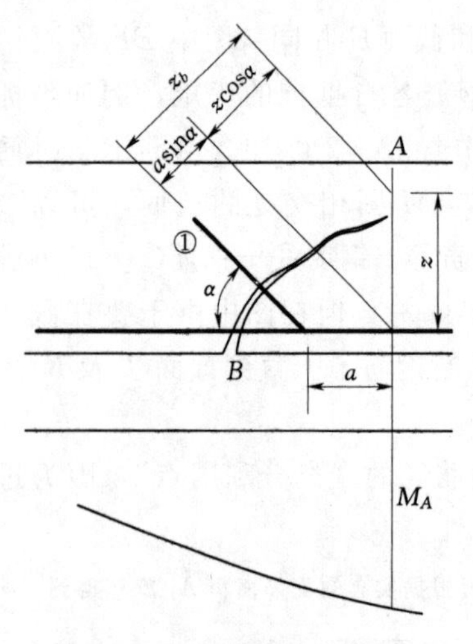

图 4－27　弯起钢筋的弯起点

此处　z——钢筋①在弯起之前对混凝土压应力合力点取矩的力臂；

z_b——钢筋①弯起后对混凝土压应力合力点取矩的力臂。

由几何关系可得

$$z_b = a\sin\alpha + z\cos\alpha \tag{4-22b}$$

式中　α——钢筋①弯起后和梁轴线的夹角。

将式（4－22b）代入式（4－22a）得

$$a\sin\alpha + z\cos\alpha \geqslant z \tag{4-23a}$$

或

$$a \geqslant \frac{1-\cos\alpha}{\sin\alpha} z \tag{4-23b}$$

α 通常为 45°或 60°，$z \approx 0.9h_0$，所以 a 在 $0.37h_0$～

$0.52h_0$之间。在设计时，可取

$$a \geqslant 0.5h_0 \tag{4-23c}$$

为此，在弯起纵筋时，弯起点必须设在该钢筋的充分利用点以外不小于$0.5h_0$的地方。

以上要求可能有时与腹筋最大间距的限值（表4-1）相矛盾，尤其在承受负弯矩的支座附近容易出现这个问题。这个问题是由于用一根弯筋同时抗弯又抗剪而引起的。这时需要记住，腹筋最大间距的限制是为了保证斜截面受剪承载力而设的，而$a \geqslant 0.5h_0$的条件是为保证斜截面受弯承载力而设的。当两者发生矛盾时，可以在保证斜截面受弯承载力的前提下（即纵筋的弯起满足$a \geqslant 0.5h_0$），用单独另设斜钢筋的方法来满足斜截面受剪承载力的要求；也可以通过调整弯起钢筋与切断钢筋的顺序来满足$a \geqslant 0.5h_0$。如在图4-26中，若切断钢筋④后，紧接着切断钢筋③，再弯起钢筋②，则钢筋②不能满足$a \geqslant 0.5h_0$；但切断钢筋④后，紧接着弯起钢筋②，再切断钢筋③，则钢筋②就能满足$a \geqslant 0.5h_0$。后一种方法不用另设斜钢筋，更为方便。

4.4.3.3 切断纵筋时如何保证斜截面的受弯承载力

保证斜截面的受弯承载力就要保证斜截面上能承担的弯矩M_u大于该截面的弯矩设计值M（图4-28），即满足

$$M \leqslant M_u = f_y A_s z + f_y A_{sb} z_b + f_{yv} A_{sv} z_{sw} \tag{4-24}$$

式中 z、z_b、z_{sw}——纵向受拉钢筋的合力、同一平面内弯起钢筋的合力、同一斜截面上箍筋的合力至斜截面受压区合力作用点的距离，如图4-28所示；

其余符号意义同前。

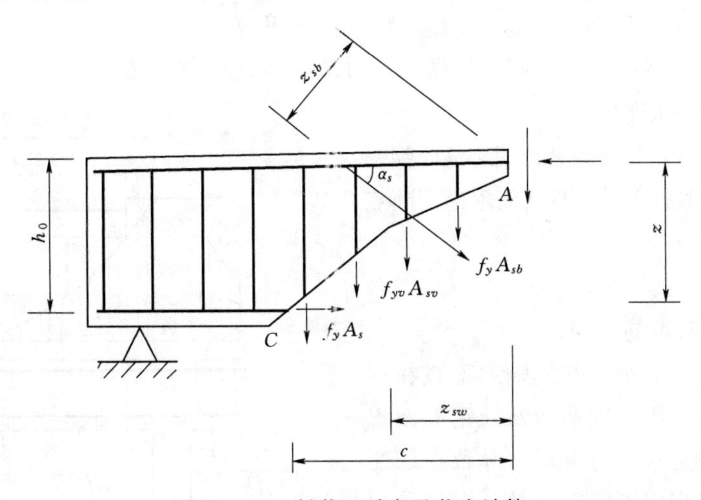

图4-28 斜截面受弯承载力计算

下面以图4-29所示钢筋①为例来说明如何切断钢筋。在截面B处，按正截面弯矩M_B来看已不需要钢筋①。但如果将钢筋①在截面B处切断，见图4-29（a），则若发生斜裂缝AB时，余下的纵向受拉钢筋就不足以抵抗斜截面上的弯矩M_A（$M_A > M_B$）。这时只有当斜裂缝范围内箍筋承担的拉力对A点取矩形成的弯矩$f_{yv}A_{sv}z_{sw}$，能代偿所切断的钢筋①的抗弯作用时，才能保证斜截面受弯承载力。这只有在斜裂缝具有一定长度，可以与足够的箍筋相交时才有可能。

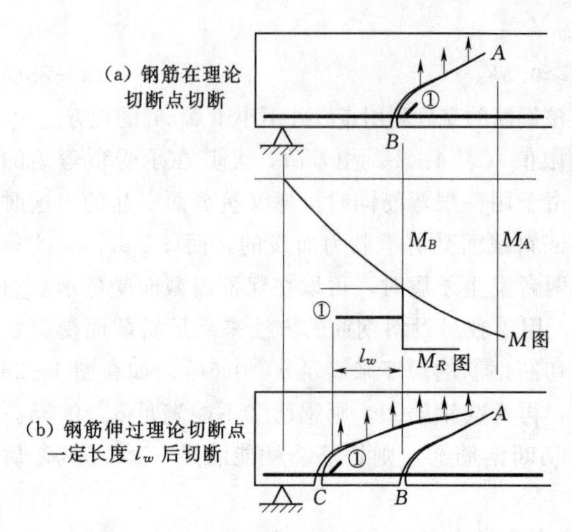

图 4-29 纵向钢筋的切断

因此，在正截面受弯承载力已不需要某一根钢筋时，应将该钢筋伸过其理论切断点（不需要点）一定长度 l_w 后才能将它切断。如图 4-29（b）所示的钢筋①，它伸过其理论切断点 l_w 才被切断，这就可以保证在出现斜裂缝 AB 时，钢筋①仍起抗弯作用；而在出现斜裂缝 AC 时，钢筋①虽已不再起作用，但却已有足够的箍筋穿越斜裂缝 AC，这些穿越斜裂缝箍筋的拉力对点 A 取矩时，产生的弯矩 $f_{yv}A_{sv}z_{sw}$ 已能代偿钢筋①的抗弯作用。

所需 l_w 的大小显然与所切断钢筋的直径 d、箍筋间距 s、箍筋的配筋率 ρ_{sv} 等因素有关。但在设计中，为简单起见，对于受拉钢筋，JTS 151—2011 规范根据试验分析和工程经验作出如下规定（图 4-30）。

（1）为保证钢筋强度的充分发挥，该钢筋实际切断点至充分利用点的距离 l_d 应满足下列要求：

当 $V \leqslant 0.7f_tbh_0/\gamma_d$ 时 $\qquad l_d \geqslant 1.2l_a \qquad$ (4-25a)

当 $V > 0.7f_tbh_0/\gamma_d$ 时 $\qquad l_d \geqslant 1.2l_a + h_0$ [❶] $\qquad$ (4-25b)

式中 l_a——切断钢筋的最小锚固长度，按附录 D 规定计算采用；

其余符号意义同前。

（2）为保证理论切断点处出现裂缝时钢筋强度的发挥，该钢筋实际切断点至理论切断点的距离 l_w 应满足：

$$l_w \geqslant 20d \qquad (4-26)$$

式中 d——切断钢筋直径。

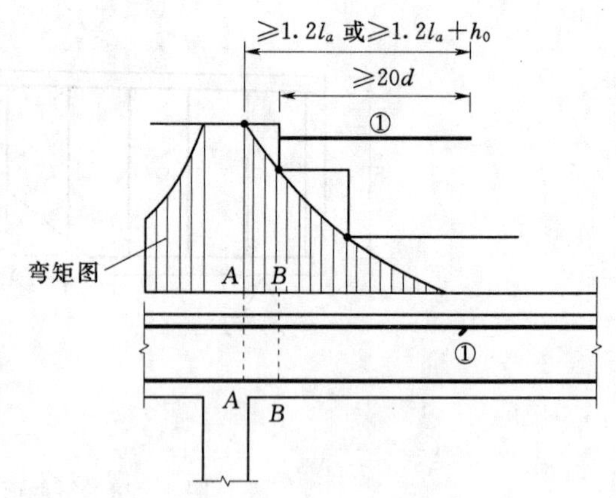

图 4-30 纵筋切断点及延伸长度要求

（注：$A—A$ 为钢筋①的强度充分利用截面；$B—B$ 为按计算不需要钢筋①的截面）

必须说明一点，纵向受拉钢筋不宜在正弯矩受拉区切断，因为钢筋切断处钢筋面积骤减，引起混凝土拉应力突增，导致在切断钢筋截面过早出现斜裂缝。此外，纵向受拉钢筋在受拉区锚固也不够可靠，如果锚固不好，就会影响斜截面受剪承载力。所以图 4-29 中简支梁的纵向受拉钢筋①应直通入

❶ $\gamma_dV > 0.7f_tbh_0$，相当于有斜裂缝的情况。考虑斜裂缝的出现将使钢筋应力重分布，在斜裂缝范围内纵筋的应力可能接近于充分利用点处的纵筋应力值，因而，其延伸长度应考虑斜裂缝水平投影长度这一距离（一般可取为 h_0），即应满足 $l_d \geqslant 1.2l_a + h_0$。

支座，这里只是为叙述的方便才将钢筋①在正弯矩区切断。至于图 4-30 中的支座处承受负弯矩的纵向受拉钢筋（如连续梁），为节约钢筋，必要时可按弯矩图的变化切断不需要的钢筋。

对于受压钢筋，JTS 151—2011 规范规定：切断钢筋时，必须延伸至理论切断点以外不少于 $15d$；绑扎骨架中无弯钩的光圆钢筋，不应少于 $20d$。

4.5 钢筋骨架的构造

为了使钢筋骨架适应受力的需要以及具有一定的刚度以便施工，规范对钢筋骨架的构造作了相应规定，现将一些主要要求列述如下。

4.5.1 箍筋的构造

1. 箍筋的形状

箍筋除提高梁的抗剪能力之外，还能固定纵筋的位置。箍筋常采用封闭式箍筋。它能固定梁的上下钢筋及提高梁的抗扭能力。配有计算需要的纵向受压钢筋的梁，则必须采用封闭式箍筋。箍筋可按需要采用双肢或四肢（图 4-31）。当梁同一层内的纵向受压钢筋多于 3 根时，应采用复合箍筋（四肢箍筋）；当梁的宽度不大于 400mm 且同一层内的受压钢筋不多于 4 根时，可不设置复合箍筋。

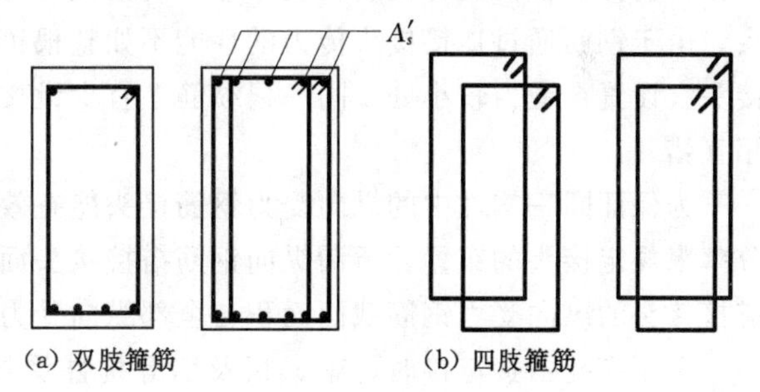

图 4-31 箍筋的肢数

2. 箍筋的最小直径

高度 $h>800$mm 的梁，箍筋直径不宜小于 8mm；高度 $h\leqslant 800$mm 的梁，箍筋直径不宜小于 6mm。当梁中配有计算需要的纵向受压钢筋时，箍筋直径不应小于 $d/4$（d 为纵向受压钢筋中的最大直径）。在梁中纵筋搭接长度范围内，箍筋直径不应小于 $d/4$（d 为搭接钢筋的较大直径）。从箍筋加工成型的难易来看，最好不用直径大于 10mm 的箍筋。

3. 箍筋的布置

一般可在梁的全长均匀布置箍筋，也可以在梁两端剪力较大的部位布置得密一些。

在绑扎纵筋的搭接中，当受压钢筋直径 $d>25$mm 时，尚应在搭接接头两个端面外 100mm 范围内各设置两个箍筋。

4. 箍筋的最大间距

箍筋的最大间距不得大于表 4-1 所列的数值。

当梁中配有计算需要的纵向受压钢筋时，箍筋间距在绑扎骨架中不应大于 $15d$（d 为受压钢筋中的最小直径），在焊接或机械连接骨架中不应大于 $20d$，同时在任何情况下均不应大于 400mm；当同一层内纵向受压钢筋多于 5 根且直径大于 18mm 时，箍筋间距不应大于 $10d$。

表 4-1　　梁中箍筋的最大间距 s_{max}

项次	梁高 h/mm	S_{max}/mm	
		$V>0.7f_tbh_0/\gamma_d$	$V\leqslant 0.7f_tbh_0/\gamma_d$
1	$300<h\leqslant 500$	200	300
2	$500<h\leqslant 800$	250	350
3	$h\geqslant 800$	350	500

注　梁中纵筋搭接处的箍筋间距宜适当减小。

梁中纵筋搭接长度处，箍筋间距宜适当加密。当纵筋受拉时，其箍筋间距不应大于 $5d$（d 为搭接钢筋中的最小直径），且不应大于 100mm；当纵筋受压时，箍筋间距不应大于 $10d$，且不应大于 200mm。

4.5.2　纵筋的构造

4.5.2.1　纵向受力钢筋的接头

当构件太长而现有钢筋长度不够，需要接头时，可采用绑扎搭接、机械连接或焊接接头。由于钢筋通过连接接头传力的性能不如整根钢筋，因此设置纵筋连接的原则为：纵筋接头宜设置在受力较小处，同一根纵筋上宜少设接头，同一构件中的纵向受力钢筋接头应相互错开。

为保证同一构件中的纵向受力钢筋接头能有效错开，规范用纵向钢筋搭接接头面积百分率来规定接头的布置。所谓纵向钢筋搭接接头面积百分率，就是在同一连接区段内，有搭接接头的纵向受力钢筋截面面积与全部纵向受力钢筋截面面积的比值。

采用绑扎搭接连接时，梁、板及墙等构件受拉钢筋的搭接接头面积百分率不宜大于 25%。其中，连接区段的长度为 $1.3l_l$（l_l 为搭接长度[1]），凡搭接接头中点位于该连接区段长度内的搭接接头均属于同一连接区段（图 4-32）。

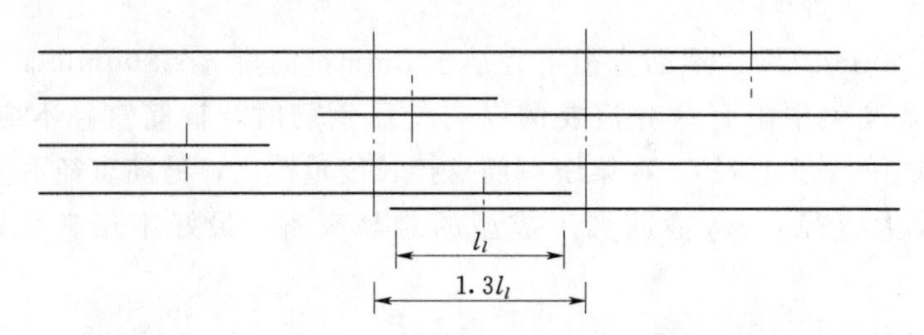

图 4-32　同一连接区段内的纵向受拉钢筋绑扎搭接接头

当采用钢筋机械连接与焊接接头连接时，连接区段的长度为 $35d$（d 为纵向受力钢筋的较大直径），采用焊接接头连接时连接区段的长度还应不小于 500mm，纵向受拉钢筋的接头面积百分率不宜大于 50%，受压钢筋可不受限制，详细可见附录 D。

4.5.2.2　纵向受力钢筋在支座中的锚固

1. 简支梁

在构件的简支端，弯矩 M 等于 0。按正截面抗弯要求，纵向受力钢筋适当伸入支座

[1] 搭接长度的确定方法见 1.3 节和附录 D。

即可。但在支座边缘发生斜裂缝时，支座边缘处纵筋受力会突然增加，如无足够的锚固，纵筋将被从支座拔出而导致破坏。为此，简支梁下部纵向受力钢筋至少应有 2 根伸入支座，且不少于全部面积的 1/4，锚固长度 l_{as}应符合下列规定（图 4－33）：

当 $V \leqslant 0.7 f_t bh_0/\gamma_d$ 时　　$l_{as} \geqslant 5d$　　(4－27a)

当 $V > 0.7 f_t bh_0/\gamma_d$ 时　　$l_{as} \geqslant 12d$（带肋钢筋）　　(4－27b)

$l_{as} \geqslant 15d$（光圆钢筋）　　(4－27c)

式中　d——纵筋受力钢筋直径。

如下部纵向受力钢筋伸入支座的锚固长度不能符合上述规定时，可在梁端将钢筋向上弯［图 4－33（b）］或加焊锚固钢板［图 4－33（c）］。

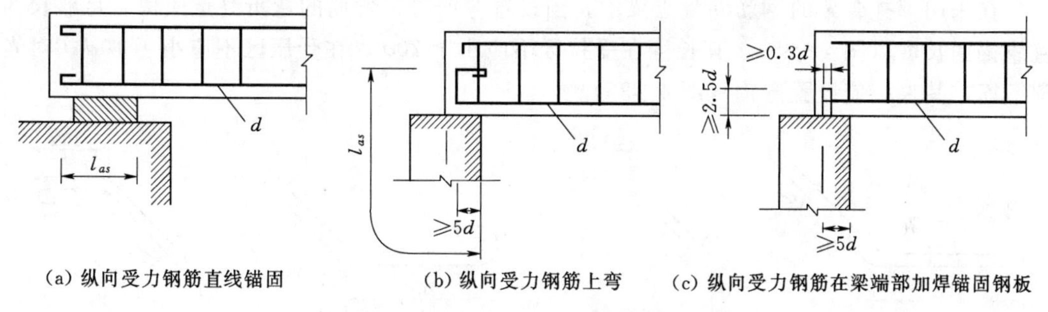

(a) 纵向受力钢筋直线锚固　(b) 纵向受力钢筋上弯　(c) 纵向受力钢筋在梁端部加焊锚固钢板

图 4－33　纵向受力钢筋在简支支座内的锚固

混凝土强度等级为 C25 及以下的简支梁，若在距支座边 1.5 倍梁高范围内作用有集中荷载，当集中荷载对支座截面所产生的剪力占总剪力的 75%以上，且 $V > 0.7 f_t bh_0/\gamma_d$ 时，带肋钢筋锚固长度不宜小于 $15d$（d 为纵向受力钢筋的较大直径）或采用附加锚固措施。

2. 悬臂梁和框架梁

对于悬臂梁和框架梁等，当纵向受力钢筋在支座处充分利用其强度时，则伸入支座内的锚固长度要大于最小锚固长度 l_a❶。

4.5.2.3　架立钢筋的配置

为了使纵向受力钢筋和箍筋能绑扎成骨架，在箍筋的四角必须沿梁全长配置纵筋，在没有纵向受力钢筋的区段，则应补设架立钢筋（图 4－34）。架立钢筋直径 d 不宜小于 10mm，梁高大于 1600mm 时 d 不宜小于 12mm。

4.5.2.4　腰筋及拉筋的配置

当梁高超过 700mm 时，为防止由于温度变形或混凝土收缩等原因使梁中部产生竖向裂缝，在梁的两侧应沿高度每隔 300～400mm 各设置 1 根纵向构造钢筋，称为腰筋（图 4－34）。腰筋直径要求与架立钢筋相同。

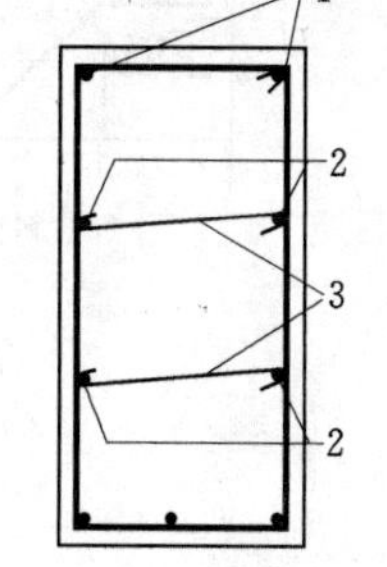

图 4－34　架立钢筋、腰筋及拉筋

1—架立钢筋；2—腰筋；3—拉筋

两侧腰筋之间用拉筋连系起来，拉筋直径宜为 6～

❶　锚固长度的确定方法见 1.3 节和附录 D。

8mm，常取与箍筋相同，拉筋的间距常取为箍筋间距的倍数，一般在500～700mm。

对薄腹梁，应在下部1/2梁高的腹板内沿两侧配置纵向构造钢筋，其直径为8～14mm，间距为100～150mm，并按上疏下密的方式布置。上部1/2梁高的腹板内按腰筋配置构造钢筋。

4.5.2.5　弯筋的构造

按抗剪设计需设置弯筋时，弯筋的最大间距同箍筋一样，不应大于表4-1所列的数值。

梁中弯筋的起弯角为45°～60°。当梁宽较大时，为使弯筋在整个宽度范围内受力均匀，宜在一个截面内同时弯起2根钢筋。

在采用绑扎骨架的钢筋混凝土梁中，当设置弯筋时，弯筋的弯折终点应留有足够长的直线锚固长度（图4-35），其长度在受拉区不应小于$20d$，在受压区不应小于$10d$。对光圆钢筋，其末端应设置弯钩（图4-35）。

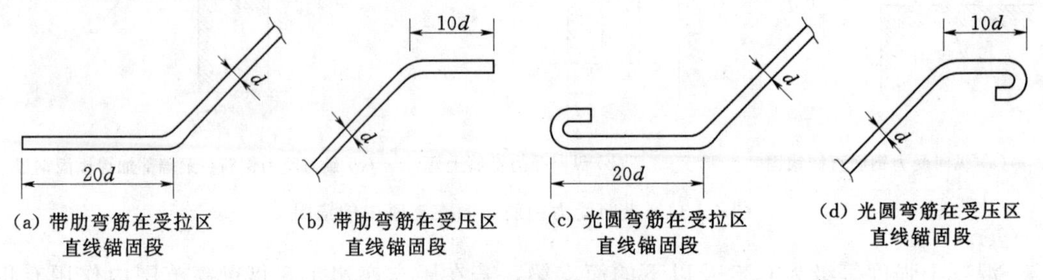

图4-35　弯起钢筋的直线锚固段

梁底排位于箍筋转角处的纵向受力钢筋不应弯起，而应直通至梁端部，以便和箍筋扎成钢筋骨架。

当弯起纵筋抗剪后不能满足抵抗弯矩图M_R图的要求时，可单独设置斜筋来抗剪。此时应将斜筋布置成吊筋形式［图4-36（a）］，俗称“鸭筋”，而不应采用“浮筋”［图4-36（b）］。浮筋在受拉区只有不大的水平长度，其锚固的可靠性差，一旦浮筋发生滑移，将使裂缝开展过大。为此，应将斜筋焊接在纵筋上或者将斜筋两端均锚固在受压区内。

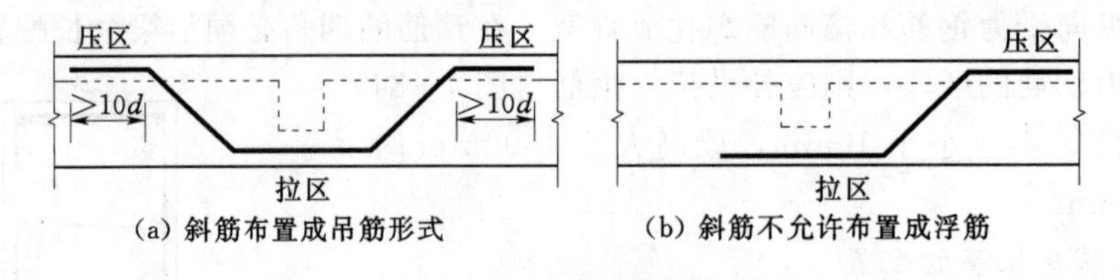

图4-36　吊筋及浮筋

4.6　钢筋混凝土构件施工图

为了满足施工要求，钢筋混凝土构件结构施工图一般包括下列内容。

1. 模板图

模板图主要在于注明构件的外形尺寸，以制作模板之用，同时用它来计算混凝土方量。模板图一般比较简单，所以比例尺不要太大，但尺寸一定要全。构件上的预埋铁件一般可表示在模板图上。对简单的构件，模板图可与配筋图合并。

2. 配筋图

配筋图表示钢筋骨架的形状以及在模板中的位置，主要为绑扎骨架用。凡规格、长度或形状不同的钢筋必须编以不同的编号，编号写在小圆圈内，并在编号引线旁注上这种钢筋的根数及直径。最好在每根钢筋的两端及中间都注上编号，以便于查清每根钢筋的来龙去脉。

3. 钢筋表

钢筋表是列表表示构件中所有不同编号的钢筋种类、规格、形状、长度、根数、重量等，主要为下料及加工成型用，同时可用来计算钢筋用量。

4. 说明或附注

说明或附注中包括说明之后可以减少图纸工作量的内容以及一些在施工过程中必须引起注意的事项。例如尺寸单位、钢筋的混凝土保护层厚度、混凝土强度等级、钢筋种类以及其他施工注意事项。

下面以一简支梁为例介绍钢筋长度的计算方法，如图 4-37 所示。

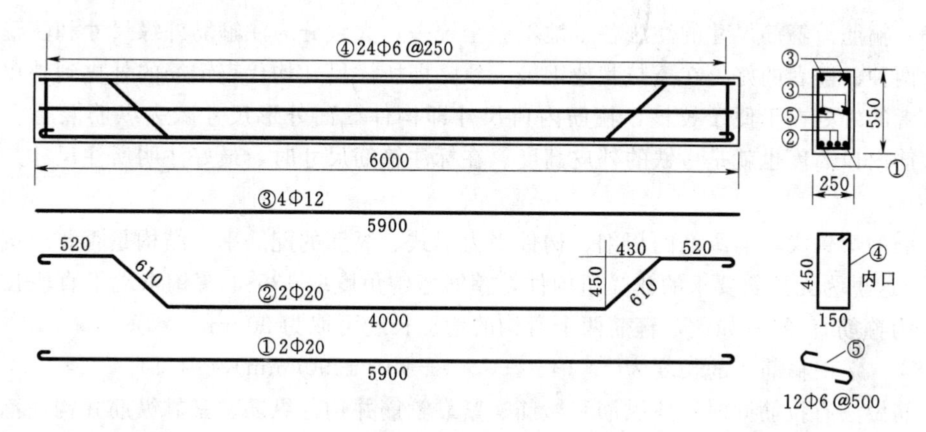

编号	形　状	直径/mm	长度/mm	根数	总长/m	质量/kg
①	5900	20	6150	2	12.30	30.38
②	520 610 4000 610 520	20	6510	2	13.02	32.16
③	5900	12	5900	4	23.60	20.96
④	150 450	6	1290	24	30.96	6.87
⑤	150	6	240	12	2.88	0.64
总计						90.33

图 4-37　钢筋长度的计算

(1) 直钢筋。图 4-37 中钢筋①为直钢筋，由于它是 HPB300 的光圆钢筋[1]，两端要加弯钩。直段上所注尺寸 5900mm 是指钢筋两端弯钩外缘之间的距离，即为全梁长 6000mm 减去两端钩外保护层各 50mm。此长度再加上两端弯钩长即可得出钢筋全长，每个弯钩长度为 $6.25d$，则钢筋①的全长为 $5900+2\times6.25\times20=6150$(mm)。钢筋③是架立钢筋和腰筋，虽也为 HPB300 光圆钢筋，但它不是纵向受拉钢筋不需加弯钩，因此它的全长为 5900mm。

(2) 弓铁。图 4-37 中钢筋②的形状如弓，俗称弓铁，也称为元宝筋。所注尺寸中弯起部分的高度以弓铁外皮计算，即由梁高 550mm 减去上下混凝土保护层，$550-100=450$(mm)。钢筋长度以钢筋中心线来计算，由于弯折角 $\alpha_s=45°$，故弯起部分的底宽为弓铁外皮距离 450mm 减去一个钢筋直径，$450-20=430$(mm)，弯起部分的斜边（即弯起部分钢筋的长度）为 $\sqrt{2}\times430=610$(mm)[2]。钢筋②的中间水平直段长可由图量出为 4000mm，而弯起后的水平直段长度可由计算求出，即 $(6000-2\times50-4000-2\times430)/2=520$(mm)。最后可得弯起钢筋②的全长为 $4000+2\times610+2\times520+2\times6.25\times20=6510$(mm)。

(3) 箍筋。箍筋尺寸的注法各工地不完全统一，大致分为注箍筋外缘尺寸和注箍筋内口尺寸两种。前者的好处在于与其他钢筋一致，即所注尺寸均代表钢筋的外皮到外皮的距离；后者的好处在于便于校核，箍筋内口尺寸即构件截面外形尺寸减去纵筋混凝土保护层，箍筋内口高度也就是弓铁的外皮高度。在标注箍筋尺寸时，最好注明所注尺寸是内口还是外缘。

箍筋的弯钩大小与纵筋的粗细、构件受力形式、纵筋的配筋率、结构是否要求抗震等有关[3]，这里为无抗震要求的非受扭构件，箍筋弯钩角度取 135°，弯钩末端平直段长度取 $5d$（d 为箍筋直径），如此，箍筋两个弯钩的增加长度可取为 90mm。

图 4-37 中箍筋④的长度为 $2\times(450+150)+90=1290$(mm)（内口）。

拉筋做法有拉筋同时钩住纵筋和箍筋、紧靠箍筋并钩住纵筋、紧靠纵筋并钩住箍筋三种，这里为第二种，拉筋弯钩的弯角仍取 135°，两个弯钩的增加长度为 90mm。

图 4-37 中拉筋⑤的长度为 $150+90=240$(mm)。

此简支梁的钢筋表如图 4-37 所示。其中，钢筋质量可由钢筋总长度乘以单根钢筋理论质量得到，而单根钢筋理论质量可由附录 C 表 C-1 查得。

钢筋长度的计算和钢筋表的制作是一项细致而重要的工作，必须仔细运算并认真校核，方可无误。

必须注意，钢筋表内的钢筋长度还不是钢筋加工时的断料长度。由于钢筋在弯折及弯钩时要伸长一些，因此断料长度应等于计算长度扣除钢筋伸长值。伸长值与弯折角度大小

---

[1] 在一般构件中，为控制裂缝宽度纵向受力钢筋不宜采用光圆钢筋，这里采用光圆钢筋是为了说明带弯钩钢筋长度的算法。

[2] 这是指从底层纵筋弯起而言的，如果是从离底的第二层纵筋弯起时，则弓铁的高度还要扣去第一层纵筋直径及上下两层纵筋间的净距。

[3] 《混凝土结构施工图平面整体表示方法制图规则与构造详图（现浇混凝土框架、剪力墙、梁、板）》（国家建筑标准设计图集 16G101—1）详细规定了箍筋与拉筋的构造要求，箍筋与拉筋的具体做法可查阅该图集。

等有关，具体可参阅有关施工手册。箍筋长度如注内口，则计算长度即为断料长度。

4.7 钢筋混凝土伸臂梁设计例题

【例4-4】 某码头库房砖墙上支承一受均布荷载作用的外伸梁，安全等级为二级，处于淡水环境大气区（不受水汽积聚），跨长、截面尺寸如图4-38所示。在基本荷载组合下该梁所承受的荷载设计值为：$g_1+q_1=60.0\text{kN/m}$，$g_2+q_2=116.0\text{kN/m}$（均包括自重）。混凝土强度等级为C30，纵向受力钢筋采用HRB400，箍筋采用HPB300，试按JTS 151—2011规范设计该梁并进行钢筋布置。

1. 资料

二级安全等级，$\gamma_0=1.0$；结构系数$\gamma_d=1.1$；C30混凝土，$f_c=14.3\text{N/mm}^2$，$f_t=1.43\text{N/mm}^2$，$\alpha_1=1.0$，$\beta_c=1.0$；纵向受力钢筋采用HRB400，$f_y=360\text{N/mm}^2$，$\xi_b=0.518$，$\rho_{\min}=\max\left(0.20\%,\ 0.45\dfrac{f_t}{f_y}\right)=0.20\%$；箍筋采用HPB300，$f_{yv}=270\text{N/mm}^2$；$b=250\text{mm}$，$h=700\text{mm}$。

2. 内力计算

弯矩及剪力设计值分布如图4-38所示。各支座边缘截面剪力设计值[1]如下：

$$V_A=165.76\text{kN}$$

$$V_B^l=232.04\text{kN}$$

$$V_B^r=210.54\text{kN}$$

$$V_{\max}=V_B^l=232.04\text{kN}$$

跨中截面最大弯矩和支座截面最大负弯矩设计值分别为

$$M_H=260.66\text{kN}\cdot\text{m}$$

$$M_B=232.0\text{kN}\cdot\text{m}$$

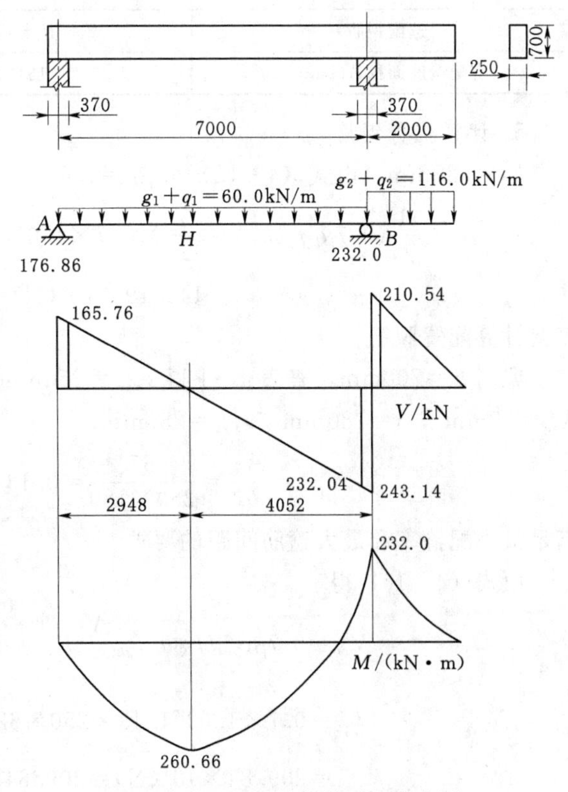

图4-38 梁的计算简图及内力图

3. 验算截面尺寸

结构处于淡水环境大气区（不受水汽积聚），由附录D表D-1取保护层厚度$c=40\text{mm}$。由于弯矩较大，估计纵向受力钢筋需排两排，取$a_s=75\text{mm}$，$h_0=h-a_s=700-75=625(\text{mm})$，$h_w=h_0=625\text{mm}$。则有$\dfrac{h_w}{b}=\dfrac{625}{250}=2.50<4.0$，取$\beta_s=0.25$。

由式（4-16）得

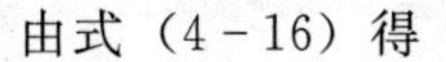

[1] 此处剪力V的下标表示某支座，上标l、r分别表示该支座左边与右边截面的剪力。

$$\frac{1}{\gamma_d}\beta_s\beta_c f_c bh_0=\frac{1}{1.1}\times 0.25\times 1.0\times 14.3\times 250\times 625$$

$$=507.81\times 10^3\ (\mathrm{N})\ =507.81\mathrm{kN}>V_{\max}=232.04\mathrm{kN}$$

截面尺寸满足抗剪要求。

4. 计算纵向受力钢筋

为表达简洁，纵向受力钢筋列表计算，计算过程及结果见表 4－2。$\xi_b=0.518$，$\rho_{\min}=0.20\%$。

表 4－2　　纵向受力钢筋计算表

计算内容	跨中截面 H	支座截面 B
$M/(\mathrm{kN\cdot m})$	260.66	232.0
$\alpha_s=\dfrac{M}{\alpha_1 f_c bh_0^2}$	0.187	0.166
$\xi=1-\sqrt{1-2\alpha_s}$	$0.209<\xi_b$	$0.183<\xi_b$
$A_s=\dfrac{\alpha_1 f_c b\xi h_0}{f_y}/\mathrm{mm}^2$	1297	1136
ρ	$0.74\%>\rho_{\min}$	$0.65\%>\rho_{\min}$
选配钢筋	2 ⏀ 18＋4 ⏀ 16	6 ⏀ 16
实配钢筋面积 A_s/mm^2	1313	1206

5. 计算抗剪钢筋

$h_0=625\mathrm{mm}$，由式 (4－12) 得 $\beta_h=1.0$。

$$\frac{1}{\gamma_d}(0.7\beta_h f_t bh_0)=\frac{1}{1.1}\times 0.7\times 1.0\times 1.43\times 250\times 625$$

$$=142.19\times 10^3(\mathrm{N})=142.19\mathrm{kN}<V_{\max}=232.04\mathrm{kN}$$

需要计算配置腹筋。

梁高 $h=700\mathrm{mm}$，查表 4－1 得 $s_{\max}=250\mathrm{mm}$。试在全梁配置双肢箍筋Φ 6@180，则 $A_{sv}=57\mathrm{mm}^2$，$s=180\mathrm{mm}<s_{\max}=250\mathrm{mm}$。

$$\rho_{sv}=\frac{A_{sv}}{bs}=\frac{57}{250\times 180}=0.13\%>\rho_{sv\min}=0.12\%$$

满足最小配箍率和最大箍筋间距的要求。

由式 (4－10) 得

$$V_{cs}=0.7\beta_h f_t bh_0+f_{yv}\frac{A_{sv}}{s}h_0$$

$$=0.7\times 1.0\times 1.43\times 250\times 625+270\times\frac{57}{180}\times 625$$

$$=209.84\times 10^3(\mathrm{N})=209.84\mathrm{kN}$$

(1) 支座 B 左侧剪力为

$$V_B^l=232.04\mathrm{kN}>\frac{1}{\gamma_d}V_{cs}=\frac{209.84}{1.1}=190.76(\mathrm{kN})$$

需加配弯筋帮助抗剪。

取 $\alpha_s=45°$，并取 $V_1=V_B^l$，按式（4-14）计算第一排弯筋：

$$A_{sb1}=\frac{\gamma_d V_1-V_{cs}}{0.8f_y\sin\alpha_s}=\frac{1.1\times232.04\times10^3-209.84\times10^3}{0.8\times360\times\sin45°}=223(\text{mm}^2)$$

由跨中承担正弯矩的纵筋弯起 2 ⌀ 16（$A_{sb1}=402\text{mm}^2$）。第一排弯筋的上弯点安排在离支座边缘 200mm 处，即 $s_1=200\text{mm}<s_{max}=250\text{mm}$。

由图 4-39 可见，第一排弯筋的下弯点离支座边缘的距离为：700－(40＋18＋25＋16/2)－(40＋16＋30＋16/2)＋200＝715(mm)，该处 $V_2=232.04-60.0\times0.715=189.14\ (\text{kN})<\frac{1}{\gamma_d}V_{cs}=190.76\text{kN}$，故不需弯起第二排钢筋抗剪。

跨中 H 截面配置（图 4-38）纵向受力钢筋较多，可再弯起 1 ⌀ 16（$A_{sb2}=201\text{mm}^2$）用于抵抗 B 支座截面负弯矩，如图 4-39 所示。

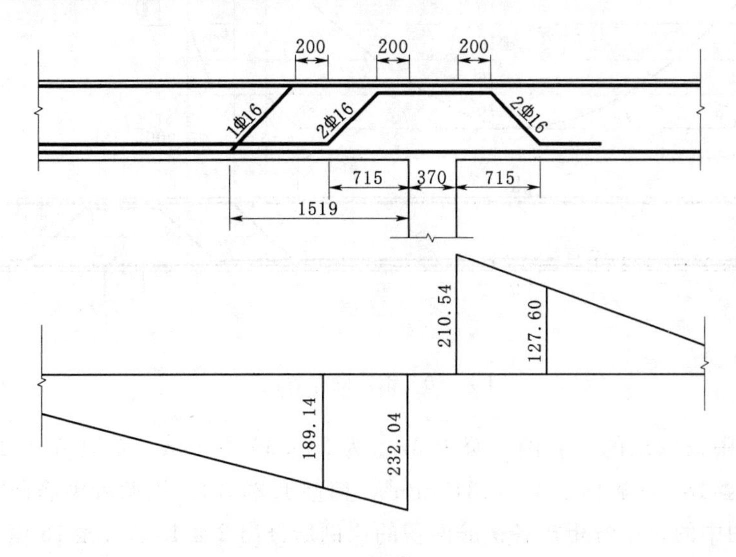

图 4-39 弯筋的确定

（2）支座 B 右侧剪力为

$$V_B^r=210.54\text{kN}>\frac{1}{\gamma_d}V_{cs}=190.76\text{kN}$$

需配置弯筋抗剪。又因为 $V_B^r<V_B^l$，故同样弯下 2 ⌀ 16 即可满足要求，不必再进行计算。第一排弯筋的下弯点距支座边缘的距离为 715mm，此处的 $V_2=210.54-116.0\times0.715=127.60(\text{kN})<\frac{1}{\gamma_d}V_{cs}=190.76\text{kN}$，故不必再弯起第二排钢筋。

（3）支座 A 剪力为

$$V_A=165.76<\frac{1}{\gamma_d}V_{cs}=190.76\text{kN}$$

理论上可不配弯筋，但为了加强梁端的斜截面受剪承载力，仍由跨中弯起 2 ⌀ 16 至梁顶再伸入支座。

6. 钢筋的布置设计

钢筋的布置设计要利用抵抗弯矩图（M_R 图）进行图解。为此，先将弯矩图（M

图）、梁的纵剖面图按比例画出（图 4－40），再在 M 图上作 M_R 图。

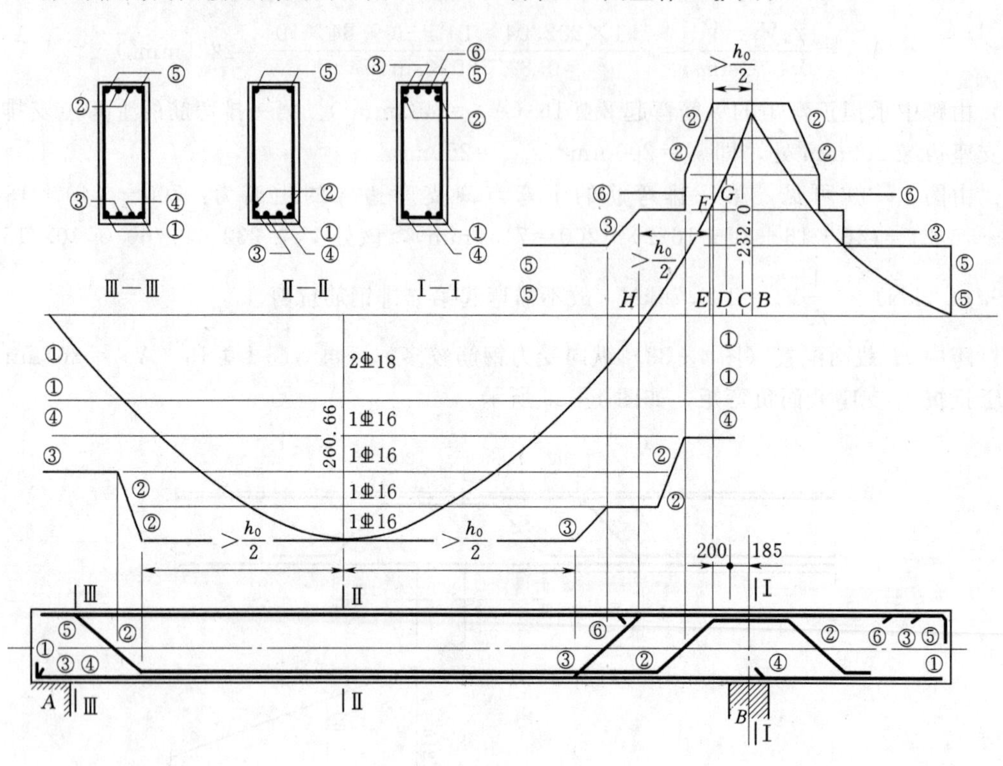

图 4－40　钢筋的布置设计

先考虑跨中正弯矩的 M_R 图。跨中 M_{max} 为 260.66kN·m，需配 $A_s=1297\text{mm}^2$ 的纵筋，现实配 2 Φ 18＋4 Φ 16（$A_s=1313\text{mm}^2$，相差 1.23％），因两者钢筋截面积相近，故可直接将 M 图中的跨中弯矩按各钢筋面积的比例划分出 2 Φ 18 及 1 Φ 16 钢筋能抵抗的弯矩值，这样就可确定出各钢筋的充分利用点。按预先布置（图 4－40），要从跨中弯起 1 Φ 16［钢筋③］及 2 Φ 16［钢筋②］至支座 B；另弯起 2 Φ 16［钢筋②］至支座 A，其余 1 Φ 16［钢筋④］及 2 Φ 18［钢筋①］将直通而不再弯起。这样，根据前述钢筋弯起时的 M_R 图的绘制方法可容易地画出跨中的 M_R 图。由图 4－40 可以看出跨中钢筋的弯起点至充分利用点的距离 a 均大于 $0.5h_0=313\text{mm}$ 的条件。

再考虑支座 B 负弯矩区的 M_R 图。支座 B 需配纵筋 1136mm^2，实配 6 Φ 16（$A_s=1206\text{mm}^2$，相差 6.16％），故实配钢筋能承担的弯矩为 232.0×1206/1136＝246.30(kN·m)。在图上绘出最大承担的弯矩（246.30kN·m）并将其六等分，每一等份即为 1 Φ 16 所能承担的弯矩。在支座 B 左侧要弯下 2 Φ 16［钢筋②］及 1 Φ 16［钢筋③］；放在角隅的 2 Φ 16［钢筋⑤］因要绑扎箍筋形成骨架，故必须全梁直通；还有 1 Φ 16［钢筋⑥］可根据 M 图加以切断。在支座 B 右侧只需弯下 2 Φ 16［钢筋②］，其余 2 Φ 16［钢筋⑥及钢筋③］可以切断。

考察支座 B 左侧，在截面 C 本可切断 1 Φ 16［钢筋⑥］。但应考虑到如果在 C 截面切断了钢筋⑥，C 截面就成为钢筋②的充分利用点，这时，当钢筋②下弯时，其弯起点（截面 D）和充分利用点之间的距离 DC 就小于 $0.5h_0=313\text{mm}$，这就不满足斜截面受弯承载力的要求。所以不能在截面 C 切断钢筋⑥而应先在截面 D 弯下钢筋②，这时钢筋②的充分利用点在截面 B，而 $DB=200(s_1)+370/2$（支座宽度的一半）$=385(\text{mm})>0.5h_0=313\text{mm}$，这满足了斜截面受弯承载力的条件。同时截面 D（即钢筋②的下弯点）距支座 B 边缘为 200mm，也满足不大于 $s_{\max}=250\text{mm}$ 的条件。

绘制出了钢筋②［2 ⌀ 16］的 M_R 图后，可发现在截面 E 还可切断 1 ⌀ 16［钢筋⑥］，E 截面与弯矩图的交点 F 即为钢筋⑥的理论切断点，由于在该截面上 $V>\frac{1}{\gamma_d}V_c$，故钢筋⑥应从充分利用点 G 延伸 l_d。对 ⌀ 16 钢筋和 C30 混凝土，按式（1-15）计算得 $l_a=564\text{mm}$，$l_d=1.2l_a+h_0=1.2\times564+625=1302(\text{mm})$，且应自其理论切断点 F 延伸 $l_w=20d=320\text{mm}$；由图 4-40 可知，GF 的水平投影距离为 180m。综上所述，以上两种情况取大者，故钢筋⑥应从理论切断点 F 至少延伸 $1302-180=1122(\text{mm})$。然后在截面 H 弯下钢筋③，剩下 2 ⌀ 16［钢筋⑤］直通，并兼作架立钢筋。

同样方法绘制 B 支座右侧的 M_R 图。

从图 4-40 还看到，M 图在 M_R 的内部，即每个截面上 $M_R>M$，因而该梁的正截面抗弯承载力满足要求。

作 M_R 图时还需注意以下几点：

（1）在本例中，从抵抗正截面弯矩的需求来讲，跨中钢筋③或④可以在截面Ⅱ—Ⅱ左侧跨中某部位切断，钢筋④还可以在截面Ⅱ—Ⅱ右侧跨中某部位切断，但在受拉区切断钢筋会影响纵筋的锚固作用，减弱斜截面受剪承载力。为此，钢筋④需左右直通支座 A 和支座 B；钢筋③左端直通支座 A，而右端弯起。在实际工程中，正弯矩区不切断钢筋，除弯筋外其余钢筋均伸入支座。在 B 支座右侧，从抵抗正截面弯矩的需要来讲，钢筋③、⑥可以切断，但在实际工程中，悬臂梁和外伸梁上部钢筋一般不切断（可以下弯），即钢筋③、⑥一般直通到梁右端。另外在右端，钢筋⑤还需下弯 $12d$。

（2）在既有正弯矩又有负弯矩的构件中，支座附近截面的 M 和 V 都较大，若有弯筋，则弯筋既要抗剪又要抗弯，在布置时要加以综合研究。例如在本例的支座 B 左侧，钢筋②弯下来是为了抗剪，因此要求其弯起点距支座边缘不大于 $s_{\max}$（$s_1\leqslant s_{\max}$）；同时，钢筋②又是支座抵抗负弯矩的配筋之一，其充分利用点就是支座中间截面，这样从斜截面受弯承载力的角度来看，其弯起点距支座截面的距离应不小于 $0.5h_0$（$a\geqslant0.5h_0$）。在本例中，这两个要求都能得到满足。当这两个要求发生矛盾时，可在满足斜截面受弯承载力要求的前提下，单独另加斜筋来满足斜截面受剪承载力要求；或多配一根支座负弯矩钢筋，而钢筋②单纯作抗剪之用；或通过调整弯筋与切断钢筋的顺序，使 $s_1\leqslant s_{\max}$ 和 $a\geqslant0.5h_0$ 两个要求都得到满足。

（3）将钢筋②弯到支座 A，从理论上讲只要满足水平锚固长度要求即可切断，但按工程上的习惯做法是将钢筋②弯起后直伸到梁端。

还需指出，图 4-40 是以教学目的而作的，目的是反映钢筋布置设计时常遇到的问题。在实际设计时，钢筋布置还可简化些。例如在支座 B 左侧，在弯起第二排钢筋抗弯时，可以同时弯起 2 ⌀ 16，即将钢筋④和钢筋③一样弯起，与钢筋③合并为一个编号，并直通梁端，这样就可不设短钢筋⑥了。

钢筋布置设计图作好后，就为施工图提供了依据。施工图中钢筋的某些区段的长度就可以在布置设计图中量得，但必须核算各根钢筋的梁轴投影总长及总高是否符合模板内侧尺寸。

配筋图如图 4 - 41 所示。

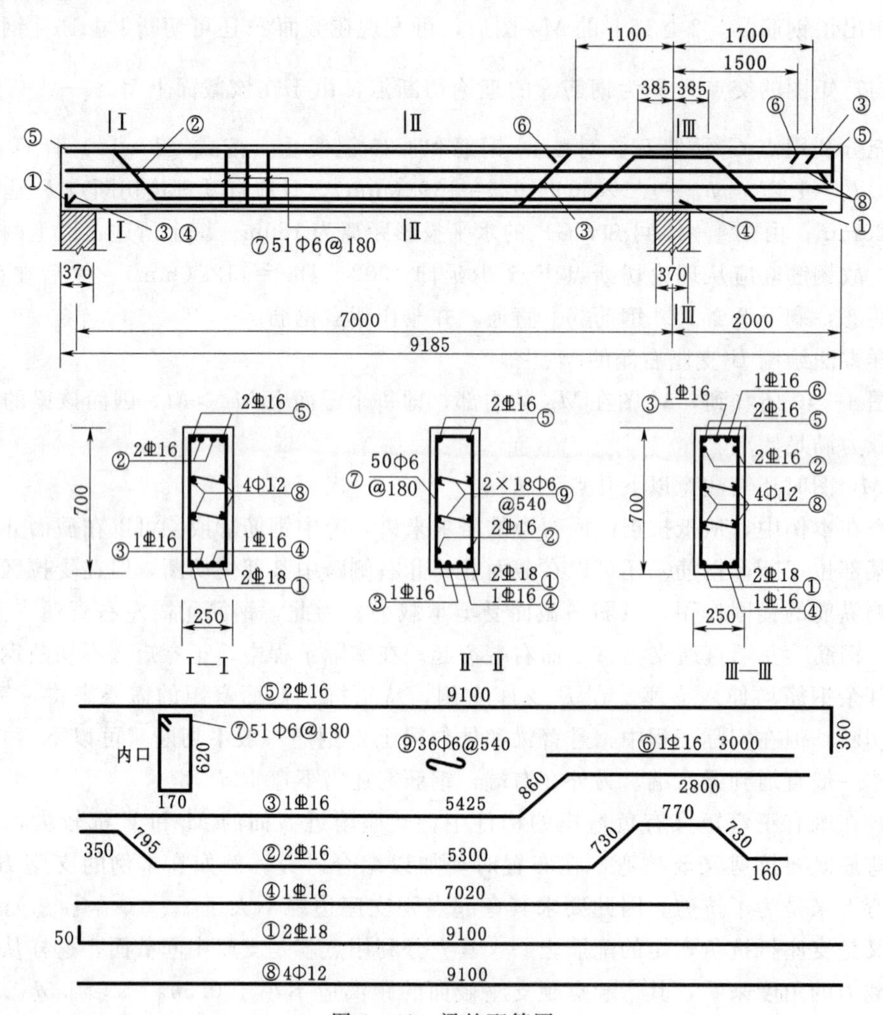

图 4 - 41　梁的配筋图

第 5 章　钢筋混凝土受压构件承载力计算

水运钢筋混凝土结构中，除了板、梁等受弯构件外，另一种主要的构件就是受压构件。

受压构件可分为两种：轴向压力通过构件截面重心的受压构件称为轴心受压构件；轴向压力不通过构件截面重心，而与截面重心有一偏心距 e_0 的称为偏心受压构件。截面上同时作用有弯矩 M 和通过截面重心的轴向压力 N 的压弯构件，也是偏心受压构件，因为弯矩 M 和轴向压力 N 可以换算成具有偏心距 $e_o=M/N$ 的偏心轴向压力。

码头仓库厂房中支承吊车梁的柱子是一个典型的偏心受压构件（图 5－1）。它承受屋架传来的垂直力 P_1 及水平力 H_1、吊车轮压 P_2、吊车横向制动力 T_H、风荷 W、自重 G_1 与 G_2 等外力，使截面同时受到通过截面重心的轴向压力和弯矩的作用。第 3 章图 3－2 所示梁板式码头的桩也是典型的受压构件，横梁在垂直荷载作用下会产生垂直位移和弯曲位移，受横梁垂直位移的压迫桩承受轴心压力，受横梁弯曲位移的压迫以及水流力作用桩承受弯矩。

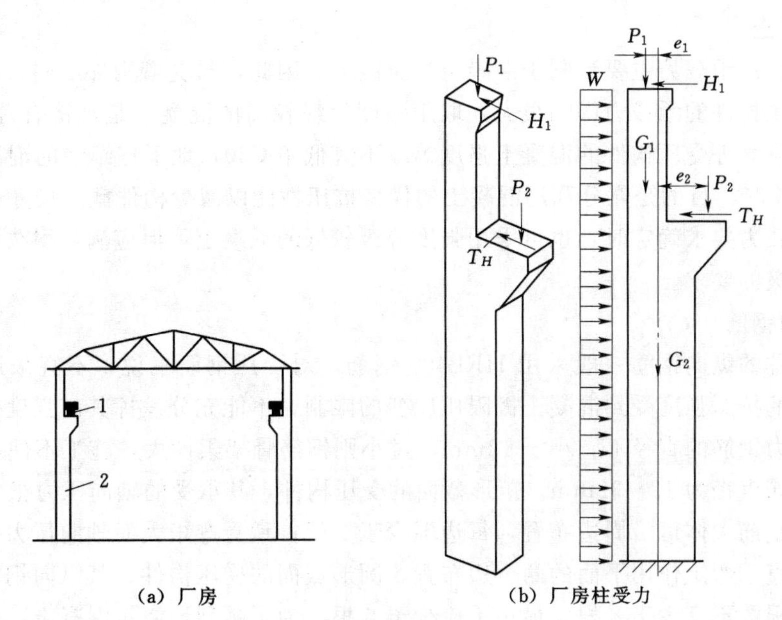

(a) 厂房　　(b) 厂房柱受力

图 5－1　码头仓库厂房柱

1—吊车梁；2—柱

严格地说，实际工程中真正的轴心受压构件是没有的。因为实际的荷载合力对构件截面重心来说总是或多或少存在着偏心，例如混凝土浇筑不均匀、构件尺寸的施工误差、纵向钢筋的偏位、装配式构件安装定位不准确等因素都会导致轴向压力产生偏心。因此，不少国家的设计规范中规定了一个最小偏心距值，从而所有受压构件均按偏心受压构件设计。在我国，规范目前仍把这两种构件分别计算，并认为等跨柱网的内柱、桁架的压杆、地基中的桩等受压构件在仅考虑竖向荷载作用的情况下，当偏心很小在设计中可略去不计时，就可当作轴心受压构件计算。

5.1　受压构件的构造要求

5.1.1　截面形式和尺寸

为了模板制作方便，受压构件一般均采用方形或矩形截面。偏心受压构件采用矩形截面时，截面长边布置在弯矩作用方向，长边与短边的比值一般为1.5～2.5。

为了减轻自重，预制装配式受压构件也可能做成I形截面。某些厂房的框架立柱及拱结构中也有采用T形截面的。灌注桩、预制桩、预制电杆等受压构件则常采用圆形和环形截面。

受压构件的截面尺寸不宜太小，因为构件越细长，纵向弯曲的影响越大，承载力降低越多，不能充分利用材料强度。现浇立柱的边长不宜小于300mm，否则施工缺陷所引起的影响就较为严重。在水平位置浇筑的装配式柱则可不受此限制。

为施工方便，截面尺寸一般采用整数。柱边长在800mm以下时以50mm为模数，800mm以上者以100mm为模数。

5.1.2　混凝土

受压构件的承载力主要受制于混凝土受压能力。因此，与受弯构件不同，混凝土的强度等级对受压构件的承载力影响很大，取用强度等级较高的混凝土是经济合理的。桁架、码头半圆形拱圈等受压构件的混凝土强度等级不宜低于C30，地下连续墙的混凝土强度等级不应低于C30，目的是充分利用混凝土的优良抗压性能以减少构件截面尺寸。当截面尺寸不是由承载力要求确定时，也可采用强度等级较低的混凝土，但应满足耐久性对混凝土最低强度等级的要求。

5.1.3　纵向钢筋

受压构件的纵向钢筋一般采用HRB400钢筋。对受压钢筋来说，不宜采用高强度钢筋，因为它的抗压强度受到混凝土极限压应变的限制，不能充分发挥其高强度作用。

纵向受力钢筋的直径不宜小于12mm。过小则钢筋骨架柔性大，施工不便，工程中常用的纵向钢筋直径为12～32mm。矩形截面的受压构件，其承受的轴向压力很大而弯矩很小时，纵向钢筋大体可沿周边布置，每边不少于2根；承受弯矩大而轴向压力小时，纵向钢筋则沿垂直于弯矩作用平面的两个边布置。圆形截面的受压构件，其纵向钢筋宜沿周边均匀布置，根数不宜少于8根，最小不应少于6根。为了顺利地浇筑混凝土，现浇时纵向钢筋的净距不应小于50mm，水平浇筑（装配式柱）时净距可参照关于梁的规定。同时纵向受力钢筋的间距也不应大于300mm。偏心受压柱边长大于或等于600mm时，沿长边中间应设置直径为10～16mm的纵向构造钢筋。

纵向钢筋混凝土保护层的规定见附录D表D-1。

受压构件的纵向钢筋，其用量不能过少。纵向钢筋太少，构件破坏时呈脆性，这对抗震很不利。同时钢筋太少，在荷载长期作用下，由于混凝土的徐变，容易引起钢筋的过早屈服。受压构件纵向钢筋最小配筋率的规定见附录D表D-5。纵向钢筋也不宜过多，配筋过多既不经济，也不便于施工。此外，在使用荷载作用下混凝土已有塑性变形且可能有徐变产生，而钢筋仍处于弹性阶段，若卸载，混凝土的塑性变形不可恢复，徐变的大部分不可恢复且能恢复部分的恢复也需要时间，而钢筋能迅速回弹，这使得钢筋受压而混凝土受拉，若纵向钢筋配筋过多可能会使混凝土拉裂。因此，柱中全部纵向钢筋的合适配筋率为0.8%～2.0%，荷载特别大时，也不宜超过5.0%。

需要指出的是，受压构件纵向钢筋配筋率 ρ 的计算和受弯构件不同。计算受压构件的配筋率 ρ 时，A_ρ 为全截面面积，而受弯构件的 A_ρ 为全截面面积扣除受压翼缘面积后的截面面积。

5.1.4 箍筋

受压构件中除了平行于轴向压力配置纵向钢筋外，还应配置箍筋。箍筋能阻止纵向钢筋受压时的向外弯凸，从而防止混凝土保护层横向胀裂剥落。受压构件的箍筋都应做成封闭式，与纵筋绑扎或焊接成一整体骨架。在墩墙类受压构件（如桥墩、船坞坞墙）中，则可用水平钢筋代替箍筋，但应设置连系拉筋拉住墩墙两侧的钢筋。

箍筋直径不应小于纵向钢筋最大直径的1/4，且不应小于6mm。箍筋间距 s 应符合以下三个条件（图5-2）：①$s \leqslant 15d$（绑扎骨架）或 $s \leqslant 20d$（焊接骨架），d 为纵向钢筋的最小直径；②$s \leqslant b$，b 为截面的短边尺寸；③$s \leqslant 400$mm。

当纵向钢筋的接头采用绑扎搭接时，则在搭接长度范围内箍筋应加密。当钢筋受压时，箍筋间距 s 不应大于 $10d$，且不大于200mm；当钢筋受拉时，箍筋间距 s 不应大于 $5d$，且不大于100mm，d 为搭接钢筋中的最小直径。受压钢筋直径大于25mm时，尚应在搭接接头两个端面外100mm范围内各设置2根箍筋。

当全部纵向受力钢筋的配筋率超过3.0%时，箍筋直径不宜小于8mm，且应焊成封闭环式，间距不应大于 $10d$（d 为纵向钢筋的最小直径），且不应大于200mm。

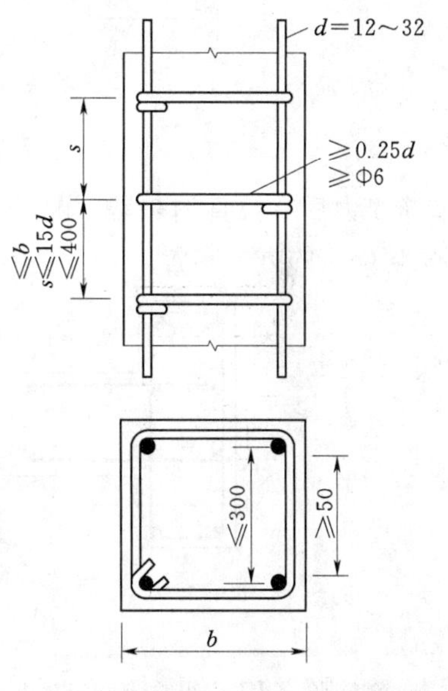

图5-2 受压构件构造要求

当截面短边尺寸大于400mm或纵向钢筋多于4根时，或当柱截面各边纵向钢筋多于3根时，必须设置复合箍筋（除上述基本箍筋外，为了防止中间纵向钢筋的曲凸，还需添置附加箍筋或连系拉筋），如图5-3所示。原则上希望纵向钢筋每隔1根就置于箍筋的转角处，使该纵向钢筋能在两个方向受到固定。当偏心受压柱截面长边设置纵向构造钢筋时，也要相应地设置复合箍筋或连系拉筋。

对于T形或I形截面的受压构件，不应采用有内折角的箍筋［图5-4（b）］，内折角

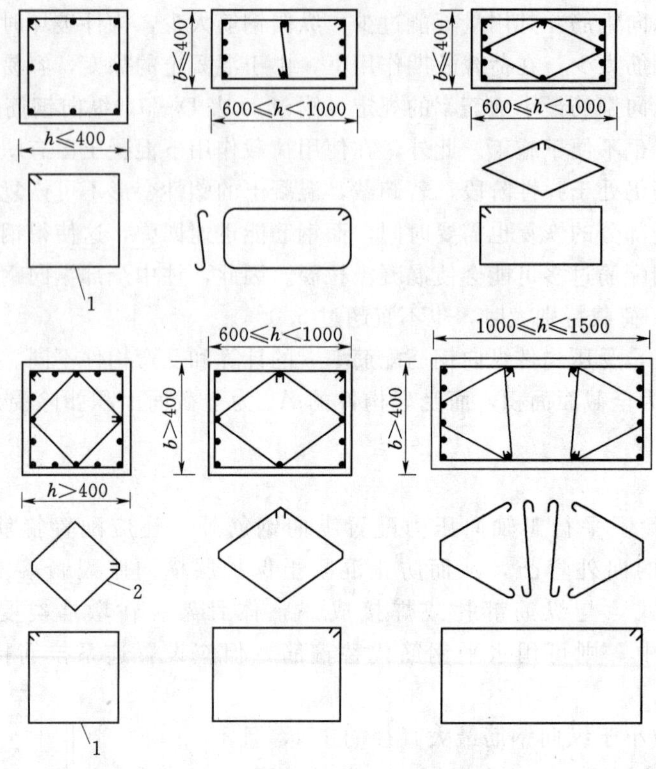

图 5-3　基本箍筋与附加箍筋

1—基本箍筋；2—附加箍筋

箍筋受力后有拉直的趋势，易使转角处混凝土崩裂。遇到截面有内折角时，箍筋可按图 5-4（a）的方式布置。

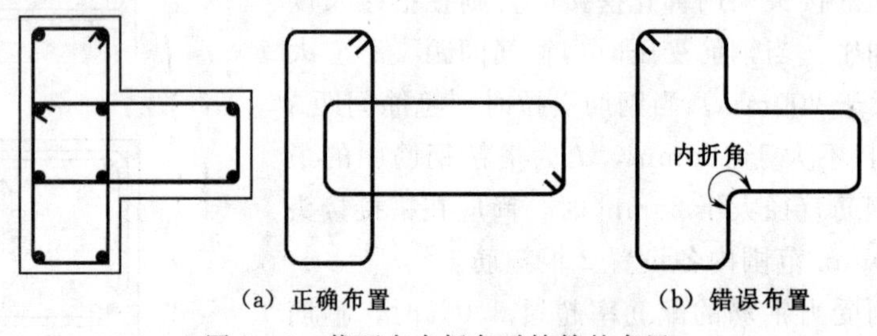

（a）正确布置　　（b）错误布置

图 5-4　截面有内折角时箍筋的布置

箍筋除了固定纵向钢筋防止纵向钢筋弯凸外，还有抵抗剪力及增加受压构件延性的作用，对抗震有利，因此设计中适当加强箍筋的配置是十分必要的。

5.2　轴心受压构件正截面受压承载力计算

在轴心受压构件中，从构造简单和施工方便的角度考虑，多采用矩形或正方形截面和图 5-3 所示的普通箍筋，这种柱称为普通箍筋柱［图 5-5（a）］。当轴心受压构件承受很大的轴向压力，而截面尺寸由于建筑上及使用上的要求不能加大，若按普通箍筋柱设计，即使提高混凝土强度等级和增加纵向钢筋用量也不能满足受压承载力要求时，可采用螺旋式箍筋柱［图 5-5（b）］或焊接环式箍筋柱［图 5-5（c）］以提高其受压承载力，这种轴心受压构件称为螺旋箍筋柱。螺旋箍筋柱的截面形状一般为圆形或多边形，在港口工程中多为圆形。

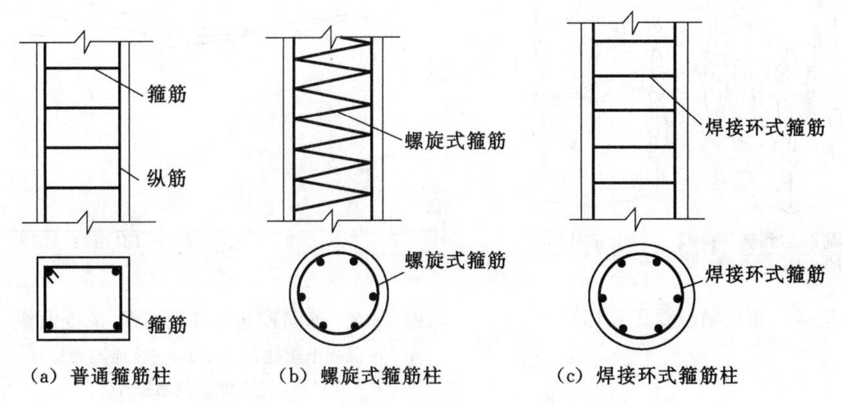

图 5-5　轴心受压构件钢筋布置

5.2.1　普通箍筋柱

5.2.1.1　普通箍筋柱的试验结果与承载力分析

轴心受压构件试验时，采用配有纵向钢筋和箍筋的短柱体为试件。在整个加载过程中，可以观察到短柱全截面受压，其压应变是均匀的。由于钢筋与混凝土之间存在黏结力，从加载到破坏，钢筋与混凝土共同变形，两者的压应变始终保持一样。

在荷载较小时，材料处于弹性状态，所以混凝土和钢筋两种材料应力的比值基本上符合它们的弹性模量之比。

随着荷载逐步加大，混凝土的塑性变形开始发展，其变形模量降低。因此，当柱子变形越来越大时，混凝土的应力却增加得越来越慢。而钢筋由于在屈服之前一直处于弹性阶段，因此其应力增加始终与其应变成正比。在此情况下，混凝土和钢筋两者的应力之比不再符合弹性模量之比，如图 5-6 所示。如果荷载长期持续作用，混凝土还有徐变发生，此时混凝土与钢筋之间更会引起应力的重分配，使混凝土的应力有所减少，而钢筋的应力增大（图 5-6 中的实线）。

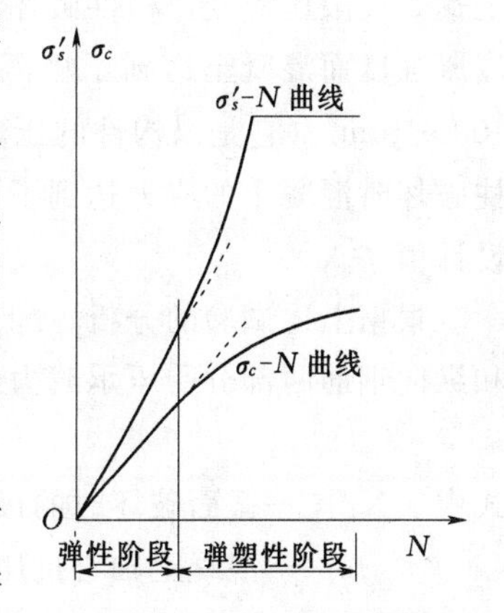

图 5-6　轴心受压柱的应力-荷载曲线

当纵向荷载达到柱子破坏荷载的 90%左右时，柱子由于横向变形达到极限而出现纵向裂缝［图 5-7（a）］，混凝土保护层开始剥落，最后，箍筋间的纵向钢筋发生屈折向外弯凸，混凝土被压碎，整个柱子也就破坏了［图 5-7（b）］。

图 5-8 是混凝土和钢筋混凝土理想轴心受压短柱在短期荷载作用下的荷载与纵向压应变的关系示意图。所谓理想的轴心受压是指轴向压力通过截面重心。其中曲线 A 代表不配筋的素混凝土短柱，其曲线形状与混凝土棱柱体受压的应力-应变曲线相同；曲线 B 代表配置普通箍筋的钢筋混凝土短柱，其中 B_1、B_2 表示不

同箍筋用量；曲线 C 则代表配置螺旋箍筋的钢筋混凝土短柱，其中 C_1、C_2、C_3 分别表示不同螺距的螺旋箍筋。

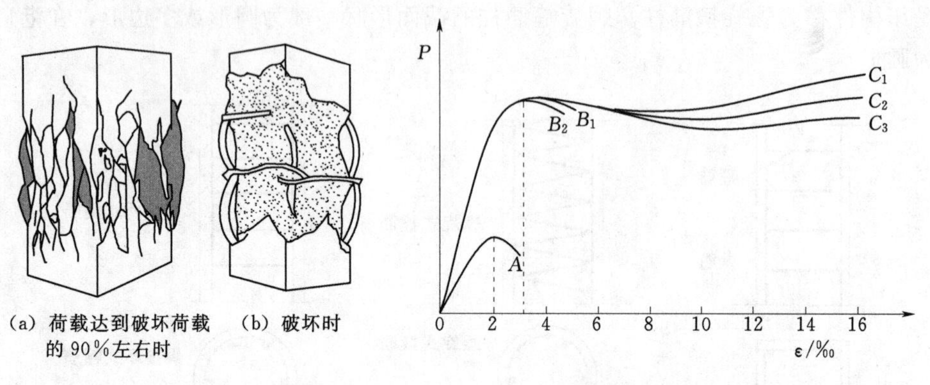

图 5-7　短柱轴心受压破坏形态

图 5-8　不同箍筋短柱的荷载-应变曲线
A—素混凝土短柱；B_1、B_2—普通箍筋短柱；
C_1～C_3—螺旋箍筋短柱

试验表明，钢筋混凝土短柱的承载力比素混凝土短柱高。它的延性比素混凝土短柱也好得多，表现在最大荷载作用时的变形（应变）值比较大，而且荷载-应变曲线的下降段的坡度也较为平缓。素混凝土棱柱体构件达到最大压应力值时的压应变为 0.0015～0.002，而钢筋混凝土短柱混凝土达到应力峰值时的压应变一般为 0.0025～0.0035。试验还表明，柱子延性的好坏主要取决于箍筋的数量和形式。箍筋数量越多，对柱子的侧向约束程度越大，柱子的延性就越好。特别是螺旋箍筋，对增加延性的效果更为有效。

短柱破坏时，一般是纵向钢筋先达到屈服强度，此时可继续增加一些荷载。最后混凝土达到极限压应变，构件破坏。当纵向钢筋的屈服强度较高时，可能会出现钢筋没有达到屈服强度而混凝土达到了极限压应变的情况。但由于热轧钢筋的抗压强度设计值 $f'_y \leqslant 400\text{N/mm}^2$（它是以构件的压应变达到 0.002 为控制条件确定的），因而，可以认为，短柱破坏时混凝土的应力达到了混凝土轴心抗压强度设计值 f_c，钢筋应力达到了抗压强度设计值 f'_y。

根据上述试验的分析，配置普通箍筋的钢筋混凝土短柱的正截面极限承载力由混凝土和纵向钢筋两部分受压承载力组成（图 5-9），即

$$N_u = f_c A_c + f'_y A'_s \tag{5-1}$$

式中　N_u——截面破坏时的极限轴向压力；

f_c——混凝土轴心抗压强度设计值；

A_c——混凝土截面面积；

f'_y——纵向钢筋抗压强度设计值；

A'_s——全部纵向受压钢筋截面面积。

上述破坏情况只是对比较粗的短柱而言的。当柱子比较细长时，可发现它的破坏荷载小于短柱，且柱子越细长破坏荷载小得越多。

由试验得知，长柱在轴向压力作用下，不仅发生压缩变形，同时还发生纵向弯曲，产

生横向挠度。在荷载不大时，长柱截面也是全部受压的。但由于发生纵向弯曲，内凹一侧的压应力就比外凸一侧要大。在破坏前，横向挠度增加得很快，使长柱的破坏来得比较突然。破坏时，凹侧混凝土被压碎，纵向钢筋被压弯而向外弯凸；凸侧则由受压突然变为受拉，出现水平的受拉裂缝（图 5-10）。

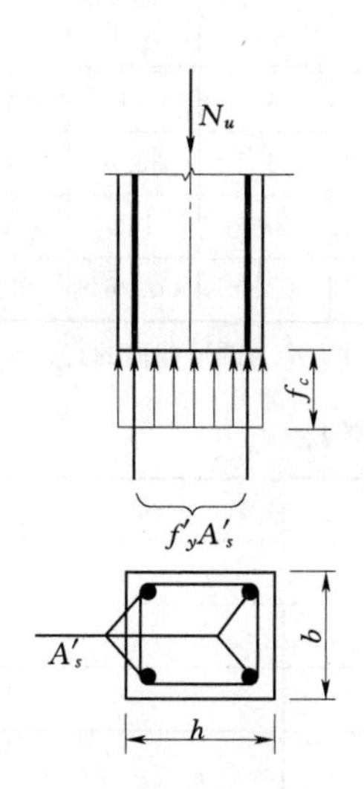

图 5-9 短柱轴心受压柱正截面受压承载力计算简图

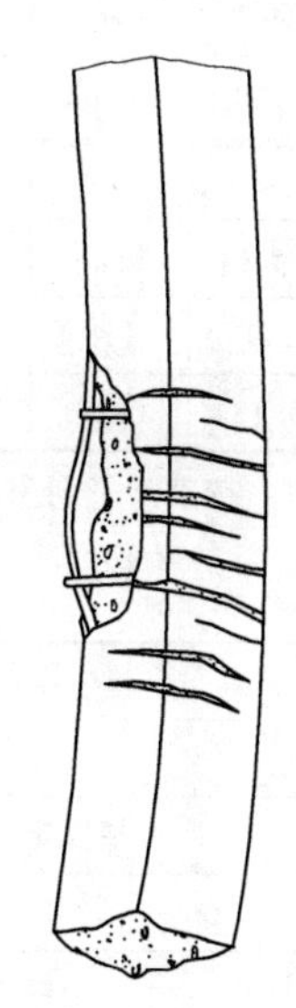

图 5-10 长柱轴心受压破坏形态

这一现象的发生是由于钢筋混凝土柱不可能为理想的轴心受压构件，而轴向压力多少存在一个初始偏心。这一偏心所产生的附加弯矩对于短柱来说，影响不大，可以忽略不计；但对长柱来说，会使构件产生横向挠度，横向挠度又加大了初始偏心，这样互为影响，使得柱子在弯矩及轴力共同作用下发生破坏。很细长的长柱还有可能发生失稳破坏，失稳时的承载力也就是临界压力。

因此，在设计中必须考虑纵向弯曲对柱子承载力降低的影响。常用稳定系数 φ 来表示长柱承载力较短柱降低的程度。φ 是长柱轴心受压承载力与短柱轴心受压承载力的比值，即 $\varphi=N_{u长}/N_{u短}$，显然 φ 是一个小于 1 的数值。

试验表明，影响 φ 值的主要因素为柱的长细比 l_0/i（l_0 为柱子的计算长度，i 为截面最小回转半径），混凝土强度等级和配筋率对 φ 值影响较小，可予以忽略。对于矩形和圆形截面，l_0/i 可换算为 l_0/b 和 l_0/d（b 为矩形截面短边尺寸，d 为圆形截面直径）。根据中国建筑科学研究院的试验资料并参照国外有关资料，φ 值与 l_0/i、l_0/b、l_0/d 的关系见表 5-1。对于矩形或圆形截面，当 $l_0/b\leqslant 8$ 或 $l_0/d\leqslant 7$ 时，$\varphi\approx 1$，可不考虑纵向弯曲问题，也就是说 $l_0/b\leqslant 8$ 或 $l_0/d\leqslant 7$ 的柱可称为短柱；而当 $l_0/b>8$ 或 $l_0/d>7$ 时，φ 值随 l_0/b 或 l_0/d 的增大而减小。

受压构件的计算长度 l_0 与其两端的约束情况有关，可由表 5-2 查得。实际工程中，柱子两端的约束情况常不是理想的完全固定或完全铰接，因此对具体情况应进行具体分析。规范针对单层厂房及多层房屋柱的计算长度均作了具体规定。

表 5-1　　钢筋混凝土轴心受压构件的稳定系数 φ

l_0/b	≤8	10	12	14	16	18	20	22	24	26	28
l_0/d	≤7	8.5	10.5	12.0	14.0	15.5	17.0	19.0	21.0	22.5	24.0
l_0/i	≤28	35	42	48	55	62	69	76	83	90	97
φ	1.0	0.98	0.95	0.92	0.87	0.81	0.75	0.70	0.65	0.60	0.56
l_0/b	30	32	34	36	38	40	42	44	46	48	50
l_0/d	26.0	28.0	29.5	31.0	33.0	34.5	36.5	38.0	40.0	41.5	43.0
l_0/i	104	111	118	125	132	139	146	153	160	167	174
φ	0.52	0.48	0.44	0.40	0.36	0.32	0.29	0.26	0.23	0.21	0.19

注　l_0 为构件计算长度，按表 5-2 计算；b 为矩形截面的短边尺寸；d 为圆形截面的直径；i 为截面最小回转半径。

表 5-2　　受压构件的计算长度 l_0

杆件	两端约束情况	l_0
直杆	两端固定	$0.5l$
	一端固定，另一端为不移动的铰	$0.7l$
	两端为不移动的铰	l
	一端固定，另一端自由	$2.0l$
拱	三铰拱	$0.58S$
	两铰拱	$0.54S$
	无铰拱	$0.36S$

注　l 为构件支点间长度；S 为拱轴线长度。

必须指出，采用过分细长的柱子是不合理的，因为柱子越细长，受压后越容易发生纵向弯曲而导致失稳，构件承载力降低越多，材料强度不能充分利用。因此，对一般建筑物中的柱，常限制长细比 $l_0/b \leqslant 30$ 及 $l_0/h \leqslant 25$（b 为矩形截面的短边尺寸，h 为长边尺寸）。

5.2.1.2　普通箍筋柱正截面受压承载力计算

1. 基本公式

根据以上受力性能分析，由式（5-1），再引入钢筋混凝土轴心受压柱稳定系数 φ 和可靠度调整系数 0.9，以分别考虑长柱承载力的降低和可靠度的调整，普通箍筋柱的正截面受压承载力应符合如下要求：

$$N \leqslant N_u = 0.9\varphi(f_c A + f'_y A'_s) \tag{5-2}$$

式中　N——轴向压力设计值，为式（2-20）（持久组合）或式（2-21）（短暂组合）计算值与 γ_0 的乘积；γ_0 为结构重要性系数，对于安全等级为一级、二级、三级的结构构件，γ_0 分别取为 1.1、1.0、0.9；

N_u——截面破坏时的极限轴向压力；

φ——钢筋混凝土轴心受压构件稳定系数，按表 5-1 取用；

f_c——混凝土的轴心抗压强度设计值，按附录 B 表 B-1 取用；

A——构件截面面积（当配筋率 $\rho'>3\%$ 时，需扣除纵向钢筋截面面积，$\rho'=A'_s/A$，A 为全截面面积）；

f'_y——纵向钢筋的抗压强度设计值，按附录 B 表 B-3 取用；

A'_s——全部纵向钢筋的截面面积。

2. 截面设计

柱的截面尺寸可根据构造要求或参照同类结构确定；然后根据 l_0/b、l_0/d 或 l_0/i 由表 5-1 查出 φ 值，取 $N=N_u$；再按式（5-2）计算所需要的纵向钢筋截面面积，即

$$A'_s=\frac{N-0.9\varphi f_c A}{0.9\varphi f'_y} \tag{5-3}$$

求得纵向钢筋截面面积 A'_s 后，验算配筋率 $\rho'=A'_s/A$ 是否适中（柱子的合适配筋率在 0.8%～2.0%）。如果 ρ' 过大或过小，说明截面尺寸选择不当，可另行选定，重新进行计算。若 ρ' 小于最小配筋率 $\rho'_{\min}$，且柱截面尺寸由建筑要求确定无法改变时，要求 $\rho'\geqslant\rho'_{\min}$。$\rho'_{\min}$ 取值见附录 D 表 D-5。

3. 承载力复核

轴心受压柱的正截面承载力复核，是已知截面尺寸、纵向钢筋截面面积和材料强度后，验算截面承受某一轴向压力时是否安全，即计算截面能承担多大的轴向压力。

可根据 l_0/b、l_0/d 或 l_0/i 查表 5-1 得 φ 值，然后按式（5-2）计算所能承受的轴向压力 N。

【例 5-1】 某码头仓库的普通箍筋轴心受压柱，柱底固定，顶部为不移动铰接，柱高 6500mm。在正常使用期，轴向压力设计值 $N=1390.0\text{kN}$。该柱混凝土强度等级为 C30，纵向受压钢筋采用 HRB400，试设计截面。

解：

C30 混凝土，$f_c=14.3\text{N/mm}^2$；HRB400 钢筋，$f'_y=360\text{N/mm}^2$；$\rho'_{\min}=0.60\%$。取柱截面形状为正方形，边长 $b=300\text{mm}$。

由表 5-2 可得

$$l_0=0.7l=0.7\times6500=4550(\text{mm})$$

$$\frac{l_0}{b}=\frac{4550}{300}=15.17>8$$

需考虑纵向弯曲的影响，由表 5-1 查得 $\varphi\approx0.89$。

按式（5-3）计算 A'_s：

$$A'_s=\frac{N-0.9\varphi f_c A}{0.9\varphi f'_y}=\frac{1390.0\times10^3-0.9\times0.89\times14.3\times300\times300}{0.9\times0.89\times360}=1245(\text{mm}^2)$$

$$\rho'=\frac{A'_s}{A_\rho}=\frac{A'_s}{A}=\frac{1245}{300\times300}=1.38\%>\rho'_{\min}=0.60\%$$

选用 4 ⏀ 20 钢筋（$A'_s=1256\text{mm}^2$），排列于柱子四角，则一侧 $\rho'=\frac{1245/2}{300\times300}=0.69\%>\rho'_{\min}=0.20\%$，箍筋选用Φ 8@250，如图 5-11 所示。另外，$\rho'<3.0\%$ 说明计算 A'_s 时取 $A=bh$，未扣除 A'_s 是可行的。

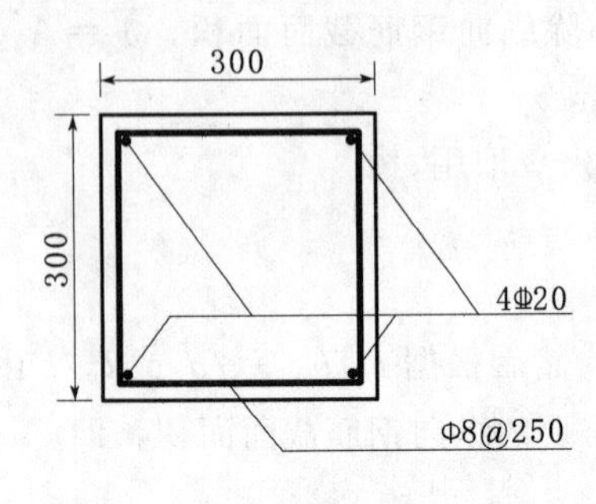

图 5-11　普通箍筋柱配筋图

5.2.2　螺旋箍筋柱

5.2.2.1　螺旋箍筋或焊接环式箍筋的作用

在加载初期，混凝土压应力较小时，螺旋箍筋或焊接环式箍筋对核心混凝土（箍筋内侧的混凝土）的横向变形约束作用不明显。当混凝土压应力超过 $0.8f_c$ 时，混凝土横向变形急剧增大，使螺旋式箍筋或焊接环式箍筋产生拉应力，从而约束核心混凝土的变形，使混凝土抗压强度得以提高。当轴心压力逐步增大，混凝土压应变达到了无约束混凝土极限压应变时，箍筋外面的混凝土保护层开始剥落。当箍筋应力达到抗拉屈服强度时，就不能再有效约束混凝土的横向变形，混凝土的抗压强度也就不能再继续提高，这时构件破坏。由此可以看出，螺旋式箍筋或焊接环式箍筋的作用是：给核心混凝土提供围压，使核心混凝土处于三向受压状态，从而提高了混凝土的抗压强度。

虽然螺旋式箍筋或焊接环式箍筋垂直于轴向压力作用方向放置，但它间接起到了提高构件轴心受压承载力的作用，所以螺旋式箍筋或焊接环式箍筋也称为间接钢筋。

5.2.2.2　螺旋箍筋柱正截面受压承载力计算

1. 基本公式

螺旋式箍筋柱在轴向压力作用下，间接钢筋所包围的核心混凝土受到螺旋箍筋的径向压力 σ_r 作用，由于它处于三向受压的复合应力状态，抗压强度将由单轴受压时的 f_c 提高到 f_{cc}。f_{cc}可近似按下式计算：

$$f_{cc}=f_c+4\alpha\sigma_r \tag{5-4}$$

式中　f_{cc}——被约束后的混凝土轴心抗压强度；

α——间接钢筋对混凝土约束的折减系数；

σ_r——间接钢筋应力达到屈服强度时轴心受压构件的核心混凝土受到的径向压应力值。

通过圆心沿径向将构件切开（图 5-12），则 σ_r 的合力应与间接钢筋的拉力平衡。假设间接钢筋屈服，取高度等于间距 s 的隔离体进行受力分析，由图 5-12 可列出平衡方程为

$$2f_{yv}A_{ss1}=2\sigma_r s\int_0^{\frac{\pi}{2}} r_{cor}\sin\theta\mathrm{d}\theta=\sigma_r sd_{cor} \tag{5-5}$$

式中　f_{yv}——间接钢筋抗拉强度设计值；

A_{ss1}——单肢间接钢筋截面面积；

s——间接钢筋间距；

d_{cor}——核心混凝土的直径，也就是间接钢筋内表面直径，如图 5-12 所示。

故

$$\sigma_r=\frac{2f_{yv}A_{ss1}}{sd_{cor}}=\frac{2f_{yv}A_{ss1}}{sd_{cor}}\frac{\pi d_{cor}}{\frac{4\pi d_{cor}}{4}}=\frac{2f_{yv}A_{ss1}\pi d_{cor}}{s\frac{4\pi d_{cor}^2}{4}}=\frac{f_{yv}A_{ss1}\pi d_{cor}}{2sA_{cor}} \tag{5-6}$$

式中 A_{cor}——构件的核心混凝土面积，$A_{cor}=\pi d_{cor}^2/4$。

令

$$A_{ss0}=\frac{A_{ss1}\pi d_{cor}}{s} \tag{5-7}$$

式中 A_{ss0}——间接钢筋的换算截面面积。

将式（5-7）代入式（5-6），有

$$\sigma_r=\frac{f_{yv}A_{ss0}}{2A_{cor}} \tag{5-8}$$

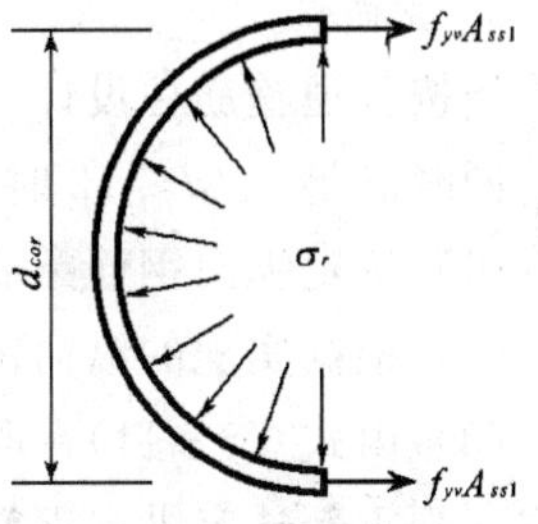

图 5-12 核心混凝土径向受力示意图

螺旋箍筋柱破坏时力的平衡方程为

$$N_u=f_{cc}A_{cor}+f'_yA'_s \tag{5-9}$$

将式（5-4）和式（5-8）代入式（5-9），有

$$N_u=\left(f_c+2\alpha\frac{f_yA_{ss0}}{A_{cor}}\right)A_{cor}+f'_yA'_s=f_cA_{cor}+f'_yA'_s+2\alpha f_yA_{ss0} \tag{5-10}$$

引入可靠度调整系数 0.9，螺旋箍筋柱的正截面受压承载力应满足如下条件：

$$N\leqslant N_u=0.9(f_cA_{cor}+f'_yA'_s+2\alpha f_{yv}A_{ss0}) \tag{5-11}$$

式中 A_{cor}——构件的核心混凝土面积，$A_{cor}=\pi d_{cor}^2/4$，d_{cor} 为核心混凝土的直径，如图 5-12所示；

f_{yv}——间接钢筋抗拉强度设计值，按附录 B 表 B-3 中的 f_y 值确定；

α——间接钢筋对混凝土约束的折减系数，C50 及以下混凝土，$\alpha=1.0$；C80 混凝土，$\alpha=0.85$；其间，α 按线性内插法确定；

A_{ss0}——间接钢筋的换算截面面积，按式（5-7）计算；

其余符号意义同前。

2. 限制条件

按式（5-11）计算螺旋箍筋柱受压承载力时，必须满足有关条件，否则就不能考虑间接钢筋的约束作用。规范规定：当遇到下列任意一种情况时，不应计入间接钢筋的影响，而应按普通箍筋柱计算，即按式（5-2）计算构件的受压承载力：

(1) $l_0/d>12$。因这时构件长细比较大，有可能因纵向弯曲导致构件在间接钢筋达抗拉设计强度之前已经破坏。

(2) 按螺旋式箍筋柱计算得到的受压承载力小于按普通箍筋柱计算得到的受压承载力，即按式（5-11）计算得到的 N_u 小于按式（5-2）计算得到的 $N_u^{普}$。

(3) 间接钢筋换算截面面积 A_{ss0} 小于纵向钢筋截面面积的 25%。这时可以认为间接钢筋配置太少，间接钢筋对核心混凝土的约束作用不明显。

此外，为了防止间接钢筋外的保护层过早剥落，规范规定：按螺旋箍筋柱计算得到的受压承载力不得大于按普通箍筋柱计算得到的受压承载力的 1.5 倍，即按式（5-11）计算得到的 N_u 不得大于按式（5-2）计算得到的 $N_u^{普}$ 的 1.5 倍。

在螺旋箍筋柱中，如计算中考虑间接钢筋的作用，则其间距 s 要同时满足 $s\leqslant80$mm、$s\leqslant0.20d_{cor}$ 和 $s\geqslant40$mm。间距太大，不能提供有效的环向约束；间距太小，不能保证保护层混凝土的浇筑质量。

3. 截面设计

当按普通箍筋柱设计，受压承载力不能满足要求且截面尺寸和混凝土强度等级不能更改，同时满足 $l_0/d \leqslant 12$ 时，可采用螺旋式箍筋柱。计算步骤如下：

(1) 选定纵向钢筋配筋率 ρ'，按 ρ' 得到纵向钢筋用量，选配纵向钢筋。

(2) 根据实配的纵向钢筋根数和直径，得到实配纵向钢筋截面面积 A'_s。

(3) 由式 (5-11)，取 $N=N_u$，计算得到 A_{ss0}，判断 $A_{ss0} \geqslant 0.25A'_s$ 是否成立，若不成立，则重新选定纵向钢筋配筋率 ρ'。

(4) 若 $A_{ss0} \geqslant 0.25A'_s$ 成立，选择间接钢筋直径，得单肢间接钢筋截面面积 A_{ss1}，由式 (5-7) 得间接钢筋间距 s 计算值。根据 s 计算值取用间接钢筋间距 s，取用的 s 要小于等于其计算值，且需同时满足 $s \leqslant 80\text{mm}$、$s \leqslant 0.20d_{cor}$ 和 $s \geqslant 40\text{mm}$ 的要求。

(5) 按实配的纵向钢筋和间接钢筋，按式 (5-11) 和式 (5-2) 计算 N_u 和 $N_u^{普}$，验算 $N_u^{普} \leqslant N_u \leqslant 1.5N_u^{普}$ 是否成立。

(6) 若 $N_u^{普} \leqslant N_u \leqslant 1.5N_u^{普}$ 成立，则直接验算受压承载力能否满足，即 $N \leqslant N_u$ 是否成立；若 $N_u > 1.5N_u^{普}$ 取 $N_u = 1.5N_u^{普}$，若 $N_u < N_u^{普}$ 取 $N_u = N_u^{普}$，再验算 $N \leqslant N_u$ 是否成立。

4. 承载力复核

螺旋式箍筋柱正截面承载力复核时，计算步骤如下：

(1) 按式 (5-2) 计算得到 $N_u^{普}$，判断 $A_{ss0} \geqslant 0.25A'_s$ 和 $l_0/d \leqslant 12$ 是否成立，若不成立，取 $N_u = N_u^{普}$。

(2) 若 $A_{ss0} \geqslant 0.25A'_s$ 和 $l_0/d \leqslant 12$ 成立，按式 (5-11) 计算 N_u，验算 $N_u^{普} \leqslant N_u \leqslant 1.5N_u^{普}$ 是否成立。

(3) 若 $N_u^{普} \leqslant N_u \leqslant 1.5N_u^{普}$ 成立，则直接验算 $N \leqslant N_u$ 是否成立；若 $N_u > 1.5N_u^{普}$ 取 $N_u = 1.5N_u^{普}$，若 $N_u < N_u^{普}$ 取 $N_u = N_u^{普}$，再验算 $N \leqslant N_u$ 是否成立。

【例 5-2】 某港口码头引桥有一圆形截面桥墩，直径 $d=500\text{mm}$，计算长度 $l_0=4.20\text{m}$，处于淡水水下环境，承受轴心压力设计值为 $N=6319.50\text{kN}$。混凝土强度等级为 C35，纵向受压钢筋和箍筋分别采用 HRB400 和 HPB300，试设计该柱的配筋。该柱截面尺寸和混凝土强度等级均不能提高。

解：

1. 资料

C35 混凝土，$f_c=16.7\text{N/mm}^2$，间接钢筋对混凝土约束的折减系数 $\alpha=1.0$；纵筋采用 HRB400，$f'_y=360\text{N/mm}^2$；间接钢筋采用 HPB300，$f_{yv}=270\text{N/mm}^2$。淡水水下环境，取保护层厚度 $c=40\text{mm}$。

2. 按普通箍筋柱计算

$$\frac{l_0}{d}=\frac{4200}{500}=8.40$$

需考虑纵向弯曲的影响，查表 5-1 得 $\varphi=0.98$。

圆形柱截面面积为

$$A=\pi d^2/4=3.142\times500^2/4=196375(\text{mm}^2)$$

由式 (5-3) 得

$$A_s'=\frac{N-0.9\varphi f_cA}{0.9\varphi f_y'}$$

$$=\frac{6319.50\times10^3-0.9\times0.98\times16.7\times196375}{0.9\times0.98\times360}=10793(\text{mm}^2)$$

$$\rho'=\frac{A_s'}{A_\rho}=\frac{A_s'}{A}=\frac{10793}{196375}=5.50\%>5\%$$

配筋率过高。

因不能提高混凝土强度等级和增大截面尺寸，且满足 $l_0/d\leqslant12$，故采用螺旋式箍筋柱。间接钢筋采用螺旋式箍筋。

3. 确定螺旋箍筋方案

(1) 验算 A_{ss0}

取纵向配筋率 $\rho'=4.50\%$，则

$$A_s'=0.045A=0.045\times196375=8837(\text{mm}^2)$$

柱周长为1571mm，由构造要求，纵筋间距不应小于50mm且不大于300mm，根数不宜小于8，故纵筋根数宜不少于8且不应多于31，因而纵筋选用18 ⌀ 25，实配8836mm^2，实际配筋率4.50%。

混凝土核芯截面面积为

$$A_{cor}=\pi d_{cor}^2/4=3.142\times(500-2\times40)^2/4=138562(\text{mm}^2)$$

由式（5-11）得

$$A_{ss0}=\frac{N-0.9(f_cA_{cor}+f_y'A_s')}{0.9\times2\alpha f_{yv}}$$

$$=\frac{6319.50\times10^3-0.9\times(16.7\times138562+360\times8836)}{0.9\times2\times1.0\times270}=2827(\text{mm}^2)$$

$$A_{ss0}>0.25A_s'=0.25\times8837=2209(\text{mm}^2)$$

满足要求。

(2) 预设螺旋式箍筋方案

预设螺旋式箍筋直径12mm，单肢箍筋截面面积 $A_{ss1}=113\text{mm}^2$。螺旋式箍筋螺距为

$$s=\frac{A_{ss1}\pi d_{cor}}{A_{ss0}}=\frac{113\times3.142\times420}{2827}=53(\text{mm})$$

取螺旋式箍筋螺距 $s=50$mm，$s<0.20d_{cor}=84$mm，$s<80$mm，$s>40$mm，满足构造要求。

(3) 按实配钢筋验算 $A_{ss0}\geqslant0.25A_s'$ 是否满足

按式（5-7）可得

$$A_{ss0}=\frac{A_{ss1}\pi d_{cor}}{s}=\frac{113\times3.142\times420}{50}=2982(\text{mm})$$

$$A_{ss0}>0.25A_s'=0.25\times8836=2209(\text{mm}^2)$$

满足要求。

4. 柱承载力验算

(1) 验算 N_u

按式（5-11）得

$$
\begin{aligned}
N_u &= 0.9(f_c A_{cor} + f'_y A'_s + 2\alpha f_{yv} A_{ss0}) \\
&= 0.9\times(16.7\times138562+360\times8836+2\times1.0\times270\times2982) \\
&= 6394.70\times10^3(\mathrm{N}) = 6394.70\mathrm{kN} > N = 6319.50\mathrm{kN}
\end{aligned}
$$

满足承载力要求。

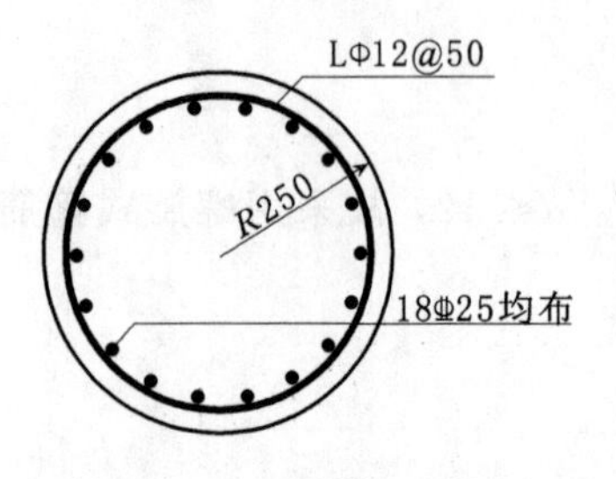

图5-13 螺旋式箍筋柱截面配筋图

(2) 验算与普通箍筋柱承载力关系

按普通箍筋柱计算时，由于 $\rho>3.0\%$，A 需扣除 A'_s，由式（5-2）得

$$
\begin{aligned}
N_u^{普} &= 0.9\varphi(f_c A + f'_y A'_s) \\
&= 0.9\times0.98\times[16.7\times(196375-8836)+360\times8836] \\
&= 5567.94\times10^3(\mathrm{N}) = 5567.94\mathrm{kN}
\end{aligned}
$$

因而有

$$N_u < 1.5N_u^{普} = 1.5\times5567.94 = 8351.91(\mathrm{kN})$$

满足要求。

5. 配筋图

截面配筋如图5-13所示。

5.3 矩形截面偏心受压构件正截面受压承载力计算

偏心受压构件的纵向钢筋通常布置在截面偏心方向的两侧，离偏心压力较近一侧的受力钢筋为纵向受压钢筋，截面面积用 A'_s 表示；离偏心压力较远一侧的受力钢筋有可能受拉也有可能受压，但不论是受拉还是受压，截面面积都用 A_s 表示，如图5-14所示。

5.3.1 矩形截面偏心受压构件试验结果

在偏心压力作用下，构件会发生不同形态的正截面破坏。影响正截面破坏形态的因素很多，但主要是偏心距的大小和纵向钢筋的配置。试验结果表明，偏心受压短柱试件的破坏可归纳为两类情况。

1. 第一类破坏情况——受拉破坏（图5-14）

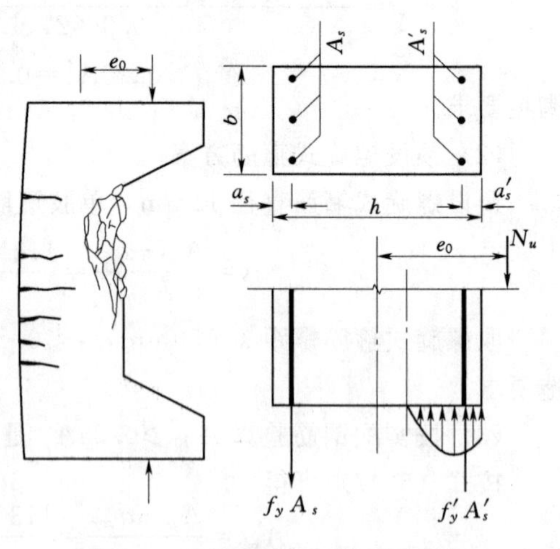

图5-14 偏心受压短柱受拉破坏

当轴向压力的偏心距较大时，截面部分受拉、部分受压。如果受拉区配置的纵向受拉钢筋数量适中，则试件在受力后，受拉区先出现横向裂缝。随着荷载增加，裂缝不断开展延伸，受拉钢筋应力首先达到受拉屈服强度 f_y。此时受拉应变的发展大于受压应变，中和轴向受压边缘移动，使混凝土受压区很快缩小，压区应变很快增加，最后混凝土因压应变达到极限压应变而被压碎，构件也就破坏了。破坏时混凝土压碎区的外轮廓线大体呈三角形，压碎区段较短。纵向受压钢筋应力一般也达到其抗压强度。由于这种破坏发生于轴向压力偏心距较大的场合，因此，也称为“大偏心受压破坏”。它的破坏特征是受拉钢筋应力先

达到屈服强度，然后压区混凝土被压碎，与配筋量适中的双筋受弯构件的破坏相类似。

2. 第二类破坏情况——受压破坏（图 5-15）

这类破坏可包括下列三种情况：

(1) 当偏心距很小时［图 5-15 (a)］，截面全部受压。一般是靠近轴向压力一侧的压应力较大一些，当荷载增大后，这一侧的混凝土先被压碎（发生纵向裂缝），纵向受压钢筋应力也达到抗压强度设计值。而另一侧的混凝土应力和纵向钢筋应力在构件破坏时均未能达到抗压强度设计值。

(2) 当偏心距稍大时［图 5-15 (b)］，截面也会出现小部分受拉区。但由于纵向受拉钢筋很靠近中和轴，应力很小。受压应变的发展大于受拉应变的发展，破坏发生在受压一侧。破坏时受压一侧混凝土的应变达到极限压应变，并发生纵向裂缝，压碎区段较长。破坏无明显预兆，混凝土强度等级越高，破坏越具有突然性。破坏时在受拉区一侧可能出现一些微细裂缝，也可能没有裂缝，受拉钢筋应力达不到屈服强度。

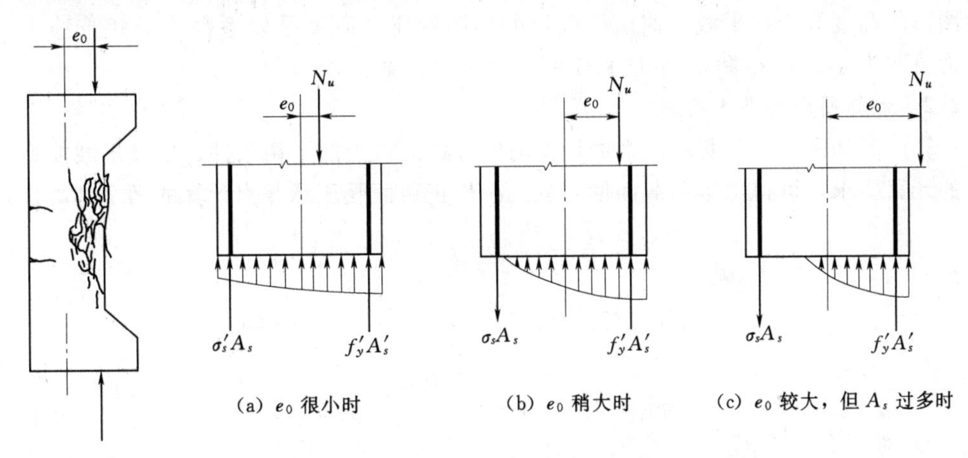

图 5-15 偏心受压短柱受压破坏

(3) 当偏心距较大时［图 5-15 (c)］，原本应发生第一类大偏心受压破坏，但如果纵向受拉钢筋配置特别多，那么受拉一侧的钢筋应变仍很小，破坏仍由受压区混凝土被压碎开始。破坏时受拉钢筋应力达不到屈服强度。这种破坏性质与超筋梁类似，在设计中应予避免。

上述三种情况，破坏时的应力状态虽有所不同，但破坏特征都是靠近轴向压力一侧的受压混凝土因应变先达到极限压应变而被压坏，所以称为“受压破坏”。前两种破坏发生于轴向压力偏心距较小的场合，因此也称为“小偏心受压破坏”。

在个别情况，由于轴向压力的偏心距极小（图 5-16），同时距轴向压力较远一侧的钢筋 A_s 配置过少时，破坏也可能在距轴向压力较远一侧发生。这是因为当偏心距极小时，如混凝土质地不均匀或考虑纵筋截面面积后，截面的实际重心可能偏到轴向压力的另一侧。此时，离轴向压力较远的一侧压应力就较大，靠近轴向压力一侧的应力反而较小。破坏也就可能从离轴向压力较远的一侧开始。

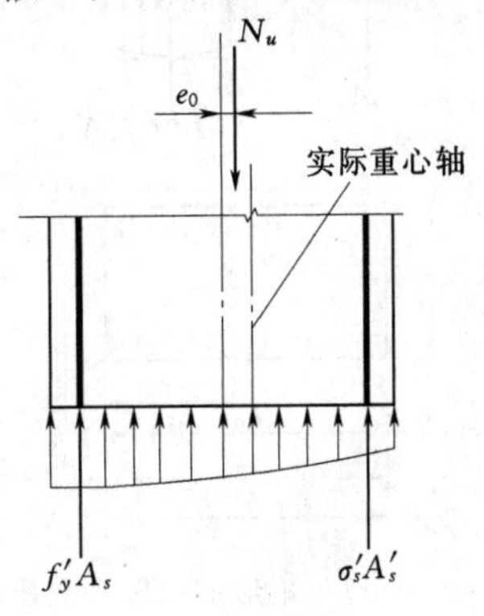

图 5-16 小偏压构件的个别破坏情况

试验还说明，偏心受压构件的箍筋用量越多时，其延性也越好，但箍筋阻止混凝土横向扩张的作用不如在轴心受压构件中那样明显。

5.3.2　矩形截面偏心受压构件正截面受压承载力计算的基本假定和计算公式

5.3.2.1　基本假定

钢筋混凝土偏心受压构件的正截面受压承载力计算采用的基本假定和受弯构件相同，仍然是：

(1) 平截面假定（即构件的正截面在构件受力变形后仍保持为平面）。

(2) 不考虑截面受拉区混凝土参加工作。

(3) 受压区混凝土的应力应变关系采用理想化的应力-应变曲线（图3-15）。

(4) 有明显屈服点的钢筋（热轧钢筋），其应力应变关系可简化为理想的弹塑性曲线（图3-16），受拉钢筋极限拉应变取为0.01。

同时，和受弯构件一样，仍将混凝土非均匀的压应力图形等效为矩形应力图形。矩形应力图形的高度等于按平截面假定所确定的实际受压区高度乘以系数 β_1，矩形应力图形的应力值取为 $\alpha_1 f_c$，β_1 和 α_1 取值和受弯构件相同，见表3-1。

5.3.2.2　计算简图与基本公式

计算简图如图5-17所示。根据计算简图和截面内力的平衡条件，以及承载能力极限状态的计算要求，可得出矩形截面偏心受压构件正截面受压承载力计算的两个基本公式：

$$N \leqslant N_u = \alpha_1 f_c bx + f'_y A'_s - \sigma_s A_s \tag{5-12}$$

$$Ne \leqslant N_u e = \alpha_1 f_c bx\left(h_0 - \frac{x}{2}\right) + f'_y A'_s (h_0 - a'_s) \tag{5-13}$$

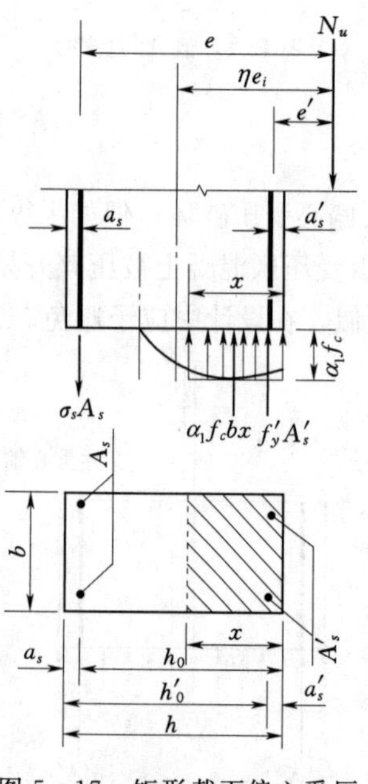

图5-17　矩形截面偏心受压构件正截面受压承载力计算简图

其中

$$e = \eta e_i + \frac{h}{2} - a_s \tag{5-14}$$

$$e_i = e_0 + e_a \tag{5-15}$$

式中　α_1——矩形应力图形压应力等效系数，对强度等级不超过C50的混凝土取 $\alpha_1 = 1.0$，C80混凝土取 $\alpha_1 = 0.94$，其间线性插值，也可按表3-1直接取用；

x——混凝土受压计算高度，当计算得到的 $x > h$ 时，取 $x = h$；

σ_s——受拉边或受压较小边纵向钢筋 A_s 的应力；

e_0——轴向压力对截面重心的偏心距，$e_0 = M/N$；

e_a——附加偏心距，取20mm与偏心方向截面尺寸的1/30两者中的较大值；

e_i——初始偏心距；

η——偏压受压构件考虑二阶弯矩影响的轴向压力偏心距增大系数；

e——轴向压力作用点至纵向钢筋 A_s 合力点的距离；

其余符号意义同前。

5.3.2.3　附加偏心距 e_a 和初始偏心距 e_i

由于工程中实际存在着荷载位置的不定性、混凝土质量的不均匀性及施工误差，偏心受压构件的实际偏心距有可能会大于 $e_0=M/N$，规范用附加偏心距 e_a 来考虑实际偏心距大于 $e_0=M/N$ 的可能性。即在偏心受压构件承载力计算时，除考虑由结构内力分析确定的 $e_0=M/N$ 外，再考虑一个附加偏心距 e_a，取初始偏心距 $e_i=e_0+e_a$。

附加偏心距 e_a 取 20mm 与偏心方向截面尺寸的 1/30 两者中的较大值。

5.3.2.4　σ_s 的计算

在偏心受压构件正截面承载力计算时，必须确定纵向受拉钢筋或受压应力较小边的纵向钢筋应力 σ_s 值。根据前述的平截面假定，可先确定受拉钢筋或受压应力较小边的钢筋应变 ε_s，然后再按钢筋的应力应变关系，求得 σ_s 值，由图 5-18 可知：

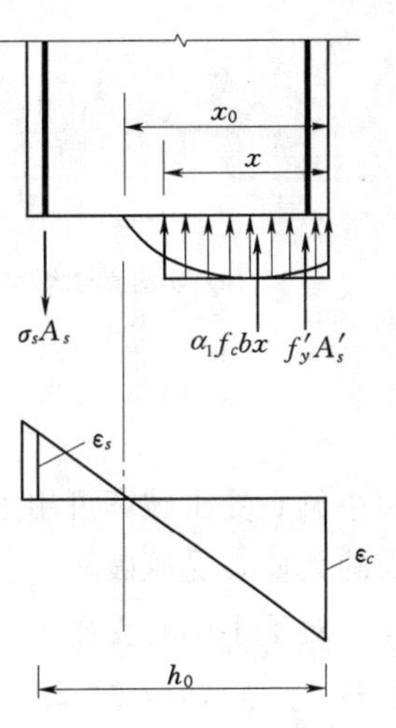

图 5-18　偏心受压构件应力应变分布图

$$\frac{\varepsilon_c}{\varepsilon_c+\varepsilon_s}=\frac{x_0}{h_0} \tag{5-16}$$

所以

$$\varepsilon_s=\varepsilon_c\left(\frac{1}{x_0/h_0}-1\right) \tag{5-17}$$

$$\sigma_s=\varepsilon_s E_s=\varepsilon_c\left(\frac{1}{x_0/h_0}-1\right)E_s \tag{5-18}$$

根据基本假定，取 $x=\beta_1 x_0$，构件破坏时取 $\varepsilon_c=\varepsilon_{cu}$，相对受压区计算高度 $\xi=x/h_0$，则得

$$\sigma_s=\varepsilon_{cu}\left(\frac{\beta_1}{\xi}-1\right)E_s \tag{5-19}$$

由式（5-19）可见，σ_s 与 ξ 呈双曲线关系，如将此关系代入基本公式计算正截面受压承载力时，必须求解 ξ 的三次方程式，计算十分麻烦。另外，该式在 $\xi>1$ 时偏离试验值较大［图 5-19（a）］。试验结果表明，实测的纵向钢筋应力 σ_s 与 ξ 接近于直线分布。因而，为了计算的方便，规范将 σ_s 与 ξ 之间的关系取为式（5-20）表示的线性关系。

$$\sigma_s=f_y\frac{\beta_1-\xi}{\beta_1-\xi_b} \tag{5-20}$$

式中　ξ_b——纵向受拉钢筋和受压区混凝土同时达到强度设计值时的相对界限受压区计算高度；

其余符号意义同前。

式（5-20）是通过曲线 1 两个边界点确定的［图 5-19（b）］：点①，当 $\xi=\xi_b$ 时，$\sigma_s=f_y$；点②，当 $\sigma_s=0$ 时，中和轴正好通过 A_s 合力点位置，此时 $x_0=h_0$，所以 $\xi=x/h_0=\beta_1 x_0/h_0=\beta_1$。由①、②两点的坐标关系可得到求 σ_s 的式（5-20）。

试验表明，式（5-20）与试验资料符合良好。

由式（5-20）容易看出，当 $\xi\leqslant\xi_b$ 时，计算得到的 $\sigma_s\geqslant f_y$，说明构件发生了大偏心受压破坏，此时取 $\sigma_s=f_y$；当 $\xi>\xi_b$ 时，$\sigma_s<f_y$，说明构件发生了小偏心受压破坏。即

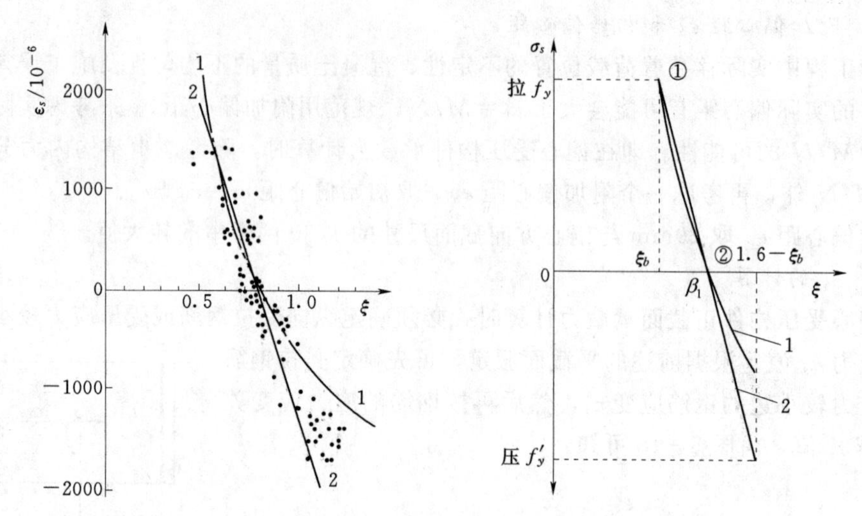

(a) 实测值与式（5-19）、式（5-20）计算值对比　(b) ①、②两点确定式（5-20）

图 5-19　$\sigma_s-\xi$ 关系曲线

1—式（5-19）；2—式（5-20）

大小偏心受压破坏可用 ξ 和 ξ_b 之间的大小关系来判别，当 $\xi \leqslant \xi_b$ 时为纵向受拉钢筋达到屈服的大偏心受压破坏，当 $\xi > \xi_b$ 时为纵向受拉钢筋未达到屈服的小偏心受压破坏。

对于小偏心受压破坏，若 $\xi > 2\beta_1 - \xi_b$，式（5-20）计算得出的 $\sigma_s < -f'_y$，此时取 $\sigma_s = -f'_y$，即取 $\xi = 2\beta_1 - \xi_b$ 且不大于 h/h_0，也就是受压区高度不超过截面高度。

5.3.2.5　相对界限受压区计算高度 ξ_b

按式（5-20）求解 σ_s 时，必须知道相对界限受压区计算高度 ξ_b。与受弯构件类似，利用平截面假定可推导出相对界限受压区计算高度 ξ_b 的计算公式为

$$\xi_b = \frac{\beta_1}{1 + \dfrac{f_y}{\varepsilon_{cu} E_s}} \tag{5-21}$$

式（5-21）和第 3 章式（3-3）相同，因而 ξ_b 也可直接查阅表 3-2。

5.3.2.6　偏心受压构件纵向弯曲影响与偏心距增大系数 η

细长的偏心受压构件在荷载作用下，将发生结构侧移和构件的纵向弯曲，由于侧向挠曲变形（图 5-20），轴向压力产生二阶效应，引起附加弯矩。

图 5-20 为两端铰支的偏心受压柱，轴向压力 N 在柱上下端的偏心距为 e_0，柱中截面侧向挠度为 f。因此，对柱跨中截面来说，轴向压力 N 的实际偏心距为 $e_i + f$，即柱跨中截面的弯矩为 $M = N(e_i + f)$，$\Delta M = Nf$ 为柱中截面因侧向挠度引起的附加弯矩。在材料、截面配筋和初始偏心距 e_i 相同的情况下，随着柱的长细比 l_0/h 增大，侧向挠度 f 与附加弯矩 ΔM 也随之增大，从而使构件承载力 N_u 降低。显然，长细比越大，其附加挠度也越大，承载力 N_u 降低也就越多。因此，在计算长细比较大的钢筋混凝土偏心受压构件时，轴向压力产生的二阶效应对承载力 N_u 降低的影响是不能忽略的。

偏心受压构件在二阶效应影响下的破坏类型可分为材料破坏与失稳破坏两类，材料破

坏是构件临界截面上的材料达到其极限强度而引起的破坏；失稳破坏则是构件纵向弯曲失去平衡而引起的破坏，这时材料并未达到其极限强度。

图 5-21 为截面尺寸、配筋、材料强度、支承情况和轴向压力的偏心距等完全相同的三个偏心受压构件，从加载至破坏的 $N-M$ 曲线及其截面破坏时所能承担的 N_u-M_u 曲线（曲线 $ABCD$）。在 5.5 节将给出 N_u-M_u 曲线公式的推导。

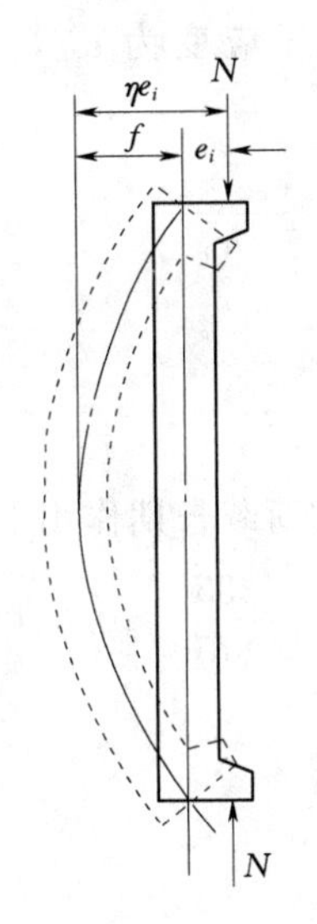

图 5-20 偏心受压长柱的纵向弯曲影响

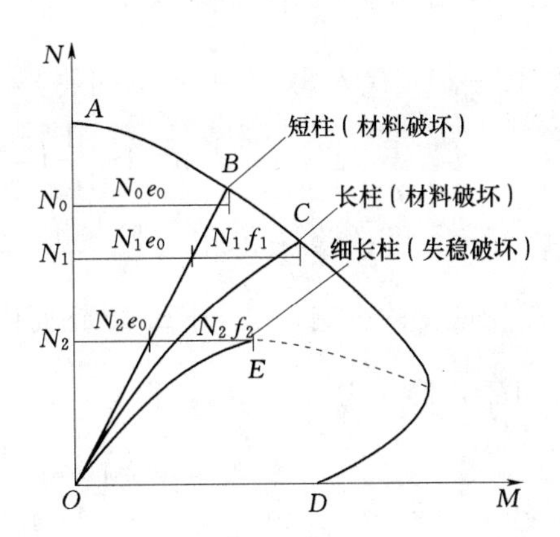

图 5-21 不同长细比从加载到破坏的 $N-M$ 关系

对于理想短柱，可认为其偏心距保持不变，$N-M$ 关系线为直线 OB。当 N 达到最大值时，直线 OB 与 N_u-M_u 曲线相交，这表明当轴向压力达到最大值时，截面发生破坏，即构件的破坏是由于临界截面上的材料达到其极限强度而引起，为材料破坏。对于长细比在某一范围内的长柱（或称中长柱），$N-M$ 关系线如 OC 所示。由于实际偏心距随轴向压力的增大而增大，$N-M$ 关系线 OC 为曲线。当 N 达到最大值时，曲线 OC 与 N_u-M_u 曲线相交，也为材料破坏。对于长细比更大的细长柱，$N-M$ 关系线如 OE 所示，曲线 OE 和曲线 OC 相比弯曲程度更大。当 N 达到最大值时，曲线 OE 不与 N_u-M_u 曲线相交。这表明当 N 达到最大值时，构件临界截面上的材料并未达到其极限强度，为失稳破坏。在建筑、水利、水运工程中，钢筋混凝土偏心受压构件一般发生材料破坏。

考虑二阶效应的计算方法目前主要有非线性有限单元法、$C_m-\eta_{ns}$ 法和 $\eta-l_0$ 法三种，其中 $\eta-l_0$ 法是一个传统的方法，因使用方便，并在大多数情况下具有足够的精度，至今仍被我国绝大多数混凝土结构设计规范采用。它采用将初始偏心距 e_i 乘一个大于 1 的偏心距增大系数 η 来考虑二阶效应，即

$$e_i+f=\left(1+\frac{f}{e_i}\right)e_i=\eta e_i \tag{5-22}$$

对两端铰支、计算长度为 l_0 的标准受压柱（图 5-20），假定其纵向弯曲变形曲线为正弦曲线，由材料力学可知横向挠度为

$$f=\phi\frac{l_0^2}{\pi^2} \tag{5-23}$$

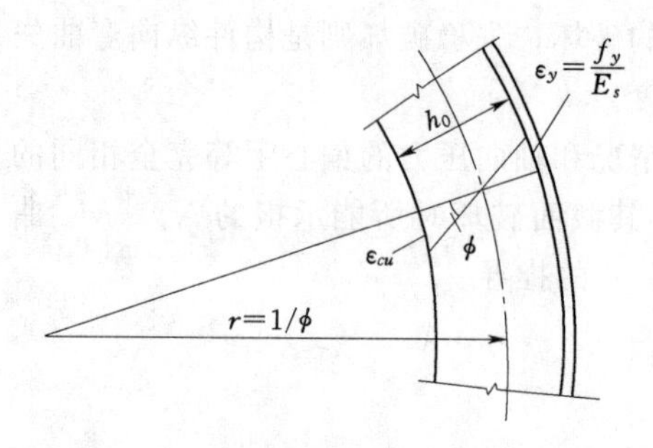

图5-22 由纵向弯曲变形曲线推求 η

所以
$$\eta=1+\frac{f}{e_i}=1+\frac{1}{e_i}\left(\phi\frac{l_0^2}{\pi^2}\right) \tag{5-24}$$

上式中的 ϕ 为计算截面达到破坏时的曲率，如图5-22所示。当大、小偏心受压界限破坏时，纵向受拉钢筋达到屈服，钢筋应变为 $\varepsilon_y=f_y/E_s$；受压混凝土边缘极限压应变为 ε_{cu}，由平截面假定（图5-22）得

$$\phi=\frac{\varepsilon_{cu}+\varepsilon_y}{h_0} \tag{5-25}$$

将式（5-25）代入式（5-24），可得

$$\eta=1+\frac{1}{e_i}\left(\frac{\varepsilon_{cu}+\varepsilon_y}{h_0}\right)\left(\frac{l_0^2}{\pi^2}\right) \tag{5-26}$$

取 $\varepsilon_{cu}=1.25\times0.0033$，其中1.25是徐变系数，用于考虑荷载长期作用下混凝土受压徐变对极限压应变的影响；以HRB335钢筋代表，取 $\varepsilon_y=\frac{f_y}{E_s}=\frac{335}{2\times10^5}\approx0.0017$，并取 $\pi^2\approx10$、$h=1.1h_0$，代入式（5-26），得

$$\eta=1+\frac{1}{1400\frac{e_i}{h_0}}\left(\frac{l_0}{h}\right)^2 \tag{5-27}$$

考虑到小偏心受压时，钢筋应变达不到 f_y/E_s，以及构件十分细长时，式（5-27）计算得到的 η 值偏大，故将式（5-27）再乘以两个修正系数，得

$$\eta=1+\frac{1}{1400\frac{e_i}{h_0}}\left(\frac{l_0}{h}\right)^2\zeta_1\zeta_2 \tag{5-28}$$

其中
$$\zeta_1=\frac{0.5f_cA}{N} \tag{5-29}$$

$$\zeta_2=1.15-0.01\frac{l_0}{h} \tag{5-30}$$

式中 l_0——构件的计算长度，按表5-2计算；

A——构件的截面面积，T形、I形截面取 $A=bh+2(b'_f-b)h'_f$；

ζ_1——偏心受压构件的截面曲率的修正系数，当 $\zeta_1>1$ 时，取 $\zeta_1=1.0$；

ζ_2——构件长细比对截面曲率的影响系数；当 $l_0/h\leqslant15$ 时，取 $\zeta_2=1.0$；

其余符号意义同前。

式（5-28）是由两端铰支的标准受压柱（图5-20）得到的。对实际工程中的受压构件，规范根据实际受压柱的挠度曲线与标准受压柱挠度曲线相当的原则，通过调整计算长度 l_0，将实际受压柱转化为两端铰支、计算长度为 l_0 的标准受压柱来考虑二阶效应。因而，该方法称为 $l_0-\eta$ 法。

当偏心受压构件的偏心距很小（如 $e_0\leqslant l_0/500$）时，如考虑 η 值后计算得出的偏心受压构件的承载力反而大于按轴心受压计算得出的承载力，则应按轴心受压计算。

当偏心受压构件长细比 $l_0/i \leqslant 17.5$（矩形截面 $l_0/h \leqslant 5$ 或圆形截面 $l_0/d \leqslant 5$）时，属于短柱范畴，可不考虑纵向弯曲的影响，取 $\eta=1$。对于长柱（仍发生材料破坏）和细长柱（发生失稳破坏），目前还很难明确给出界限，一般情况下，柱的长细比 l_0/h 宜控制在30以内。当构件长细比 $l_0/h>30$ 时，式（5-28）不再适用，它的纵向弯曲问题应专门研究。

5.3.3 矩形截面偏心受压构件的截面设计及承载力复核[1]

矩形截面偏心受压构件的截面设计，一般总是首先通过对结构受力的分析，并参照同类的建筑物或凭设计经验，假定构件的截面尺寸和选用材料，然后确定纵向钢筋截面积 A_s 及 A'_s 的用量和布置。当计算出的结果不合理时，则需对初拟的截面尺寸加以调整，然后再重新进行设计。

在截面设计时，首先遇到的问题是如何判别构件属于大偏心受压还是小偏心受压，以便采用不同的公式进行配筋计算。在设计之前，由于纵向钢筋截面面积 A_s 及 A'_s 为未知数，构件截面的混凝土相对受压区高度 ξ 将无从计算，因此无法利用 ξ_b 判断截面属于大偏心受压还是小偏心受压。实际设计时常根据初始偏心距 e_i 的大小来加以判定。根据对设计经验的总结和理论分析，如果截面每边配置了不少于其最小配筋率的纵向钢筋，则可判别如下：

（1）在 $\eta e_i>0.3h_0$ 时，可按大偏心受压构件设计。即当 $\eta e_i>0.3h_0$ 时，在正常配筋范围内一般均属于大偏心受压破坏。

（2）在 $\eta e_i \leqslant 0.3h_0$ 时，可按小偏心受压构件设计。即当 $\eta e_i \leqslant 0.3h_0$ 时，在正常配筋范围内一般均属于小偏心受压破坏。

5.3.3.1 矩形截面大偏心受压构件截面设计

（1）对于大偏心受压构件，受拉区纵向钢筋的应力可以达到受拉屈服强度 f_y，取 $\sigma_s=f_y$，基本公式（5-12）、式（5-13）可分别改写为

$$N \leqslant N_u=\alpha_1 f_c bx+f'_y A'_s-f_y A_s \tag{5-31}$$

$$Ne \leqslant N_u e=\alpha_s \alpha_1 f_c bh_0^2+f'_y A'_s(h_0-a'_s) \tag{5-32}$$

其中
$$\alpha_s=\xi(1-0.5\xi)$$

从上两式可知，共有 A_s、A'_s 及 x 三个未知数，由两个基本公式可得出无数解答，其中最经济合理的解答应该是能使纵向钢筋用量最少。要达到这个目的，则应充分利用受压区混凝土的抗压作用。因此，与双筋受弯构件一样，补充 $x=\xi_b h_0$，也就是 $\alpha_s=\alpha_{sb}$ 这一条件，代入式（5-32）得

$$Ne=\alpha_{sb}\alpha_1 f_c bh_0^2+f'_y A'_s(h_0-a'_s) \tag{5-33}$$

式中，$\alpha_{sb}=\xi_b(1-0.5\xi_b)$，其值见第3章表3-2。

所以有

$$A'_s=\frac{Ne-\alpha_{sb}\alpha_1 f_c bh_0^2}{f'_y(h_0-a'_s)} \tag{5-34}$$

[1] T形、I形截面偏心受压构件的正截面受压承载力计算公式可参见现行水运工程混凝土结构设计规范，圆形与环形截面偏心受压构件见5.6节。

其中
$$e=\eta e_i+\frac{h}{2}-a_s,\ e_i=e_0+e_a$$

若式（5-34）计算得到的 A'_s 不小于按其最小配筋率配置的钢筋截面面积（$A'_s \geqslant \rho'_{\min}bh$），且实配钢筋面积和计算所需钢筋面积相差不多，则将 $x=\xi_b h_0$ 及求得的 A'_s 值代入式（5-31）可求得 A_s：

$$A_s=\frac{\alpha f_c b\xi_b h_0+f'_y A'_s-N}{f_y} \tag{5-35}$$

若实配钢筋面积和计算所需钢筋面积相差较多，则宜按下列 A'_s 已知的情况计算。

（2）若 $A'_s<\rho'_{\min}bh$，则按 $\rho'_{\min}$ 和构造要求来配置 A'_s。此时 A'_s 为已知，由两个基本公式正好可以解出 x 及 A_s 两个未知数，这时计算步骤和双筋受弯构件相同。

由式（5-32）可求得

$$\alpha_s=\frac{Ne-f'_y A'_s(h_0-a'_s)}{\alpha_1 f_c bh_0^2} \tag{5-36}$$

根据 α_s 值，由第 3 章式（3-16）计算 ξ：

$$\xi=1-\sqrt{1-2a_s} \tag{5-37}$$

若所得的 $\xi \leqslant \xi_b$，可保证构件破坏时纵向受拉钢筋应力先达到 f_y，因而符合大偏心受压破坏情况；若 $x=\xi h_0 \geqslant 2a'_s$，则保证构件破坏时纵向受压钢筋有足够的变形，其应力能达到 f'_y。此时，由式（5-31）可求得

$$A_s=\frac{\alpha_1 f_c b\xi h_0+f'_y A'_s-N}{f_y} \tag{5-38}$$

若受压区高度 $x<2a'_s$，则纵向受压钢筋的应力达不到 f'_y。此时与双筋受弯构件一样，可取以 A'_s 为矩心的力矩平衡公式计算（设混凝土压应力合力点与纵向受压钢筋压力合力点重合），得

$$Ne'=f_y A_s(h_0-a'_s) \tag{5-39}$$

所以有

$$A_s=\frac{Ne'}{f_y(h_0-a'_s)} \tag{5-40}$$

式中　e'——轴向压力作用点至纵向钢筋 A'_s 合力点的距离，$e'=\eta e_i-\frac{h}{2}+a'_s$，$e_i=e_0+e_a$。

当式（5-40）中 e' 为负值时（即轴向压力 N 作用在纵向钢筋 A_s 合力点与 A'_s 合力点之间），则 A_s 一般可按最小配筋率和构造要求来配置❶。

应当指出，在以上（1）、（2）两种情况下算得的受拉钢筋配筋量 A_s 如小于最小配筋率（附录 D 表 D-5），均需按其最小配筋率配置 A_s。同时，全部纵向钢筋配筋量还应满足其最小配筋率要求。

5.3.3.2　矩形截面小偏心受压构件截面设计

分析研究表明，小偏心受压情况下，离轴向压力较远一侧的纵向钢筋可能受拉也可能

---

❶　若轴向压力作用在 A_s 合力点与 A'_s 合力点之间，计算出的 x 又小于 $2a'_s$，说明构件截面尺寸很大，而轴向压力 N 很小，截面上远离轴向压力一侧和靠近轴向压力一侧均不会发生破坏。

受压，构件破坏时其应力 σ_s 一般均达不到屈服强度。

在构件截面设计时，可以利用计算 σ_s 的公式（5-20）与构件承载力计算的基本公式（5-12）、式（5-13）联合求解，此时，共有四个未知数 ξ、A_s、A'_s、σ_s，因此，设计时需要补充一个条件才能求解。

由于构件破坏时 A_s 的应力 σ_s 一般达不到屈服强度，因此，为节约钢材，可按其最小配筋率及构造要求配置 A_s，即取 $A_s=\rho_{\min}bh$ 或按构造要求配置。

由以上条件首先确定出 A_s 后，剩下 ξ、A'_s 及 σ_s 三个未知数，即可直接利用式（5-12）、式（5-13）、式（5-20）三个方程式进行截面设计。

若求得 ξ 满足 $\xi<2\beta_1-\xi_b$，接着求得 A'_s，计算完毕。

若求得 $\xi>2\beta_1-\xi_b$，可取 $\sigma_s=-f'_y$ 及 $\xi=2\beta_1-\xi_b$（当 $\xi>h/h_0$ 时，取 $\xi=h/h_0$）代入式（5-12）和式（5-13）求得 A_s 和 A'_s。A_s 和 A'_s 必须满足其最小配筋率的要求，同时全部纵向钢筋配筋量也必须满足其最小配筋率要求。

此外，对小偏心受压构件，当 $N>f_cbh$ 时，由于偏心距很小，而轴向压力很大，全截面受压，远离轴向压力一侧的钢筋 A_s 如配得太少，该侧混凝土的压应变就有可能先达到极限压应变而破坏（图 5-16）。为防止此种情况发生，还应满足对 A'_s 的外力矩小于或等于截面诸力对 A'_s 的抵抗力矩，按此力矩方程可对 A_s 用量进行核算，即

$$A_s \geqslant \frac{Ne' - f_cbh\left(h'_0 - \dfrac{h}{2}\right)}{f'_y(h'_0 - a_s)} \tag{5-41}$$

式（5-41）中，$e'=\dfrac{h}{2}-a'_s-(e_0-e_a)$，$h'_0=h-a'_s$。由于按 $e_0=M/N$ 算得的 e_0 与破坏侧不在同一侧，取 $e_i=e_0-e_a$；在计算 e' 时，取 $\eta=1$。另外，由于全截面受压，取 $\alpha_1=1.0$。

5.3.3.3 矩形截面偏心受压构件承载力复核

进行偏心受压构件的承载力复核时，不像截面设计那样按初始偏心距 e_i 的大小来作为两种偏心受压情况的分界。因为在截面尺寸、纵向钢筋截面面积及初始偏心距 e_i 均已确定的条件下，受压区高度 x 即已确定，所以应该根据 x 的大小来判别是大偏心受压还是小偏心受压。此时的 x，可先按大偏心受压的截面应力计算图形，对 N_u 作用点取矩直接求得（图5-23）

$$\alpha_1 f_cbx\left(e-h_0+\frac{x}{2}\right)=f_yA_se-f'_yA'_se' \tag{5-42}$$

式中，$e=\eta e_i+\dfrac{h}{2}-a_s$，$e'=\eta e_i-\dfrac{h}{2}+a'_s$，$e_i=e_0+e_a$。

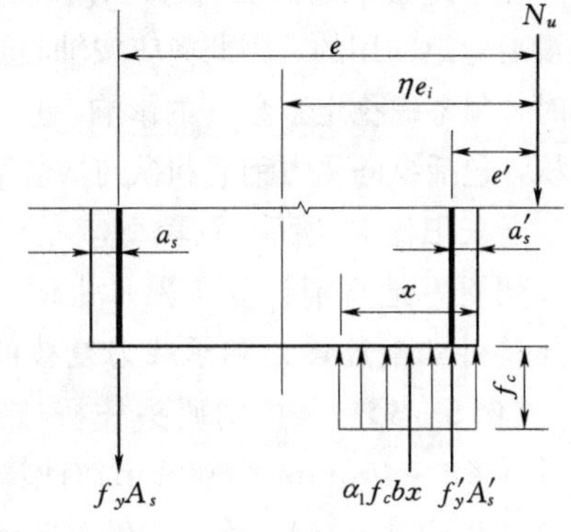

图 5-23 矩形截面大偏心受压构件应力计算图形

值得注意的是，当轴向压力作用在 A_s 合力点和 A'_s 合力点之间（$\eta e_i<\dfrac{h}{2}-a'_s$）时，$e'$ 为负值。

（1）求出的 $x\leqslant\xi_bh_0$ 时，为大偏心受压。此时，

当 $x \geqslant 2a'_s$ 时，将 x 代入式（5-31）可求得构件的承载力：

$$N_u = \alpha_1 f_c bx + f'_y A'_s - f_y A_s \tag{5-43}$$

当 $x < 2a'_s$ 时，则由式（5-40）得

$$N_u = \frac{f_y A_s (h_0 - a'_s)}{e'} \tag{5-44}$$

式中，$e' = \eta e_i - \frac{h}{2} + a'_s$，$e_i = e_0 + e_a$。

若已知轴向压力设计值 N，则应满足 $N \leqslant N_u$。

（2）求出的 $x > \xi_b h_0$ 时，为小偏心受压。此时需按小偏心受压构件承载力计算公式重新计算。与推导式（5-42）类似，可以得到

$$\alpha_1 f_c bx\left(e - h_0 + \frac{x}{2}\right) = \sigma_s A_s e - f'_y A'_s e' \tag{5-45}$$

以 $\sigma_s = f_y \dfrac{\beta_1 - \xi}{\beta_1 - \xi_b}$ 代入上式，可解得混凝土受压计算高度 x。

当 $\xi = x/h_0 < 2\beta_1 - \xi_b$ 时，将 x 代入式（5-13）可求得

$$N_u = \frac{\alpha_1 f_c bx\left(h_0 - \frac{x}{2}\right) + f'_y A'_s (h_0 - a'_s)}{e} \tag{5-46}$$

式中，$e = \eta e_i + \frac{h}{2} - a_s$，$e_i = e_0 + e_a$。

当 $\xi = \frac{x}{h_0} \geqslant 2\beta_1 - \xi_b$ 时，则取 $\sigma_s = -f'_y$，代入式（5-45）求得 x（x 不大于截面高度 h，当 $x > h$ 时取 $x = h$），再将 x 代入式（5-12）计算 N_u：

$$N_u = \alpha_1 f_c bx + f'_y A'_s + f'_y A_s \tag{5-47}$$

若已知轴向压力设计值 N，则应满足 $N \leqslant N_u$

有时构件破坏也可能在远离轴向压力一侧的钢筋 A_s 一侧开始，所以还需用式（5-41）计算 N_u，并应满足 $N \leqslant N_u$。

5.3.4　垂直于弯矩作用平面的承载力复核

当偏心受压构件长细比较大，特别是当截面高宽比 h/b 较大，使得 l_0/b 比 l_0/h 少许多时，柱子还可能会因在与弯矩作用平面相垂直的平面内发生纵向弯曲而破坏。在这个平面内是没有弯矩作用的，因此尚应按轴心受压构件采用式（5-2）进行正截面受压承载力复核。计算时，须考虑稳定系数 φ 的影响，且应注意式（5-2）中的 A'_s 是截面上所有纵向钢筋的截面面积，包括纵向受力钢筋和纵向构造钢筋。对于大偏心受压构件，由于轴向压力 N 相对较小，若柱子长细比与截面高宽较小，可不进行复核；对于小偏心受压构件，则一般需要复核。

为更好地理清计算步骤，也便于记忆，读者可仿照 3.5 节的双筋截面计算框图，列出受压构件的配筋设计和承载力复核的计算框图。

【例 5-3】 某内河码头栈桥柱，位于淡水环境水位变动区，安全等级为二级，截面尺寸 $b \times h = 400\text{mm} \times 600\text{mm}$，计算长度 $l_0 = 5200\text{mm}$。在使用阶段，永久荷载标准值对该柱产生的弯矩 $M_{Gk} = 46.30\text{kN} \cdot \text{m}$、轴向压力 $N_{Gk} = 84.85\text{kN}$；流动机械作用标准值对该柱产生的弯矩 $M_{Qk} = 98.71\text{kN} \cdot \text{m}$、轴向压力 $N_{Qk} = 200.0\text{kN}$。混凝土强度等级为 C30，

纵向钢筋采用 HRB400，试按 JTS 151—2011 规范求纵向钢筋截面积 A_s 和 A'_s，并画出截面配筋图。

解：

1. 资料

二级安全等级，$\gamma_0=1.0$；$\gamma_G=1.20$，$\gamma_Q=1.40$；C30 混凝土，$f_c=14.3\text{N/mm}^2$，$\alpha_1=1.0$；HRB400 钢筋，$f'_y=f_y=360\text{N/mm}^2$，$\xi_b=0.518$。

淡水环境水位变动区，取保护层厚度 $c=45\text{mm}$；纵向钢筋单层布置，取 $a_s=a'_s=55\text{mm}$，$h_0=h-a_s=600-55=545(\text{mm})$。

2. 计算内力设计值

$$M=\gamma_0(\gamma_G M_{Gk}+\gamma_Q M_{Qk})=1.0\times(1.20\times46.30+1.40\times98.71)=193.75(\text{kN}\cdot\text{m})$$

$$N=\gamma_0(\gamma_G N_{Gk}+\gamma_Q N_{Qk})=1.0\times(1.20\times84.85+1.40\times200.0)=381.82(\text{kN})$$

3. 配筋计算

(1) 计算 η

$$\frac{l_0}{h}=\frac{5200}{600}=8.67>5$$

应考虑纵向弯曲影响。

$$e_0=\frac{M}{N}=\frac{193.75\times10^6}{381.82\times10^3}=507(\text{mm})$$

$$e_a=\max\left(20,\frac{h}{30}\right)=\max\left(20,\frac{600}{30}\right)=\max(20,20)=20(\text{mm})$$

$$e_i=e_0+e_a=507+20=527(\text{mm})$$

由式 (5-29) 得

$$\zeta_1=\frac{0.5f_cA}{N}=\frac{0.5\times14.3\times400\times600}{381.82\times10^3}=4.494>1,\text{取 }\zeta_1=1.0。$$

$l_0/h=8.67<15$，取 $\zeta_2=1.0$。由式 (5-28) 得

$$\eta=1+\frac{1}{1400\frac{e_i}{h_0}}\left(\frac{l_0}{h}\right)^2\zeta_1\zeta_2=1+\frac{1}{1400\times\frac{527}{545}}\times8.67^2\times1.0\times1.0=1.06$$

(2) 判别大小偏心

$\eta e_i=1.06\times527=559(\text{mm})>0.3h_0=0.3\times545=164(\text{mm})$，按大偏心受压构件计算。

(3) 计算 A'_s

$$e=\eta e_i+\frac{h}{2}-a_s=559+\frac{600}{2}-55=804(\text{mm})$$

取 $\xi=\xi_b=0.518$，相应的 $\alpha_{sb}=0.384$。由式 (5-32) 得

$$A'_s=\frac{Ne-\alpha_{sb}\alpha_1 f_c bh_0^2}{\alpha_1 f'_y(h_0-a'_s)}=\frac{381.82\times10^3\times804-0.384\times1.0\times14.3\times400\times545^2}{1.0\times360\times(545-55)}<0$$

按其最小配筋率配筋，$A'_s=\rho_{\min}bh=0.20\%\times400\times600=480(\text{mm}^2)$，选用 3 Φ 16 ($A'_s=603\text{mm}^2$)。

(4) 计算 A_s

由式 (5-32) 得

$$\alpha_s=\frac{Ne-f'_yA'_s(h_0-a'_s)}{\alpha_1 f_c bh_0^2}$$
$$=\frac{381.82\times10^3\times804-360\times603\times(545-55)}{1.0\times14.3\times400\times545^2}=0.118$$

$$\xi=1-\sqrt{1-2\alpha_s}=1-\sqrt{1-2\times0.118}=0.126<\xi_b=0.518$$
$$x=\xi h_0=0.126\times545=69(\text{mm})<2a'_s=110(\text{mm})$$

应按式（5-40）计算。

$$e'=\eta e_i-\frac{h}{2}+a'_s=559-\frac{600}{2}+55=314(\text{mm})$$

$$A_s=\frac{Ne'}{f_y(h_0-a'_s)}=\frac{381.82\times10^3\times314}{360\times(545-55)}=680(\text{mm}^2)>\rho_{\min}bh=480\text{mm}^2$$

选用 3 ⌀ 18（$A_s=763\text{mm}^2$）。

4. 配筋图

由于 $h=600$mm，则在长边中间设置 ⌀ 12mm 的纵向构造钢筋，其全部纵向钢筋面积为

$$763+603+226=1592(\text{mm}^2)>\rho_{\min}bh=0.60\%\times400\times600=1440(\text{mm}^2)$$

满足一侧和全部纵向钢筋最小配筋率要求。

箍筋选用Φ 8@250，并在纵向构造钢筋之间布置Φ 8@500 的附加箍筋，截面配筋见图 5-24。

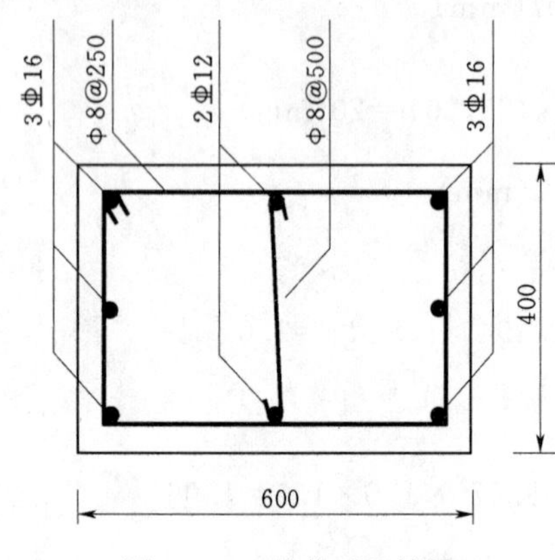

图 5-24　柱截面配筋图

【例 5-4】 某北方海港码头栈桥柱，位于水位变动区，安全等级为二级，截面尺寸为 $b\times h=350\text{mm}\times500\text{mm}$。在使用阶段，永久荷载标准值对该柱产生的弯矩 $M_{Gk}=30.0\text{kN}\cdot\text{m}$、轴向压力 $N_{Gk}=800.0\text{kN}$，可变荷载（流动机械作用）标准值对该柱产生的弯矩 $M_{Qk}=50.0\text{kN}\cdot\text{m}$、轴向压力 $N_{Qk}=750.0\text{kN}$；柱在弯矩作用平面的计算长度 $l_0=7200\text{mm}$，在垂直于弯矩作用平面的计算长度 $l'_0=3600\text{mm}$。混凝土强度等级为 C35，纵向受力钢筋采用 HRB400，试计算该柱所需钢筋。

解：

1. 资料

二级安全等级，$\gamma_0=1.0$；$\gamma_G=1.20$，$\gamma_Q=1.40$；C35 混凝土，$f_c=16.7\text{N/mm}^2$，$\alpha_1=1.0$，$\beta_1=0.8$；HRB400 钢筋，$f_y=f'_y=360\text{N/mm}^2$，$\xi_b=0.518$。

北方海水环境水位变动区，取保护层厚度 $c=55$mm；纵向钢筋单层布置，取 $a_s=a'_s=65$mm，$h_0=h-a_s=500-65=435(\text{mm})$。

2. 计算内力设计值

$$M=\gamma_0(\gamma_G M_{Gk}+\gamma_Q M_{Qk})=1.0\times(1.20\times30.0+1.40\times50.0)=106.0(\text{kN}\cdot\text{m})$$
$$N=\gamma_0(\gamma_G N_{Gk}+\gamma_Q N_{Qk})=1.0\times(1.20\times800.0+1.40\times750.0)=2010.0(\text{kN})$$

3. 配筋计算

(1) 计算 η

$$\frac{l_0}{h}=\frac{7200}{500}=14.40>5$$

需考虑纵向弯曲的影响。

$$e_0=\frac{M}{N}=\frac{106.0\times10^6}{2010.0\times10^3}=53(\text{mm})$$

$$e_a=\max\left(\frac{h}{30},20\right)=\max\left(\frac{500}{30},20\right)=\max(17,20)=20(\text{mm})$$

$$e_i=e_0+e_a=53+20=73(\text{mm})$$

由式 (5-29) 得

$$\zeta_1=\frac{0.5f_cA}{N}=\frac{0.5\times16.7\times350\times500}{2010.0\times10^3}=0.727$$

$\dfrac{l_0}{h}=14.40<15$，取 $\zeta_2=1.0$。

由式 (5-28) 得

$$\eta=1+\frac{1}{1400\dfrac{e_i}{h_0}}\left(\frac{l_0}{h}\right)^2\zeta_1\zeta_2=1+\frac{1}{1400\times\dfrac{73}{435}}\times14.40^2\times0.727\times1.0=1.64$$

(2) 判别大小偏心

$$\eta e_i=1.64\times73=120(\text{mm})<0.3h_0=0.3\times435=131(\text{mm})$$

按小偏心受压构件计算。

(3) 计算 A_s 和 A_s'

$$e=\eta e_i+\frac{h}{2}-a_s=120+\frac{500}{2}-65=305(\text{mm})$$

按最小配筋率配置 A_s，$A_s=\rho_{\min}bh=0.20\%\times350\times500=350(\text{mm}^2)$，选用 2 Φ 16($A_s=402\text{mm}^2$)。

将 $x=\xi h_0$ 代入基本公式 (5-12) 及式 (5-13)，再联立式 (5-20)，并取 $\xi_b=0.518$，有

$$\sigma_s=f_y\frac{\beta_1-\xi}{\beta_1-\xi_b}=360\times\frac{0.8-\xi}{0.8-0.518}=1021-1277\xi \tag{5-48}$$

$$2010.0\times10^3=16.7\times350\times435\xi+360A_s'-402\sigma_s \tag{5-49}$$

$$2010.0\times10^3\times305=16.7\times350\times435^2\xi(1-0.5\xi)+360\times(435-65)A_s' \tag{5-50}$$

联立求解式 (5-48)～式 (5-50) 得

$$\xi=0.693<2\beta_1-\xi_b=1.08$$

$$A_s'=843\text{mm}^2>\rho_{\min}bh=0.20\%\times350\times500=350(\text{mm}^2)$$

选用 3 Φ 20 ($A_s'=942\text{mm}^2$)

$$N=2010.0\text{kN}<f_cbh=16.7\times350\times500=2922.50\times10^3(\text{N})=2922.50\text{kN}$$

不需要按式 (5-41) 复核 A_s 值。

$h=500\text{mm}$，无须在长边中间设置纵向构造钢筋，则全部纵向钢筋面积为

$$402+942=1344(\mathrm{mm^2})>\rho_{\min}bh=0.60\%\times350\times500=1050(\mathrm{mm^2})$$

满足一侧和全部纵向钢筋最小配筋率要求。

4. 复核垂直于弯矩作用平面计承载力

$\dfrac{l_0'}{b}=\dfrac{3600}{350}=10.29>8$，查表5-1得$\varphi=0.98$。

由式（5-2）有

$$\begin{aligned}N_u&=0.9\varphi[f_cA+f_y'(A_s+A_s')]\\&=0.9\times0.98\times[16.7\times350\times500+360\times(942+402)]\\&=3004.39\times10^3(\mathrm{N})=3004.39\mathrm{kN}>N=2010.0\mathrm{kN}\end{aligned}$$

满足要求。

【例5-5】 某港口货运厂房边柱为钢筋混凝土偏心受压构件，处于海水环境大气区，安全等级为二级，截面尺寸$b\times h=300\mathrm{mm}\times400\mathrm{mm}$，柱计算高度为$l_0=5.0\mathrm{m}$，配有纵向受压钢筋2Φ16（$A_s'=402\mathrm{mm^2}$），纵向受拉钢筋3Φ20（$A_s=942\mathrm{mm^2}$），混凝土强度等级为C35。在正常使用期，承受弯矩设计值$M=86.74\mathrm{kN\cdot m}$、轴力设计值$N=385.0\mathrm{kN}$，试复核柱截面的正截面受压承载力是否满足要求。

解：

1. 资料

二级安全等级，$\gamma_0=1.0$；C35混凝土，$f_c=16.7\mathrm{N/mm^2}$，$\alpha_1=1.0$，$\beta_1=0.8$；HRB400钢筋，$f_y=f_y'=360\mathrm{N/mm^2}$，$\xi_b=0.518$。

海水环境大气区，取保护层厚度$c=55\mathrm{mm}$，$a_s=55+20/2=65\mathrm{mm}$，$a_s'=55+16/2=63(\mathrm{mm})$，$h_0=h-a_s=400-65=335(\mathrm{mm})$。

2. 承载力复核

（1）计算η

$$\frac{l_0}{h}=\frac{5000}{400}=12.50>5$$

需考虑纵向弯曲的影响。

$$e_0=\frac{M}{N}=\frac{86.74\times10^6}{385.0\times10^3}=225(\mathrm{mm})$$

$$e_a=\max\left(\frac{h}{30},20\right)=\max\left(\frac{400}{30},20\right)=\max(13,20)=20(\mathrm{mm})$$

$$e_i=e_0+e_a=225+20=245(\mathrm{mm})$$

$$\zeta_1=\frac{0.5f_cA}{N}=\frac{0.5\times16.7\times300\times400}{385.00\times10^3}=2.603$$

取$\zeta_1=1.0$。

$\dfrac{l_0}{h}=12.50<15$，取$\zeta_2=1.0$。

由式（5-28）得

$$\eta=1+\frac{1}{1400\dfrac{e_i}{h_0}}\left(\frac{l_0}{h}\right)^2\zeta_1\zeta_2=1+\frac{1}{1400\times\dfrac{245}{336}}\times12.50^2\times1.0\times1.0=1.15$$

(2) 计算 N_u

$$e=\eta e_i+\frac{h}{2}-a_s=1.15\times245+\frac{400}{2}-65=417(\text{mm})$$

$$e'=\eta e_i-\frac{h}{2}+a'_s=1.15\times245-\frac{400}{2}+63=145(\text{mm})$$

由式 (5-42) 得

$$1.0\times16.7\times300\times(417-335+0.5x)x=360\times942\times417-360\times402\times145$$

解之得

$$x=152\text{mm}>2a'_s=2\times63=126(\text{mm})$$

$$\xi=\frac{x}{h_0}=\frac{152}{335}=0.454<\xi_b=0.518$$

为大偏心受压构件，由式 (5-43) 得

$$\begin{aligned}N_u&=\alpha_1f_cbx+f'_yA'_s-f_yA_s\\&=1.0\times16.7\times300\times152+360\times402-360\times942\\&=567.12\times10^3(\text{N})=567.12\text{kN}>N=385.0\text{kN}\end{aligned}$$

承载力满足要求。

5.4　对称配筋矩形截面偏心受压构件正截面受压承载力计算

从 5.3 节可以看出，大、小偏心受压构件两侧的纵向钢筋截面面积 A_s 和 A'_s 都是由各自的计算公式得出的，其值一般不相等，这种配筋方式称为不对称配筋。不对称配筋比较经济，但施工不够方便。

在工程实践中，常在构件两侧配置等量的纵向钢筋，称为对称配筋。对称配筋虽然要多用一些钢筋，但构造简单，施工方便。特别是构件在不同的荷载组合下，同一截面可能承受数值相近的正负弯矩时，更应采用对称配筋。例如厂房的排架立柱在不同方向的风荷载作用时，同一截面就可能承受数值相差不大的正负弯矩，此时就应该设计成对称配筋。

下面给出对称配筋矩形截面偏心受压构件正截面受压承载力的计算方法。

5.4.1　大偏心受压

因为 $A_s=A'_s$，同时 $f_y=f'_y$，所以由式(5-31)可得

$$\xi=\frac{N}{\alpha_1f_cbh_0}\tag{5-51}$$

如 $x=\xi h_0\geqslant2a'_s$，则由式 (5-32) 得

$$A_s=A'_s=\frac{Ne-\alpha_s\alpha_1f_cbh_0^2}{f'_y(h_0-a'_s)}\tag{5-52}$$

式中，$e=\eta e_i+\frac{h}{2}-a_s$，$e_i=e_0+e_a$，$\alpha_s=\xi(1-0.5\xi)$。

如 $x<2a'_s$，则由式 (5-40) 得

$$A_s=A'_s=\frac{Ne'}{f_y(h_0-a'_s)}\tag{5-53}$$

式中，$e'=\eta e_i-\frac{h}{2}+a'_s$，$e_i=e_0+e_a$。

实际配置的 A_s 及 A'_s 均必须大于其 $\rho_{\min}bh$，全部纵向钢筋配筋量也必须满足其最小配筋率的要求。

5.4.2 小偏心受压

将 $A_s=A'_s$、$x=\xi h_0$ 及 $\sigma_s=f_y\frac{\beta_1-\xi}{\beta_1-\xi_b}$ 代入基本公式（5-12）及式（5-13）得

$$N\leqslant N_u=\alpha_1 f_c b\xi h_0+f_y A_s\frac{\xi-\xi_b}{\beta_1-\xi_b} \tag{5-54}$$

$$Ne\leqslant N_u e=\alpha_1 f_c bh_0^2\xi(1-0.5\xi)+f'_y A'_s(h_0-a'_s) \tag{5-55}$$

将上列两式联立求解可得出相对受压区高度 ξ 及钢筋截面面积 A'_s。但在联立求解上述方程式时，需求解 ξ 的三次方程，求解十分困难，必须简化。考虑到在小偏心受压范围内 ξ 在 ξ_b～1.1 之间，对于常用的普通混凝土和 HRB400 钢筋，ξ_b 在 0.499～0.518 之间，相应地 $\xi(1-0.5\xi)$ 在 0.375～0.50 之间，JTS 151—2011 规范近似取为 0.43。因此在关于 ξ 的三次方程式中，以 $\xi(1-0.5\xi)=0.43$ 代入，可得到近似公式：

$$\xi=\frac{N-\alpha_1 f_c b\xi_b h_0}{\dfrac{Ne-0.43\alpha_1 f_c bh_0^2}{(\beta_1-\xi_b)(h_0-a'_s)}+\alpha_1 f_c bh_0}+\xi_b \tag{5-56}$$

由式（5-56）求出 ξ，代入式（5-55）得

$$A_s=A'_s=\frac{Ne-\xi(1-0.5\xi)\alpha_1 f_c bh_0^2}{f'_y(h_0-a'_s)} \tag{5-57}$$

实际配置的 A_s 及 A'_s 均必须大于其 $\rho_{\min}bh$，全部纵向钢筋配筋量也必须满足其最小配筋率的要求。

5.4.3 大、小偏压构件的分界

采用对称配筋时，可像不对称配筋一样，按偏心距大小判断大、小偏心，并在计算过程中加以验证。

也可直接按式（5-51）计算出 ξ，用 ξ 来判别：若 $\xi\leqslant\xi_b$，为大偏心受压构件；否则，为小偏心受压构件。如此判别大、小偏压构件更为简便，但有时会出现矛盾的情况。当轴向压力的初始偏心距 e_i 很小甚至接近 0 时，应该属于小偏压构件，然而当截面尺寸较大而轴向压力较小时，柱在轴力作用下不会发生破坏，即混凝土压应力达不到 f_c，故用式（5-51）计算得到的 ξ 小于实际值，可能因 $\xi\leqslant\xi_b$ 误判为大偏压构件。但此时，无论按大偏压还是小偏压构件计算，配筋均由最小配筋率控制。

对称配筋截面在构件承载力复核时，计算方法和步骤与不对称配筋截面基本相同，不再重述。

采用对称配筋时，偏心距增大系数 η 值仍按式（5-28）计算。

【例5-6】 某码头仓库钢筋混凝土铰接排架柱，淡水环境大气区（不受水汽积聚），安全等级为二级，截面尺寸 $b\times h=400\text{mm}\times500\text{mm}$，计算长度 $l_0=7600\text{mm}$。混凝土强度等级为 C30，纵向受力钢筋采用 HRB400，对称配筋。若已知该柱在使用期间截面承受内力设计值有下列两组：①$N=667.20\text{kN}$，$M=330.0\text{kN}\cdot\text{m}$；②$N=1630.80\text{kN}$，$M=$

264.0kN·m。试配置该柱钢筋。

解：

1. 资料

二级安全等级，$\gamma_0=1.0$；C30 混凝土，$f_c=14.3\text{N/mm}^2$，$\alpha_1=1.0$，$\beta_1=0.8$；HRB400 钢筋，$f_y=f'_y=360\text{N/mm}^2$，$\xi_b=0.518$。

淡水环境大气区（不受水汽积聚），取保护层厚度 $c=40\text{mm}$；纵向钢筋单层布置，取 $a_s=a'_s=50\text{mm}$，$h_0=h-a_s=500-50=450(\text{mm})$。

$$\frac{l_0}{h}=\frac{7600}{500}=15.20>5$$

需考虑纵向弯曲的影响。

2. 第一组内力：$N=667.20\text{kN}$，$M=330.0\text{kN}\cdot\text{m}$

（1）计算 η 值

$$e_0=\frac{M}{N}=\frac{330.0\times10^6}{667.20\times10^3}=495(\text{mm})$$

$$e_a=\max\left(\frac{h}{30},20\right)=\max\left(\frac{500}{30},20\right)=\max(17,20)=20(\text{mm})$$

$$e_i=e_0+e_a=495+20=515(\text{mm})$$

由式（5-29）、式（5-30）得

$$\zeta_1=\frac{0.5f_cA}{N}=\frac{0.5\times14.3\times400\times500}{667.20\times10^3}=2.143$$

取 $\zeta_1=1.0$。

$$\zeta_2=1.15-0.01\frac{l_0}{h}=1.15-0.01\times15.20=0.998$$

由式（5-28）得

$$\eta=1+\frac{1}{1400\dfrac{e_i}{h_0}}\left(\frac{l_0}{h}\right)^2\zeta_1\zeta_2=1+\frac{1}{1400\times\dfrac{515}{450}}\times15.20^2\times1.0\times0.998=1.14$$

（2）判断大小偏心

$$\eta e_i=1.14\times515=587(\text{mm})>0.3h_0=0.3\times450=135(\text{mm})$$

先按大偏心受压构件计算。

（3）计算 $A_s(A'_s)$ 值

由式（5-51）得

$$\xi=\frac{N}{\alpha_1f_cbh_0}=\frac{667.20\times10^3}{1.0\times14.3\times400\times450}=0.259<\xi_b=0.518$$

确为大偏心受压构件。

$$x=\xi h_0=0.259\times450=117(\text{mm})>2a'_s=100\text{mm}$$

$$\alpha_s=\xi(1-0.5\xi)=0.259\times(1-0.5\times0.259)=0.225$$

$$e=\eta e_i+\frac{h}{2}-a_s=587+\frac{500}{2}-50=787(\text{mm})$$

由式（5－52）得

$$A_s=A_s'=\frac{Ne-\alpha_s\alpha_1 f_c bh_0^2}{f_y'(h_0-a_s')}$$

$$=\frac{667.20\times10^3\times787-0.225\times1.0\times14.3\times400\times450^2}{360\times(450-50)}$$

$$=1837(\mathrm{mm}^2)>\rho_{\min}bh=0.20\%\times400\times500=400(\mathrm{mm}^2)$$

3. 第二组内力：$N=1630.80\mathrm{kN}$，$M=264.0\mathrm{kN\cdot m}$

（1）计算 η 值

$$e_0=\frac{M}{N}=\frac{264.0\times10^6}{1630.80\times10^3}=162(\mathrm{mm})$$

$$e_i=e_0+e_a=162+20=182(\mathrm{mm})$$

由式（5－29）、式（5－30）得

$$\zeta_1=\frac{0.5f_cA}{N}=\frac{0.5\times14.3\times400\times500}{1630.80\times10^3}=0.877$$

$$\zeta_2=0.998$$

由式（5－28）得

$$\eta=1+\frac{1}{1400\frac{e_i}{h_0}}\left(\frac{l_0}{h}\right)^2\zeta_1\zeta_2=1+\frac{1}{1400\times\frac{182}{450}}\times15.20^2\times0.877\times0.998=1.36$$

（2）判断大小偏心

$$\eta e_i=1.36\times182=248(\mathrm{mm})>0.3h_0=135\mathrm{mm}$$

先按大偏心受压构件计算。

$$\xi=\frac{N}{\alpha_1 f_c bh_0}=\frac{1630.80\times10^3}{1.0\times14.3\times400\times450}=0.634>\xi_b=0.518$$

虽 $\eta e_0>0.3h_0$，但 $\xi>\xi_b$，故按小偏心受压构件计算。

（3）计算 $A_s(A_s')$ 值

按小偏心受压重新计算 ξ 值：

$$e=\eta e_i+\frac{h}{2}-a_s=248+\frac{500}{2}-50=448(\mathrm{mm})$$

由式（5－56）得

$$\xi=\frac{N-\alpha_1 f_c b\xi_b h_0}{\dfrac{Ne-0.43\alpha_1 f_c bh_0^2}{(\beta_1-\xi_b)(h_0-a_s')}+\alpha_1 f_c bh_0}+\xi_b$$

$$=\frac{1630.80\times10^3-1.0\times14.3\times400\times0.518\times450}{\dfrac{1630.80\times10^3\times448-0.43\times1.0\times14.3\times400\times450^2}{(0.8-0.518)\times(450-50)}+1.0\times14.3\times400\times450}+0.518$$

$$=0.582$$

由式（5－57）得

$$A_s=A_s'=\frac{Ne-\xi(1-0.5\xi)\alpha_1 f_c bh_0^2}{f_y'(h_0-a_s')}$$

$$=\frac{1630.80\times10^3\times448-0.582\times(1-0.5\times0.582)\times1.0\times14.3\times400\times450^2}{360\times(450-50)}$$

$$=1754(\text{mm}^2)>\rho_{\min}bh=0.20\%\times400\times500=400(\text{mm}^2)$$

由以上计算可知，该柱配筋受制于第一组内力，柱截面两侧沿短边方向应各配置纵向钢筋4Φ25，$A_s=A_s'=1964\text{mm}^2$。

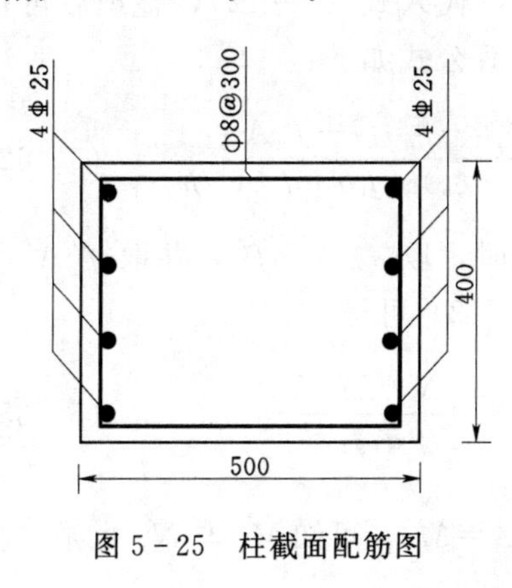

图5－25 柱截面配筋图

全部纵向钢筋面积为

$$2\times1964=3928(\text{mm}^2)>\rho_{\min}bh$$
$$=0.60\%\times400\times500=1200(\text{mm}^2)$$

满足一侧和全部纵向钢筋最小配筋率要求。

4. 复核垂直于弯矩作用平面的承载力

$\frac{l_0}{b}=\frac{7600}{400}=19.0>8$，由表5－1查得 $\varphi=0.78$。

$$N_u=0.9\varphi[f_cA+f_y'(A_s+A_s')]$$
$$=0.9\times0.78\times[14.3\times400\times500+360\times(1964+1964)]$$
$$=3000.40\times10^3(\text{N})=3000.40\text{kN}>N=1630.80\text{kN}$$

满足要求。

5. 配置钢筋

截面配筋如图5－25所示，箍筋选用Φ8@300。

5.5 偏心受压构件正截面承载能力 N_u 与 M_u 的关系

理论分析与试验结果都表明，同样材料、同样截面尺寸与配筋的偏心受压构件，当轴向压力的初始偏心距 e_i 不同时，将会得到不同的破坏轴向压力。也就是说，构件截面将在不同的 N_u 及 M_u 组合下发生破坏。在设计中，同一截面会遇到不同的内力组合（即不同的 N 与 M 组合）。因此，必须能够判断哪一种组合是最危险的，以用来进行配筋设计。为了简单起见，下面用对称配筋的公式为例来加以说明（非对称配筋也是同样的）。

大偏心受压时，由式（5－51）及式（5－52）可得

$$\xi=\frac{N}{\alpha_1 f_c bh_0} \tag{5-58}$$

$$A_s=A_s'=\frac{N_ue-\xi(1-0.5\xi)\alpha_1 f_c bh_0^2}{f_y'(h_0-a_s')} \tag{5-59}$$

将 $e=\eta e_i+\frac{h}{2}-a_s$ 和 ξ 代入式（5－59），得

$$N_ue=N_u(\eta e_i+0.5h-a_s)=h_0N_u\left(1-0.5\frac{N_u}{\alpha_1 f_c bh_0}\right)+f_y'A_s'(h_0-a_s') \tag{5-60}$$

整理上式可得

$$M_u=N_u\eta e_i=0.5hN_u-\frac{N_u^2}{2\alpha_1 f_c b}+f'_yA'_s(h_0-a'_s) \tag{5-61}$$

由上式可见，在大偏心范围内，M_u 与 N_u 为二次函数关系。对一已知材料、尺寸与配筋的截面，可作出 M_u 与 N_u 的关系曲线，如图 5-26 中的 AB 段。

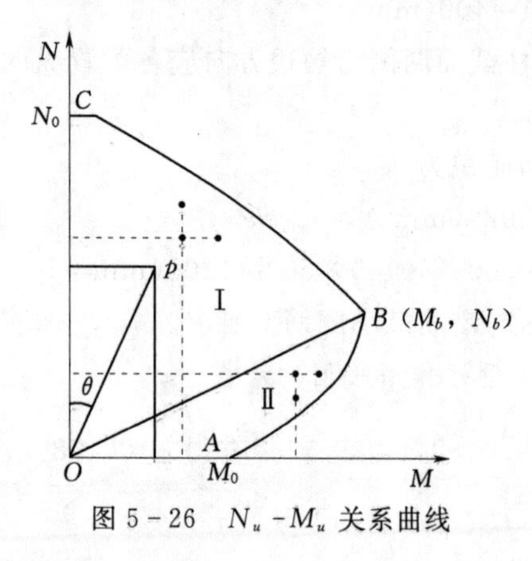

图 5-26　N_u -M_u 关系曲线

小偏心受压时，若 $\xi>\xi_b$，取 $\sigma_s=f_y\frac{\beta_1-\xi}{\beta_1-\xi_b}$，并取 $f'_yA'_s=f_yA_s$，代入式（5-12），整理后可得受压区高度 x 的计算公式如下：

$$x=\frac{(\beta_1-\xi_b)N+f_yA_s\xi_b}{(\beta_1-\xi_b)\alpha_1 f_c b+f_yA_s/h_0} \tag{5-62}$$

若 $\xi\geqslant\beta_1-\xi_b$ 时，取 $\sigma_s=-f'_y$，并取 $f'_yA'_s=f_yA_s$，则由式（5-12）可得

$$x=\frac{N-2f_yA_s}{\alpha_1 f_c b} \tag{5-63}$$

将 $e=\eta e_i+\frac{h}{2}-a_s$ 及 x 代入式（5-13），并令 $N_u\eta e_i=M_u$，可知 M_u 与 N_u 也是二次函数关系。但与大偏心范围不同的是，随着 N_u 的增大，M_u 却减小，如图 5-26 中的曲线 BC 段。

从图 5-26 可看出如下几点：

（1）图中点 C 为构件承受轴心压力时的承载力 N_0，点 A 为构件承受纯弯曲时的承载力 M_0，点 B 则为大、小偏心的分界。曲线 ABC 表示偏心受压构件在一定的材料、一定的截面尺寸及配筋下所能承受的 M_u 与 N_u 关系的规律。当外荷载使得截面承受的设计内力组合（M 与 N）的坐标位于曲线 ABC 的外侧时，就表示构件承载力已不足。

（2）图上任何一点 p 代表一组内力（M，N），pO 与 N 轴的夹角为 θ，则 $\tan\theta$ 代表偏心距 $e_0=M/N$。OB 线把图形分为两个区域，Ⅰ区表示偏心较小区；Ⅱ区表示偏心较大区。

（3）在偏心较大区，对 M 值相同的两点，N 较小的点比 N 较小的点靠近 AB 线，即 N 较小的点比 N 较小的点危险。同样，当内力组合中 N 值相同，则 M 值越大就越危险。这是因为大偏心受压破坏控制于受拉区，轴向压力越小或弯矩越大就使受拉区应力增大，这就削弱了承载力。

（4）在偏心较小区，对 M 值相同的两点，N 较大的点比 N 较小的点靠近 BC 线，即 N 较大的点比 N 较小的点危险。同样，当内力组合中 N 值相同，则 M 值越大就越危险。这是因为小偏心受压破坏控制于受压区，轴向压力越大或弯矩越大就使受压区应力增大，这就削弱了承载力。

在实际工程中，偏心受压柱的同一截面可能遇到许多种内力组合，有的组合使截面发生大偏心破坏，有的组合又会使截面发生小偏心破坏。在理论上常需要考虑下列组合作为

最不利组合：①$\pm M_{max}$及相应的 N；②N_{max}及相应的$\pm M$；③N_{min}及相应的$\pm M$。

这样多种组合使计算很复杂，在实际设计中应该利用图 5-26 所示的规律性来具体判断，选择其中最危险的几种情况进行设计计算。

5.6　环形和圆形截面偏心受压构件正截面受压承载力计算

5.6.1　基本假定

环形和圆形截面偏心受压构件正截面受压承载力计算采用的基本假定，大多与矩形截面偏心受压构件相同，简化方法也与矩形截面偏心受压构件类似。但是，由于环形和圆形截面偏心受压构件的纵向受力钢筋沿截面周边均匀布置，因此在基本假定和计算上也有其不同的特点，其正截面受压承载力计算采用的基本假定和处理方法有下列五点：

（1）平截面假定。

（2）不考虑截面受拉区混凝土参加工作。

（3）实际的混凝土曲线型压应力分布图形可简化为等效的矩形应力图形；矩形应力图形的高度等于按平截面假定所确定的实际受压区高度乘以系数 β_1，矩形应力图形的应力值取为 $\alpha_1 f_c$，β_1 和 α_1 取值和受弯构件相同，见表 3-1。

（4）有明显屈服点的钢筋（热轧钢筋），其应力应变关系可简化为理想的弹塑性曲线（图 3-16），受拉钢筋极限拉应变取为 0.01。

（5）当沿截面周边均匀布置的纵向钢筋不少于 6 根时，其可用钢环代替。

对比 5.3.2.1 节可知，和矩形截面偏心受压构件正截面受压承载力计算相比，前四条假定相同，只是比矩形截面多了第五条假定。

5.6.2　环形截面偏心受压构件正截面受压承载力计算

5.6.2.1　计算简图与相关参数

根据以上基本假定，沿截面周边均匀配置纵向钢筋的环形截面偏心受压构件正截面受压承载力计算简图如图 5-27 所示。

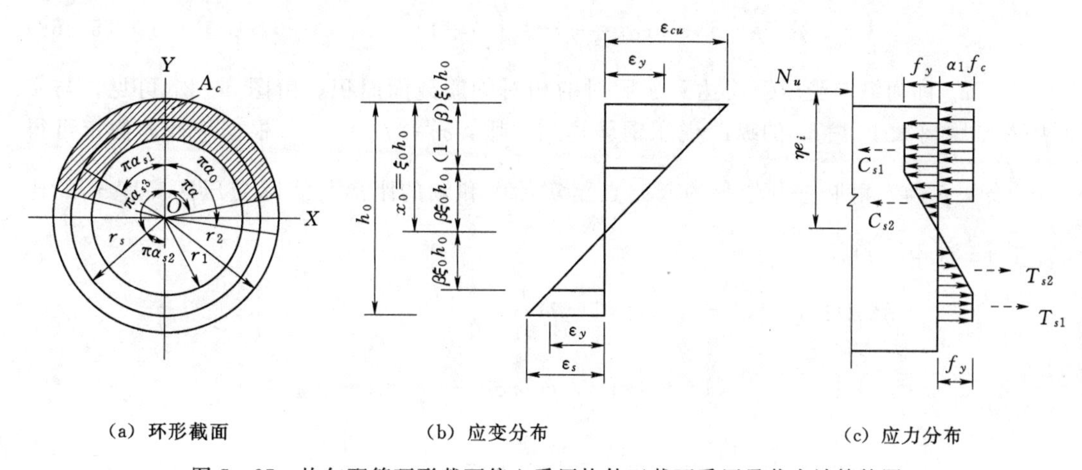

图 5-27　均匀配筋环形截面偏心受压构件正截面受压承载力计算简图

在图5-27中，截面上边缘受压钢筋达到抗压设计强度值f'_y，截面下边缘受拉钢筋达到抗拉设计强度值f_y，因而该图为发生大偏心受压破坏时的应力图形，但从下面公式的推导过程可见，所推导的公式既可用于大偏心受压破坏，也可以用于小偏心受压破坏，公式是连续的，可自然过渡。计算时，不需要像矩形截面偏心受压构件那样先确定是哪一种破坏形态。

在图5-27所示的计算简图中：

(1) r_1和r_2为环形截面的内半径和外半径；r_s为纵向钢筋所在圆周的半径；h_0为截面有效高度，$h_0=r_2+r_s$。

(2) 实际的中和轴应垂直于弯矩作用平面，即应为水平线。但为计算方便，中和轴近似用两条半径代替，同时取钢筋的抗拉设计强度值与抗压强度设计值相等，即取$f_y=f'_y$。

(3) 受压区混凝土应力图形简化为矩形，受拉区混凝土不承担拉力；纵向钢筋简化为钢环，其应力按平截面假定确定。

(4) α称为相对混凝土受压区面积，它是混凝土受压区面积A_c与构件截面面积A的比值。由图5-27可知：

$$x=\beta_1 x_0=\beta_1\xi_0 h_0=\xi(r_2+r_s) \tag{5-64}$$

式中 x——混凝土受压区计算高度；

β_1——混凝土矩形应力图形受压区高度等效系数，按第3章表3-1取用；

x_0——混凝土受压区实际高度；

ξ_0——混凝土相对受压区实际高度；

ξ——混凝土相对受压区计算高度。

又

$$x=r_2-r_s\cos\pi\alpha \tag{5-65}$$

由式(5-64)和式(5-65)可得

$$\xi(r_2+r_s)=r_2-r_s\cos\pi\alpha \tag{5-66}$$

则

$$\cos\pi\alpha=\frac{r_2}{r_s}-\xi\left(\frac{r_2}{r_s}+1\right) \tag{5-67}$$

实际混凝土受压区面积A_{c0}与构件截面面积A的比值称为相对实际混凝土受压区面积，用α_0表示。同理可得

$$\cos\pi\alpha_0=\frac{r_2}{r_s}-\xi_0\left(\frac{r_2}{r_s}+1\right) \tag{5-68}$$

(5) α_{s1}称为纵向受压钢筋达到屈服时的相对钢筋截面面积。由图5-27可见，与实际中和轴距离大于$\beta\xi_0 h_0$的纵向受压钢筋达到屈服，$\sigma'_s=f'_y=f_y$。根据平截面假定可得$\beta=\dfrac{f'_y}{\varepsilon_{cu}E_s}$，$\beta$为三角形应力分布的起始点至实际中和轴的距离与实际受压区高度x_0的比值。由图5-27可得

$$\begin{aligned}(1-\beta)\xi_0 h_0&=(1-\beta)x_0=(1-\beta)\frac{x}{\beta_1}\\&=\frac{1}{\beta_1}(1-\beta)(r_2-r_s\cos\pi\alpha)=r_2-r_s\cos\pi\alpha_{s1}\end{aligned} \tag{5-69}$$

$$\cos\pi\alpha_{s1}=\frac{r_2}{r_s}\left(1+\frac{\beta-1}{\beta_1}\right)-\frac{\beta-1}{\beta_1}\cos\pi\alpha \tag{5-70}$$

可见，当 r_2/r_s 和 β 给定时，则可由式（5-70）求得 α_{s1} 与 α 的关系。

（6）α_{s2} 称为纵向受拉钢筋达到屈服时的相对钢筋截面面积。同纵向受压钢筋一样，由图 5-27 可求得

$$(1+\beta)\xi_0 h_0=\frac{(1+\beta)}{\beta_1}(r_2-r_s\cos\pi\alpha)=r_2-r_s\cos\pi\alpha_{s3} \tag{5-71}$$

$$\cos\pi\alpha_{s3}=\frac{r_2}{r_s}\left(1-\frac{\beta+1}{\beta_1}\right)+\frac{(\beta+1)}{\beta_1}\cos\pi\alpha \tag{5-72}$$

又
$$\alpha_{s2}=1-\alpha_{s3} \tag{5-73}$$

因而，当 r_2/r_s 和 β 给定时，则可由式（5-72）和式（5-73）求得 α_{s2} 与 α 的关系。

5.6.2.2 截面内力

环形截面各部分合力对截面重心轴内力矩的计算简图如图 5-28 所示。从图 5-28 可知，截面上内力可以分成五部分，分别是受压区混凝土应力形成的合力 C_c、矩形分布的纵向受压钢筋应力形成的合力 C_{s1}、三角形分布的纵向受拉钢筋应力形成的合力 C_{s2}、矩形分布的纵向受拉钢筋应力形成的合力 T_{s1}、三角形分布的纵向受拉钢筋应力形成的合力 T_{s2}，它们对 X 轴（重心轴）取矩所得力矩分别为 M_c、M_{Cs1}、M_{Cs2}、M_{Ts1}、M_{Ts2}，下面给出它们的计算公式。

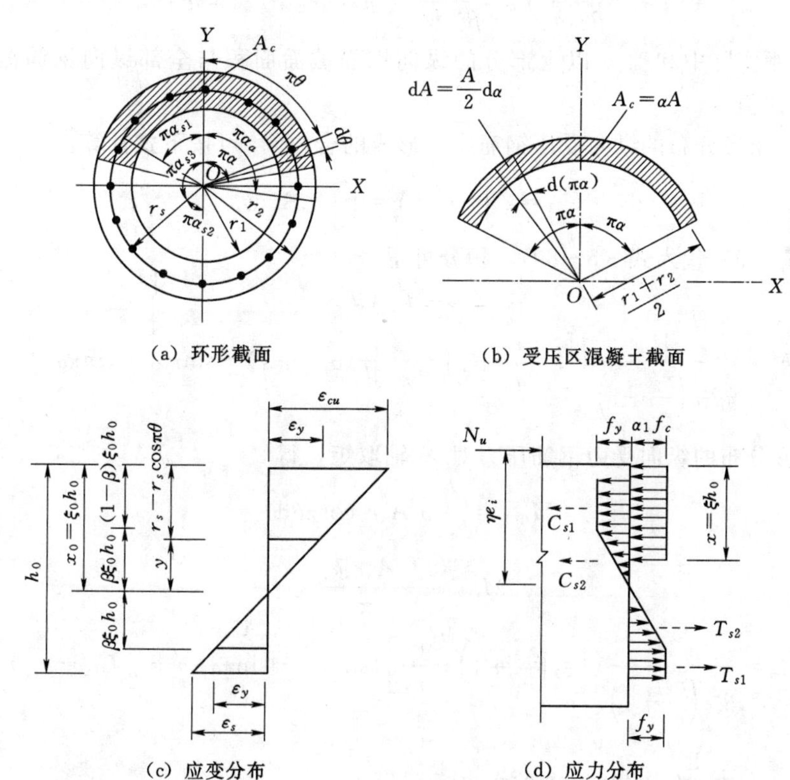

图 5-28 环形截面各部分合力对截面重心轴内力矩计算简图

1. 受压区混凝土应力形成的合力 C_c 和其内力矩 M_c

$$C_c=\alpha_1 f_c A_c=\alpha_1 f_c\alpha A \tag{5-74}$$

式中　α_1——混凝土矩形应力图形压应力等效系数，按第 3 章表 3-1 取用。

图 5-28 中，受压区混凝土压力对 X 轴（重心轴）取矩，得

$$M_c = 2\int_0^{\alpha}\alpha_1 f_c\left(\frac{r_1+r_2}{2}\right)\cos\pi\alpha\,\mathrm{d}A = 2\alpha_1 f_c\left(\frac{r_1+r_2}{2}\right)\int_0^{\alpha}\cos\pi\alpha\,\frac{A}{2}\mathrm{d}\alpha$$

$$=\alpha_1 f_c A\left(\frac{r_1+r_2}{2}\right)\int_0^{\alpha}\cos\pi\alpha\,\mathrm{d}\alpha \tag{5-75}$$

则

$$M_c=\alpha_1 f_c A\left(\frac{r_1+r_2}{2}\right)\frac{\sin\pi\alpha}{\pi} \tag{5-76}$$

2. 矩形分布的纵向受压钢筋应力形成的合力 C_{s1} 和其内力矩 M_{Cs1}

$$C_{s1}=\alpha_{s1}A_s f_y \tag{5-77}$$

图 5-28 中，由 C_{s1} 对 X 轴取矩，得

$$M_{Cs1}=A_s f_y r_s\frac{\sin\pi\alpha_{s1}}{\pi} \tag{5-78}$$

3. 三角形分布的纵向受压钢筋应力形成的合力 C_{s2} 和其内力矩 M_{Cs2}

图 5-28 中，与实际中和轴距离为 y 处的钢筋应力为

$$\sigma_s=\frac{y}{\beta\xi_0 h_0}f_y=\frac{f_y}{\beta\xi_0 h_0}(\xi_0 h_0-r_2+r_s\cos\pi\theta) \tag{5-79}$$

式中　θ——距实际中和轴 y 以上部分的纵向钢筋截面面积与全部纵向钢筋截面面积的比值。

于是，三角形分布的纵向受压钢筋应力形成的合力 C_{s2} 可按下式计算：

$$C_{s2}=2\int_{\alpha s1}^{\alpha 0}\sigma_s\,\mathrm{d}A=\int_{\alpha s1}^{\alpha 0}\sigma_s A_s\,\mathrm{d}\theta \tag{5-80}$$

将式（5-79）代入式（5-80），积分可得

$$C_{s2}=f_y A_s k_c \tag{5-81}$$

其中

$$k_c=\frac{1}{\pi\beta\xi_0\left(\frac{r_2}{r_s}+1\right)}\left\{\left[\xi_0\left(\frac{r_2}{r_s}+1\right)-\frac{r_2}{r_s}\right]\pi(\alpha_0-\alpha_{s1})+\sin\pi\alpha_0-\sin\pi\alpha_{s1}\right\} \tag{5-82}$$

将三角形分布的纵向受力钢筋压力对 X 轴取矩，得

$$M_{Cs2}=\int_{\alpha s1}^{\alpha 0}\sigma_s A_s r_s\cos\pi\theta\,\mathrm{d}\theta \tag{5-83}$$

则

$$M_{Cs2}=\frac{f_y A_s r_s k_{cm}}{\pi} \tag{5-84}$$

其中

$$k_{cm}=\frac{1}{\beta\xi_0\left(\frac{r_2}{r_s}+1\right)}\left\{\left[\xi_0\left(\frac{r_2}{r_s}+1\right)-\frac{r_2}{r_s}\right](\sin\pi\alpha_0-\sin\pi\alpha_{s1})+\frac{\pi}{2}(\alpha_0-\alpha_{s1})\right.$$

$$\left.+\frac{1}{4}(\sin 2\pi\alpha_0-\sin 2\pi\alpha_{s1})\right\} \tag{5-85}$$

4. 矩形分布的纵向受拉钢筋应力形成的合力 T_{s1} 和内力矩 M_{Ts1}

和纵向受压钢筋类似，可求得

$$T_{s1}=\alpha_{s2}A_s f_y \tag{5-86}$$

$$M_{Ts1}=A_s f_y r_s \frac{\sin\pi\alpha_{s2}}{\pi} \tag{5-87}$$

式中 α_{s2}——矩形应力分布的纵向受拉钢筋截面面积与全部纵向钢筋截面面积的比值。

5. 三角形分布的纵向受拉钢筋应力形成的合力 T_{s2} 和其内力矩 M_{Ts2}

仍和纵向受压钢筋类似，可求得

$$T_{s2}=f_y A_s k_t \tag{5-88}$$

其中

$$k_t=\frac{1}{\pi\beta\xi_0\left(\frac{r_2}{r_s}+1\right)}\left\{\left[\xi_0\left(\frac{r_2}{r_s}+1\right)-\frac{r_2}{r_s}\right]\pi(\alpha_{s2}-\alpha_0)+\sin\pi\alpha_{s2}-\sin\pi\alpha_0\right\} \tag{5-89}$$

$$M_{Ts2}=\frac{f_y A_s r_s k_{tm}}{\pi} \tag{5-90}$$

其中

$$k_{tm}=\frac{1}{\beta\xi_0\left(\frac{r_2}{r_s}+1\right)}\left\{\left[\xi_0\left(\frac{r_2}{r_s}+1\right)-\frac{r_2}{r_s}\right](\sin\pi\alpha_{s2}-\sin\pi\alpha_0)+\frac{\pi}{2}(\alpha_{s2}-\alpha_0)\right.$$
$$\left.+\frac{1}{4}(\sin2\pi\alpha_{s2}-\sin2\pi\alpha_0)\right\} \tag{5-91}$$

5.6.2.3 基本公式

由平衡条件可得

$$N_u=C_c+C_{s1}+C_{s2}-T_{s1}-T_{s2} \tag{5-92}$$

$$N_u\eta e_i=M_c+M_{Cs1}+M_{Cs2}+M_{Ts1}+M_{Ts2} \tag{5-93}$$

将式（5-74）～式（5-91）代入上两式，得

$$N_u=\alpha_1 f_c\alpha A+f_y A_s(\alpha_{s1}+k_c)-f_y A_s(\alpha_{s2}+k_t) \tag{5-94}$$

$$N_u\eta e_i=\alpha_1 f_c A\left(\frac{r_1+r_2}{2}\right)\frac{\sin\pi\alpha}{\pi}+f_y A_s r_s\left(\frac{\sin\pi\alpha_{s1}+k_{cm}+\sin\pi\alpha_{s2}+k_{tm}}{\pi}\right) \tag{5-95}$$

根据计算分析结果，并令 $\alpha_t=\alpha_{s2}+k_t$，可得下列近似公式：

$$\alpha_{s1}+k_c=\alpha \tag{5-96}$$

$$\sin\pi\alpha_{s1}+k_{cm}=\sin\pi\alpha \tag{5-97}$$

$$\alpha_t=1-1.5\alpha \tag{5-98}$$

$$\sin\pi\alpha_{s2}+k_{tm}=\sin\pi\alpha_t \tag{5-99}$$

将上面四式代入式（5-94）和式（5-95），并写成设计表达式，得

$$N\leqslant\alpha_1 f_c\alpha A+(\alpha-\alpha_t)f_y A_s \tag{5-100}$$

$$N_u\eta e_i\leqslant\alpha_1 f_c A\left(\frac{r_1+r_2}{2}\right)\frac{\sin\pi\alpha}{\pi}+f_y A_s r_s\left(\frac{\sin\pi\alpha+\sin\pi\alpha_t}{\pi}\right) \tag{5-101}$$

式中 α_t——纵向受拉钢筋截面面积与全部纵向钢筋截面面积的比值，$\alpha_t=1-1.5\alpha$，当 $\alpha>2/3$ 时，取 $\alpha_t=0$；

其余符号意义同前。

上述公式适用条件如下：

(1) 式（5-100）和式（5-101）只适用于截面内纵向钢筋不少于6根，且 $r_1/r_2\geqslant 0.5$ 的情况。

(2) $\alpha < \arccos\left(\frac{2r_2}{r_1+r_2}\right)/\pi$ 时，环形截面偏心受压构件可按圆形截面偏心受压构件计算。

(3) 式 (5-100) 和式 (5-101) 既适用大偏心受压破坏，也适用小偏心受压破坏。因此设计时，可不必区分破坏形态。

5.6.3　圆形截面偏心受压构件正截面受压承载力计算

5.6.3.1　计算简图与相关参数

与沿周边均匀配筋的环形截面偏心受压构件相似，沿周边均匀配置纵向钢筋的圆形截面偏心受压构件正截面承载计算简图如图 5-29 所示。它与环形截面的差别仅在于受压混凝土的形状不同，其受压区形状是一个圆缺，而不是一个圆弧。

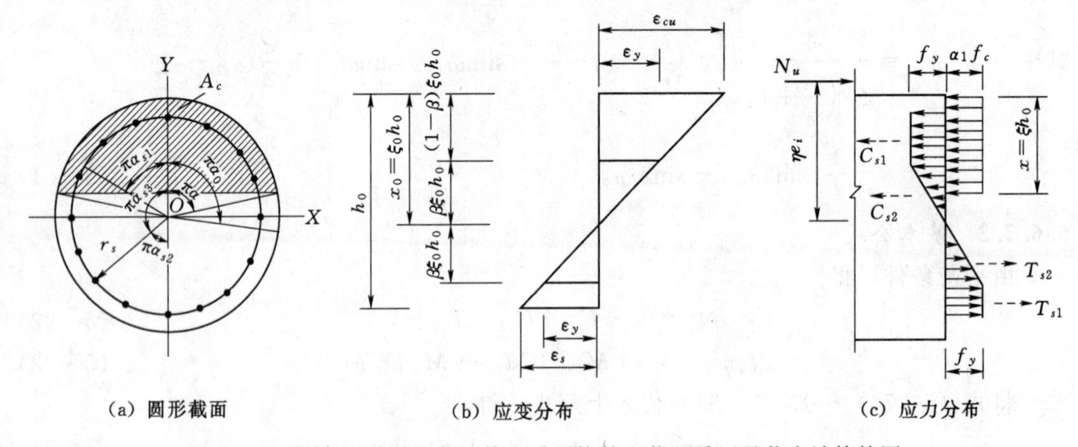

图 5-29　均匀配筋圆形截面偏心受压构件正截面受压承载力计算简图

在图 5-29 所示计算简图中：

(1) r 为圆的半径；r_s 为纵向钢筋所在圆周的半径；h_0 为截面有效高度，$h_0=r+r_s$。

(2) 和环形截面一样，取钢筋的抗拉设计强度值与抗压强度设计值相等，即 $f_y=f'_y$。

(3) 受压区混凝土应力图形简化为矩形，受拉区混凝土不承担拉力；纵向钢筋简化为钢环，其应力按平截面假定确定。

(4) 实际中和轴至受压区边缘的距离为 $\xi_0 h_0$，实际中和轴所对应的半圆心角为 $\pi\alpha_0$；计算中和轴到受压边缘的距离为 ξh_0，计算中和轴所对应的半圆的圆心角为 $\pi\alpha$，混凝土受压区面积为 A_c。由图 5-29 可知：

$$x=\beta_1 x_0=\beta_1 \xi_0 h_0=\xi h_0 \tag{5-102}$$

又

$$x=r(1-\cos\pi\alpha) \tag{5-103}$$

由式 (5-102) 和式 (5-103) 得

$$\cos\pi\alpha=1-\xi\left(1+\frac{r_s}{r}\right) \tag{5-104}$$

而 A_c 可按下式计算：

$$A_c=\pi r^2\alpha-r^2\sin\pi\alpha\cos\pi\alpha=\pi r^2\alpha\left(1-\frac{\sin\pi\alpha\cos\pi\alpha}{\pi\alpha}\right)=A\alpha\left(1-\frac{\sin 2\pi\alpha}{2\pi\alpha}\right) \tag{5-105}$$

式中 A——构件截面面积。

(5) 与钢筋应力状态有关的参数 α_{s1}、α_{s2} 和环形截面相同，仍按式（5-70）和式（5-73）计算。

5.6.3.2 截面内力

从图5-29可知，和环形截面一样，截面上内力仍可以分成五部分，分别是受压区混凝土应力形成的合力 C_c、矩形分布的纵向受拉钢筋应力形成的合力 C_{s1}、三角形分布的纵向受压钢筋应力形成的合力 C_{s2}、矩形分布的纵向受拉钢筋应力形成的合力 T_{s1}、三角形分布的纵向受拉钢筋应力形成的合力 T_{s2}，它们对 X 轴（重心轴）取矩所得力矩分别为 M_c、M_{Cs1}、M_{Cs2}、M_{Ts1}、M_{Ts2}，下面给出它们的计算公式。

1. 受压区混凝土应力形成的合力 C_c 和其内力矩 M_c

$$C_c=\alpha_1 f_c A\alpha\left(1-\frac{\sin 2\pi\alpha}{2\pi\alpha}\right) \tag{5-106}$$

图5-29中，受压区混凝土压力对 X 轴（重心轴）取矩，得

$$M_c=\frac{2}{3}\alpha_1 f_c A r\frac{\sin^3\pi\alpha}{\pi} \tag{5-107}$$

2. 纵向受压钢筋和受拉钢筋形成的合力和其内力矩

受压钢筋和受拉钢筋形成的合力以及其内力矩 C_{s1} 和 M_{Cs1}、C_{s2} 和 M_{Cs2}、T_{s1} 和 M_{Ts1}、T_{s2} 和 M_{Ts2} 与环形截面相同，仍按式（5-77）和式（5-78）、式（5-81）和式（5-84）、式（5-86）和式（5-87）、式（5-88）和式（5-90）计算。

5.6.3.3 基本公式

与环形截面类似，将 C_c、C_{s1}、C_{s2}、T_{s1}、T_{s2} 和 M_c、M_{Cs1}、M_{Cs2}、M_{Ts1}、M_{Ts2} 分别代式（5-92）和式（5-93）表示的平衡条件，得

$$N_u=\alpha_1 f_c\alpha A\left(1-\frac{\sin 2\pi\alpha}{2\pi\alpha}\right)+f_y A_s(\alpha_{s1}+k_c)-f_y A_s(\alpha_{s2}+k_t) \tag{5-108}$$

$$N_u\eta e_i=\frac{2}{3}\alpha_1 f_c A r\frac{\sin^3\pi\alpha}{\pi}+f_y A_s r_s\left(\frac{\sin\pi\alpha_{s1}+k_{cm}+\sin\pi\alpha_{s2}+k_{tm}}{\pi}\right) \tag{5-109}$$

根据计算分析结果，并令 $\alpha_t=\alpha_{s2}+k_t$，可得下列近似公式：

$$\alpha_{s1}+k_c=\alpha \tag{5-110}$$

$$\sin\pi\alpha_{s1}+k_{cm}=\sin\pi\alpha \tag{5-111}$$

$$\alpha_t=1.25-2\alpha \tag{5-112}$$

$$\sin\pi\alpha_{s2}+k_{tm}=\sin\pi\alpha_t \tag{5-113}$$

将上面四式代入式（5-108）和式（5-109），并写成设计表达式，得

$$N\leqslant\alpha_1 f_c\alpha A\left(1-\frac{\sin 2\pi\alpha}{2\pi\alpha}\right)+(\alpha-\alpha_t)f_y A_s \tag{5-114}$$

$$N_u\eta e_i\leqslant\frac{2}{3}\alpha_1 f_c A r\frac{\sin^3\pi\alpha}{\pi}+f_y A_s r_s\left(\frac{\sin\pi\alpha+\sin\pi\alpha_t}{\pi}\right) \tag{5-115}$$

式中 α_t——纵向受拉钢筋截面面积与全部纵向钢筋截面面积的比值，$\alpha_t=1.25-2\alpha$，当 $\alpha>0.625$ 时，取 $\alpha_t=0$；

其余符号意义同前。

比较式（5-100）、式（5-101）和式（5-114）、式（5-115）可知，环形截面与圆形截面正截面受压承载力的差别只在于混凝土项。

上述公式适用条件如下：

（1）式（5-114）和式（5-115）只适用于截面内纵向钢筋不少于 6 根；

（2）式（5-114）和式（5-115）既适用大偏心受压破坏，也适用大偏心受压破坏。因此设计时，可不必区分破坏形态。

式（5-100）和式（5-101）中包含了 $\sin\pi\alpha$、$\sin\pi\alpha_t$，式（5-114）和式（5-115）中包含了 $\sin\pi\alpha$、$\sin\pi\alpha_t$ 和 $\sin2\pi\alpha$，无法直接求解。在以前计算机不普及时，人们着眼于环形与圆形截面偏压构件正截面受压承载力简化计算图表的研究，以供设计所需；随着计算机的普及，人们又着眼于叠代方法的研究。事实上，在计算机已非常普及的今天，环形与圆形截面偏心受压构件可直接采用任意截面正截面承载力计算方法来计算，该方法可参见 2015 年版《混凝土结构设计规范》（GB 50010—2010）附录 E。

5.7　偏心受压构件斜截面受剪承载力计算

实际工程中，不少偏心受压构件在承受轴向压力 N 和弯矩 M 的同时还承受剪力 V 的作用，因此，也同样有斜截面受剪承载力计算的问题。偏心受压构件相当于对受弯构件增加了一个轴向压力 N。轴向压力的存在能限制斜裂缝的开展，增强骨料间的咬合力，扩大混凝土剪压区高度，因而提高了混凝土的受剪承载力。

偏心受压构件斜截面受剪承载力的计算公式，是在受弯构件斜截面受剪承载力计算公式的基础上，加上由于轴向压力 N 的存在引起的混凝土受剪承载力提高值得到的。根据试验资料，从偏于安全考虑，混凝土受剪承载力提高值取为 $0.07N$。

JTS 151—2011 规范规定，矩形、T 形和 I 形截面偏心受压构件的斜截面受剪承载力应符合以下要求：

$$V\leqslant V_u=\frac{1}{\gamma_d}\left(\frac{1.75}{\lambda+1.5}\beta_h f_t bh_0+f_{yv}\frac{A_{sv}}{s}h_0\right)+0.07N \tag{5-116}$$

式中　N——与剪力设计值 V 相应的轴向压力设计值，当 $N>0.3f_cA$ 时，取 $N=0.3f_cA$，A 为构件的截面面积；

λ——剪跨比。对框架柱，$\lambda=\dfrac{H_n}{2h_0}$，$\lambda<1$ 时取 $\lambda=1$，$\lambda>3$ 时取 $\lambda=3$，此处 H_n 为柱净高。对于其他偏心受压构件，当承受布均荷载时 $\lambda=1.5$；对集中荷载为主的独立柱（单独集中荷载作用，或有多种荷载作用但集中荷载对支座截面或节点边缘所产生的剪力占总剪力 75%以上的情况），$\lambda=a/h_0$，$\lambda<1.5$ 时取 $\lambda=1.5$，$\lambda>3$ 时取 $\lambda=3$，此处 a 为集中荷载作用点至支座或节点边缘的距离。

式（5-116）其他符号意义见第 4 章式（4-8）、式（4-11）和式（4-12）的符号说明。

偏心受压构件的截面和受弯构件一样，也应满足第 4 章式（4-16）的要求，即要求

$V \leqslant \frac{1}{\gamma_d}\beta_s\beta_c f_c bh_0$，以防止产生斜压破坏。此外，如果能满足式（5－117）要求时，可不进行斜截面受剪承载力计算而按构造要求配置箍筋。

$$V \leqslant \frac{1}{\gamma_d}\left(\frac{1.75}{\lambda+1.5}\beta_h f_t bh_0\right)+0.07N \tag{5-117}$$

圆形截面偏心受压构件受剪承载力仍采用式（4－16）验算尺寸和混凝土强度是否满足要求，式（5－117）验算是否要进行斜截面承载力计算，式（5－116）计算斜截面承载力，计算时公式中的矩形截面的截面宽度 b 与截面有效高度 h_0 应分别取 1.76 倍和 1.6 倍圆形截面半径。

偏心受压构件受剪承载力的计算步骤和受弯构件受剪承载力计算步骤类似，可参照进行。

5.8　双向偏心受压构件正截面受压承载力计算

偏心受压构件同时承受轴心压力 N 及作用在两个主平面内的弯矩 M_x 与 M_y 时，或承受不落在主平面内的偏心压力时，称为双向偏心受压构件，如图 5－30 所示。

设计双向偏心受压构件时，先拟定构件的截面尺寸及钢筋的数量和布置形式，然后加以复核。复核双向偏心受压构件的正截面受压承载力时，按 JTS 151—2011 规范，应符合下列要求：

$$N \leqslant N_u = \frac{1}{\frac{1}{N_{ux}}+\frac{1}{N_{uy}}-\frac{1}{N_{u0}}} \tag{5-118}$$

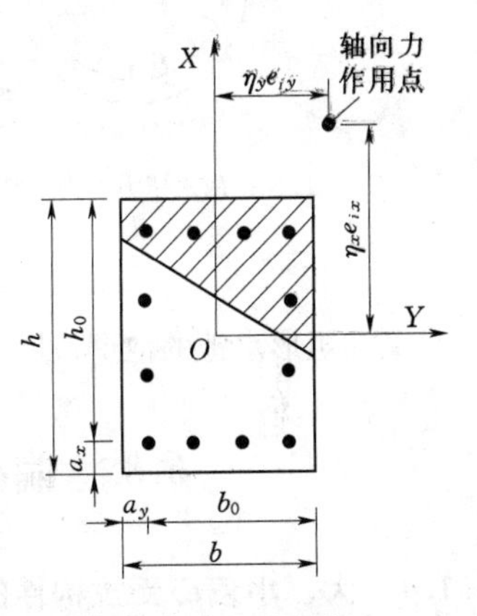

图 5－30　双向偏心受压构件的截面

式中　N_{u0}——构件截面的轴心受压承载力，可按式（5－2）计算，但应取等号，将 N 以 N_{u0} 代替，且不考虑稳定系数 φ 和系数 0.9；

N_{ux}——轴向压力作用于 x 轴并考虑相应的偏心距 $\eta_x e_{ix}$ 后，按全部纵向钢筋计算的构件偏心受压承载力；

N_{uy}——轴向压力作用于 y 轴并考虑相应的偏心距 $\eta_y e_{iy}$ 后，按全部纵向钢筋计算的构件偏心受压承载力；

η_x、η_y——在 x 和 y 方向的轴向压力偏心距增大系数，按式（5－28）的规定计算；

e_{ix}、e_{iy}——轴向压力在 x 轴和 y 轴方向的初始偏心距，$e_{ix}=e_{0x}+e_{ax}$，$e_{iy}=e_{0y}+e_{ay}$；e_{ax} 和 e_{ay} 为 x 和 y 方向的附加偏心距。

当纵向钢筋在截面两对边配置时，构件的偏心受压承载力 N_{ux}、N_{uy} 可按 5.4 节的规定计算，但应取等号，并将 N 以 N_{ux} 或 N_{uy} 代替。

第 6 章　钢筋混凝土受拉构件承载力计算

构件上作用有轴向拉力 N 时，便形成受拉构件。当拉力作用在构件截面重心时，即为轴心受拉构件，如薄壁圆形水管在内水压力作用下，忽略自重时就可认为是轴心受拉构件，如图 6-1 (a) 所示。当拉力作用点偏离构件截面重心，或构件上既作用有拉力又作用有弯矩时，则为偏心受拉构件，如圆形水管在管外土压力与管内水压力共同作用下，沿环向便成为拉力与弯矩共同作用的偏心受拉构件，如图 6-1 (b) 所示。

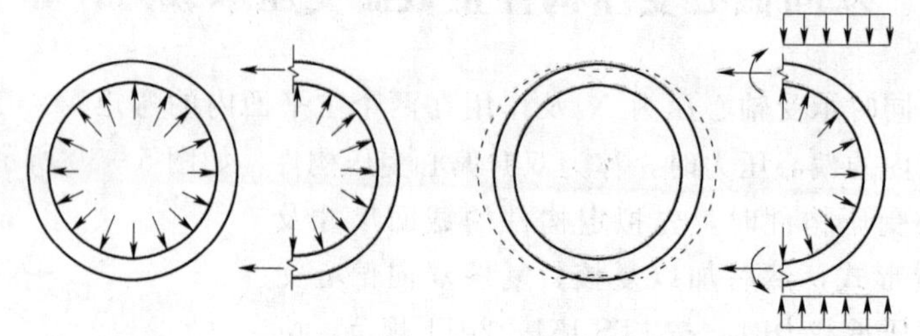

(a) 内水压力作用下管壁轴心受拉　(b) 土压力与内水压力共同作用下管壁偏心受拉

图 6-1　圆形水管管壁的受力

又如矩形水池的池壁、厂房中的双肢柱的肢杆等在某些荷载作用下，也是偏心受拉构件。

6.1　偏心拉构件正截面受拉承载力计算

6.1.1　大、小偏心受拉构件的界限

受拉构件可按其受力形态分为大、小偏心受拉构件，而轴心受拉构件则可作为一个特例包括在小偏心受拉构件中。

设有一矩形截面受拉构件，截面上作用有轴向拉力 N，N 的作用点与截面重心距离为 e_0；在靠近 N 一侧配有纵向钢筋 A_s，在另一侧配有纵向钢筋 A_s'。随着 N 的增加，截面上的应力也随之增大，直到拉应力较大的一侧，也就是配筋为 A_s 一侧的混凝土开裂。

这里需要区分两种不同的情况：①N 作用在 A_s 合力点的外侧；②N 作用在 A_s 合力点与 A_s' 合力点之间。

当 N 作用在 A_s 合力点的外侧时 [图 6-2 (a)]，截面虽开裂，但必然有压区存在，否则截面受力得不到平衡。既然还有压区，截面就不会裂通。这类受拉构件称为大偏心受拉构件。

当 N 作用在 A_s 合力点与 A_s' 合力点之间时 [图 6-2 (b)]，在截面开裂后不会有压区存在，否则截面受力不能平衡，因此破坏时必然全截面裂通，仅由纵向钢筋 A_s 及 A_s'

受拉以平衡轴向拉力 N。这类受拉构件称为小偏心受拉构件。

应该指出，在开裂之前，小偏心受拉构件截面上有时也可能存在压区，只是在开裂之后，拉区混凝土退出工作，拉力集中到纵向钢筋 A_s 上，才使原来的压区转为受拉并使截面裂通。

根据以上分析，可将轴向拉力 N 的作用点在纵向钢筋合力点之外或在纵向钢筋合力点之间，作为判别大、小偏心受拉构件的判据。

6.1.2 小偏心受拉构件正截面受拉承载力计算

对于小偏心受拉构件，破坏时截面全部裂通，拉力全部由纵向钢筋承受（图 6－3）。计算构件的正截面受拉承载力时，可分别对 A_s 及 A'_s 取矩：

$$\begin{cases} Ne' \leqslant N_u e' = f_y A_s (h_0 - a'_s) \\ Ne \leqslant N_u e = f_y A'_s (h_0 - a'_s) \end{cases} \tag{6-1}$$

式中 N——轴向拉力设计值，为式（2－20）（持久组合）或式（2－21）（短暂组合）计算值与 γ_0 的乘积；γ_0 为结构重要性系数，对于安全等级为一级、二级、三级的结构构件，γ_0 分别取为 1.1、1.0、0.9；

f_y——纵向钢筋的抗拉强度设计值，见附录 B 表 B－3；

A_s——靠近轴向拉力一侧的纵向钢筋截面面积；

A'_s——远离轴向拉力一侧的纵向钢筋截面面积；

h_0——截面有效高度，$h_0 = h - a_s$，h 为截面高度，a_s 为 A_s 合力点至截面受拉边缘的距离；

a'_s——A'_s 合力点至截面受压边缘的距离；

e_0——轴向拉力至截面重心的偏心距，$e_0 = M/N$；

M——与轴向拉力设计值 N 相对应的弯矩设计值；

e'——轴向拉力至 A'_s 合力点的距离，$e' = e_0 + \dfrac{h}{2} - a'_s$；

e——轴向拉力至 A_s 合力点的距离，$e = \dfrac{h}{2} - e_0 - a_s$。

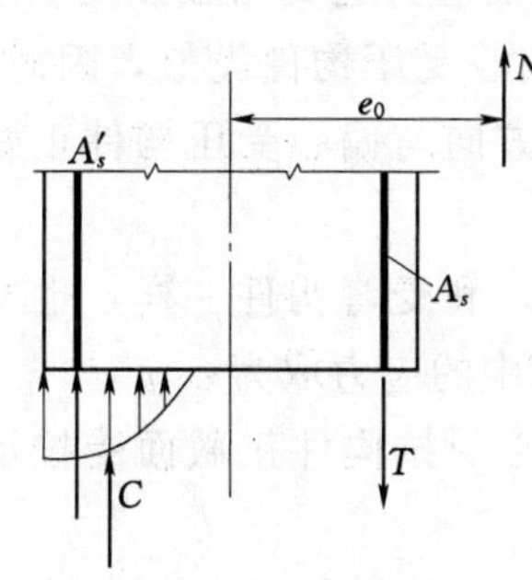

(a) N 作用在 A_s 合力点的外侧，大偏心受拉构件

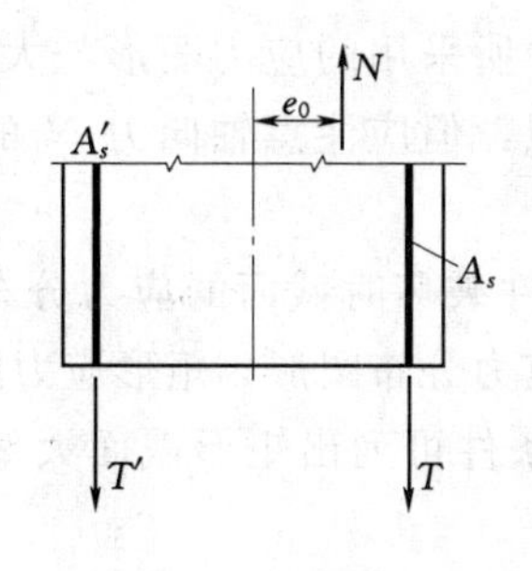

(b) N 作用在 A_s 合力点与 A'_s 合力点之间，小偏心受拉构件

图 6－2 大、小偏心受拉构件的界限

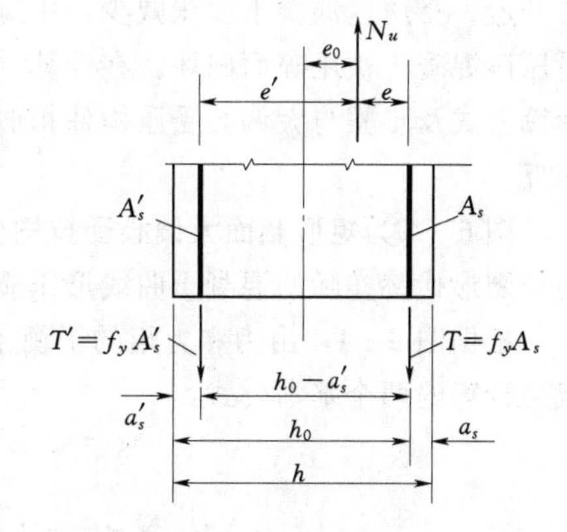

图 6－3 小偏心受拉构件的正截面受拉承载力计算图

由式（6-1）可得所需的纵向钢筋截面面积为

$$\begin{cases} A_s \geqslant \dfrac{Ne'}{f_y(h_0-a'_s)} \\ A'_s \geqslant \dfrac{Ne}{f_y(h_0-a'_s)} \end{cases} \tag{6-2a}$$

以上即为矩形截面小偏心受拉构件正截面受拉承载力的配筋计算公式。若将 e 及 e' 代入，并代入 $M=Ne_0$，则可得

$$\begin{cases} A_s \geqslant \dfrac{N(h-2a'_s)}{2f_y(h_0-a'_s)} + \dfrac{M}{f_y(h_0-a'_s)} \\ A'_s \geqslant \dfrac{N(h-2a_s)}{2f_y(h_0-a'_s)} - \dfrac{M}{f_y(h_0-a'_s)} \end{cases} \tag{6-2b}$$

式（6-2b）中的右边第一项代表轴向拉力 N 所需的配筋，第二项代表弯矩 M 的存在对配筋用量的影响，可见 M 的存在增加了 A_s 的用量而降低了 A'_s 的用量。因此，在设计中如遇到若干组不同的荷载组合（M，N）时，应按最大 N 与最大 M 的荷载组合计算 A_s，而按最大 N 与最小 M 的荷载组合计算 A'_s。

计算得到的 A_s 和 A'_s 都应满足其最小配筋率要求。最小配筋率按附录 D 表 D-5 取用。

当 $M=0$ 时，即为轴心受拉构件，则所需的纵向钢筋截面面积为

$$A_s = \frac{N}{f_y} \tag{6-3}$$

式中 A_s——截面全部受拉钢筋截面面积。

轴心受拉构件和小偏心受拉构件纵向钢筋接头不得采用绑扎搭接，在构件端部应将纵向钢筋可靠地锚固于支座内。

6.1.3 大偏心受拉构件正截面受拉承载力计算

大偏心受拉构件的破坏形态与受弯构件或大偏心受压构件类似，即在受拉的一侧发生裂缝，受拉纵向钢筋承受全部拉力，而在另一侧形成受压区。随着荷载的增加，裂缝进一步开展，受压区混凝土面积减少，压应力增大，最后纵向受拉钢筋应力达到屈服强度 f_y，受压区混凝土被压碎而破坏。在计算中所采用的应力图形与大偏心受压构件类似，因此，计算公式及步骤与大偏心受压构件相似，但应注意轴向力 N 的方向与偏心受压构件正好相反。

图 6-4 为矩形截面大偏心受拉构件破坏时截面的应力分布，和受弯构件一样，也用矩形图形代替实际的混凝土曲线形压应力分布图形，矩形应力图中的应力取为 $\alpha_1 f_c$。

根据图 6-4，由力和力矩的平衡条件可列出矩形截面大偏心受拉构件正截面受拉承载力计算的两个基本公式：

$$N \leqslant N_u = f_y A_s - \alpha_1 f_c bx - f'_y A'_s \tag{6-4}$$

$$Ne \leqslant N_u e = \alpha_1 f_c bx\left(h_0 - \frac{x}{2}\right) + f'_y A'_s (h_0 - a'_s) \tag{6-5}$$

其中 e——轴向拉力至 A_s 合力点的距离，$e = e_0 - \dfrac{h}{2} + a_s$；

其余符号意义同前。

与大偏心受压构件相同，式（6－4）与式（6－5）的适用范围为

$$\xi \leqslant \xi_b \tag{6-6}$$

$$x \geqslant 2a'_s \tag{6-7}$$

其意义与受弯构件双筋截面相同。

当 $x<2a'_s$ 时，则式（6－4）和式（6－5）不再适用。此时可假设混凝土压应力合力点与纵向受压钢筋压力合力点重合，取以 A'_s 为矩心的力矩平衡公式计算：

$$Ne' \leqslant N_u e' = f_y A_s (h_0 - a'_s) \tag{6-8}$$

式中　e'——轴向拉力作用点与纵向受压钢筋 A'_s 合力点之间的距离，$e'=e_0+\dfrac{h}{2}-a'_s$；

其余符号意义同前。

由此可见，大偏心受拉构件的截面设计公式与大偏心受压构件类似，所不同的只是轴向力 N 的方向与偏心受压构件的相反。

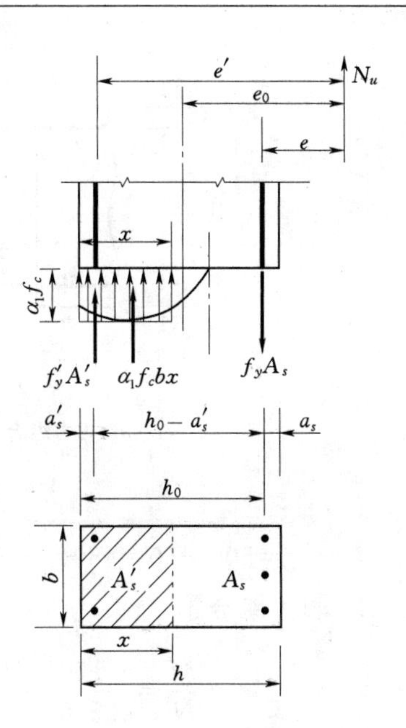

图 6－4　矩形截面大偏心受拉构件的正截面受拉承载力计算简图

当已知截面尺寸、材料强度及偏心拉力设计值 N 和偏心距 e_0，要求计算截面所需配筋 A_s 及 A'_s 时，可先令 $x=\xi_b h_0$，然后代入式（6－5）求解 A'_s。若解得的 A'_s 满足最小配筋率要求，则将 A'_s 及 x 代入式（6－4）得 A_s；如果解得的 A'_s 太小或出现负值，可按其最小配筋率要求选配 A'_s，并在 A'_s 为已知的情况下，由式（6－5）求得 x，代入式（6－4）求出 A_s，A_s 的配筋率应不小于最小配筋率。A_s 和 A'_s 的最小配筋率仍按附录 D 表 D－5 取用。

当截面尺寸、材料强度及配筋为已知，要复核截面承载力是否能抵抗偏心拉力 N 时，可联立解式（6－4）和式（6－5）得 x。在 x 满足式（6－6）和式（6－7）的条件下，可由式（6－4）求解截面所能承受的轴向拉力 N；如 $x>\xi_b h_0$，则取 $x=\xi_b h_0$ 代入式（6－5）求 N；如 $x<2a'_s$，则由式（6－8）求 N。

【例 6－1】 某码头矩形截面偏心受拉桩，位于淡水环境水下区，截面尺寸 $b\times h=300\text{mm}\times 500\text{mm}$，混凝土强度等级为 C35，纵向受力钢筋采用 HRB400。在两种工作条件下承受的轴向拉力设计值和弯矩设计值为：① $N=425.0\text{kN}$（以受拉为正），$M=65.50\text{kN}\cdot\text{m}$；② $N=144.0\text{kN}$，$M=132.0\text{kN}\cdot\text{m}$。试为该桩配置钢筋。

解： 桩所受水平荷载的方向会发生变化，因此矩形截面桩应采用对称配筋。对称配筋时，可将 $A_s=A'_s$ 代入基本公式得到更为简便的计算表达式，但本例中仍采用基本公式计算，只是将桩两侧都按所需钢筋截面面积较大的一侧进行配筋。

1. 资料

C35 混凝土，$f_c=16.7\text{N/mm}^2$，$f_t=1.57\text{N/mm}^2$，$\alpha_1=1.0$；HRB400 钢筋，$f_y=f'_y=360\text{N/mm}^2$，$\xi_b=0.518$，$\alpha_{sb}=0.384$。

淡水环境水下区，取保护层厚度 $c=40\text{mm}$；纵向钢筋单层布置，取 $a_s=a'_s=50\text{mm}$，

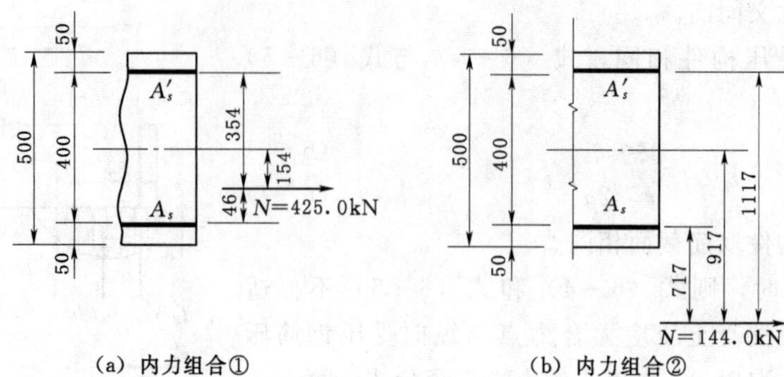

图6-5　桩柱截面及计算简图

$h_0=h-a_s=500-50=450(\text{mm})$。

2. 内力组合①

$$e_0=\frac{M}{N}=\frac{65.50\times10^6}{425.0\times10^3}=154(\text{mm})<\frac{h}{2}-a_s=\frac{500}{2}-50=200(\text{mm})$$

N 作用点在 A_s 合力点及 A_s' 合力点之间，属于小偏心受拉构件［图6-5（a)］。

$$e'=e_0+\frac{h}{2}-a_s'=154+\frac{500}{2}-50=354(\text{mm})$$

$$e=\frac{h}{2}-e_0-a_s=\frac{500}{2}-154-50=46(\text{mm})$$

根据式（6-2a）可得

$$A_s=\frac{Ne'}{f_y(h_0-a_s')}=\frac{425.0\times10^3\times354}{360\times(450-50)}=1045(\text{mm}^2)$$

$$\rho=\frac{A_s}{bh}=\frac{1045}{300\times500}=0.70\%>\rho_{\min}=\max\left(0.20\%,0.45\frac{f_t}{f_y}\right)=0.20\%$$

$$A_s'=\frac{Ne}{f_y(h_0-a_s')}=\frac{425.0\times10^3\times46}{360\times(450-50)}=136(\text{mm}^2)$$

$$\rho=\frac{A_s'}{bh}=\frac{136}{300\times500}=0.09\%<\rho_{\min}=\max\left(0.20\%,0.45\frac{f_t}{f_y}\right)=0.20\%$$

按最小配筋率配筋，有

$$A_s'=\rho_{\min}bh=0.20\%\times300\times500=300(\text{mm}^2)$$

3. 内力组合②

$$e_0=\frac{M}{N}=\frac{132.0\times10^6}{144.0\times10^3}=917(\text{mm})>\frac{h}{2}-a_s=200\text{mm}$$

N 作用点在纵向钢筋 A_s 合力点外侧［图6-5（b)］，属大偏心受拉构件。

$$e=e_0-\frac{h}{2}+a_s=917-\frac{500}{2}+50=717(\text{mm})$$

取 $\xi=\xi_b$，由式（6-5）有

$$A'_s=\frac{Ne-\alpha_{sb}\alpha_1 f_c bh_0^2}{f'_y(h_0-a'_s)}$$
$$=\frac{144.0\times10^3\times717-0.384\times1.0\times16.7\times300\times450^2}{360\times(450-50)}$$
$$=-198.84<0$$

按最小配筋率配筋。偏拉构件中的纵向受压钢筋最小配筋率和受压构件一侧的纵向钢筋的最小配筋率相同，$A'_s=\rho_{\min}bh=300\text{mm}^2$。

由式（6-5）计算 α_s：

$$\alpha_s=\frac{Ne-f'_yA'_s(h_0-a'_s)}{\alpha_1 f_c bh_0^2}$$
$$=\frac{144.0\times10^3\times717-360\times300\times(450-50)}{1.0\times16.7\times300\times450^2}=0.059$$
$$\xi=1-\sqrt{1-2\alpha_s}=1-\sqrt{1-2\times0.059}=0.061$$
$$x=\xi h_0=0.061\times450=27(\text{mm})<2a'_s=100\text{mm}$$
$$e'=e_0+\frac{h}{2}-a'_s=917+\frac{500}{2}-50=1117(\text{mm})$$

由式（6-8）有

$$A_s=\frac{Ne'}{f_y(h_0-a'_s)}=\frac{144.0\times10^3\times1117}{360\times(450-50)}=1117(\text{mm}^2)$$
$$\rho=\frac{A_s}{bh}=\frac{1117}{300\times500}=0.74\%>\rho_{\min}=\max\left(0.20\%,0.45\frac{f_t}{f_y}\right)=0.20\%$$

4. 配筋方案

A'_s、A_s 取两种内力组合所需的大值，$A'_s=300\text{mm}^2$、$A_s=1117\text{mm}^2$。由于采用对称配筋，最终取 $A_s=A'_s=1117\text{mm}^2$，选配 5 ⌀ 18，实配钢筋面积 1272mm^2。

6.2 偏心受拉构件斜截面受剪承载力计算

当偏心受拉构件同时作用有剪力 V 时，就需进行斜截面受剪承载力计算。偏心受拉构件相当于对受弯构件增加了一个轴向拉力 N。由第 1 章混凝土在复合应力状态下的受力性能可知，截面上有拉应力存在时，混凝土的抗剪强度将降低。此外，轴向拉力的存在会增加裂缝开展宽度，使原来不贯通的裂缝有可能贯通，使剪压区面积减小，甚至没有剪压区，因而降低了混凝土的受剪承载力。

偏心受拉构件斜截面受剪承载力的计算公式，是在受弯构件斜截面受剪承载力计算公式的基础上，减去由于轴向拉力 N 引起的混凝土受剪承载力的降低值得到的。根据试验资料，从偏于安全考虑，混凝土受剪承载力的降低值取为 $0.2N$。

JTS 151—2011 规范规定，矩形、T 形和 I 形截面偏心受拉构件的斜截面受剪承载力应满足下列要求：

$$V\leqslant V_u=\frac{1}{\gamma_d}\left(\frac{1.75}{\lambda+1.5}\beta_h f_t bh_0+f_{yv}\frac{A_{sv}}{s}h_0\right)-0.2N \tag{6-9}$$

式中　N——与剪力设计值 V 相应的轴向拉力设计值；

其他符号意义与第 5 章式（5-116）相同。

由于箍筋的存在，且至少可以承担 $\frac{1}{\gamma_d}f_{yv}\frac{A_{sv}}{s}h_0$ 大小的剪力，所以，当式（6-9）计算得到的 $V_u<\frac{1}{\gamma_d}f_{yv}\frac{A_{sv}}{s}h_0$ 时，取 $V_u=\frac{1}{\gamma_d}f_{yv}\frac{A_{sv}}{s}h_0$。同时，为保证箍筋占有一定数量的受剪承载力，还要求：

$$f_{yv}\frac{A_{sv}}{s}h_0\geqslant 0.36f_tbh_0 \tag{6-10}$$

此外，偏心受拉构件的截面和受弯构件一样，也应满足第 4 章式（4-16）的要求，即要求 $V\leqslant\frac{1}{\gamma_d}\beta_s\beta_cf_cbh_0$。

偏心受拉构件斜截面受剪承载力的计算步骤与受弯构件斜截面受剪承载力的计算步骤类似，故不再赘述。

第 7 章　钢筋混凝土受扭构件承载力计算

钢筋混凝土结构构件除承受弯矩、轴力、剪力外，还可能受到扭矩的作用。如当荷载作用平面偏离构件主轴线使截面产生转角时［图 7-1（a)］，构件就受扭。工程中，钢筋混凝土结构构件的扭转可分两类：一类是由荷载直接引起的扭转，其扭矩可利用静力平衡条件求得，与构件的抗扭刚度无关，一般称之为平衡扭转，如图 7-1（b）所示的吊车梁和图 7-1（c）所示的码头靠船构件等都属于这类构件。其中，吊车梁承受的扭矩就是刹车力 P 与它至截面扭转中心距离 e 的乘积；码头靠船构件承受的扭矩则由船停靠时，船对码头靠船构件的摩擦和对系船梁的碰撞力产生。另一类是超静定结构中变形的协调使构件产生的扭转，其扭矩需根据静力平衡条件和变形协调条件求得，称之为协调扭转或附加扭转。在协调扭转中，构件所受的扭矩不但与所受的荷载有关，而且与连接处构件各自的刚度有关，图 7-1（d）所示的现浇框架结构中的边梁就属于这类构件。在图 7-1（d）中，次梁梁端的弯曲转动使得边梁产生扭转，边梁截面产生扭矩，这个扭矩也是次梁支座截面的负弯矩。在边梁受扭或次梁受弯开裂后，边梁抗扭刚度或次梁支座截面抗弯刚度迅速降低，出现内力重分布，从而使边梁所受到的扭矩随之减小。

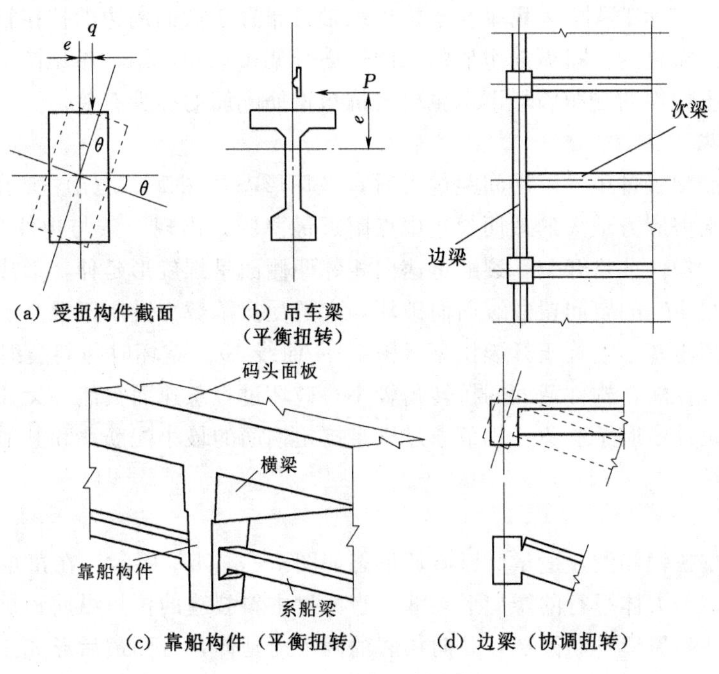

图 7-1　受扭构件实例

本章只涉及平衡扭转构件的承载力计算，至于协调扭转构件的承载力计算方法可参见有关文献[1]。

实际工程中，受扭构件通常还同时受到弯矩和剪力的作用［图7-1(c)］。因此，受扭构件承载力的计算问题，实质上是一个弯、剪、扭（有时还承受压力或拉力）的复合受力计算问题。为便于分析，本章首先介绍纯受扭构件的承载力计算，然后介绍构件在弯、剪、扭作用下的承载力计算。

7.1 钢筋混凝土受扭构件的破坏形态及开裂扭矩

7.1.1 矩形截面纯扭构件的破坏形态

由材料力学可知，构件在扭转时截面上将产生剪应力 τ。由于扭转剪应力 τ 的作用，其在与构件轴线成45°的方向产生主拉应力 σ_{tp}。根据应力的平衡可知，扭矩在构件中引起的主拉应力与剪应力数值相等，即 $\sigma_{tp}=\tau$，而方向相差45°。当一段范围内的主拉应力 σ_{tp} 超过混凝土的轴心抗拉强度 f_t 时，混凝土就会沿垂直主拉应力的方向开裂。因而，构件的裂缝方向总是与构件轴线成45°角（图7-2）。

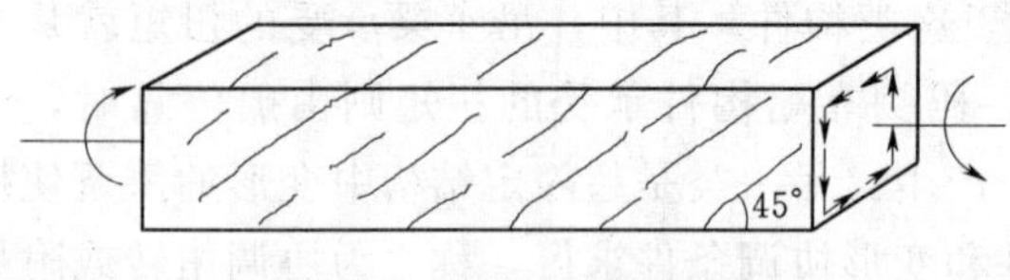

图7-2　纯扭构件斜裂缝

因此，从受力合理的角度来看，抗扭钢筋应采用与构件纵轴成45°角的螺旋箍筋。但这会给施工带来诸多不便，特别是当扭矩方向改变时，45°方向布置的螺旋箍筋要相应改变方向。所以，实际工程中采用垂直于构件纵轴且布置于截面周边的抗扭箍筋和顺构件纵轴且沿截面周边布置的抗扭纵筋组成的空间钢筋骨架来承担扭矩，参见图7-9。

钢筋混凝土构件的受扭破坏形态主要与抗扭钢筋配筋的多少有关。

1. 少筋破坏

当抗扭钢筋配置过少或配筋间距过大时，破坏形态如图7-3(a)所示。构件在扭矩作用下，首先在剪应力最大的截面长边中点附近最薄弱处出现一条与构件纵轴成大约45°方向的斜裂缝。构件一旦开裂，裂缝迅速向相邻两侧面呈螺旋形延伸，形成三面开裂、一面受压（压区很小）的空间扭曲裂面而破坏，它的受扭承载力受制于混凝土抗拉强度及截面尺寸，破坏扭矩基本上等于开裂扭矩（图7-4曲线1）。破坏时与斜裂缝相交的钢筋超过屈服点甚至被拉断，构件截面的扭转角较小，破坏过程急速而突然，无任何预兆，属于脆性破坏，在设计中应予避免。规范通过满足抗扭钢筋的最小配筋率和其他构造要求来防止发生少筋破坏。

2. 适筋破坏

当构件的抗扭钢筋配置适量时，破坏形态如图7-3(b)所示。在扭矩作用下，构件在破坏前形成多条大体平行的螺旋形裂缝。当穿过主斜裂缝的抗扭纵筋和抗扭箍筋达到屈服强度后，这些斜裂缝不断开展，并向相邻的两个面延伸，直到最后形成三面开裂、一面

---

[1] 《混凝土结构设计规范》(GB 50010—2010) 曾给出协调扭转钢筋混凝土构件承载力的计算原则。

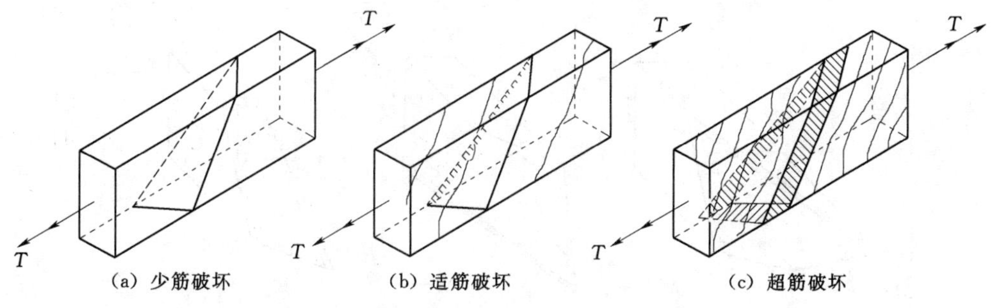

图 7-3　受扭破坏形态

受压的空间扭曲面。随着第四个面上的受压区混凝土被压碎，构件随之破坏，它的受扭承载力比少筋构件有很大提高（图 7-4 曲线 2)。整个破坏过程具有一定的延性和明显的预兆，破坏时，扭转角较大。钢筋混凝土受扭构件的受扭承载力计算以该种破坏为依据。

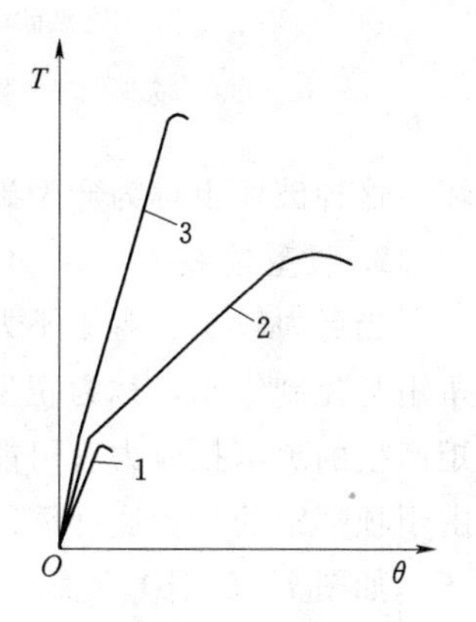

图 7-4　扭矩-扭转角关系曲线

1—少筋破坏；2—适筋破坏；3—超筋破坏

3. 超筋破坏

当构件的抗扭纵筋和抗扭箍筋配置过多时，破坏形态如图 7-3 (c) 所示。在扭矩作用下，构件上出现许多宽度小、间距密的螺旋裂缝。由于抗扭钢筋配置过多，在抗扭纵筋和抗扭箍筋尚未屈服时，某相邻两条螺旋裂缝间的混凝土被压碎而破坏，它的受扭承载力取决于混凝土抗压强度及截面尺寸。破坏时扭转角也较小，属于无预兆的脆性破坏（图 7-4 曲线 3)，在设计中也应予以避免。规范通过控制构件截面尺寸不过小和混凝土强度等级不过低，也就是通过限制抗扭钢筋的最大配筋率来防止发生超筋破坏。

抗扭钢筋是由抗扭纵筋和抗扭箍筋两部分组成的，若其中一种配置过多，会使混凝土压碎时，抗扭箍筋与抗扭纵筋两者之一尚不屈服，这种破坏称为部分超筋破坏。抗扭纵筋和抗扭箍筋均未屈服的破坏称为完全超筋破坏。

7.1.2　矩形截面构件在弯、剪、扭共同作用下的破坏形态

钢筋混凝土弯剪扭构件是指同时承受弯矩和扭矩或同时承受弯矩、剪力和扭矩的构件。试验表明，随着弯矩、剪力、扭矩比值的不同和配筋的不同，其破坏有以下三种典型破坏形态，其破坏面均为螺旋形空间扭曲面，如图 7-5 所示。

1. 弯型破坏

当剪力很小、扭矩不大、弯矩相对较大，且配筋量适中时，构件的破坏由弯矩起控制作用，称为弯型破坏。弯矩作用使构件顶部受压，底部受拉，因此，扭转斜裂缝首先在弯曲受拉的底面出现，然后发展到两个侧面，弯曲受压的顶面一般无裂缝。由于底部的裂缝开展较大，当底部钢筋达到屈服强度时，裂缝迅速发展，与螺旋形主斜裂缝相交的纵筋和箍筋也相继达到屈服，最后顶面混凝土被压碎而破坏，如图 7-5 (a) 所示。

当底部钢筋多于顶部钢筋很多或混凝土强度过低时，会发生顶部混凝土先压碎的破

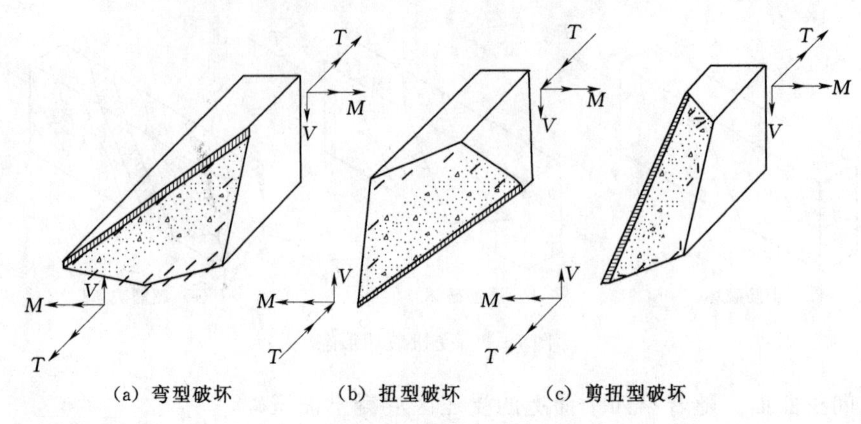

(a) 弯型破坏　　(b) 扭型破坏　　(c) 剪扭型破坏

图 7-5　弯剪扭构件的破坏形态及破坏类型

坏，这种破坏也称为弯型破坏。

2. 扭型破坏

当剪力较小、弯矩不大、扭矩相对较大，且顶部钢筋少于底部钢筋时，构件的破坏由扭矩起控制作用，称为扭型破坏。由于弯矩不大，它在构件顶部引起的压应力也较小，扭矩产生的顶部拉应力有可能抵消弯矩产生的压应力，使得顶面和两侧面发生扭转裂缝。又由于顶部钢筋少于底部钢筋，顶部钢筋先达到屈服强度，最后促使底部混凝土被压碎而破坏，如图 7-5（b）所示。

3. 剪扭型破坏

当弯矩很小、剪力和扭矩比较大时，构件的破坏由剪力和扭矩起控制作用，称为剪扭型破坏。此时，剪力与扭矩均引起剪应力。这两种剪应力叠加的结果，使得截面一侧的剪应力增大，而另一侧的剪应力减小。裂缝首先在剪应力较大的侧面出现，然后向顶面和底面延伸扩展，而另一侧则受压。当截面顶部和底部配置的纵筋较多，而箍筋及侧面纵筋配置较少时，该侧面的纵筋（抗扭）和箍筋（抗扭、抗剪）首先屈服，然后另一侧面的受压混凝土被压碎而破坏，如图 7-5（c）所示。若截面的高宽比较大，侧面的抗扭纵筋和箍筋较少时，即使无剪力作用，破坏也可能由扭矩作用引起一侧的钢筋先屈服，另一侧混凝土压碎。

由上述可知，矩形截面构件在弯、剪、扭复合受力情况下的破坏形态与截面尺寸，截面的高宽比，混凝土强度，弯、剪、扭内力大小和相互比值，截面的顶面与底面纵筋承载力比，纵筋与箍筋配筋强度比等因素有关。

7.1.3　矩形截面纯扭构件的开裂扭矩

在图 7-4 中，当混凝土开裂时，曲线 2 和曲线 3 的第一个转折点都接近曲线 1 的最高点，这表明抗扭钢筋的多少对开裂扭矩的影响很小。因此，可忽略抗扭钢筋对开裂扭矩的贡献，近似取素混凝土纯扭构件的受扭承载力作为开裂扭矩。

假定混凝土为弹性材料时，纯扭构件截面上最大剪应力发生在截面长边的中点，如图 7-6（a）所示。当最大剪应力 τ_{max} 引起的主拉应力 σ_{tp} 达到混凝土轴心抗拉强度 f_t（$\sigma_{tp}=f_t$）时，构件截面长边的中点首先开裂，出现沿 45°方向的斜裂缝，如图 7-6（b）所示。

由内力平衡可求得素混凝土纯扭构件能够承受的开裂扭矩 T_{cr}，从弹性理论可知：

$$T_{cr}=f_tW_{te} \tag{7-1}$$

式中　W_{te}——截面受扭弹性抵抗矩。

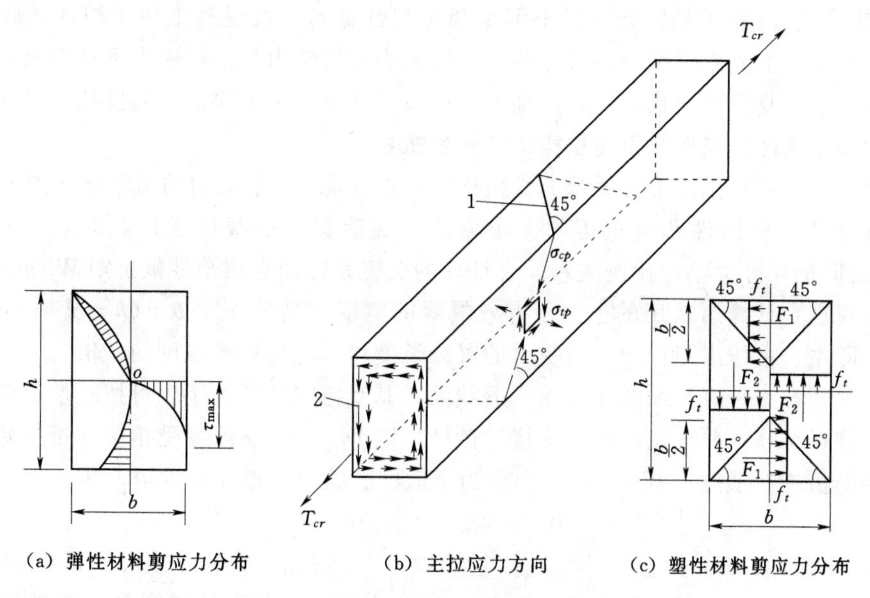

图 7-6　扭矩作用下截面剪应力分布

1—45°螺旋形斜裂缝；2—剪应力流

若假定混凝土为完全塑性材料，纯扭构件截面上某一点应力达到 f_t 时并不立即破坏，该点能保持极限应力而继续变形，截面也能继续承载，直到截面上所有部位的剪应力均达到最大剪应力 $\tau_{max}=f_t$ 时［见图 7-6（c）］，构件才达到极限承载力 T_{cu}（也就是它的开裂扭矩），所以 T_{cu} 将大于 T_{cr}。将图 7-6（c）所示截面四部分的剪应力分别合成为 F_1 和 F_2，并计算其所组成的力偶，可求得开裂扭矩为

$$T_{cu}=f_t\frac{b^2}{6}(3h-b)=f_tW_t \tag{7-2}$$

式中　W_t——截面受扭塑性抵抗矩，对矩形截面按式（7-3）计算：

$$W_t=\frac{b^2}{6}(3h-b) \tag{7-3}$$

式中　b、h——矩形截面的短边尺寸和长边尺寸。

试验表明，按弹性理论确定的开裂扭矩 T_{cr} 小于实测值甚多，说明按照弹性分析方法低估了钢筋混凝土构件的实际开裂扭矩，而按完全塑性材料的应力分布来确定的开裂扭矩 T_{cu} 又高于实测值。因为混凝土实际上为弹塑性材料，其开裂扭矩值应介于式（7-1）和式（7-2）的计算值之间。为方便实用，规范规定矩形截面纯扭构件的开裂扭矩 T_{cr} 可按完全塑性状态的截面应力分布进行计算，但需乘以小于 1.0 的降低系数。

通过试验发现，对于素混凝土纯扭构件，降低系数在 0.87～0.93 之间变化；对钢筋混凝土纯扭构件，则在 0.87～1.06 之间变化。高强混凝土塑性比普通混凝土差，相应的降低系数要小一些。根据这些试验结果，规范从偏于安全的角度取降低系数为 0.7，即

$$T_{cr}=0.7f_tW_t \tag{7-4}$$

对于素混凝土纯扭构件，T_{cr}就是它的极限扭矩。而对于钢筋混凝土构件，混凝土开裂以后，主拉力可由钢筋承担，T_{cr}相当于它的开裂扭矩。

T_{cr}低于f_tW_t除了是因为混凝土不是理想塑性材料，素混凝土纯扭构件在破坏前不可能在整个截面上完成塑性应力重分布外，还因为在构件内与主拉应力垂直方向上存在主压应力，在拉压复合应力状态下，混凝土的抗拉强度要低于单向受拉的抗拉强度f_t。

7.1.4　T形、I形和箱形截面纯扭构件的开裂扭矩

工程中常会遇到截面带有翼缘的受扭构件，如T形、I形截面的吊车梁和倒L形截面的檩条梁等。这些构件开裂扭矩的大小取决于翼缘参与受载的程度，即b'_f、b_f、h'_f、h_f、h_w之间的尺寸大小及比例关系，它计算的关键是截面受扭塑性抵抗矩W_t的求取。

规范规定：计算时取用的上、下有效翼缘的宽度应满足$b'_f\leqslant b+6h'_f$及$b_f\leqslant b+6h_f$的条件，即左、右伸出腹板能参与受力的翼缘长度均不超过翼缘厚度的3倍。

试验表明，对带有翼缘的T形和I形截面，其受扭塑性抵抗矩仍可按塑性材料的应力分布图形进行计算，并近似以腹板受扭塑性抵抗矩W_{tw}、受压翼缘受扭塑性抵抗矩W'_{tf}和受拉翼缘受扭塑性抵抗矩W_{tf}三者之和作为全截面总的受扭塑性抵抗矩，即

$$W_t=W_{tw}+W'_{tf}+W_{tf} \tag{7-5}$$

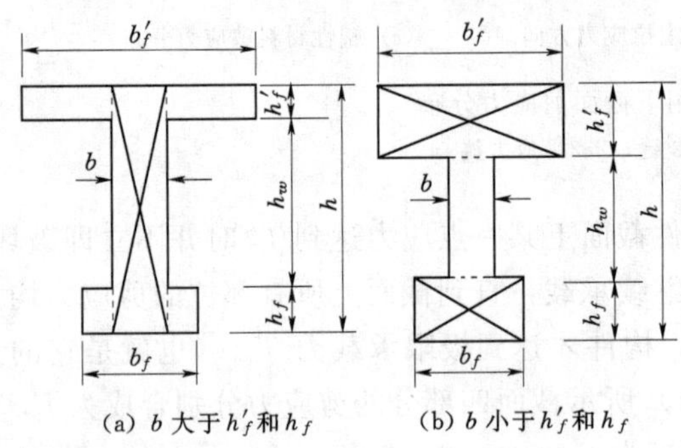

图7-7　T形、I形截面的小块矩形划分方法

理论上，将T形、I形截面划分为小块矩形截面的原则是：首先满足较宽矩形截面的完整性，即当b大于h'_f和h_f时按图7-7（a）划分，当b小于h'_f和h_f时按图7-7（b）划分。但实际上，若按图7-7（b）划分会给剪扭构件计算带来很大的困难。为了简化起见，实际计算时全部按图7-7（a）划分。计算公式如下：

腹板受扭塑性抵抗矩

$$W_{tw}=\frac{b^2}{6}(3h-b) \tag{7-6}$$

受压翼缘受扭塑性抵抗矩

$$W'_{tf}=\frac{h'^2_f}{2}(b'_f-b) \tag{7-7}$$

受拉翼缘受扭塑性抵抗矩

$$W_{tf}=\frac{h^2_f}{2}(b_f-b) \tag{7-8}$$

应当指出，式（7-7）和式（7-8）是将受压翼缘和受拉翼缘分别视为受扭整体截面而按式（7-6）确定的，如对图7-7（a）所示的受压翼缘，则有

$$W'_{tf}=\frac{h'^2_f}{6}(3b'_f-h'_f)-\frac{h'^2_f}{6}(3b-h'_f)=\frac{h'^2_f}{2}(b'_f-b) \tag{7-9}$$

上式中的$\frac{h'^2_f}{6}(3b'_f-h'_f)$和$\frac{h'^2_f}{6}(3b-h'_f)$分别为矩形截面$b'_f\times h'_f$、$b\times h'_f$的受扭塑

性抵抗矩，两者之差就为受压翼缘的受扭塑性抵抗矩。

对于箱形截面构件，在扭矩作用下，截面上的剪应力流方向一致［图 7-8 (a)］，截面受扭塑性抵抗矩很大，如将截面划分为 4 个矩形块［图 7-8 (b)］，相当于将剪应力流限制在各矩形面积范围内，沿内壁的剪应力方向与实际整体截面的剪应力方向相反，故按分块法计算的受扭塑性抵抗矩小于其实际值。因此，箱形截面构件的受扭塑性抵抗矩应按整体计算，即

$$W_t=\frac{b_h^2}{6}(3h_h-b_h)-\frac{(b_h-2t_w)^2}{6}[3h_w-(b_h-2t_w)] \tag{7-10}$$

式 (7-10) 中的尺寸符号意义如图 7-8 所示。可见，箱形截面受扭塑性抵抗矩 W_t 等于矩形截面 $h_h\times b_h$ 的 W_t 减去孔洞矩形截面 $h_w\times(b_h-2t_w)$ 的 W_t。

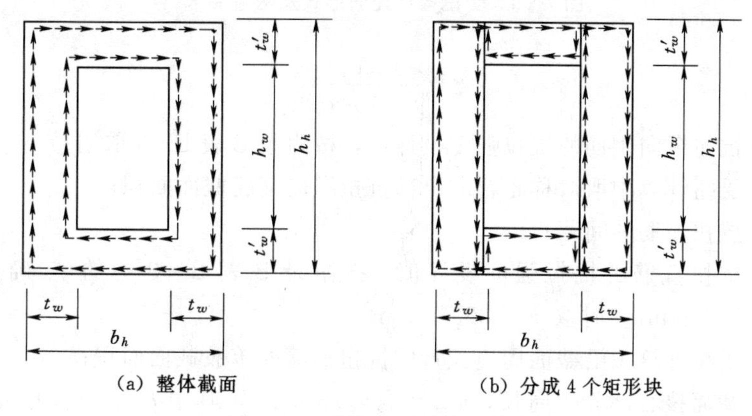

图 7-8　箱形截面的剪应力流

7.2 钢筋混凝土纯扭构件的承载力计算

7.2.1 受扭构件的配筋形式和构造要求

图 7-9 为受扭构件的配筋形式及构造要求。由于扭矩引起的剪应力在截面四周最大，并为满足扭矩变号的要求，抗扭钢筋应由抗扭纵筋和抗扭箍筋组成。抗扭纵筋应沿截面周边均匀对称布置，截面四角处必须放置，其间距不应大于 200mm 和截面宽度 b[1]。抗扭纵筋的两端应伸入支座，并满足最小锚固长度 l_a 的要求，l_a 的取值见附录 D。抗扭箍筋必须封闭，每边都能承担拉力，采用绑扎骨架时，箍筋末端应弯成不小于 135°角的弯钩，且弯钩端头平直段长度不应小于 $10d_{sv}$ (d_{sv}为箍筋直径)，以使箍筋端部锚固于截面核心混凝土内。抗扭箍筋的最大间距应满足第 4 章表 4-1 的规定。当采用复合箍筋时，位于截面内部的箍筋不应计入受扭所需的截面面积。

为使受扭构件的破坏形态呈现适筋破坏，充分发挥抗扭钢筋的作用，避免出现部分超筋破坏，抗扭纵筋和抗扭箍筋应有合理的搭配。规范中引入 ζ 系数，ζ 为受扭的纵向钢筋与箍筋的配筋强度比：

[1] JTS 151—2011 规范没有给出抗扭纵筋间距的要求，这里引用的是国标 2015 年版《混凝土结构设计规范》(GB 50010—2010) 的规定。

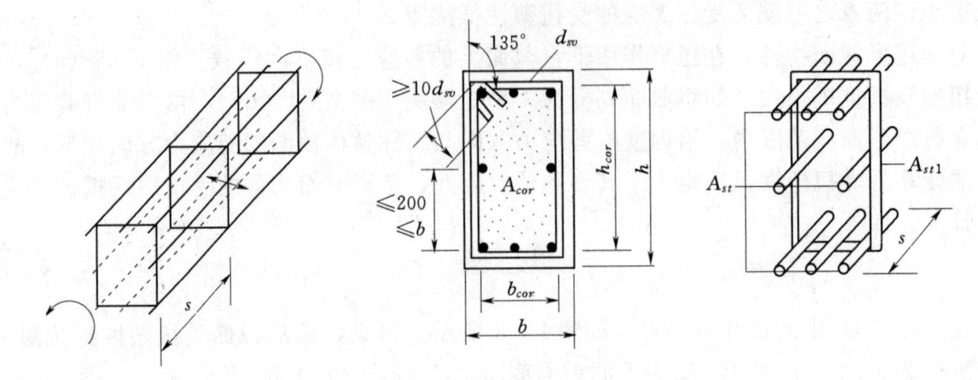

图7-9　受扭构件配筋形式及构造要求

$$\zeta=\frac{f_y A_{stl} s}{f_{yv} A_{st1} u_{cor}} \tag{7-11}$$

式中　f_y——抗扭纵向钢筋的抗拉强度设计值，按附录B表B-3取用；

A_{stl}——受扭计算中取对称布置的全部抗扭纵向钢筋截面面积；

s——抗扭箍筋的间距；

f_{yv}——抗扭箍筋的抗拉强度设计值，按附录B表B-3中的f_y确定，当$f_y>360\text{N/mm}^2$时取$f_y=360\text{N/mm}^2$；

A_{st1}——受扭计算中沿截面周边配置的抗扭箍筋的单肢截面面积；

u_{cor}——截面核心部分的周长，$u_{cor}=2(b_{cor}+h_{cor})$，其中$b_{cor}$、$h_{cor}$为从箍筋内表面计算的截面核心部分的短边长度和长边长度，如图7-9所示。

试验结果表明ζ值在0.5～2.0时，抗扭纵筋和抗扭箍筋均能在构件破坏前屈服。为安全起见，规范规定ζ值应符合$0.6\leqslant\zeta\leqslant1.7$，当$\zeta>1.7$时取$\zeta=1.7$。设计时，通常可取$\zeta=1.2$（最佳值）。

式（7-11）可写为$\zeta=\frac{f_y A_{stl} s}{f_{yv} A_{st1} u_{cor}}=\frac{f_y}{f_{yv}}\frac{A_{stl} s}{A_{st1} u_{cor}}$，因此$\zeta$可理解为抗扭纵筋和抗扭箍筋的强度比$\frac{f_y}{f_{yv}}$与体积比$\frac{A_{stl} s}{A_{st1} u_{cor}}$的乘积；式（7-11）也可写为$\zeta=\frac{f_y A_{stl} s}{f_{yv} A_{st1} u_{cor}}=\frac{\frac{f_y A_{stl}}{u_{cor}}}{\frac{f_{yv} A_{st1}}{s}}$，因此$\zeta$也可理解为沿截面核心周长单位长度内抗扭纵筋配筋强度$\frac{f_y A_{stl}}{u_{cor}}$与沿构件长度方向单位长度内的单侧抗扭箍筋配筋强度$\frac{f_{yv} A_{st1}}{s}$的比值，参见图7-9。

7.2.2　矩形截面纯扭构件的承载力计算

目前钢筋混凝土纯扭构件的承载力计算，虽已有较接近实际的理论计算方法，例如，变角空间桁架模型及斜弯理论（扭曲破坏面极限平衡理论），但由于受扭构件的受力复杂，影响承载力的因素有很多，因此根据理论分析得到的承载力计算公式还需根据试验结果进行修正。

规范在变角空间桁架模型理论的基础上，通过对试验结果统计的分析，得到矩形截面纯扭构件承载力的计算公式[1]。JTS 151—2011 规范规定矩形纯扭构件的受扭承载力应满足下列要求：

$$T \leqslant T_u = T_c + T_s = \frac{1}{\gamma_d}\left(0.35 f_t W_t + 1.2\sqrt{\zeta} f_{yv} \frac{A_{st1}}{s} A_{cor}\right) \tag{7-12}$$

其中 T——扭矩设计值，为式（2-20）（持久组合）或式（2-21）（短暂组合）计算值与 γ_0 的乘积；γ_0 为结构重要性系数，对于安全等级为一级、二级、三级的结构构件，γ_0 分别取为 1.1、1.0、0.9；

T_c——混凝土的受扭承载力；

T_s——抗扭钢筋的受扭承载力；

γ_d——结构系数，和斜截面受剪承载力计算一样，取 $\gamma_d = 1.1$，用于进一步增强受扭承载力计算的可靠性；

f_t——混凝土轴心抗拉强度设计值，按附录 B 表 B-1 取用；

A_{cor}——截面核心部分面积，$A_{cor} = b_{cor} h_{cor}$；

其余符号意义同前。

上式等号右边括号内第一项 $0.35 f_t W_t$ 为开裂后的混凝土由于抗扭钢筋使骨料间产生咬合作用而具有的受扭承载力；括号内第二项 $1.2\sqrt{\zeta} f_{yv} \frac{A_{st1}}{s} A_{cor}$ 则为抗扭钢筋的受扭承载力，其表达式形式由变角空间桁架模型得到。

式（7-12）的计算值与试验值的比较如图 7-10 所示。在图 7-10 中，按式（7-11）计算的直线 1，比由变角空间桁架模型理论计算的直线 2 要偏低一些。这是因为构件破坏时钢筋有可能并非全部屈服，式（7-12）考虑了这一因素，和变角空间桁架模型相比，其计算值更符合试验结果。

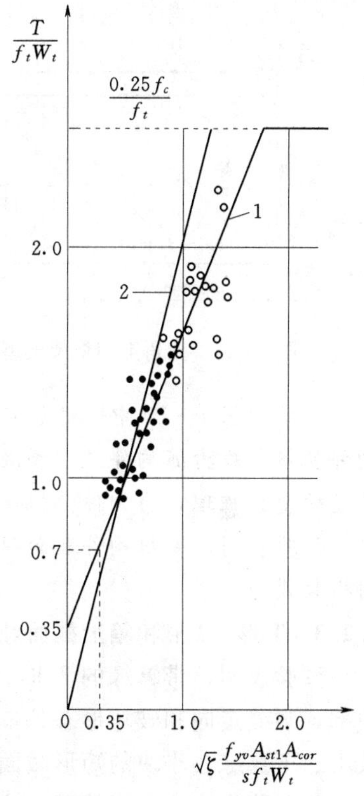

图 7-10 计算值与实测值的比较图
1—式（7-12）计算曲线；
2—变角空间桁架模型理论计算曲线

图 7-11 为变角空间桁架模型，其基本假定为：①受扭构件为一个带有多条螺旋形裂缝的混凝土薄壁箱形截面构件，不考虑破坏时截面核心混凝土的作用；②由薄壁上裂缝间的混凝土为斜压腹杆（倾角 α）、箍筋为受拉腹杆、纵筋为受拉弦杆组成一个变角（α）空间桁架；③纵筋、箍筋和混凝土的斜压腹杆在交点处假定为铰接，满足节点平衡条件（忽略裂缝面上混凝土的骨料咬合作用，不考虑纵筋的销栓作用）。

[1] 本章所列的受扭承载力计算公式只适用于腹板净宽 h_w 与宽度 b 之比小于 6 的构件；对 $\frac{h_w}{b} \geqslant 6$ 的构件，受扭承载力计算应作专门研究。

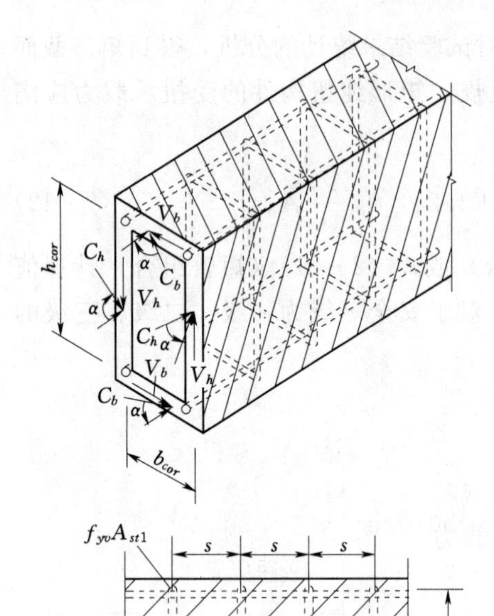

图7-11　变角空间桁架模型

下面给出公式的推导过程。

设箱形截面上混凝土斜压腹杆的压力分别为 $2C_h$、$2C_b$，V_h、V_b 分别为其垂直于轴线方向的分力，由力矩平衡，可得

$$T=V_h b_{cor}+V_b h_{cor} \tag{7-13}$$

$\dfrac{V_h}{\tan\alpha}$、$\dfrac{V_b}{\tan\alpha}$分别为轴线方向的分力，应与纵筋拉力平衡，可得

$$f_y A_{st}=2\frac{V_h+V_b}{\tan\alpha} \tag{7-14}$$

由受扭斜面上箍筋拉力与 V_h、V_b 平衡得

$$C_h\sin\alpha=V_h=\frac{h_{cor}}{s\tan\alpha}f_{yv}A_{st1} \tag{7-15}$$

$$C_b\sin\alpha=V_b=\frac{b_{cor}}{s\tan\alpha}f_{yv}A_{st1} \tag{7-16}$$

通过归并，可消去 V_h、V_b，得 $\tan^2\alpha=\dfrac{f_{yv}A_{st1}u_{cor}}{f_y A_{st}s}$，并令 $\tan\alpha=\sqrt{1/\zeta}$，得

$$T=2\sqrt{\zeta}\frac{f_{yv}A_{st1}A_{cor}}{s} \tag{7-17}$$

上式即图7-10中通过原点的直线2，它和构件尺寸和混凝土强度无关，即没有反映构件受扭承载力随构件尺寸和混凝土强度增大而提高的规律，但它揭示了抗扭纵筋和抗扭箍筋的受力机理，为构件受扭承载力计算公式的建立提供了理论基础。

试验表明，受扭构件表面斜裂缝倾角 α 随 ζ 值的变化而改变，故上述模型称为变角空间桁架模型。

7.2.3　T形、I形和箱形截面纯扭构件的承载力计算

试验表明，带翼缘的T形、I形截面构件受扭时第一条斜裂缝仍出现在构件腹板侧面中部，裂缝走向和破坏形态基本上类似于矩形截面。破坏时截面的受扭塑性抵抗矩与腹板及上、下翼缘各小块的矩形截面受扭塑性抵抗矩的总和接近。故可将T形或I形截面按前述方法划分为小块矩形截面，按各小块的受扭塑性抵抗矩比值的大小来计算各小块矩形截面所应承受的扭矩，即

腹板
$$T_w=\frac{W_{tw}}{W_t}T \tag{7-18}$$

受压翼缘
$$T'_f=\frac{W'_{tf}}{W_t}T \tag{7-19}$$

受拉翼缘
$$T_f=\frac{W_{tf}}{W_t}T \tag{7-20}$$

式中　　　　T——T形和I形截面承受的总扭矩设计值；

T_w、T'_f、T_f——腹板、受压翼缘、受拉翼缘截面承受的扭矩设计值；

W_t、W_{tw}、W'_{tf}、W_{tf}——整个截面、腹板、受压翼缘、受拉翼缘的受扭塑性抵抗矩，按式（7-5）～式（7-8）计算。

由上述方法求得各小块矩形截面所分配的扭矩后，再分别按式（7-12）进行各小块矩形截面的配筋计算。计算所得的抗扭纵筋应配置在整个截面的外边沿上。

试验及理论研究表明，对于图7-8所示的箱形截面，当具有一定壁厚（$t_w \geqslant 0.4b_h$）时，其受扭承载力与实心截面 $h_h \times b_h$ 的基本相同。当壁厚较薄时，其受扭承载力则小于实心截面的受扭承载力。因此，箱形截面受扭承载力计算公式与矩形截面相似，仅在混凝土抗扭项考虑了与截面相对壁厚有关的折减系数 α_h，即

$$T \leqslant T_u = T_c + T_s = \frac{1}{\gamma_d}\left(0.35\alpha_h f_t W_t + 1.2\sqrt{\zeta} f_{yv} \frac{A_{st1}}{s} A_{cor}\right) \tag{7-21}$$

式中 α_h——箱形截面壁厚影响系数，$\alpha_h = 2.5t_w/b_h$，当 $\alpha_h \geqslant 1.0$ 时，取 $\alpha_h = 1.0$；

其余符号意义同前。

7.2.4 抗扭配筋的上下限

1. 抗扭配筋的上限

当截面尺寸过小、配筋过多时，构件会发生超筋破坏。此时，破坏扭矩主要取决于混凝土的抗压强度和构件截面尺寸，而增加配筋对它几乎没有什么影响。因此，这个破坏扭矩也代表了配筋构件所能承担的扭矩的上限，根据对试验结果的分析，规范规定以截面尺寸和混凝土强度的限制条件作为配筋率的上限。JTS 151—2011规范规定：对于 $h_w/b \leqslant 6$ 的矩形、T形、I形截面和 $h_w/t_w \leqslant 6$ 的箱形截面，要求满足：

$$\frac{T}{0.8W_t} \leqslant \frac{1}{\gamma_d}\beta_s\beta_c f_c \tag{7-22}$$

式中 h_w——截面腹板高度，矩形截面取有效高度 h_0，T形截面取有效高度减去翼缘高度，I形和箱形截面取腹板净高；

b——截面宽度，矩形截面取截面宽度，T形和I形截面取腹板宽度，箱形截面取两侧壁厚度之和 $2t_w$；

t_w——箱形截面壁厚，其值不应小于 $b_h/7$，此处 b_h 为箱形截面宽度；

β_s——系数，$h_w/b \leqslant 4$ 或 $h_w/t_w \leqslant 4$ 时，取 $\beta_s = 0.25$；$h_w/b = 6$ 或 $h_w/t_w = 6$ 取 $\beta_s = 0.20$；其间，β_s 按线性内插法确定；

β_c——混凝土强度影响系数，混凝土强度等级不超过C50时，取 $\beta_c = 1.0$；C80时，取 $\beta_c = 0.8$；其间，β_c 按线性内插法确定；

f_c——混凝土轴心抗压强度设计值，按附录B表B-1取用；

其余符号意义同前。

β_s 和 β_c 的意义与取值和第4章防止斜压破坏的式（4-16）是相同的。

若不满足式（7-22）条件，则需增大截面尺寸或提高混凝土强度等级。

2. 抗扭配筋的下限

在抗扭配筋过少过稀时，配筋将无助于开裂后构件的抗扭能力。因此，为了防止纯扭构件在低配筋时发生少筋的脆性破坏，按照配筋纯扭构件所能承担的极限扭矩不小于其开

裂扭矩的原则，确定其抗扭纵筋和抗扭箍筋的最小配筋率。JTS 151—2011 规范规定，纯扭构件的抗扭纵筋和抗扭箍筋的配筋应满足下列要求：

（1）抗扭纵筋：

$$\rho_{tl}=\frac{A_{stl}}{bh}\geqslant\rho_{tl\min}=\begin{cases}0.30\%（光圆钢筋）\\0.20\%（带肋钢筋）\end{cases}\tag{7-23}$$

（2）抗扭箍筋：

$$\rho_{stv}=\frac{A_{st1}u_{cor}}{bhs}\geqslant\rho_{stv\min}=\begin{cases}0.15\%（光圆钢筋）\\0.10\%（带肋钢筋）\end{cases}\tag{7-24}$$

式中　ρ_{tl}——抗扭纵筋配筋率；

ρ_{stv}——抗扭箍筋体积配筋率；

其余符号意义同前。

再次提醒的是，当采用复合箍筋时，位于截面内部的箍筋不应计入受扭所需的箍筋面积。

如果能符合如下条件

$$\frac{T}{W_t}\leqslant\frac{1}{\gamma_d}(0.7f_t)\tag{7-25}$$

则只需根据构造要求配置抗扭钢筋。

7.3　钢筋混凝土构件在弯、剪、扭共同作用下的承载力计算

7.3.1　构件在剪、扭作用下的承载力计算

试验表明，剪力和扭矩共同作用下的构件承载力比单独受剪或单独受扭时的承载力要低。构件的受扭承载力随剪力的增大而减小，受剪承载力也随着扭矩的增加而减小，这便是剪力与扭矩的相关性。图 7-12（a）给出了无腹筋构件在不同扭矩与剪力比值下的承载力试验结果，图中的横坐标为 V_c/V_{c0}，纵坐标为 T_c/T_{c0}。这里的 V_c、T_c 为无腹筋构件在剪、扭共同作用下的受剪承载力和受扭承载力，V_{c0}、T_{c0} 为无腹筋构件单独受剪和单独受扭时的受剪承载力和受扭承载力。从图中不难发现，受扭和受剪承载力的相关关系近

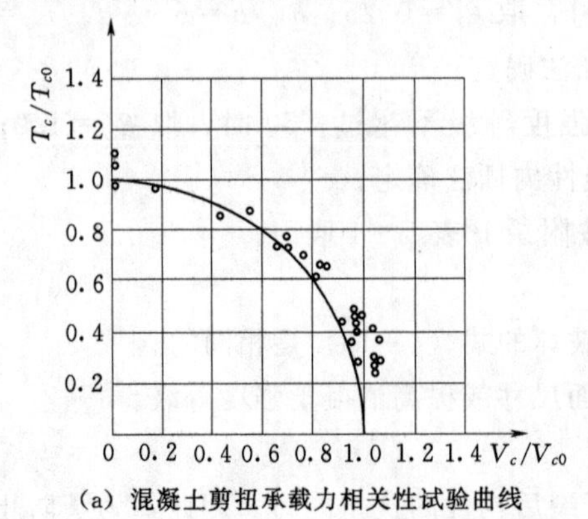

（a）混凝土剪扭承载力相关性试验曲线

（b）混凝土剪扭承载力相关性计算曲线

图 7-12　剪、扭承载力相关图

似于 1/4 圆，即随着同时作用的扭矩的增大，构件受剪承载力逐渐降低，当扭矩达到构件的受纯扭承载力时，其受剪承载力下降为 0；反之亦然。

对于有腹筋的剪扭构件，为了计算的方便，也为了与单独受扭、单独受剪承载力计算公式相协调，可采用以两项式的表达形式来计算其承载力。第一项为混凝土的承载力（考虑剪扭的相关作用），第二项为钢筋的承载力（不考虑剪扭的相关作用）。同时，近似假定有腹筋构件在剪、扭作用下混凝土部分所能承担的扭矩和剪力的相互关系与无腹筋构件一样服从 1/4 圆的关系。这时，无腹筋构件单独受剪时的受剪承载力 V_{c0} 与单独受扭时的受扭承载力 T_{c0} 可分别取为受剪承载力公式［式（4-10）］中的混凝土作用项和纯扭构件受扭承载力公式中［式（7-12）］的混凝土作用项，即

$$V_{c0}=0.7f_tbh_0 \tag{7-26}$$

$$T_{c0}=0.35f_tW_t \tag{7-27}$$

为了简化，在图 7-12（b）中用三条折线段 ab、bc、cd 来代替 1/4 圆。三条折线段的方程和条件如下：

（1）ab 段：$\frac{V_c}{V_{c0}}\leqslant 0.5$，$\frac{T_c}{T_{c0}}=1$，为水平线，即不考虑剪力对受扭承载力的影响。

（2）cd 段：$\frac{T_c}{T_{c0}}\leqslant 0.5$，$\frac{V_c}{V_{c0}}=1$，为垂直线，即不考虑扭矩对受剪承载力的影响。

（3）bc 段：$\frac{V_c}{V_{c0}}>0.5$ 且 $\frac{T_c}{T_{c0}}>0.5$，$\frac{T_c}{T_{c0}}+\frac{V_c}{V_{c0}}=1.5$，为斜线，即考虑剪扭承载力相关性。

令 $\alpha=V_c/V_{c0}$，$\beta_t=T_c/T_{c0}$，则

$$\alpha+\beta_t=1.5 \tag{7-28}$$

而 α 和 β_t 的比例关系为

$$\frac{\alpha}{\beta_t}=\frac{V_c/V_{c0}}{T_c/T_{c0}}=\frac{V_c}{T_c}\frac{0.35f_tW_t}{0.7f_tbh_0}=0.5\frac{V_c}{T_c}\frac{W_t}{bh_0}=0.5\frac{V}{T}\frac{W_t}{bh_0} \tag{7-29}$$

在上式近似取 $\frac{V_c}{T_c}=\frac{V}{T}$，联立求解式（7-28）和式（7-29）得

$$\beta_t=\frac{1.5}{1+0.5\frac{V}{T}\frac{W_t}{bh_0}} \tag{7-30}$$

上式中的 β_t 为一般剪扭构件混凝土受扭承载力降低系数。它是根据 bc 段导出的，因此，β_t 计算值应符合 $0.5\leqslant\beta_t\leqslant 1.0$ 的要求。当 $\beta_t<0.5$ 时，取 $\beta_t=0.5$；当 $\beta_t>1.0$ 时，取 $\beta_t=1.0$。所以，一般剪扭构件中混凝土承担的扭矩和剪力相应为

$$T_c=0.35\beta_tf_tW_t \tag{7-31}$$

$$V_c=0.7(1.5-\beta_t)f_tbh_0 \tag{7-32}$$

由第 4 章式（4-10）、式（4-11）和本章式（7-12）中已知，箍筋的受剪承载力 $V_{sv}=f_{yv}\frac{A_{sv}}{s}h_0$，抗扭钢筋的受扭承载力 $T_s=1.2\sqrt{\zeta}f_{yv}\frac{A_{st1}}{s}A_{cor}$。则一般矩形截面构件在剪、扭作用下的受剪承载力和受扭承载力可分别按下列公式计算：

$$V \leqslant V_u = \frac{1}{\gamma_d}\left[0.7(1.5-\beta_t)f_t bh_0 + f_{yv}\frac{A_{sv}}{s}h_0\right] \tag{7-33}$$

$$T \leqslant T_u = \frac{1}{\gamma_d}\left[0.35\beta_t f_t W_t + 1.2\sqrt{\zeta} f_{yv}\frac{A_{st1}}{s}A_{cor}\right] \tag{7-34}$$

集中荷载作用下的独立剪扭构件受扭承载力仍按式（7－34）计算，受剪承载力和 β_t 分别按下列式（7-35）、式（7-36）计算：

$$V \leqslant V_u = \frac{1}{\gamma_d}\left[\frac{1.75}{\lambda+1.5}(1.5-\beta_t)f_t bh_0 + f_{yv}\frac{A_{sv}}{s}h_0\right] \tag{7-35}$$

$$\beta_t = \frac{1.5}{1+0.2(\lambda+1.5)\dfrac{V}{T}\dfrac{W_t}{bh_0}} \tag{7-36}$$

式（7－33）、式（7－35）中的符号和取值与第 4 章式（4－10）、式（4－11）相同。

T 形和 I 形截面剪扭构件的受剪和受扭承载力计算分成两部分计算：①腹板的受剪、受扭承载力仍采用式（7－33）、式（7－34）和式（7－30）或式（7－35）、式（7－34）和式（7-36）计算，但在计算时应将式中的 T 及 W_t 相应改为 T_w 及 W_{tw}；②受压翼缘及受拉翼缘承受的剪力极小，可不予考虑，故它仅承受所分配的扭矩，其受扭承载力应按式（7－12）计算，但在计算时应将式中的 T 及 W_t 相应改为 T'_f、W'_{tf} 或 T_f、W_{tf}。

一般箱形截面剪扭构件的受剪承载力按式（7－33）计算，宽度 b 取箱形截面的侧壁总厚度 $2t_w$；受扭承载力按下式计算：

$$T \leqslant T_u = \frac{1}{\gamma_d}\left(0.35\alpha_h\beta_t f_t W_t + 1.2\sqrt{\zeta} f_{yv}\frac{A_{st1}}{s}A_{cor}\right) \tag{7-37}$$

对于集中荷载作用下的箱形截面剪扭构件，受扭承载力仍采用式（7－37）计算，但受剪承载力计算要考虑剪跨比的影响，采用式（7－35）计算。其中，β_t 采用式（7－36）计算，但用 $\alpha_h W_t$ 以代替 W_t，仍然是 $\beta_t<0.5$ 时取 $\beta_t=0.5$，$\beta_t>1.0$ 时取 $\beta_t=1.0$；宽度 b 取箱形截面的侧壁总厚度 $2t_w$；其余符号意义同前。

7.3.2　抗扭配筋的上下限

1. 剪扭配筋的上限

当截面尺寸过小而配筋过多时，构件将由于混凝土首先被压碎而破坏。因此，必须对截面的最小尺寸和混凝土的最低强度加以限制，以防止这种破坏的发生。

试验表明，剪扭构件截面限制条件基本上符合剪、扭叠加的线性关系，因此，对于在弯矩、剪力和扭矩共同作用下，$h_w/b\leqslant6$ 的矩形、T 形、I 形截面构件和 $h_w/t_w\leqslant6$ 的箱形截面，JTS 151—2011 规范规定其截面应符合以下要求：

$$\frac{V}{bh_0} + \frac{T}{0.8W_t} \leqslant \frac{1}{\gamma_d}\beta_s\beta_c f_c \tag{7-38}$$

式中符号的意义和式（7－22）、式（4－16）相同。若不满足式（7－38）条件，则需增大截面尺寸或提高混凝土强度等级。

2. 剪扭配筋的下限

对剪扭构件，为防止发生少筋破坏，抗扭纵筋和抗扭箍筋的配筋率应分别满足式（7－23）和式（7－24）的要求，当采用复合箍筋时，位于截面内部的箍筋不应计入受扭所需的箍筋面积；抗剪箍筋的配筋率应满足第 4 章式（4－17）的要求，箍筋间距应满足第 4 章表 4－1 的要求。

与纯扭构件类似，若符合条件：

$$\frac{V}{bh_0}+\frac{T}{W_t}\leqslant\frac{1}{\gamma_d}(0.7f_t) \tag{7-39}$$

则可不对构件进行剪扭承载力计算，仅需按构造要求配置钢筋。

7.3.3 构件在弯、扭作用下的承载力计算

弯、扭共同作用下的受弯和受扭承载力，可分别按受弯构件的正截面受弯承载力和纯扭构件的受扭承载力进行计算，求得的钢筋应分别按弯、扭对纵筋和箍筋的构造要求进行配置，位于相同部位的钢筋可将所需钢筋截面面积叠加后统一配置。

7.3.4 构件在弯、剪、扭作用下的承载力计算

钢筋混凝土构件在弯矩、剪力和扭矩共同作用下的受力性能影响因素很多，比剪扭、弯扭更复杂。目前弯、剪、扭共同作用下的承载力计算还是采用按受弯和受剪扭分别计算，然后进行叠加的近似计算方法。即纵向钢筋应根据正截面受弯承载力和剪扭构件的受扭承载力计算求得的相应纵筋进行配置，位于相同部位的纵向钢筋截面面积可叠加。箍筋应根据剪扭构件受剪承载力和受扭承载力计算求得的相应箍筋进行配置，相同部位的箍筋截面面积也可叠加。

具体计算步骤如下：

(1) 根据经验或参考已有设计，初步确定截面尺寸和材料强度等级。

(2) 验算截面尺寸和混凝土强度（防止剪扭构件超筋破坏），如能符合式（7－38）的条件，则截面尺寸合适；否则，应加大截面尺寸或提高混凝土的强度等级。

(3) 验算是否需按计算确定抗剪扭钢筋，如能符合式（7－39）的条件，则无须对构件进行剪扭承载力计算，仅按构造要求配置抗剪扭钢筋，但受弯承载力仍需进行计算。

(4) 确定计算方法，即确定是否要考虑剪扭相关性。

1）确定是否可忽略剪力的影响，如能符合以下条件：

$$V\leqslant\frac{1}{\gamma_d}(0.35f_tbh_0)\text{（一般构件）} \tag{7-40a}$$

或

$$V\leqslant\frac{1}{\gamma_d}\left(\frac{0.875}{\lambda+1.5}f_tbh_0\right)\text{（集中荷载独立构件）} \tag{7-40b}$$

则可不计剪力 V 的影响，而只需按受弯构件的正截面受弯和纯扭构件的受扭分别进行承载力计算。

2）确定是否可忽略扭矩的影响，如能符合以下条件：

$$T\leqslant\frac{1}{\gamma_d}(0.175f_tW_t)\text{（矩形、T 形与 I 形截面）} \tag{7-41a}$$

或

$$T\leqslant\frac{1}{\gamma_d}(0.175\alpha_hf_tW_t)\text{（箱形截面）} \tag{7-41b}$$

则可不计扭矩 T 的影响，而只需按受弯构件的正截面受弯和斜截面受剪分别进行承载力计算。

(5) 若剪力和扭矩均不能忽略，即构件不满足式（7－40）和式（7－41）条件时，则

按下列两方面进行计算：

1）按第3章相应公式计算满足正截面受弯承载力所需的抗弯纵筋。

2）对于矩形、T形和I形截面，按本章式（7-33）和式（7-34）或式（7-35）和式（7-34）计算抗剪扭所需的纵筋和箍筋。

对于箱形截面，按本章式（7-33）和式（7-37）或式（7-35）和式（7-37）计算抗剪扭所需的纵筋和箍筋。

叠加上述两者所需的纵筋与箍筋截面面积，即得弯剪扭构件的配筋面积。应注意，抗弯纵筋、抗扭纵筋、抗剪箍筋和抗扭箍筋都应满足各自的最小配筋率要求和其他构造要求。

还应注意，抗弯受拉纵筋 A_s 是配置在截面受拉区底边的，受压纵筋 A_s' 是配置在截面受压区顶面的，抗扭纵筋 A_{stl} 则应在截面周边对称均匀布置。如果抗扭纵筋 A_{stl} 准备分3层配置，且截面顶面与底面的抗扭纵筋都只需2根，则每一层的抗扭纵筋截面面积为 $A_{stl}/3$。因此，叠加时，截面底层所需的纵筋为 $A_s+A_{stl}/3$，中间层为 $A_{stl}/3$，顶层为 $A_s'+A_{stl}/3$。钢筋面积叠加后，顶层、底层钢筋可统一配置，如图7-13所示。

抗剪所需的抗剪箍筋 A_{sv} 是指同一截面内箍筋各肢的全部截面面积，等于 nA_{sv1}，n 为同一截面内箍筋的肢数（可以是2或4），A_{sv1} 为单肢箍筋的截面面积。而抗扭所需的抗扭箍筋 A_{st1} 则是沿截面周边配置的单肢箍筋截面面积。所以公式求得的 $\frac{A_{sv}}{s}$ 和 $\frac{A_{st1}}{s}$ 是不能直接相加的，只能以 $\frac{A_{sv1}}{s}$ 和 $\frac{A_{st1}}{s}$ 相加，然后统一配置在截面的周边。当采用复合箍筋时，位于截面内部的箍筋只能抗剪而不能抗扭，如图7-14所示。

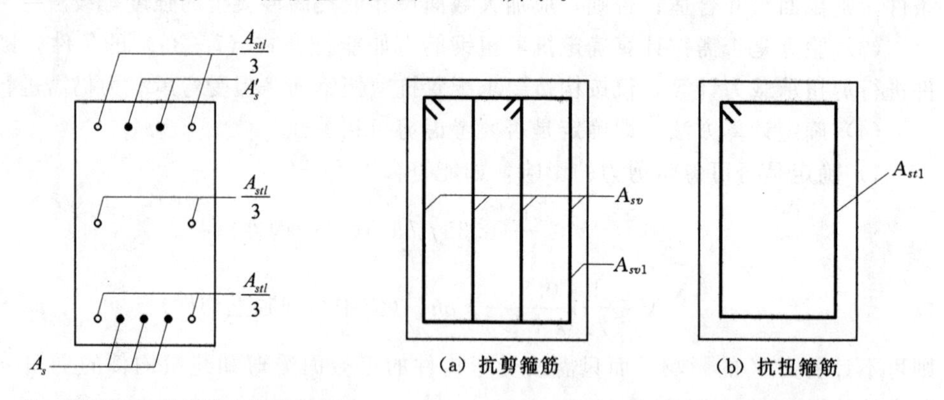

图7-13 弯剪扭构件的纵向钢筋配置

图7-14 弯剪扭构件的箍筋配置

【例7-1】 某内河码头靠船构件为一般弯剪扭构件，位于淡水环境水位变动区，端部矩形截面尺寸 $b\times h=700\text{mm}\times750\text{mm}$，截面承受弯矩设计值 $M=128.0\text{kN}\cdot\text{m}$，剪力设计值 $V=106.80\text{kN}$，扭矩设计值 $T=121.0\text{kN}\cdot\text{m}$。混凝土强度等级为C35，纵向受力钢筋采用HRB400，箍筋采用HPB300。试配置该靠船构件的钢筋。

解：

1. 资料

C35混凝土，$f_t=1.57\text{N/mm}^2$，$f_c=16.7\text{N/mm}^2$，$\alpha_1=1.0$，$\beta_c=1.0$；HRB400钢

筋，$f_y=360\text{N/mm}^2$，$\xi_b=0.518$；HPB300 钢筋，$f_{yv}=270\text{N/mm}^2$；$\gamma_d=1.1$。

淡水环境水位变动区，取保护层厚度 $c=45\text{mm}$；估计纵筋为单排布置，取 $a_s=55\text{mm}$，$h_0=h-a_s=750-55=695(\text{mm})$。

2. 按式（7-38）验算截面尺寸

$$W_t=\frac{b^2}{6}(3h-b)=\frac{700^2}{6}\times(3\times750-700)=126.58\times10^6(\text{mm}^3)$$

$$h_w=h_0=695\text{mm}$$

$$\frac{h_w}{b}=\frac{695}{700}=0.99<4，取\ \beta_s=0.25$$

$$\frac{V}{bh_0}+\frac{T}{0.8W_t}=\frac{106.80\times10^3}{700\times695}+\frac{121.0\times10^6}{0.8\times126.58\times10^6}$$

$$=1.41(\text{N/mm}^2)<\frac{1}{\gamma_d}\beta_s\beta_c f_c=\frac{1}{1.1}\times0.25\times1.0\times16.7=3.80(\text{N/mm}^2)$$

截面尺寸满足要求。

3. 按式（7-39）验算是否需按计算配置抗剪扭钢筋

$$\frac{V}{bh_0}+\frac{T}{W_t}=\frac{106.80\times10^3}{700\times695}+\frac{121.0\times10^6}{126.58\times10^6}$$

$$=1.18(\text{N/mm}^2)>\frac{1}{\gamma_d}(0.7f_t)=\frac{1}{1.1}\times0.7\times1.57=1.00(\text{N/mm}^2)$$

应按计算配置抗剪扭钢筋。

4. 判别是否按弯剪扭构件计算

按式（7-40a）验算是否可忽略剪力：

$$\frac{1}{\gamma_d}(0.35f_tbh_0)=\frac{1}{1.1}\times0.35\times1.57\times700\times695$$

$$=243.03\times10^3(\text{N})=243.03\text{kN}>V=106.80\text{kN}$$

可忽略剪力的影响。

按式（7-41a）验算是否可忽略扭矩：

$$\frac{1}{\gamma_d}(0.175f_tW_t)=\frac{1}{1.1}\times0.175\times1.57\times126.58\times10^6$$

$$=31.62\times10^6(\text{N}\cdot\text{mm})=31.62\text{kN}\cdot\text{m}<T=121.0\text{kN}\cdot\text{m}$$

不能忽略扭矩的影响，应按弯扭构件计算。

5. 配筋计算

（1）抗弯纵筋计算

$$\alpha_s=\frac{M}{\alpha_1 f_c bh_0^2}=\frac{128.0\times10^6}{1.0\times16.7\times700\times695^2}=0.023$$

$$\xi=1-\sqrt{1-2\alpha_s}=1-\sqrt{1-2\times0.023}=0.023<\xi_b=0.518$$

$$A_s=\frac{\alpha_1 f_c b\xi h_0}{f_y}=\frac{1.0\times16.7\times700\times0.023\times695}{360}=519(\text{mm}^2)$$

$$\rho=\frac{A_s}{bh}=\frac{519}{700\times750}=0.10\%<\rho_{\min}=\max\left(0.20\%,0.45\frac{f_t}{f_y}\right)=0.20\%$$

按最小配筋率配筋，有

$$A_s=\rho_{\min}bh=0.20\%\times700\times750=1050(\text{mm}^2)$$

(2) 抗扭钢筋计算（按纯扭计算）

$$b_{cor}=b-2c=700-2\times45=610(\text{mm})$$

$$h_{cor}=h-2c=750-2\times45=660(\text{mm})$$

$$u_{cor}=2(b_{cor}+h_{cor})=2(610+660)=2540(\text{mm})$$

$$A_{cor}=b_{cor}h_{cor}=610\times660=402600(\text{mm}^2)$$

1) 抗扭箍筋

取 $\zeta=1.2$，由式（7-12）有

$$\frac{A_{st1}}{s}\geqslant\frac{\gamma_d T-0.35f_tW_t}{1.2\sqrt{\zeta}f_{yv}A_{cor}}=\frac{1.1\times121.0\times10^6-0.35\times1.57\times126.58\times10^6}{1.2\times\sqrt{1.2}\times270\times402600}$$
$$=0.445(\text{mm}^2/\text{mm})$$

$$\rho_{stv}=\frac{A_{st1}u_{cor}}{bhs}=\frac{A_{st1}}{s}\frac{u_{cor}}{bh}=0.445\times\frac{2540}{700\times750}=0.22\%>\rho_{stv\min}=0.15\%$$

构件截面高度 $h=750\text{mm}$ 且 $V<0.35f_tbh_0/\gamma_d$，查表 4-1 得最大箍筋间距 $s_{\max}=350\text{mm}$，箍筋直径不宜小于 6mm。选用Φ 10，$A_{st1}=78.5\text{mm}^2$，$s\leqslant\frac{78.5}{0.445}=176(\text{mm})$，取 $s=150\text{mm}$，$s<s_{\max}=350\text{mm}$，即抗扭箍筋选用Φ 10@150。

2) 抗扭纵筋。

由式（7-11）有

$$A_{stl}=\zeta\frac{f_{yv}A_{st1}u_{cor}}{f_ys}=1.2\times\frac{270\times78.5\times2540}{360\times150}$$
$$=1196(\text{mm}^2)>\rho_{tl\min}bh=0.20\%\times700\times750=1050(\text{mm}^2)$$

抗扭纵筋间距不应大于 200mm 和梁宽，故考虑截面各边放置 4 根抗扭纵筋，共 12 根，如此则有：

底面（靠船侧）纵筋需 $A_s+\frac{A_{stl}}{12}\times4=1050+\frac{1196}{12}\times4=1449(\text{mm}^2)$，选用 7 ⌀ 16($A_s=1407\text{mm}^2$)。

顶面纵筋需$\frac{A_{stl}}{12}\times4=\frac{1196}{12}\times4=399(\text{mm}^2)$，选用 4 ⌀ 12($A_s=452\text{mm}^2$)。

侧面中部纵筋需$\frac{A_{stl}}{12}\times4=\frac{1196}{12}\times4=399(\text{mm}^2)$，选用 4 ⌀ 12($A_s=452\text{mm}^2$)。

构件截面宽度 $b=700\text{mm}$，大于 400mm，应采用复合箍筋。箍筋选用“大箍套小箍”形式的四肢箍，其中外圈箍筋为Φ 10@150，用于抗扭；内圈箍筋为Φ 6@300，为构造要求箍筋。同时，选用Φ 10@600 的拉筋连系两侧纵向钢筋，如图 7-15 所示。

【例 7-2】 某内河码头矩形截面系船梁，位于淡水环境水位变动区，截面尺寸 $b\times h=400\text{mm}\times450\text{mm}$，在系缆力作用下某截面承受剪力设计值 $V=105.0\text{kN}$，扭矩设计值 $T=17.50\text{kN}\cdot\text{m}$。混凝土强度等级为 C35，纵向受力钢筋和箍筋分别采用 HRB400 和 HPB300。试计算该构件的抗扭纵筋和剪扭箍筋用量。

解：

1. 资料

系船梁为承受集中荷载的独立构件，本例中考虑系缆力作用于梁跨中，距离支座3.50m。

C35混凝土，$f_t=1.57\text{N/mm}^2$，$f_c=16.7\text{N/mm}^2$，$\alpha_1=1.0$，$\beta_c=1.0$；HRB400钢筋，$f_y=360\text{N/mm}^2$，$\xi_b=0.518$；HPB300钢筋，$f_{yv}=270\text{N/mm}^2$；$\gamma_d=1.10$。

淡水环境水位变动区，取保护层厚度$c=45\text{mm}$；估计纵向钢筋为单排布置，取$a_s=55\text{mm}$；$h_0=h-a_s=450-55=395(\text{mm})$。

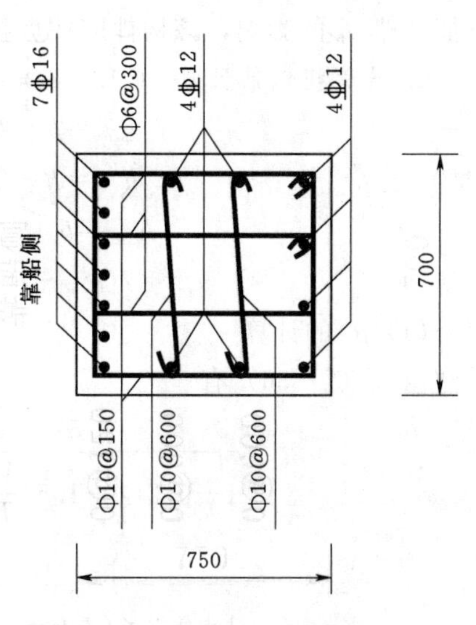

图7-15　靠船构件截面配筋图

2. 按式（7-38）验算截面尺寸

剪跨比$\lambda=a/h_0=3500/395=8.86>3.0$，取$\lambda=3.0$。

$$W_t=\frac{b^2}{6}(3h-b)=\frac{400^2}{6}\times(3\times450-400)=25.33\times10^6(\text{mm}^3)$$

$$h_w=h_0=395\text{mm}$$

$$\frac{h_w}{b}=\frac{395}{400}=0.99<4，取\beta_s=0.25$$

$$\frac{V}{bh_0}+\frac{T}{0.8W_t}=\frac{105.0\times10^3}{400\times395}+\frac{17.50\times10^6}{0.8\times25.33\times10^6}$$

$$=1.53(\text{N/mm}^2)<\frac{1}{\gamma_d}\beta_s\beta_c f_c=\frac{1}{1.1}\times0.25\times1.0\times16.7=3.80(\text{N/mm}^2)$$

截面尺寸满足要求。

3. 按式（7-39）验算是否需按计算配置抗剪扭钢筋

$$\frac{V}{bh_0}+\frac{T}{W_t}=\frac{105.0\times10^3}{400\times395}+\frac{17.50\times10^6}{25.33\times10^6}$$

$$=1.36(\text{N/mm}^2)>\frac{1}{\gamma_d}(0.7f_t)=\frac{1}{1.1}\times0.7\times1.57=1.0(\text{N/mm}^2)$$

应按计算配置抗剪扭钢筋。

4. 判别是否按剪扭构件计算

（1）按式（7-40b）验算是否可忽略剪力

$$\frac{1}{\gamma_d}\left(\frac{0.875}{\lambda+1.5}f_tbh_0\right)=\frac{1}{1.1}\times\frac{0.875}{3.0+1.5}\times1.57\times400\times395$$

$$=43.85\times10^3(\text{N})=43.85\text{kN}<V=105.0\text{kN}$$

不能忽略剪力的影响。

（2）按式（7-41a）验算是否可忽略扭矩

$$\frac{1}{\gamma_d}(0.175f_tW_t)=\frac{1}{1.1}\times0.175\times1.57\times25.33\times10^6$$

$$=6.33\times10^6(\text{N}\cdot\text{mm})=6.33\text{kN}\cdot\text{m}<T=17.50\text{kN}\cdot\text{m}$$

不能忽略 T 的影响，该构件应按剪扭构件计算。

5. 抗剪扭钢筋计算

$$b_{cor}=b-2c=400-2\times45=310(\text{mm})$$

$$h_{cor}=h-2c=450-2\times45=360(\text{mm})$$

$$A_{cor}=b_{cor}h_{cor}=310\times360=111600(\text{mm}^2)$$

$$u_{cor}=2(b_{cor}+h_{cor})=2\times(310+360)=1340(\text{mm})$$

(1) β_t 的计算

由式（7-36）有

$$\beta_t=\frac{1.5}{1+0.2(\lambda+1.5)\dfrac{V}{T}\dfrac{W_t}{bh_0}}$$

$$=\frac{1.5}{1+0.2\times(3.0+1.5)\times\dfrac{105.0\times10^3}{17.50\times10^6}\times\dfrac{25.33\times10^6}{400\times395}}=0.804$$

(2) 计算抗剪箍筋

由式（7-35）有

$$\frac{A_{sv}}{s}\geqslant\frac{\gamma_d V-\dfrac{1.75}{\lambda+1.5}(1.5-\beta_t)f_t bh_0}{f_{yv}h_0}$$

$$=\frac{1.1\times105.0\times10^3-\dfrac{1.75}{3.0+1.5}\times(1.5-0.804)\times1.57\times400\times395}{270\times395}$$

$$=0.453(\text{mm}^2/\text{mm})$$

$$\rho_{sv}=\frac{A_{sv}}{bs}=\frac{A_{sv}}{s}\frac{1}{b}=\frac{0.453}{400}=0.11\%<\rho_{sv\min}=0.12\%$$

按最小配箍率配筋，有

$$\frac{A_{sv}}{s}\geqslant\rho_{sv}b=0.0012\times400=0.480(\text{mm}^2/\text{mm})$$

(3) 计算抗扭箍筋

取 $\zeta=1.2$，由式（7-34）有

$$\frac{A_{st1}}{s}\geqslant\frac{\gamma_d T-0.35\beta_t f_t W_t}{1.2\sqrt{\zeta}f_{yv}A_{cor}}$$

$$=\frac{1.1\times17.50\times10^6-0.35\times0.804\times1.57\times25.33\times10^6}{1.2\times\sqrt{1.2}\times270\times111600}=0.203(\text{mm}^2/\text{mm})$$

$$\rho_{stv}=\frac{A_{st1}u_{cor}}{bhs}=\frac{A_{st1}}{s}\frac{u_{cor}}{bh}=0.203\times\frac{1340}{400\times450}=0.15\%=\rho_{stv\min}=0.15\%$$

(4) 腹板箍筋配置

截面宽度较大，采用四肢箍筋（$n=4$）。采用“大箍套小箍”形式箍筋，外圈箍筋抵抗剪力和扭矩，内圈箍筋抵抗剪力，则外圈箍筋所需单肢截面面积为

$$\frac{A_{sv1}}{s}=\frac{A_{sv}}{ns}+\frac{A_{st1}}{s}=\frac{0.480}{4}+0.203=0.323(\text{mm}^2/\text{mm})$$

内圈箍筋所需单肢面积为

$$\frac{A_{sv1}}{s}=\frac{A_{sv}}{ns}=\frac{0.480}{4}=0.120(\text{mm}^2/\text{mm})$$

(5) 抗扭纵筋计算

由式 (7-11) 有

$$A_{stl}=\zeta\frac{f_{yv}A_{st1}u_{cor}}{f_y s}=\zeta\frac{A_{st1}}{s}\frac{f_{yv}u_{cor}}{f_y}=1.2\times0.203\times\frac{270\times1340}{360}=245(\text{mm}^2)$$

$$\rho_{tl}=\frac{A_{stl}}{bh}=\frac{245}{400\times450}=0.14\%<\rho_{tl\min}=0.20\%$$

按最小配筋率配筋，有

$$A_{stl}=\rho_{tl\min}bh=0.20\%\times400\times450=360(\text{mm}^2)$$

抗扭纵筋间距不应大于 200mm 和截面宽度，故每边放置 3 根，共 8 根，如此则有：底面和顶面需$\frac{A_{stl}}{8}\times3=\frac{360}{8}\times3=135(\text{mm}^2)$，侧面中部$\frac{A_{stl}}{8}\times2=\frac{360}{8}\times2=90(\text{mm}^2)$。

(6) 箍筋配筋方案

构件截面高度 $h=450$mm 且需要箍筋抗剪，查表 4-1 得最大箍筋间距 $s_{\max}=200$mm，箍筋直径不宜小于 6mm。因此外圈箍筋直径选用Φ 8，$A_{sv1}=50.3\text{mm}^2$，$s=\frac{A_{sv1}}{\frac{A_{sv1}}{s}}=\frac{50.3}{0.323}=156(\text{mm})$，最终取箍筋间距为 $s=150\text{mm}<s_{\max}=200\text{mm}$。

内圈箍筋间距取外圈箍筋间距的倍数，由于 $s_{\max}=200$mm，所以内圈箍筋选用Φ 6@150，$A_{sv1}/s=28.3/150=0.189(\text{mm}^2/\text{mm})$，大于内圈箍筋计算需要的 $A_{sv1}/s=0.120\text{mm}^2/\text{mm}$，满足要求。

为施工方便，也可将内、外圈箍筋选取为相同直径，即配箍方案为四肢箍筋Φ 8@150。

【例 7-3】 某北方海港 T 形截面靠船构件，处于水位变动区，端部截面尺寸 $b'_f=1200$mm，$h'_f=300$mm，$b=800$mm，$h=1200$mm。在撞击力作用下，弯矩设计值 $M=1500.0$kN·m，剪力设计值 $V=750.0$kN，扭矩设计值 $T=180.0$kN·m。混凝土强度等级为 C40，纵向受力钢筋采用 HRB400，箍筋采用 HPB300，试进行配筋计算。

解：

1. 资料

C40 混凝土，$f_t=1.71\text{N/mm}^2$，$f_c=19.1\text{N/mm}^2$，$\alpha_1=1.0$，$\beta_c=1.0$；HRB400 钢筋，$f_y=360\text{N/mm}^2$，$\xi_b=0.518$；HPB300 钢筋，$f_{yv}=270\text{N/mm}^2$；$\gamma_d=1.1$。

海水环境水位变动区，取保护层厚度 $c=55$mm；估计纵向钢筋为单排布置，取 $a_s=65$mm，$h_0=h-a_s=1200-65=1135(\text{mm})$。

2. 按式（7-38）验算截面尺寸

翼缘宽度 $b'_f=1200\text{mm}<b+6h'_f=800+6\times300=2600(\text{mm})$。

按图7-7（a）将T形截面划分成为二块矩形截面，按式（7-6）和式（7-7）计算截面受扭塑性抵抗矩：

腹板　$W_{tw}=\dfrac{b^2}{6}(3h-b)=\dfrac{800^2}{6}\times(3\times1200-800)=298.67\times10^6(\text{mm}^3)$

翼缘　$W'_{tf}=\dfrac{h'^2_f}{2}(b'_f-b)=\dfrac{300^2}{2}\times(1200-800)=18.0\times10^6(\text{mm}^3)$

整个截面受扭塑性抵抗矩为

$$W_t=W_{tw}+W'_{tf}=298.67\times10^6+18.0\times10^6=316.67\times10^6(\text{mm}^3)$$

$$h_w=h_0-h'_f=1135-300=835(\text{mm})$$

$$\frac{h_w}{b}=\frac{835}{800}=1.04<4，取\ \beta_s=0.25$$

$$\frac{V}{bh_0}+\frac{T}{0.8W_t}=\frac{750.0\times10^3}{800\times1135}+\frac{180.0\times10^6}{0.8\times316.67\times10^6}$$

$$=1.54(\text{N/mm}^2)<\frac{1}{\gamma_d}\beta_s\beta_c f_c=\frac{1}{1.1}\times0.25\times1.0\times19.1=4.34(\text{N/mm}^2)$$

截面尺寸满足要求。

3. 按式（7-39）验算是否需按计算确定抗剪扭钢筋

$$\frac{V}{bh_0}+\frac{T}{W_t}=\frac{750.0\times10^3}{800\times1135}+\frac{180.0\times10^6}{316.67\times10^6}$$

$$=1.39(\text{N/mm}^2)>\frac{1}{\gamma_d}(0.7f_t)=\frac{1}{1.1}\times0.7\times1.71=1.09(\text{N/mm}^2)$$

应按计算确定抗剪扭钢筋。

4. 抗弯纵筋计算

（1）判别T形截面类型

$$f_c b'_f h'_f\left(h_0-\frac{h'_f}{2}\right)=19.1\times1200\times300\times\left(1135-\frac{300}{2}\right)$$

$$=6772.86\times10^6(\text{N}\cdot\text{mm})=6772.86\text{kN}\cdot\text{m}>M=1500.0\text{kN}\cdot\text{m}$$

属于第一类T形截面，按 $b'_f\times h$ 矩形截面计算。

（2）求抗弯纵筋

$$\alpha_s=\frac{M}{\alpha_1 f_c b'_f h_0^2}=\frac{1500.0\times10^6}{1.0\times19.1\times1200\times1135^2}=0.051$$

$$\xi=1-\sqrt{1-2\alpha_s}=1-\sqrt{1-2\times0.051}=0.052<\xi_b=0.518$$

$$A_s=\frac{\alpha_1 f_c b\xi h_0}{f_y}=\frac{1.0\times19.1\times800\times0.052\times1135}{360}=2505(\text{mm}^2)$$

$$\rho=\frac{A_s}{bh}=\frac{2505}{800\times1200}=0.26\%>\rho_{\min}=\max\left(0.20\%,0.45\frac{f_t}{f_y}\right)=0.21\%$$

5. 腹板抗剪扭钢筋计算

$$b_{cor}=b-2c=800-2\times55=690(\text{mm})$$

$$h_{cor}=h-2c=1200-2\times55=1090(\text{mm})$$

$$u_{cor}=2(b_{cor}+h_{cor})=2\times(690+1090)=3560(\text{mm})$$

$$A_{cor}=b_{cor}h_{cor}=690\times1090=752100(\text{mm}^2)$$

(1) 按式 (7-18) 和式 (7-19) 分配 T 形截面的扭矩

腹板 $T_w=\dfrac{W_{tw}}{W_t}T=\dfrac{298.67\times10^6}{316.67\times10^6}\times180.0=169.77(\text{kN}\cdot\text{m})$

翼缘 $T'_f=\dfrac{W'_{tf}}{W_t}T=\dfrac{18.0\times10^6}{316.67\times10^6}\times180.0=10.23(\text{kN}\cdot\text{m})$

(2) 验算腹板的配筋是否按剪扭构件计算

按式 (7-40a) 验算是否可忽略剪力：

$$\frac{1}{\gamma_d}(0.35f_tbh_0)=\frac{1}{1.1}\times0.35\times1.71\times800\times1135$$

$$=494.03\times10^3(\text{N})=494.03\text{kN}<V=750.0\text{kN}$$

不能忽略 V 的影响。

按式 (7-41a) 验算是否可忽略扭矩：

$$\frac{1}{\gamma_d}(0.175f_tW_{tw})=\frac{1}{1.1}\times0.175\times1.71\times298.67\times10^6$$

$$=81.25\times10^6(\text{N}\cdot\text{mm})=82.15\text{kN}\cdot\text{m}<T=169.77\text{kN}\cdot\text{m}$$

不能忽略 T 的影响，腹板应按弯剪扭构件计算。

(3) β_t 的计算

由式 (7-30) 有

$$\beta_t=\frac{1.5}{1+0.5\dfrac{V}{T_w}\dfrac{W_{tw}}{bh_0}}=\frac{1.5}{1+0.5\times\dfrac{750.0\times10^3}{169.77\times10^6}\times\dfrac{298.67\times10^6}{800\times1135}}=0.869$$

(4) 计算腹板受剪箍筋

由式 (7-33) 有

$$\frac{A_{sv}}{s}\geqslant\frac{\gamma_dV-0.7(1.5-\beta_t)f_tbh_0}{f_{yv}h_0}$$

$$=\frac{1.1\times750.0\times10^3-0.7\times(1.5-0.869)\times1.71\times800\times1135}{270\times1135}$$

$$=0.454(\text{mm}^2/\text{mm})$$

$$\rho_{sv}=\frac{A_{sv}}{bs}=\frac{A_{sv}}{s}\frac{1}{b}=\frac{0.454}{800}=0.057\%<0.12\%$$

按最小配箍率配筋，有

$$\frac{A_{sv}}{s}\geqslant\rho_{sv}b=0.0012\times800=0.960(\text{mm}^2/\text{mm})$$

(5) 计算腹板抗扭箍筋

取 $\zeta=1.2$，由式(7－34)有

$$\frac{A_{st1}}{s}\geqslant\frac{\gamma_d T_w-0.35\beta_t f_t W_{tw}}{1.2\sqrt{\zeta}f_{yv}A_{cor}}$$

$$=\frac{1.1\times169.77\times10^6-0.35\times0.869\times1.71\times298.67\times10^6}{1.2\times\sqrt{1.2}\times270\times752100}$$

$$=0.118(\mathrm{mm^2/mm})$$

$$\rho_{stv}=\frac{A_{st1}u_{cor}}{bhs}=\frac{A_{st1}}{s}\frac{u_{cor}}{bh}=0.118\times\frac{3560}{800\times1200}=0.04\%<\rho_{stv\min}=0.15\%$$

按最小体积配筋率配筋，有

$$\frac{A_{st1}}{s}=\rho_{stv\min}\frac{bh}{u_{cor}}=0.15\%\times\frac{800\times1200}{3560}=0.404(\mathrm{mm^2/mm})$$

(6) 腹板抗扭纵筋计算

由式 (7－11) 有

$$A_{stl}=\zeta\frac{f_{yv}A_{st1}u_{cor}}{f_y s}=\zeta\frac{A_{st1}}{s}\frac{f_{yv}u_{cor}}{f_y}=1.2\times0.404\times\frac{270\times3560}{360}=1294(\mathrm{mm^2})$$

$$\rho_{st}=\frac{A_{stl}}{bh}=\frac{1294}{800\times1200}=0.13\%<\rho_{tl\min}=0.20\%$$

按最小配筋率配筋，有

$$A_{stl}=\rho_{tl\min}bh=0.20\%\times800\times1200=1920(\mathrm{mm^2})$$

(7) 腹板配筋方案

按构造要求，抗扭纵筋的间距不应大于 200mm 和梁宽 b，构件高 1200mm，故沿构件高分 8 层布置纵筋，最上层和最下层各布置 4 根，其余各层 2 根，共 20 根。

1) 最下层：$\frac{A_{stl}}{20}\times4+A_s=\frac{1920}{20}\times4+2505=2889(\mathrm{mm^2})$，选 9 ⌀ 20 ($A_s=2827\mathrm{mm^2}$)。

2) 最上层：$\frac{A_{stl}}{20}\times4=\frac{1920}{20}\times4=384\mathrm{mm^2}$，选 4 ⌀ 12 ($A_s=452\mathrm{mm^2}$)。

3) 其余 6 层：$\frac{A_{stl}}{20}\times2=\frac{1920}{20}\times2=192\mathrm{mm^2}$，选 2 ⌀ 12 ($A_s=226\mathrm{mm^2}$)。

构件高 1200mm 且需要箍筋抗剪，查表 4－1 得最大箍筋间距 $s_{\max}=350\mathrm{mm}$，箍筋直径不宜小于 8mm。截面宽度较大，采用四肢箍筋 ($n=4$)，采用“大箍套小箍”形式箍筋，外圈箍筋抵抗剪力和扭矩，内圈箍筋抵抗剪力，则腹板外圈箍筋所需单肢截面面积为

$$\frac{A_{sv1}}{s}=\frac{A_{sv}}{ns}+\frac{A_{st1}}{s}=\frac{0.960}{4}+0.404=0.644(\mathrm{mm^2/mm})$$

腹板内圈箍筋所需单肢截面面积为

$$\frac{A_{sv1}}{s}=\frac{A_{sv}}{ns}=\frac{0.960}{4}=0.240(\mathrm{mm^2/mm})$$

外圈箍筋选用Φ 12，$A_{sv1}=113.1\mathrm{mm^2}$，则外圈箍筋间距为

$$s=\frac{A_{sv1}}{\frac{A_{sv1}}{s}}=\frac{113.1}{0.644}=176(\mathrm{mm})$$

取箍筋间距 $s=170\text{mm}<s_{max}=350\text{mm}$

内圈箍筋选用Φ 8@170，$A_{sv1}/s=50.3/170=0.30(\text{mm}^2/\text{mm})$，大于内圈箍筋计算需要的 $A_{sv1}/s=0.240(\text{mm}^2/\text{mm})$，满足要求。

即外圈箍筋为Φ 12@170，内圈箍筋为Φ 8@170。

6. 翼缘抗扭钢筋计算

受压翼缘一般不计剪力 V 的影响，按纯扭计算。

$$h_{cor}=h'_f-2c=300-2\times55=190(\text{mm})$$

$$b_{cor}=b'_f-b-2c=1200-800-2\times55=290(\text{mm})$$

$$u_{cor}=2(b_{cor}+h_{cor})=2\times(290+190)=960(\text{mm})$$

$$A_{cor}=b_{cor}h_{cor}=290\times190=55100(\text{mm}^2)$$

(1) 计算翼缘抗扭箍筋

由式 (7-12) 有

$$\frac{A_{st1}}{s}\geqslant\frac{\gamma_d T'_f-0.35f_tW'_{tf}}{1.2\sqrt{\zeta}f_{yv}A_{cor}}$$

$$=\frac{1.1\times10.23\times10^6-0.35\times1.71\times18.0\times10^6}{1.2\times\sqrt{1.2}\times270\times55100}=0.025(\text{mm}^2/\text{mm})$$

$$\rho_{stv}=\frac{A_{st1}u_{cor}}{bhs}=\frac{A_{st1}}{s}\frac{u_{cor}}{bh}=0.025\times\frac{960}{300\times400}=0.02\%<\rho_{stv\min}=0.15\%$$

按最小体积配筋率配筋，有

$$\frac{A_{st1}}{s}=\rho_{stv\min}\frac{bh}{u_{cor}}=0.15\%\times\frac{300\times400}{960}=0.188(\text{mm}^2/\text{mm})$$

(2) 计算翼缘抗扭纵筋

取 $\zeta=1.2$，由式 (7-11) 有

$$A_{stl}=\zeta\frac{f_{yv}A_{st1}u_{cor}}{f_ys}=\zeta\frac{A_{st1}}{s}\frac{f_{yv}u_{cor}}{f_y}=1.2\times0.188\times\frac{270\times960}{360}=162(\text{mm}^2)$$

$$\rho_{tl}=\frac{A_{stl}}{bh}=\frac{162}{300\times400}=0.14\%<\rho_{tl\min}=0.20\%$$

按最小配筋率配筋，有

$$A_{stl}=\rho_{tl\min}bh=0.20\%\times300\times400=240(\text{mm}^2)$$

(3) 翼缘配筋方案

抗扭纵筋选用选 4 Φ 12($A_s=452\text{mm}^2$)。

翼缘抗扭箍筋为双肢，间距取与腹板相同，即取 $s=170\text{mm}$，则所需单肢箍筋截面面积为

$$A_{sv1}=\frac{A_{sv1}}{s}\times s=0.118\times170=32(\text{mm}^2)$$

可选择Φ 12 ($A_{sv1}=113.1\text{mm}^2$)，即翼缘抗扭箍筋选配为双肢Φ 12@170。

7. 配筋图

截面配筋如图 7-16 所示（横向连系钢筋略）。

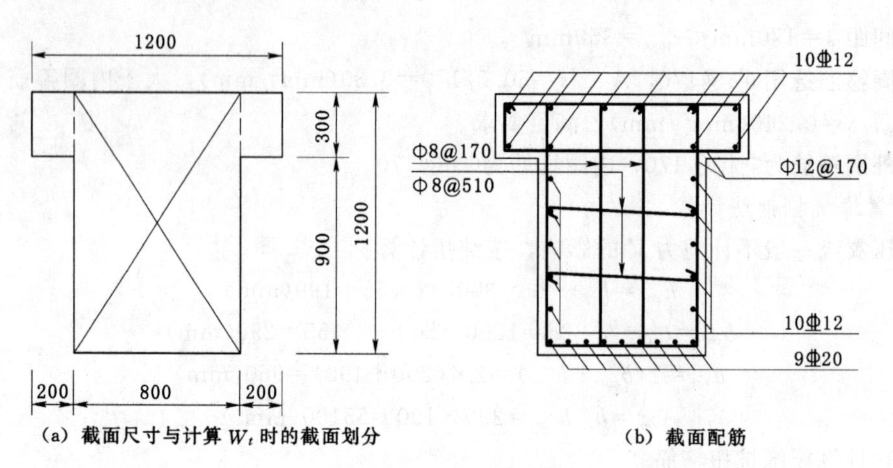

(a) 截面尺寸与计算 W_t 时的截面划分　　(b) 截面配筋

图 7-16　截面配筋图

第 8 章　钢筋混凝土构件正常使用极限状态验算

钢筋混凝土结构设计首先应进行承载能力极限状态计算，以保证结构构件的安全可靠，然后还应根据构件的使用要求进行正常使用极限状态验算，以保证结构构件能正常使用。正常使用极限状态验算包括裂缝控制验算和变形验算，以及保证结构耐久性的设计和构造措施三个方面。在有些情况下，正常使用极限状态的验算也有可能成为设计中的控制情况。随着材料强度的日益提高和构件截面尺寸的进一步减小，正常使用极限状态的验算就变得越来越重要。

对于一般钢筋混凝土构件，在使用荷载作用下，除部分偏心较小的偏压构件外，截面的拉应变总是大于混凝土的极限拉应变，要求构件在正常使用时不出现裂缝是不现实的。因此，一般的钢筋混凝土构件总是带裂缝工作的。但过宽的裂缝会产生下列不利影响：①影响外观并使人心理上产生不安全感。②在裂缝处，缩短了混凝土碳化到达钢筋表面的时间，导致钢筋提早锈蚀。特别是在海岸建筑物受浪溅或盐雾影响的部位，氯离子会通过裂缝渗入混凝土内部，加速钢筋锈蚀，影响结构的耐久性。③对承受水压的结构，当水头较大时，渗入裂缝的水压会使裂缝进一步扩展，甚至会影响到结构的承载力。因此，对允许开裂的构件应进行裂缝宽度验算，根据使用要求使裂缝宽度小于相应的限值。

裂缝宽度限值的取值应根据结构的功能要求、环境条件对钢筋的腐蚀影响、钢筋种类对腐蚀的敏感性以及荷载作用时间等因素来考虑的。然而到目前为止，各混凝土结构设计规范考虑裂缝宽度限值的影响因素时各有侧重，具体规定并不完全一致。JTS 151—2011 规范参照国内外有关资料，根据钢筋混凝土结构构件所处的环境类别，规定了相应的最大裂缝宽度限值，见附录 E 表 E-1。

在实际工程中，有些结构构件是不允许出现裂缝的，如不应发生渗漏的储液罐或储气罐、压力管道等，这些结构构件出现裂缝会直接影响其使用功能。采用钢筋混凝土结构虽然也能实现抗裂的功能要求，但由于构件开裂前主要靠混凝土承担拉力，要实现抗裂就不得不要求构件有较大的截面尺寸，使混凝土有足够的抗裂能力，此时采用预应力混凝土结构比钢筋混凝土结构更为有利。所以，水运工程中要求抗裂的结构构件都是采用预应力混凝土结构的，而钢筋混凝土结构都是允许开裂的[1]。

---

[1] JTS 151—2011 规范将裂缝控制分为三级。通俗地讲，一级：严格要求不出现裂缝的构件，构件受拉边缘混凝土不允许产生拉应力；二级：一般要求不出现裂缝的构件，构件受拉边缘混凝土允许产生拉应力，但拉应力小于开裂应力限值；三级：允许出现裂缝的构件，但裂缝宽度小于允许值。钢筋混凝土结构构件在正常使用时带裂缝工作，属于三级控制。要使结构构件的裂缝控制达到一级和二级，必须对其施加预应力，即设计成预应力混凝土结构构件。本章只介绍钢筋混凝土结构的裂缝控制与变形验算，有关预应力混凝土结构构件的概念和设计计算方法将在第 10 章介绍，详细的裂缝控制等级定义将在 8.1.6 节介绍。

混凝土构件的挠度应不影响结构的正常使用功能和外观要求。如，吊车梁或门机轨道梁等构件，变形（挠度）过大时会妨碍吊车或门机的正常行驶；屋面梁板挠度过大，会引起屋顶积水；门、窗过梁挠度过大，会影响门、窗的正常开关；闸门顶梁变形过大，会使闸门顶梁与胸墙底梁之间止水失效。结构变形过大，还会对附属在该结构上的非结构构件产生不良影响，如原油码头的栈桥变形过大会使输油管道产生弯曲变形，有可能导致输油管道破损。对于这类有严格限制变形要求的构件以及截面尺寸特别单薄的装配式构件，就需要进行变形验算，以控制构件的变形。JTS 151—2011 规范根据受弯构件的类型，规定了最大挠度限值，见附录 E 表 E-2。

由于混凝土结构本身组成成分及承载特点，在周围环境中的水及侵蚀介质作用下，随时间的推移，混凝土将出现裂缝、破碎、酥裂、磨损、溶蚀，钢筋将产生锈蚀、脆化、疲劳等现象，钢筋与混凝土之间的黏结作用将逐渐减弱，即出现耐久性问题。耐久性问题开始时表现为对结构构件外观和使用功能的影响，发展到一定阶段，可能会引起承载力降低，造成结构构件的破坏。

若结构因耐久性不足而失效或为继续使用而需大规模维修，则代价巨大，因此 JTS 151—2011 规范和《海港工程混凝土结构防腐蚀技术规范》（JTJ 275—2000）对混凝土结构的耐久性设计进行了详细的规定。

正常使用极限状态验算与承载能力极限状态计算相比，两者所要求的目标可靠指标不同。对于正常使用极限状态验算，可靠指标 β 通常可取为 0～1.5，这是因为超出正常使用极限状态所产生的后果不像超出承载能力极限状态所造成的后果（危及安全）那么严重。因而规范规定，进行正常使用极限状态验算时材料强度取其标准值，荷载取其标准值、频遇值或准永久值，而不是它们的设计值。

需要指出的是，本章涉及的裂缝控制计算只是针对直接作用在结构上的外力荷载所引起的裂缝而言的，不包括温度、收缩、支座沉降等变形受到约束而产生的裂缝。

8.1 裂缝宽度验算

8.1.1 裂缝成因

混凝土产生裂缝的原因十分复杂，归纳起来有外力荷载引起的裂缝和非荷载因素引起的裂缝两大类。

8.1.1.1 外力荷载引起的裂缝

钢筋混凝土结构在使用荷载作用下，截面上的混凝土拉应变一般都是大于混凝土极限拉应变的，因而构件在使用时总是带裂缝工作的。作用于截面上的弯矩、剪力、轴向拉力和扭矩等内力都可能引起钢筋混凝土构件开裂，但不同性质的内力所引起的裂缝，其形态不同。

裂缝一般与主拉应力方向大致垂直，且最先在内力最大处产生。如果内力相同，则裂缝首先在混凝土抗拉能力最薄弱处产生。

外力荷载引起的裂缝主要有正截面裂缝和斜截面裂缝。由弯矩、轴心拉力、偏心拉（压）力等引起的裂缝称为正截面裂缝或垂直裂缝，由剪力或扭矩引起的与构件轴线斜交的裂缝称为斜截面裂缝或斜裂缝。

由荷载引起的裂缝主要通过合理的配筋，例如选用与混凝土黏结较好的带肋钢筋，控制使用期钢筋应力不过高、钢筋直径不过粗、钢筋间距不过大等措施，来控制正常使用条件下的裂缝不致过宽。

8.1.1.2 非荷载因素引起的裂缝

钢筋混凝土结构构件除了由外力荷载引起裂缝外，很多非荷载因素，如温度变化、混凝土收缩、基础不均匀沉降、混凝土塑性坍落、冻融循环、钢筋锈蚀以及碱-骨料化学反应等都有可能引起裂缝。

1. 温度变化引起的裂缝

结构构件会随着温度的变化而产生变形，即热胀冷缩。当冷缩变形受到约束时，就会产生温度应力（拉应力），当温度应力产生的拉应变大于混凝土极限拉应变就会产生裂缝。减小温度应力的实用方法是尽可能地撤去约束，允许其自由变形。在建筑物中设置伸缩缝就是这种方法的典型例子。

大体积混凝土开裂的主要原因之一是温度应力。混凝土在浇筑凝结硬化过程中会产生大量的水化热，导致混凝土温度上升。如果热量不能很快散失，混凝土块体内外温差过大，就会产生温度应力，使结构内部受压外部受拉，如图8-1所示。混凝土在硬化初期抗拉强度很低，如果内外温度差较大，就容易出现裂缝。防止这类裂缝的措施主要有采用低热水泥以减少水化热、掺用优质掺合料以降低水泥用量、预冷骨料及拌和用水以降低混凝土入仓温度、预埋冷却水管通水冷却和合理分层分块浇筑混凝土以降低内部温度、加强隔热保温养护以减小内外温差等。

构件在使用过程中若内外温差大，也可能引起构件开裂。例如钢筋混凝土倒虹吸管，内表面水温很低，外表面经太阳暴晒温度会相对较高，管壁的内表面就可能产生裂缝。为防止此类裂缝的发生或减小裂缝宽度，应采用隔热或保温措施尽量减少构件内的温度梯度，例如在裸露的压力管道上铺设填土或塑料隔热层。在配筋时也应考虑温度应力的影响。

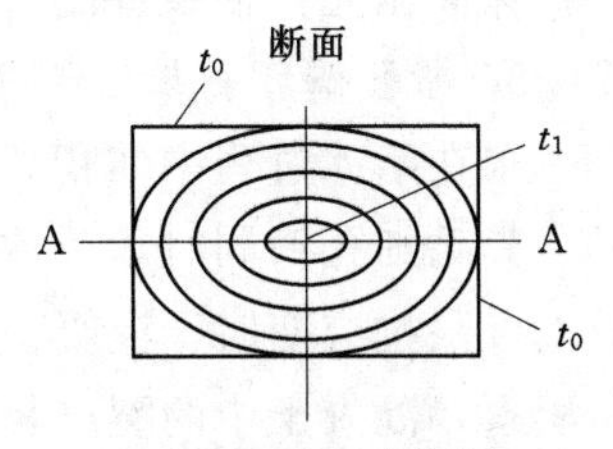

(a) 断面上的温度分布

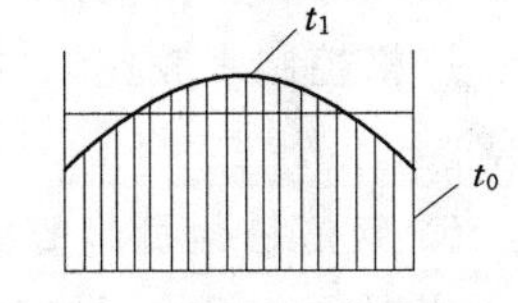

(b) A—A 剖面的温度分布

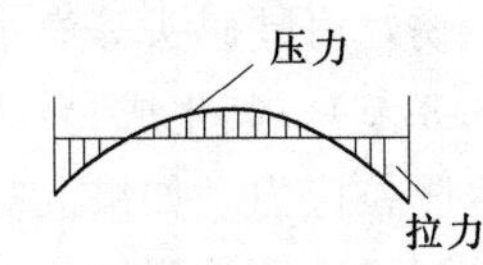

(c) A—A 剖面的温度应力分布

图 8-1 水化热引起的温度分布及温度应力

2. 混凝土收缩引起的裂缝

混凝土在结硬时会体积缩小产生收缩变形。如果构件能自由伸缩，则混凝土的收缩只是引起构件的缩短而不会导致收缩裂缝。但实际上结构构件都不同程度地受到边界约束作用，例如板受到四边梁的约束，梁受到支座的约束。对于这些受到约束而不能自由伸缩的构件，混凝土的收缩也就可能导致裂缝的产生。

在配筋率很高的构件中，即使边界没有约束，混凝土的收缩也会受到钢筋的制约而产生拉应力，有可能引起构件产生局部裂缝。此外，新老混凝土的界面上很容易产生收缩裂缝。

混凝土的收缩变形随着时间而增长，初期收缩变形发展较快，两周可完成全部收缩量的 25%，一个月约可完成 50%，三个月后增长缓慢，一般两年后趋于稳定。

混凝土收缩可分为自生收缩和干燥收缩两种。自生收缩是指在恒温绝湿条件下，胶凝材料水化引起的自干燥使混凝土宏观体积的减小；干燥收缩是指混凝土在不饱和空气中结硬时或结硬后，内部毛细孔和凝胶孔的吸附水蒸发而引起的混凝土的体积收缩。

防止和减少收缩裂缝的措施主要有合理地设置伸缩缝、改善水泥性能、降低水胶比、水泥用量不宜过多、配筋率不宜过高、在梁的支座下设置垫层以减小摩擦约束、合理设置构造钢筋使收缩裂缝分布均匀等，尤其要注意加强混凝土的潮湿养护。

3. 基础不均匀沉降引起的裂缝

基础不均匀沉降会使超静定结构受迫变形而引起裂缝。防止的措施是，根据地基条件及上部结构形式采用合理的构造措施及设置沉降缝等。

4. 混凝土塑性坍落引起的裂缝

混凝土塑性坍落发生在混凝土浇筑后的头几小时内，这时混凝土还处于塑性状态，如果混凝土出现泌水现象，在重力作用下混合料中的固体颗粒有向下沉移而水向上浮动的倾向。当这种移动受到钢筋骨架或者模板约束时，在上部就容易形成沿钢筋长度方向的顺筋裂缝，如图 8 - 2 所示。防止这类裂缝的措施是，仔细选择集料的级配，做好混凝土的配合比设计，特别是要控制水胶比，采用适量的减水剂，施工时混凝土既不能漏振也不能过振。如一旦发生这类裂缝，可在混凝土终凝以前重新抹面压光，使裂缝闭合。

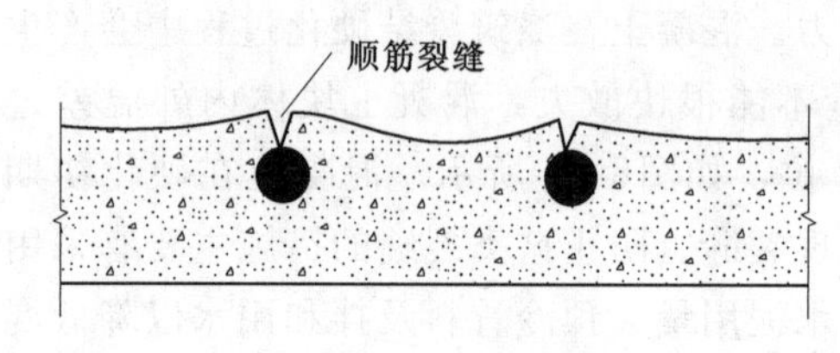

图 8 - 2　顺筋裂缝

5. 冻融循环引起的裂缝

水在结冰过程中体积要增加。处在饱水状态的混凝土受冻时，在温度正负交替作用下，其毛细孔壁同时承受冰胀压力和渗透压力的作用。当这两种压力产生的拉应变超过混凝土极限拉应变时，混凝土就会开裂。在反复冻融循环作用后，混凝土中的损伤不断扩大和积累，混凝土中的裂缝相互贯通，混凝土强度也逐渐降低，最后甚至完全丧失，造成混凝土结构由表及里的破坏。防止这类裂缝的措施主要有掺用引气剂或减水剂及引气型减水剂、严格控制水胶比以提高混凝土密实性；加强早期养护或掺入防冻剂防止混凝土早期受冻等。

6. 钢筋锈蚀引起的裂缝

当混凝土保护层厚度过薄，特别是混凝土的密实性不良时，埋置于混凝土中的钢筋容易生锈，海港码头等海水环境中的结构尤其如此。钢筋的生锈过程是电化学反应过程（参见 8.3 节），其生成物铁锈的体积大于原钢筋的体积。这种效应可在钢筋周围的混凝土中产生胀拉应力，如果混凝土保护层比较薄，不足以抵抗这种拉应力就会沿着钢筋形成一条顺筋裂缝。顺筋裂缝的发生，又进一步促进钢筋锈蚀程度的增加，形成恶性循环，最后导致混凝土保护层剥落，甚至钢筋锈断，如图 8 - 3 所示。这种顺筋裂缝对结构的耐久性影响极大。防止的措施可分为两类：一类是常规防腐蚀方法，另一类是特殊防腐蚀方法。常规防腐蚀方法主要是从材料选择、工程设计、施工质量、维护管理四个方面采取综合措施，以提高混凝土的密实度和抗渗性，保证有足够的混凝土保护层厚度。特殊防腐蚀方法有阴极保护，采用环氧树脂涂层钢筋、镀锌钢筋或纤维增强塑料（FRP）代替普通钢筋，在混凝土内或钢筋表面加防腐剂。

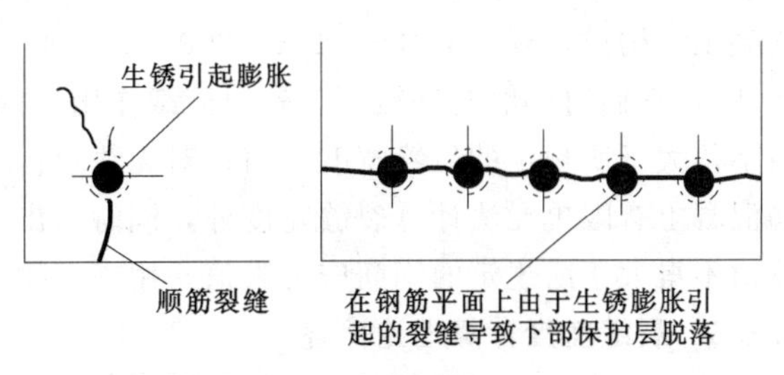

图 8-3 钢筋锈蚀的影响

7. 碱-骨料化学反应引起的裂缝

碱-骨料化学反应是指混凝土孔隙中水泥的碱性溶液与活性骨料（含活性 SiO_2）发生化学反应生成碱-硅酸凝胶，碱硅胶遇水后膨胀，使混凝土胀裂。开始时在混凝土表面形成不规则的鸡爪形细小裂缝，然后由表向里发展，裂缝中充满白色沉淀。

碱-骨料化学反应对结构构件的耐久性影响很大。为了控制碱-骨料化学反应，应选择低含碱量的水泥，混凝土结构的水下部分不宜（或不应）采用活性骨料，提高混凝土的密实度和采用较低的水胶比。

8.1.2 裂缝宽度控制验算方法的分类

目前国内外混凝土结构设计规范采用的裂缝宽度控制验算方法大致可分为下列几类：

（1）设计规范中列出了裂缝宽度计算公式和裂缝宽度限值，要求裂缝宽度计算值不得大于所规定的限值，但所给出的裂缝宽度计算公式仅适用于外力荷载产生的正截面裂缝。在过去较长时间内，以及现在，大部分设计规范采用这种方法，例如我国的一些混凝土结构设计规范、美国 1995 年的 ACI 规范、日本 2002 年规范和苏联 1987 年的规范都属于这一类。目前，我国现行的 2015 年版《混凝土结构设计规范》（GB 50010—2010）、JTS 151—2011 规范都采用这种方法。

（2）设计规范既不给出裂缝宽度计算公式，也不规定裂缝宽度限值，只规定了以限裂为目的的构造要求。这主要是因为在大多数情况下，裂缝是在温度、收缩和外力荷载综合作用下产生的，与施工养护质量有很大的关系。原来所建议的裂缝宽度计算公式，并不能完全符合工程实际，自然也不能真正解决工程问题。所以对于控制裂缝宽度是主要着眼于配筋构造要求，而不是过分看重公式计算。以限裂为目的的配筋构造要求包括钢筋间距要求、受拉钢筋最小配筋率、限制高强钢筋使用等规定。可以认为，处于一般环境条件下的构件，只要满足了这些构造要求，裂缝宽度就自然满足了正常使用的要求。但对处于高侵蚀性环境或需要防止渗水，对限裂有更高要求的结构构件，这类规范仍规定裂缝控制要做专门研究。美国 2014 年的 ACI 规范、2016 年的水工混凝土结构规范和英国 1997 年的规范属于这一类。

（3）设计规范既给出了裂缝宽度计算公式，又规定了以限裂为目的的构造要求。如 2004 年的欧洲规范，它一方面给出了裂缝宽度计算公式和裂缝宽度限值，另一方面规定在某些情况下可不做裂缝宽度验算。如承受弯矩的薄板，在满足纵向受拉钢筋最小配筋率、直径和间距等规定后就可不进行裂缝宽度计算。

（4）设计规范中同时列出裂缝宽度计算公式和钢筋应力计算方法。如我国现行《水工混凝土结构设计规范》（SL 191—2008）、《水工混凝土结构设计规范》（DL/T 5057—2009），它们对一般构件给出了外力荷载作用下的裂缝宽度计算公式，要求裂缝宽度计算值不得大于所规定的裂缝宽度限值；对无法求得裂缝宽度的非杆件体系结构，除建议按钢筋混凝土有限单元法计算裂缝宽度外，同时给出了钢筋应力的计算方法，要求钢筋应力计算值不得大于所规定的钢筋应力限值，用来间接控制裂缝宽度。

8.1.3　裂缝宽度计算理论概述

到目前为止，裂缝宽度的计算仅限于一般梁柱构件，由外力荷载产生的弯矩或轴向拉力所引起的正截面裂缝。其他裂缝，如非杆件体系结构中的裂缝、非荷载作用（温度、收缩等）产生的裂缝、荷载产生的剪力或扭矩所引起的斜截面裂缝，迄今还未有简便的计算方法。

影响裂缝开展的因素极为复杂，要建立一个能概括各种因素的计算方法是十分困难的。对于外力荷载引起的裂缝，国内外研究者根据各自的试验成果，曾提出过许多的裂缝宽度计算公式，公式之间的差异是相当大的。这些公式大体上可以分为两种类型，即半理论半经验公式和数理统计公式。

1. 半理论半经验公式

半理论半经验公式是根据裂缝开展的机理分析，从某一力学模型出发推导出理论计算公式，但公式中的系数则借助于试验结果或经验确定。现行 2015 年版《混凝土结构设计规范》（GB 50010—2010）、《水工混凝土结构设计规范》（SL 191—2008）和《水工混凝土结构设计规范》（DL/T 5057—2009）中的裂缝宽度计算公式即属于此类。

在半理论半经验公式中，裂缝开展机理及其计算理论大体上可分为三种：①黏结滑移理论；②无滑移理论；③综合理论。

黏结滑移理论是最早提出的，它认为裂缝的开展是由于纵向受拉钢筋和混凝土之间不再保持变形协调而出现相对滑移造成的。在一个裂缝区段（裂缝间距 l_{cr}）内，纵向受拉钢筋与混凝土伸长之差就是裂缝宽度 W，因此 l_{cr} 越大，W 也越大。而 l_{cr} 又取决于纵向受拉钢筋与混凝土之间的黏结力大小及分布。根据这一理论，影响裂缝宽度的因素除了纵向受拉钢筋应力 σ_s 以外，主要是纵向受拉钢筋直径 d 与其配筋率 ρ 的比值。同时，这一理论还意味着混凝土表面的裂缝宽度与内部钢筋表面处的裂缝宽度是一样的，如图 8-4（a）所示。

无滑移理论是 20 世纪 60 年代中期提出的，它假定裂缝开展后，混凝土截面在局部范围内不再保持为平面，而纵向受拉钢筋与混凝土之间的黏结力并不破坏，相对滑移可忽略不计，这也就意味着裂缝的形状如图 8-4（b）所示。按此理论，裂缝宽度在纵向受拉钢筋表面处为 0，在构件表面处最大。表面裂缝宽度受从钢筋到构件表面的应变梯度控制，也就是与保护层厚度 c 的大小有关。

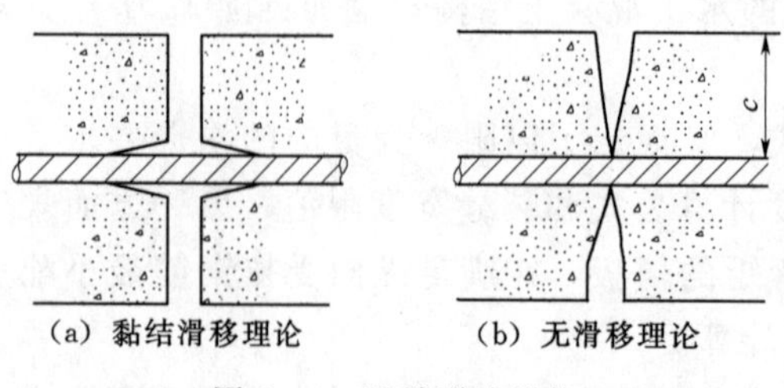

图 8-4　两种裂缝形状

综合理论是在前两种理论的基础上建立起来的。黏结滑移理论和无滑移理论对于裂缝主要影响因素的分析和取舍各有侧重，都有一定试验结果的支持，又都不能完全解释所有的试验现象和试验结果。综合理论将此两种理论相结合，既考虑了保护层厚度对裂缝宽度 W 的影响，也考虑了纵向受拉钢筋可能出现的滑移，这无疑更为全面一些。

2. 数理统计公式

数理统计公式是对大量实测资料，采用回归分析方法分析不同参数对裂缝宽度的影响程度，选择其中最合适的参数表达形式，然后用数理统计方法直接建立由一些主要参数组成的经验公式。数理统计公式虽不是来源于对裂缝开展机理的分析，但因为它建立在大量实测资料的基础上，常具有公式简便的特点，也有相当良好的计算精度。JTS 151—2011规范的裂缝宽度计算公式即属于此类。

应该注意到，无论是半理论半经验公式，还是数理统计公式，它们所依据的实测资料都是在试验室内，由外力荷载作用下测得的裂缝宽度，尚不能完全反映实际工程中的裂缝状态。

8.1.4 裂缝出现的过程及出现过程中应力状态的变化

为了建立计算裂缝宽度的公式，必须弄清楚裂缝出现的过程和出现过程中构件各截面纵向受拉钢筋与混凝土应力的变化。由于目前裂缝宽度计算公式仅适用于荷载产生的正截面裂缝，下面以受弯构件纯弯区段为例予以讨论。

在受弯构件纯弯区段，裂缝出现前受拉区由钢筋与混凝土共同受力，各截面的纵向受拉钢筋应力、受拉混凝土应力沿构件长度方向大体上保持均匀分布。

由于各截面混凝土的实际抗拉强度稍有差异，当荷载增加到一定程度时，在某一最薄弱的截面（如图 8-5 中的 a 截面）上，首先出现第一条裂缝。有时也可能在几个截面上同时出现第一批裂缝。在裂缝截面，裂开的混凝土不再承受拉力，原先由受拉混凝土承担的拉力就转移由钢筋承担。所以裂缝截面的钢筋应力就突然增大，钢筋的应变也有一个突增。加上原来因受拉而张紧的混凝土在裂缝出现瞬间将分别向裂缝两边回缩，所以裂缝一出现就会有一定的宽度。

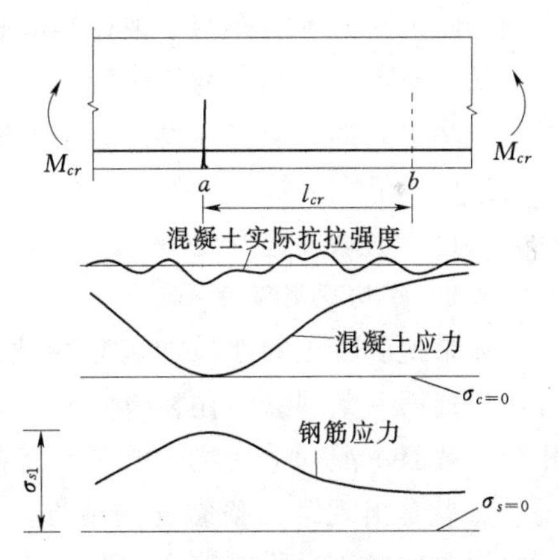

图 8-5　第一条裂缝至将出现第二条裂缝间混凝土及钢筋应力分布

裂缝出现瞬间，受拉张紧的混凝土在向裂缝两边回缩，混凝土和钢筋产生相对滑移和黏结应力。通过黏结应力的作用，钢筋拉力部分传递给混凝土，从而使钢筋应力随距裂缝截面距离的增加而逐渐减小；混凝土应力则从裂缝截面为 0，逐渐随距裂缝截面距离的增加而增加。当达到某一距离后，各截面的纵向受拉钢筋应力、受拉混凝土应力又恢复到未开裂的状态，沿构件长度方向大体上保持均匀分布。

当荷载再有微小增加时，在拉应变大于混凝土实际极限拉应变的地方又将出现第二条裂缝（如图 8-5 中的 b 截面）。第二条裂缝出现后，该截面开裂区的混凝土又脱离工作，应力下降到 0，钢筋应力则又突增。所以在裂缝出现后，沿构件长度方向，纵向受拉钢筋与混凝土的应力是随着与裂缝位置的距离不同而变化的，如图 8-6 所示。中和轴也不保持在一个水平面上，而是随着裂缝位置呈波浪形起伏。

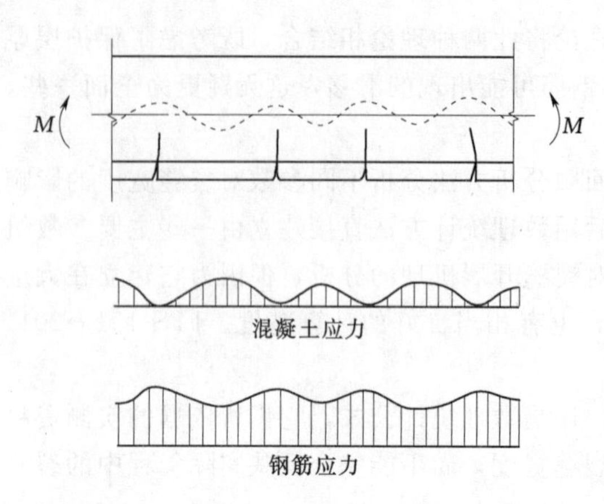

图 8-6　中和轴、纵向受拉钢筋及混凝土应力随裂缝位置的变化

试验得知，由于混凝土质量不均匀，裂缝间距总是有疏有密。在同一纯弯区段内，裂缝的最大间距可为平均间距的 1.3～2 倍。裂缝的出现也有先有后，当两条裂缝的间距较大时，随着荷载的增加，在两条裂缝之间还有可能出现新的裂缝。但当已有裂缝间距小于 2 倍最小裂缝间距时，其间不可能再出现新的裂缝，因为这时通过黏结力传递的混凝土拉力不足以使混凝土开裂。我国的一些试验指出，大概在荷载超过开裂荷载 50% 以上时，裂缝间距才趋于稳定。对正常配筋率或配筋率较高的梁来说，在正常使用时期，可以认为裂缝间距已基本稳定。也就是说，此后荷载再继续增加时，构件不再出现新的裂缝，而只是使原有的裂缝扩展与延伸，荷载越大，裂缝越宽。随着荷载逐步增加，裂缝间的混凝土逐渐脱离工作，钢筋应力逐渐趋于均匀。

8.1.5　裂缝宽度的影响因素

虽然 JTS 151—2011 规范中的裂缝宽度计算采用的是数理统计公式，但为了解裂缝宽度的影响因素，本节介绍半理论半经验公式采用的综合理论。

试验指出，在同一纯弯区段、同一纵向受拉钢筋应力下，裂缝开展的宽度有大有小，差别也是很大的。从实际设计意义上来说，所考虑的应是裂缝的最大宽度。在半理论半经验公式中，最大裂缝宽度的计算值可由平均裂缝宽度 W_m 乘以一个扩大系数 α 得到，因而首先来讨论平均裂缝宽度 W_m。

8.1.5.1　平均裂缝宽度 W_m

如果把混凝土的性质加以理想化，就可以得出以下结论：当荷载达到开裂弯矩 M_{cr} 时，出现第一条裂缝。在裂缝截面，混凝土拉应力下降为 0，纵向受拉钢筋应力增大。离开裂缝截面，混凝土仍然受拉，且离裂缝截面越远，受力越大。在拉应变达到极限拉应变 ε_{tu} 处，就是出现第二条裂缝的地方。接着又会相继出现第三条、第四条、……裂缝。由于把问题理想化，所以理论上裂缝是等间距分布的，而且也几乎是同时发生的。此后荷载的增加只是裂缝宽度加大而不再产生新的裂缝，而且各条裂缝的宽度在同一荷载下也是相等的。

由图 8-7 可知，裂缝发生后，在纵向受拉钢筋重心处的裂缝宽度 W_m 应等于两条相邻裂缝之间的钢筋伸长与混凝土伸长之差，即

$$W_m=\varepsilon_{sm}l_{cr}-\varepsilon_{cm}l_{cr} \tag{8-1}$$

式中　ε_{sm}、ε_{cm}——裂缝间钢筋、混凝土的平均应变；

l_{cr}——裂缝间距。

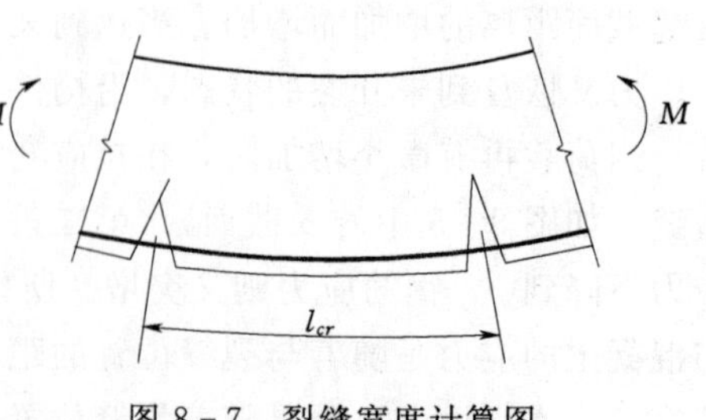

图 8-7　裂缝宽度计算图

混凝土的拉伸变形极小，可以略去不计，则上式可改写为

$$W_m = \varepsilon_{sm} l_{cr} \tag{8-2}$$

由于裂缝之间的混凝土仍能承受部分拉力（参见图 8－6），因此裂缝截面处纵向钢筋应变 ε_s 相对最大，非裂缝截面的钢筋应变逐渐减小，整个 l_{cr} 长度内纵向钢筋的平均应变 ε_{sm} 小于裂缝截面处的钢筋应变 ε_s。为了能用裂缝截面的钢筋应变 ε_s 来表示裂缝宽度 W_m，引入纵向受拉钢筋应变不均匀系数 ψ，它定义为纵向受拉钢筋平均应变 ε_{sm} 与裂缝截面处纵向钢筋应变 ε_s 的比值，即 $\psi = \varepsilon_{sm}/\varepsilon_s$，用来表示裂缝之间因混凝土承受拉力而对纵向钢筋应变所引起的影响。显然 ψ 是不会大于 1 的，ψ 值越小，表示混凝土参与承受拉力的程度越大；ψ 值越大，表示混凝土承受拉力的程度越小，各截面上纵向钢筋的应力就比较均匀；$\psi=1$，表示混凝土完全脱离工作。

由于 $\psi = \varepsilon_{sm}/\varepsilon_s$，所以有

$$\varepsilon_{sm} = \psi \varepsilon_s = \psi \frac{\sigma_s}{E_s} \tag{8-3}$$

将式（8－3）代入式（8－2），得

$$W_m = \psi \frac{\sigma_s}{E_s} l_{cr} \tag{8-4}$$

式（8－4）是根据黏结滑移理论得出的平均裂缝宽度基本计算公式。从式（8－4）可看到，平均裂缝宽度 W_m 取决于裂缝截面的纵向受拉钢筋应力 σ_s、裂缝间距 l_{cr} 和裂缝间纵向受拉钢筋应变不均匀系数 ψ，因而影响这 3 个变量的因素就是裂缝宽度的主要影响因素。下面以轴心受拉构件为例，说明确定 σ_s、l_{cr} 及 ψ 的方法，寻找影响裂缝宽度的因素。

1. σ_s 值

对于轴心受拉构件，在裂缝截面，整个截面拉力全由纵向受拉钢筋承担，故在使用荷载下的纵向受拉钢筋应力 σ_s 可由下式求得

$$\sigma_s = \frac{N}{A_s} \tag{8-5}$$

式中　N——正常使用阶段的轴向拉力；

A_s——轴心受拉构件的全部纵向钢筋截面面积。

纵向受拉钢筋应力 σ_s 与轴向力 N 成正比，当外荷载增大时，σ_s 相应增大，使裂缝宽度也随之加宽。

2. l_{cr} 值

图 8－8 所示为一轴心受拉构件，在截面 $a-a$ 出现第一条裂缝，并即将在截面 $b-b$ 出现第二条相邻裂缝时的一段混凝土脱离体的应力图形。

在截面 $a-a$，全截面混凝土应力为 0，纵向钢筋应力为 σ_{sa}；在截面 $b-b$ 上，钢筋应力为 σ_{sb}，混凝土的拉应力在靠近钢筋处最大，离开钢筋越远，应力越小。将受拉混凝土折算成应力值为混凝土轴心抗拉强度 f_t 的作用区域，这个区域称为有效受拉混凝土截面面积 A_{te}，如图 8－8（b）所示。

由图 8－8（b）可知，截面 $a-a$ 和 $b-b$ 两端纵向钢筋的拉力差 $A_s\sigma_{sa} - A_s\sigma_{sb}$ 与由截面 $b-b$ 受拉混凝土所受的拉力 $f_t A_{te}$ 相平衡，即

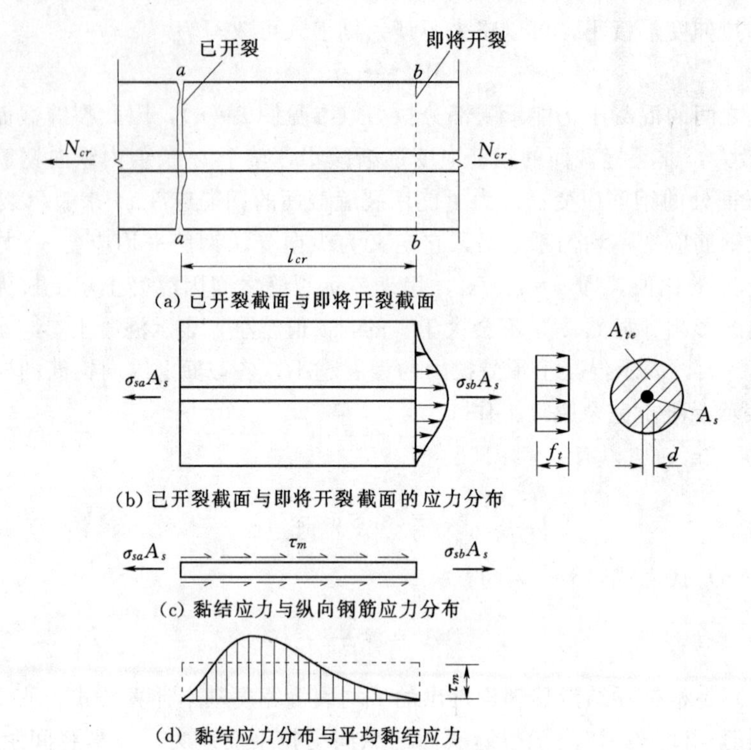

图 8-8　混凝土脱离体的应力图形

$$A_s\sigma_{sa}-A_s\sigma_{sb}=f_tA_{te} \tag{8-6}$$

由图 8-8（c）可知，$A_s\sigma_{sa}-A_s\sigma_{sb}$ 又与由混凝土与纵向钢筋之间的黏结力 $\tau_m ul_{cr}$ 相平衡，即

$$A_s\sigma_{sa}-A_s\sigma_{sb}=\tau_m ul_{cr} \tag{8-7}$$

所以有

$$\tau_m ul_{cr}=f_tA_{te} \tag{8-8}$$

$$l_{cr}=\frac{f_tA_{te}}{\tau_m u} \tag{8-9}$$

式中　τ_m——l_{cr} 范围内纵向受拉钢筋与混凝土的平均黏结应力；

u——纵向受拉钢筋截面总周长，$u=n\pi d$，n 和 d 分别为钢筋的根数和直径。

引入纵向受拉钢筋的有效配筋率 ρ_{te}，$\rho_{te}=A_s/A_{te}$。将 $\rho_{te}=A_s/A_{te}$、$A_s=n\pi d^2/4$ 及 $u=n\pi d$ 代入式（8-9），得

$$l_{cr}=\frac{f_td}{4\tau_m\rho_{te}} \tag{8-10}$$

当混凝土抗拉强度增大时，钢筋和混凝土之间的黏结强度也随之增加，因而对同一种钢筋可近似认为 f_t/τ_m 为一常值，故式（8-10）可改写为

$$l_{cr}=K_0\frac{d}{\rho_{te}} \tag{8-11}$$

这是对同一种钢筋而言的。对于两种不同种类的钢筋，如带肋钢筋和光圆钢筋，因带肋钢筋与混凝土之间的黏结力好于光圆钢筋，采用带肋钢筋的 l_{cr} 要减小。

式（8－11）中，纵向受拉钢筋的有效配筋率 ρ_{te} 主要取决于有效受拉混凝土截面面积 A_{te}。从前面的介绍已经知道，A_{te} 并不是指全部受拉混凝土的截面面积。因为对于裂缝间距和裂缝宽度而言，钢筋的作用仅仅影响到它周围的有限区域，裂缝出现后只是钢筋周围有限范围内的混凝土受到钢筋的约束，而距钢筋较远的混凝土受钢筋的约束影响很小。国内外学者对 A_{te} 的取值进行了较多的研究，如早在20世纪50年代，在研究梁的裂缝宽度时就将梁的受拉区假想为轴心拉杆，取与纵向受拉钢筋重心相重合的受拉区混凝土截面面积作为有效混凝土截面面积 A_{te}，如图8－9（a）所示；而大保护层钢筋混凝土受弯构件裂缝控制的试验结果表明，有效受拉混凝土半径可取为5.5d（d 为钢筋直径），如图8－9（b）所示。目前，许多国家的混凝土结构设计规范都引入了有效受拉混凝土截面面积的概念，并反映在裂缝宽度计算公式中，但对于有效受拉混凝土截面面积尚没有统一的取值方法。

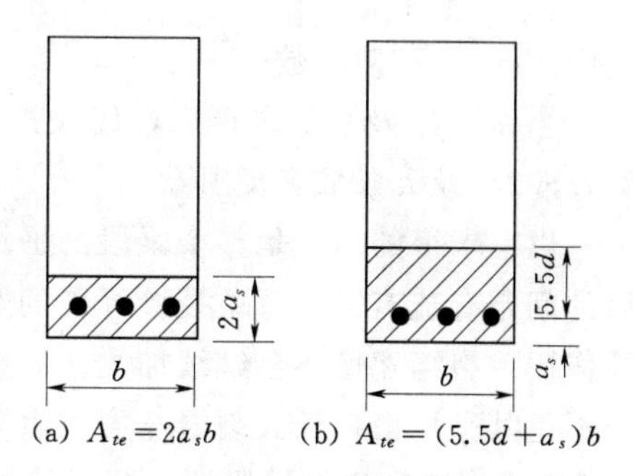

图8－9 有效受拉混凝土截面面积 A_{te} 的取值

由上述黏结滑移理论推求出的裂缝间距 l_{cr} 主要与纵向受拉钢筋直径 d 及有效配筋率 ρ_{te} 有关，l_{cr} 与 d/ρ_{te} 成正比。但无滑移理论则认为，对于带肋钢筋，钢筋与混凝土之间有充分的黏结强度，裂缝开展时两者之间几乎不发生相对滑移，即在纵向受拉钢筋表面处，裂缝宽度应等于0，而构件表面的裂缝宽度完全是由钢筋外围混凝土的弹性回缩造成的。因此，根据无滑移理论，混凝土保护层厚度 c 就成为影响构件表面裂缝宽度的主要因素。事实上，混凝土一旦开裂，裂缝两边原来张紧受拉的混凝土立即回缩，钢筋阻止混凝土回缩，钢筋与混凝土之间产生黏结力，将钢筋应力向混凝土传递，使混凝土拉应力逐渐增大。以轴拉构件为例，由于钢筋周围的混凝土应力并不均匀，离开钢筋越远混凝土拉应力越小［参见图8－8（b）］，因而混凝土保护层厚度越大，外表面混凝土拉应变达到极限拉应变的位置离已有裂缝的距离也就越大，即裂缝间距 l_{cr} 将增大。试验证明，当保护层厚度从15mm增加到30mm时，平均裂缝间距增加40％。

显然，最后的综合理论认为影响裂缝间距 l_{cr} 的因素既有 d 与 ρ_{te}，又有 c，更为全面。因此，可把裂缝间距的计算公式表示为

$$l_{cr}=K_1c+K_2\frac{d}{\rho_{te}} \tag{8-12}$$

式中 K_1、K_2——试验常数，可由大量试验资料确定。

3. ψ 值

纵向受拉钢筋应变不均匀系数 $\psi=\varepsilon_{sm}/\varepsilon_s$，显然 ψ 是一个小于1的系数。它反映了裂缝间受拉混凝土参与工作的程度。随着外力的增加，裂缝截面的纵向钢筋应力 σ_s 随之增大，钢筋与混凝土之间的黏结逐步被破坏，受拉混凝土也就逐渐退出工作，ψ 逐渐增大，

因此 ψ 值必然与 σ_s 有关。当最终受拉混凝土全部退出工作时，ψ 值就趋近于 1.0。影响 ψ 的因素很多，除纵向受拉钢筋应力外，还与混凝土抗拉强度、纵向受拉钢筋配筋率、钢筋与混凝土的黏结性能、荷载作用的时间和性质等有关。准确地计算 ψ 值是十分复杂的，目前大多是根据试验资料给出半理论半经验的计算公式，如

$$\psi=1.0-\frac{\beta f_t}{\sigma_s\rho_{te}} \tag{8-13}$$

式中　β——试验常数。

当 σ_s、l_{cr} 及 ψ 值求得后，代入式（8-4）就可求得平均裂缝宽度 W_m。

8.1.5.2　最大裂缝宽度 W_{max}

以上求得的 W_m 是整个梁段的平均裂缝宽度。而实际上由于混凝土质量的不均匀，裂缝的间距有疏有密，每条裂缝开展的宽度有大有小，离散性是很大的。并且随着荷载的持续作用，裂缝宽度还会继续加大。而要衡量裂缝宽度是否超过限值，应以最大宽度为准，而不是其平均值。最大裂缝宽度可由平均裂缝宽度 W_m 乘以一个扩大系数 α 而得到。系数 α 考虑了裂缝宽度的随机性、荷载的长期作用、钢筋品种及构件受力特征等因素的综合影响。由此可得出：

$$W_{max}=\alpha W_m=\alpha\psi\frac{\sigma_s}{E_s}l_{cr} \tag{8-14}$$

从以上分析可知，裂缝宽度的影响因素有：纵向受拉钢筋弹性模量 E_s、裂缝截面的纵向受拉钢筋应力 σ_s（σ_s 越大，裂缝宽度越大）、纵向受拉钢筋直径 d（d 越大，裂缝宽度越大）和有效配筋率 ρ_{te}（ρ_{te} 越大，裂缝宽度越小）、保护层厚度 c（c 越大，裂缝宽度越大）、混凝土徐变（由于徐变，裂缝在长期荷载作用下会随时间增加而增加）、构件受力特征（轴拉构件、偏拉构件、受弯构件与偏压构件应变梯度依次增大，使裂缝宽度依次减小）、纵向受拉钢筋外表特征（光圆钢筋的黏结力小于带肋钢筋，配置光圆钢筋构件的裂缝宽度要大于带肋钢筋）。

8.1.6　JTS 151—2011 规范中的裂缝宽度控制验算方法

了解了影响裂缝宽度的因素后，本节介绍 JTS 151—2011 规范规定的裂缝宽度控制验算方法。

8.1.6.1　裂缝控制等级

JTS 151—2011 规范和国内其他混凝土结构设计规范一样，将裂缝宽度控制等级分为下列三级，分别用混凝土应力和裂缝宽度进行控制。

一级——严格要求不出现裂缝的构件，按荷载效应标准组合［式（2-24）］进行计算时，构件受拉边缘混凝土不允许产生拉应力。

这意味着构件在正常使用时，始终处于受压状态，构件出现裂缝的概率很小。海港浪溅区采用钢丝、钢绞线和螺纹钢筋的预应力构件就需一级裂缝控制。

二级——一般要求不出现裂缝的构件，按荷载效应准永久组合［式（2-26）］进行计算时，构件受拉边缘混凝土不应产生拉应力；按荷载效应标准组合［式（2-24）］进行计算时，构件受拉边缘混凝土允许产生拉应力，但拉应力应满足：

$$\sigma_k \leqslant \alpha_{ct}\gamma f_{tk}$$ [1] (8-15)

式中 σ_k——荷载效应标准组合下，构件受拉边缘混凝土拉应力；

α_{ct}——混凝土拉应力限制系数；

γ——受拉区混凝土塑性影响系数；

f_{tk}——混凝土轴心抗拉强度标准值，按附录B表B-6取用。

这意味着构件可以处于有限的拉应力状态，在此条件下，构件一般不会出现裂缝，在短期内即使可能出现裂缝，裂缝宽度也较小，不会产生大的危害，因此不必进行裂缝验算。水运工程中的预应力混凝土构件，除上述须满足一级裂缝控制等级的以外，都属于二级裂缝控制。

三级——允许出现裂缝的构件，按荷载效应准永久组合［式（2-26）］进行裂缝宽度计算时，其最大裂缝宽度不应超过规定的限值；当有必要考虑荷载效应频遇组合时，可采用频遇组合代替准永久组合。施工期有必要计算裂缝宽度时，裂缝宽度不宜超过规定的限值。

要使结构构件的裂缝控制达到一级和二级，必须对其施加预应力，即设计成预应力混凝土结构构件。钢筋混凝土结构构件在正常使用时允许带裂缝工作，属于三级控制。

8.1.6.2 钢筋混凝土构件最大裂缝宽度 W_{max} 计算公式

JTS 151—2011 规范规定，在使用阶段允许出现裂缝的钢筋混凝土构件，应验算荷载效应准永久组合下的裂缝宽度；当有必要考虑荷载效应频遇组合时，可采用频遇组合值代替准永久组合值。裂缝宽度限值见附录E表E-1。

1. 计算公式

钢筋混凝土矩形、T形、倒T形、I形和圆形截面的受拉、受弯和偏心受压构件最大裂缝宽度 W_{max} 按下式计算：

$$W_{max}=\alpha_1\alpha_2\alpha_3\frac{\sigma_s}{E_s}\left(\frac{c+d}{0.30+1.4\rho_{te}}\right)(\text{mm}) \tag{8-16}$$

式中 α_1——构件受力特征的系数，偏心受压构件，取 $\alpha_1=0.95$；受弯构件，取 $\alpha_1=1.0$；偏心受拉构件，取 $\alpha_1=1.10$；轴心受拉构件，取 $\alpha_1=1.20$；

α_2——考虑纵向受拉钢筋表面形状的系数，光圆钢筋，取 $\alpha_2=1.4$；带肋钢筋，取 $\alpha_2=1.0$；

α_3——考虑荷载效应准永久组合或重复荷载影响的系数，一般取 $\alpha_3=1.5$；对于短暂状况的正常使用极限状态荷载组合，取 $\alpha_3=1.0\sim1.2$；对施工期，取 $\alpha_3=1.0$；

σ_s——构件裂缝截面纵向受拉钢筋应力，N/mm^2；

E_s——钢筋弹性模量，N/mm^2，按附录B表B-5查用；

c——纵向钢筋混凝土保护层厚度，即最外层纵向受拉钢筋外边缘至受拉区底边的距离，mm，当 $c>50$mm 时，取 $c=50$mm；

d——纵向受拉钢筋直径，mm，当纵向受拉钢筋用不同直径时，式中的 d 采用换

[1] $\alpha_{ct}\gamma f_{tk}$ 可理解为开裂应力限值，各参数具体取值与计算方法将在第10章介绍。

算直径 $4A_s/u$，此处，u 为纵向受拉钢筋截面总周长，mm；

ρ_{te}——纵向受拉钢筋的有效配筋率。

矩形、T 形、倒 T 形、I 形截面纵向受拉钢筋的有效配筋率 ρ_{te} 按下式计算：

$$\rho_{te}=A_s/A_{te} \tag{8-17}$$

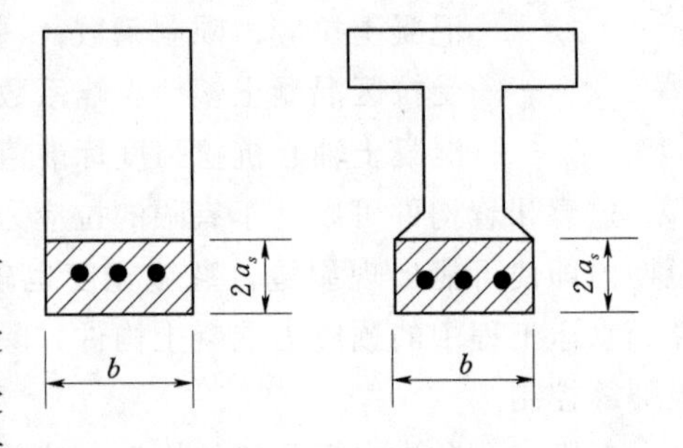

图 8-10 JTS 151—2011 规范中 A_{te} 的取值

式中 A_{te}——有效受拉混凝土截面面积，mm²，对轴心受拉构件，A_{te} 取为截面面积；对受弯、偏心受拉及偏心受压构件，A_{te} 取为其重心与纵向受拉钢筋 A_s 重心相一致的混凝土面积，即 $A_{te}=2a_sb$（图 8-10），其中 a_s 为 A_s 重心至截面受拉边缘的距离，b 为截面宽度（对有受拉翼缘的倒 T 形及 I 形截面，b 为受拉翼缘宽度）；

A_s——纵向受拉钢筋截面面积，mm²，对轴心受拉构件，A_s 取全部纵向钢筋截面面积；对受弯、偏心受拉及大偏心受压构件，A_s 取受拉区纵向钢筋截面面积或受拉较大一侧的纵向钢筋截面面积。

矩形、T 形、倒 T 形、I 形截面纵向受拉钢筋应力 σ_s 可按下面介绍的公式计算，其中 A_s 取值与式（8-17）采用的 A_s 相同。

（1）轴心受拉构件。在轴拉构件的裂缝截面，轴向拉力全部由纵向钢筋承担，所以有

$$\sigma_s=\frac{N_q}{A_s} \tag{8-18}$$

式中 N_q——按荷载效应准永久组合［式（2-26）］计算得到的轴向拉力值。

（2）受弯构件。对于受弯构件，在正常使用荷载作用下，可假定裂缝截面的受压区混凝土处于弹性阶段，应力为三角形分布，受拉区混凝土作用忽略不计。根据平截面假定，可求得应力图形的内力臂 z，一般可近似地取 $z=0.87h_0$，如图 8-11 所示，所以有

$$\sigma_s=\frac{M_q}{0.87h_0A_s} \tag{8-19}$$

式中 M_q——按荷载效应准永久组合［式（2-26）］计算得到的弯矩值；

h_0——截面有效高度，$h_0=h-a_s$，h 为截面高度，a_s 为纵向受拉钢筋合力点至截面受拉边缘的距离。

（3）偏心受压构件。在正常使用荷载下，偏心受压构件截面应力图形的假设，同受弯构件一样（图 8-12）。根据受压区混凝土三角形应力分布假定和平截面假定，精确推求内力臂时，将求解三次方程式，不便于设计中采用，故规范给出了考虑截面形状的内力臂 z 的近似计算公式：

$$z=\left[0.87-0.12(1-\gamma'_f)\left(\frac{h_0}{e}\right)^2\right]h_0 \tag{8-20}$$

根据图 8-12，由力矩平衡条件可得

$$\sigma_s=\frac{N_q(e-z)}{A_sz} \tag{8-21}$$

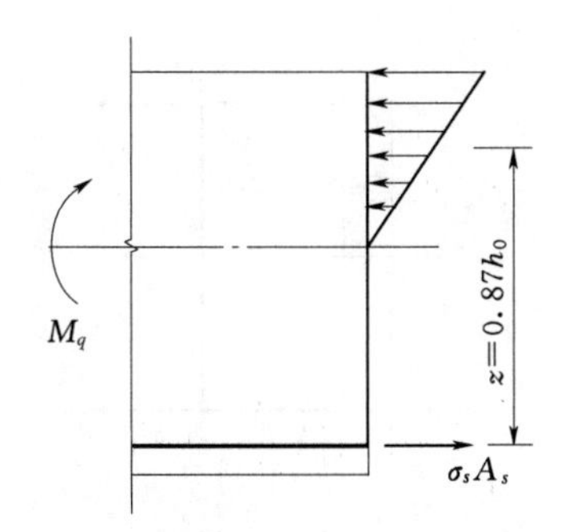

图 8-11 受弯构件在使用阶段的截面应力图形

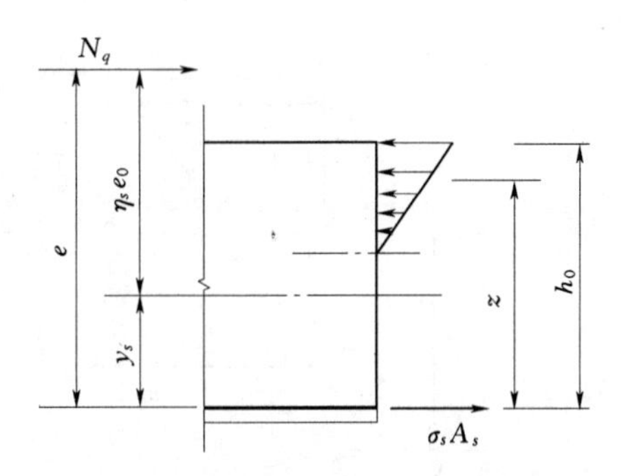

图 8-12 大偏心受压构件在使用阶段的截面应力图形

$$e=\eta_s e_0+y_s \tag{8-22}$$

$$\eta_s=1+\frac{1}{4000\frac{e_0}{h_0}}\left(\frac{l_0}{h}\right)^2 \tag{8-23}$$

式中 e——轴向压力作用点至纵向受拉钢筋合力点的距离；

z——纵向受拉钢筋合力点至受压区合力点的距离；

e_0——轴向压力对截面重心的偏心距，$e_0=M/N$；

η_s——使用阶段的偏心距增大系数，当$\frac{l_0}{h}\leqslant 14$时，可取$\eta_s=1.0$；

y_s——截面重心至纵向受拉钢筋合力点的距离；

γ'_f——受压翼缘面积与腹板有效面积的比值，$\gamma'_f=\frac{(b'_f-b)h'_f}{bh_0}$，其中 b'_f、h'_f 分别为受压翼缘的宽度、高度，当 $h'_f>0.2h_0$ 时，取 $h'_f=0.2h_0$；

l_0——构件的计算长度，按表 5-2 计算；

h——截面高度；

其余符号意义同前。

(4) 偏心受拉构件（矩形截面）。对于大偏心受拉构件仍可采用与大偏心受压构件相同的假设。根据前述假定及截面内力平衡条件［图 8-13 (a)］，可推导出矩形截面相对受压区高度和内力臂。与大偏心受压构件一样，为避免求解三次方程式的困难，必须加以简化。根据平截面假定，近似取内力臂 $z=0.87h_0$。

根据图 8-13 (a)，由力矩平衡条件得

$$\sigma_s=\frac{N_q(e+z)}{A_s z} \tag{8-24}$$

其中

$$e=e_0-\frac{h}{2}+a_s \tag{8-25}$$

$$z=0.87h_0 \tag{8-26}$$

对于小偏心受拉构件，在使用荷载作用下，裂缝贯穿整个截面高度，故拉力全部由钢筋承担，如图 8-13 (b) 所示。对 A'_s 钢筋合力点取矩可得

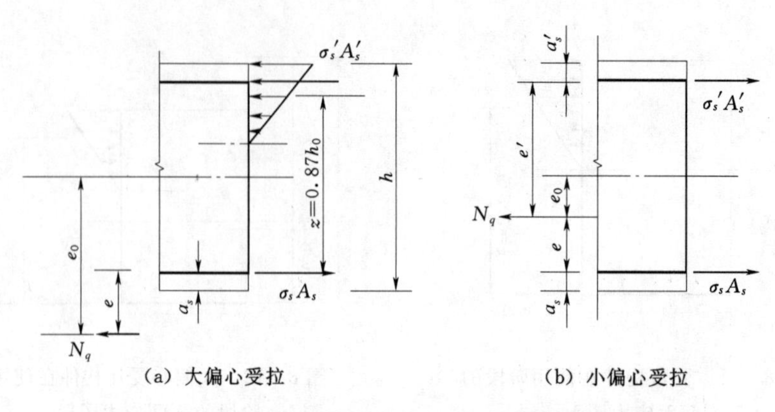

图 8-13　偏心受拉构件在使用阶段的截面应力图形

$$\sigma_s=\frac{N_q e'}{A_s(h_0-a_s')} \tag{8-27}$$

其中

$$e'=\frac{h}{2}+e_0-a_s \tag{8-28}$$

式中　e——轴向拉力作用点至 A_s（对全截面受拉的偏心受拉构件，为拉应力较大一侧的钢筋）合力点的距离；

e'——轴向拉力作用点至 A_s'（对全截面受拉的偏心受拉构件，为拉应力较小一侧的钢筋）合力点的距离；

其余符号意义同前。

圆形截面的有效配筋率 ρ_{te} 和裂缝截面纵向钢筋应力 σ_s 的计算公式可查阅 JTS 151—2011 规范，这里不再罗列。

2. 使用计算公式的注意事项

使用裂缝宽度验算公式时应注意下列几个问题：

(1) 公式只能用于常见的梁、柱一类构件，用于厚板已不太合适，更不能用于非杆件体系的块体结构。

(2) 从式 (8-16) 可以看出，混凝土保护层厚度 c 越小，则最大裂缝宽度计算值 W_{max} 也越小，但决不能因此认为可以用减薄保护层厚度的办法来满足裂缝宽度的验算要求。恰恰相反，过薄的保护层厚度将严重影响钢筋混凝土结构构件的耐久性。长期暴露性试验和工程实践证明，垂直于钢筋的横向受力裂缝截面处，钢筋被腐蚀的程度并不像原先认为的那样严重；相反，足够厚的密实的混凝土保护层对防止钢筋锈蚀具有更重要的作用。混凝土保护层厚度必须保证不小于规定的最小厚度（见附录 D 表 D-1）。

(3) 试验表明，对 $e_0/h_0\leqslant 0.55$ 的矩形、T 形、倒 T 形、I 形截面偏心受压构件和 $e_0/r\leqslant 0.55$（r 为圆形截面半径）的圆形偏心受压构件，在正常使用阶段，裂缝宽度很小，可不必验算裂缝宽度。

最后要指出的是，式 (8-16) 计算得到的裂缝宽度是指纵向受拉纵筋重心处侧表面的裂缝宽度。

【例 8-1】　某码头栈桥钢筋混凝土矩形截面简支梁，处于淡水环境水位变动区，截

面尺寸 $b\times h=250\text{mm}\times 550\text{mm}$，混凝土强度等级为C30。梁上均布永久作用标准值 $q_k=8.25\text{kN/m}$，流动机械轮距为1.0m，轮压作用标准值 $Q_k=100.0\text{kN}$，计算简图如图8－14（a）所示。梁内已配有纵向受力钢筋6 Φ 20（$A_s'=1884\text{mm}^2$），如图8－14（b）所示，保护层厚45mm。试按JTS 151—2011规范验算裂缝宽度是否满足要求。

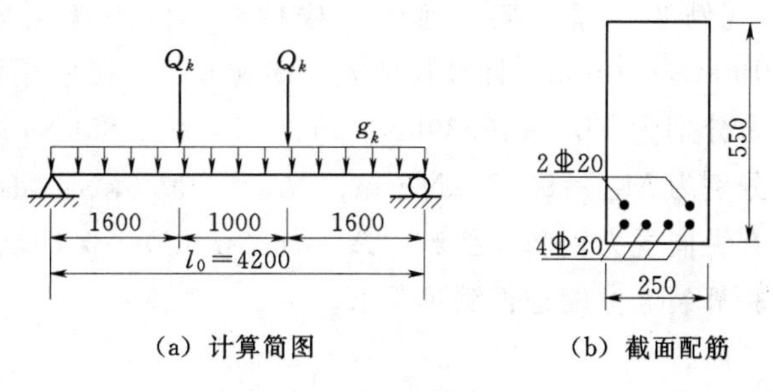

(a) 计算简图　　(b) 截面配筋

图8－14　某码头栈桥简支梁

解：

1. 资料

HRB400钢筋，$E_s=2.0\times10^5\text{N/mm}^2$；由配筋方案可得 $a_s=78\text{mm}$，$h_0=472\text{mm}$。机械轮压为有界荷载，但不经常以界值出现，取准永久值系数 $\psi_q=0.6$。由附录E表E－1查得，淡水环境水位变动区钢筋混凝土结构允许最大裂缝宽度 $[W_{\max}]=0.25\text{mm}$。$c=45\text{mm}<50\text{mm}$。

2. 内力计算

当运输机械行驶至梁跨中时，跨中弯矩最大，此时轮压至支座距离为 $a=1.60\text{m}$。由式（2－26），按荷载效应准永久组合计算得到的跨中弯矩值为

$$M_q=\frac{1}{8}g_k l_0^2+\psi_q q_k a=\frac{1}{8}\times 8.25\times 4.20^2+0.6\times 100.0\times 1.60=114.19(\text{kN}\cdot\text{m})$$

3. 裂缝宽度验算

受弯构件受力特征系数 $\alpha_1=1.0$，带肋钢筋表面形状影响系数 $\alpha_2=1.0$，荷载准永久组合影响系数 $\alpha_3=1.5$。

由式（8－19），钢筋应力为

$$\sigma_s=\frac{M_q}{0.87h_0A_s}=\frac{114.19\times10^6}{0.87\times472\times1884}=148(\text{N/mm}^2)$$

有效配筋率为

$$\rho_{te}=\frac{A_s}{A_{te}}=\frac{A_s}{2a_sb}=\frac{1884}{2\times78\times250}=4.83\%$$

由式（8－16），最大裂缝宽度为

$$W_{\max}=\alpha_1\alpha_2\alpha_3\frac{\sigma_s}{E_s}\left(\frac{c+d}{0.30+1.4\rho_{te}}\right)$$

$$=1.0\times1.0\times1.5\times\frac{148}{2.0\times10^5}\left(\frac{45+20}{0.30+1.4\times0.0483}\right)$$

$$=0.20(\text{mm})<[W_{\max}]=0.25\text{mm}$$

裂缝宽度满足要求。

【例 8－2】 某内河码头栈桥柱，位于淡水环境水位变动区。截面尺寸 $b \times h = 400\text{mm} \times 600\text{mm}$，计算长度 $l_0 = 5200\text{mm}$。在使用阶段，永久荷载标准值产生的弯矩和轴力分别为 $M_{Gk} = 46.30\text{kN} \cdot \text{m}$、$N_{Gk} = 84.85\text{kN}$，流动机械荷载标准值产生的弯矩和轴力分别为 $M_{Qk} = 98.71\text{kN} \cdot \text{m}$、$N_{Qk} = 200.0\text{kN}$。混凝土强度等级为 C30，截面两侧各配置有纵向受力钢筋 3 ⌀ 16（$A_s' = 603\text{mm}^2$），保护层厚度 45mm，试按 JTS 151—2011 规范验算裂缝宽度是否满足要求。

解：

1. 资料

HRB400 钢筋，查表得 $E_s = 2.0 \times 10^5 \text{N/mm}^2$；由配筋方案可得 $a_s = 53\text{mm}$，$h_0 = 547\text{mm}$。流动机械荷载的准永久值系数 $\psi_q = 0.6$。由附录 E 表 E－1 查得，淡水环境水位变动区钢筋混凝土结构允许最大裂缝宽度 $[W_{\max}] = 0.25\text{mm}$。$c = 45\text{mm} < 50\text{mm}$。

2. 判断是否需要验算裂缝宽度

由式（2—26），按荷载效应准永久组合计算得到的弯矩值 M_q 和轴力值 N_q 分别为

$$M_q = M_{Gk} + \psi_q M_{Qk} = 46.30 + 0.6 \times 98.71 = 105.53(\text{kN} \cdot \text{m})$$

$$N_q = N_{Gk} + \psi_q N_{Qk} = 84.85 + 0.6 \times 200.0 = 204.85(\text{kN})$$

因而有

$$e_0 = \frac{M_q}{N_q} = \frac{105.53 \times 10^6}{204.85 \times 10^3} = 515(\text{mm})$$

$$\frac{e_0}{h_0} = \frac{515}{547} = 0.94 > 0.55$$

需验算裂缝宽度。

3. 裂缝宽度验算

大偏心受压构件受力特征系数 $\alpha_1 = 0.95$，带肋钢筋表面形状影响系数 $\alpha_2 = 1.0$，荷载准永久组合影响系数 $\alpha_3 = 1.5$。

$$\frac{l_0}{h} = \frac{5200}{600} = 8.67 < 14\text{，取 } \eta_s = 1.0\text{。}$$

对称配筋，$y_s = h/2 - a_s$。由式（8－22）有

$$e = \eta_s e_0 + y_s = \eta_s e_0 + h/2 - a_s = 1.0 \times 515 + 600/2 - 53 = 762(\text{mm})$$

矩形截面，$\gamma_f' = 0$。由式（8－20）有

$$z = \left[0.87 - 0.12\left(\frac{h_0}{e}\right)^2\right] h_0 = \left[0.87 - 0.12 \times \left(\frac{547}{762}\right)^2\right] \times 547 = 442(\text{mm})$$

由式（8－21）有

$$\sigma_s = \frac{N_q(e - z)}{A_s z} = \frac{204.85 \times 10^3 \times (762 - 442)}{603 \times 442} = 246(\text{N/mm}^2)$$

$$\rho_{te} = \frac{A_s}{A_{te}} = \frac{A_s}{2a_s b} = \frac{603}{2 \times 53 \times 400} = 1.42\%$$

由式（8－16）有

$$
\begin{aligned}
W_{max} &= \alpha_1\alpha_2\alpha_3 \frac{\sigma_s}{E_s}\left(\frac{c+d}{0.30+1.4\rho_{te}}\right) \\
&= 0.95\times1.0\times1.5\times\frac{246}{2.0\times10^5}\left(\frac{45+16}{0.30+1.4\times0.0142}\right) \\
&= 0.33(\mathrm{mm}) > [W_{max}] = 0.25\mathrm{mm}
\end{aligned}
$$

裂缝宽度不满足要求。

8.1.6.3 裂缝宽度计算公式的局限性与裂缝控制措施

从前面的裂缝宽度验算可以看出，现有的裂缝宽度计算公式有很大的局限性：①现有裂缝宽度公式仅适用于梁、柱类构件的裂缝宽度计算，而不适用于非杆件体系结构；②现有的裂缝宽度计算公式仅能计算外力荷载引起的正截面裂缝，而实际上裂缝除正截面裂缝外，还有由于扭矩、剪力引起的斜裂缝；③现有裂缝宽度计算公式的计算值是指钢筋重心处侧表面的裂缝宽度，但人们关心的却是结构顶、底表面的裂缝宽度，有些结构钢筋重心处侧表面的裂缝宽度并无实际的物理意义；④裂缝宽度计算模式的不统一，使得不同规范的裂缝宽度计算值有较大的差异；⑤特别是在水运工程中，有些裂缝主要是由温度、收缩、基础沉降等作用产生的，对于这些裂缝的宽度现有公式均是无法计算的。因而，现有的裂缝宽度公式的计算值尚不能反映工程结构实际的裂缝开展性态。

因此，裂缝宽度控制除需满足计算得到的最大裂缝宽度 W_{max} 不超过规定的限值外，还应注重配筋构造措施，如温度构造钢筋等。

若式（8－16）求得的最大裂缝宽度 W_{max} 不超过附录 E 表 E－1 规定的限值，则认为结构构件已满足裂缝宽度验算的要求。若计算所得的最大裂缝宽度 W_{max} 超过限值，则应采取相应措施，以减小裂缝宽度，如可改用直径较小的带肋钢筋、适当增加受拉区纵向钢筋截面面积等。但增加的钢筋截面面积不宜超过承载力计算所需纵向钢筋截面面积的 30%，单纯靠增加受力钢筋用量来减小裂缝宽度的办法是不可取的。

如仍不满足要求，则宜考虑采取其他工程措施，如：采用更为合理的结构外形，减小高应力区范围，降低应力集中程度，在应力集中区局部增配钢筋；在受拉区混凝土中设置钢筋网；在混凝土表面涂敷或设置防护面层等。

当无法防止裂缝出现时，也可通过构造措施（如预埋隔离片）引导裂缝在预定位置出现，并采取有效措施避免引导缝对观感和使用功能造成影响。必要时对结构构件受拉区施加预应力，对于抗裂和限制裂缝宽度而言，最根本的方法是采用预应力混凝土结构，其内容将在第 10 章中介绍。

需要指出的是，对处于高侵蚀性环境、需要防止渗水、对限裂有更高要求的结构，裂缝控制要做专门研究。

8.2 受弯构件变形验算

为保证结构的正常使用，对需要控制变形的构件应进行变形验算。对于受弯构件，其在荷载效应准永久组合下的最大挠度计算值不应超过附录 E 表 E－2 规定的挠度限值。

8.2.1 钢筋混凝土受弯构件的挠度试验

由材料力学可知，对于均质弹性材料梁，挠度的计算公式为

$$f=S\frac{Ml_0^2}{EI} \tag{8-29}$$

式中 M——梁内最大弯矩；

S——与荷载形式、支承条件有关的系数，如计算承受均布荷载的单跨简支梁的跨中挠度时，$S=5/48$；

l_0——梁的计算跨度；

EI——梁的截面抗弯刚度。

当梁的截面尺寸和材料一定时，截面的抗弯刚度 EI 就为一常数，所以由式（8-29）可知弯矩 M 与挠度 f 呈线性关系，如图 8-15 中的虚线 OD 所示。

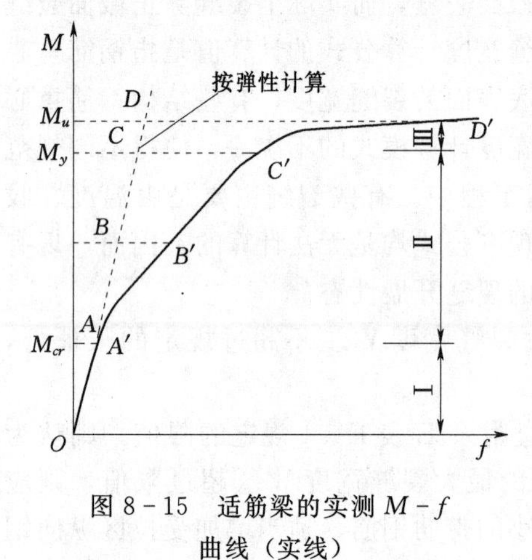

图 8-15 适筋梁的实测 $M-f$ 曲线（实线）

钢筋混凝土梁不是弹性体，具有一定的塑性性质，这一方面是因为混凝土材料的应力应变关系为非线性，变形模量不是常数；另一方面，钢筋混凝土梁随着受拉区裂缝的产生和发展，截面有所削弱，使得截面的惯性矩不断地减小，也不再保持为常数。因此，钢筋混凝土梁随着荷载的增加，其刚度值逐渐降低，实际的弯矩与挠度关系曲线（$M-f$ 曲线）如图 8-15 中的 $OA'B'C'D'$ 所示。

钢筋混凝土适筋梁的 $M-f$ 曲线大体上可分为三个阶段（图 8-15）：

（1）荷载较小，裂缝出现之前（阶段Ⅰ），曲线 OA' 与直线 OA 非常接近。临近出现裂缝时，f 值增加稍快，实测曲线稍微偏离线性。这是由于受拉混凝土出现了塑性变形，变形模量略有降低的缘故。

（2）裂缝出现后（阶段Ⅱ），$M-f$ 曲线发生明显的转折，出现了第一个转折点（A'）。配筋率越低的构件，转折越明显。这不仅因为混凝土塑性发展，变形模量降低，而且由于截面开裂，并随着荷载的增加裂缝不断扩展，混凝土有效受力截面不断减小，截面的抗弯刚度逐步降低，曲线 $A'B'$ 偏离直线的程度也就随着荷载的增加而非线性增加。正常使用阶段的挠度验算，主要是指这个阶段的挠度验算。

（3）当钢筋屈服时（阶段Ⅲ），$M-f$ 曲线出现第二个明显的转折点（C'）。之后，由于裂缝的迅速扩展和受压区出现明显的塑性变形，截面刚度急剧下降，弯矩稍许增加就会引起挠度的剧增。

对于正常使用状况（属阶段Ⅱ）下的钢筋混凝土梁，如果仍采用材料力学公式[式（8-29）]中的刚度 EI 计算挠度，显然不能反映梁的实际情况。因此，计算钢筋混凝土梁挠度时，应采用抗弯刚度 B 来取代式（8-29）中的 EI，即

$$f=S\frac{Ml_0^2}{B} \tag{8-30}$$

在此，B 为一个随弯矩 M 增大而减小的变量。

对于钢筋混凝土梁的抗弯刚度 B，不同国家的规范采用不同的计算方法。例如美国钢筋混凝土房屋建筑规范 ACI 318—14 采用有效惯性矩的方法，我国混凝土结构设计规范采用材料力学挠度计算公式基础上的简化计算方法。下面扼要介绍 JTS 151—2011 给出的抗弯刚度 B 的计算方法。

8.2.2　受弯构件的短期抗弯刚度 B_s

1. 不出现裂缝的构件

对于不出现裂缝的钢筋混凝土受弯构件，实际挠度比按弹性体公式（8-29）算得的数值偏大（参见图 8-15），说明梁的实际刚度低于 EI 值。这是因为混凝土受拉区出现塑性，实际弹性模量有所降低的缘故，但截面并未削弱，I 值不受影响，所以只需将刚度 EI 稍加修正，即可反映不出现裂缝的钢筋混凝土受弯构件的实际刚度。为此，将式（8-29）中的刚度 EI 改用 B_s 代替，并取

$$B_s=0.85E_cI_0 \tag{8-31}$$

式中　B_s——不出现裂缝的钢筋混凝土受弯构件的短期抗弯刚度；

E_c——混凝土的弹性模量，可由附录 B 表 B-2 查得；

I_0——换算截面对其重心轴的惯性矩；

0.85——考虑受拉区混凝土出现塑性时弹性模量降低的系数。

在水运工程中，预应力构件的裂缝控制等级为一级或二级，属于严格或一般不出现裂缝的构件，其受弯构件的短期刚度按式（8-31）计算。

所谓换算截面是指将纵向钢筋面积 A_s、A_s' 换算成同位置上 α_E 倍 A_s、A_s' 的混凝土面积形成的截面［图 8-16（b）］，其中 α_E 为钢筋与混凝土弹性模量比，$\alpha_E=E_s/E_c$。对于图 8-16（a）所示的双筋 I 形截面，根据材料力学可得其换算截面的特征值 y_0、I_0 如下：

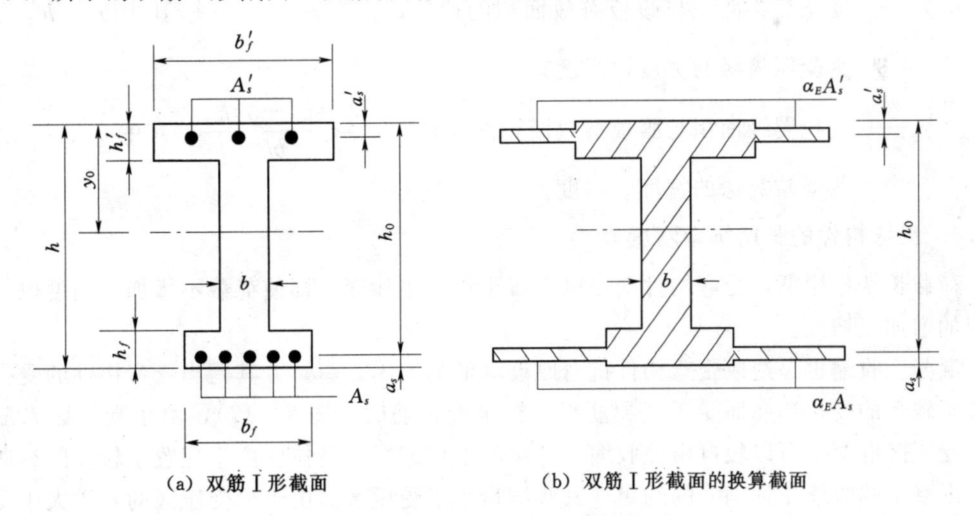

图 8-16　双筋 I 形截面的换算截面

换算截面重心至受压边缘的距离为

$$y_0=\frac{\dfrac{bh^2}{2}+(b_f'-b)\dfrac{h_f'^2}{2}+(b_f-b)h_f\left(h-\dfrac{h_f}{2}\right)+\alpha_EA_sh_0+\alpha_EA_s'a_s'}{bh+(b_f-b)h_f+(b_f'-b)h_f'+\alpha_EA_s+\alpha_EA_s'} \tag{8-32}$$

换算截面对其重心轴的惯性矩为

$$I_0=\frac{b'_f y_0^3}{3}-\frac{(b'_f-b)(y_0-h'_f)^3}{3}+\frac{b_f(h-y_0)^3}{3}-\frac{(b_f-b)(h-y_0-h_f)^3}{3}+\alpha_E A_s(h_0-y_0)^2+\alpha_E A'_s(y_0-a'_s)^2 \tag{8-33}$$

对于矩形、T 形或倒 T 形截面，只需在 I 形截面的基础上去掉无关的项即可。

2. 出现裂缝的构件

对于出现裂缝的钢筋混凝土受弯构件，规范先根据大量实测挠度的试验数据，由材料力学中梁的挠度计算公式反算出构件的实际抗弯刚度，再以 $\alpha_E\rho$ 为主要参数进行回归分析，得到短期抗弯刚度的计算公式。为简化计算，B_s 与 $\alpha_E\rho$ 的关系采用线性模型，即

$$B_s=(K_1+K_2\alpha_E\rho)E_c bh_0^3 \tag{8-34}$$

对于矩形截面，线性回归的结果为：$K_1=0.025$，$K_2=0.28$，所以有

$$B_s=(0.025+0.28\alpha_E\rho)E_c bh_0^3 \tag{8-35}$$

对于 T 形、倒 T 形及 I 形截面受弯构件的短期抗弯刚度 B_s，考虑到与矩形截面简化公式的衔接，故保留矩形截面刚度公式的基本形式，并考虑受拉、受压翼缘对刚度的影响，最后得到规范所给出的矩形、T 形、倒 T 形及 I 形截面构件的短期刚度计算公式：

$$B_s=(0.025+0.28\alpha_E\rho)(1+0.55\gamma'_f+0.12\gamma_f)E_c bh_0^3 \tag{8-36}$$

式中　B_s——出现裂缝的钢筋混凝土受弯构件的短期抗弯刚度；

ρ——纵向受拉钢筋的配筋率，$\rho=\frac{A_s}{bh_0}$，b 为截面肋宽；

γ'_f——受压翼缘面积与腹板有效面积的比值，$\gamma'_f=\frac{(b'_f-b)h'_f}{bh_0}$，其中 b'_f、h'_f 分别为受压翼缘的宽度、高度；

γ_f——受拉翼缘面积与腹板有效面积的比值，$\gamma_f=\frac{(b_f-b)h_f}{bh_0}$，其中 b_f、h_f 分别为受拉翼缘的宽度、高度。

8.2.3　受弯构件的长期抗弯刚度 B_l

荷载长期作用下，受弯构件受压区混凝土将产生徐变，即使荷载不增加，挠度也将随时间的增加而增大。

混凝土收缩也是造成受弯构件抗弯刚度降低的原因之一。尤其是当受弯构件的受拉区配置了较多的受拉钢筋而受压区配筋很少或未配钢筋时（图 8-17），由于受压区未配钢筋，受压区混凝土可以较自由地收缩，即梁的上部缩短。受拉区由于配置了较多的纵向钢筋，混凝土的收缩受到钢筋的约束，其收缩量小于受压区。由于梁受压区的缩短大于受拉区，使梁产生挠度。同时，混凝土的收缩受到钢筋的约束，使混凝土受拉，有可能出现裂缝。因此，混凝土收缩也会引起梁的抗弯刚度降低，使挠度增大。

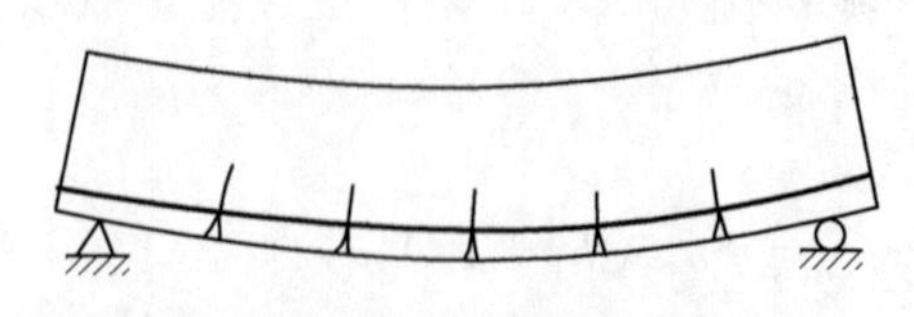

图 8-17　配筋对混凝土收缩的影响

如上所述，荷载长期作用下挠度增加的主要

原因是混凝土的徐变和收缩，所以凡是影响混凝土徐变和收缩的因素，如纵向受压钢筋的配筋率、加荷龄期、荷载的大小及持续时间、使用环境的温度和湿度、混凝土的养护条件等都对挠度的增长有影响。

试验表明，在加载初期梁的挠度增长较快，以后增长缓慢，后期挠度虽仍继续增大，但增值很小。实际应用中，对一般尺寸的构件，可取1000天或3年的挠度作为最终值。对于大尺寸的构件，挠度增长达10年后仍未停止。

考虑荷载长期作用对受弯构件挠度影响的方法有多种，如：①直接计算由于荷载长期作用而产生的挠度增长和由收缩而引起的翘曲；②由试验结果确定荷载长期作用下的挠度增大系数θ，采用θ值来计算抗弯刚度。

我国规范采用上述第②种方法。根据国内外对受弯构件长期挠度观测结果，θ值可按下式计算：

$$\theta=2.0-0.4\frac{\rho'}{\rho} \tag{8-37}$$

式中 ρ'、ρ——纵向受压钢筋和受拉钢筋的配筋率，$\rho'=\frac{A'_s}{bh_0}$，$\rho=\frac{A_s}{bh_0}$。

由式（8-37）可知，当不配受压钢筋时，$\rho'=0$，则$\theta=2.0$；当$\rho'=\rho$时，$\theta=1.6$。于是，荷载效应准永久组合并考虑部分荷载长期作用影响的矩形、T形、倒T形及I形截面受弯构件抗弯刚度B_l可按下式计算：

$$B_l=\frac{B_s}{\theta} \tag{8-38}$$

8.2.4 最小刚度原则与受弯构件的挠度验算

钢筋混凝土受弯构件的抗弯刚度B_l确定后，挠度值就可应用材料力学或结构力学公式求得，仅需用B_l代替有关公式中的弹性体刚度EI即可。

应当指出，钢筋混凝土受弯构件的截面抗弯刚度随弯矩增大而减小，因此，即使对于等截面梁，由于各截面的弯矩并不相等，故各截面抗弯刚度也不相等。如图8-18所示的简支梁，当中间部分开裂后，靠近支座的截面抗弯刚度要比中间区域的大，如果按照抗弯刚度的实际分布采用变刚度来计算梁的挠度，对于工程设计而言显然是过于烦琐了。在实用计算中，考虑到支座附近弯矩较小的区段虽然抗弯刚度较大，但对全梁的变形的影响不大，且挠度计算仅考虑弯曲变形的影响，未考虑剪切段内还存在的剪切变形，故对于等截面构件，一般取同号弯矩区段内弯矩最大截面的抗弯刚度作为该区段的刚度。对于简支梁，按式（8-36）计算刚度时，纵向受拉钢筋配筋率ρ按跨中最大弯矩截面选取，并将此刚度作为全梁的抗弯刚度；对于带悬挑的简支梁、连续梁或框架梁，则取最大正弯矩截面和最大负弯矩截面的刚度，分别作为相应区段的刚度。这就是挠度计算中的"最小刚度原则"。

当计算跨度内的支座截面刚度不大于跨中截面刚度的2倍且不小于跨中截面刚度的1/2时，该跨也可以按等刚度构件计算，其刚度可取跨中最大弯矩截面的刚度。

例如图8-19所示的一端简支一端固定的梁，承受均布荷载，跨中截面按梁的最大正弯矩配筋，纵向受拉钢筋配筋率为ρ_1；支座截面按梁的最大负弯矩配筋，纵向受拉钢筋

配筋率为 ρ_2。计算时，先分别将 ρ_1 和 ρ_2 代入式（8-36）求得跨中和支座截面的短期抗弯刚度 B_{s1} 和 B_{s2}，再代入式（8-38）求得它们相应的截面抗弯刚度 B_{l1} 和 B_{l2}，若 $0.5B_{l1} \leqslant B_{l2} \leqslant 2B_{l1}$，则将梁视为刚度为 B_{l1} 的等刚度的梁，直接利用材料力学的公式求出该梁的挠度。

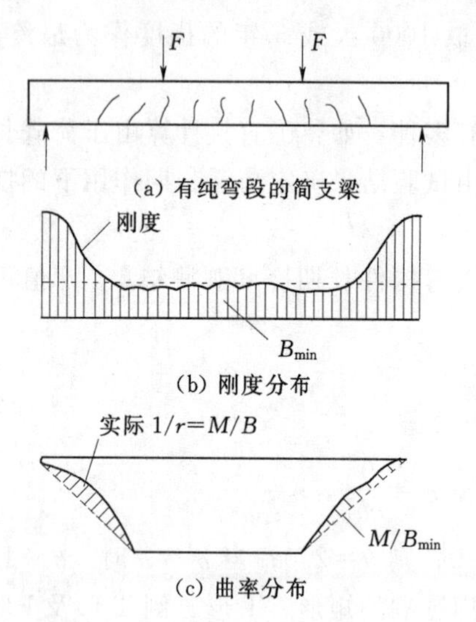

图 8-18　沿梁长的刚度和曲率分布

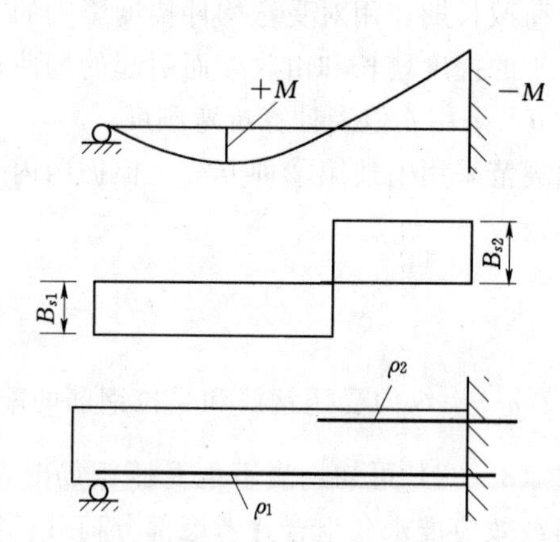

图 8-19　一端简支一端固定梁的弯矩及刚度图

受弯构件的挠度应按荷载效应准永久组合进行计算，所得的挠度计算值 f 不应超过附录 E 表 E-2 规定的限值 $[f]$，即

$$f \leqslant [f] \tag{8-39}$$

若验算挠度不能满足式（8-39）的要求，则表示构件的截面抗弯刚度不足。由式（8-36）可知，增加截面尺寸、提高混凝土强度等级、增加纵向钢筋配筋量及选用合理的截面（如 T 形或 I 形等）都可提高构件的刚度，但合理而有效的措施是增大截面的高度。

【例 8-3】 某内河码头预制 T 形截面简支纵梁，处于大气区，计算跨度 $l_0=12.0$m，截面尺寸 $b=500$mm，$h=2300$mm，$b'_f=2000$mm，$h'_f=200$mm。混凝土强度等级为 C30，已配有 6 ⌀ 22（$A_s=2281\ \text{mm}^2$），截面有效高度 $h_0=2230$mm。梁上承受永久荷载 $g_k=36.25$kN/m、堆货荷载 $q_k=70.0$kN/m。试验算该梁的跨中挠度是否满足要求。

解：

1. 资料

C30 混凝土，$E_c=3.0\times10^4\text{N/mm}^2$；HRB400 钢筋，$E_s=2.0\times10^5\text{N/mm}^2$。堆货荷载的准永久值系数 $\psi_q=0.6$。查附录 E 表 E-2，得一般梁最大挠度限值为 $[f]=l_0/600=12.0\times10^3/600=20.0(\text{mm})$。

2. 内力计算

由式（2-26），按荷载效应准永久组合计算得到的梁跨中弯矩值为

$$M_q=\frac{1}{8}(g_k+\psi_q q_k)l_0^2=\frac{1}{8}\times(36.25+0.6\times70.0)\times12.0^2=1408.50(\text{kN}\cdot\text{m})$$

3. 计算抗弯刚度

钢筋混凝土结构为三级裂缝控制，按出现裂缝的构件计算截面抗弯刚度。

$$\alpha_E=\frac{E_s}{E_c}=\frac{2.0\times10^5}{3.0\times10^4}=6.67$$

$$\rho=\frac{A_s}{bh_0}=\frac{2281}{500\times2230}=0.20\%$$

$$\gamma'_f=\frac{(b'_f-b)h'_f}{bh_0}=\frac{(2000-500)\times200}{500\times2230}=0.27$$

$$\gamma_f=0.0$$

由式（8-36）得短期刚度为

$$\begin{aligned}B_s&=(0.025+0.28\alpha_E\rho)(1+0.55\gamma'_f+0.12\gamma_f)E_cbh_0^3\\&=(0.025+0.28\times6.67\times0.002)\times(1+0.55\times0.27)\times3.0\times10^4\times500\times2230^3\\&=5489.73\times10^{12}(\mathrm{N/mm^2})\end{aligned}$$

截面未配置受压钢筋，由式（8-35）得 $\theta=2.0$。

由式（8-38）得长期刚度为

$$B_l=\frac{B_s}{\theta}=\frac{5489.73\times10^{12}}{2.0}=2744.87\times10^{12}(\mathrm{N/mm^2})$$

4. 挠度验算

$$f=\frac{5}{48}\frac{M_ql_0^2}{B_l}=\frac{5}{48}\times\frac{1408.50\times10^6\times12.0^2\times10^6}{2744.87\times10^{12}}=7.70(\mathrm{mm})<[f]=20.0\mathrm{mm}$$

跨中挠度满足要求。

8.3　混凝土结构的耐久性要求

8.3.1　混凝土结构耐久性的概念

耐久性是指结构在设计使用年限内正常使用和维护条件下，保持安全性与适用性的能力。所谓正常维护，是指结构在使用过程中仅需一般维护（包括构件表面涂刷等）而不进行花费过高的大修；所谓正常使用，是指使用过程中不改变设计确定的使用条件，包括工作环境和使用功能。这里的工作环境是指结构所在地区的自然环境及工业生产形成的环境。

耐久性作为混凝土结构可靠性的三大功能指标（安全性、适用性和耐久性）之一，越来越受到工程设计的重视，结构的耐久性设计也成为结构设计的重要内容之一。目前大多数国家和地区的混凝土结构设计规范中已列入耐久性设计的有关规定和要求，如美国和欧洲的混凝土结构设计规范将耐久性设计单独列为一章，我国水运、水工、交通、建筑等行业的混凝土结构设计规范也将耐久性要求列为基本规定中的重要内容。同时，我国住房和城乡建设部制定颁布了国家标准《混凝土结构耐久性设计标准》（GB/T 50476—2019）。

导致水运工程混凝土结构耐久性失效的原因主要有：混凝土的碳化与钢筋锈蚀，混凝土的低强度风化，碱-骨料化学反应，渗漏溶蚀，冻融破坏，硫酸盐侵蚀，由荷载、温度、收缩等原因产生的裂缝以及止水失效等引起渗漏病害的加剧等。因而，除了根据结构所处的环境条件控制结构的裂缝宽度外，还需通过混凝土保护层最小厚度、混凝土最低抗渗等级、混凝土最低抗冻等级、混凝土最低强度等级、最小水泥用量、最大水胶比、最大氯离子含量、最大碱含量以及结构型式和专门的防护措施等具体规定来保证混凝土结构的耐久性。

8.3.2　混凝土结构的耐久性要求

结构的耐久性与结构所处的环境条件、结构使用条件、结构型式和细部构造、结构表面保护措施以及施工质量等均有关系。耐久性设计的基本原则是，根据结构或构件所处的环境及可能遭受腐蚀程度，选择相应技术措施和构造要求，保证结构或构件达到预期的使用寿命。

8.3.2.1　混凝土结构所处的环境条件

JTS 151—2011 规范针对水运工程混凝土结构所处的环境条件，对混凝土部位按海水环境和淡水环境分别划分为四类和三类，具体见附录 A。

永久性水运工程混凝土结构应按结构所处环境条件和设计使用年限进行相应的耐久性设计；海港工程混凝土结构必须进行防腐蚀耐久性设计，且应根据结构预定功能和混凝土结构部位所处环境，提出相应的防腐蚀要求和措施。

8.3.2.2　保证耐久性的技术措施及构造要求

1. 混凝土原材料的选择和施工质量控制

为保证结构具有良好的耐久性，首先应正确选用混凝土原材料。例如受冻地区的混凝土宜采用普通硅酸盐水泥和硅酸盐水泥，不宜采用火山灰质硅酸盐水泥；不受冻地区的浪溅区，混凝土宜采用矿渣硅酸盐水泥，特别是矿渣含量大的矿渣硅酸盐水泥；当采用矿渣硅酸盐水泥、粉煤灰硅酸盐水泥、火山灰质硅酸盐水泥时，宜同时掺加减水剂或高效减水剂。骨料应选用质地坚固耐久、具有良好级配的天然河沙、碎石或卵石，控制杂质的含量。对水运工程混凝土而言，特别应避免含有活性氧化硅以致会引起碱-集料反应的骨料。

影响耐久性的一个重要因素是混凝土本身的质量，因此混凝土的配合比设计、拌和、运输、浇筑、振捣和养护等均应严格遵照施工规范的规定，尽量提高混凝土的密实性和抗渗性，从根本上提高混凝土的耐久性。

2. 耐久性对混凝土强度的最低要求

近年来各混凝土结构设计规范都根据混凝土结构所处的环境条件、使用年限按耐久性要求规定了混凝土的最低强度等级。同样，JTS 151—2011 规范也根据水运工程自身的特点，从环境条件、构件所在部位、符合耐久性要求的最大水胶比等方面综合考虑，确定了水运工程混凝土结构基于耐久性要求的混凝土最低强度等级，见表 8 - 1。

3. 最大氯离子含量

碳化与钢筋生锈是影响钢筋混凝土结构耐久性的主要因素。混凝土中的水泥在水化过程中生成氢氧化钙，使得混凝土的孔隙水呈碱性，一般 pH 值可达到 13 左右，在如此高 pH 值的情况下，钢筋表面就生成一层极薄的氧化膜（称为钝化膜），它能起到保护钢筋防止锈蚀的作用。但大气中的二氧化碳或其他酸性气体，通过混凝土中的毛细孔隙，渗入到混凝土内，在有水分存在的条件下，与混凝土中的碱性物质发生中性化的反应，就会使混凝土的碱度（即 pH 值）降低，这一过程称为混凝土的碳化。

表 8-1 基于耐久性要求的混凝土最低强度等级

所在部位	最低强度等级			
	海水环境		淡水环境	
	钢筋混凝土	素混凝土	钢筋混凝土	素混凝土
大气区	C30	C20	C25	C20
浪溅区	C40	C25	—	—
水位变动区	C35	C25	C25	C20
水下区	C30	C25	C25	C20

注 有抗冲耐磨要求的部位，应专门研究确定，且混凝土强度等级不应低于C30。

当碳化深度超过混凝土保护层厚度而达到钢筋表层时，钢筋表面的钝化膜就遭到破坏，同时存在氧气和水分的条件下，钢筋发生电化学反应，钢筋就开始生锈。

钢筋的锈蚀会引起锈胀，导致混凝土沿钢筋出现顺筋裂缝，严重时会发展到混凝土保护层剥落，最终使结构承载力降低，严重影响结构的耐久性。同时碳化还会引起混凝土收缩，使混凝土表面产生微细裂缝，使混凝土表层强度降低。

不接触氯盐的淡水环境下的钢筋混凝土结构构件，拌和物中的氯离子含量是引起钢筋腐蚀的主要因素，应对其进行限制；处于海水环境下的钢筋混凝土结构构件，由于海水中的氯离子会不断渗入到钢筋周围，因此，对混凝土拌和物氯离子含量的限制更严；预应力混凝土结构，由于预应力筋一直处于高应力状态下，对氯盐腐蚀非常敏感，易发生应力腐蚀，因此，更需严格限制混凝土拌和物氯离子含量。至于素混凝土结构构件，虽然不存在钢筋腐蚀问题，但混凝土中的氯离子含量过大，混凝土拌和物易发生速凝。此外，氯盐的存在还会促进碱-骨料反应。因此，JTS 151—2011 规范根据结构种类、环境条件等条件规定了混凝土中最大氯离子含量限值，见表 8-2。

表 8-2 混凝土中最大氯离子含量最大允许值

环境条件	氯离子含量最大允许值/%		
	预应力混凝土	钢筋混凝土	素混凝土
海水环境	0.06	0.10	1.30
淡水环境	0.06	0.30	1.30

注 氯离子含量是指水溶性氯离子占胶凝材料的质量百分比。

4. 混凝土密实性控制

影响混凝土抗冻性、抗渗性和钢筋腐蚀的主要因素是它的渗透性，为了获得耐久性良好的混凝土，混凝土应尽可能密实。

在混凝土浇筑过程中会有气体侵入而形成气泡和孔穴。在水泥水化期间，水泥浆体中随多余的水分蒸发会形成毛细孔和水隙，同时由于水泥浆体和骨料的线膨胀系数及弹性模量的不同，其界面会产生许多微裂缝。毛细孔和水隙越少，混凝土密实性越好。

水胶比越大，水分蒸发形成的毛细孔和水隙就越多，混凝土密实性越差，混凝土内部越容易受外界环境的影响。试验证明，当水胶比小于0.3时，钢筋就不会锈蚀。国外海工混凝土建筑的水胶比一般控制在 0.45 以下。为此，除选择级配良好的骨料和精心施工保证混凝土充分捣实，以及采用适当的养护方法保证水泥充分水化外，还应对水胶比进行限制。《海港工程混凝土结构防腐蚀技术规范》（JTJ 275—2000）规定了海水环境下混凝土的水胶比最大允许值，见表 8-3。

表 8-3　海水环境下混凝土的水胶比最大允许值

<table>
<tr><th colspan="3" rowspan="2">环境条件</th><th colspan="2">钢筋混凝土、预应力混凝土水胶比最大允许值</th></tr>
<tr><th>北方</th><th>南方</th></tr>
<tr><td colspan="3">大气区</td><td>0.55</td><td>0.50</td></tr>
<tr><td colspan="3">浪溅区</td><td>0.50</td><td>0.40</td></tr>
<tr><td colspan="2" rowspan="4">水位变动区</td><td>严重受冻</td><td>0.45</td><td>—</td></tr>
<tr><td>受冻</td><td>0.50</td><td>—</td></tr>
<tr><td>微冻</td><td>0.55</td><td>—</td></tr>
<tr><td>偶冻、不冻</td><td>—</td><td>0.50</td></tr>
<tr><td rowspan="4">水下区</td><td colspan="2">不受水头作用</td><td>0.60</td><td>0.60</td></tr>
<tr><td rowspan="3">受水头作用</td><td>最大作用水头与混凝土壁厚之比<5</td><td colspan="2">0.60</td></tr>
<tr><td>最大作用水头与混凝土壁厚之比 5～10</td><td colspan="2">0.55</td></tr>
<tr><td>最大作用水头与混凝土壁厚之比>10</td><td colspan="2">0.50</td></tr>
</table>

注　1. 除全日潮型区域外，有抗冻要求的细薄构件，混凝土水胶比最大允许值宜减小。
2. 对抗冻要求高的混凝土，浪溅区内下部 1m 应随同水位变动区按抗冻性要求确定其水胶比。
3. 位于南方海水环境浪溅区的钢筋混凝土宜掺用高效减水剂。

5. 钢筋的混凝土保护层厚度

对钢筋混凝土结构来说，耐久性主要决定于钢筋是否锈蚀。而钢筋锈蚀的条件，首先取决于混凝土碳化达到钢筋表面的时间 t，t 大约正比于混凝土保护层厚度 c 的平方；其次混凝土抵抗钢筋锈蚀造成的锈胀力的能力也取决于混凝土保护层厚度和密实度。所以，混凝土保护层的厚度 c 及密实性是决定结构耐久性的关键。混凝土保护层不仅要有一定的厚度，更重要的是必须浇筑振捣密实。

按环境条件的不同，JTS 151—2011 规范规定了钢筋混凝土结构及预应力混凝土受力钢筋的混凝土保护层最小厚度，见附录 D 表 D-1 和表 D-2。

配置构造钢筋的素混凝土结构，构造钢筋的混凝土保护层最小厚度，海水环境不应小于 40mm，且不小于 2.5 倍构造钢筋直径；淡水环境下不应小于 30mm。

临时建筑物混凝土结构宜按其所处环境、作用要求确定保护层厚度，但不应小于 1.5 倍钢筋直径。

6. 混凝土的抗渗等级

混凝土越密实，抗渗性能越好。混凝土的抗渗性能用抗渗等级表示，水运工程混凝土抗渗等级分为 P4、P6、P8、P10、P12 五级，数字越大表示抗渗能力越好。混凝土抗渗等级一般按 28d 龄期的标准试件测定，也可根据混凝土结构开始承受水压力的时间，利用60d或90d龄期的试件测定。掺用引气剂、减水剂可显著提高混凝土的抗渗性能。

JTS 151—2011规范规定，结构所需的混凝土抗渗等级应根据所承受的水头、水力梯度、水质条件和渗透水的危害程度等因素确定，并不得低于表8-4的规定值。

表8-4　混凝土抗渗等级选用标准

最大作用水头与混凝土壁厚之比	<5	5～10	10～15	15～20	>20
抗渗等级	P4	P6	P8	P10	P12

7. 混凝土的抗冻等级

混凝土处于冻融交替环境中时，渗入混凝土内部空隙中的水分在低温下结冰后体积膨胀，使混凝土产生胀裂，经多次冻融循环后将导致混凝土疏松剥落，引起混凝土结构的破坏。调查结果表明，在严寒或寒冷地区，水运工程混凝土的冻融破坏有时是极为严重的，特别是在长期潮湿的建筑物阴面或水位变化部位。此外，实践还表明，即使在气候温和的地区，如抗冻性不足，混凝土也会发生冻融破坏以致剥蚀露筋。

混凝土的抗冻性能用抗冻等级来表示，可按28d龄期的试件用快冻试验方法测定，在水运工程混凝土中，分为F350、F300、F250、F200、F150、F100六级，数字越大表示抗冻性能越好。经论证，也可用60d或90d龄期的试件测定。

JTS 151—2011规范规定的混凝土抗冻等级选用标准见表8-5。对于水位变动区有抗冻要求的混凝土，应按表8-5根据气候分区选定抗冻等级。在浪溅区范围内的下部1m应按水位变动区选用抗冻等级。码头面层混凝土可选用比同一地区水位变动区低2～3级的抗冻等级。

表8-5　混凝土抗冻等级选用标准

建筑物所在地区	抗冻等级			
	海水环境		淡水环境	
	钢筋混凝土和预应力混凝土	素混凝土	钢筋混凝土和预应力混凝土	素混凝土
严重受冻地区（最冷月平均气温低于−8℃）	F350	F300	F250	F200
受冻地区（最冷月平均气温在−4～−8℃之间）	F300	F250	F200	F150
微冻地区（最冷月平均气温在0～−4℃之间）	F250	F200	F150	F100

注　开敞式码头和防波堤等建筑物混凝土，宜选用比同一地区高1个等级的抗冻等级或采用其他措施。

8. 混凝土的抗化学侵蚀

侵蚀性介质的渗入，造成混凝土中的一些成分被溶解、流失，引起混凝土发生孔隙和裂缝，甚至松散破碎；有的侵蚀性介质与混凝土中的一些成分反应后生成的物体会体积膨胀，引起混凝土结构胀裂破坏。常见的一些主要侵蚀性介质和引起腐蚀的原因有硫酸盐腐蚀、酸腐蚀、海水腐蚀、盐酸类结晶型腐蚀等。海水除对混凝土造成腐蚀外，还会造成钢筋锈蚀或加快钢筋的锈蚀速度。

混凝土抗氯离子渗入的能力用其抗氯离子渗透性指标表示，指标数值越小，防止或延缓由于氯离子渗入引起的混凝土结构构件发生钢筋腐蚀的能力越强。JTS 151—2011 规范对海水环境下混凝土规定的混凝土抗氯离子渗透性限值见表 8-6。

表 8-6　海水环境下混凝土抗氯离子渗透性限值

环境条件	抗氯离子渗透性限值/C			
	钢筋混凝土		预应力混凝土	
	北方	南方	北方	南方
大气区	≤2000	≤2000	≤2000	≤1500
浪溅区	≤1500	≤1500	≤1000	≤1000
水位变动区	≤2000	≤2000	≤1500	≤1500

注　试验用的混凝土试件应在标准条件下养护 28d，试验应在 35d 内完成，对掺加粉煤灰或磨细粒化高护矿渣的混凝土，可按 90d 龄期结果评定。

当不能满足表 8-6 中的要求时，可采取在混凝土表面浸涂或覆盖防腐材料、采用环氧涂层钢筋、在混凝土中加入钢筋阻锈剂、阴极保护等措施，以防止钢筋生锈。

9. 结构型式与配筋

对于处于海水环境水位变动区、浪溅区、大气区的混凝土构件宜采用高性能混凝土，也可以同时采用其他防腐蚀措施。

结构的型式应有利于排除积水，避免水气凝聚和有害物质积聚于区间。结构的外形应力求规整，应尽量避免采用薄壁、薄腹及多棱角的结构型式。这些结构型式暴露面大，比平整表面更易使混凝土碳化从而导致钢筋更易锈蚀。

一般情况下尽可能采用细直径、密间距的配筋方式，以使横向的受力裂缝能分散和变细。但当构件处于严重腐蚀环境时，普通受力钢筋直径不宜小于 16mm，预应力混凝土构件宜采用密封和防腐性能良好的孔道管。

处于严重锈蚀环境的构件，暴露在混凝土外的吊环、紧固件、连接件等铁件应与混凝土中的钢筋隔离。对预应力筋、锚具及连接器应采用专门的防护措施，预应力筋的锚头应采用无收缩高性能细石混凝土或水泥基聚合物混凝土封端。

同时，结构构件在正常使用阶段的受力裂缝也应控制在允许的范围内，特别是对于配置高强钢丝的预应力混凝土构件必须严格抗裂，因为高强钢丝如稍有锈蚀，就易引发应力腐蚀而脆断。

第 9 章　钢筋混凝土肋形结构与刚架结构

钢筋混凝土肋形结构与刚架结构是土木、水运和水利水电工程中广泛应用的结构形式。图 9-1 为一座厂房结构示意图，其屋盖采用整体式钢筋混凝土肋形结构，由屋面板、纵梁、屋面大梁等组成；而竖向承重结构则由带牛腿的刚架柱等构件组成。作用在屋面上的荷载，经由屋面板传给纵梁和屋面大梁，再传给柱，最后由柱传给厂房的下部结构或基础。

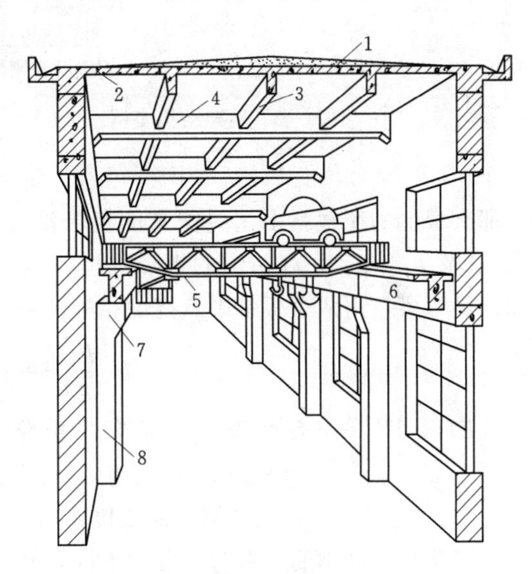

图 9-1　厂房示意图

1—屋面构造层；2—屋面板；3—纵梁；4—屋面大梁；5—吊车；6—吊车梁；7—牛腿；8—柱

严格说来，上述厂房结构为一空间受力结构，但当采用手算方法设计时，一般将空间结构分解简化为平面结构进行内力计算。如对此厂房结构可简化为由梁与板组成的肋形结构和由屋面大梁与柱组成的刚架结构分别进行计算。

所谓肋形结构，就是由板和支承板的梁所组成的梁板结构，也称为肋梁结构。第 3 章图 3-1 所示的就是常见的整体式肋形结构楼面，它由板、次梁和主梁组成。

在水运工程中，除厂房中的屋面和楼面外，扶壁式挡土墙、梁板式码头的上部结构等，也都可做成肋形结构形式。第 3 章图 3-2 所示的梁板式码头的上部结构就是一种典型的肋形结构。

刚架结构是由横梁和立柱刚性连接（刚节点）组成的承重结构，在土木、水运、水利水电工程中应用也比较广泛，如厂房刚架［图 9-2 (a)］、支承桥面的刚架［图 9-2 (b)］等。当刚架高度 H 在 5m 以下时，一般采用单层刚架；在 5m 以上时，则宜采用双层刚架或多层刚架。根据使用要求，刚架结构也可设计为单层多跨的，或多层多跨的。刚架结构通常也称框架结构。

对于肋形结构，由于梁格布置方案的不同，板上荷载传给支承梁的途径不一样，板的受力情况也就不同。四边支承的矩形板，两个方向的跨度之比对荷载传递的影响很大。假定图 9-3 为一四边支承的矩形板，板沿短跨和长跨方向的跨度分别为 l_1 和 l_2，板上作用有均布荷载 p，若设想从板的中部沿短跨、长跨方向取出两个相互垂直的单位宽度的板

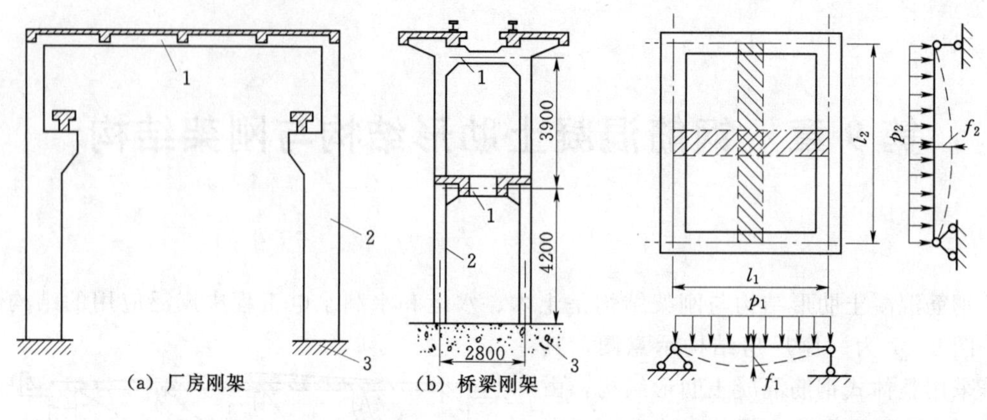

(a) 厂房刚架　(b) 桥梁刚架

图 9-2　刚架结构实例

1—梁；2—柱；3—基础

图 9-3　受均布荷载作用的四边支承矩形板

带，那么板上的荷载就由这些交叉的板带沿互相垂直的两个方向传给支承梁。将荷载 p 分为 p_1 及 p_2，p_1 由 l_1 方向的板带承担，p_2 由 l_2 方向的板带承担。上述两个板带的受力如同受弯梁，由两个板带中点挠度相等的条件可得

$$\alpha_1 \frac{p_1 l_1^4}{EI_1} = \alpha_2 \frac{p_2 l_2^4}{EI_2} \tag{9-1}$$

式中　EI_1、EI_2——沿短跨 l_1 和长跨 l_2 板带的刚度；

α_1、α_2——沿短跨 l_1 和长跨 l_2 板带的挠度系数，和板条两端的支承条件有关，如两端简支时挠度系数为 5/384。

忽略两个方向钢筋用量与布置的不同，则 $EI_1 = EI_2$；再假定两个方向的板条支承相同，即 $\alpha_1 = \alpha_2$，则有

$$p_2 / p_1 = (l_1 / l_2)^4 \tag{9-2}$$

从式（9-2）可以算得，当板的长跨与短跨的跨度比 $l_2/l_1 \geqslant 2$ 时，沿长跨方向传递的荷载不到全部荷载的 6%，为简化计算，可不考虑沿长跨方向传递荷载。但当 $l_2/l_1 < 2$ 时，计算时就应考虑板上荷载沿两个方向的传递。因此，根据梁格布置情况的不同，整体式肋形结构可分为单向板肋形结构和双向板肋形结构两种类型。

1. 单向板肋形结构

当梁格布置使板的长、短跨之比 $l_2/l_1 \geqslant 3$ 时，板上荷载绝大部分沿短跨 l_1 方向传递，因此，可仅考虑板在短跨方向受力，故称之为单向板。这时，梁有主梁与次梁之分（参见图3-1），板上荷载先传给次梁，再由次梁传给主梁。

2. 双向板肋形结构

当梁格布置使板的长、短跨之比 $l_2/l_1 \leqslant 2$ 时，板上荷载将沿两个方向传到四边的支承梁上，计算时应考虑两个方向受力，故这种板称为双向板。这时，梁不分主梁与次梁，板上荷载同时向两边梁传递。

当 $2 < l_2/l_1 < 3$ 时，宜按双向板计算；当将其作为沿短跨方向受力的单向板计算时，沿长跨方向应配置足够数量的构造钢筋。

钢筋混凝土肋形结构的设计步骤是：梁格布置，板和梁的计算简图确定、内力计算、截面设计与配筋图绘制。

9.1 单向板肋形结构的结构布置和计算简图

9.1.1 梁格布置

在肋形结构中，应根据建筑物的平面尺寸、柱网布置、洞口位置以及荷载大小等因素进行梁格布置。

在民用与工业建筑中，单向板肋形楼盖结构平面布置方案通常有以下三种：

（1）主梁横向布置，次梁纵向布置，如图 9-4（a）所示。它的优点是主梁和柱可形成横向框架，横向抗侧移刚度大，各榀横向框架间由纵向次梁相连，房屋的整体性较好。此外，由于外纵墙处仅设次梁，故窗户高度可开得大一些，对采光有利。

（2）主梁纵向布置，次梁横向布置，如图 9-4（b）所示。这种布置适用于横向柱距比纵向柱距大得多或房屋有集中通风要求的情况。它的优点是增加了室内净空，但房屋的横向刚度较差，而且常由于次梁支承在窗过梁上而限制窗洞的高度。

（3）只布置次梁，不设主梁，如图 9-4（c）所示。它适用于有中间走道的砌体承重的混合结构房屋。这种砌体承重结构抗震性能差，目前已较少应用。

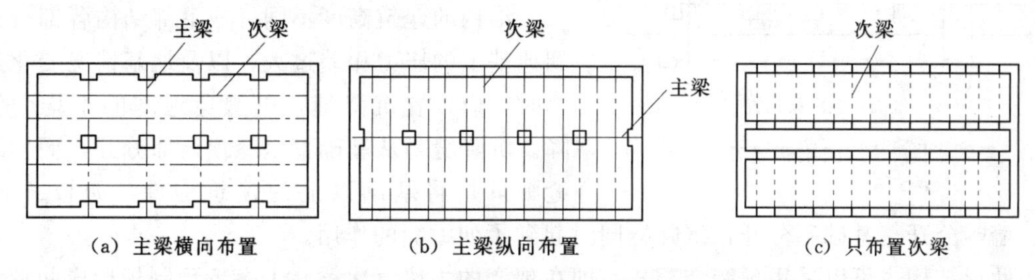

图 9-4　民用与工业建筑单向板肋形楼盖的梁格布置

在肋形结构中，板的面积较大，其混凝土用量约占整个结构混凝土用量的 50%～70%，所以一般情况是板较薄时，材料较省，造价也较低。由于板较薄，梁格布置时应尽量避免集中荷载直接作用在板上，在机器支座与隔墙的下面尽量设置梁，使集中荷载直接作用在梁上。当板上没有孔洞并承受均布荷载时，板和梁宜尽量布置成等跨度或接近等跨，这样材料用量较省，造价较经济，设计计算和配筋构造也较简便。

梁格尺寸确定要综合考虑材料用量与施工难易之间的平衡。如果梁布置得比较稀，施工时可省模板和省工，但板的跨度加大，板厚也随之增加，这就要多用混凝土，结构自重也相应增大。如果梁布置得比较密，可使板的跨度减小，板厚减薄，结构自重减轻，但施工时要费模板和费工。

在一般肋形结构中，板的跨度以 1.7～2.5m 为宜，一般不宜超过 3.0m；板的常用厚度为 120mm 左右。按刚度要求，板厚不宜小于其跨长的 1/40（连续板）、1/35（简支板）和 1/12（悬臂板）。码头面板，由于荷载大，板的厚度也较大，板厚常采用 300～500mm。

板的跨度确定后，便可安排次梁及主梁的位置。根据经验，次梁的跨度一般以 4.0～

5.0m（简支梁）和 4.0～6.0m（连续梁）为宜，主梁的跨度一般以 5.0～8.0m（简支梁）和 5.0～9.0m（连续梁）为宜；梁高与跨长的比值，次梁为 1/12～1/8（简支梁）和 1/18～1/12（连续梁），主梁为 1/12～1/8（简支梁）和 1/15～1/10（连续梁）；梁截面宽度为高度的 1/2～1/3。在同一楼层中，梁的截面尺寸应根据建筑要求统一布置，种类不宜过多。

结构布置应使结构受力合理，在图 9-5 所示的三种次梁布置方式中，从主梁受力情况来说，图 9-5（a）、图 9-5（c）的布置方式比图 9-5（b）的布置方式要好，因为前者所引起的主梁跨中弯矩较小。当建筑物的宽度不大时，也可只在一个方向布置梁，图 9-4（c）就是只在一个方向布置梁。

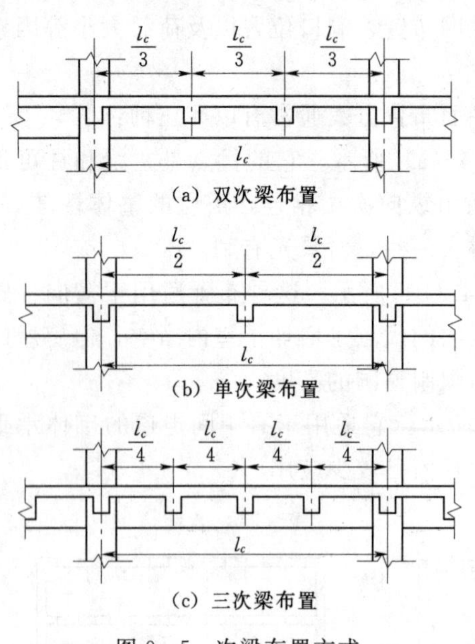

(a) 双次梁布置

(b) 单次梁布置

(c) 三次梁布置

图 9-5　次梁布置方式

建筑物的平面尺寸很大时，为避免由于温度变化及混凝土干缩而引起裂缝，应设置永久的伸缩缝将建筑物分成几个部分。伸缩缝的间距宜根据气候条件、结构型式和地基特性等情况确定。伸缩缝的最大间距可参照现行混凝土结构设计规范。

结构的建筑高度不同，或上部结构各部分传到地基上的压力相差过大，以及地基情况变化显著时，应设置沉降缝，以避免地基的不均匀沉降。沉降缝是从基础直至屋顶全部分开，而伸缩缝则只是将基础以上的建筑构件，如板、梁、柱、墙等分开，基础不分开，沉降缝同时起到了伸缩缝的作用。

肋形结构也可以采用预制装配式，即在现浇的主梁（次梁）上搁置预制板形成肋形结构。预制装配式结构虽然可以节省模板，加快施工进度，但由于预制板与梁之间的连接十分单薄，结构的整体性不强，不利于抗震。万一发生地震，预制板容易坍落，目前已较少采用。若需采用预制板，也宜设计成装配整体式结构，即利用预制板作为模板，在预制板上再整浇一层配筋的后浇混凝土，形成叠合式结构构件。在水运工程中，梁板式码头的上部结构就常采用预制装配式，其通常有两种装配方式：一种是横梁和纵梁均为预制，将其两端搁置在桩帽上，梁上安放预制板，再现浇混凝土形成节点和面板现浇层，使纵梁、横梁和面板成为整体；另一种是横梁采用倒 T 形截面，先浇筑横梁的下半部分（称为下横梁），使其与桩形成整体，再安装预制纵梁和预制面板，最后浇筑节点、上横梁和面板现浇层，形成整体肋形结构。

9.1.2　整体式单向板肋形结构计算简图

整体式单向板肋形结构，是由板、次梁和主梁整体浇筑而成的，设计时可把它分解为板、次梁和主梁分别进行计算。内力计算时，应先画出计算简图，表示出梁（板）的跨数、各跨的计算跨度、支座的性质、荷载的形式与大小及作用位置等。

9.1.2.1 支座的简化

图 9-6 所示为单向板肋形楼盖，其周边如果搁置在砖墙上，可假定为铰支座。板的中间支承为次梁，次梁的中间支承为主梁，计算时一般也可假定为铰支座。这样，板可以看作是以边墙和次梁为铰支座的多跨连续板［图 9-6（b）］；次梁可以看作是以边墙和主梁为铰支座的多跨连续梁［图 9-6（c）］。主梁的中间支承是柱，当主梁与柱的线刚度之比大于 5 时，柱对主梁的约束作用较小，可把主梁看作是以边墙和柱为铰支座的连续梁［图 9-6（d）］；当主梁与柱的线刚度之比小于 5 时，柱对主梁的约束作用较大，则应把主梁和柱的连接视为刚性连接，按刚架结构设计主梁。

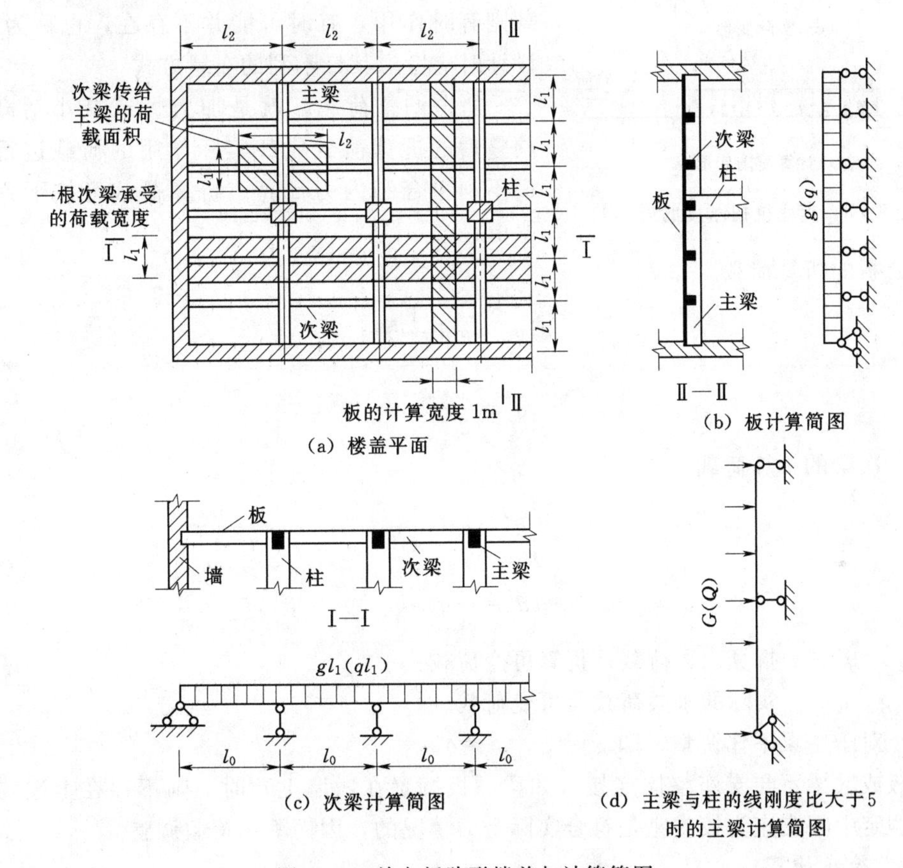

图 9-6 单向板肋形楼盖与计算简图

将板与次梁的中间支座简化为铰支座，可以自由转动，实际上是忽略了次梁对板、主梁对次梁的转动约束能力。在现浇混凝土楼盖中，梁和板是整浇在一起的，当板在隔跨活载作用下产生弯曲变形时，将带动作为支座的次梁产生扭转，而次梁的抗扭刚度将约束板的弯曲转动，使板在支承处的实际转角 θ' 比铰支承时的转角 θ 小，如图 9-7 所示。其效果是相当于降低了板跨中挠度和弯矩值，也就是说，如果假定板的中间支座为铰支座，就把板跨中挠度和弯矩值算大了。类似情况也会发生在次梁与主梁之间。

精确计算这种次梁（或主梁）的抗扭刚度对连续板（或次梁）内力的有利影响颇为复

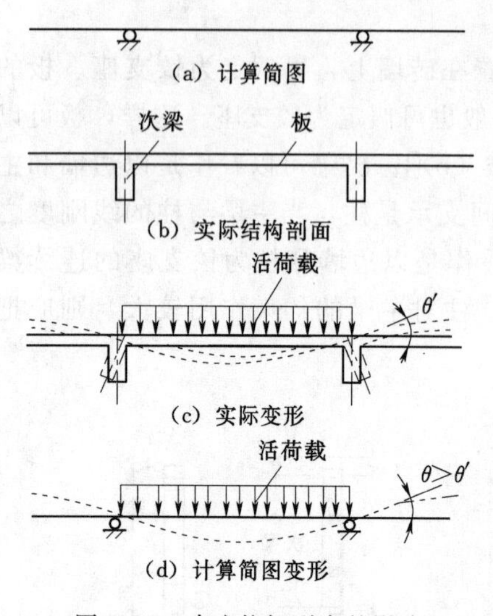

图9-7　支座抗扭刚度的影响

杂，实际上都是采用调整荷载的办法来加以考虑。

作用于肋形结构上的荷载一般有永久荷载和可变荷载两种。永久荷载，如构件自重、面层重及固定设备重等，其设计值常用符号 g（均布）和 G（集中）表示。可变荷载，如人群荷载和可移动的设备荷载等，其设计值常用符号 q（均布）和 Q（集中）表示。

永久荷载是一直作用的，也称为恒载；可变荷载则有时作用，有时可能并不存在，也称为活载，设计时应考虑其最不利的布置方式。

所谓调整荷载，就是加大恒载减小活载，以调整后的折算荷载代替实际作用的荷载进行荷载最不利组合和内力计算。折算荷载可按下列规定取值：

（1）板的折算荷载：

$$\begin{cases} g'=g+\dfrac{1}{2}q \\ q'=\dfrac{1}{2}q \end{cases} \tag{9-3}$$

（2）次梁的折算荷载：

$$\begin{cases} g'=g+\dfrac{1}{4}q \\ q'=\dfrac{3}{4}q \end{cases} \tag{9-4}$$

式中　g'、q'——折算永久荷载及折算可变荷载；

g、q——实际的永久荷载及可变荷载。

（3）对于主梁不作调整，即 $g'=g$，$q'=q$。

当板或次梁不与支座整体连接（如梁、板搁置在墩墙上）时，则不存在上述约束作用，即假定中间支座为铰支座是符合实际受力情况的，因而不作荷载调整。

9.1.2.2　荷载计算

永久荷载主要是结构的自重，结构自重的标准值可由结构体积乘以材料重度得出。材料的重度及可变荷载的标准值可从相关荷载规范中查到。

作用在板和梁上的荷载分配范围如图9-6（a）所示。板通常是取单位宽度的板带来计算，这样沿板跨方向单位长度上的荷载即均布荷载 $g(q)$［图9-6（b）］；次梁承受由板传来的均布荷载 $gl_1(ql_1)$ 及次梁自重［图9-6（c）］；主梁则承受由次梁传来的集中荷载 $G=gl_1l_2$ 或 $Q=ql_1l_2$ 及主梁自重。主梁自重为均布荷载，它比次梁传来的荷载要小得多，为简化计算，可将主梁自重折算成集中荷载后与 G、Q 一并计算［图9-6（d）］。

9.1.2.3　计算跨度

梁（板）在支承处有的与其支座整体连接［图9-8（a）］，有的搁置在墩墙上［图

9－8 (b)]，在计算时都可作为铰支座［图 9－8 (c)]。但实际上支座具有一定的宽度 b，有时支承宽度还比较大，这就提出了计算跨度的问题。

当按弹性方法计算内力时，计算弯矩用的计算跨度 l_0 一般取支座中心线间的距离 l_c，当支座宽度 b 较大时，按下列数值采用：对于板，当 $b>0.1l_c$ 时，取 $l_0=1.1l_n$；对于梁，当 $b>0.05l_c$ 时，取 $l_0=1.05l_n$。其中，l_n 为净跨度，b 为支座宽度。

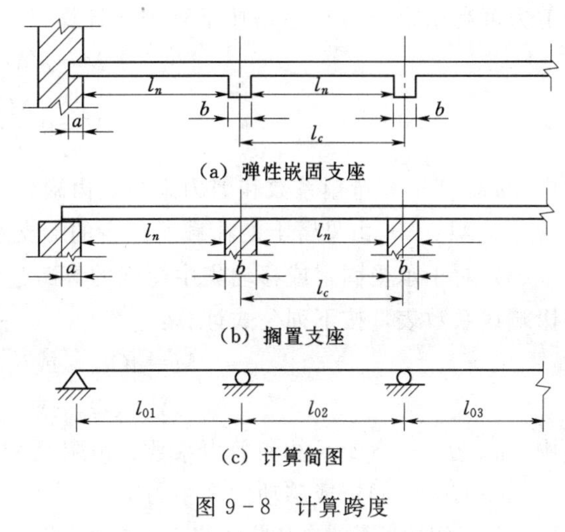

图 9－8 计算跨度

当按塑性方法计算内力时，计算弯矩用的计算跨度 l_0 按下列数值采用：

对于板，当两端与梁整体连接时，取 $l_0=l_n$；当两端搁置在墩墙上时，取 $l_0=l_n+h$，且 $l_0\leqslant l_c$；当一端与梁整体连接，另一端搁置在墙上时，取 $l_0=l_n+h/2$，且 $l_0\leqslant l_n+a/2$。其中，h 为板厚，a 为板在墩墙上的搁置宽度。

对于梁，当两端与梁或柱整体连接时，取 $l_0=l_n$；当两端搁置在墙上时，取 $l_0=1.05l_n$，且 $l_0\leqslant l_c$；当一端与梁或柱整体连接，另一端搁置在墙上时，取 $l_0=1.025l_n$，且 $l_0\leqslant l_n+a/2$。

计算剪力时，计算跨度取为净跨 l_n。

9.2 单向板肋形结构按弹性理论的计算

钢筋混凝土连续梁（板）的内力计算方法有按弹性理论计算和考虑塑性变形内力重分布计算两种。按弹性理论计算就是把钢筋混凝土梁（板）看作匀质弹性构件用结构力学的方法进行内力计算。

9.2.1 利用图表计算连续梁（板）的内力

按弹性理论计算连续梁（板）的内力可采用力法或弯矩分配法。实际工程设计中为了节省时间，多利用计算机程序或现成图表进行计算。计算图表的类型很多，这里仅介绍几种等跨度、等刚度连续梁（板）的内力计算表格，供设计时查用。

(1) 对于承受均布荷载的等跨连续梁（板），弯矩和剪力可利用附录 F 的表格按下列公式计算：

$$M=\alpha g l_0^2+\alpha_1 q l_0^2 \tag{9-5}$$

$$V=\beta g l_n+\beta_1 q l_n \tag{9-6}$$

式中 α、α_1——弯矩系数，由附录 F 的表格查得；

β、β_1——剪力系数，由附录 F 的表格查得；

l_0——梁（板）的计算跨度；

l_n——梁（板）的净跨度。

(2) 两端带悬臂的梁(板)如图 9-9(a)所示,其内力可用叠加方法确定,即将图 9-9(b)和图 9-9(c)的内力相加而得。仅一端悬臂上有荷载时,连续梁(板)的弯矩和剪力可利用附录 G 的表格按下列公式计算:

$$M=\alpha' M_A \tag{9-7}$$

$$V=\beta'\frac{M_A}{l_0} \tag{9-8}$$

式中 α'、β'——弯矩系数和剪力系数,由附录 G 的表格查得;

M_A——由悬臂上的荷载所产生的端支座负弯矩。

(3) 对于承受固定或移动集中荷载的等跨连续梁,其弯矩和剪力可利用附录 H 的内力影响线系数表,按下列公式计算:

$$M=\alpha Q l_0 \quad 或 \quad M=\alpha G l_0 \tag{9-9}$$

$$V=\beta Q \quad 或 \quad V=\beta G \tag{9-10}$$

式中 α、β——弯矩系数和剪力系数,由附录 H 的表格查得;

Q、G——固定或移动的集中力。

上面介绍的承受均布荷载的等跨连续梁(板)的内力系数计算图表,跨数最多为五跨。对于超过五跨的等刚度连续梁(板),由于中间各跨的内力与第 3 跨的内力非常接近,设计时可按五跨连续梁(板)计算,将所有中间跨的内力和配筋都按第 3 跨来处理,这样既简化了计算,又可得到足够精确的结果。例如图 9-10(a)所示的九跨连续梁,可按图 9-10(b)所示的五跨连续梁进行计算。中间支座(D、E)的内力数值取与 C 支座的相同;中间各跨(第 4、第 5 跨)的跨中内力,取与第 3 跨的相同。梁的配筋构造则按图 9-10(c)确定。

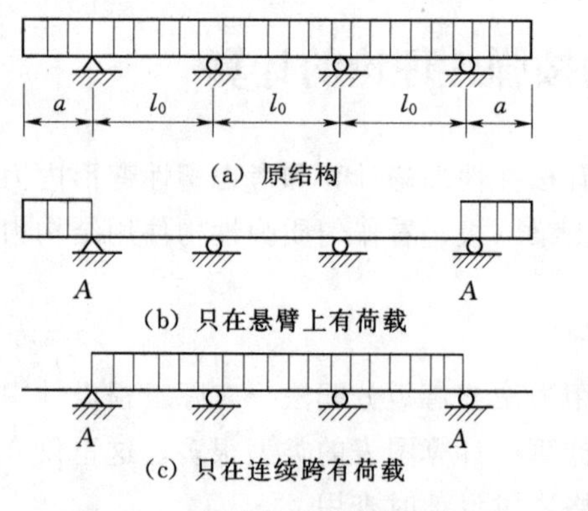

图 9-9 两端带悬臂的梁(板)

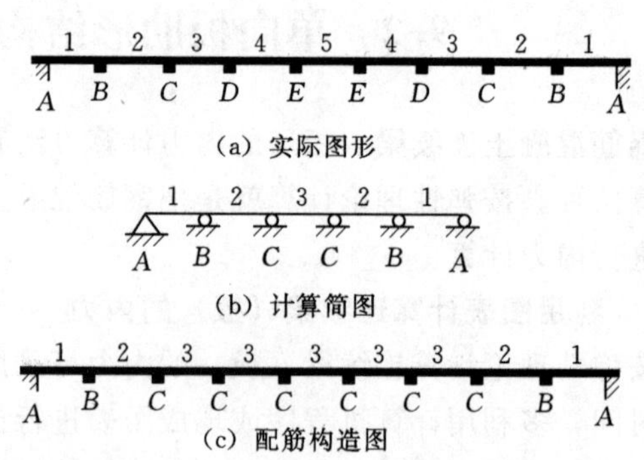

图 9-10 连续梁(板)的简图

如果连续梁(板)的跨度不相等,但跨度相差不超过 10%时,也可采用等跨度的图表计算内力。当求支座弯矩时,计算跨度取该支座相邻两跨计算跨度的平均值;当求跨中弯矩时,则用该跨的计算跨度。如梁(板)各跨的截面尺寸不同,但相邻跨截面惯性矩的比值不大于 1.5 时,也可作为等刚度梁计算内力,即可不考虑不同刚度对内力的影响。

9.2.2 连续梁(板)的内力包络图

由于作用在连续梁(板)上的荷载有永久荷载(恒载)和可变荷载(活载)两种,恒载的作用位置是不变的,而活载的作用位置则是可变的,因而梁(板)截面上的内力是变化的。只有按截面可能产生的最大或最小内力（M、V）进行设计，连续梁（板）才是可靠的，这就需要求出连续梁（板）的内力包络图。要求出连续梁（板）的内力包络图，首先要确定活载最不利布置方式。利用结构力学影响线的原理，可得到多跨连续梁活载最不利布置方式：

（1）求某跨跨中最大正弯矩时，活载在本跨布置，然后再隔跨布置。

（2）求某跨跨中最小弯矩时，活载在本跨不布置，在其邻跨布置，然后再隔跨布置。

（3）求某支座截面的最大负弯矩时，活载在该支座左右两跨布置，然后再隔跨布置。

（4）求某支座截面的最大剪力时，活载的布置与求该支座最大负弯矩时的布置相同。

为了计算方便，当承受均布荷载时，假定活载在一跨内整跨布满，不考虑一跨内局部布置的情况。五跨连续梁在求各截面最大（或最小）内力时均布活载的可能布置方式见表9-1。梁上恒载应按实际情况考虑。

表9-1　　五跨连续梁求最不利内力时均布活载布置方式

活载布置图	最不利内力		
	最大弯矩	最小弯矩	最大剪力
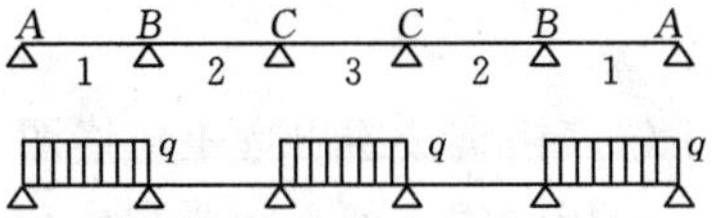 A B C C B A 1 2 3 2 1 q q q	M_1、M_3	M_2	V_A
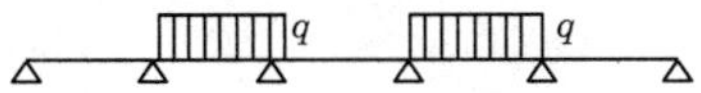 q q	M_2	M_1、M_3	
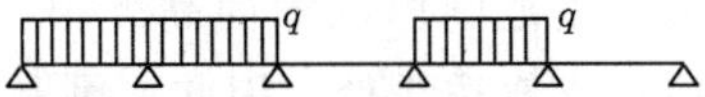 q q		M_B	V_B^l、V_B^r
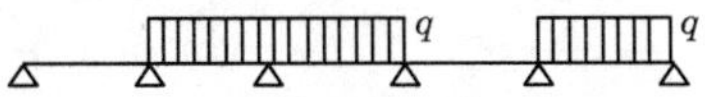 q q		M_C	V_C^l、V_C^r

注　表中M、V的下标1、2、3、A、B、C分别为截面代号，上标l、r分别为截面左、右边代号，下同。

活载最不利布置确定后，对于每一种荷载布置情况，都可绘出其内力图（弯矩图或剪力图）。以恒载所产生的内力图为基础，叠加某截面最不利布置活载所产生的内力，便得到该截面的最不利内力图。例如图9-11所示三跨连续梁，在均布恒载g作用下可绘出一个弯矩图，在均布活载q的各种不利布置情况下可分别绘出弯矩图。将图9-11（a）与图9-11（b）两种荷载所产生的弯矩图叠加，便得到边跨最大弯矩和中间跨最小弯矩的图线1［图9-11（e）］；将图9-11（a）与图9-11（c）两种荷载所形成的弯矩图叠加，便得到边跨最小弯矩和中间跨最大弯矩的图线2；将图9-11（a）与图9-11（d）两种荷载所形成的弯矩图叠加，便得到支座B最大负弯矩图线3。显然，外包线4就代表各截面在各种可能的活载布置下产生的弯矩上下限。不论活载如何布置，梁的各截面上产生的弯矩值均不会超出此外包线所表示的弯矩值。这个外包线就称为弯矩包络图［图9-11（e）］。用同样方法可绘出梁的剪力包络图［图9-11（f）］。弯矩包络图用来计算和配置梁的各截面的纵向钢筋，校核斜截面受弯承载力；剪力包络图则用来计算和配置箍筋及弯起钢筋。

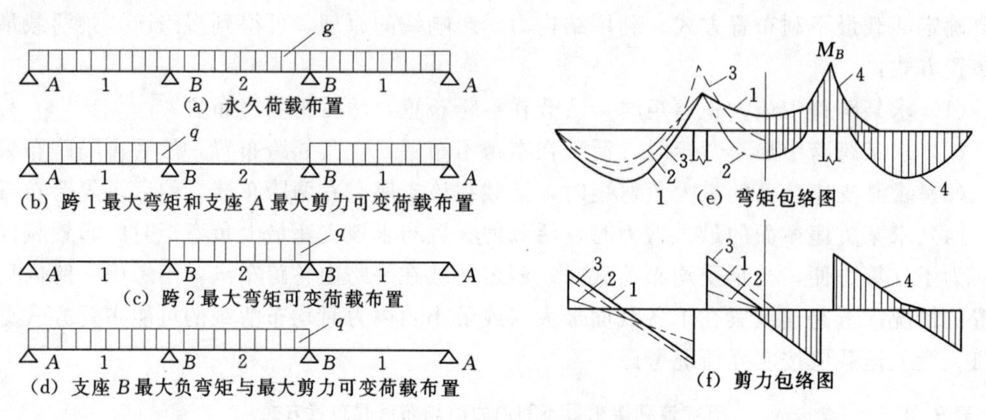

(a) 永久荷载布置
(b) 跨 1 最大弯矩和支座 A 最大剪力可变荷载布置
(c) 跨 2 最大弯矩可变荷载布置
(d) 支座 B 最大负弯矩与最大剪力可变荷载布置
(e) 弯矩包络图
(f) 剪力包络图

图 9-11　连续梁的内力包络图

绘制每跨弯矩包络图时，可根据最不利布置的荷载求出相应的两边支座弯矩，以支座弯矩间连线为基线，绘制相应荷载作用下的简支梁弯矩图，将这些弯矩图逐个叠加，其外包线即为所求的弯矩包络图。

承受均布荷载的等跨连续梁，也可利用附录 J 的表格直接绘出弯矩包络图。该表格中已给出每跨十个截面的最大及最小弯矩的系数值，应用时很方便。承受集中荷载的等跨连续梁，其弯矩包络图可利用附录 H 的影响线系数表绘制。连续板一般不需要绘制内力包络图。

还应注意，用上述方法求得的支座弯矩 M_C 一般为支座中心处的弯矩值。当连续梁（板）与支座整体浇筑时［图 9-12（a）］，在支座范围内的截面高度很大，梁（板）在支座内破坏的可能性较小，故其最危险的截面应在支座边缘处。因此，可取支座边缘处的弯矩 M 作为配筋计算的依据。若弯矩计算时计算跨度取为 $l_0=l_c$，则支座边缘截面的弯矩的绝对值可近似按以下公式计算：

$$M=|M_C|-|V_0|\frac{b}{2} \tag{9-11}$$

式中　V_0——支座边缘处的剪力，可近似按单跨简支梁计算；

b——支承宽度。

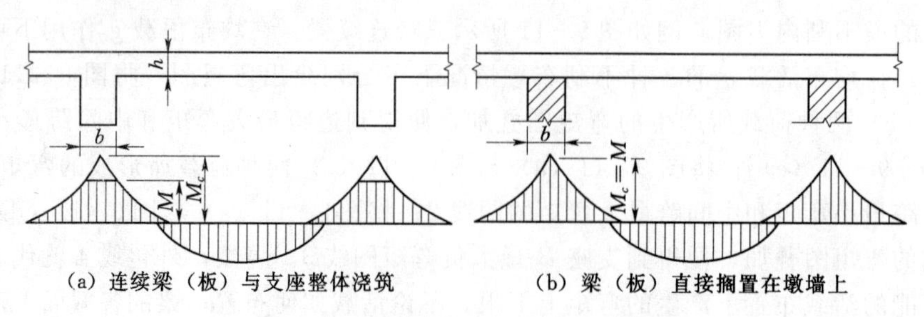

(a) 连续梁（板）与支座整体浇筑　　(b) 梁（板）直接搁置在墩墙上

图 9-12　连续梁（板）支座弯矩取值

若弯矩计算时，计算跨度取为 $l_0=1.1l_n$（板）或 $l_0=1.05l_n$（梁），则支座边缘处的弯矩计算值可近似按下列公式计算：

$$\text{板}\quad M=|M_c|-0.05l_n|V_0| \tag{9-12}$$

$$\text{梁}\quad M=|M_c|-0.025l_n|V_0| \tag{9-13}$$

如果梁（板）直接搁置在墩墙上［图 9-12（b）］，则不存在上述支座弯矩的削减问题。

9.3　单向板肋形结构考虑塑性变形内力重分布的计算

按弹性方法计算连续梁（板）的内力是能够保证结构安全的，因为它的出发点是认为结构中任一截面的内力达到其极限承载力即导致整个结构的破坏。对于静定结构以及脆性材料做成的结构来说，这个出发点是完全合理的。但对于具有一定塑性性能的钢筋混凝土超静定结构，当结构中某一截面的内力达到其极限承载力时，结构并不破坏而仍可承担继续增加的荷载。这说明按弹性方法计算钢筋混凝土连续梁（板）的内力，设计结果偏于安全且有多余的承载力储备。

目前，在民用建筑肋形楼盖设计中常采用考虑塑性变形内力重分布的方法计算内力。水运工程水面以上的肋形结构若采用考虑塑性变形内力重分布的方法计算内力，也将会收到一定的经济效果。

9.3.1　基本原理

试验研究表明，在钢筋混凝土适筋梁纯弯段截面上，弯矩 M 与曲率 ϕ 之间的关系如图 9-13 所示。由图可见，从钢筋开始屈服（点 b）到截面最后破坏（点 c），$M-\phi$ 关系曲线接近水平直线，可以认为这个阶段（bc 段）是梁的屈服阶段，在这个阶段中，截面所承受的弯矩基本上等于截面的极限承载力 M_u。由图 9-13 还可以看出，纵向受拉钢筋配筋率 ρ 越高，这个屈服阶段的过程就越短；如果纵向受拉钢筋配筋过多，截面将呈脆性破坏，就没有这个屈服阶段。

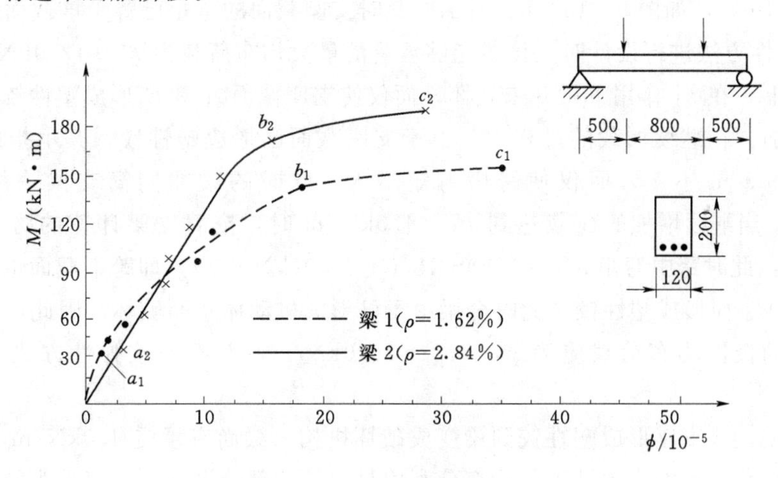

图 9-13　弯矩与曲率的关系

a_1、a_2—出现裂缝；b_1、b_2—钢筋屈服；c_1、c_2—截面破坏

试验表明，当钢筋混凝土梁某一截面的内力达到其极限承载力 M_u 时，只要截面中纵向受拉钢筋配筋率不是太高，钢筋不采用高强钢筋，则截面中的纵向受拉钢筋将首先屈服，截面开始进入屈服阶段，梁就会围绕该截面发生相对转动，好像出现了一个铰一样（图 9-14），这个铰就称为“塑性铰”。塑性铰与理想铰的不同之处在于：①理想铰不能传递弯矩，而塑性铰能承担相当于该截面极限承载力 M_u 的弯矩。②理想铰可以在两个方向自由转动，而塑性铰却是单向铰，不能反向转动，只是在弯矩 M_u 作用下沿弯矩作用方向作有限的转动。塑性铰的转动能力与纵向受拉钢筋配筋率 ρ 及混凝土极限压应变 ε_{cu} 有关，ρ 越小塑性铰转动能力越大；塑性铰不能无限制地转动，当截面受压区混凝土被压碎时，转动幅度也就达到其极限值（图 9-13 中的点 c）。③理想铰集中于一点，塑性铰不是集中于一点而是有一个塑性铰区。

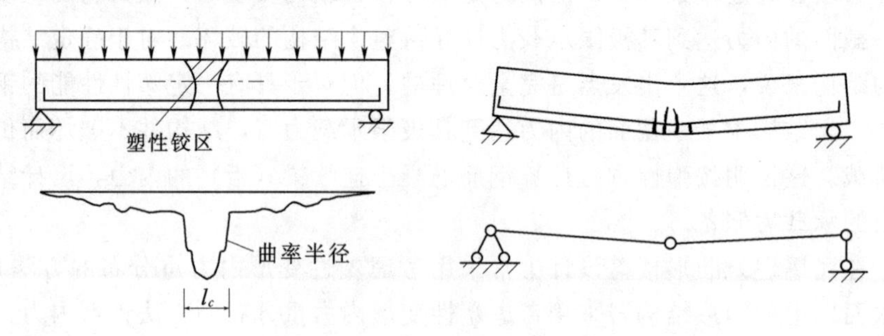

图 9-14　塑性铰区

在静定结构中，只要有一个截面形成塑性铰便不能再继续加载，因为此时静定结构已变成机动体系而破坏（图 9-14）。但在超静定结构中则不然，每出现一个塑性铰仅意味着减少一次超静定，荷载仍可继续增加，直到塑性铰陆续出现使结构变成破坏机构为止。

图 9-15 (a) 为承受均布荷载的单跨固端梁，长度 $l=6.0\text{m}$，梁的各截面尺寸及上下纵向钢筋配筋量均相同，所能承受的正负极限弯矩均为 $M_u=36.0\text{kN}\cdot\text{m}$。当荷载 $p_1=12.0\text{kN/m}$ 时，按弹性方法计算，支座弯矩 $M_A=M_B=36.0\text{kN}\cdot\text{m}$，跨中弯矩 $M_C=18.0\text{kN}\cdot\text{m}$，如图 9-15 (b) 所示。此时支座截面的弯矩已等于该截面的极限弯矩 M_u，即按弹性方法进行设计时，该梁能够承受的最大均布荷载为 $p_1=12.0\text{kN/m}$。

但实际上，在 p_1 作用下梁并未破坏，而仅使支座截面 A 和 B 形成塑性铰，梁上荷载还可继续增加。在继续加载的过程中，由于支座截面已形成塑性铰，其承担的弯矩保持 $M_u=36.0\text{kN}\cdot\text{m}$ 不变，而仅使跨中弯矩增大，此时的梁如同简支梁一样工作［图 9-15 (c)］。当继续增加的荷载达到 $p_2=4.0\text{kN/m}$ 时，按简支梁计算的跨中弯矩增加 $18.0\text{kN}\cdot\text{m}$，此时跨中弯矩 $M_C=18.0+18.0=36.0(\text{kN}\cdot\text{m})$，即跨中截面也达到了它的极限承载力 M_u 而形成塑性铰，此时全梁由于已形成机动体系而破坏。因此，这根梁实际上能够承受的极限均布荷载应为 $p_1+p_2=16.0\text{kN/m}$，而不是按弹性方法计算确定的 12.0kN/m。

由此可见，从支座形成塑性铰到梁变成破坏机构，梁尚有承受 4.0kN/m 均布荷载的潜力。考虑塑性变形的内力计算就能充分利用材料的这部分潜力，取得更为经济的效果。

从上述例子可以得到：

(1) 塑性材料超静定结构的破坏过程是，首先在一个或几个截面上形成塑性铰，随着荷载的增加，塑性铰相继出现，直到形成破坏机构为止。结构的破坏标志不是一个截面的屈服而是破坏机构的形成。

(2) 在支座截面形成塑性铰以前，支座弯矩 M_A 与跨中弯矩 M_C 之比为 2∶1。在支座截面形成塑性铰以后，随着荷载增加，跨中弯矩逐渐增加，但支座弯矩保持不变，上述比值就逐渐改变，最后成为 1∶1（两者都等于 M_u），说明材料的塑性变形引起了结构内力的重分布。所以，这种内力计算方法就称为“考虑塑性变形内力重分布的计算方法”。

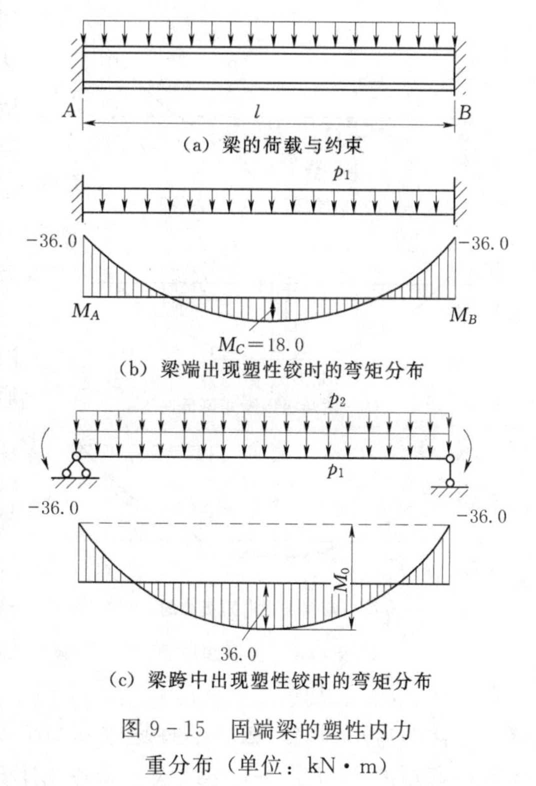

图 9-15 固端梁的塑性内力重分布（单位：kN·m）

(3) 虽然支座截面出现塑性铰后，支座弯矩与跨中弯矩的比值发生改变，但始终遵守力的平衡条件，即跨中弯矩加上两个支座弯矩的平均值始终等于简支梁的跨中弯矩 M_0 [图 9-16 (a)]。对均布荷载作用下的梁，有

$$M_C+\frac{1}{2}(M_A+M_B)=M_0=\frac{1}{8}(p_1+p_2)l_0^2 \tag{9-14}$$

(4) 超静定结构塑性变形的内力重分布在一定程度上可以由设计者通过控制截面的极限弯矩 M_u（即调整配筋数量）来掌握。控制截面的弯矩值可以由设计者在一定程度上自行指定，这就为有经验的设计人员提供了一个计算钢筋混凝土超静定结构内力的简捷手段。

如前所述，若把支座截面的极限弯矩指定为 36.0kN·m，则在 p_1=12.0kN/m 时就开始产生塑性内力重分布。假如支座截面的极限弯矩指定得比较低，则塑性铰就出现较早，为了满足力的平衡条件，跨中截面的极限弯矩就必须调整得比较高 [图 9-16 (b)]；反之，如果支座截面的极限弯矩指定得比较高，则跨中截面的弯矩就可调整得低一些 [图 9-16 (c)]。这种按照设计需要调整控制截面弯矩的计算方法常称为“弯矩调幅法”[1]。

应该指出的是，弯矩的调整也不能是随意的。如果指定的支座截面弯矩值比按弹性方法计算的支座截面弯矩值小得太多，则该截面的塑性铰就会出现得太早，内力重分布的过程就会太长，导致塑性铰转动幅度过大，裂缝开展过宽，不能满足正常使用的要求。甚至

[1] 目前，钢筋混凝土超静定结构考虑塑性内力重分布的计算方法有极限平衡法、塑性铰法、弯矩调幅法和非线性全过程计算等，但只有弯矩调幅法最为简单，为多数国家的设计规范所采用。我国《钢筋混凝土连续梁和框架考虑内力重分布设计规程》(CECS 51：93) 也采用弯矩调幅法。

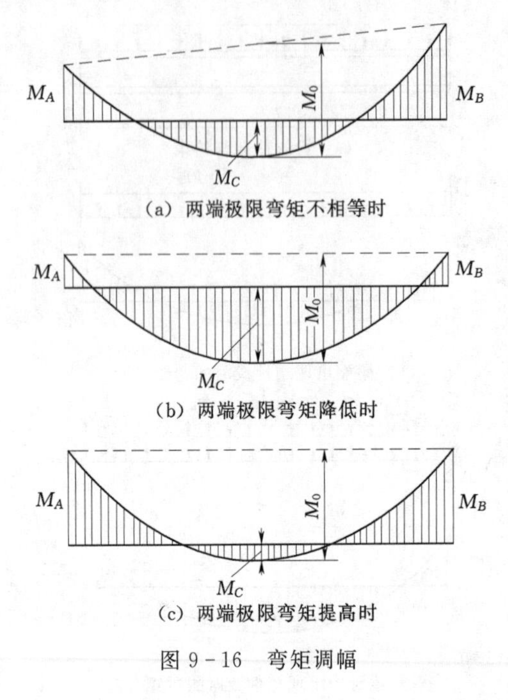

图 9-16　弯矩调幅

还有可能出现截面受压区混凝土被压坏，无法形成完全的塑性内力重分布。所以，按考虑塑性变形内力重分布的方法计算内力时，弯矩的调整幅度应有所控制。截面弯矩调整的幅度采用弯矩调幅系数 β 来表示，$\beta=1-M_a/M_e$，M_a、M_e 分别为调幅后的弯矩和按弹性方法计算的弯矩。

综上所述，采用弯矩调幅法计算钢筋混凝土连续梁（板）的内力时，应遵守以下原则：

(1) 为保证先形成的塑性铰具有足够的转动能力，必须限制截面的纵向受拉钢筋配筋率，即要求调幅截面的相对受压区高度 $0.10\leqslant\xi\leqslant0.35$。同时宜采用塑性较好的 HPB300 和 HRB400 热轧钢筋，混凝土强度等级宜在 C20～C45 范围内。

(2) 为防止塑性铰过早出现而使裂缝过宽，截面的弯矩调幅系数 β 不宜超过 0.25，即调整后的截面弯矩不宜小于按弹性方法计算所得弯矩的 75%。降低连续板、梁各支座截面弯矩的调幅系数 β 不宜超过 0.20。

(3) 弯矩调幅后，板、梁各跨两支座弯矩平均值的绝对值与跨中弯矩之和，不应小于按简支梁计算的跨中最大弯矩 M_0 的 1.02 倍，各控制截面的弯矩值不宜小于 $M_0/3$，以保证结构在形成机动体系前能达到设计要求的承载力。

(4) 为了保证结构在实现弯矩调幅所要求的内力重分布之前不发生剪切破坏，连续梁在下列区段内应将计算得到的箍筋用量增大 20%：对集中荷载，取支座边至最近集中荷载之间的区段；对均布荷载，取支座边至距支座边 $1.05h_0$ 的区段（h_0 为梁的有效高度）。此外，还要求配箍率 $\rho_{sv}\geqslant0.3f_t/f_{yv}$，其中 f_t 为混凝土轴心抗拉强度设计值，f_{yv} 为箍筋抗拉强度设计值。

按考虑塑性变形内力重分布的方法设计的结构，在使用阶段钢筋应力较高，裂缝宽度及变形较大，故下列结构不宜采用这种方法：①直接承受动力荷载和重复荷载的结构；②在使用阶段不允许有裂缝产生或对裂缝开展及变形有严格要求的结构；③处于侵蚀环境中的结构；④预应力结构和二次受力的叠合结构；⑤要求有较高安全储备的结构。

9.3.2　按考虑塑性内力重分布的方法计算连续梁（板）的内力

下面介绍中国工程建设标准化协会标准《钢筋混凝土连续梁和框架考虑内力重分布设计规程》(CECS51：93) 所给出的单向连续板及连续梁的内力计算方法。该规程采用弯矩调幅法考虑结构塑性内力重分布，用弯矩调幅系数 β 表示构件截面的弯矩调整幅度。

对于等跨单向连续板和连续梁，CECS51：93 规程直接给出了下列计算公式和相应的系数。

1. 均布荷载作用下的等跨连续板的弯矩

均布荷载作用下的等跨连续板的弯矩按下式计算：

$$M=\alpha_{mp}(g+q)l_0^2 \tag{9-15}$$

式中 α_{mp}——板的弯矩系数，按表9-2查用；

l_0——计算跨度，取值见9.1.2.3节。

2. 均布荷载或集中荷载作用下的等跨连续梁的弯矩和剪力

（1）承受均布荷载时，弯矩和剪力按下式计算：

$$\begin{cases}M=\alpha_{mb}(g+q)l_0^2\\V=\alpha_{vb}(g+q)l_n\end{cases} \tag{9-16}$$

式中 α_{mb}、α_{vb}——梁的弯矩系数和剪力系数，分别按表9-3、表9-4查用；

l_n——净跨度，取值见9.1.2.3节。

（2）承受间距相同、大小相等的集中荷载时，弯矩和剪力按下式计算：

$$\begin{cases}M=\eta\alpha_{mb}(G+Q)l_0\\V=\alpha_{vb}n(G+Q)\end{cases} \tag{9-17}$$

式中 α_{mb}、α_{vb}——梁的弯矩系数和剪力系数，分别按表9-3、表9-4查用；

η——集中荷载修正系数，依据一跨内集中荷载的不同情况按表9-5确定；

n——一跨内集中荷载的个数。

表9-2 连续板考虑塑性内力重分布的弯矩系数 α_{mp}

端支座支承情况	α_{mp}					
	跨中弯矩			支座弯矩		
	M_1	M_2	M_3	M_A	M_B	M_C
搁置在墙上	1/11	1/16	1/16	0	−1/10（用于两跨连续板） −1/11（用于多跨连续板）	−1/14
与梁整体连接	1/14			−1/16		

表9-3 连续梁考虑塑性内力重分布的弯矩系数 α_{mb}

端支座支承情况	α_{mb}					
	跨中弯矩			支座弯矩		
	M_1	M_2	M_3	M_A	M_B	M_C
搁置在墙上	1/11	1/16	1/16	0	−1/10（用于两跨连续梁） −1/11（用于多跨连续梁）	−1/14
与梁整体连接	1/14			−1/24		
与柱整体连接	1/14			−1/16		

表 9-4　　**连续梁考虑塑性内力重分布的剪力系数 α_{vb}**

<table>
<tr><th rowspan="2">荷载情况</th><th rowspan="2">端支座支承情况</th><th colspan="5">α_{vb}</th></tr>
<tr><th>Q_A</th><th>Q_B^l</th><th>Q_B^r</th><th>Q_C^l</th><th>Q_C^r</th></tr>
<tr><td rowspan="2">均布荷载</td><td>搁置在墙上</td><td>0.45</td><td>0.60</td><td rowspan="2">0.55</td><td rowspan="2">0.55</td><td rowspan="2">0.55</td></tr>
<tr><td>梁与梁或梁与柱整体连接</td><td>0.50</td><td>0.55</td></tr>
<tr><td rowspan="2">集中荷载</td><td>搁置在墙上</td><td>0.42</td><td>0.65</td><td rowspan="2">0.60</td><td rowspan="2">0.55</td><td rowspan="2">0.55</td></tr>
<tr><td>梁与梁或梁与柱整体连接</td><td>0.50</td><td>0.60</td></tr>
</table>

表 9-5　　**集中荷载修正系数 η**

<table>
<tr><th rowspan="2">荷 载 情 况</th><th colspan="6">η</th></tr>
<tr><th>M_1</th><th>M_2</th><th>M_3</th><th>M_A</th><th>M_B</th><th>M_C</th></tr>
<tr><td>跨中中点处作用 1 个集中荷载时</td><td>2.2</td><td>2.7</td><td>2.7</td><td>1.5</td><td>1.5</td><td>1.6</td></tr>
<tr><td>跨中三分点处作用 2 个集中荷载时</td><td>3.0</td><td>3.0</td><td>3.0</td><td>2.7</td><td>2.7</td><td>2.9</td></tr>
<tr><td>跨中四分点处作用有 3 个集中荷载时</td><td>4.1</td><td>4.5</td><td>4.8</td><td>3.8</td><td>3.8</td><td>4.0</td></tr>
</table>

表 9-2、表 9-3 中的弯矩系数，适用于荷载比 $q/g>0.3$ 的等跨连续梁（板）。表中系数也适用于跨度相差不大于 10%的不等跨连续梁（板），但在计算跨中弯矩和支座剪力时应取本跨的跨度值，计算支座弯矩时应取相邻两跨的较大跨度值。

当单向连续板的周边与钢筋混凝土梁整体连接时，可考虑内拱的有利作用，除边跨和离端部第二支座外，中间各跨的跨中和支座弯矩值可减少 20%。

对于不符合上述规定的单向连续板和连续梁（跨度相差太大或各跨荷载值相差较大），CECS 51：93 规程给出了详细的计算步骤和要求，实际应用中可参照执行，这里不再叙述。

9.4　单向板肋形结构的截面设计和构造要求

9.4.1　连续梁（板）的截面设计

连续梁（板）为受弯构件，因此连续梁（板）的正截面及斜截面承载力计算、裂缝宽度和变形验算等，均可按前面几章介绍的方法进行。下面仅指出在进行连续梁（板）截面设计时应注意的几个问题。

计算连续梁（板）的钢筋用量时，一般只需根据各跨跨中的最大正弯矩和各支座的最大负弯矩进行计算，其他各截面则可通过绘制抵抗弯矩图来校核是否满足要求。连续梁（板）的抵抗弯矩图，可按第 4 章所讲的方法绘制。对于承受均布荷载的等跨连续板，当相邻各跨跨度相差不超过 20%时，一般可不绘抵抗弯矩图，钢筋布置方式可按构造要求处理。

肋形结构中的连续板，若无集中荷载直接作用，可不进行受剪承载力计算，即板的剪力由混凝土承受，不设置腹筋。对于连续梁，则需对每一支座左、右两侧分别进行斜截面承载力计算，以确定箍筋、弯筋的用量和弯筋的位置。

整体式肋形结构中次梁和主梁是以板为翼缘的连续T形梁，但在支座截面承受负弯矩，上面受拉，下面受压，受压区在梁肋内，因此应按矩形截面进行设计；而跨中截面大多承受正弯矩，所以应按T形截面设计。

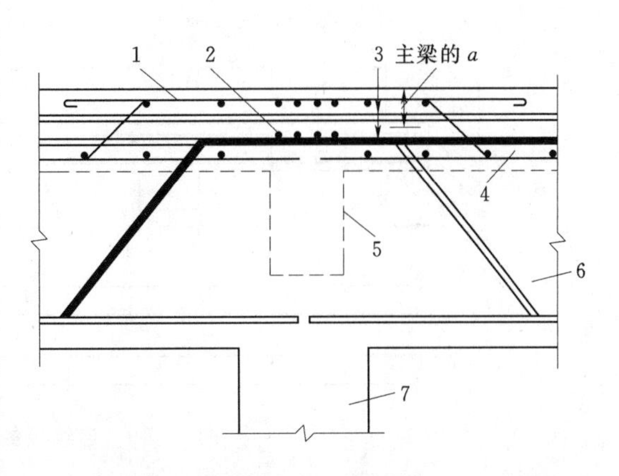

图9-17 主梁支座处纵向钢筋相交示意图

1—板支座钢筋；2—次梁支座钢筋；3—主梁支座钢筋；4—板；5—次梁；6—主梁；7—柱

计算主梁支座截面时，由于在柱上次梁和主梁纵横相交，而且板、次梁及主梁支座的纵向钢筋又互相交叉重叠（图9-17），主梁纵向钢筋位于最下层，所以主梁支座截面的有效高度 h_0 应根据实际配筋的情况来确定。在一般楼盖结构中，当支座负弯矩钢筋为单排时，可取 $h_0=h-a=h-40-c$(mm)；当为双排时，可取 $h_0=h-a=h-60-c$(mm)，c 为板混凝土保护层厚度。

9.4.2 连续梁（板）的构造要求

第3、4章中有关受弯构件的各项构造要求对于连续梁（板）也完全适用。在此仅就连续梁（板）的配筋构造作一介绍。

9.4.2.1 连续板配筋

（1）连续板的配筋形式有两种：弯起式（图9-18）和分离式（图9-19）。

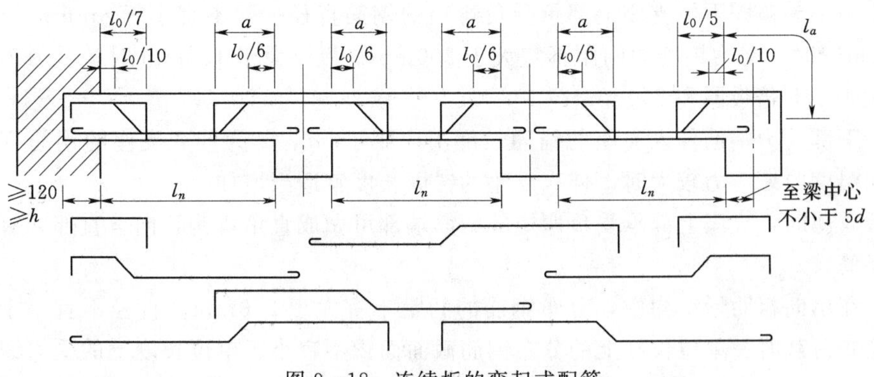

图9-18 连续板的弯起式配筋

1）弯起式。在配筋时可先选配跨中正弯矩钢筋，然后将跨中钢筋的一半（最多不超过2/3）在支座附近弯起并伸过支座。这样在中间支座就有从相邻两跨弯起的钢筋承担负弯矩，如果还不能满足要求，则可另加直钢筋。为了受力均匀和施工方便，板中钢筋排列要有规律，这就要求相邻两跨跨中正弯矩钢筋的间距相等或成倍数，另加直钢筋的间距也应如此。为了使间距能够协调，可以采用不同直径的钢筋，但直径的种数也不宜过多，否则规格复杂，施工中容易出错。在同一板中，同一方向受力直径不应多于2种，采用2种不同的直径时，两者要相差2mm，以便识别。板中钢筋的弯起角度一般采用30°，当板厚 $h\geqslant120$mm 时，可采用45°。垂直于受力钢筋方向还要配置分布钢筋，分布钢筋应布置在

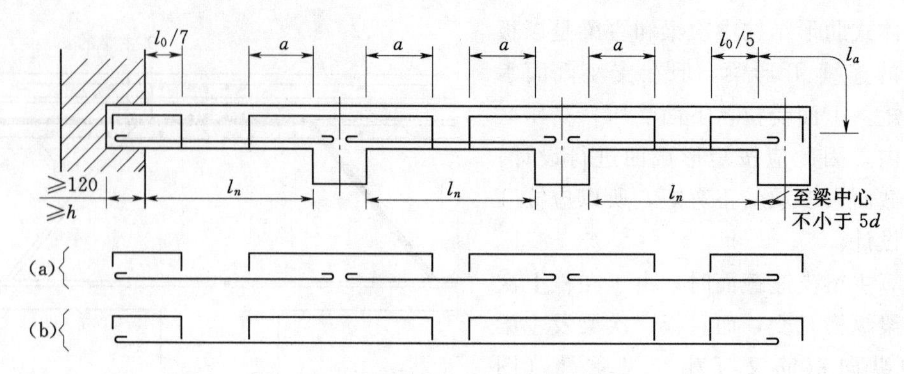

图 9-19　连续板的分离式配筋

受力钢筋的内侧，在受力钢筋的弯折处一般都应布置分布钢筋。弯起式配筋锚固性能好，可节约一些钢筋，但设计和施工制作较为复杂。

2）分离式。配筋时将跨中正弯矩钢筋和支座负弯矩钢筋分别配置，并全部采用直钢筋。支座负弯矩钢筋向跨内的延伸长度应由抵抗弯矩图确定，对于常规的肋形结构，延伸长度 a 也可按图 9-19 的规定取值。跨中正弯矩钢筋宜全部伸入支座，可每跨断开［图 9-19（a)］，也可连续几跨不切断［图 9-19（b)］。

分离式配筋耗钢量略高，但设计和施工比较方便，目前工程中大多采用分离式配筋。

图 9-18 和图 9-19 中的 a 值，当 $q/g \leqslant 3$ 时，取 $a=l_n/4$；当 $q/g>3$ 时，取 $a=l_n/3$。其中 g、q 和 l_n 分别是恒载、活载和板的净跨度。

（2）在肋形结构中，板中受力钢筋的常用直径为 6mm、8mm、10mm、12mm 等，为了施工中不易被踩下，支座上部承受负弯矩的钢筋直径一般不宜小于 8mm。当板厚不大于 150mm 时，受力钢筋的间距不宜大于 200mm；板厚大于 150mm 时，受力钢筋的间距不宜大于 1.5 倍板厚和 250mm。

板中下部受力钢筋伸入支座的锚固长度不应小于 $5d$，d 为伸入支座的钢筋直径。当连续板内温度收缩应力较大时，伸入支座的锚固长度宜适当增加。

当板较薄时，支座上部承受负弯矩的钢筋端部可做成直角弯钩，向下直伸到板底，以便固定钢筋。

（3）在单向板肋形结构中，分布钢筋的间距不宜大于 250mm，直径不宜小于 6mm。板承受均布荷载时，单位长度上的分布钢筋截面面积不宜小于单位长度上的受力钢筋截面面积的 15%，且配筋率不宜小于 0.15%；承受集中荷载时，分布钢筋要加强，具体可参见 3.1.4 节。

当连续板处于温度变幅较大或不均匀沉陷的复杂条件，且在与受力钢筋垂直的方向所受约束很大时，分布钢筋宜适当增加。

（4）板边嵌固于砖墙内或与边梁整浇的板，由于墙体和边梁的约束作用，在支承处会产生一定的负弯矩。若计算时按简支考虑，则在嵌固支承处，板顶面沿板边应布置垂直于板边的构造钢筋，构造钢筋伸出支座边界的长度不宜小于 $l_1/7$（l_1 为板的短边计算跨度)；在墙角附近，板顶面往往产生与墙大约成 45°角的弧形裂缝，故上述构造钢筋伸出不应小于 $l_1/4$，且因两个方向都有构造钢筋伸出，形成双向配置钢筋网，如图 9-20（a)

所示。沿板的受力方向配置的上部构造钢筋，直径不宜小于 8mm，间距不宜大于 200mm，其截面面积不宜小于该方向跨中受力钢筋截面面积的 1/3；另一方向的钢筋直径也不宜小于 8mm，间距也不宜大于 200mm。板上部构造钢筋在边梁中应锚固可靠，伸入边梁的长度不应小于最小锚固长度，如图 9-20（b）所示。

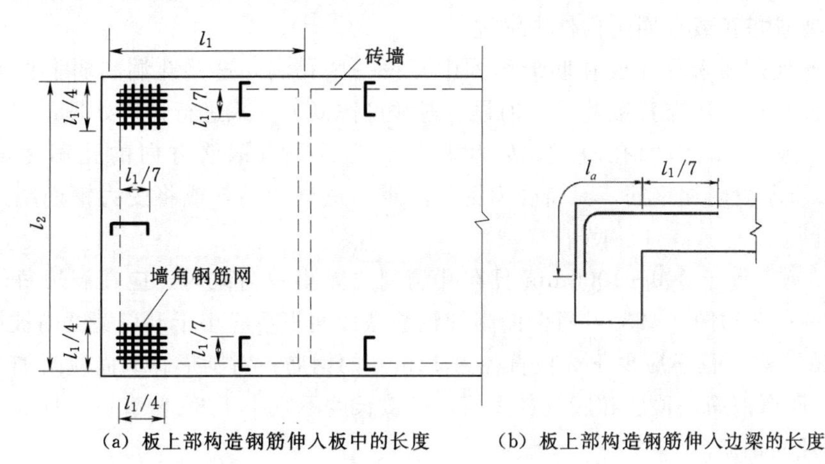

（a）板上部构造钢筋伸入板中的长度　　（b）板上部构造钢筋伸入边梁的长度

图 9-20　嵌固于墙内或与边梁整浇的板边及板角处的配筋构造

（5）板与主梁梁肋连接处实际上也会产生一定的负弯矩，计算时却没有考虑，故应在与主梁连接处板的顶面，沿与主梁垂直方向配置附加钢筋。其单位长度内的总截面面积不宜少于板中单位长度内受力钢筋截面面积的 1/3，直径不宜小于 8mm，间距不宜大于 200mm，伸过主梁边缘的长度不宜小于板计算跨度的 1/4，如图 9-21 所示。

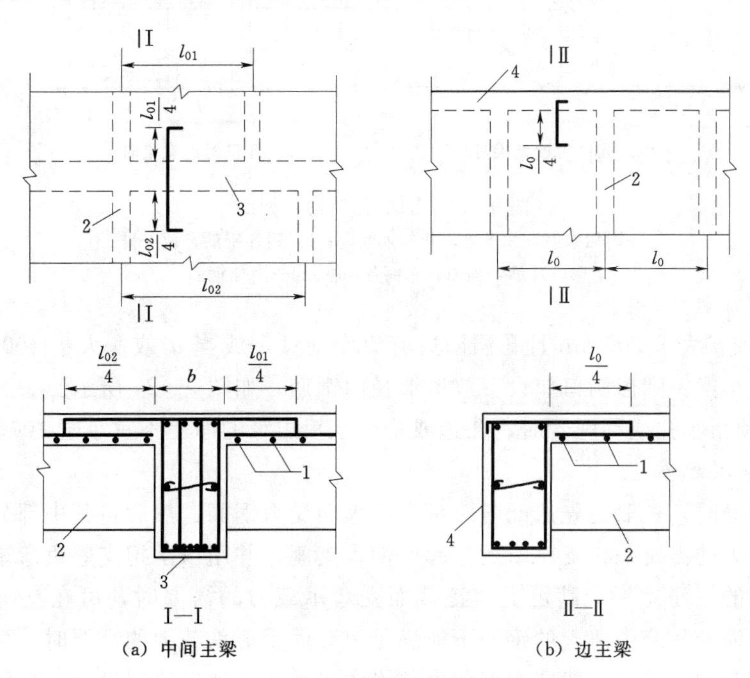

（a）中间主梁　　（b）边主梁

图 9-21　板与主梁梁肋连接处的附加钢筋

1—板内受力钢筋；2—次梁；3—主梁；4—边主梁

(6) 在温度、收缩应力较大的现浇板区域内，钢筋间距宜取为 150～200mm，并应在板的未配筋表面布置温度收缩钢筋，板的上、下表面沿纵、横两个方向的配筋率不宜小于 0.10%。

温度收缩钢筋可利用原有钢筋贯通布置，也可另行设置构造钢筋网，并与原有钢筋按受拉钢筋的要求搭接或在周边构件中锚固。

(7) 由于使用要求往往要在肋形结构中开设一些孔洞，这些孔洞削弱了板的整体作用，因此在洞口周围应布置钢筋予以加强。通常可按以下方式进行构造处理：

1) 当 d 或 b（d 为圆孔直径，b 为垂直于板的受力钢筋方向的孔洞宽度）小于 300mm 时，可不设附加钢筋，只将受力钢筋间距作适当调整，或将受力钢筋绕过孔洞周边，不予切断。

2) 当 d 或 b 等于 300～1000mm 且在孔洞周边无集中荷载时，应在洞边每侧配置附加钢筋（图 9-22 和图 9-23），每侧的附加钢筋截面面积不应小于洞口宽度内被切断的钢筋截面面积的 1/2，且不应少于 2 根直径为 12mm 的钢筋；对圆形孔洞尚应附加 2 根直径 8～12mm 的环形钢筋，顶层和底层各 1 根，搭接长度不宜小于 30 倍直径，且圆形洞口应设置放射形径向钢筋。

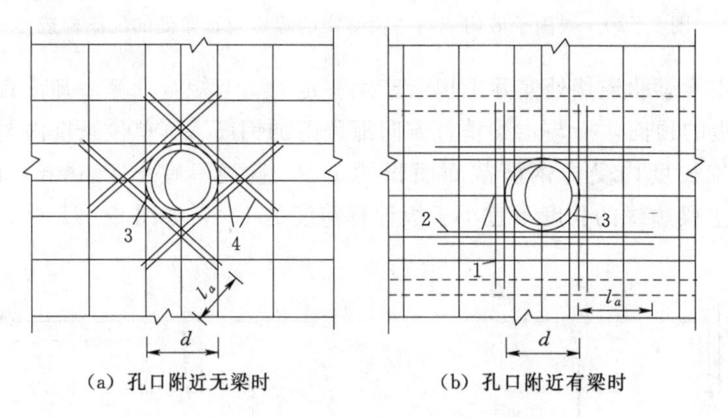

(a) 孔口附近无梁时　　(b) 孔口附近有梁时

图 9-22　圆形孔口构造钢筋

1—附加钢筋，放下排，并伸入梁内；2—附加钢筋，放上排；
3—环筋，顶面、底面各一根；4—附加钢筋

3) 当 d 或 b 大于 300mm 且孔洞周边有集中荷载，或当 d 或 b 大于 1000mm 时，宜在孔洞边加设小梁。圆形洞口应设置放射形径向钢筋，如图 9-24 所示。

4) 板内预留小孔或预埋管时，孔边或管壁至板边缘的净矩不宜小于 100mm。

9.4.2.2　连续梁配筋

连续梁配筋时，一般是先选配各跨跨中的纵向受力钢筋，然后将其中部分钢筋根据斜截面受剪承载力的需要，在支座附近弯起后伸入支座，并用以承担支座负弯矩。当两邻跨弯起伸入支座的钢筋尚不能满足支座正截面受弯承载力的需要时，可在支座上另加直钢筋。当所配箍筋及从跨中弯起的钢筋不能满足斜截面受剪承载力的需要时，可另加斜筋或鸭筋。钢筋弯起的位置，一般应根据剪力包络图来确定，然后绘制抵抗弯矩图来校核弯起位置是否合适，并确定支座顶面纵向受力钢筋的切断位置。在端支座处，虽有时按计算不

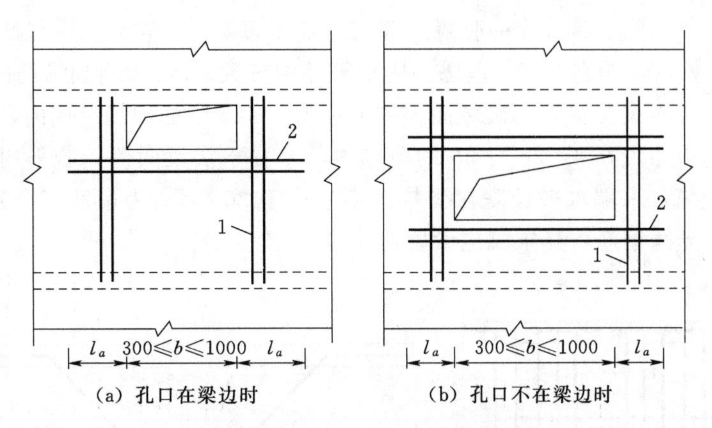

图 9-23　矩形孔构造钢筋

1—附加钢筋，放下排，并伸入梁内；2—附加钢筋，放上排

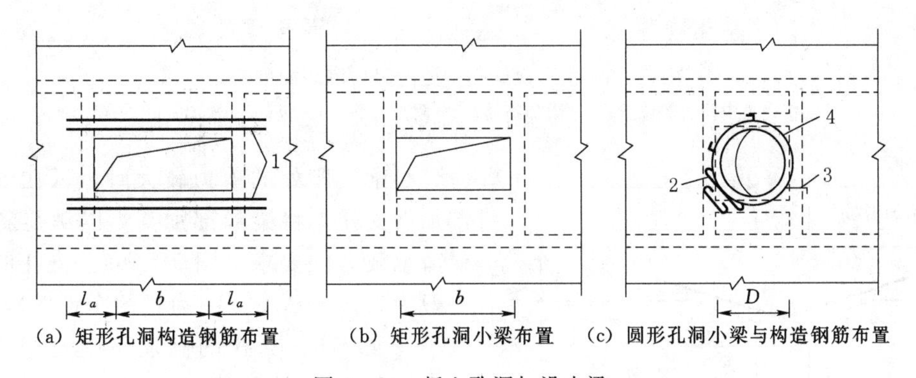

图 9-24　板上孔洞加设小梁

1—附加钢筋；2—角部下部钢筋；3—角部上部钢筋；4—环形钢筋

需要弯起钢筋，但仍应弯起部分钢筋，伸入支座顶面，以承担可能产生的负弯矩。伸入支座内的跨中纵向钢筋不得少于2根。如跨中也可能产生负弯矩，则还需在梁的顶面另设纵向受力钢筋，否则在跨中顶面只需配置架立钢筋。

在主梁与次梁交接处，主梁的两侧承受次梁传来的集中荷载，因而可能在主梁的中下部引起斜向裂缝。为了防止这种破坏，应在次梁两侧设置附加横向钢筋。附加横向钢筋宜采用箍筋［图 9-25 (a)］，也可采用吊筋［图 9-25 (b)］，其数量是根据集中荷载全部由附加横向钢筋承担的原则来确定的，即可按下式计算：

$$A_{sv} \geqslant \frac{F}{f_{yv}\sin\alpha} \tag{9-18}$$

式中　F——由次梁传给主梁的集中力设计值，为作用在次梁上的荷载设计值对主梁产生的集中力与 γ_0 的乘积；γ_0 为结构重要性系数，对于安全等级为一级、二级、三级的结构构件，γ_0 分别取为 1.1、1.0、0.9；

f_{yv}——附加横向钢筋的抗拉强度设计值，按附录 B 表 B-3 取用；

α——附加吊筋与梁轴线的夹角，取值和弯起钢筋角度相同；

A_{sv}——附加横向钢筋的总截面面积，当仅配箍筋时，$A_{sv}=mnA_{sv1}$；当仅配吊筋时，

$A_{sv}=2A_{sb}$。A_{sv1}为一肢附加箍筋的截面面积，n 为在同一截面内附加箍筋的肢数，m 为在长度 s 范围内附加箍筋的排数；A_{sb}为附加吊筋的截面面积。

考虑到主梁与次梁交接处的破坏面大体上在图 9－25 中的虚线范围内，若采用附加箍筋，则附加箍筋应布置在 $s=2h_1+3b$ 的范围内，布置于次梁两侧；若采用吊筋，弯起段应伸至梁的上边缘，末端水平长度在受拉区不应小于 $20d$（d 为吊筋直径），在受压区不应小于 $10d$。对光圆钢筋，其末端应设置弯钩。

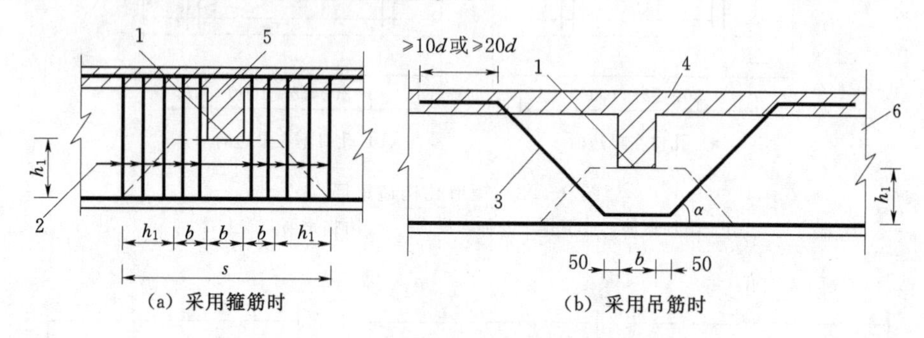

图 9－25　主、次梁交接处的附加箍筋或吊筋

1—传递集中荷载的位置；2—附加箍筋；3—附加吊筋；4—板；5—次梁；6—主梁

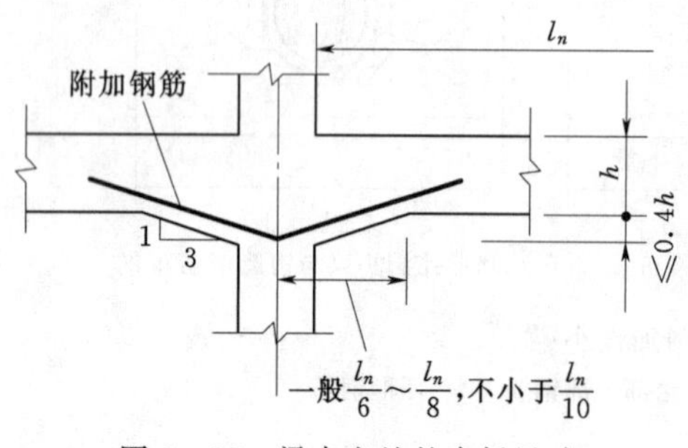

图 9－26　梁支座处的支托尺寸

当梁支座处的剪力较大时，可在梁的下部加做支托，将梁局部加高，以满足斜截面受剪承载力的要求（图 9－26）。支托的长度一般为 $l_n/6$～$l_n/8$（l_n 为梁的净跨度），且不宜小于 $l_n/10$。支托的高度不宜超过 $0.4h$，且应满足斜截面受剪承载力的最小截面尺寸的要求。支托中的附加钢筋一般采用 2～4 根，其直径与纵向受力钢筋的直径相同。

9.5　双向板肋形结构的设计

肋形结构布置中，若板的长边跨度与短边跨度之比 $l_2/l_1\leqslant2$，则该肋形结构为双向板肋形结构。规范规定，当 $2<l_2/l_1\leqslant3$ 时，也宜按双向板肋形结构设计。

9.5.1　试验结果

四边简支的正方形板［图 9－27（a）］在均布荷载作用下，因跨中两个方向的弯矩相等，主弯矩方向与板对角线方向一致，故第一批裂缝出现在板底面的中间部分，随后沿着对角线的方向朝四角扩展。接近破坏时，板顶面四角附近也出现了与对角线垂直且大致成一圆形的裂缝，这种裂缝的出现，促使板底面对角线方向的裂缝进一步扩展。

在四边简支的矩形板中［图 9－27（b）］，由于短跨跨中的弯矩大于长跨跨中的弯矩，第一批裂缝出现在板底面中间部分，且平行于长边方向，随着荷载的继续增加，这些裂缝逐渐延长，然后沿 45°方向朝四角扩展；接近破坏时，板顶面四角也先后出现垂直于对角线方向的裂缝。这些裂缝的出现，促使板底面 45°方向的裂缝进一步扩展；最后，跨中受

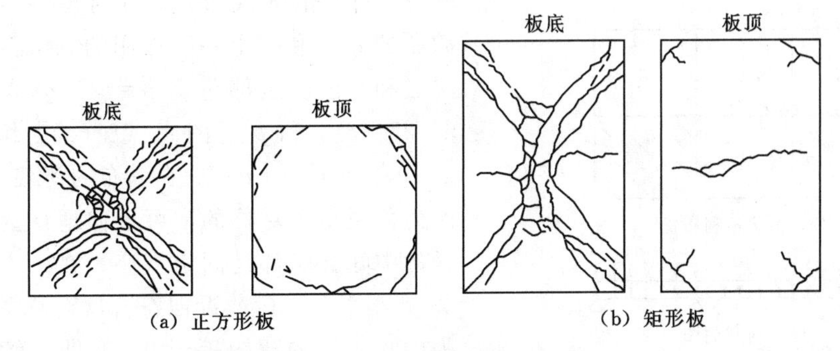

(a) 正方形板　　(b) 矩形板

图 9-27　双向板的破坏形态

力钢筋达到屈服强度，板随之破坏。

理论上来说，板中钢筋应沿着垂直于裂缝的方向配置。但试验表明，板中钢筋的布置方向对破坏荷载的数值并无显著影响。钢筋平行于板边配置时，对推迟第一批裂缝的出现有良好的作用，且施工方便，所以采用最多。

四边简支的双向板，在荷载作用下，板的四角都有翘起的趋势。因此，板传给四边支座的压力，沿边长并不是均匀分布的，而是在支座的中部较大，向两端逐渐减小。

当配筋率相同时，采用较细的钢筋对控制裂缝开展宽度较为有利；当钢筋数量相同时，将板中间部分的钢筋排列较密些要比均匀布置对板受力更为有效。

9.5.2 按弹性方法计算内力

双向板的内力计算也有按弹性方法和考虑塑性变形内力重分布的方法两种，这里只介绍弹性方法，若需按考虑塑性变形内力重分布的方法计算，可参阅其他文献资料。

按弹性方法计算双向板的内力是根据弹性薄板小挠度理论的假定进行的。在工程设计中，大多根据板的荷载及支承情况利用计算机程序或已制成的表格进行计算。

9.5.2.1 单块双向板的内力计算

对于承受均布荷载的单块矩形双向板，可根据板的四边支承情况及沿 x 方向和 y 方向板的跨度之比，利用附录 K 的表格按下式计算：

$$M=\alpha p l_x^2 \tag{9-19}$$

式中 M——相应于不同支承情况的单位板宽内跨中的弯矩值或支座中点的弯矩值；

α——弯矩系数，根据板的支承情况和板跨比 l_x/l_y 由附录 K 查得；

l_x、l_y——板沿短跨方向和长跨的跨长，见附录 K；

p——作用在双向板上的均布荷载。

附录 K 的表格适用于泊松比 $\nu=1/6$ 的钢筋混凝土板。

9.5.2.2 连续双向板的内力计算

进行多跨连续双向板的内力计算时，也需考虑活载的最不利布置方式，并将连续的双向板简化为单块双向板来计算。

1. 跨中最大弯矩

当板作用有均布恒载 g 和均布活载 q 时，对于板块 A 来说，最不利的荷载应按图

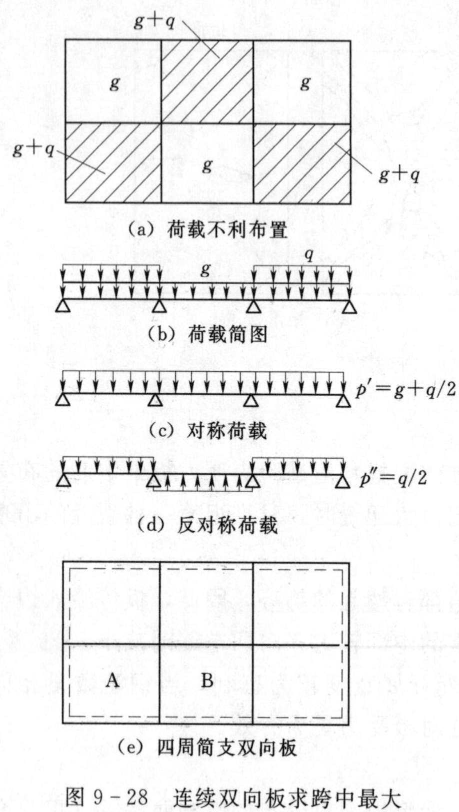

图 9-28　连续双向板求跨中最大弯矩时简化为单块板计算

9-28 (a) 的方式布置。此时可将活载转化为满布的 $q/2$ 和一上一下作用的 $q/2$ 两种荷载情况之和。假设全部荷载 $p=g+q$ 是由 p' [图 9-28 (c)] 和 p'' [图 9-28 (d)] 组成，$p'=g+q/2$，$p''=\pm q/2$。在满布的荷载 p' 作用下，因为荷载是正对称的，可近似地认为连续双向板的中间支座都是固定支座；在一上一下的荷载 p'' 作用下，荷载近似符合反对称关系，可认为中间支座的弯矩等于 0，亦即连续双向板的中间支座都可近似地看作简支支座。至于边支座则可根据实际情况确定。这样，就可将连续双向板分解成作用有 p' 及 p'' 的单块双向板来计算，将上述两种情况下求得的跨中弯矩相叠加，便可得到活载在最不利位置时所产生的跨中最大和最小弯矩。

例如，图 9-28 (a) 所示两列三跨双向板，当周边均为简支时 [图 9-28 (e)]，在一上一下的荷载 p'' 作用下，每块板均可看作是四边简支板。而在满布的荷载 p' 作用下，角跨板 A 可看作是两邻边固定、两邻边简支的双向板；中跨板 B 则可看作是三边固定、一边简支的双向板。

2. 支座中点最大弯矩

求连续双向板的支座弯矩时，可将全部荷载 $p=g+q$ 布满各跨来计算，并近似认为板的中间支座都是固定支座。这样，连续双向板的支座弯矩系数，也可由附录 K 查得。当相邻两跨板的另一端支承情况不一样，或跨度不相等时，可取相邻两跨板的同一支座弯矩的平均值作为该支座的计算弯矩值。

9.5.3　双向板的截面设计与构造

周边与梁整体连接的双向板，由于在两个方向受到支承构件的变形约束，整块板内存在穹顶作用，使板内弯矩大大减小，因而其弯矩设计值可按下列规定折减：

(1) 对于连续板的中间区格的跨中截面及中间支座，弯矩减小 20%。

(2) 对于边区格的跨中截面及从楼板边缘算起的第二支座截面，当 $l_b/l_0<1.5$ 时，弯矩减小 20%；当 $1.5\leqslant l_b/l_0<2$ 时，弯矩减小 10%。在此，l_0 为垂直于楼板边缘方向的计算跨度，l_b 为沿楼板边缘方向的计算跨度。

(3) 对于角区格各截面，弯矩不折减。

求得双向板跨中和支座的最大弯矩值后，即可按一般受弯构件计算其钢筋用量。但需注意，双向板跨中两个方向均需配置受力钢筋。短跨方向的弯矩较大，钢筋应排在下层；长跨方向的弯矩较小，钢筋应排在上层。

按弹性方法计算出的板跨中最大弯矩是板中点板带的弯矩，故所求出的钢筋用量是中间板带单位宽度内所需要的钢筋用量。四边支承板在破坏时的形状好像一个倒置的四面落水的坡屋面，各板条之间不但受弯而且受扭，靠近支座的板带，其弯矩比中间板带的弯矩要小，其钢筋用量也可减少。为方便施工，可按图 9-29 处理，即将板在两个方向各划分为 3 个板带，两个方向边缘板带的宽度均为 $l_1/4$，其余为中间板带。在中间板带上，按跨中最大弯矩值配筋；而在边缘板带上，按相应中间板带单位宽度内钢筋用量的一半配置。但在任何情况下，每米宽度内的钢筋不应少于 3 根。

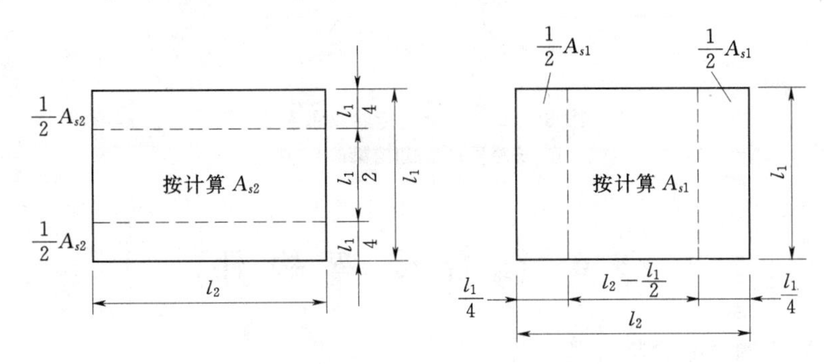

图 9-29　配筋板带的划分

由支座最大弯矩求得的支座钢筋数量，则沿支座全长均匀布置，不应分带减少。

在周边简支的双向板中，考虑到简支支座实际上仍可能有部分嵌固作用，可将每一方向的跨中钢筋弯起 1/3～1/2 伸入到支座上面去，以承担可能产生的负弯矩，但如此配筋施工复杂，工程上一般不弯起跨中钢筋，而直接在支座处加短钢筋。

双向板配筋形式与单向板相同，仍有弯起式和分离式两种。受力钢筋的直径、间距及弯起点、切断点的位置等规定，与单向板的规定相同。双向板采用弯起式配筋时，设计与施工复杂，工程上一般采用分离式配筋。

9.5.4　双向板支承梁的计算

双向板上的荷载是沿两个方向传递到四边的支承梁上，精确地计算双向板传递给支承梁的荷载较为困难，在设计中多采用近似方法分配。即对每一区格，从四角作与板边成 45°角的斜线与平行于长边的中线相交（图 9-30），将板的面积分为四小块，每小块面积上的荷载认为就近传递到相邻的梁上。因此，短跨方向的支承梁将承受板传来的三角形分布荷载，长跨方向的支承梁将承受板传来的梯形分布荷载。对于梁的自重或直接作用在梁上的荷载应按实际情况考虑。梁上的荷载确定后，即可计算梁的内力。

按弹性方法计算梯形（或三角形）分布荷载作用下连续梁的内力时，计算跨度可仍按一般连续梁的规定取用。当跨度相等或相差不超过 10%时，可按支座弯矩相等的原则将梯形（或三角形）分布荷载折算成等效均布荷载 p_E（参看附录 L），然后利用附录 F 求出最不利荷载布置情况下的各支座弯矩 $M_{支}$，最后根据静力平衡条件，分别由承受梯形（或三角形）分布荷载和支座弯矩 $M_{支}$ 的简支梁，求出各跨跨中弯矩和支座剪力。

双向板支承梁的截面设计、裂缝和变形验算以及配筋构造等，与支承单向板的梁完全相同。

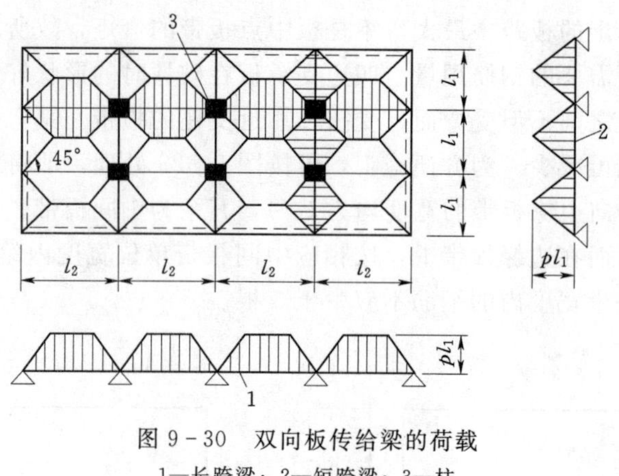

图 9-30　双向板传给梁的荷载

1—长跨梁；2—短跨梁；3—柱

9.6　叠合受弯构件

9.6.1　叠合受弯构件概念与分类

叠合受弯构件指分两次浇筑混凝土的梁或板，属于装配整体式结构。第一次浇筑是制作预制构件（预制梁或预制板），一般在预制场完成，这一过程称为预制。预制构件运输至施工现场吊装就位、铺装现浇层钢筋后，进行第二次浇筑，这一过程称为后浇。如果混凝土第二次浇筑前将预制构件外伸的受拉钢筋相互连接，则后浇混凝土不但自身与预制构件形成整体，还将各预制构件连成整体。后浇混凝土也称为叠合层，其与预制构件之间的界面称为叠合面。为保证叠合构件的整体性，一般会将叠合面加工为凹凸槽或将预制构件中的箍筋或构造钢筋伸入叠合层（图 9-31）。叠合构件常见于整体装配式结构，高桩码头的面板、纵梁和横梁是水运工程中常见的叠合构件。

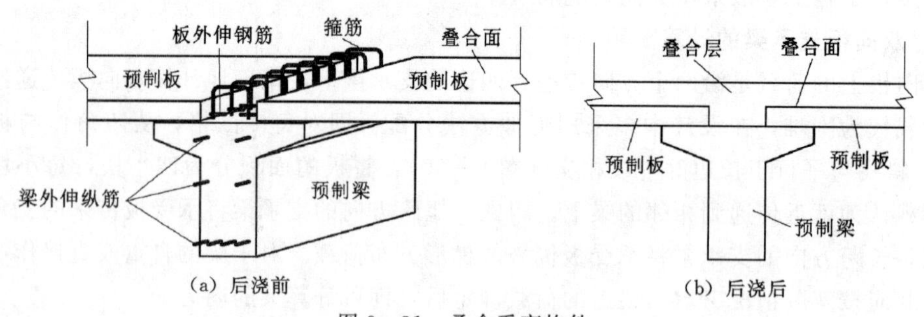

图 9-31　叠合受弯构件

叠合构件按其施工和受力状态的不同，可分为一阶段受力叠合构件和二阶段受力叠合构件两类。

1. 一阶段受力叠合构件

若施工阶段在预制构件下方设置可靠支撑，用来承受施工阶段荷载，待叠合层混凝土达到一定强度后再拆除支撑，则虽然混凝土分为两次浇筑，但施工阶段的荷载直接传给支撑，叠合构件的受力在拆除支撑后一次完成，即所有荷载由叠合构件一次性承受，这种构件称一阶段受力叠合构件。

当预制构件与叠合构件的截面高度比小于0.4时，预制构件在施工阶段不足以承担施工期荷载，应设置支撑。

2. 二阶段受力叠合构件

若施工时不设置支撑，则简支的预制构件承担施工阶段所有的荷载。等叠合层混凝土达到设计强度之后，叠合层就和预制构件形成整体式结构，开始承受使用阶段所有的荷载。如此，叠合层达到设计强度前后，构件处于两种不同的受力状态，这种构件称为二阶段受力叠合构件。其中，一阶段是指叠合层混凝土达到设计强度之前的阶段，此时预制构件按简支考虑；二阶段是指叠合层混凝土达到设计强度之后的阶段，此时预制构件已与后浇混凝土形成整体，内力应按整体叠合构件分析。

图9-32为简支叠合梁与条件完全相同的整浇梁试验结果的比较。由图9-32（a）可见，在一阶段，叠合梁跨中挠度的增长比整浇梁快得多，裂缝出现也较早，这是因为预制构件的高度小于整浇梁；在二阶段，叠合梁跨中挠度增长减慢，但在相同荷载下，叠合梁的跨中挠度和裂缝宽度始终大于整浇梁。从图9-32（b）可见，叠合梁跨中受拉钢筋应力始终大于整浇梁，这种现象称为钢筋应力超前，这说明叠合梁纵向受拉钢筋会比整浇梁更早屈服。但叠合梁破坏时，裂缝一般穿过叠合层，使得叠合梁破坏时的应力分布特征和整浇梁相似。

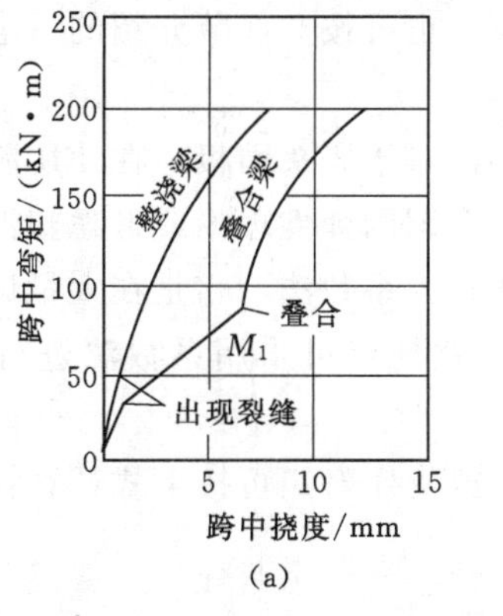

(a)

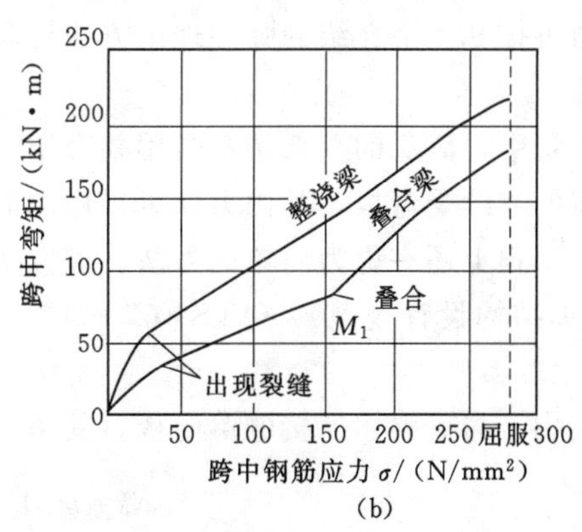

(b)

图9-32 叠合受弯构件

9.6.2 二阶段受力叠合构件的设计方法

由于一阶段受力叠合构件的受力特性和普通受弯构件相同，除需要验算叠合面的受剪承载力之外，其余设计内容和设计方法与普通受弯构件相同，较为简单，所以本节主要介绍二阶段受力叠合构件的设计方法。

对二阶段受力叠合构件，需对预制构件和叠合构件分别进行承载力计算，即需按两个阶段分别进行计算，取其钢筋用量的较大值配置钢筋。

9.6.2.1 荷载效应设计值计算

1. 一阶段：叠合层混凝土已浇筑，但尚未达到强度设计值

在这一阶段，将预制构件视为简支受弯构件，承受自重、叠合层自重和施工可变荷载，其弯矩和剪力设计值按下列规定取用：

$$M_1 = M_{1G} + M_{1Q} \tag{9-20a}$$

$$V_1 = V_{1G} + V_{1Q} \tag{9-20b}$$

式中　M_{1G}、V_{1G}——一阶段永久荷载（自重）产生的弯矩设计值与剪力设计值；

M_{1Q}、V_{1Q}——一阶段可变荷载（施工荷载）产生的弯矩设计值与剪力设计值。

2. 二阶段：叠合层混凝土达到强度设计值后

在这个阶段，叠合构件已形成整体，应按整体叠合结构分析内力，作用于其上的荷载效应考虑下列两种情况，并取其较大值：

（1）施工阶段，考虑叠合构件的自重和施工可变荷载。

（2）使用阶段，考虑叠合构件的自重和使用可变荷载。

相应的弯矩和剪力设计值按下列规定取用：

正弯矩区段弯矩

$$M = M_{1G} + M_{2Q} \tag{9-21a}$$

负弯矩区段弯矩

$$M = M_{2Q} \tag{9-21b}$$

剪力

$$V = V_{1G} + V_{2Q} \tag{9-21c}$$

式中　M_{2Q}、V_{2Q}——二阶段可变荷载产生的弯矩设计值与剪力设计值。

在式（9-21b）中不计入 M_{1G}，这是因为在一阶段叠合层混凝土尚未参加受力，构件处于简支状态，不存在负弯矩。

9.6.2.2　内力计算方法

上述内力可按 9.2 节介绍的弹性理论方法计算，也可按 9.3 节介绍的考虑塑性内力重分布方法计算。

在水运工程中，码头的上部结构常用叠合结构。对于码头面板，在使用阶段是以纵梁和横梁为约束的连续受弯板，其内力除可采用前面介绍的弹性理论或考虑塑性内力重分布方法计算外，工程上还有更为简单的方法。该方法称为系数法，它是在大量试验的基础上得出的。《码头结构设计规范》（JTS 167—2018）就规定可采用系数法进行码头面板的设计。

在系数法中，与梁整体连接的单向板，其跨中或支座弯矩可按下式计算：

$$M = mM_0 \tag{9-22}$$

式中　M——单向板跨中或支座截面的弯矩设计值；

m——弯矩系数，根据板厚与肋高之比 h/H' 按表 9-6 确定，$H' = H - h$，h 为叠合板厚，H' 为叠合梁肋高，H 为叠合梁高度；

M_0——按简支板计算的跨中最大弯矩设计值。

表 9-6　系数法单向板弯矩系数 m

h/H'	m			
	边跨板		中跨板	
	边支座	跨中	支座	跨中
<1/4	−0.50	0.60	−0.60	0.60
≥1/4	−0.50	0.70	−0.60	0.65

与梁整体连接的双向板，跨中弯矩和支座弯矩分别按四边简支板计算得到的跨中弯矩值乘以 0.525 和 −0.750 取用。

9.6.2.3 承载力计算

由于叠合梁破坏时的应力分布特征和整浇梁相似，因此其正截面受弯和斜截面受剪承载力计算公式和一般整体梁相同。但需注意，若预制构件和叠合层混凝土强度等级不同，正截面受弯承载力计算时，正弯矩区取叠合层的混凝土强度等级，负弯矩区按计算截面受压区的实际情况取用；斜截面受剪承载力计算时，取其中较低者，但计算出的斜截面承载力不应低于预制构件的斜截面承载力。

叠合面的受剪承载力对预制构件和叠合层的共同受力起到决定性影响作用，需专门验算。根据国内外试验资料统计，叠合面的受剪承载力主要受混凝土强度、配箍率和箍筋强度影响，叠合面剪应力 τ 的变化规律可用下式表示：

$$\frac{\tau}{f_c}=0.14+1.0\rho_{sv}\frac{f_{yv}}{f_c}\leqslant 0.3 \tag{9-23}$$

作用在叠合面剪应力 τ 和剪力 V 之间的关系可从图 9-33 得到：

$$Va=Dz=\tau abz \tag{9-24}$$

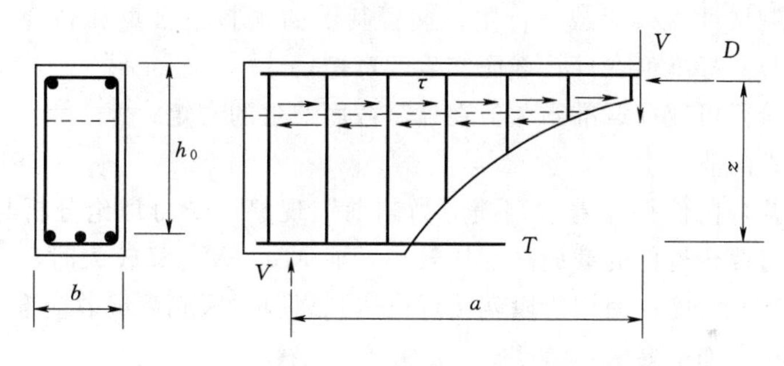

图 9-33 叠合构件的隔离体

由式（9-24），并取 $z=0.85h_0$，得

$$\tau=\frac{V}{0.85h_0b} \tag{9-25}$$

将式（9-25）代入式（9-23），并近似取 $f_t=0.1f_c$，再引入结构系数 γ_d，就得到 JTS 151—2011 规范中叠合梁叠合面受剪承载力计算公式：

$$V_u=\frac{1}{\gamma_d}\left(1.2f_tbh_0+0.85f_{yv}\frac{A_{sv}}{s}h_0\right) \tag{9-26a}$$

对于不配箍筋的叠合板，JTS 151—2011 规范规定其叠合面受剪承载力按下式计算：

$$V_u=\frac{1}{\gamma_d}(0.4f_tbh_0) \tag{9-26b}$$

式中 f_t——混凝土抗拉强度设计值，取叠合层和预制构件中的较低值；

其余符号意义与第 4 章相同。

最后，叠合梁的纵向钢筋数量取一、二阶段正截面受弯承载力二者所需用量的较大值，箍筋数量取一、二阶段斜截面受剪承载力和叠合面受剪承载力三者所需用量的最大值。

9.6.2.4 裂缝宽度验算与纵向受拉钢筋应力控制

叠合构件应验算裂缝宽度，按荷载效应的准永久组合计算得到的最大裂缝宽度不应超过附录 E 表 E-1 列出的限值。最大裂缝宽度可按式（8-16）计算，其中钢筋应力按下列公式计算：

$$\sigma_{ls}=\sigma_{l1s}+\sigma_{l2s} \tag{9-27a}$$

$$\sigma_{l1s}=\frac{\left[1-1.5\left(1-\frac{h_{01}}{h_0}\right)^2\right]M_{1Gk}}{0.87A_s h_{01}} \tag{9-27b}$$

$$\sigma_{l2s}=\frac{M_{2Q}}{0.87A_s h_0} \tag{9-27c}$$

式中　σ_{ls}——荷载效应准永久组合下的纵向受拉钢筋应力，N/mm²；

σ_{l1s}——一阶段永久荷载作用下纵向受拉钢筋的应力，N/mm²；

σ_{l2s}——二阶段可变荷载作用下纵向受拉钢筋的应力，N/mm²；

h_{01}——预制构件的截面有效高度，mm；

h_0——叠合受弯构件的截面有效高度，mm；

M_{1Gk}——预制构件永久荷载（自重、搁置其上的预制板自重和叠合层自重、面层自重等）标准值在计算截面产生的弯矩；

M_{2Q}——二阶段可变荷载准永久值在计算截面产生的弯矩；

其余符号意义同前。

二阶段受力叠合构件存在着“钢筋应力超前”现象，受力理论分析与试验结果都表明，当预制构件与叠合构件的截面高度比较小，而 M_{1Gk}/M_{2Q} 又较大时，二阶段受力叠合构件的受拉钢筋甚至可能在使用阶段就接近或达到屈服，因此荷载效应准永久组合下的纵向受拉钢筋应力符合如下要求：

$$\sigma_{ls}=\sigma_{l1s}+\sigma_{l2s}\leqslant 0.8f_y \tag{9-28}$$

当式（9-28）不满足时，应重新设计。

9.6.2.5 构造要求

叠合梁除满足普通梁的构造要求外，还应符合下列构造规定：

（1）预制梁的箍筋应全部伸入叠合层，且各肢伸入叠合层的直线段长度不宜小于 $10d$，d 为箍筋直径。

（2）叠合层厚度不宜小于 150mm，混凝土强度等级不宜低于 C25。

（3）为保证叠合面的抗剪承载力，叠合板的预制板顶面还应做成高度不小于 20mm 的凹凸槽，凹凸面应做成人工粗糙面。配置箍筋的叠合板可不设凹凸槽，但预制板顶面应做成凹凸不小于 4mm 的人工粗糙面。若叠合板承受较大荷载，宜设置伸入叠合层的构造钢筋。

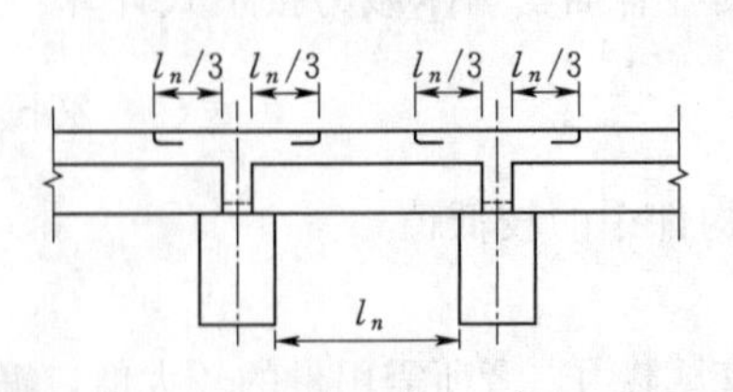

图 9-34　连续叠合板支座配筋构造

（4）在连续叠合板支座负弯矩的配筋中，应有 1/3～1/2 的钢筋为通长钢筋，其余可设为短筋。短筋伸出支座边的长度宜为板净跨的 $l_n/3$，如图 9-34 所示。

9.7 小型高桩码头设计例题

【例 9-1】 某南方海港小型高桩码头由若干结构段组成。每个结构段宽 16.15m、长 26.80m，设有 4 根纵梁、5 根横梁，即纵梁为 4 跨连续梁，横梁为 3 跨连续梁。纵梁间距 5.25m [图 9-35 (a)]，横梁间距 6.50m。

面板采用叠合板。预制板长 4.85m、宽 2.75m、厚 200mm，支撑在纵梁上，搁置长度 150mm。叠合层厚 150mm，上设磨耗层，厚 100mm [图 9-35 (b)]。

纵梁断面为花篮形，宽 400mm，预制部分高 600mm，现浇部分均高 350mm，截面形状如图 9-35 (c) 所示。纵梁预制部分长 5.70m，支撑在下横梁上，搁置长度为 200mm。横梁分两次浇筑，下横梁宽 1200mm、高 800mm，与桩形成整体结构；上横梁宽 800mm、高 950mm，截面如图 9-35 (d) 所示。

桩基为预应力混凝土空心方桩，外截面尺寸 600mm×600mm，空心直径 300mm。

试进行该码头上部结构的承载力计算。

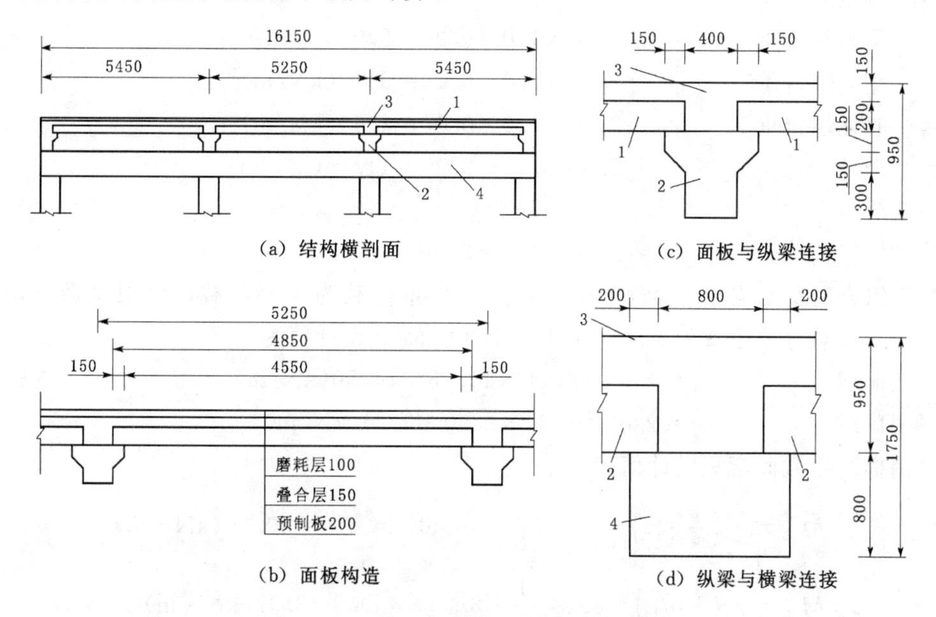

(a) 结构横剖面　(c) 面板与纵梁连接

(b) 面板构造　(d) 纵梁与横梁连接

图 9-35 小型高桩码头上部结构示意图

1—预制板；2—纵梁预制部分；3—后浇混凝土；4—下横梁

1. 资料

二级安全等级，$\gamma_0=1.0$；混凝土采用 C30，$f_c=14.3\text{N/mm}^2$，$f_t=1.43\text{N/mm}^2$；纵向受力钢筋采用 HRB400，$f_y=360\text{N/mm}^2$，$\rho_{\min}=\max\left(0.20\%,\ 0.45\dfrac{f_t}{f_y}\right)=0.20\%$，$\xi_b=0.518$；箍筋采用 HPB300，$f_{yv}=270\text{N/mm}^2$，$\rho_{sv\min}=0.12\%$。$\gamma_d=1.1$。

施工期，码头面板承受自重和施工荷载；该码头为小型码头，不配置起重机，运行期面板承受堆货荷载（按满布散货荷载考虑）为控制工况。各荷载标准值为：钢筋混凝土自重 25.0kN/m³，磨耗层自重 24.0kN/m³，施工荷载 2.50kN/m²，堆货荷载 30.0kN/m²。

梁、板自重及磨耗层自重为永久荷载，$\gamma_G=1.20$；施工荷载、堆货荷载为可变荷载，分项系数分别为 $\gamma_Q=1.40$ 和 $\gamma_Q=1.50$。

2. 面板设计

考虑现场吊装设备的吨位，每跨预制板沿横梁方向分为 2 块，每块宽 2.75m，板间拼缝 200mm。2 块预制板拼缝后形成整块板。

(1) 内力计算

1) 施工阶段

预制板为搁置在纵梁上的简支板，取 1.0m 宽度计算。计算跨度为

$$l_0=\min(l_n+a,l_n+h,1.1l_n)=\min(4.55+0.15,4.55+0.20,1.1\times4.55)$$
$$=\min(4.70,4.75,5.0)=4.70(\mathrm{m})$$

施工期预制板承受所有永久荷载作用和施工阶段可变荷载作用，1.0m 板宽的各荷载标准值为

永久荷载：

预制板自重　$g_{1k}=25.0\times1.0\times0.20=5.0(\mathrm{kN/m})$

叠合层自重　$g_{2k}=25.0\times1.0\times0.15=3.75(\mathrm{kN/m})$

磨耗层自重　$g_{3k}=24.0\times1.0\times0.10=2.40(\mathrm{kN/m})$

合计　$g_k=5.0+3.75+2.40=11.15(\mathrm{kN/m})$

可变荷载：

施工荷载　$q_k=2.50\times1.0=2.50(\mathrm{kN/m})$

短暂组合时荷载分项系数减 0.10 取用。自重荷载为主要荷载，分项系数不应小于 1.30；施工荷载分项系数为 1.40－0.10＝1.30。荷载设计值为

永久荷载　$g=\gamma_G g_k=1.30\times11.15=14.50(\mathrm{kN/m})$

可变荷载　$q=\gamma_Q q_k=1.30\times2.50=3.25(\mathrm{kN/m})$

预制板跨中截面弯矩设计值为

$$M_{1G}=\gamma_0\left(\frac{1}{8}gl_0^2\right)=1.0\times\frac{1}{8}\times14.50\times4.70^2=40.04(\mathrm{kN\cdot m})$$

$$M_{1Q}=\gamma_0\left(\frac{1}{8}ql_0^2\right)=1.0\times\frac{1}{8}\times3.25\times4.70^2=8.97(\mathrm{kN\cdot m})$$

$$M_1=M_{1G}+M_{1Q}=40.04+8.97=49.01(\mathrm{kN\cdot m})$$

预制板支座边缘截面剪力设计值为

$$V_{1G}=\gamma_0\left(\frac{1}{2}gl_n\right)=1.0\times\frac{1}{2}\times14.50\times4.55=32.99(\mathrm{kN})$$

$$V_{1Q}=\gamma_0\left(\frac{1}{2}ql_n\right)=1.0\times\frac{1}{2}\times3.25\times4.55=7.39(\mathrm{kN})$$

$$V_1=V_{1G}+V_{1Q}=32.99+7.39=40.38(\mathrm{kN})$$

2) 使用阶段

叠合板和纵、横梁最终形成整体，面板两个方向长度比为 $l_2/l_1=6.50/5.25=1.24<$

2.0，因此，面板为以纵梁和横梁为支座的双向板，两个方向的边长分别为纵梁间距和横梁间距，即 $l_x=5.25\text{m}$，$l_y=6.50\text{m}$，$l_x/l_y=0.81$。

正常使用阶段，叠合板承受的可变荷载为

堆货荷载标准值 $q_k=30.0\text{kN/m}^2$

设计值 $q=\gamma_Q q_k=1.50\times30.0=45.0(\text{kN/m}^2)$

叠合板弯矩设计值为

$$M=M_{2G}+M_{2Q} \tag{9-29}$$

M_{2G}和M_{1G}虽然是相同荷载在相同支座条件下得到的弯矩，但其数值可能会不同。这是因为，在施工期自重往往是主要荷载，分项系数不应小于1.30；在使用期自重往往不是主要荷载，分项系数取1.20，但JTS 151—2011规范偏安全取$M_{2G}=M_{1G}$，即式（9-29）改写为

$$M=M_{1G}+M_{2Q} \tag{9-30}$$

其中M_{1G}已求得，以下按9.6节介绍的系数法计算M_{2Q}。

四边简支的双向板在均布荷载作用下，跨中最大弯矩为$M_0=\alpha q l_x^2$。查附录K表（1），插值得l_x、l_y两个方向的α分别为0.0606和0.0429，则堆货荷载作用下，按四边简支双向板算得l_x、l_y两个方向跨中最大弯矩设计值分别为

$$M_{0x}=\gamma_0\alpha q l_x^2=1.0\times0.0606\times45.0\times5.25^2=75.16(\text{kN}\cdot\text{m})$$

$$M_{0y}=\gamma_0\alpha q l_x^2=1.0\times0.0429\times45.0\times5.25^2=53.21(\text{kN}\cdot\text{m})$$

因此，l_x、l_y方向跨中弯矩和支座弯矩为

$$M_{2Qx}=0.525\times75.16=39.46(\text{kN}\cdot\text{m})$$

$$M'_{2Qx}=-0.750\times75.16=-56.37(\text{kN}\cdot\text{m})$$

$$M_{2Qy}=0.525\times53.21=27.94(\text{kN}\cdot\text{m})$$

$$M'_{2Qy}=-0.750\times53.21=-39.91(\text{kN}\cdot\text{m})$$

叠合板剪力设计值为

$$V=V_{1G}+V_{2Q} \tag{9-31}$$

根据跨中挠度相等的原则，将板上均布荷载分配于两个相互正交的单位宽度板条上，可计算出双向板在各支座边缘的剪力。由材料力学可得

$$f_x=\frac{5q_x l_x^4}{384EI_x}=f_y=\frac{5q_y l_y^4}{384EI_y} \tag{9-32}$$

由于$I_x=I_y$、$q=q_x+q_y$，由式（9-32）得

$$q_x=\frac{l_y^4}{l_x^4+l_y^4}q=\frac{6.50^4}{5.25^4+6.50^4}\times45.0=31.57(\text{kN/m}^2)$$

$$q_y=\frac{l_x^4}{l_x^4+l_y^4}q=\frac{5.25^4}{5.25^4+6.50^4}\times45.0=13.43(\text{kN/m}^2)$$

板控制剪力出现于板短跨与纵梁相接边缘，设计值为

$$V_{2Q}=\gamma_0\left(\frac{1}{2}q_x l_{nx}\right)=1.0\times\frac{1}{2}\times31.57\times4.55=71.82(\text{kN})$$

施工阶段和使用阶段预制板及叠合板内力列于表 9-7。

表 9-7　面板各截面内力设计值（每米宽度）

荷载效应	短跨方向弯矩/(kN·m)		长跨方向弯矩/(kN·m)		控制剪力/kN
	跨中截面	支座截面	跨中截面	支座截面	
S_{1G}	40.04	—	—	—	32.99
S_{1Q}	8.97	—	—		7.39
$S_1=S_{1G}+S_{1Q}$	40.04+8.97=49.01	—	—	—	32.99+7.39=40.38
S_{2Q}	39.46	56.37	27.94	39.91	71.82
$S=S_{1G}+S_{2Q}$	40.04+39.46=79.50	56.37	27.94	39.91	32.99+71.82=104.81

（2）配筋设计

1）正截面受弯承载力设计

码头上部结构处于海水环境大气区，取保护层厚度 $c=50\text{mm}$、$a_s=55\text{mm}$。各截面计算过程和结果列于表 9-8。

表 9-8　预制板和叠合板各截面正截面承载力计算（每米宽度）

承载力计算过程	预制板	叠　合　板			
	跨中截面	短跨方向 l_x（纵梁之间）		长跨方向 l_y（横梁之间）	
		跨中截面	支座截面	跨中截面	支座截面
$M/(\text{kN}\cdot\text{m})$	49.01	79.50	56.37	27.94	39.91
h/mm	200	350	350	350	350
h_0/mm	145	295	295	295	295
$\alpha_s=\dfrac{M}{f_c b h_0^2}$	0.163	0.064	0.045	0.022	0.032
$\xi=1-\sqrt{1-2\alpha_s}$	$0.179<\xi_b$	$0.066<\xi_b$	$0.046<\xi_b$	$0.022<\xi_b$	$0.033<\xi_b$
$A_s=\dfrac{f_c b\xi h_0}{f_y}/\text{mm}^2$	1031	773	539	258	387
$\rho/\%$	$0.52>\rho_{\min}$	$0.22>\rho_{\min}$	$0.15<\rho_{\min}$	$0.07<\rho_{\min}$	$0.11<\rho_{\min}$
$A_s=\rho_{\min}bh/\text{mm}^2$	—	—	700	700	700

综合以上计算结果，短跨方向（纵梁之间）应配置的纵向钢筋为：预制板板底 $1031\text{mm}^2/\text{m}$，叠合板顶 $700\text{mm}^2/\text{m}$；长跨方向（横梁之间），预制板底与叠合板板顶均为 $700\text{mm}^2/\text{m}$。因而，板底短跨方向选配⌀ 14@140（$A_s=1100\text{mm}^2$），长跨方向选配⌀ 12@140（$A_s=808\text{mm}^2$），板顶两个方向均选配⌀ 12@140（$A_s=808\text{mm}^2$），且将沿短跨纵向钢筋放置于沿长跨纵向钢筋的外侧。

板顶钢筋的一半通长布置；另一半为短钢筋，伸出支座长度不小于净跨的 1/3，其沿短跨和长跨方向的长度分别取为 3800mm 和 4800mm。预制板拼缝侧板底钢筋采用对称弯起搭接形式，详见图 9-40 所示的配筋图。

2）斜截面受剪承载力设计

因码头面板跨高比较小，可能存在斜截面承载力不足，需进行斜截面承载力计算。若混凝土不足以承受剪力，一般可增大截面厚度以提高受剪承载力，也可设置弯起钢筋，但设置弯起钢筋施工不便，叠合构件中一般不采用。

板的宽度较大，$h_w/b<4.0$，$\beta_s=0.25$；截面高度影响系数 $\beta_h=1.0$；混凝土强度影响系数 $\beta_c=1.0$。预制板和叠合板支座截面斜截面承载力计算见表 9-9。由表 9-9 可见，面板混凝土已能承担剪力，无需配置腹筋。

表 9-9　预制板和叠合板斜截面承载力计算（每米宽度）

承载力计算过程	预制板	叠合板
V/kN	40.38	104.81
h/mm	200	350
h_0/mm	145	295
$\frac{1}{\gamma_d}\beta_s\beta_c f_c bh_0$/kN	471.25>V	958.75>V
$\frac{1}{\gamma_d}(0.7\beta_h f_t bh_0)$/kN	131.95>V	268.45>V

3）叠合面受剪承载力验算

每米宽度板叠合面可承担的剪力为

$$V_u=\frac{1}{\gamma_d}(0.4f_t bh_0)=\frac{1}{1.1}\times0.4\times1.43\times1000\times295$$
$$=153.40\times10^3(\text{N})=153.40\text{kN}>V_{\max}=104.81\text{kN}$$

满足要求。

3. 纵梁设计

取中间纵梁计算。

(1) 内力计算

1）施工阶段

纵梁预制部分长 5.70m，搁置在下横梁上，为简支梁，搁置长度 0.20m，净跨 $l_n=5.30$m，计算跨度为

$$l_0=\min(l_n+a,1.05l_n)=\min(5.30+0.20,1.05\times5.30)$$
$$=\min(5.50,5.57)=5.50(\text{m})$$

施工期预制梁承受自重、面板重以及面板上施工阶段所有可变荷载作用，各荷载标准值如下：

永久荷载：

预制梁自重　$g_{1k}=25.0\times\left(0.40\times0.60+\frac{0.15+0.30}{2}\times0.15\times2\right)$
$=7.69(\text{kN/m})$

预制板和叠合层　$g_{1k}=25.0\times5.25\times(0.20+0.15)=45.94(\text{kN/m})$

磨耗层自重　$g_{3k}=24.0\times5.25\times0.10=12.60(\text{kN/m})$

合计　　　　　　$g_k=7.69+45.94+12.60=66.23(\text{kN/m})$

可变荷载：

施工荷载　　　　$q_k=2.50\times5.25=13.13(\text{kN/m})$

和面板一样，施工期自重荷载与施工荷载分项系数均取 1.30，荷载设计值为

永久荷载　　　$g=\gamma_G g_k=1.30\times66.23=86.10(\text{kN/m})$

可变荷载　　　$q=\gamma_Q q_k=1.30\times13.13=17.07(\text{kN/m})$

预制梁跨中截面弯矩设计值为

$$M_{1G}=\gamma_0\left(\frac{1}{8}gl_0^2\right)=1.0\times\frac{1}{8}\times86.10\times5.50^2=325.57(\text{kN}\cdot\text{m})$$

$$M_{1Q}=\gamma_0\left(\frac{1}{8}ql_0^2\right)=1.0\times\frac{1}{8}\times17.07\times5.50^2=64.55(\text{kN}\cdot\text{m})$$

$$M_1=M_{1G}+M_{1Q}=325.57+64.55=390.12(\text{kN}\cdot\text{m})$$

预制梁支座边缘截面剪力设计值为

$$V_{1G}=\gamma_0\left(\frac{1}{2}gl_n\right)=1.0\times\frac{1}{2}\times86.10\times5.30=228.17(\text{kN})$$

$$V_{1Q}=\gamma_0\left(\frac{1}{2}ql_n\right)=1.0\times\frac{1}{2}\times17.07\times5.30=45.24(\text{kN})$$

$$V_1=V_{1G}+V_{1Q}=228.17+45.24=273.41(\text{kN})$$

2）运行阶段

运行时纵梁、横梁、面板为整体结构，其中横梁是以桩为支座的连续梁，纵梁是以横梁为支座的连续梁，面板是以纵梁和横梁为支座的双向板。

如 9.5 节所述，纵梁（沿长跨）和横梁（沿短跨）分别承受面板传来的梯形和三角形分布荷载。对承受梯形和三角形分布荷载作用的等跨连续梁，可按支座弯矩相等的条件将梯形和三角形分布荷载折算成等效均布荷载 p_E，然后求出作用 p_E 下的各支座弯矩 $M_支$，最后将各跨视为承受梯形和三角形分布荷载和支座弯矩 $M_支$ 的简支梁，求出各跨跨中弯矩和支座剪力。

a. 运行阶段纵梁荷载

本例中，可将横梁视为铰支座，即纵梁是以横梁为铰支座的 4 跨连续梁，计算简图如图 9-36 所示。其支座中到中距离 $l_c=6.50\text{m}$（横梁间距），支座宽度 $a=1.20\text{m}$（下横梁宽度），净距 $l_n=5.30\text{m}$。计算跨度为

$$l_0=\min(l_c,1.05l_n)=\min(6.50,1.05\times5.30)=\min(6.50,5.57)=5.57(\text{m})$$

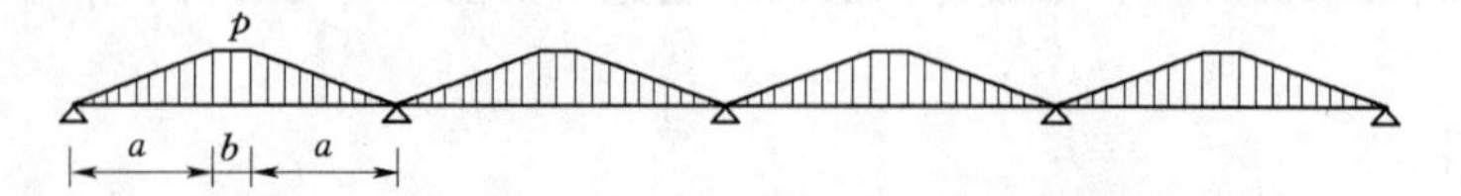

图 9-36　纵梁计算简图

图 9-37 给出了面板传给纵梁的荷载计算简图。由图可知，纵梁荷载为梯形分布，其中三角形荷载作用长度 $a=5.25/2=2.63\text{m}$、矩形荷载作用长度 $b=5.57-2.63\times2=0.31(\text{m})$，梯形荷载标准值 $p_k=30.0\times5.25=157.50(\text{kN/m})$，设计值 $p=1.50\times$

157.50=236.25(kN/m)。

b. 等效荷载作用下支座弯矩

运行阶段纵梁承受的弯矩和剪力设计值为

$$M=M_{1G}+M_{2Q}, V=V_{1G}+V_{2Q} \quad (9-33)$$

其中，M_{2Q}和V_{2Q}分别为面板传递来的梯形可变荷载（图9-37）引起的弯矩和剪力。

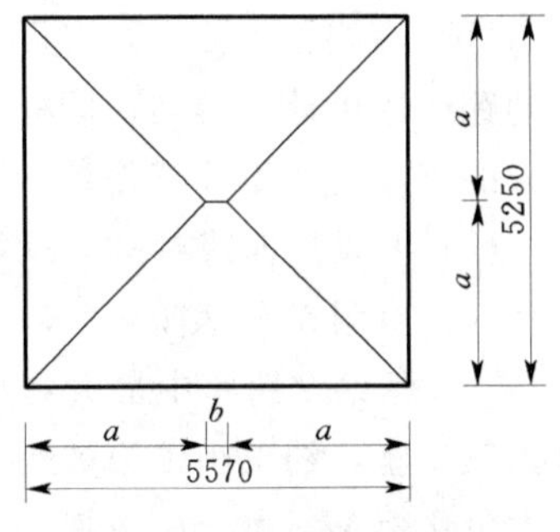

图 9-37 面板传给纵梁与横梁的荷载计算简图

为计算M_{2Q}和V_{2Q}，需先将梯形荷载按支座弯矩相等条件转化为均布荷载。由附录L，$\alpha=a/l_0=2.63/5.57=0.472$，等效均布荷载设计值为

$$p_E=(1-2\alpha^2+\alpha^3)p=(1-2\times0.472^2+0.472^3)\times236.25=155.83(\text{kN/m})$$

等效均布荷载作用下，有

$$M_{支}=\gamma_0\alpha p_E l_0^2=1.0\times155.83\times5.57^2\times\alpha=4834.61\alpha$$

其中，α可查附录F表F-3确定，$M_{支}$计算过程见表9-10。由于纵梁是四跨对称连续梁，所以只需计算一半支座弯矩。

表 9-10 等效均布荷载作用下纵梁支座弯矩设计值

序号	荷载布置	M_B/(kN·m)	M_C/(kN·m)
1	A 1 B 2 C 3 D 4 E	−0.054×4834.61=−261.07	−0.036×4834.61=−174.05
2	A 1 B 2 C 3 D 4 E	−0.054×4834.61=−261.07	−0.036×4834.61=−174.05
3	A 1 B 2 C 3 D 4 E	−0.036×4834.61=−174.05	−0.107×4834.61=−517.30
4	A 1 B 2 C 3 D 4 E	−0.121×4834.61=−584.99	−0.018×4834.61=−87.02

c. 受梯形荷载作用简支梁的弯矩和剪力

求得支座弯矩后，将各跨视为同时受到以上支座弯矩和梁上梯形荷载作用的简支梁来计算其跨中弯矩和支座剪力。对梯形荷载作用下的单跨简支梁，跨中弯矩和支座剪力分别为

$$M_0=\gamma_0\left(\frac{pl_0^2}{24}\right)\left[3-4\left(\frac{a}{l_0}\right)^2\right]=1.0\times\frac{236.25\times5.57^2}{24}\times\left[3-4\times\left(\frac{2.63}{5.57}\right)^2\right]$$

$$=643.85(\text{kN}\cdot\text{m})$$

$$V_0=\gamma_0\left(\frac{pl_n}{2}\right)\left(1-\frac{a}{l_n}\right)=1.0\times\frac{236.25\times5.30}{2}\times\left(1-\frac{2.63}{5.30}\right)=315.39(\text{kN})$$

d. 可变荷载作用下纵梁内力

纵梁采用下列原则和方法配筋：

(a) 纵梁为叠合构件，不弯起钢筋，因而无须绘制正弯矩区的弯矩包络图，只需求得跨中最大弯矩。支座负弯矩钢筋需切断，因而需绘制负弯矩区的弯矩包络图。取全梁的箍筋直径和间距相同，因而无须绘制剪力弯矩包络图，只需求得最大剪力。

(b) 为施工方便和避免吊装出错，将各纵梁梁底纵向钢筋配置相同，钢筋用量由最大的跨中弯矩计算得到；同样为施工方便，将各支座梁顶纵向钢筋配置相同，钢筋用量由最大的支座负弯矩计算得到。

(c) 纵梁是四跨对称连续梁，只需计算一半内力。

(d) 查附录 F 表 F-3 知，在本跨最大弯矩可变荷载布置方式下，第 1 跨跨中最大弯矩 M_1 大于第 2 跨跨中最大弯矩 M_2，这是因为第 2 跨左右都有梁约束，而第 1 跨左边支座为铰支座，约束小于第 2 跨。同样，在本支座最大负弯矩可变荷载布置方式下，支座 B 最大负弯矩 M_B 大于 C 支座最大负弯矩 M_C；在本支座最大剪力可变荷载布置方式下，支座 B 左边剪力 V_B^l 大于支座 A 剪力 V_A、支座 B 右边剪力 V_B^r 和 C 支座左边剪力 V_C^l。

因而，对于弯矩而言，只需求第 1 跨最大弯矩 M_1 和支座 B 最大负弯矩 M_B，以及支座 B 的弯矩包络图；对于剪力而言，只需求支座 B 左边最大剪力 V_B^l。

由表 9-10 所列支座弯矩 $M_{支}$ 和以上 M_0、V_0 可得各跨纵梁内力设计值，见表 9-11。

表 9-11　运行阶段可变荷载作用下纵梁弯矩和纵梁支座剪力最大设计值

内力	荷载布置	计算公式	计　算　式
M_1	A 1 B 2 C 3 D 4 E	$M_1 = M_0 + 0.5M_B$	$643.85 + 0.5\times(-261.07) = 513.32(\mathrm{kN\cdot m})$
M_B	A 1 B 2 C 3 D 4 E	$M_B = M_B$	$-584.99\mathrm{kN\cdot m}$
V_B^l	A 1 B 2 C 3 D 4 E	$V_B^l = V_0 - M_B/l_0$	$315.39 + 584.99/5.57 = 420.42(\mathrm{kN})$

将表 9-11 所列的 M_{2Q} 和 V_{2Q} 与施工阶段 M_{1G} 和 V_{1G} 叠加，可得运行阶段纵梁内力，见表 9-12。

表 9-12　运行阶段纵梁弯矩和剪力设计值

内力	荷载布置	$S_2 = S_{1G} + S_{2Q}$
M_1	A 1 B 2 C 3 D 4 E	$325.57 + 513.32 = 838.89(\mathrm{kN\cdot m})$
M_B	A 1 B 2 C 3 D 4 E	$0 + (-584.99) = -584.99(\mathrm{kN\cdot m})$
V_B^l	A 1 B 2 C 3 D 4 E	$228.17 + 420.42 = 648.59(\mathrm{kN})$

e. 纵梁内力包络图

为绘制弯矩包络图，将支座 B 两侧纵梁均分为 10 份。表 9-13 列出了各荷载作用下支座 B 附近负弯矩区各个等分点截面的弯矩，其中每种荷载布置方式下各等分点上的弯矩按下式计算得到：

$$M_2 = M_{1G} + M_{支} + M_0 \tag{9-34}$$

式中　M_2——运行阶段各等分点上的弯矩；

M_{1G}——施工阶段永久荷载按简支梁计算得到的各等分点上的弯矩；

$M_{支}$——运行阶段等效荷载产生的支座弯矩在各等分点上的弯矩；

M_0——运行阶段梯形可变荷载按简支梁计算得到的各等分点上的弯矩。

表 9-13　　纵梁支座 B 附近负弯矩区十等分点弯矩计算

序号	荷载布置	弯矩类别	各截面弯矩/(kN·m)										
			支座 A	6	7	8	9	支座 B	1	2	3	4	支座 C
	自重	M_{1G}	0	312.54	273.48	208.36	117.20	0	117.20	208.36	273.48	312.54	0
1	A 1 B 2 C 3 D 4 E	$M_{支}$	0	−156.64	−182.75	−208.86	−234.96	−261.07	−252.37	−243.67	−234.96	−226.26	−174.05
		M_0	0	608.18	510.46	366.18	190.85	0	0	0	0	0	0
		M_2	0	764.08	601.19	365.69	73.09	−261.07	−135.16	−35.30	38.51	86.28	−174.05
2	A 1 B 2 C 3 D 4 E	$M_{支}$	0	−156.64	−182.75	−208.86	−234.96	−261.07	−252.37	−243.67	−234.96	−226.26	−174.05
		M_0	0	0	0	0	0	0	190.85	366.18	510.46	608.18	0
		M_2	0	155.90	90.73	−0.49	−117.76	−261.07	55.69	330.88	548.97	694.46	−174.05
3	A 1 B 2 C 3 D 4 E	$M_{支}$	0	−350.99	−409.49	−467.99	−526.49	−584.99	−535.19	−485.40	−435.60	−385.80	−87.02
		M_0	0	608.18	510.46	366.18	190.85	0	190.85	366.18	510.46	608.18	0
		M_2	0	569.72	374.45	106.55	−218.44	−584.99	−227.14	89.15	348.34	534.92	−87.02

由表 9-13 计算结果可绘制出支座 B 负弯矩包络图，如图 9-38 所示。图中线条①、②、③分别为荷载组合 1、2、3 的弯矩分布线。

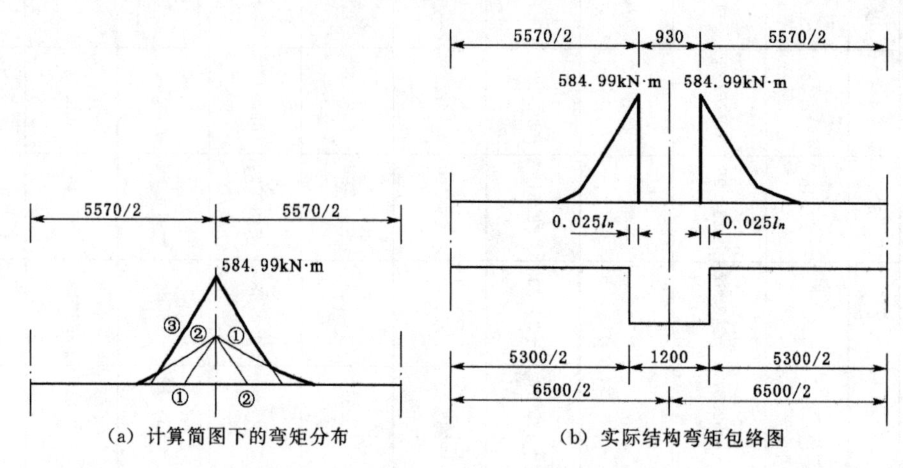

图 9-38　纵梁支座附近的内力包络图

(2) 配筋设计

1) 正截面受弯承载力设计

取纵梁保护层厚度 $c=55\text{mm}$；预估纵梁下部纵向受拉钢筋双层布置，$a_s=90\text{mm}$，$h_0=860\text{mm}$，梁上部纵向受拉钢筋单层布置，为留出叠合板钢筋空间，取 $a_s=70\text{mm}$，即计算负弯矩承载力时取 $h_0=880\text{mm}$。

叠合梁支座截面按矩形截面计算；跨中截面按 T 形截面计算，面板为其受压翼缘，$h'_f=350\text{mm}$，$h'_f/h_0=350/860=0.41>0.1$，查表 3-3 得

$$b'_f=\min(l_0/3,b+s_n)=\min(5570/3,400+4850)=\min(1857,5250)=1857(\text{mm})$$

纵梁与横梁整体连接，支座弯矩应削峰。削峰后支座计算弯矩为

$$M'_B=M_B-0.025l_nV=584.99-0.025\times5.30\times543.56=512.97(\text{kN}\cdot\text{m})$$

上式中，V 按简支梁计算，$V=V_{1G}+V_{2Q}=228.17+315.39=543.56(\text{kN})$。

各截面计算过程和结果列于表 9-14。

表 9-14　纵梁正截面承载力计算

承载力计算过程	预制梁	叠合梁	
	跨中截面	跨中截面	支座截面
$M/(\text{kN}\cdot\text{m})$	390.12	838.89	512.97
h/mm	600	950	950
h_0/mm	510	860	880
b/mm	400	400	400
b'_f/mm	—	1857	—
h'_f	—	350	—
$f_cb'_fh'_f\left(h_0-\frac{h'_f}{2}\right)/(\text{kN}\cdot\text{m})$	—	$6366.59>M$	—

续表

承载力计算过程	预制梁	叠合梁	
	跨中截面	跨中截面	支座截面
T形截面类型	—	第1种	—
$\alpha_s=\dfrac{M}{f_c b h_0^2}\left(\alpha_s=\dfrac{M}{f_c b'_f h_0^2}\right)$	0.262	0.043	0.116
$\xi=1-\sqrt{1-2\alpha_s}$	$0.310<\xi_b$	$0.044<\xi_b$	$0.124<\xi_b$
$A_s=\dfrac{f_c b\xi h_0}{f_y}\left(A_s=\dfrac{f_c b'_f \xi h_0}{f_y}\right)/\text{mm}^2$	2512	2791	1734
$\rho/\%$	$1.05>\rho_{min}$	$0.73>\rho_{min}$	$0.46>\rho_{min}$

预制纵梁底部纵向钢筋用量取预制梁（施工期）、叠合梁（使用期）的较大值，计算钢筋用量为 2791mm^2，选配 9 Φ 20（$A_s=2827\text{mm}^2$）；梁顶纵向钢筋计算用量为 1734mm^2，选配 6 Φ 20（$A_s=1884\text{mm}^2$）。

2）斜截面受剪承载力设计

预制梁和叠合梁均满足 $h_w/b<4.0$，取 $\beta_s=0.25$。纵梁采用统一配箍，斜截面承载力计算见表 9-15。

表 9-15　　纵梁斜截面承载力计算

承载力计算过程	预制梁	叠合梁
V/kN	273.41	648.59
h/mm	600	950
h_0/mm	510	860
b/mm	400	400
$\beta_h=(800/h_0)^{1/4}$	1.00	0.98
$\dfrac{1}{\gamma_d}\beta_s\beta_h f_c b h_0$/kN	$663.0>V$	$1095.64>V$
$\dfrac{1}{\gamma_d}(0.7\beta_h f_t b h_0)$/kN	$185.64<V$	$306.78<V$
$\dfrac{A_{sv}}{s}=\dfrac{\gamma_d V-0.7\beta_h f_t b h_0}{f_y h_0}/(\text{mm}^2/\text{mm})$	0.701	1.619
ρ_{sv}	$0.18\%>\rho_{svmin}$	$0.40\%>\rho_{svmin}$

箍筋用量 $\dfrac{A_{sv}}{s}$ 取预制梁（施工期）、叠合梁（使用期）的较大值，按 $\dfrac{A_{sv}}{s}\geqslant1.619$ 确定箍筋方案。选择四肢 Φ10，$A_{sv}=314\text{mm}^2$，则 $s\leqslant314/1.619=194(\text{mm})$。为和面板纵向受力钢筋间距协调，取 $s=140\text{mm}$。

3）叠合面受剪承载力验算

纵梁叠合面可承受的剪力为

$$
\begin{aligned}
V_u &= \frac{1}{\gamma_d}\left(1.2f_t bh_0 + 0.85f_{yv}\frac{A_{sv}}{s}h_0\right)\\
&= \frac{1}{1.1}\left(1.2\times1.43\times400\times860+0.85\times270\times\frac{314}{140}\times860\right)\\
&= 939.07\times10^3(\mathrm{N}) = 939.07\mathrm{kN} > V = 648.59\mathrm{kN}
\end{aligned}
$$

满足要求。

4）斜截面受弯承载力设计

各支座上方均配置与支座 B 同样数量的纵向钢筋。支座 B 计算钢筋面积 $A_s=1734\mathrm{mm}^2$，实配 $1884\mathrm{mm}^2$，实配钢筋能承担的弯矩近似为 $512.97\times1884/1734=557.34(\mathrm{kN\cdot m})$。抵抗负弯矩的纵向受力钢筋中，保留 2 ⌀ 20 通长布置起架立筋作用，分两批截断其余的 4 ⌀ 20，每批截断 2 ⌀ 20，截断位置可按抵抗弯矩图确定。

第一批截断钢筋的充分利用点取支座边缘，支座左、右两侧理论切断点距支座边缘距离为 180mm 和 188mm。按要求，实际截断点至充分利用点的距离不应小于 $1.2l_a+h_0=1.2\alpha\frac{f_y}{f_t}d+h_0=1.2\times0.14\times\frac{360}{1.43}\times20+880=1726(\mathrm{mm})$，即实际截断点至支座边缘距离不应小于 1726mm；同时，实际截断点至理论切断点的距离不应小于 $20d=400\mathrm{mm}$，即距支座边缘距离不应小于 580mm 和 588mm。因而，第一批截断钢筋的实际截断点位置由实际截断点至其充分利用点距离控制，即实际截断点距支座边缘距离不应小于 1726mm。

第二批截断钢筋的实际截断点同样由实际截断点至其充分利用点距离控制，而第二批截断钢筋的充分利用点就是第一批截断钢筋的理论截断点，因而，第二批截断钢筋的左、右两侧实际截断点至支座边缘的距离分别不应小于 $180+1726=1906(\mathrm{mm})$ 和 $188+1726=1914(\mathrm{mm})$。

为施工方便，钢筋在支座两侧对称截断，即短钢筋关于支座对称布置，两批钢筋分别于距支座边缘 1750mm 和 1950mm 处截断。

抵抗弯矩图如图 9-39 所示。

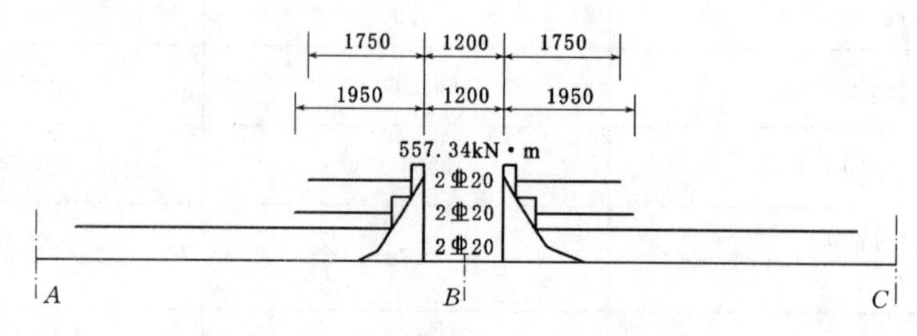

图 9-39　纵梁支座 B 抵抗弯矩图

4. 横梁设计

横梁以桩为支座，其支座中到中距离 $l_c=5.25\mathrm{m}$（纵梁间距），支座宽度 $a=0.60\mathrm{m}$（桩直径），净距 $l_n=4.65\mathrm{m}$，高度 $h=1.75\mathrm{m}$。计算跨度为

$$l_0=\min(l_c,1.05l_n)=\min(5.25,1.05\times4.65)=\min(5.25,4.88)=4.88\mathrm{m}$$

横梁跨高比 $l_0/h=4.88/1.75=2.8<3$，为深梁。由于本书未涉及深梁的设计方法，故横梁设计略。

5. 配筋图

面板和纵梁配筋如图 9-40 所示。限于篇幅，图 9-40 仅绘制了一个板块和一个梁跨。

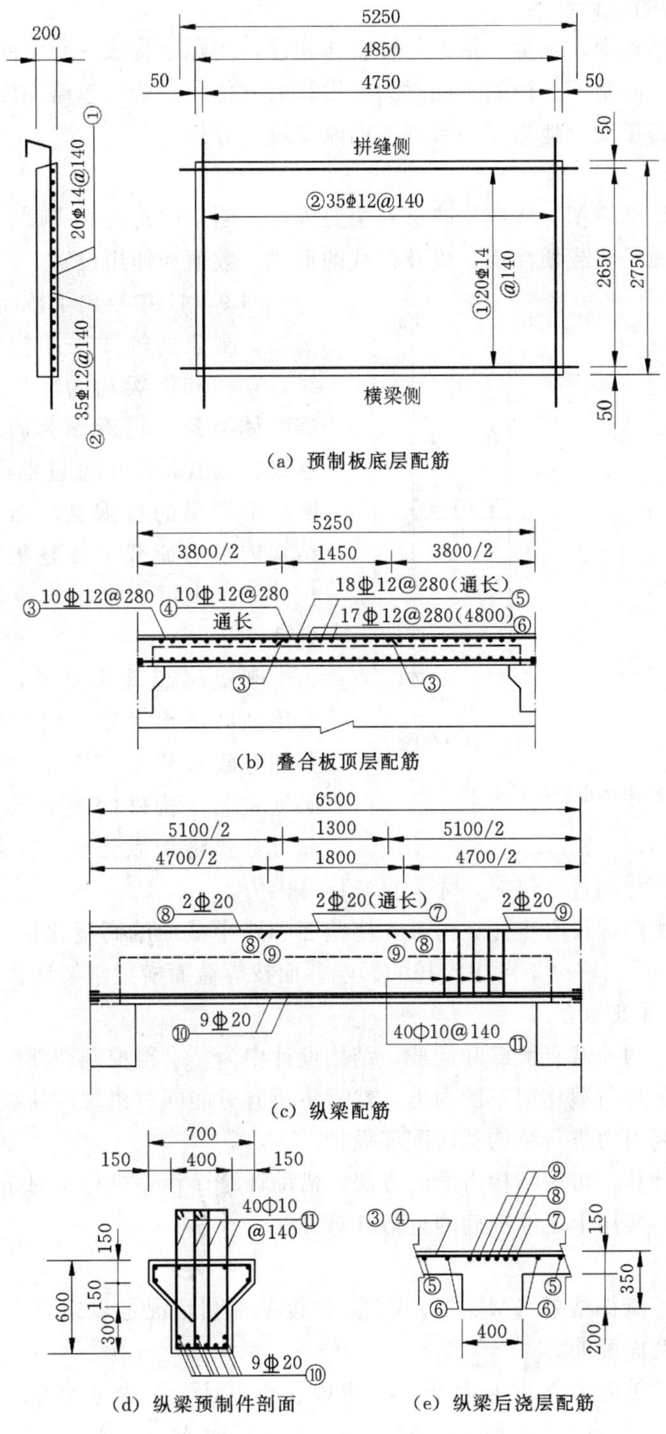

(a) 预制板底层配筋

(b) 叠合板顶层配筋

(c) 纵梁配筋

(d) 纵梁预制件剖面　　(e) 纵梁后浇层配筋

图 9-40　面板和纵梁配筋图

9.8　钢筋混凝土刚架结构的设计

9.8.1　刚架结构的设计要点

整体式刚架结构中，纵梁、横梁与柱整体相连，实际上构成一个空间结构。但由于结构的刚度在两个方向是不一样的，同时为了设计的方便，一般可忽略刚度较小方向的整体影响，而把结构偏于安全地当作一系列平面刚架进行分析。

9.8.1.1　计算简图

平面刚架的计算简图一般应反映下列主要因素：刚架的跨度和高度、节点和支承的形式、各构件的截面尺寸或惯性矩，以及荷载的形式、数值和作用位置。

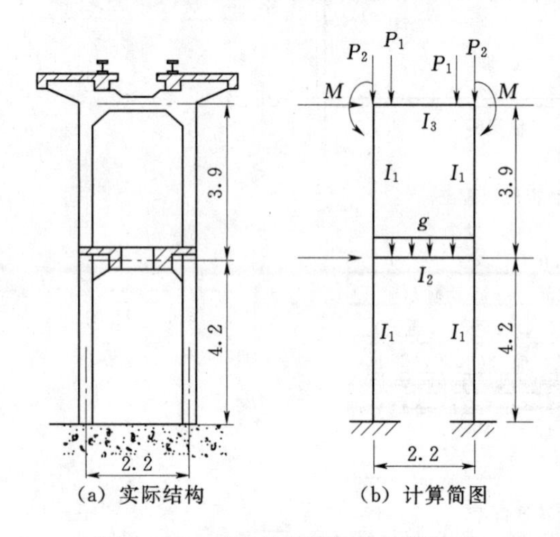

图9-41　桥面承重刚架的计算简图

图9-41中绘出了桥面承重刚架的计算简图。刚架的轴线采用构件截面重心的连线，立柱和横梁均为刚性连接，柱子和基础整体浇筑，可看作为固端支承。荷载的形式、数值和作用位置根据实际资料确定。刚架中横梁的自重是均布荷载，如果上部结构传来的荷载主要是集中荷载，为了简化计算，也可将横梁自重转化为集中荷载处理。

刚架属超静定结构，在内力计算时，要用到截面惯性矩，同时确定自重时也需要知道截面尺寸。因此，在内力计算之前，必须先假定构件的截面尺寸。内力计算后如有必要再加以修正，一般只有当各杆件的相对惯性矩的变化超过3倍时，才需重新计算内力。

如果刚架横梁两端设有支托，但其支座截面和跨中截面的高度比值 $h_c/h_0<1.6$ 或截面惯性矩比值 $I_c/I<4$，可不考虑支托的影响，而按等截面横梁刚架计算。

9.8.1.2　内力计算及组合

作用在刚架上的荷载有恒载和活载，结构设计中为了求得控制截面的最不利内力，一般是先分别求出各种荷载作用下的内力，然后将所有可能同时出现的荷载所产生的内力进行组合，按最不利内力进行结构截面配筋设计。

刚架的内力计算，可按结构力学的方法，借助计算机程序进行。对于比较规则的多层刚架，也可以采用实用上足够准确的近似计算方法。

9.8.1.3　截面设计

根据内力计算所得结果（M、N、V 等），按最不利情况加以组合后，即可进行承载力计算，以确定截面配筋。

刚架中横梁的轴向力 N 一般都很小，可以忽略不计，按受弯构件进行配筋计算。所以组合的内力为：①跨中截面 M_{max}、M_{min}；②支座截面 M_{max}、M_{min}、V_{max}。当轴向力 N

不能忽略时，则应按偏心受拉或偏心受压构件进行计算。

刚架柱中的内力主要是弯矩 M 和轴向力 N，可按偏心受压构件进行计算。在不同的荷载组合下，同一截面可能出现不同的内力，应按可能出现的最不利荷载组合进行计算。由偏心受压构件正截面承载力 N_u-M_u 关系曲线可知，一般应组合的内力为：①M_{max}及相应的 N、V；②M_{min}及相应的 N、V；③N_{max}及相应的 M、V；④N_{min}及相应的 M、V。具体计算时，可再根据偏压构件的类型（大偏心受压、小偏心受压）和 N_u-M_u 曲线从上述内力组合中选出最不利的内力组合进行配筋计算。

9.8.2 刚架结构的构造

刚架横梁和立柱的构造，与一般梁、柱相同。下面仅简要介绍刚架节点的构造。

9.8.2.1 节点构造

现浇刚架横梁和立柱的转角处会产生应力集中，因此，如何保证刚架节点具有足够的承载力，是设计刚架结构时应当注意的一个重要问题。这里简要介绍节点的构造要求，有关节点的详细构造要求可参见现行 2015 年版《混凝土结构设计规范》（GB 50010—2010）中的“梁柱节点”一节。

横梁与立柱交接处的应力分布规律与其内折角的形状有关。内折角做得越平缓，交接处的应力集中也越小，如图 9-42 所示。

设计时，若转角处的弯矩不大，可将转角做成直角或加一不大的填角［图 9-42（b）］；若弯矩较大，则应将内折角作成斜坡状的支托［图 9-42（c）］。支托的高度约为（0.5～1.0）h（h 为柱截面高度），斜面与水平线成 45°或 30°角。

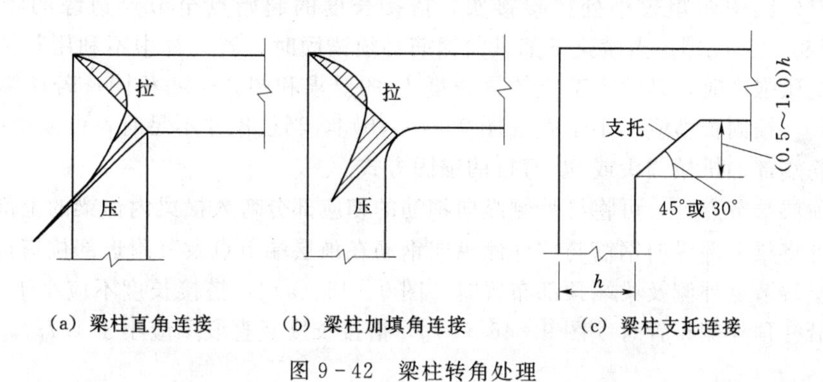

图 9-42 梁柱转角处理

转角处有支托时，横梁底面和立柱内侧的钢筋不应内折［图 9-43（a）］，而应沿斜面另加直钢筋［图 9-43（b）］。另加的直钢筋沿支托表面放置，其直径和根数不宜小于横梁伸入节点内的下部钢筋的直径和根数。

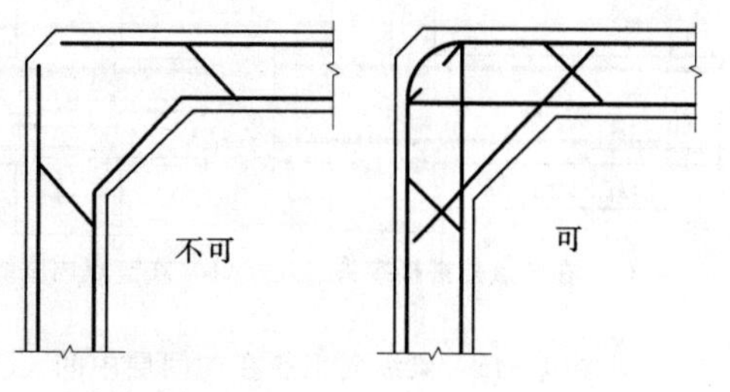

图 9-43 支托的钢筋布置

刚架中间层端节点处，横梁上部纵向钢筋伸入节点的锚固长度不应小于最小锚固长度 l_a，且应伸过柱中心线 $5d$（d 为上部纵向钢筋直径）。当不能满足上述要求时，可采用在钢筋端部加机械锚头的加固方式，包括机械锚头在内的水平投影锚固长度不应小于 $0.4l_a$ [图 9-44 (a)]；也可以采用 90°弯折锚固方式，包含弯弧在内的水平投影锚固长度不应小于 $0.4l_a$，包含弯弧在内的垂直投影锚固长度不应小于 $15d$ [图 9-44 (b)]。

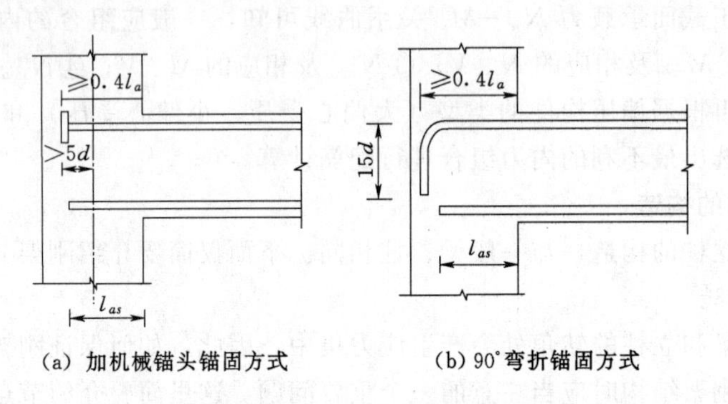

(a) 加机械锚头锚固方式　　(b) 90°弯折锚固方式

图 9-44　梁纵向钢筋在中间层端节点内的锚固

对于横梁下部纵向钢筋，若计算时充分利用其抗拉强度，则锚固方式及长度与上部纵向钢筋相同；若计算中不利用其抗拉强度时，带肋钢筋伸入节点的锚固长度 l_{as} 不小于 $12d$，光面钢筋不小于 $15d$（d 为下部纵向钢筋直径）；若计算中利用其抗压强度时，其伸入节点的锚固长度 l_{as} 应不小于 $0.7l_a$。

刚架中间层中节点处，横梁上部纵向钢筋应贯穿节点。横梁下部纵向钢筋宜贯穿节点，在节点外梁中弯矩较小处搭接接头，搭接长度的起始点至节点边缘的距离不小于 $1.5h_0$ [图 9-45 (a)]。当横梁下部纵向钢筋必须锚固时，若计算中不利用其抗拉强度或只利用其抗压强度时，其伸入节点锚固长度 l_{as} 的要求和图 9-44 相同；若计算中利用其抗拉强度，其锚固长度应不小于 l_a [图 9-45 (b)]，当柱尺寸不足时，可采用如图 9-44 所示在钢筋端部加机械锚头或 90°弯折的锚固方式。

刚架顶层端节点处，可将柱外侧纵向钢筋的相应部分弯入横梁内作梁的上部纵向钢筋使用，也可将梁上部纵向钢筋与柱外侧纵向钢筋在顶层端节点及其附近部位搭接。当搭接接头沿顶层端节点外侧及梁端顶部布置时 [图 9-46 (a)]，搭接长度不应小于 $1.5l_a$；当搭接接头沿柱顶外侧布置时 [图 9-46 (b)]，搭接长度竖直段不应小于 $1.7l_a$。

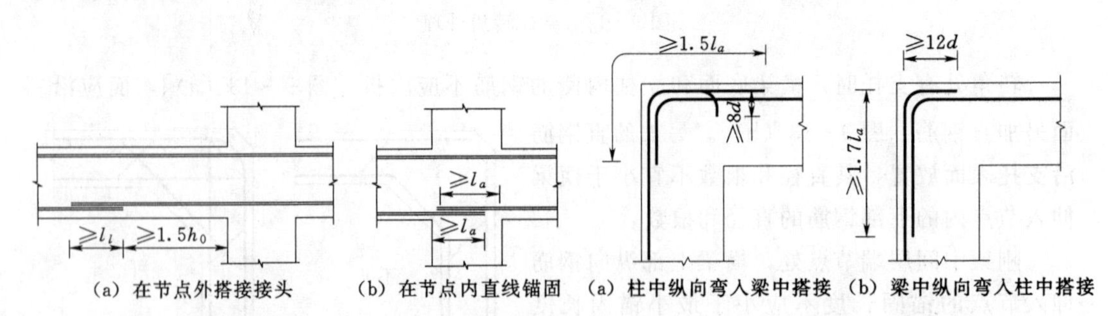

(a) 在节点外搭接接头　　(b) 在节点内直线锚固　　(a) 柱中纵向弯入梁中搭接　(b) 梁中纵向弯入柱中搭接

图 9-45　梁纵向钢筋在中间层中间节点内的锚固与搭接

图 9-46　梁上部纵向钢筋与柱外侧纵向钢筋在顶层端节点的搭接

在多层刚架中，刚架柱的纵向钢筋应贯穿中间节点，纵向钢筋的接头应设在节点区以外。顶部中间节点的柱纵向钢筋及端节点的内侧纵向钢筋的锚固长度不应小于 l_a，且应伸至柱顶。当不能满足上述要求时，可采用90°弯折的锚固方式，包含弯弧在内的水平投影锚固长度不应小于 $12d$，包含弯弧在内的垂直投影锚固长度不应小于 $0.5l_a$ [图9-47 (a)]；也可采用钢筋端部加机械锚头的锚固方式，包括机械锚头在内的水平投影锚固长度不应小于 $0.5l_a$ [图9-47 (b)]。

在刚架节点内应设置水平箍筋，箍筋间距不宜大于250mm。转角处有支托时，节点的箍筋可按图9-48 (a) 作扇形布置，也可按图9-48 (b) 正交布置。节点处的箍筋要适当加密，以便能牢固地扎结钢筋，同时提高刚架节点的延性。

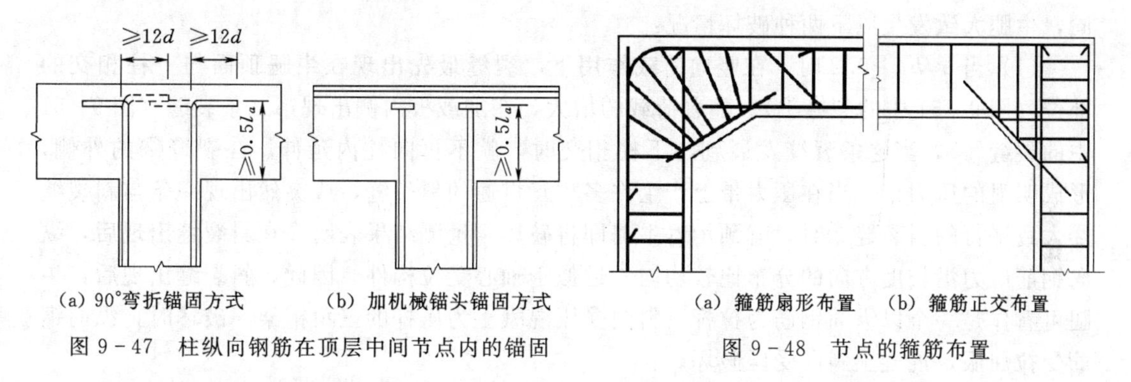

(a) 90°弯折锚固方式　(b) 加机械锚头锚固方式

图9-47　柱纵向钢筋在顶层中间节点内的锚固

(a) 箍筋扇形布置　(b) 箍筋正交布置

图9-48　节点的箍筋布置

9.8.2.2　立柱与基础的固结

在地基上现浇框架时，从基础内伸出插筋与柱内钢筋相连接，然后浇筑柱子的混凝土。插筋的直径、根数、间距应与柱内纵筋相同。插筋一般均应伸至基础底部 [图9-49 (a)]。当基础高度较大时，也可仅将柱子四角处的插筋伸至基础底部，而其余插筋只伸至基础顶面以下，满足锚固长度的要求即可 [图9-49 (b)]。

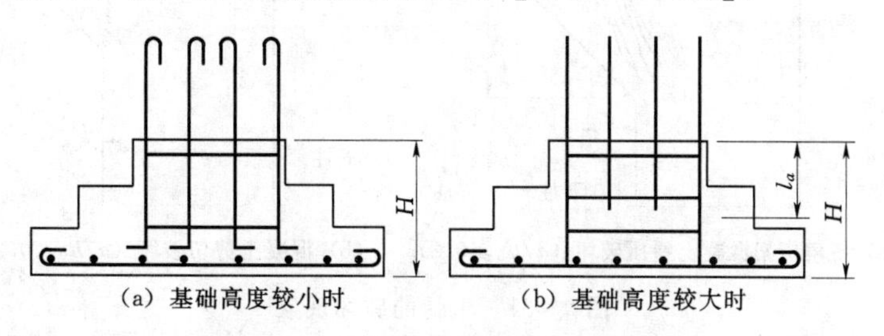

(a) 基础高度较小时　(b) 基础高度较大时

图9-49　立柱与基础固接的做法

对于预制框架，立柱与基础可采用杯形基础连接，即按一定要求将预制的立柱插入基础预留的杯口内，周围回填细石混凝土，即可形成固定支座（图9-50）。回填细石的混凝土宜高于预制混凝土一个强度等级。

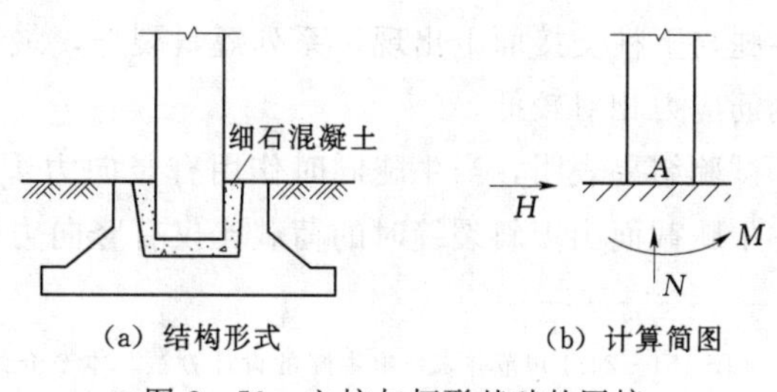

(a) 结构形式　(b) 计算简图

图9-50　立柱与杯形基础的固接

9.9　钢筋混凝土牛腿的设计*

在厂房中，为了支承吊车梁，从柱侧伸出的短悬臂构件俗称牛腿。牛腿是一个变截面深梁，与一般悬臂梁的工作性能完全不同，所以不能把它当作一个短悬臂梁来设计。

9.9.1　试验结果

取牛腿竖向力 F_v 的作用点至下柱边缘的水平距离为 a，牛腿与下柱交接处牛腿垂直截面的有效高度为 h_0。试验表明，影响牛腿承载力的因素有很多，当其他条件相同时，剪跨比 a/h_0 对牛腿的破坏影响最大。a/h_0 比值越大，牛腿承载力越低。随着 a/h_0 的不同，牛腿大致发生以下两种破坏情况：

(1) 当 $a/h_0 \geqslant 0.2$ 时，在竖向荷载作用下，裂缝最先出现在牛腿顶面与上柱相交的部位（图 9-51 中的裂缝①）。随着荷载的增大，在加载板内侧出现第二条裂缝（图 9-51 中的裂缝②），当这条裂缝发展到与下柱相交时，就不再向柱内延伸。在裂缝②的外侧，形成明显的压力带。当在压力带上产生许多相互贯通的斜裂缝，或突然出现一条与斜裂缝②大致平行的斜裂缝③时，就预示着牛腿即将破坏。量测结果表明，在斜裂缝出现后，纵向钢筋应力沿长度方向的分布比较均匀，近似于轴心受拉构件。因此，斜裂缝出现后，牛腿可看作是一个以纵向钢筋为拉杆，斜向受压混凝土为压杆的三角桁架，破坏时，纵向钢筋受拉屈服，混凝土斜向受压破坏。

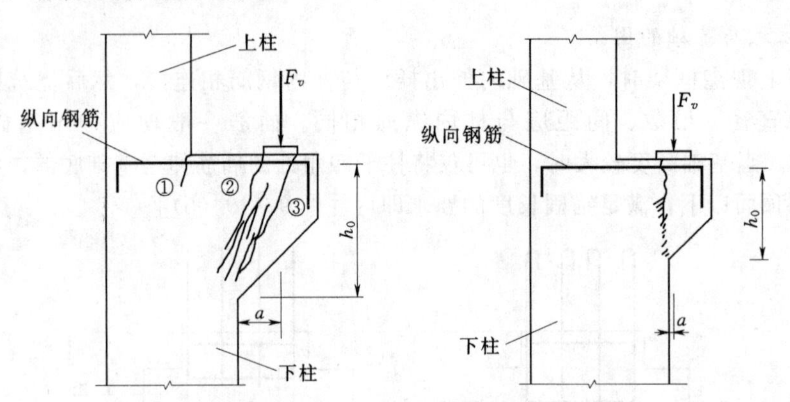

(a) 三角桁架混凝土斜压破坏（$a/h_0 \geqslant 0.2$）　(b) 混凝土剪切破坏（$a/h_0 < 0.2$）

图 9-51　牛腿的破坏现象

(2) 当 $a/h_0 < 0.2$ 时，一般发生沿加载板内侧接近垂直截面的剪切破坏，其特征是在牛腿与下柱交接面上出现一系列短斜裂缝，最后牛腿沿此截面剪切破坏。这时牛腿内纵向钢筋应力相对较低。

试验结果表明，当牛腿同时作用有竖向力 F_v 和水平拉力 F_h 时，由于水平拉力的作用，牛腿截面出现斜裂缝时的荷载比仅有竖向力作用的牛腿有不同程度的降低。同时牛腿

* JTS 151—2011 规范并未列出牛腿的设计方法，本节介绍的是《水工混凝土结构设计规范》（DL/T 5057—2009）列出的设计方法，但将计算公式中的分项系数按 JTS 151—2011 规范的形式进行了替换。

的极限承载能力也降低。试验还表明，有水平拉力作用的牛腿与仅有竖向力作用的牛腿的破坏规律相似。

9.9.2 牛腿截面尺寸的确定

通常牛腿的宽度与柱的宽度相同，牛腿的高度可根据裂缝控制要求确定。一般是先假定牛腿高度 h，然后按下式进行验算（$a \leqslant h_0$ 时）：

$$F_{vk} \leqslant \beta\left(1-0.5\frac{F_{hk}}{F_{vk}}\right)\frac{f_{tk}bh_0}{0.5+\dfrac{a}{h_0}} \tag{9-35}$$

式中 F_{vk}——按荷载标准值计算得出的作用于牛腿顶面的竖向力；

F_{hk}——按荷载标准值计算得出的作用于牛腿顶面的水平拉力；

β——裂缝控制系数，对水电站厂房立柱的牛腿，取 $\beta=0.70$；对承受静荷载作用的牛腿，取 $\beta=0.80$；

f_{tk}——混凝土轴心抗拉强度标准值；

a——竖向力作用点至下柱边缘的水平距离，应考虑安装偏差 20mm；当考虑 20mm 安装偏差后的竖向力作用点仍位于下柱截面以内时，应取 $a=0$；

b——牛腿宽度；

h_0——牛腿与下柱交接处的垂直截面有效高度；取 $h_0=h_1-a_s+c\tan\alpha$，此处，h_1、a_s、c 及 α 的意义如图 9-52 所示，当 $\alpha>45°$时，取 $\alpha=45°$。

牛腿外形尺寸还应满足以下要求：

（1）牛腿外边缘高度 $h_1 \geqslant h/3$，且不应小于 200mm。

（2）吊车梁外边缘至牛腿外缘的距离不应小于 100mm。

（3）牛腿顶面在竖向力设计值 F_v 作用下，其局部受压应力不应超过 $0.90f_c$，否则应采取加大受压面积，提高混凝土强度等级或配置钢筋网片等有效措施。

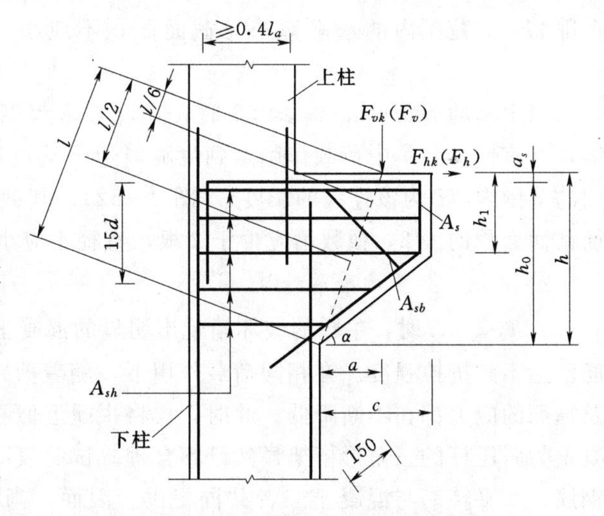

图 9-52 牛腿的外形及钢筋配置

9.9.3 牛腿的配筋计算与构造

如前所述，由于按剪跨比 a/h_0 的不同，牛腿的破坏形态也不同，因此牛腿也相应地有下列两种配筋计算方法。

1. $a/h_0 \geqslant 0.2$ 的配筋计算

$a/h_0 \geqslant 0.2$ 时的破坏在斜裂缝出现后，牛腿可近似看作是以纵筋为水平拉杆，以混凝土为斜压杆的三角形桁架。因而，当牛腿的剪跨比 $a/h_0 \geqslant 0.2$ 时，由承受竖向力 F_v 所需的受拉钢筋和承受水平拉力 F_h 所需的锚筋组成的纵向受力钢筋的总截面面积 A_s，可按下式计算：

$$A_s \geqslant \frac{F_v a}{0.85 f_y h_0} + 1.2\frac{F_h}{f_y} \tag{9-36}$$

式中　F_v——作用在牛腿顶面的竖向力设计值，为荷载设计值在牛腿顶面产生的竖向力与 γ_0 的乘积；γ_0 为结构重要性系数；

F_h——作用在牛腿顶面的水平拉力设计值，为荷载设计值在牛腿顶面产生的水平拉力与 γ_0 的乘积；

f_y——水平钢筋抗拉强度设计值，按附录 B 表 B－3 取用。

纵向受力钢筋宜采用 HRB400 钢筋。

承受竖向力所需的纵向受拉钢筋的配筋率（以截面 bh_0 计）不应小于 0.20%，也不宜大于 0.60%，且根数不宜少于 4 根，直径不应小于 12mm。由于牛腿出现斜裂缝后，纵向受力钢筋的应力沿钢筋全长基本上是相同的，因而纵向受力钢筋不应下弯兼作弯起钢筋。

承受水平拉力的锚筋应焊在预埋件上，且不应少于 2 根，直径不应小于 12mm。

全部纵向受力钢筋及弯起钢筋宜沿牛腿外边缘向下伸入下柱内 150mm 后截断；纵向受力钢筋及弯起钢筋伸入上柱的锚固长度，不应小于受拉钢筋最小锚固长度 l_a，当钢筋在牛腿内水平锚固长度不足时，应伸至牛腿外侧后再向下弯折，经弯折后的水平投影长度不应小于 $0.4l_a$，竖直长度等于 $15d$（图 9－52）。

牛腿应设置水平箍筋，水平箍筋的直径不应小于 6mm，间距为 100～150mm，且在上部 $2h_0/3$ 范围内的水平箍筋总截面面积不应小于承受竖向力的受拉钢筋截面面积的 1/2。

当牛腿的剪跨比 $a/h_0 \geqslant 0.3$ 时，宜设置弯起钢筋 A_{sb}。弯起钢筋宜采用 HRB400 钢筋，并宜使其与集中荷载作用点到牛腿斜边下端点连线的交点位于牛腿上部 $l/6 \sim l/2$ 之间的范围内（l 为该连线的长度）（图 9－52），其截面面积不应小于承受竖向力的受拉钢筋截面面积的 1/2，根数不应少于 2 根，直径不应小于 12mm。

2. $a/h_0 < 0.2$ 的配筋计算

$a/h_0 < 0.2$ 时，牛腿的破坏呈现出明显的混凝土被剪切破坏的特征，顶部纵向受力钢筋已达不到抗拉强度。在相同荷载作用下，随着剪跨比 a/h_0 的减小，顶部纵向受力钢筋及箍筋的应力都在不断降低。此时，再将牛腿近似看作是以纵向受力钢筋为水平拉杆、混凝土为斜压杆的三角形桁架显然已不合理。试验表明，这时的牛腿承载力由顶部纵向受力钢筋、水平箍筋与混凝土三者共同提供。因而，当 $a/h_0 < 0.2$ 时，牛腿应在全高范围内设置水平钢筋。

当 $0 \leqslant a/h_0 < 0.2$ 时，承受竖向力所需的水平钢筋总截面面积 A_{sh} 应满足下式规定：

$$A_{sh} \geqslant \frac{F_v - f_t b h_0}{f_y(1.65 - 3a/h_0)} \tag{9-37}$$

式中　A_{sh}——牛腿全高范围内，承受竖向力所需的水平钢筋总截面面积；

f_t——混凝土抗拉强度设计值，按附录 B 表 B－1 取用；

f_y——水平钢筋抗拉强度设计值，按附录 B 表 B－3 取用。

配筋时，应将 A_{sh} 的 60%～40%（剪跨比较大时取大值，较小时取小值）作为牛腿顶部纵向受拉钢筋，集中配置在牛腿顶面；其余的则作为水平箍筋均匀配置在牛腿全高范围内。

当牛腿顶面作用有水平拉力 F_h 时，顶部受力钢筋还应包括承受水平拉力所需的锚筋，锚筋的截面面积按 $1.2F_h/f_y$ 计算。

承受竖向力所需的顶部受拉钢筋的配筋率（以截面 bh_0 计）不应小于 0.15%。顶部受力钢筋的其他配筋构造要求和锚固要求与 $a/h_0 \geqslant 0.2$ 时相同。

试验研究表明，当牛腿的剪跨比 $a/h_0<0$ 时，只要满足了式（9-35）的牛腿截面尺寸限制条件，在竖向力作用下水平钢筋就不会屈服，水平钢筋所起的作用很小。因此规范规定，当 $a/h_0<0$ 时可不进行牛腿的配筋计算，仅按构造要求配置水平箍筋。但当牛腿顶面作用有水平拉力 F_h 时，承受水平拉力所需的锚筋面积仍应按 $1.2F_h/f_y$ 计算配置。

当 $a/h_0<0.2$ 时，水平箍筋的直径不应小于 8mm，间距不应大于 100mm，其配筋率 $\rho_{sh}=\dfrac{nA_{sh1}}{bs_v}$ 不应小于 0.15%，在此，A_{sh1} 为单肢箍筋的截面面积，n 为肢数，s_v 为水平箍筋的间距。

第10章 预应力混凝土结构

10.1 预应力混凝土的基本概念与分类

钢筋混凝土的主要缺点是抗裂性能差。混凝土的极限拉应变只有 $0.1\times10^{-3}\sim0.15\times10^{-3}$左右，而在使用荷载作用下，钢筋的拉应力大致是其屈服强度的50%～60%，相应的拉应变为$0.6\times10^{-3}\sim1.0\times10^{-3}$，大大超过了混凝土的极限拉应变，所以配筋率适中的钢筋混凝土构件，除偏心距较小的偏压构件外，在使用阶段总会出现裂缝。虽然在一般情况下，只要裂缝宽度不超过0.20～0.40mm，就并不影响构件的正常使用和耐久性，但是对于某些使用上需要严格限制裂缝宽度或不允许出现裂缝的构件，钢筋混凝土就无法满足要求。

在钢筋混凝土结构中，为了不影响正常使用，常需将裂缝宽度限制在0.20～0.40mm以内，由此钢筋的工作应力要控制在200N/mm^{2}左右。所以，虽然采用高强度钢筋是节省钢材和降低工程造价的有效措施，但在钢筋混凝土中采用高强度钢筋是不合理的，因为这时高强度钢筋的强度无法充分利用。

采用预应力混凝土结构是解决上述问题的良好方法。

所谓预应力混凝土结构，就是在外荷载作用之前，先对混凝土预加压力，造成人为的应力状态。它所产生的预压应力能部分或全部抵消外荷载所引起的拉应力。这样，在外荷载作用下，裂缝就能延缓出现或不出现，即使出现了也不会开展过宽。

预应力的作用可用图10-1的梁来说明。在外荷载作用下，梁下边缘产生拉应力σ_3［图10-1（b）］。如果在荷载作用以前，给梁施加一对偏心压力N，使得梁的下边缘产生预压应力σ_1［图10-1（a）］，那么在外荷载作用后，截面的应力分布将是两者的叠加［图10-1（c）］，梁的下缘压力可为压应力（$\sigma_1+\sigma_3<0$）或数值很小的拉应力（$\sigma_1+\sigma_3>0$）。

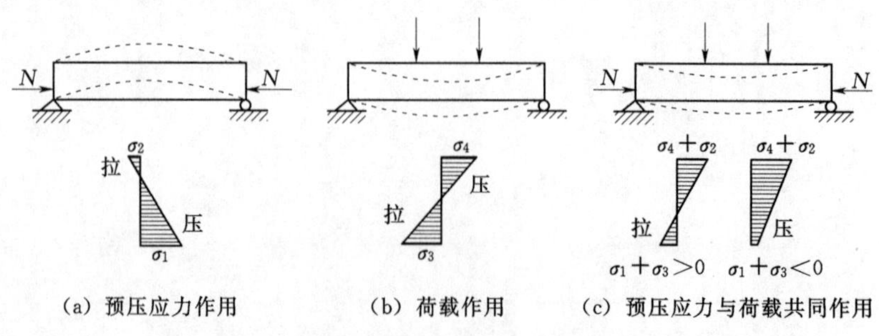

图10-1 预应力简支梁的基本受力原理

由此可见，施加预应力能使裂缝推迟出现或根本不出现，所以就有可能利用高强度钢材，提高经济效益。预应力混凝土结构与钢筋混凝土结构相比，可节省钢材30%～50%。由于采用的材料强度高，可使截面减小、自重减轻，就有可能建造大跨度承重结构。同时因为混凝土不开裂，也就提高了构件的刚度，在预加偏心压力时又有反拱产生，从而可减少构件的总挠度。特别是可从根本上解决裂缝问题，对水运建筑物的意义尤为重大，在接触氯盐的海水环境下，混凝土不开裂能大大改善混凝土结构的耐久性。

预应力混凝土已广泛地应用于工业与民用建筑、交通运输建筑中。例如，预应力楼板、Ⅱ形屋面板、屋面大梁、屋架、吊车梁、桥梁、圆形水池等已被大量采用。在水运工程中也用来修建码头、栈桥的纵梁与桩，仓库的屋面梁与吊车梁等结构构件。

图10-2所示为一预应力整体闸首结构（坞式结构）的横剖面。该闸首结构的底板除了布置了6层Φ36水平间距200mm的非预应力筋外，还布置5层水平间距700mm的预应力钢筋束，每根预应力钢筋束的张拉吨位为3000kN，用于减小底板的拉应力，防止裂缝出现或限制裂缝宽度。

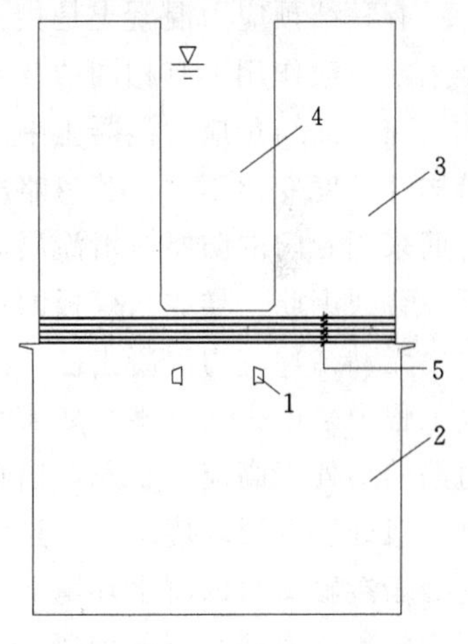

图10-2 预应力整体坞式结构
1—廊道；2—底板；3—墩墙；4—航道；5—预应力钢筋束

对于某些有特殊要求的结构，例如需防止海水腐蚀的海上采油平台、需耐高温高压的核电站大型压力容器等，采用预应力混凝土结构更有它的优越性，而这是其他结构所不能比拟的。

采用预应力混凝土结构也有它的缺陷或需要加以解决的问题，如施工工序多，工艺复杂，锚具和张拉设备以及预应力筋等材料价格较高；完全采用预应力筋配筋的构件，由于预加应力过大而使得构件的开裂荷载与破坏荷载过于接近，破坏前无明显预兆；某些结构构件，如大跨度桥梁结构，施加预压力时容易产生过大的反拱，在预压力的长期作用下还会继续增大，以致影响正常使用。

为了克服采用过多预应力筋所带来的问题，国内外通过试验研究和工程实践，对预应力混凝土早期的设计准则——“预应力混凝土构件在使用阶段不允许出现拉应力”进行了修正和补充，提出预应力混凝土构件可根据不同功能的要求，分成不同的类别进行设计。

在我国，预应力混凝土结构是根据裂缝控制等级来分类设计的，如2015年版《混凝土结构设计规范》(GB 50010—2010)、《水工混凝土结构设计规范》(DL/T 5057—2009)和《水工混凝土结构设计规范》(SL 191—2008）规定预应力混凝土结构构件设计时，应根据环境类别选用不同的裂缝控制等级：

(1) 一级——严格要求不出现裂缝的构件，要求构件受拉边缘混凝土不应产生拉应力。

(2) 二级——一般要求不出现裂缝的构件，要求构件受拉边缘混凝土的拉应力不超过规定的混凝土拉应力限值。

(3) 三级——允许出现裂缝的构件，要求构件正截面最大裂缝宽度计算值不超过规定的限值。

上述一级控制的预应力混凝土结构也常称为全预应力混凝土结构，二级与三级控制的也常称为部分预应力混凝土结构。

部分预应力混凝土是介于全预应力混凝土和钢筋混凝土之间的一种预应力混凝土。它有如下的一些优点：①由于部分预应力混凝土所施加的预应力比较小，可较全预应力混凝土减少预应力筋数量，或可用一部分中强度的非预应力筋来代替高强度的预应力筋（混合配筋），这使得总造价有所降低；②部分预应力混凝土可以减少过大的反拱；③从抗震的角度来说，全预应力混凝土的延性较差，而部分预应力混凝土的延性比较好一些。部分预应力混凝土由于有这些特点，近年来受到普遍重视。

按照预应力筋与混凝土的黏结状况，预应力混凝土结构可分为有黏结预应力混凝土与无黏结预应力混凝土两种。

有黏结预应力混凝土是指预应力筋与周围的混凝土有可靠的黏结，使得预应力筋与混凝土在荷载作用下有相同的变形。

在无黏结预应力混凝土中，预应力筋与周围的混凝土没有任何黏结。预应力筋的应力沿构件长度变化不大，若忽略摩阻力影响则可认为是相等的。无黏结预应力混凝土的预应力筋采用专门的防腐润滑涂层和塑料护套包裹，制作构件时无须预留孔道和灌浆，施工时可像普通钢筋一样放入模板即可浇筑混凝土，张拉工序简单，施工非常方便。

无黏结预应力混凝土已广泛应用于多层与高层建筑的楼板结构中，但在水运和水利水电工程中采用得还不多，如需采用必须经过论证。这是因为在预应力混凝土结构中，预应力筋始终处于高应力状态，出现一点腐蚀损伤就容易发生脆性断裂。水运和水利水电建筑物一般处于潮湿环境中，一旦混凝土开裂预应力筋容易锈蚀，从而引起脆性断裂。海港结构处于接触氯盐的海水环境下，一旦混凝土开裂预应力筋更容易锈蚀。而无黏结预应力混凝土的预应力筋与周围混凝土没有黏结，只要有一处预应力筋出现断裂，预应力就完全丧失。

正是由于海港结构处于接触氯盐的海水环境下，一旦混凝土开裂预应力筋更容易锈蚀，因此，在水运工程中，预应力混凝土结构至少要二级裂缝控制。也就是说，在水运工程中，预应力混凝土结构都是要求抗裂的，只分成一级裂缝控制和二级裂缝控制两种，不像其他行业除有一级和二级两种裂缝控制等级外，还有三级裂缝控制等级，允许某些预应力混凝土构件开裂。

预应力混凝土构件除与钢筋混凝土构件一样需要按承载能力和正常使用两种极限状态进行计算外，还需验算施工阶段（制作、运输、安装）的承载能力与抗裂性能，当预应力筋采用高强钢丝时还需验算预应力筋的应力。因此，设计预应力混凝土构件时，计算内容包括下列几方面。

1. 使用阶段

（1）承载力计算。

（2）抗裂、裂缝宽度验算。

（3）挠度验算。

2. 施工阶段

（1）承载力验算。

（2）抗裂验算。

（3）预应力筋应力验算。

本书只涉及有黏结预应力混凝土结构的设计方法，无黏结预应力混凝土结构的设计可参阅《无粘结预应力混凝土结构技术规程》(JGJ 92—2016)。

10.2　施加预应力的方法、预应力混凝土的材料与锚（夹）具

10.2.1　施加预应力的方法

在构件上建立预应力的方法有多种，目前一般是通过张拉预应力筋来实现的，也就是将张拉后的预应力筋锚固在混凝土构件上，预应力筋弹性回缩，就使混凝土受到压力。根据张拉预应力筋与混凝土浇筑的先后关系，可将建立预应力的方法分为先张法与后张法两大类。

1. 先张法——张拉预应力筋在浇筑混凝土之前（图 10-3）

先张法生产有台座法和钢模机组流水法两种，它们是在专门的台座上或钢模上张拉预应力筋，张拉后将预应力筋用夹具临时固定在台座或钢模的传力架上，这时张拉预应力筋所引起的反作用力由台座或钢模承受。然后在张拉好的预应力筋周围浇捣混凝土，待混凝土养护结硬达到足够强度后（一般不低于设计的混凝土强度等级的 75%，以保证预应力筋与混凝土之间具有足够的黏结力），从台座或钢模上切断或放松预应力筋（简称放张）。放张后，预应力筋弹性回缩，使得与预应力筋黏结在一起的混凝土受到预压力，形成预应力混凝土构件。

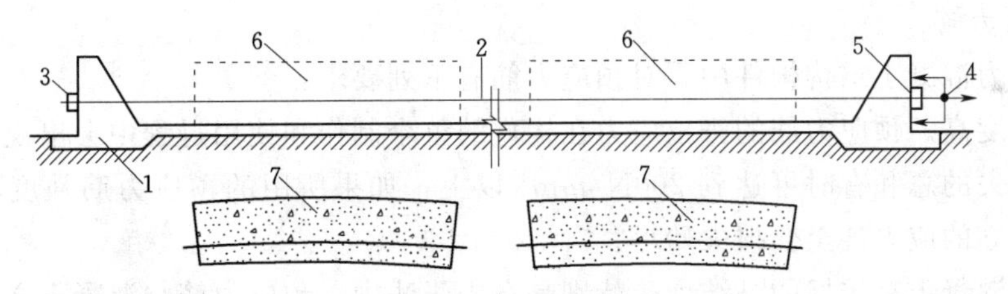

图 10-3　先张法示意图

1—长线式固定台座；2—预应力筋；3—固定端夹具；4—千斤顶张拉预应力筋；5—张拉端夹具；6—浇筑混凝土、养护；7—放张后的预应力混凝土构件

在先张法构件中，预应力是靠预应力筋与混凝土之间的黏结力传递的。

先张法需要有专门的张拉台座或钢模机组，基建投资比较大，适宜于专门的预制构件厂制造大批量的构件，如房屋的檩条、屋面板和楼板，码头的梁、板、桩等。先张法可以用长线台座（台座长 50～200m）成批生产，几个或十几个构件的预应力筋可一次张拉，生产效率高。先张法施工工序也比较简单，但一般常用于直线配筋，限于台座的承载能力，能施加的预压力也比较小，同时为了便于运输，通常只用于中小型构件。

先张法构件一般采用钢丝、冷拉钢筋作为预应力筋。

2. 后张法——张拉预应力筋在浇筑混凝土之后（图 10-4）

后张法是先浇筑好混凝土，并在预应力筋的设计位置上预留出孔道（直线形或曲线

形），等混凝土达到足够强度后（不低于设计的混凝土强度等级的75%），将预应力筋穿入孔道，并利用构件本身作为加力台座进行张拉，一边张拉预应力筋，构件一边就被压缩。张拉完毕后，用锚具将预应力筋锚固在构件的端部，然后在孔道内进行灌浆，以防止预应力筋锈蚀并使预应力筋与混凝土更好地黏结成一个整体。在后张法构件中，预应力筋内的预应力是靠构件两端的锚具传给混凝土的。

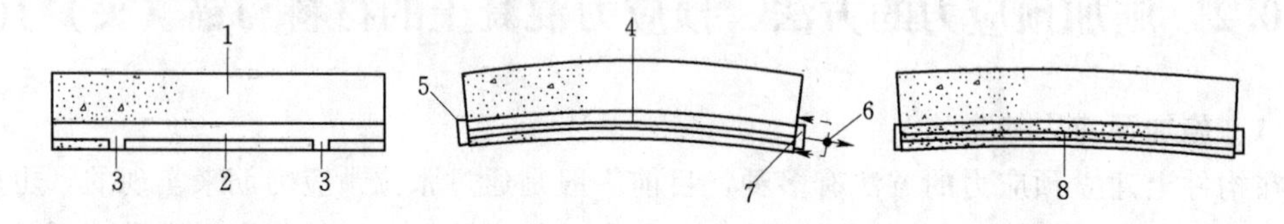

图10-4　后张法示意图

1—浇筑混凝土、养护；2—预留孔道；3—灌浆孔（通气孔）；4—预应力筋；5—固定端锚具；6—千斤顶张拉预应力筋，同时预压构件混凝土；7—张拉端锚具；8—压力灌浆（水泥浆）

后张法不需要专门台座，可以在现场制作，预应力筋可根据构件受力情况布置成曲线形，因此多用于大型构件。后张法增加了留孔、灌浆等工序，施工比较复杂，且所用的锚具要附在构件内，耗钢量较大。

后张法的预应力筋常采用钢绞线、钢丝束等。

先张法和后张法灌浆的预应力混凝土构件都是有黏结预应力混凝土构件。后张法也有不灌浆的，若不灌浆就是无黏结预应力混凝土。

10.2.2　预应力混凝土结构构件的材料

1. 预应力筋

在预应力混凝土结构构件中，对预应力筋有下列要求：

（1）强度高。预应力筋的张拉应力在构件的整个制作和使用过程中会出现各种应力损失。这些损失的总和有时可达到200N/mm^{2}以上，如果所用的预应力筋强度不高，那么张拉时所建立的应力甚至会损失殆尽。

（2）与混凝土有较好的黏结力。特别是在先张法中，预应力筋与混凝土之间必须有较高的黏结自锚强度。对一些高强度的光圆钢丝就要通过“刻痕”“做肋”，使它形成刻痕钢丝、螺旋肋钢丝，以增加黏结力。

（3）具有足够的塑性和良好的加工性能。钢材强度越高，其塑性（拉断时的延伸率）就越低。预应力筋塑性太低，特别在处于低温和冲击荷载条件下时，就有可能发生脆性断裂。良好的加工性能是指焊接性能好，以及采用镦头锚板时，钢丝头部镦粗后不影响原有的力学性能等。

目前我国常用的预应力筋有钢丝、钢绞线、钢丝束、螺纹钢筋、钢棒、中强度预应力钢丝等。

在我国，预应力混凝土结构采用的钢丝都是消除应力钢丝。按外形分有光圆钢丝、螺旋肋钢丝、刻痕钢丝三种；按应力松弛性能分则有低松弛和普通松弛两种。钢丝的极限抗拉强度标准值最高可达1860N/mm^2。在后张法构件中，当需要钢丝的数量很多时，钢丝常成束布置，称为钢丝束。钢丝束就是将几根或几十根钢丝按一定的规律平行地排列，用钢丝或其他材料扎在一起。排列的方式有单根单圈、单根双圈、单束单圈等，如图 10-5 所示。

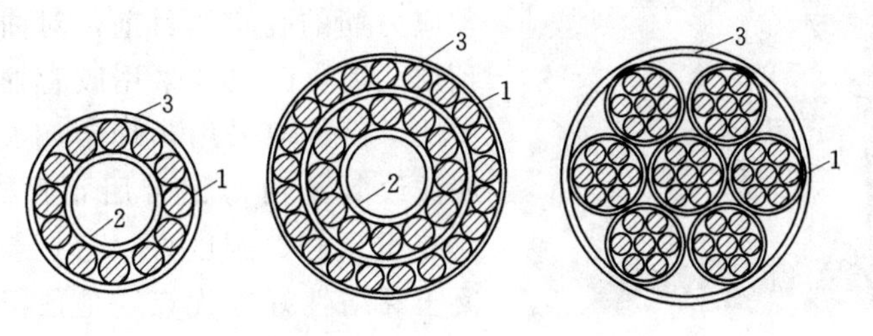

图 10-5　钢丝束的形式

1—钢丝；2—芯子；3—绑扎铁丝

钢绞线是将多股平行的碳素钢丝按一个方向扭绞而成的，如图 10-6 所示。用三根钢丝捻制的钢绞线（1×3），公称直径有 8.6mm、10.8mm、12.9mm 三种。用七根钢丝捻制的钢绞线（1×7），公称直径有 9.5mm、12.7mm、15.2mm、17.8mm 四种。钢绞线的极限抗拉强度标准值可达 1960N/mm^2。钢绞线与混凝土黏结较好，应力松弛小，端部还可以设法镦粗；比钢筋或钢丝束柔软，以盘卷供应，便于运输及施工。每盘钢绞线由一整根组成，如无特别要求，每盘长度一般大于 200m。

无黏结预应力筋分为无黏结预应力钢丝束和无黏结预应力钢绞线两种。它们用的钢丝与有黏结预应力筋相同，所不同的是无黏结预应力筋的表面涂刷油脂，应用塑料套管或塑料布带作为包裹层加以保护，形成可相互滑动的无黏结状态，如图10-7所示。

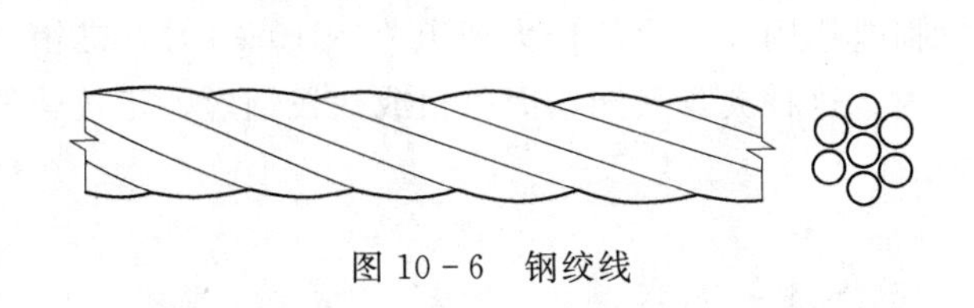

图 10-6　钢绞线

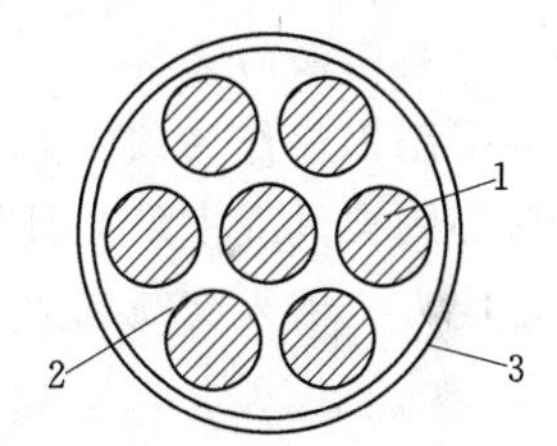

图 10-7　无黏结预应力筋

1—钢丝束或钢绞线；2—油脂；3—塑料薄膜套管

螺纹钢筋与钢棒的规格见第 1 章。

预应力筋的强度设计值与强度标准值见附录 B 表 B-4 与表 B-8。

2. 混凝土

在预应力混凝土结构构件中，对混凝土有下列一些要求：

(1) 强度要高，以与高强度预应力筋相适应，保证预应力筋充分发挥作用，并能有效地减小构件截面尺寸和减轻自重。

(2) 收缩、徐变要小，以减少预应力损失。

(3) 快硬、早强，能尽早施加预应力，加快施工进度，提高设备利用率。

预应力混凝土结构构件的混凝土强度等级不应低于 C30；当采用钢绞线、钢丝作预应力筋时，混凝土强度等级不宜低于 C40。

图10-8 波纹管

后张法预应力混凝土构件施工时，需预留预应力筋的孔道。目前，对曲线预应力筋束的预留孔道，已较少采用胶管抽芯和预埋钢管的方法，而普遍采用预埋金属波纹管的方法。金属波纹管是由薄钢带用卷管机压波后卷成的，具有重量轻、刚度好、弯折与连接简便、与混凝土黏结性好等优点，是预留预应力筋孔道的理想材料。波纹管一般为圆形，也有扁形的；波纹有单波纹和双波纹之分。如图10-8所示。

在后张法有黏结预应力混凝土构件中，张拉并锚固预应力筋后，孔道需灌浆。灌浆的目的是：①保护预应力筋，避免预应力筋受到腐蚀；②使预应力筋与周围混凝土共同工作，变形一致。因此，要求水泥浆具有良好的黏结性能，收缩变形要小。

10.2.3 锚具与夹具

锚具和夹具是锚固及张拉预应力筋时所用的工具。在先张法中，张拉预应力筋时要用张拉夹具夹持预应力筋，张拉完毕后要用锚固夹具将预应力筋临时锚固在台座上。后张法中也要用锚具来张拉和锚固预应力筋。通常把锚固在构件端部，与构件连成一起共同受力不再取下的称为锚具；在张拉过程中夹持预应力筋，以后可取下并重复使用的称为夹具。锚具与夹具有时也能互换使用。锚具、夹具的品种繁多，其选择与构件的外形、预应力筋的品种规格和数量有关，同时还必须与张拉设备配套，这里只作简单介绍。

10.2.3.1 先张法的夹具

如果采用钢丝作为预应力筋，则可利用偏心夹具夹住钢丝用卷扬机张拉（图10-9），再用锥形锚固夹具或楔形夹具将钢丝临时锚固在台座的传力架上（图10-10），锥销（或楔块）可用人工锤入套筒（或锚板）内。这种夹具只能锚固单根或双根钢丝，工效较低。

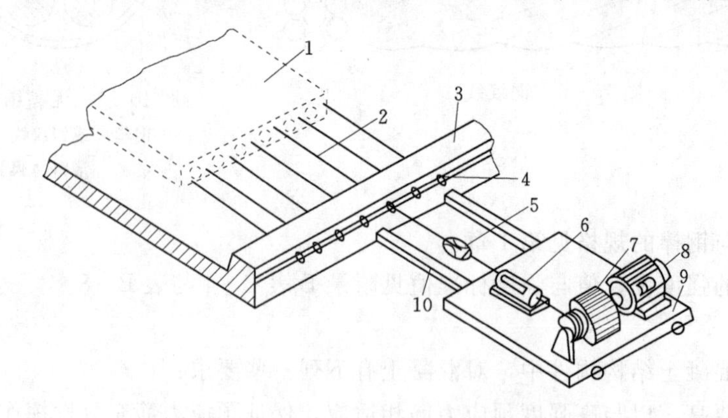

图10-9 先张法单根钢丝的张拉

1—预制构件（空心板）；2—预应力钢丝；3—台座传力架；4—锥形夹具；5—偏心夹具；6—弹簧秤（控制张拉力）；7—卷扬机；8—电动机；9—张拉车；10—撑杆

如果在钢模上张拉多根预应力钢丝时，则可采用梳子板夹具（图10-11）。钢丝两端用镦头（冷镦）锚定，利用安装在普通千斤顶内活塞上的爪子钩住梳子板上两个孔洞施力于梳子板，钢丝张拉完毕立即拧紧螺母，钢丝就临时锚固在钢模横梁上。梳子板夹具施工工效高。

（a）锥形夹具　（b）偏心夹具　（c）楔形夹具

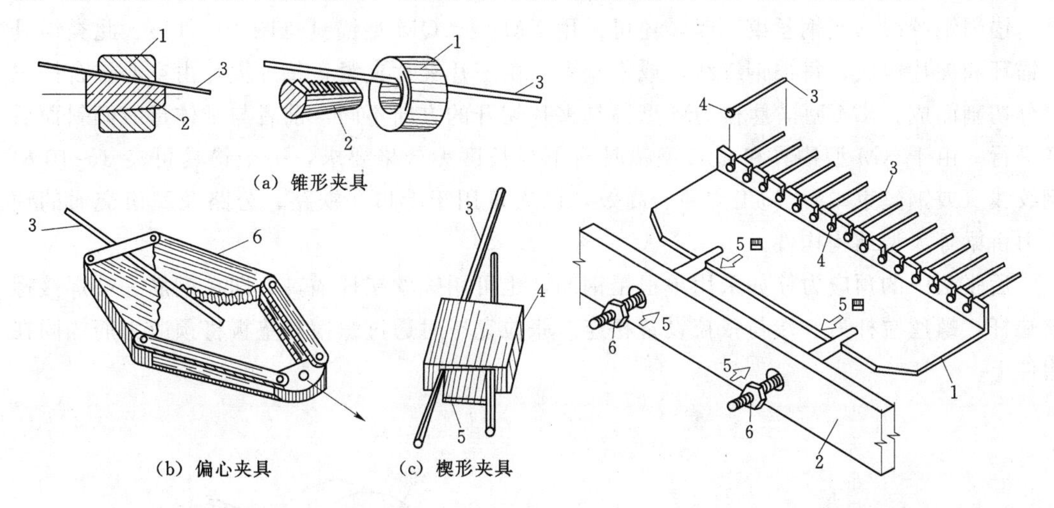

图 10-10　锥形夹具、偏心夹具和楔形夹具

1—套筒；2—锥销；3—预应力钢丝；4—锚板；5—楔块；6—偏心夹具

图 10-11　梳子板夹具

1—梳子板；2—钢模横梁；3—钢丝；4—镦头（冷镦）；5—千斤顶张拉时抓钩孔及支撑位置示意；6—固定用螺母

10.2.3.2　后张法的锚具

钢丝束常采用锥形锚具配用外夹式双作用千斤顶进行张拉（图 10-12）。锥形锚具由锚圈及带齿的圆锥体锚塞组成。锚塞中间有小孔作锚固后灌浆之用。由双作用千斤顶张拉钢丝束后又将锚塞顶压入锚圈内，将预应力钢丝卡在锚圈与锚塞间，在张拉千斤顶放松预应力钢丝后，钢丝向梁内回缩时带动锚塞向锚圈内楔紧，这样预应力钢丝通过摩阻力将预应力传到锚圈，锚圈将力传给垫板，最后通过垫板将预加力传到混凝土构件上。锥形锚具可张拉 12～14 根直径为 5mm 的钢丝组成的钢丝束。

（a）锥形锚具　（b）双作用千斤顶

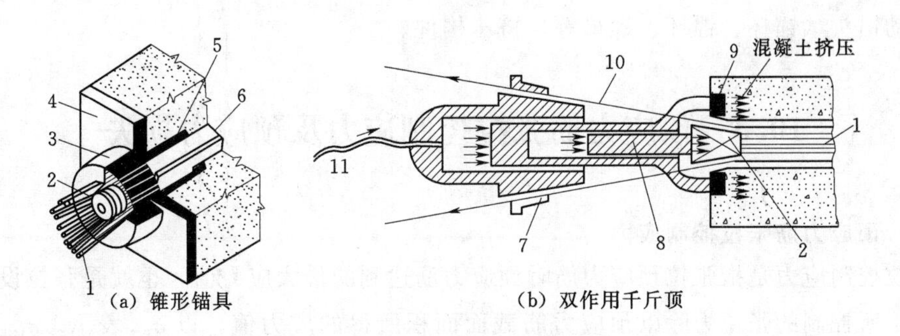

图 10-12　锥形锚具及外夹式双作用千斤顶

1—钢丝束；2—锚塞；3—钢锚圈；4—垫板；5—孔道；6—套管；7—钢丝夹具；8—内活塞；9—锚板；10—张拉钢丝；11—油管

张拉钢丝束和钢绞线束时，则可用 JM 型锚具配用穿心式千斤顶。图 10-13 为 JM12 型锚具，它是由锚环和夹片（呈楔形）组成的。夹片可为 3 片、4 片、5 片或 6 片，用以

锚固3～6根直径为12～14mm的钢丝或5～6根7股4mm钢绞线。

锚固钢绞线（或钢丝束）时，还可采用XM型、QM型锚具（图10-14）。此类锚具由锚环和夹片组成，每根钢绞线（或钢丝束）由三片夹片夹紧，每片夹片由空心锥台按三等分切割而成。XM型锚具和QM型锚具夹片切开的方向不同，前者与锥体母线倾斜而后者平行。由于XM型锚具和QM型锚具对下料长度无严格要求，一个锚具可夹3～10根钢绞线（或钢丝束），故施工方便、高效，已大量用于港口、铁路、公路及城市交通的预应力桥梁等大型结构构件。

后张法中的预应力筋如采用单根粗钢筋，也可用螺丝端杆锚具，即在钢筋一端焊接螺丝端杆，螺丝端杆另一端与张拉设备相连。张拉完毕时通过螺帽和垫板将预应力筋锚固在构件上。

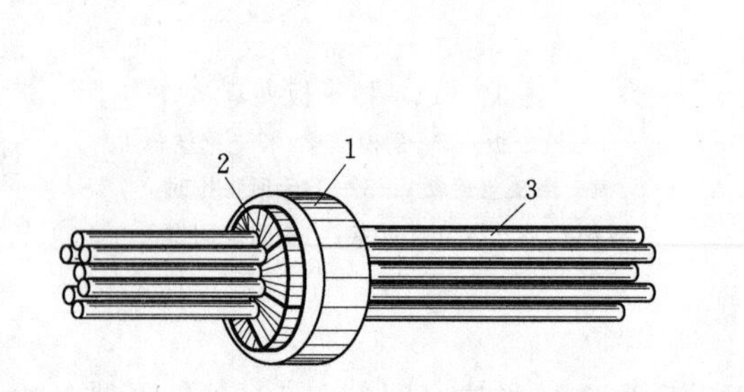

图10-13　JM型锚具

1—锚环；2—夹片；3—钢筋束

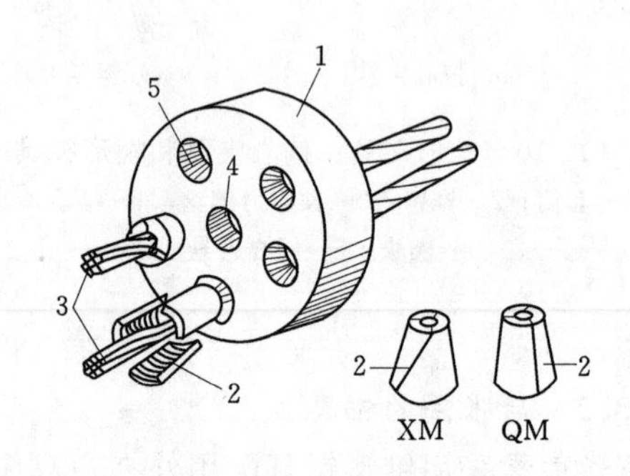

图10-14　XM型锚具、QM型锚具

1—锚环；2—夹片；3—钢绞线；4—灌浆孔；5—锥台孔洞

除了上述一些锚具、夹具外，还有帮条锚具、锥形螺杆锚具、镦头锚具、大直径预应力螺纹钢筋锚具、铸锚锚具以及大型混凝土锚头等。虽然锚具形式多种多样，但其锚固原理不外乎依靠螺丝扣的剪切作用、夹片的挤压与摩擦作用、镦头的局部承压作用，最终都需要带动锚头（锚杯、锚环、螺母等）挤压构件。

10.3　预应力筋张拉控制应力及预应力损失

10.3.1　预应力筋张拉控制应力

张拉控制应力是指张拉预应力筋时预应力筋达到的最大应力值，也就是张拉设备（如千斤顶）所控制的张拉力除以预应力筋截面面积所得的应力值，以σ_{con}表示。σ_{con}值定得越高，预应力筋用量就可越少。但由于钢筋强度的离散性、张拉操作中的超张拉等因素，如果将σ_{con}定得过高，张拉时可能使预应力筋应力进入钢材的屈服阶段，产生塑性变形，反而达不到预期的预应力效果。另外，焊接质量也有可能存在缺陷，σ_{con}过高，容易发生安全事故。所以JTS 151—2011规范规定，在设计时，σ_{con}值一般情况下不宜超过表10-1所列数值。

表 10-1　　张拉控制应力限值 [σ_{con}]

项次	预应力筋种类	[σ_{con}]	
		先张法	后张法
1	消除应力钢丝、钢绞线	$0.75f_{ptk}$	$0.75f_{ptk}$
2	钢棒、螺纹钢筋	$0.70f_{ptk}$	$0.65f_{ptk}$
3	冷拉热轧钢筋	$0.90f_{pyk}$	—

表中 f_{ptk} 和 f_{pyk}[1]为预应力筋强度标准值，可由附录 B 表 B-8 查得。从表 10-1 看到，[σ_{con}] 是以预应力筋的强度标准值给出的[2]。这是因为张拉预应力筋时仅涉及材料本身，与构件设计无关，故 [σ_{con}] 可不受预应力筋的强度设计值的限制，而直接与标准值相联系。

JTS 151—2011 规范还规定，处于下列情形之一时，表中的 [σ_{con}] 值可提高 $0.05f_{ptk}$ 或 $0.05f_{pyk}$：①为了提高构件制作、运输及吊装阶段的抗裂性能，而在使用阶段受压区内设置的预应力筋；②需要部分抵消应力松弛、摩擦、预应力筋分批张拉以及预应力筋与张拉台座之间的温差等因素产生的预应力损失时。

张拉控制应力允许值 [σ_{con}] 不宜取得过低，否则会因各种应力损失使预应力筋的回弹力减小，不能充分利用预应力的强度。因此 JTS 151—2011 规范规定，消除应力钢丝、钢绞线、钢棒、螺纹钢筋的 σ_{con} 应不小于 $0.4f_{ptk}$，冷拉热轧钢筋的 σ_{con} 应不小于 $0.5f_{pyk}$。

从表 10-1 可见，对同一钢种，先张法的预应力筋张拉控制应力 σ_{con} 较后张法大一些。这是由于在先张法中，张拉预应力筋达到控制应力时，构件混凝土尚未浇筑，当从台座上放松预应力筋使混凝土受到预压时，预应力筋已随着混凝土的压缩而回缩，因此在混凝土受到预压应力时，预应力筋的预拉应力已经小于控制应力 σ_{con} 了。而对后张法来说，在张拉预应力筋的同时，混凝土即受挤压，当预应力筋张拉达到控制应力时，混凝土的弹性压缩也已经完成，不必考虑由于混凝土的弹性压缩而引起预应力筋应力值的降低。所以，当控制应力 σ_{con} 相等时，先张法构件所建立的预应力值比后张法要小。这就是在先张法中所采用的控制应力值规定得比后张法要大一些的原因。

10.3.2 预应力损失

实测表明，在没有外荷载作用的情况下，预应力筋在构件内各部分的实际预拉应力比张拉时的控制应力小不少，其减小的那一部分应力称为预应力损失。预应力损失与张拉工艺、构件制作、配筋方式和材料特性等因素有关。由于各影响因素之间相互制约且有的因素还是时间的函数，因此确切测定预应力损失比较困难。规范则是以各个主要因素单独造成的预应力损失之和近似作为总损失来进行计算的。预应力损失的计算是构件受载前的应力状态分析和构件设计的重要内容及前提。

在设计和施工预应力混凝土构件时，应尽量正确地预计预应力损失，并设法减少预应

---

[1] f_{ptk} 和 f_{pyk} 的下标 p 表示预应力，t 表示极限抗拉强度（硬钢），y 表示屈服抗拉强度（软钢），k 表示标准值；f_{ptk} 表示采用硬钢的预应力筋强度标准值，f_{pyk} 表示采用软钢的预应力筋强度标准值。

[2] 螺纹钢筋以屈服强度划分级别，为软硬，[σ_{con}] 理应以屈服强度标准值 f_{pyk} 表示，国标 2015 年版《混凝土结构设计规范》（GB 50010—2010）已采用 f_{pyk} 表示。

力损失。预应力损失可以分为6种，下面分别予以介绍。

10.3.2.1 张拉端锚具变形和预应力筋内缩引起的预应力损失σ_{l1}

不论先张法还是后张法，张拉端锚具、夹具对构件或台座施加挤压力是通过预应力筋回缩带动锚具、夹具来实现的。由于预应力筋的回弹方向与张拉时的拉伸方向相反，因此，只要一卸去张拉力，预应力筋就会在锚具、夹具中产生滑移（内缩），锚具、夹具就会受到挤压而产生压缩变形（包括接触面间的空隙），采用垫板时垫板间缝隙也会被挤紧，这些变形使得原来拉紧的预应力筋发生内缩。预应力筋内缩，应力就会有所降低，由此造成的预应力损失称为σ_{l1}。

对预应力直线预应力筋，σ_{l1}可按下式计算：

$$\sigma_{l1}=\frac{a}{l}E_s \tag{10-1}$$

式中 a——张拉端锚具变形和预应力筋内缩值，mm，可按表10-2取用，也可根据实测数据确定；表10-2未列的其他类型锚具应根据实测数据确定。

l——张拉端至锚固端之间的距离，mm；

E_s——预应力筋的弹性模量，N/mm²。

表10-2　锚具变形和预应力筋内缩值a

锚具类别		a/mm
钢丝束的锥形螺杆锚具、筒式锚具等带螺帽的锚具	螺帽缝隙	1
	每块后加垫板的缝隙	1
钢丝束的墩头锚具		1
钢丝束的钢制锥形锚具		5
夹片式锚具	有顶压时	5
	无顶压时	6～8
单根螺纹钢筋的锥形锚具		5

由于锚固端的锚具在张拉过程中已经被挤紧，所以式（10-1）中的a值只考虑张拉端。由式（10-1）可看出，增加l可减小σ_{l1}，因此对先张法构件，若台座长度l超过100m时，σ_{l1}可忽略不计。在后张法构件中，当采用双端同时张拉时，预应力筋的锚固端应认为是在构件长度的中点处，即式（10-1）中的l应取构件长度的一半。

对于后张法构件的曲线或折线预应力筋，因锚具变形和预应力筋内缩引起的预应力损失σ_{l1}如图10-15（b）所示。距张拉端x处的σ_{l1x}是根据预应力筋与孔道壁之间反向摩擦影响长度l_f范围内，预应力筋变形值等于锚具变形和预应力筋内缩值的条件确定[1]。当预应力筋为抛物线形时，可近按圆弧形曲线考虑。若圆弧形曲线预应力筋对应的圆心角不大于30°时，σ_{l1}可按式（10-2）和式（10-3）计算，其余情况可参阅规范。

$$\sigma_{l1x}=2\sigma_{con}l_f\left(\frac{\mu}{r_c}+\kappa\right)\left(1-\frac{x}{l_f}\right) \tag{10-2}$$

[1] 具体推导可参阅有关教科书，如参考文献[20]。

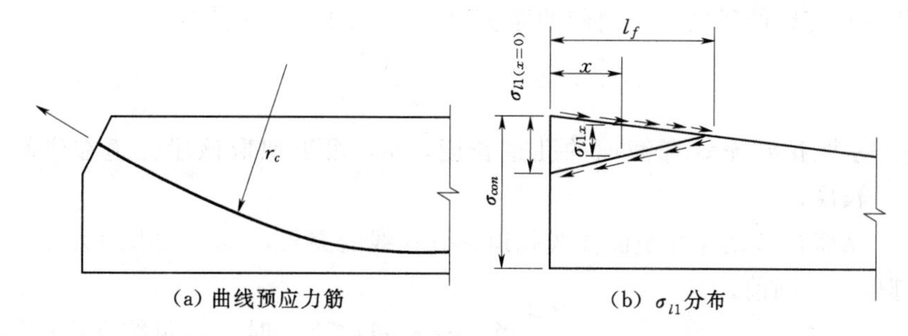

(a) 曲线预应力筋　　(b) σ_{l1}分布

图 10-15　曲线预应力筋或折线因锚具变形和预应力筋内缩引起的预应力损失示意图

$$l_f=\sqrt{\frac{aE_s}{1000\sigma_{con}\left(\frac{\mu}{r_c}+\kappa\right)}} \tag{10-3}$$

式中　l_f——曲线预应力筋与孔道壁之间反向摩擦影响长度，m；

r_c——圆弧曲线预应力筋的曲率半径，m；

μ——预应力筋与孔道壁的摩擦系数，按表 10-3 取用；

κ——考虑孔道每米长度局部偏差的摩擦系数，按表 10-3 取用；

x——张拉端至计算截面的距离，m，且应符合 $x\leqslant l_f$ 的规定；

其余符号的意义同前。

表 10-3　　**摩擦系数 κ、μ**

孔道成型方式	κ	μ
预埋波纹管	0.0015	0.25
预埋钢管	0.0010	0.30
橡胶管或钢管抽芯成型	0.0014	0.55
预埋铁皮管	0.0030	0.35

注　1. 表中系数也可以根据实测数据确定。
2. 当采用钢丝束的钢制锥形锚具及类似形式锚具时，尚应考虑锚环口处的附加摩擦损失，其值可根据实测数据确定。

圆弧曲线预应力筋的曲率半径 r_c 按下式计算：

$$r_c=\frac{l^2}{8a_t}+\frac{a_t}{2} \tag{10-4}$$

式中　l——预应力混凝土梁的跨度；

a_t——端部截面与跨中截面预应力筋的高度差。

为了减少锚具变形损失，应尽量减少垫板的块数（每增加一块垫板，a 值就要增加 1mm，见表 10-2），并在施工时注意认真操作。

10.3.2.2　预应力筋与孔道壁之间摩擦引起的预应力损失 σ_{l2}

后张法构件在张拉预应力筋时，由于预应力筋与孔道壁之间的摩擦作用，张拉端到锚固端的实际预拉应力值逐渐减小，减小的应力值即为 σ_{l2}。摩擦损失包括两部分：由预留孔道中心与预应力筋（束）中心的偏差引起上述两种不同材料间的摩擦阻力；曲线配筋时由预应力筋对孔道壁的径向压力引起的摩擦阻力。σ_{l2}可按下式计算：

$$\sigma_{l2}=\sigma_{con}\left(1-\frac{1}{e^{\kappa x+\mu\theta}}\right) \tag{10-5a}$$

式中　x——从张拉端至计算截面的孔道长度，m，可近似取该段孔道在纵轴上的投影长度；

θ——从张拉端至计算截面曲线孔道部分切线的夹角，rad，如图 10－16 所示；

其他符号意义同前。

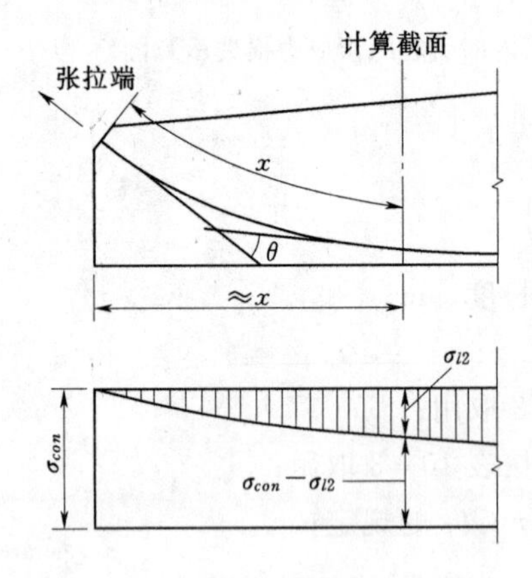

图 10－16　曲线配筋摩擦损失示意图

当 $(\kappa x+\mu\theta)\leqslant 0.2$ 时，σ_{l2}可按下式近似计算：

$$\sigma_{l2}=(\kappa x+\mu\theta)\sigma_{con} \tag{10-5b}$$

先张法构件当采用折线形预应力筋时，应考虑加设转向装置处引起的摩擦损失，其值应按实际情况确定。

减小摩擦损失的办法如下：

(1) 两端张拉。比较图 10－17 (a) 和图 10－17 (b) 可知，两端张拉比一端张拉可减小 1/2 摩擦损失值，但两端张拉比一端张拉多一个张拉端，会增加 σ_{l1}，当构件长度超过 18m 或曲线式配筋时常采用两端张拉的施工方法。

(2) 超张拉。如图 10－17 (c) 所示，超张拉的张拉顺序为：$0\rightarrow 1.1\sigma_{con}\xrightarrow{\text{停 2min}}0.85\sigma_{con}\xrightarrow{\text{停 2min}}\sigma_{con}$。当张拉端的张拉应力从 0 超张拉至 $1.1\sigma_{con}$（点 A 到点 E）时，预应力沿 EHD 分布。当张拉应力从 $1.1\sigma_{con}$ 降到 $0.85\sigma_{con}$（点 E 到点 F）时，由于孔道与预应力筋之间产生反向摩擦，预应力将沿 $FGHD$ 分布。当张拉应力再次张拉至 σ_{con}时，预应力沿 $CGHD$ 分布。这样可使摩擦损失（特别在端部曲线部分处）减小，比一次张拉到 σ_{con} 的预应力分布更均匀。

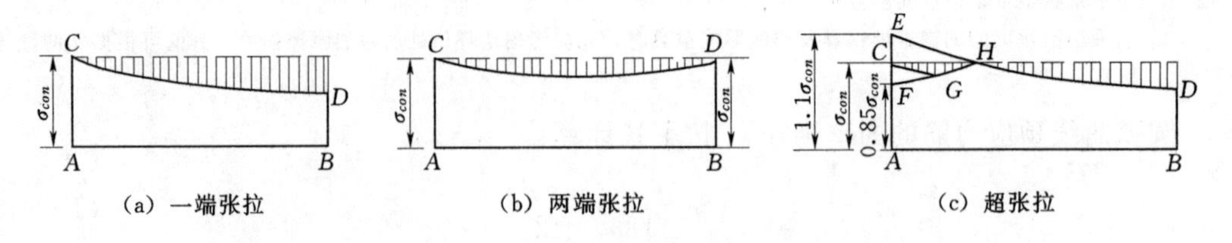

图 10－17　一端张拉、两端张拉及超张拉时曲线预应力筋的应力分布

A—张拉端；B—固定端

10.3.2.3　预应力筋与台座之间的温差引起的预应力损失 σ_{l3}

对于先张法构件，预应力筋在常温下张拉并锚固在台座上，为了缩短生产周期，浇筑混凝土后常进行蒸汽养护。在养护的升温阶段，台座长度不变，预应力筋因温度升高而伸长，因而预应力筋的部分弹性变形就转化为温度变形，预应力筋的拉紧程度有所变松，张拉应力就有所减少，形成的预应力损失即为 σ_{l3}。在降温时，混凝土与预应力筋已黏结成

整体，能够一起回缩，由于这两种材料温度膨胀系数相近，相应的应力就不再变化。显然，σ_{l3}仅在先张法中存在。

若预应力筋和台座之间的温度差为 Δt（℃），预应力筋的线膨胀系数 $\alpha=1.0\times10^{-5}$/℃，弹性模量 $E_s=2.0\times10^5\text{N/mm}^2$，则预应力筋与台座之间的温差引起的预应力损失为

$$\sigma_{l3}=\alpha E_s\Delta t=1.0\times10^{-5}\times2.0\times10^5\times\Delta t=2\Delta t(\text{N/mm}^2) \tag{10-6}$$

如果采用钢模制作构件，并将钢模与构件一同整体入蒸汽室（池）养护，则不存在温差引起的预应力损失。

由式（10-6）可知，若一次升温 75～80℃，则 $\sigma_{l3}=150\sim160\text{N/mm}^2$，预应力损失太大。为了减少温差引起的预应力损失，可采用二次升温加热的养护制度。先在略高于常温下养护，待混凝土达到一定强度后再逐渐升高温度养护。由于混凝土未结硬前温度升高不多，预应力筋受热伸长很小，故预应力损失较小；而混凝土初凝后的再次升温，此时因预应力筋与混凝土两者的热膨胀系数相近，故即使温度较高也不会引起应力损失。如先升温 20～25℃，待混凝土强度达到 7.5～10N/mm² 后，再升温 55℃养护，计算 σ_{l3}时只取 $\Delta t=20\sim25$℃。

10.3.2.4 预应力筋应力松弛引起的预应力损失 σ_{l4}

钢筋在高应力作用下，变形具有随时间增长而增长的特性。当钢筋长度保持不变（由于先张法台座或后张法构件长度不变）时，则应力会随时间增长而降低，这种现象称为钢筋的松弛。钢筋应力松弛使预应力值降低，造成的预应力损失即为 σ_{l4}。试验表明，σ_{l4}与下列因素有关：

（1）初始应力。张拉控制应力 σ_{con}高，松弛损失就大，损失的速度也快。当初应力小于 $0.7f_{ptk}$时，松弛与初应力呈线性关系；初应力高于 $0.7f_{ptk}$时，松弛与初应力成非线性关系，松弛显著增大。如采用消除应力钢丝和钢绞线作预应力筋，当 $\sigma_{con}/f_{ptk}\leqslant0.5$ 时，$\sigma_{l4}=0$。

（2）钢筋种类。钢棒的应力松弛值比钢丝、钢绞线的小。

（3）时间。1h 和 24h 的松弛损失分别约占总松弛损失（以 1000h 计）的 50% 和 80%。

（4）温度。温度高，松弛损失大。

（5）张拉方式。采用较高的控制应力 $(1.05\sim1.1)\sigma_{con}$ 张拉预应力筋，待持荷 2～5min，卸荷到 0，再张拉预应力筋使其应力达到 σ_{con} 的超张拉程序，可比一次张拉（$0\rightarrow\sigma_{con}$）的松弛损失小 $(2\%\sim10\%)\sigma_{con}$。这是因为在高应力状态下短时间所产生的松弛损失可达到在低应力状态下需经过较长时间才能完成的松弛数值，所以经过超张拉，部分松弛可以在预应力筋锚固前完成。

预应力筋的应力松弛损失 σ_{l4} 见表 10-4。

减少松弛损失的措施有超张拉、采用低松弛损失的钢材[1]。

---

[1] 低松弛损失指常温 20℃条件下，拉应力为 70%抗拉极限强度，经 1000h 后测得的松弛损失不超过 $2.5\%\sigma_{con}$。

表 10-4　预应力筋的应力松弛损失 σ_{l4}

项次	钢筋种类		$\sigma_{l4}/(\mathrm{N/mm^2})$	
			一次张拉	超张拉
1	消除应力钢丝、钢绞线	普通松弛	$0.4(\sigma_{con}/f_{ptk}-0.5)\sigma_{con}$	0
		低松弛	当 $\sigma_{con}\leqslant0.7f_{ptk}$ 时，$0.125(\sigma_{con}/f_{ptk}-0.50)\sigma_{con}$ 当 $0.7f_{ptk}<\sigma_{con}\leqslant0.8f_{ptk}$ 时，$0.20(\sigma_{con}/f_{ptk}-0.575)\sigma_{con}$	
2	螺纹钢筋、钢棒		$0.05\sigma_{con}$	$0.035\sigma_{con}$

注　1. 表中超张拉的张拉程序为：从应力为 0 开始张拉至 $1.03\sigma_{con}$ 或从应力为 0 开始张拉至 $1.05\sigma_{con}$，持荷 2min 后，卸载至 σ_{con}。

2. 当 $\sigma_{con}/f_{ptk}\leqslant0.5$ 时，消除应力钢丝、钢绞线的应力松弛损失值 σ_{l4} 可取为 0。

10.3.2.5 混凝土收缩和徐变引起的预应力损失 σ_{l5}

预应力混凝土构件在混凝土收缩（混凝土结硬过程中体积随时间增加而减小）和徐变（在预应力筋回弹压力的持久作用下，混凝土压应变随时间增加而增加）的综合影响下长度将缩短，预应力筋也随之回缩，从而引起预应力损失。由于混凝土的收缩和徐变引起预应力损失的现象是相似的，为了简化计算，将此两项预应力损失合并考虑，即为 σ_{l5}。

对一般情况下的构件，混凝土收缩、徐变引起受拉区和受压区预应力筋的预应力损失 σ_{l5}、σ'_{l5} 可按列公式计算：

$$\sigma_{l5}=\frac{A+220\alpha_c\dfrac{\sigma_{pc}}{f'_{cu}}}{1+15\rho}(\mathrm{N/mm^2}) \tag{10-7a}$$

$$\sigma'_{l5}=\frac{A+220\alpha_c\dfrac{\sigma'_{pc}}{f'_{cu}}}{1+15\rho'}(\mathrm{N/mm^2}) \tag{10-7b}$$

其中

$$\alpha_c=\sqrt{\frac{23.5}{f_c}} \tag{10-8}$$

式中　A——参数，对先张法取 45，对后张法取 25；

α_c——与混凝土强度有关的修正系数，当混凝土强度等级大于 C50 时，按式（10-8）计算；不大于 C50 时，可取 $\alpha_c=1.0$；

σ_{pc}、σ'_{pc}——在受拉区、受压区预应力筋在各自合力点处的混凝土法向应力；

f'_{cu}——施加预应力时的混凝土立方体抗压强度；

ρ、ρ'——受拉区、受压区预应力筋和非预应力筋的配筋率，对先张法构件，$\rho=(A_p+A_s)/A_0$、$\rho'=(A'_p+A'_s)/A_0$，A_0 为构件的换算截面面积，$A_0=A_c+\alpha_EA_s+\alpha_EA_p$；对后张法构件，$\rho=(A_p+A_s)/A_n$、$\rho'=(A'_p+A'_s)/A_n$，$A_n$ 为构件的净截面面积，$A_n=A_c+\alpha_EA_s$；A_c 为混凝土面积，α_E 为钢筋与混凝土弹性模型比，即 $\alpha_E=E_s/E_c$。

如有论证，混凝土收缩和徐变引起的预应力损失可按其他公式计算。

采用式（10-7）计算时需注意：①σ_{pc}、σ'_{pc} 可按 10.4 节、10.6 节公式求得（详见轴心受拉构件、受弯构件相应的计算公式），此时，预应力损失值仅考虑混凝土预压前（先张法）或卸去千斤顶时（后张法）的第一批损失。②在公式中，σ_{l5} 和 σ_{pc}/f'_{cu} 为线性关系，即公式给出的是线性徐变条件下的应力损失，因此要求σ_{pc}、σ'_{pc}值不得大于$0.5f'_{cu}$。由此可见，过大的预加应力以及放张（先张法）或张拉预应力筋（后张法）时过低的混凝土抗压强度均是不妥的。③当σ'_{pc}为拉应力时，式（10-7b）中的σ'_{pc}应取为0。④计算σ_{pc}、σ'_{pc}时可根据构件制作情况，考虑自重的影响。

应当指出，式（10-7）仅适合于一般相对湿度环境下的结构构件。对处于干燥环境下的结构，则需将求得的值适当增加，反之则降低。JTS 151—2011 规范规定，对处于干燥环境下的结构，σ_{l5}、σ'_{l5}计算值应增加20%～30%；对处于高湿度环境下的结构，σ_{l5}、σ'_{l5}计算值可降低50%。

实测表明，混凝土收缩和徐变引起的预应力损失很大，约占全部预应力损失的40%～50%，所以应当重视采取各种有效措施减少混凝土的收缩和徐变。为了减轻此项损失，可采用高强度等级水泥，减小水泥用量，降低水胶比，振捣密实，加强养护，并应控制混凝土的预压应力σ_{pc}、σ'_{pc}值不超过$0.5f'_{cu}$。对重要的结构构件，当需要考虑与时间相关的混凝土收缩、徐变及钢筋应力松弛预应力损失值时，可按规范给出的方法进行计算。

10.3.2.6 螺旋式预应力筋挤压混凝土引起的预应力损失σ_{l6}

环形结构构件的混凝土被螺旋式预应力筋箍紧，混凝土受预应力筋的挤压会发生局部压陷，构件直径将减少2δ，使得预应力筋回缩引起预应力损失，这种损失即为σ_{l6}，如图10-18所示。σ_{l6}的大小与构件直径有关，构件直径越小，压陷变形的影响越大，预应力损失也就越大。当结构直径大于3m时，损失可不计；当结构直径不大于3m时，σ_{l6}可取为

$$\sigma_{l6}=30\text{N/mm}^2 \qquad (10-9)$$

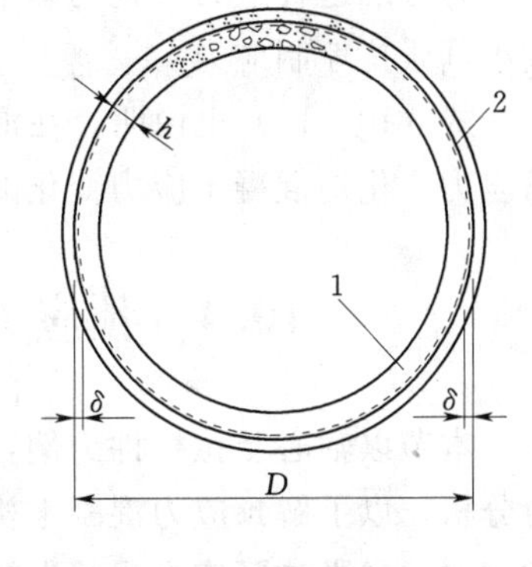

图10-18 环形配筋的预应力混凝土构件

1—环形截面构件；2—预应力筋；D、h、δ—直径、壁厚、压陷变形

上述六项预应力损失，它们有的只发生在先张法构件中（如σ_{l3}），有的只发生于后张法构件中（如σ_{l6}），有的两种构件均有（如σ_{l1}、σ_{l4}、σ_{l5}），而且是按不同张拉方式分阶段发生的，并不同时出现。通常把在混凝土预压完成前出现的损失称为第一批应力损失$\sigma_{l\text{I}}$［先张法指放张（放松预应力筋）前的损失，后张法指卸去千斤顶前的损失］，混凝土预压完成后出现的损失称为第二批应力损失$\sigma_{l\text{II}}$。总的损失$\sigma_l=\sigma_{l\text{I}}+\sigma_{l\text{II}}$。各批预应力损失的组合见表10-5。

表10-5 **各批预应力损失值的组合**

项次	预应力损失值的组合	先张法构件	后张法构件
1	混凝土预压完成前（第一批）的损失	$\sigma_{l1}+\sigma_{l2}+\sigma_{l3}+\sigma_{l4}$	$\sigma_{l1}+\sigma_{l2}$
2	混凝土预压完成后（第二批）的损失	σ_{l5}	$\sigma_{l4}+\sigma_{l5}+\sigma_{l6}$

注 1. 先张法构件，σ_{l4}在第一批和第二批损失中所占的比例，如需区分，可按实际情况确定。
2. 当先张法构件采用折线形预应力筋时，由于转向装置处发生摩擦，故在损失值中应计入σ_{l2}，其值可按实际情况确定。

对预应力混凝土构件除应按使用条件进行承载力、抗裂和变形验算以外，还需对构件

在制作、运输、吊装等施工阶段进行承载力和抗裂验算，不同的受力阶段应考虑相应的预应力损失值的组合。

考虑到预应力损失的计算值与实际值可能有误差，为确保构件的安全，按上述各项损失计算得出的总损失值 σ_l 小于下列数值时，则按下列数值采用：

先张法构件　　100N/mm²

后张法构件　　80N/mm²

后张法构件中预应力筋通常有几根或几束，不能同时一起张拉而必须分批张拉。此时就要考虑到后批张拉预应力筋所产生的混凝土弹性压缩（或伸长），会使先批张拉并已锚固好的预应力筋的应力又发生变化，即先批张拉的预应力筋应力会降低或增加。若后批预应力筋张拉时，在先批张拉预应力筋重心位置所引起的混凝土法向应力为 $\Delta\sigma_{pc}$，由于此时混凝土未开裂，预应力筋与混凝土没有相对滑移，它们的应变增量相等，即 $\Delta\varepsilon_s=\Delta\varepsilon_c$，则先批张拉的预应力筋产生的应力变化量为

$$\Delta\sigma_{ps}=E_s\Delta\varepsilon_s=E_s\Delta\varepsilon_c=E_s\frac{\Delta\sigma_{pc}}{E_c}=\frac{E_s}{E_c}\Delta\sigma_{pc}=\alpha_E\Delta\sigma_{pc} \tag{10-10}$$

式中　α_E——预应力筋弹性模量 E_s 与混凝土弹性模量 E_c 的比值，即 $\alpha_E=E_s/E_c$。

为考虑这种应力变化的影响，对先批张拉的那些预应力筋，常根据 $\alpha_E\Delta\sigma_{pc}$ 值增大或减小其张拉控制应力 σ_{con}。

式（10－10）也说明，在混凝土开裂前，由于钢筋与混凝土应变相同，相同位置的钢筋应力变化是混凝土应力变化的 α_E 倍。

10.4　预应力混凝土轴心受拉构件的应力分析

本节以轴心受拉构件为例，分别对先张法和后张法构件的施工阶段、使用阶段进行应力分析，以了解预应力混凝土构件的受力特点。

10.4.1　先张法预应力混凝土轴心受拉构件的应力分析

先张法预应力混凝土轴心受拉构件，从张拉预应力筋开始直到构件破坏为止，可分为下列2个阶段、6种应力状态，见表10－6。

10.4.1.1　施工阶段

1. 应力状态1——预应力筋放张前

张拉预应力筋并固定在台座（或钢模）上，浇筑混凝土及养护，但混凝土尚未受到压缩，这一应力状态也称为“预压前”状态。

预应力筋刚张拉完毕时，预应力筋的应力为张拉控制应力 σ_{con}（表10－6图a）。然后，由于锚具变形和预应力筋内缩、养护温差、预应力筋松弛等原因产生了第一批应力损失 $\sigma_{l\mathrm{I}}=\sigma_{l1}+\sigma_{l3}+\sigma_{l4}$，预应力筋的预拉应力将减少 $\sigma_{l\mathrm{I}}$。因此，在这一应力状态，预应力筋的预拉应力就降低为 $\sigma_{p0\mathrm{I}}$❶（表10－6图b）：

---

❶ 符号 $\sigma_{p0\mathrm{I}}$ 的下标中的“p”表示预应力，“0”表示预应力筋合力点处混凝土法向应力等于0，“Ⅰ”表示第一批预应力损失出现。即，$\sigma_{p0\mathrm{I}}$ 表示第一批预应力损失出现后，混凝土法向应力等于0处的预应力筋的应力。

表 10-6　先张法预应力混凝土轴心受拉构件的应力分析

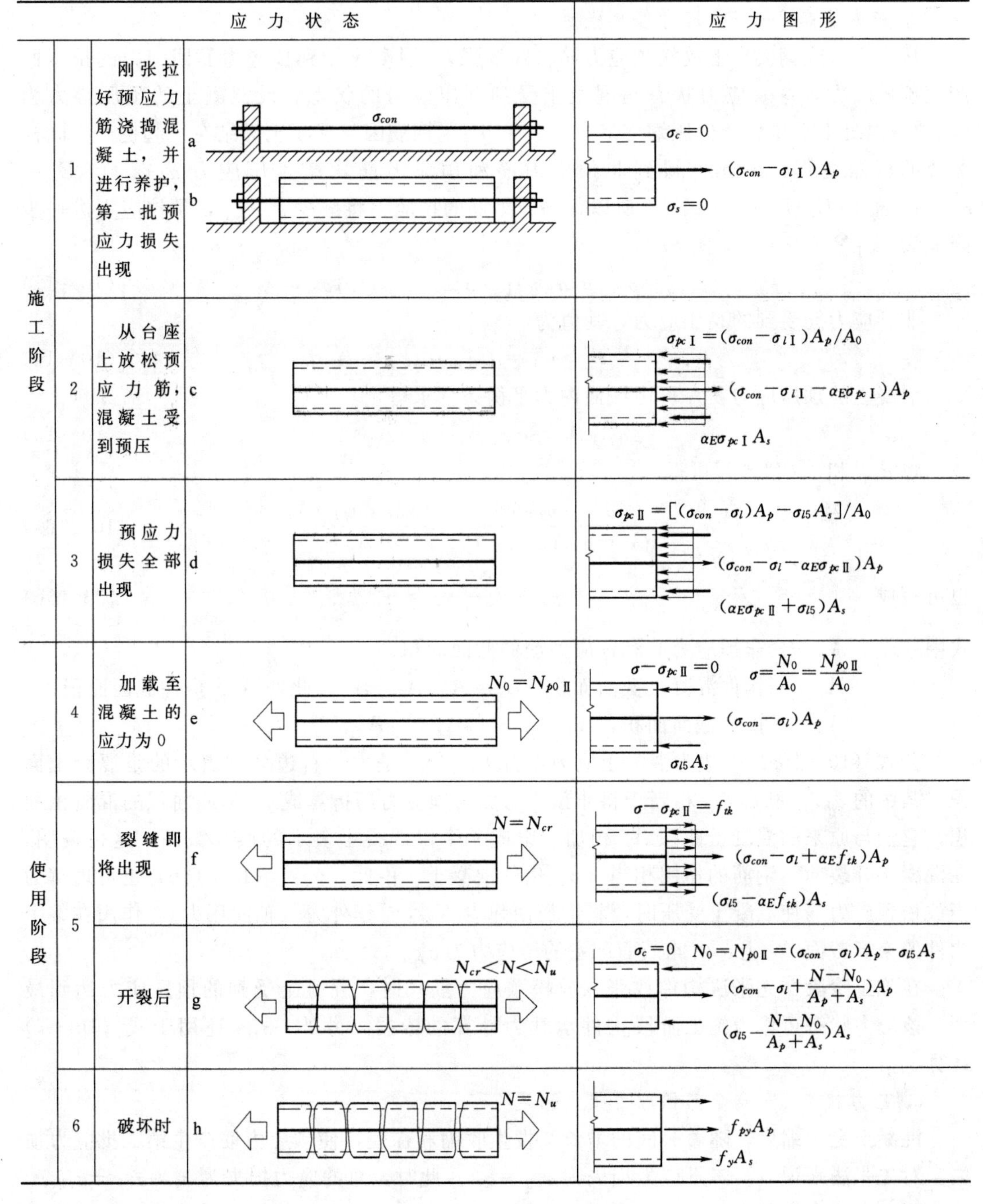

阶段	序号	应力状态		应力图形
施工阶段	1	刚张拉好预应力筋浇捣混凝土，并进行养护，第一批预应力损失出现	a, b（σ_{con}）	$\sigma_c=0$；$(\sigma_{con}-\sigma_{l\,\mathrm{I}})A_p$；$\sigma_s=0$
	2	从台座上放松预应力筋，混凝土受到预压	c	$\sigma_{pc\,\mathrm{I}}=(\sigma_{con}-\sigma_{l\,\mathrm{I}})A_p/A_0$；$(\sigma_{con}-\sigma_{l\,\mathrm{I}}-\alpha_E\sigma_{pc\,\mathrm{I}})A_p$；$\alpha_E\sigma_{pc\,\mathrm{I}}A_s$
	3	预应力损失全部出现	d	$\sigma_{pc\,\mathrm{II}}=[(\sigma_{con}-\sigma_l)A_p-\sigma_{l5}A_s]/A_0$；$(\sigma_{con}-\sigma_l-\alpha_E\sigma_{pc\,\mathrm{II}})A_p$；$(\alpha_E\sigma_{pc\,\mathrm{II}}+\sigma_{l5})A_s$
使用阶段	4	加载至混凝土的应力为 0	e（$N_0=N_{p0\,\mathrm{II}}$）	$\sigma-\sigma_{pc\,\mathrm{II}}=0$　$\sigma=\frac{N_0}{A_0}=\frac{N_{p0\,\mathrm{II}}}{A_0}$；$(\sigma_{con}-\sigma_l)A_p$；$\sigma_{l5}A_s$
	5	裂缝即将出现	f（$N=N_{cr}$）	$\sigma-\sigma_{pc\,\mathrm{II}}=f_{tk}$；$(\sigma_{con}-\sigma_l+\alpha_E f_{tk})A_p$；$(\sigma_{l5}-\alpha_E f_{tk})A_s$
	5	开裂后	g（$N_{cr}<N<N_u$）	$\sigma_c=0$　$N_0=N_{p0\,\mathrm{II}}=(\sigma_{con}-\sigma_l)A_p-\sigma_{l5}A_s$；$(\sigma_{con}-\sigma_l+\frac{N-N_0}{A_p+A_s})A_p$；$(\sigma_{l5}-\frac{N-N_0}{A_p+A_s})A_s$
	6	破坏时	h（$N=N_u$）	$f_{py}A_p$；f_yA_s

$$\sigma_{p0\,\mathrm{I}}=\sigma_{con}-\sigma_{l\,\mathrm{I}} \tag{10-11}$$

预应力筋与非预应力筋的合力（此时非预应力筋应力为 0）为

$$N_{p0\,\mathrm{I}}=\sigma_{p0\,\mathrm{I}}A_p=(\sigma_{con}-\sigma_{l\,\mathrm{I}})A_p \tag{10-12}$$

式中　A_p——预应力筋截面面积。

由于预应力筋仍固定在台座（或钢模）上，预应力筋的总预拉力由台座（或钢模）支承平衡，所以混凝土的应力和非预应力筋的应力均为0。

2. 应力状态2——预应力筋放张后

从台座（或钢模）上放松预应力筋（即放张），混凝土受到预应力筋回弹力的挤压而产生预压应力，这一应力状态是混凝土受到预压应力的状态。设混凝土的预压应力为$\sigma_{pc\mathrm{I}}$[1]，混凝土受压后产生压缩变形$\varepsilon_c=\sigma_{pc\mathrm{I}}/E_c$，钢筋因与混凝土黏结在一起也产生同样数值的压缩变形，由此可得到非预应力筋和预应力筋均产生压应力$\alpha_E\sigma_{pc\mathrm{I}}$[$\varepsilon_s E_s=\varepsilon_c E_s=(\sigma_{pc\mathrm{I}}/E_c)E_s=\alpha_E\sigma_{pc\mathrm{I}}$]。所以，预应力筋的拉应力将减少$\alpha_E\sigma_{pc\mathrm{I}}$，预拉应力进一步降低为$\sigma_{pe\mathrm{I}}$[2]（表10-6图c）：

$$\sigma_{pe\mathrm{I}}=\sigma_{p0\mathrm{I}}-\alpha_E\sigma_{pc\mathrm{I}}=\sigma_{con}-\sigma_{l\mathrm{I}}-\alpha_E\sigma_{pc\mathrm{I}} \tag{10-13}$$

非预应力筋受到的是压应力，其值为

$$\sigma_{s\mathrm{I}}=\alpha_E\sigma_{pc\mathrm{I}} \tag{10-14}$$

混凝土的预压应力$\sigma_{pc\mathrm{I}}$可由截面内力平衡条件求得

$$\sigma_{pe\mathrm{I}}A_p=\sigma_{pc\mathrm{I}}A_c+\sigma_{s\mathrm{I}}A_s \tag{10-15}$$

将$\sigma_{pe\mathrm{I}}$和$\sigma_{s\mathrm{I}}$代入，可得

$$\sigma_{pc\mathrm{I}}=\frac{(\sigma_{con}-\sigma_{l\mathrm{I}})A_p}{A_c+\alpha_E A_s+\alpha_E A_p}=\frac{(\sigma_{con}-\sigma_{l\mathrm{I}})A_p}{A_0} \tag{10-16a}$$

也可写成

$$\sigma_{pc\mathrm{I}}=\frac{N_{p0\mathrm{I}}}{A_0} \tag{10-16b}$$

式中 A_s、A_p——非预应力筋和预应力筋的截面面积；

A_c——构件混凝土截面面积，$A_c=A-A_s-A_p$，此处A为构件截面面积；

A_0——换算截面面积，$A_0=A_c+\alpha_E A_s+\alpha_E A_p$。

公式（10-16a）左边为混凝土应力，右边的分子是力，右边分母表示的是混凝土面积，其中的$\alpha_E A_s$和$\alpha_E A_p$相当于将非预应力筋与预应力筋折算成α_E倍原面积的混凝土面积，它们与原来的混凝土面积A_c相加，组成一个以混凝土表示的换算截面。这也说明，在混凝土开裂前，钢筋的作用相当于α_E倍的混凝土。由此，公式（10-16b）也可理解为当放松预应力筋使混凝土受压时，将钢筋回弹力$N_{p0\mathrm{I}}$看作外力（轴向压力），作用在整个构件的换算截面A_0上，由此截面产生的压应力为$\sigma_{pc\mathrm{I}}$。

在施工阶段，先张法构件放张（放松预应力筋）时，混凝土受到的预压应力达到最大。该应力状态可作为施工阶段构件承载力计算的依据。另外，$\sigma_{pc\mathrm{I}}$还用于式（10-7）计算σ_{l5}。

3. 应力状态3——全部预应力损失出现

混凝土受压缩后，随着时间的增长又发生收缩和徐变，使预应力筋产生第二批应力损失。对先张法来说，第二批应力损失为$\sigma_{l\mathrm{II}}=\sigma_{l5}$。此时，总的应力损失为$\sigma_l=\sigma_{l\mathrm{I}}+\sigma_{l\mathrm{II}}$。

预应力损失全部出现后，预应力筋的拉应力又进一步降低为$\sigma_{pe\mathrm{II}}$，相应的混凝土预压

---

[1] 符号$\sigma_{pc\mathrm{I}}$下标中的“p”表示预应力，“c”表示混凝土，“Ⅰ”表示第一批预应力损失出现。即，$\sigma_{pc\mathrm{I}}$表示第一批预应力损失出现后的混凝土应力。

[2] 符号$\sigma_{pe\mathrm{I}}$下标中的“p”表示预应力，“e”表示有效，“Ⅰ”表示第一批预应力损失出现。即，$\sigma_{pe\mathrm{I}}$表示第一批预应力损失出现后的预应力筋的有效应力。

应力降低为 $\sigma_{pc\,\mathrm{II}}$（表 10－6 图 d）。由于钢筋与混凝土变形一致，它们之间的关系可由下列公式表示：

$$\sigma_{pe\,\mathrm{II}}=\sigma_{con}-\sigma_{l}-\alpha_{E}\sigma_{pc\,\mathrm{II}}=\sigma_{p0\,\mathrm{II}}-\alpha_{E}\sigma_{pc\,\mathrm{II}} \tag{10-17}$$

$$\sigma_{p0\,\mathrm{II}}=\sigma_{con}-\sigma_{l} \tag{10-18}$$

对非预应力筋而言，混凝土在 $\sigma_{pc\,\mathrm{II}}$ 作用下产生瞬时压应变 $\sigma_{pc\,\mathrm{II}}/E_{c}$，由于钢筋与混凝土变形一致，该应变就使得非预应力筋产生压应力 $\alpha_{E}\sigma_{pc\,\mathrm{II}}$；随着时间增长，混凝土在 $\sigma_{pc\,\mathrm{II}}$ 作用下又将产生徐变 σ_{l5}/E_{s}，同样由于钢筋与混凝土变形一致，该徐变使非预应力筋产生 σ_{l5} 的压应力。如此，非预应力筋的应力为

$$\sigma_{s\,\mathrm{II}}=\alpha_{E}\sigma_{pc\,\mathrm{II}}+\sigma_{l5} \tag{10-19}$$

式中　σ_{l5}——因混凝土收缩徐变引起的预应力损失，也就是非预应力筋因混凝土收缩和徐变所增加的压应力。

同样，可由截面内力平衡条件求得

$$\sigma_{pe\,\mathrm{II}}A_{p}=\sigma_{pc\,\mathrm{II}}A_{c}+\sigma_{s\,\mathrm{II}}A_{s} \tag{10-20}$$

则

$$\sigma_{pc\,\mathrm{II}}=\frac{(\sigma_{con}-\sigma_{l})A_{p}-\sigma_{l5}A_{s}}{A_{0}}=\frac{N_{p0\,\mathrm{II}}}{A_{0}} \tag{10-21}$$

$$N_{p0\,\mathrm{II}}=(\sigma_{con}-\sigma_{l})A_{p}-\sigma_{l5}A_{s} \tag{10-22}$$

式中　$N_{p0\,\mathrm{II}}$——预应力损失全部出现后，混凝土预压应力为 0 时（预应力筋合力点处）的预应力筋与非预应力筋的合力。

公式（10－21）同样也可理解为当放松预应力筋使混凝土受压时，将钢筋回弹力 $N_{p0\,\mathrm{II}}$ 看作外力（轴向压力），作用在整个构件的换算截面 A_{0} 上，使截面混凝土产生了 $\sigma_{pc\,\mathrm{II}}$ 的压应力。

$\sigma_{pe\,\mathrm{II}}$ 为全部预应力损失完成后，预应力筋的有效预拉应力；$\sigma_{pc\,\mathrm{II}}$ 为相应的在混凝土中所建立的"有效预压应力"。由上可知，在外荷载作用以前，预应力混凝土构件中的预应力筋及混凝土应力都不等于 0，混凝土受到很大的压应力，而预应力筋受到很大的拉应力，这是预应力混凝土构件与钢筋混凝土构件本质的区别。

10.4.1.2　使用阶段

1. 应力状态 4——消压状态

构件受到外荷载（轴向拉力 N）作用后，截面要叠加上由于 N 产生的拉应力。当 N 产生的拉应力正好抵消截面上混凝土的预压应力 $\sigma_{pc\,\mathrm{II}}$（表 10－6 图 e）时，该状态称为消压状态，此时的轴向拉力 N 也称为消压轴力 N_{0}。在消压轴力 N_{0} 作用下，预应力筋的拉应力由 $\sigma_{pe\,\mathrm{II}}$ 增加 $\alpha_{E}\sigma_{pc\,\mathrm{II}}$，其值为

$$\sigma_{p0}=\sigma_{pe\,\mathrm{II}}+\alpha_{E}\sigma_{pc\,\mathrm{II}}=\sigma_{con}-\sigma_{l}-\alpha_{E}\sigma_{pc\,\mathrm{II}}+\alpha_{E}\sigma_{pc\,\mathrm{II}}=\sigma_{con}-\sigma_{l} \tag{10-23}$$

非预应力筋的压应力由 $\sigma_{s\,\mathrm{II}}$ 减少 $\alpha_{E}\sigma_{pc\,\mathrm{II}}$，其值为

$$\sigma_{s0}=\sigma_{s\,\mathrm{II}}-\alpha_{E}\sigma_{pc\,\mathrm{II}}=\alpha_{E}\sigma_{pc\,\mathrm{II}}+\sigma_{l5}-\alpha_{E}\sigma_{pc\,\mathrm{II}}=\sigma_{l5} \tag{10-24}$$

由平衡方程，消压轴力 N_{0} 可用下式表示：

$$N_{0}=\sigma_{p0}A_{p}-\sigma_{s0}A_{s}=(\sigma_{con}-\sigma_{l})A_{p}-\sigma_{l5}A_{s} \tag{10-25}$$

比较式（10－22）和式（10－25），再由式（10－21）可知，$N_{0}=N_{p0\,\mathrm{II}}=\sigma_{pc\,\mathrm{II}}A_{0}$。

应力状态 4 是预应力混凝土轴心受拉构件中，混凝土应力将由压应力转为拉应力的一

个标志。$N<N_0$ 时，构件的混凝土始终处于受压状态；若 $N>N_0$，则混凝土将出现拉应力，以后拉应力的增量就和钢筋混凝土轴心受拉构件受外荷载后产生的拉应力增量一样。

2. 应力状态5——即将开裂与开裂状态

(1) 即将开裂时。随着荷载进一步增加，当混凝土拉应力达到混凝土轴心抗拉强度标准值 f_{tk} 时，裂缝就即将出现（表10-6图f）。所以，构件的开裂荷载 N_{cr} 将在 N_0 的基础上增加 $f_{tk}A_0$，即

$$N_{cr}=N_0+f_{tk}A_0=(\sigma_{con}-\sigma_l)A_p-\sigma_{l5}A_s+f_{tk}A_0 \tag{10-26a}$$

也可写成：

$$N_{cr}=(\sigma_{pc\,\mathrm{II}}+f_{tk})A_0 \tag{10-26b}$$

或

$$N_{cr}=N_0+N'_{cr} \tag{10-26c}$$

或

$$\frac{N_{cr}}{A_0}-\sigma_{pc\,\mathrm{II}}=\sigma_c-\sigma_{pc\,\mathrm{II}}=f_{tk} \tag{10-26d}$$

式中 N'_{cr}——钢筋混凝土轴心受拉构件的开裂荷载，$N'_{cr}=f_{tk}A_0$；

σ_c——荷载引起的混凝土拉应力，这里是指开裂荷载 N_{cr} 引起的混凝土拉应力。

由式（10-26）可见，预应力混凝土构件的抗裂能力由于多了 N_0 这一项从而比钢筋混凝土构件大大提高。

在裂缝即将出现时，预应力筋和非预应力筋的应力分别在消压状态的基础上增加了 $\alpha_E f_{tk}$ 的拉应力，即

$$\sigma_p=\sigma_{p0}+\alpha_E f_{tk}=\sigma_{con}-\sigma_l+\alpha_E f_{tk} \tag{10-27}$$

$$\sigma_s=\sigma_{l5}-\alpha_E f_{tk} \tag{10-28}$$

(2) 开裂后。在开裂瞬间，由于裂缝截面的混凝土应力 $\sigma_c=0$，由混凝土承担的拉力 $f_{tk}A_c$ 转由钢筋承担，所以，预应力筋和非预应力筋的拉应力增量则分别较开裂前的应力增加 $f_{tk}A_c/(A_p+A_s)$。此时，预应力筋和非预应力筋的应力分别为

$$\begin{aligned}\sigma_p&=\sigma_{p0}+\alpha_E f_{tk}+\frac{f_{tk}A_c}{A_p+A_s}=\sigma_{p0}+\frac{f_{tk}A_0}{A_p+A_s}=\sigma_{p0}+\frac{N_{cr}-N_0}{A_p+A_s}\\&=\sigma_{con}-\sigma_l+\frac{N_{cr}-N_0}{A_p+A_s}\end{aligned} \tag{10-29}$$

$$\sigma_s=\sigma_{l5}-\alpha_E f_{tk}-\frac{f_{tk}A_c}{A_p+A_s}=\sigma_{l5}-\frac{f_{tk}A_0}{A_p+A_s}=\sigma_{l5}-\frac{N_{cr}-N_0}{A_p+A_s} \tag{10-30}$$

开裂后，在外荷载 N 作用下，所增加的轴向拉力（$N-N_{cr}$）将全部由钢筋承担（表10-6图g），预应力筋和非预应力筋的拉应力增量均为（$N-N_{cr}$）$/(A_p+A_s)$。因此，这时预应力筋和非预应力筋的应力分别为

$$\begin{aligned}\sigma_p&=\sigma_{p0}+\frac{N_{cr}-N_0}{A_p+A_s}+\frac{N-N_{cr}}{A_p+A_s}=\sigma_{p0}-\frac{N-N_0}{A_p+A_s}\\&=\sigma_{con}-\sigma_l+\frac{N-N_0}{A_p+A_s}\end{aligned} \tag{10-31}$$

$$\sigma_s=\sigma_{l5}-\frac{N-N_0}{A_p+A_s} \tag{10-32}$$

上述两式为使用阶段求裂缝宽度时的钢筋应力表达式。

式（10－31）和式（10－32）也可以这样理解，消压状态的混凝土应力与构件开裂后裂缝截面上的混凝土应力相等（均为 0），而轴向拉力从 N_0 增加到 N，其轴向拉力增量（$N-N_0$）应该由预应力筋与非预应力筋来平衡。如此，裂缝截面预应力筋的拉应力就应为消压状态下的应力加上$\frac{N-N_0}{A_p+A_s}$，非预应力筋的压应力就应为消压状态下的应力减去$\frac{N-N_0}{A_p+A_s}$。

3. 应力状态 6——破坏状态

当预应力筋、非预应力筋的应力达到各自抗拉强度时，构件就发生破坏（表 10－6 图 h）。此时的外荷载为构件的极限承载力 N_u，即

$$N_u=f_{py}A_p+f_yA_s \tag{10-33}$$

10.4.2 后张法预应力混凝土轴心受拉构件的工作特点及应力分析

后张法构件的应力分布除施工阶段因张拉工艺与先张法不同而有所区别外，使用阶段的应力分布均与先张法相同，它可分为下列 5 个应力状态，见表 10－7。

表 10－7 后张法预应力混凝土轴心受拉构件的应力分析

应力状态				应力图形
施工阶段	1	构件制作养护，张拉预应力筋，第一批应力损失出现	a b	$\sigma_{pc\,\mathrm{I}}=(\sigma_{con}-\sigma_{l\,\mathrm{I}})A_p/A_n$ $(\sigma_{con}-\sigma_{l\,\mathrm{I}})A_p$ $\alpha_E\sigma_{pc\,\mathrm{I}}A_s$
	2	预应力损失全部出现	c	$\sigma_{pc\,\mathrm{II}}=[(\sigma_{con}-\sigma_l)A_p-\sigma_{l5}A_s]/A_n$ $(\sigma_{con}-\sigma_l)A_p$ $(\alpha_E\sigma_{pc\,\mathrm{II}}+\sigma_{l5})A_s$
使用阶段	3	加载至混凝土的应力为 0	d $N_0=N_{p0\,\mathrm{II}}$	$\sigma-\sigma_{pc\,\mathrm{II}}=0$ $(\sigma_{con}-\sigma_l+\alpha_E\sigma_{pc\,\mathrm{II}})A_p$ $\sigma_{l5}A_s$
	4	裂缝即将出现	e $N=N_{cr}$	$\sigma-\sigma_{pc\,\mathrm{II}}=f_{tk}$ $(\sigma_{con}-\sigma_l+\alpha_E\sigma_{pc\,\mathrm{II}}+\alpha_E f_{tk})A_p$ $(\sigma_{l5}-\alpha_E f_{tk})A_s$
		开裂后	f $N_{cr}<N<N_u$	$\sigma_c=0$ $N_0=(\sigma_{con}-\sigma_l+\alpha_E\sigma_{pc\,\mathrm{II}})A_p-\sigma_{l5}A_s$ $(\sigma_{con}-\sigma_l+\alpha_E\sigma_{pc\,\mathrm{II}}+\frac{N-N_0}{A_p+A_s})A_p$ $(\sigma_{l5}-\frac{N-N_0}{A_p+A_s})A_p$
	5	破坏时	g $N=N_u$	$f_{py}A_p$ f_yA_s

10.4.2.1 施工阶段

1. 应力状态1——第一批预应力损失出现

在张拉预应力筋的过程中，沿构件长度方向产生数值不等的 σ_{l2}，混凝土应力为 σ_{cc}，预应力筋应力为 $\sigma_{con}-\sigma_{l2}$；非预应力筋与周围混凝土已有黏结，两者变形一致，因而非预应力筋应力为 $\alpha_E\sigma_{cc}$，由平衡条件得

$$(\sigma_{con}-\sigma_{l2})A_p=\sigma_{cc}A_c+\alpha_E\sigma_{cc}A_s \tag{10-34a}$$

即
$$\sigma_{cc}=\frac{A_p(\sigma_{con}-\sigma_{l2})}{A_c+\alpha_E A_s}=\frac{A_p(\sigma_{con}-\sigma_{l2})}{A_n} \tag{10-34b}$$

在张拉端 $\sigma_{l2}=0$，由上式得

$$\sigma_{cc}=\frac{A_p\sigma_{con}}{A_n} \tag{10-35}$$

式中 A_n——构件的净截面面积，$A_n=A_c+\alpha_E A_s$，$A_c=A-A_s-A_{孔道}$。

此时此截面上的混凝土压应力是在施工阶段混凝土的最大压应力，因此式（10-35）可作为后张法构件施工阶段承载力验算的依据。

第一批预应力损失 $\sigma_{l\,\mathrm{I}}$ 出现后（表10-7图b），这时由于预应力筋孔道尚未灌浆，预应力筋与混凝土之间没有黏结，在张拉预应力筋的同时混凝土已受到弹性压缩，因而预应力筋应力 $\sigma_{pe\,\mathrm{I}}$ 就等于控制应力 σ_{con} 减去第一批预应力损失 $\sigma_{l\,\mathrm{I}}$，即

$$\sigma_{pe\,\mathrm{I}}=\sigma_{con}-\sigma_{l\,\mathrm{I}} \tag{10-36}$$

非预应力筋与周围混凝土已有黏结，两者变形一致，因而非预应力筋应力为

$$\sigma_{s\,\mathrm{I}}=\alpha_E\sigma_{pc\,\mathrm{I}} \tag{10-37}$$

混凝土的预压应力 $\sigma_{pc\,\mathrm{I}}$ 可由截面内力平衡条件求得

$$\sigma_{pe\,\mathrm{I}}A_p=\sigma_{pc\,\mathrm{I}}A_c+\sigma_{s\,\mathrm{I}}A_s \tag{10-38a}$$

即
$$\sigma_{pc\,\mathrm{I}}=\frac{(\sigma_{con}-\sigma_{l\,\mathrm{I}})A_p}{A_n}=\frac{N_{p\,\mathrm{I}}}{A_n} \tag{10-38b}$$

其中
$$N_{p\,\mathrm{I}}=\sigma_{pe\,\mathrm{I}}A_p=(\sigma_{con}-\sigma_{l\,\mathrm{I}})A_p \tag{10-39}$$

式中 $N_{p\,\mathrm{I}}$——第一批预应力损失出现后的预应力筋的合力。

与先张法放张后相应公式相比，除了非预应力筋应力计算公式（10-37）与式（10-14）相同外，其他两式都不同：①后张法预应力筋的应力比先张法少降低 $\alpha_E\sigma_{pc\,\mathrm{I}}$，见式（10-36）与式（10-13）；②混凝土的预压应力 $\sigma_{pc\,\mathrm{I}}$，后张法采用净截面面积 A_n，先张法采用换算截面面积 A_0，见式（10-38）与式（10-16）。

2. 应力状态2——第二批预应力损失出现

第二批预应力损失出现后，预应力筋、非预应力筋的应力及混凝土的有效预压应力（表10-7图c）分别为

$$\sigma_{pe\,\mathrm{II}}=\sigma_{con}-\sigma_l \tag{10-40}$$

$$\sigma_{s\,\mathrm{II}}=\alpha_E\sigma_{pc\,\mathrm{II}}+\sigma_{l5} \tag{10-41}$$

$$\sigma_{pc\,\mathrm{II}}=\frac{(\sigma_{con}-\sigma_l)A_p-\sigma_{l5}A_s}{A_n}=\frac{N_{p\,\mathrm{II}}}{A_n} \tag{10-42}$$

其中
$$N_{p\,\mathrm{II}}=\sigma_{pe\,\mathrm{II}}A_p-\sigma_{l5}A_s=(\sigma_{con}-\sigma_l)A_p-\sigma_{l5}A_s \tag{10-43}$$

式中　$N_{p\mathrm{II}}$——第二批预应力损失出现后的预应力筋和非预应力筋的合力。

与先张法相应的公式比较，除了非预应力筋应力计算公式（10-41）与式（10-19）相同外，其他也都不同。预应力筋的应力，后张法比先张法少降低 $\alpha_E\sigma_{pc\mathrm{II}}$，见式（10-40）与式（10-17）；混凝土的有效预压应力 $\sigma_{pc\mathrm{II}}$，后张法采用 A_n，先张法采用 A_0，见式（10-42）与式（10-21）。

对于轴心受拉构件，不论是先张法还是后张法，都可直接将相应阶段某一状态的预应力筋和非预应力筋的合力当作轴向压力作用在构件上，按材料力学公式来求解混凝土预压应力值。先张法预应力筋和非预应力筋的合力是指混凝土预压应力为0时的情况，后张法则是指混凝土已有预压应力的情况。由于先张法比后张法多了一个放张时混凝土弹性压缩引起的预应力降低，故两者相应的公式不同，前者用 N_{p0}、A_0，后者用 N_p、A_n，其中 $N_{p0}=N_p$，$A_0>A_n$。若先、后张法构件的截面尺寸及所用材料完全相同，则在同样大小的张拉控制应力情况下，后张法建立的混凝土有效预压应力比先张法要高。

10.4.2.2　使用阶段

在使用阶段，后张法构件的孔道已经灌浆，预应力筋与混凝土已有黏结，能共同变形，因此计算外荷载产生的应力时和先张法相同，采用换算截面面积 A_0。

1. 应力状态3——消压状态

在消压状态（表10-7图d），截面上混凝土应力由 $\sigma_{pc\mathrm{II}}$ 降为0，则预应力筋的拉应力增加了 $\alpha_E\sigma_{pc\mathrm{II}}$，即

$$\sigma_{p0}=\sigma_{pe\mathrm{II}}+\alpha_E\sigma_{pc\mathrm{II}}=\sigma_{con}-\sigma_l+\alpha_E\sigma_{pc\mathrm{II}} \tag{10-44}$$

相应地，非预应力筋的压应力减小了 $\alpha_E\sigma_{pc\mathrm{II}}$，即

$$\sigma_{s0}=\sigma_{s\mathrm{II}}-\alpha_E\sigma_{pc\mathrm{II}}=\alpha_E\sigma_{pc\mathrm{II}}+\sigma_{l5}-\alpha_E\sigma_{pc\mathrm{II}}=\sigma_{l5} \tag{10-45}$$

消压轴力 N_0 为

$$N_0=\sigma_{p0}A_p-\sigma_{l5}A_s=(\sigma_{con}-\sigma_l+\alpha_E\sigma_{pc\mathrm{II}})A_p-\sigma_{l5}A_s \tag{10-46}$$

与先张法相应的应力状态（应力状态4）相比，除了非预应力筋应力计算公式（10-45）与式（10-24）相同外，其他也都不同。预应力筋的应力，后张法比先张法少降低 $\alpha_E\sigma_{pc\mathrm{II}}$，见式（10-44）与式（10-23）；消压轴力比先张法多了 $A_p\alpha_E\sigma_{pc\mathrm{II}}$，见式（10-46）和式（10-25）。

2. 应力状态4——即将开裂与开裂后状态

（1）即将开裂时。随着荷载的进一步增加，当混凝土拉应力达到混凝土轴心抗拉强度标准值 f_{tk} 时，裂缝即将出现（表10-7图e）。所以，构件的开裂荷载 N_{cr} 将在 N_0 的基础上增加 $f_{tk}A_0$，即

$$N_{cr}=N_0+f_{tk}A_0=(\sigma_{con}-\sigma_l+\alpha_E\sigma_{pc\mathrm{II}})A_p-\sigma_{l5}A_s+f_{tk}A_0 \tag{10-47}$$

预应力筋和非预应力筋的应力在消压状态的基础上分别增加了 $\alpha_E f_{tk}$ 的拉应力，即

$$\sigma_p=\sigma_{p0}+\alpha_E f_{tk}=\sigma_{con}-\sigma_l+\alpha_E\sigma_{pc\mathrm{II}}+\alpha_E f_{tk} \tag{10-48}$$

$$\sigma_s=\sigma_{l5}-\alpha_E f_{tk} \tag{10-49}$$

（2）开裂后。开裂后，外荷载与消压轴力之差（$N-N_0$）将全部由钢筋承担（表10-7图f），预应力筋和非预应力筋的应力分别为

$$\sigma_p=\sigma_{p0}-\frac{N-N_0}{A_p+A_s}=\sigma_{con}-\sigma_l+\alpha_E\sigma_{pc\,Ⅱ}+\frac{N-N_0}{A_p+A_s} \tag{10-50}$$

$$\sigma_s=\sigma_{l5}-\frac{N-N_0}{A_p+A_s} \tag{10-51}$$

上述两式为使用阶段求裂缝宽度时的钢筋应力表达式。

和先张法相应的应力状态（应力状态 5）相比，由于两者的消压轴力不同，因而两者的开裂轴力、预应力筋和非预应力筋应力均不相同。后张法的开裂轴力要比先张法大 $A_p\alpha_E\sigma_{pc\,Ⅱ}$。

3. 应力状态 5——破坏状态

当预应力筋、非预应力筋的应力达到各自抗拉强度时，构件就发生破坏（表 10－7 图 g）。后张法和先张法相比，两者破坏状态时的应力、内力计算公式的形式及符号完全相同；若两者的钢筋材料与用量相同，则极限承载力相同。

10.4.3　预应力混凝土构件与钢筋混凝土构件受力性能比较

现以后张法预应力混凝土轴心受拉构件和钢筋混凝土轴心受拉构件为例（两者的截面尺寸、材料及配数量完全相同）做一比较，进一步分析预应力混凝土轴心受拉构件的受力特点。

图 10－19 为上述两类构件在施工阶段、使用阶段和破坏阶段中，预应力筋、非预应力筋和混凝土的应力与荷载变化示意图。横坐标代表荷载，原点 O 左边为施工阶段的预应力筋的回弹力，右边为使用阶段作用的外力。纵坐标 O 点上、下方代表预应力筋、非

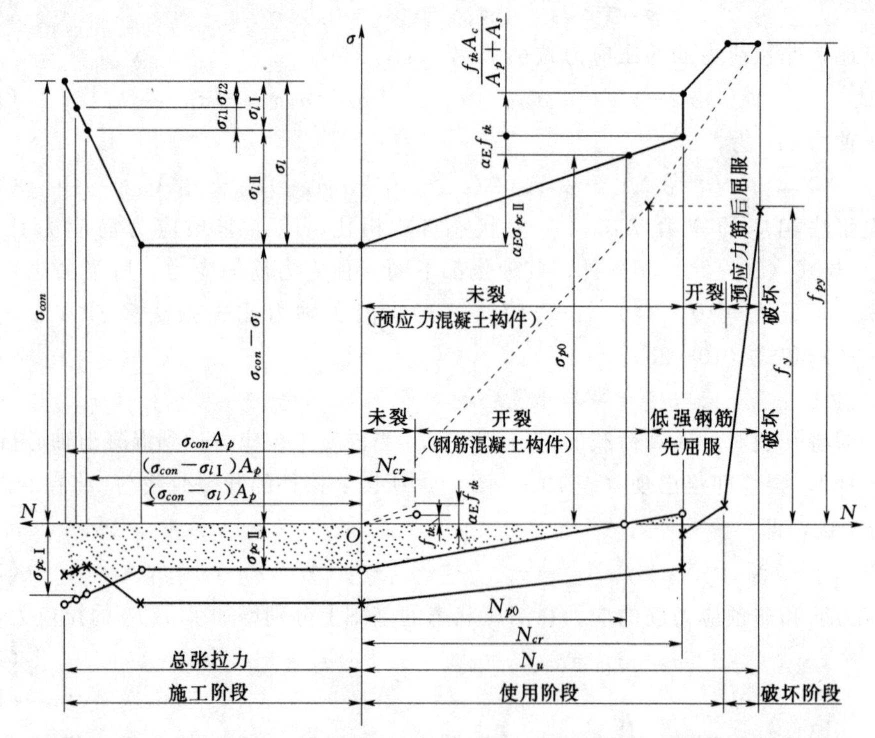

图 10－19　轴心受拉构件各阶段的钢筋和混凝土应力变化曲线示意图

•—预应力筋；×—非预应力筋；o—混凝土；------钢筋混凝土构件中的钢筋与混凝土

预应力筋和混凝土的拉、压应力。实线为预应力混凝土构件，虚线为钢筋混凝土构件。由图中曲线对比可以看出：

（1）施工阶段（或受外荷载以前）钢筋混凝土构件中的钢筋和混凝土的应力全为0，而预应力混凝土构件中的预应力筋和混凝土的应力则始终处于高应力状态之中。

（2）使用阶段预应力混凝土构件的开裂荷载 N_{cr} 远远大于钢筋混凝土构件的开裂荷载 N'_{cr}。开裂荷载与破坏荷载之比，前者可达0.90以上，甚至可能发生一开裂就破坏的现象，而后者仅为0.10～0.15左右。相比之下，预应力混凝土构件破坏显得比较脆性，这也是它的缺点。

（3）两类构件的极限荷载相等，即 $N_u=N'_u$，从图中可明显地看出，钢筋混凝土构件不能采用高强钢筋，否则构件就会在不大的拉力下因裂缝过宽而不满足正常使用极限状态的要求，只有采用预应力才能发挥高强钢筋的作用。

（4）预应力混凝土构件在外荷载 $N \leqslant N_{cr}$ 时混凝土及钢筋应力随荷载增加的增量与钢筋混凝土构件在 $N \leqslant N'_{cr}$ 时的增量相同。由于预应力混凝土构件开裂荷载大，开裂前钢筋应力变化较小，故预应力混凝土构件更适合于受疲劳荷载作用下的构件，例如吊车梁、铁路桥、公路桥等。

10.5　预应力混凝土轴心受拉构件设计

预应力混凝土轴心受拉构件，除了进行使用阶段承载力计算、裂缝控制验算以外，还要进行施工阶段张拉（或放张）预应力筋时构件的承载力验算，以及对采用锚具的后张法构件进行端部锚固区局部受压的验算和对采用高强钢丝的预应力构件进行预应力筋应力的验算。

10.5.1　使用阶段承载力计算和抗裂验算

截面的计算简图如图10-20（a）所示，构件破坏时预应力筋和非预应力筋都达到了各自的抗拉强度设计值 f_{py} 和 f_y，构件正截面受拉承载力按下式计算：

$$N \leqslant N_u = f_{py}A_p + f_yA_s \tag{10-52}$$

式中　N——轴向拉力设计值，为式（2-20）（持久组合）或式（2-21）（短暂组合）计算值与 γ_0 的乘积；γ_0 为结构重要性系数，对于安全等级为一级、二级、三级的结构构件，γ_0 分别取为1.1、1.0、0.9；

f_{py}、f_y——预应力筋及非预应力筋抗拉强度设计值，按附录B表B-4和表B-3取用；

A_p、A_s——预应力筋及非预应力筋的截面面积。

10.5.2　使用阶段裂缝控制验算

预应力混凝土构件按所处环境类别和使用要求，应有不同的裂缝控制要求。如前所述，由于海港结构处于海水环境下，一旦混凝土开裂预应力筋容易发生应力锈蚀，因此在水运工程中预应力混凝土结构至少要二级裂缝控制，都是要求抗裂的。

1. 一级——严格要求不出现裂缝的构件

按荷载效应标准组合［式（2-24）］进行计算时，应满足式（10-50）的要求，也就是要求构件在任何情况下都不出现拉应力。

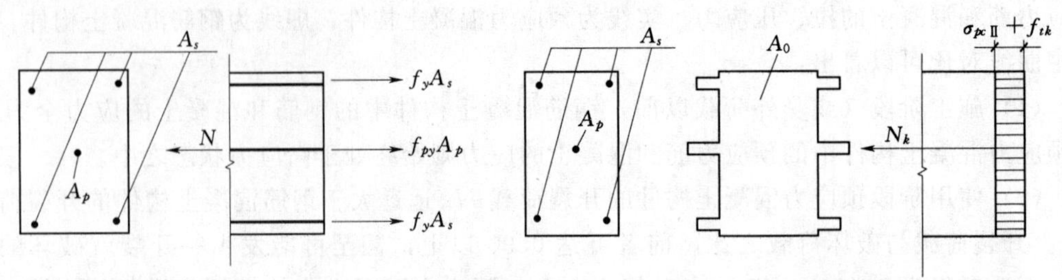

(a) 预应力混凝土轴心受拉构件的承载力计算简图 (b) 预应力混凝土轴心受拉构件的抗裂验算简图

图 10-20 预应力混凝土轴心受拉构件使用阶段承载力与抗裂验算计算简图

$$\sigma_{ck}-\sigma_{pc\,\mathrm{II}}\leqslant 0 \tag{10-53}$$

其中

$$\sigma_{ck}=\frac{N_k}{A_0} \tag{10-54}$$

式中 σ_{ck}——荷载效应标准组合下构件抗裂验算截面的混凝土法向应力；

N_k——按荷载效应标准组合［式（2-24）］计算得到的轴拉力；

A_0——换算截面面积，$A_0=A_c+\alpha_E A_p+\alpha_E A_s$；

$\sigma_{pc\,\mathrm{II}}$——扣除全部预应力损失后，在抗裂验算截面的混凝土预压应力，先张法构件按式（10-21）计算，后张法构件按式（10-42）计算。

2. 二级——一般要求不出现裂缝的构件

按荷载效应标准组合［式（2-24）］进行计算时，应满足式（10-55）的要求，也就是要求构件一般不出现裂缝。

$$\sigma_{ck}-\sigma_{pc\,\mathrm{II}}\leqslant \alpha_{ct}f_{tk} \tag{10-55}$$

式中 f_{tk}——混凝土轴心抗拉强度标准值，按附录B表B-6取用；

α_{ct}——混凝土拉应力限制系数，按附录E表E-1取用。

从图10-20（b）看到，当轴拉力N_k产生拉应力σ_{ck}和$\alpha_{ct}f_{tk}+\sigma_{pc\mathrm{II}}$相等，即当$\sigma_{ck}-\sigma_{pc\,\mathrm{II}}=f_{tk}$时，构件处于即将开裂的极限状态。比较$\sigma_{ck}-\sigma_{pc\,\mathrm{II}}=f_{tk}$和式（10-52）知，混凝土拉应力限制系数$\alpha_{ct}$用于考虑抗裂计算的可靠性。$\alpha_{ct}$取值越低，抗裂计算的可靠性就越高。因而，$\alpha_{ct}$的取值与构件采用的预应力筋种类和构件所处的部位有关。就钢筋种类而言，冷拉HRB400的抗拉强度远低于钢丝、钢绞线和螺纹钢筋的抗拉强度，其α_{ct}取值大于钢丝、钢绞线和螺纹钢筋；就所处部位而言，在海水港浪溅区，盐雾环境且干湿交替，钢筋最容易锈蚀，α_{ct}取值最小。

按荷载效应准永久组合［式（2-26）］进行计算时，应满足式（10-56）的要求，也就是要求构件不出现拉应力。

$$\sigma_{cq}-\sigma_{pc\,\mathrm{II}}\leqslant 0 \tag{10-56}$$

其中

$$\sigma_{cq}=\frac{N_q}{A_0} \tag{10-57}$$

式中 σ_{cq}——荷载效应永久组合下构件抗裂验算截面的混凝土法向应力；

N_q——按荷载效应准永久组合［式（2-26）］计算得到的轴拉力；

其余符号意义同前。

除水运工程外，其他行业的某些预应力构件允许开裂，需验算裂缝宽度，要求 $W_{max} \leqslant [W_{max}]$，这时就要计算最大裂缝宽度。如前所述，随外荷载 N 的增大，N 产生的拉应力逐渐抵消混凝土中的预压应力，当 N 达到了消压轴力 N_0 时，混凝土应力为 0，这时的混凝土应力状态相当于受载之前的钢筋混凝土轴心受拉构件；当 $N>N_0$ 后，$N-N_0$ 使混凝土产生拉应力，甚至开裂，此时构件裂缝宽度的大小取决于 $N-N_0$ 的大小。因此，对于允许出现裂缝的预应力构件，其裂缝宽度可参照钢筋混凝土构件的有关公式，只要取钢筋的应力为 $\sigma_s=\dfrac{N_q-N_0}{A_p+A_s}$，同时注意预应力筋表面形状系数与非预应力筋是不同的即可。

10.5.3 轴心受拉构件施工阶段的验算

轴心受拉构件施工阶段验算包括混凝土应力验算与后张法构件端部局部受压承载力计算，若预应力筋采用高强钢丝还需验算预应力筋的应力。

1. 张拉（或放张）预应力筋时混凝土应力验算

当放张预应力筋（先张法）或张拉预应力筋完毕（后张法）时，混凝土将受到最大的预压应力 σ_{cc}，而这时混凝土强度通常仅达到设计强度的 75%，构件承载力是否足够，应予验算。

为了保证在张拉（或放张）预应力筋时，混凝土不被压碎，混凝土的预压应力应符合下列条件：

$$\sigma_{cc}=\sigma_{pc}+\frac{N_s}{A_0}\leqslant 0.85f'_{ck} \tag{10-58}$$

式中 N_s——构件自重及施工荷载短暂组合产生的轴力，必要时应计入动力系数，N_s 以压力为正、拉力为负；

σ_{pc}——由预加应力产生的混凝土法向应力，以压应力为正、拉应力为负；

f'_{ck}——张拉（或放张）预应力筋时，混凝土立方体抗压强度 f'_{cu} 相应的轴心抗压强度标准值，可由附录 B 表 B-6 按线性内插法确定。

如前所述，先张法构件在放张（或切断）预应力筋时混凝土受到的预压应力最大，仅按第一批损失出现后计算 σ_{pc}，即

$$\sigma_{pc}=\frac{(\sigma_{con}-\sigma_{l\,\mathrm{I}})A_p}{A_0} \tag{10-59}$$

后张法张拉预应力筋完毕，应力达到 σ_{con}（超张拉时取超张拉达到的张拉控制应力值，如 $1.05\sigma_{con}$）时张拉端混凝土压应力最大，以此截面进行验算，即

$$\sigma_{pc}=\frac{\sigma_{con}A_p}{A_n} \tag{10-60}$$

2. 后张法构件端部局部受压承载力计算

后张法构件混凝土的预压应力是由预应力筋回缩时通过锚具对构件端部混凝土施加局部挤压力来建立并维持的。在局部挤压力作用下，端部锚具下的混凝土处于高应力状态下的三向受力情况（图 10-21），不仅在纵向有较大压应力 σ_z，而且在径向、环向还分别产生拉应力 σ_r、σ_θ。加上构件端部钢筋比较集中，混凝土截面又被预留孔道削弱较多，混凝土强度还可能未达到设计强度，因此，验算构件端部局部受压承载力极为重要。工程中常因疏忽而导致发生质量事故。

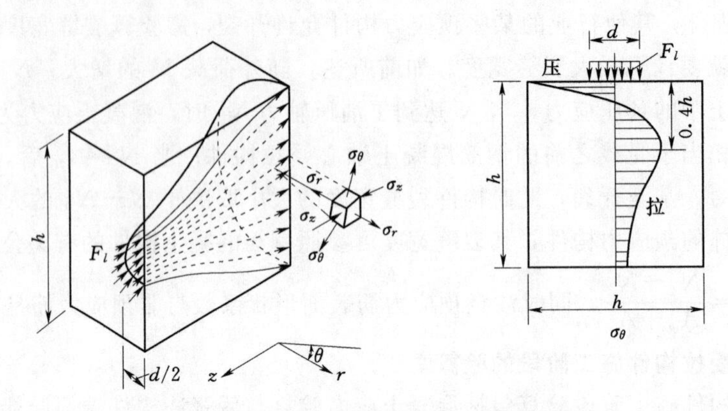

图 10-21　锚具下的混凝土三向受力情况

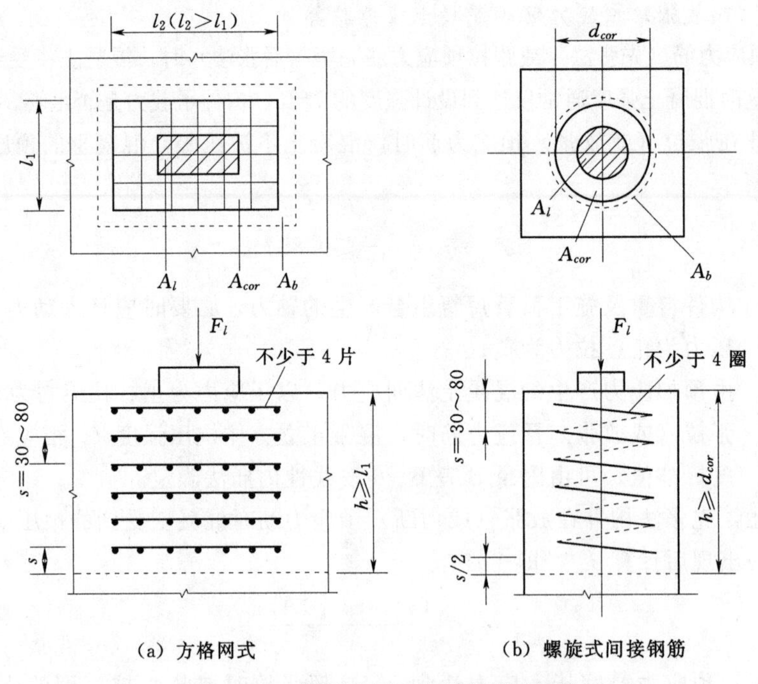

图 10-22　局部受压区间接钢筋配筋图

为了防止混凝土因局部受压强度不足而发生脆性破坏，通常需在局部受压区内配置如图 10-22 所示的方格网式或螺旋式间接钢筋，以约束混凝土的横向变形，从而提高局部受压承载力。

当配置方格网式或螺旋式间接钢筋且符合 $A_{cor}\geqslant A_l$ 的条件时，其局部受压承载力可按下式计算：

$$F_l\leqslant 0.9(\beta_c\beta_l f_c+2\alpha\rho_v\beta_{cor}f_y)A_{ln} \tag{10-61}$$

配置方格网式配筋［图 10-22 (a)］时，体积配筋率为

$$\rho_v=\frac{n_1A_{s1}l_1+n_2A_{s2}l_2}{A_{cor}s} \tag{10-62}$$

配置螺旋式配筋［图 10－22（b）］时，体积配筋率为

$$\rho_v=\frac{4A_{ss1}}{d_{cor}s} \tag{10-63}$$

式中　F_l——局部压力设计值，此时预应力对承载力起不利作用，取预应力作用的分项系数 $\gamma_P=1.20$，即按 $F_l=1.20\sigma_{con}A_p$ 计算；

β_c——混凝土强度影响系数，混凝土强度等级不超过 C50 时，取 $\beta_c=1.0$；混凝土强度等级为 C80 时，取 $\beta_c=0.8$；其间，β_c 按线性内插法确定；

β_l——混凝土局部受压时的强度提高系数，$\beta_l=\sqrt{A_b/A_l}$，其中 A_l 为混凝土局部受压面积；A_b 为局部受压时的计算底面积，按与 A_l 面积同心、对称的原则取用，对于常用情况可按图 10－23 计算；计算 β_l 时，在 A_b 及 A_l 中均不扣除开孔构件的孔道面积；

ρ_v——间接钢筋的体积配筋率（核心面积 A_{cor} 范围内单位混凝土体积中所包含的间接钢筋体积）；

n_1A_{s1}、n_2A_{s2}——方格网沿 l_1、l_2 方向的钢筋根数与单根钢筋截面面积的乘积；钢筋网两个方向上单位长度内的钢筋截面面积比不宜大于 1.5，以避免网格长、短边两个方向配筋相差过大导致钢筋强度不能充分发挥；

l_1、l_2——钢筋网两个方向的长度；

s——钢筋网或螺旋筋的间距，宜取 30～80mm；

A_{cor}——钢筋网以内的混凝土核心面积，其重心应与 A_l 的重心重合，$A_{cor}\leqslant A_b$；

d_{cor}——配置螺旋式间接钢筋范围以内的混凝土直径；

A_{ss1}——螺旋式单根间接钢筋的截面面积；

β_{cor}——配置间接钢筋的局部受压承载力提高系数，$\beta_{cor}=\sqrt{A_{cor}/A_l}$；

A_l——混凝土局部受压面积，可按应力沿锚具边缘在垫板中以 45°角扩散后传到混凝土的受压面积计算；

A_{ln}——混凝土局部受压净面积，由 A_l 扣除预留孔道面积得到；

f_c——混凝土轴心抗压强度设计值，由当时的混凝土立方体强度 f'_{cu} 由附录 B 表 B－1 按线性内插法确定；

f_y——钢筋抗拉强度设计值，按附录 B 表 B－3 查用；

α——间接钢筋对混凝土约束的折减系数：强度等级为 C50 及以下的混凝土，取 $\alpha=1.0$；强度等级为 C80 的混凝土，取 $\alpha=0.85$；其间，α 按线性内插法确定。

间接钢筋应配置在图 10－22 所规定的 h 范围内，对于方格网式钢筋片，$h\geqslant l_1$ 且不应小于 4 片；对于螺旋式钢筋，$h\geqslant d_{cor}$，且不应小于 4 圈。

应当指出，配置间接钢筋过多，虽可较大地提高局部受压承载力，但局部压力过大会引起锚具下的混凝土出现压陷破坏或产生端部裂缝。因此，配置间接钢筋的构件，其局部受压区的截面尺寸应符合下列条件：

$$F_l\leqslant 1.35\beta_c\beta_l f_c A_{ln} \tag{10-64}$$

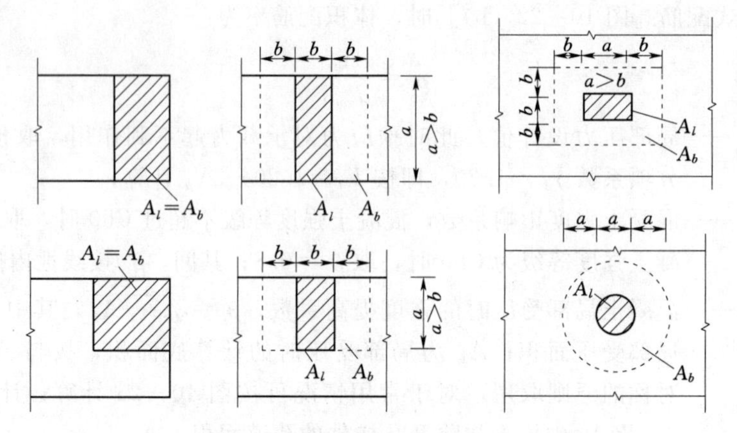

图 10－23　确定局部受压的计算底面积 A_b 示意图

3. 钢筋应力验算

高强钢丝应力较高，为防止应力腐蚀，JTS 151—2011 规范规定，当预应力筋采用高强钢丝时，其应力应满足下列条件：

$$\sigma_{pe\,\mathrm{II}} + \alpha_E \frac{N_s}{A_0} \leqslant 0.55 f_{ptk} \tag{10-65}$$

式中　$\sigma_{pe\,\mathrm{II}}$——钢丝或钢绞线的有效预应力，按式（10－17）或式（10－40）计算；

N_s——构件自重及施工荷载短暂组合产生的轴力，必要时应计入动力系数，以压力为正、拉力为负；

其余符号意义同前。

【例 10－1】 某海港仓库预应力混凝土屋架下弦（图 10－24）杆长度为 24m，截面尺寸为 280mm×180mm。试按 JTS 151—2011 规范设计。

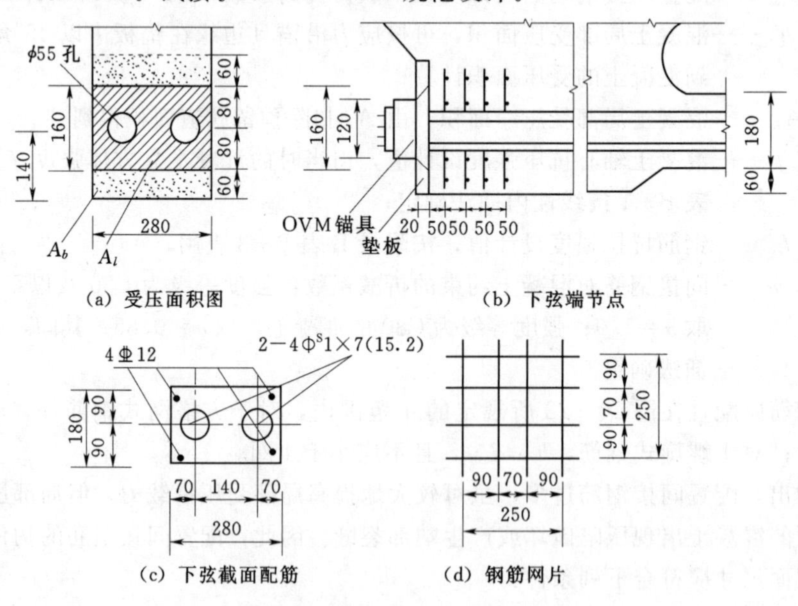

(a) 受压面积图　(b) 下弦端节点

(c) 下弦截面配筋　(d) 钢筋网片

图 10－24　屋架下弦

解：

1. 资料

二级安全等级，$\gamma_0=1.0$。永久荷载（自重）标准值产生的轴向拉力 $N_{Gk}=840.0\text{kN}$，施工阶段可变荷载标准值产生的轴向拉力 $N_{Qk}=30.0\text{kN}$，运行阶段可变荷载标准值产生的轴向拉力 $N_{Qk}=320.0\text{kN}$。

混凝土采用 C60，$f_c=27.5\text{N/mm}^2$，$f_t=2.04\text{N/mm}^2$，$f_{ck}=38.5\text{N/mm}^2$，$f_{tk}=2.85\text{N/mm}^2$，$E_c=3.60\times10^4\text{N/mm}^2$；预应力筋采用$\Phi^s1\times7$（$d=15.2\text{mm}$）钢绞线，$f_{ptk}=1860\text{N/mm}^2$，$f_{py}=1320\text{N/mm}^2$，$E_s=1.95\times10^5\text{N/mm}^2$；非预应力筋采用 HRB400，$f_{yk}=400\text{N/mm}^2$，$f_y=360\text{N/mm}^2$，$E_s=2.0\times10^5\text{N/mm}^2$。

采用后张法，一端张拉，采用 OVM 锚具，孔道采用预埋金属波纹管，孔道直径为 55mm。张拉时混凝土强度为 $f'_{cu}=60\text{N/mm}^2$；张拉控制应力取 $\sigma_{con}=0.60f_{ptk}=0.60\times1860=1116(\text{N/mm}^2)$。

构件处于海水港大气环境，预应力筋采用钢绞线，由附录 E 表 E-1，裂缝控制等级为二级，$\alpha_{ct}=0.3$。

2. 估算预应力筋方案

估计截面换算面积 $A_0=1.15A$，则

$$A_0=1.15bh=1.15\times280\times180=57960(\text{mm}^2)$$

荷载标准组合下，截面承受的拉力和相应的拉应力分别为

$$N_k=N_{Gk}+N_{Qk}=840.0+320.0=1160.0(\text{kN})$$

$$\sigma_{ck}=\frac{N_k}{A_0}=\frac{1160.0\times10^3}{57960}=20.01(\text{N/mm}^2)$$

荷载准永久组合下，截面承受的拉力和相应的拉应力分别为

$$N_q=N_{Gk}+\psi_qN_{Qk}=840.0+0.6\times320.0=1032.0(\text{kN})$$

$$\sigma_{cq}=\frac{N_q}{A_0}=\frac{1032.0\times10^3}{57960}=17.81(\text{N/mm}^2)$$

由式（10-55）和式（10-56），为满足裂缝控制要求，应满足下列条件：

$$\sigma_{ck}-\sigma_{pc\text{II}}\leqslant\alpha_{ct}f_{tk}=0.3\times2.85=0.86(\text{N/mm}^2)$$

$$\sigma_{cq}-\sigma_{pc\text{II}}\leqslant0$$

因而，混凝土有效预压力应满足：

$$\begin{aligned}\sigma_{pc\text{II}}&\geqslant\max(\sigma_{ck}-\alpha_{ct}f_{tk},\sigma_{cq})=\max(20.01-0.86,17.81)\\&=\max(19.15,17.81)=19.15(\text{N/mm}^2)\end{aligned}$$

已知 $\sigma_{con}=1116\text{N/mm}^2$。预估预应力损失 $\sigma_l=15\%\sigma_{con}$、$\sigma_{l5}=100\text{N/mm}^2$，且暂按构造要求取 $A_s=452\text{mm}^2$（4 Φ 12，布置于截面四个角点），有

$$A_n=A_c+\alpha_{E2}A_s=\left(280\times180-2\times\frac{\pi}{4}\times55^2-452\right)+\frac{2.0\times10^5}{3.6\times10^4}\times452=47709(\text{mm}^2)$$

由式（10-42）有

$$A_p=\frac{\sigma_{pc\text{II}}A_n+\sigma_{l5}A_s}{\sigma_{con}-\sigma_l}=\frac{19.15\times47709+100\times452}{1116-0.15\times1116}=1011(\text{mm}^2)$$

采用2束高强低松弛钢绞线，每束采用4$\Phi^{s}1\times7$（$d=15.2$mm），每根钢绞线的截面积为140mm²，共8根，$A_p=1120\text{mm}^2$，如图10-24（c）所示。

3. 承载力计算

运行阶段为控制工况。自重为主要荷载，取$\gamma_G=1.30$、$\gamma_Q=1.40$，则

$$N=\gamma_0(\gamma_G N_G+\gamma_Q N_Q)=1.0\times(1.30\times840.0+1.40\times320.0)=1540.0(\text{kN})$$

由式（10-52）有

$$A_s=\frac{N-f_{py}A_p}{f_y}=\frac{1540.0\times10^3-1320\times1120}{360}=171(\text{mm}^2)$$

选配4Φ12，实配$A_s=452\text{mm}^2$。

4. 使用阶段抗裂验算

（1）截面几何特征

实配的非预应力钢筋和预估时相同，则A_n仍为

$$A_n=47709\text{mm}^2$$

由
$$\alpha_{E1}=\frac{E_s}{E_c}=\frac{1.95\times10^5}{3.60\times10^4}=5.42$$

可得
$$A_0=A_n+\alpha_{E1}A_p=47709+5.42\times1120=53779(\text{mm}^2)$$

（2）预应力损失。

1）锚具变形损失σ_{l1}

由表10-2，查得夹片式锚具OVM的锚具变形和预应力筋内缩值$a=5$mm，由式（10-1）有

$$\sigma_{l1}=\frac{a}{l}E_s=\frac{5}{24.0\times10^3}\times1.95\times10^5=41(\text{N/mm}^2)$$

2）孔道摩擦损失σ_{l2}

按锚固端计算该项损失，所以$l=24$m，直线配筋，$\theta=0°$，查表10-3得$\kappa=0.0015$，$\kappa x=0.0015\times24=0.036$。由式（10-5a）有

$$\sigma_{l2}=\sigma_{con}\left(1-\frac{1}{e^{\kappa x+\mu\theta}}\right)=1116\times\left(1-\frac{1}{e^{0.036}}\right)=39(\text{N/mm}^2)$$

则第一批损失为

$$\sigma_l=\sigma_{l1}+\sigma_{l2}=41+39=80(\text{N/mm}^2)$$

3）预应力筋的应力松弛损失σ_{l4}

$\dfrac{\sigma_{con}}{f_{ptk}}=0.60$，由表10-4有

$$\sigma_{l4}=0.125\left(\frac{\sigma_{con}}{f_{ptk}}-0.50\right)\sigma_{con}=0.125\times(0.60-0.50)\times1116=14(\text{N/mm}^2)$$

4）混凝土的收缩和徐变损失σ_{l5}

$$\sigma_{pc\,\mathrm{I}}=\frac{(\sigma_{con}-\sigma_{l\,\mathrm{I}})A_p}{A_n}=\frac{(1116-80)\times1120}{47709}=24.32(\text{N/mm}^2)$$

$$\frac{\sigma_{pc\,\mathrm{I}}}{f'_{cu}}=\frac{24.32}{60}=0.41<0.5$$

$$\rho=\frac{A_p+A_s}{A_n}=\frac{1120+452}{47709}=0.033$$

采用的是C60混凝土，由式（10-8）有

$$\alpha_c=\sqrt{\frac{23.5}{f_c}}=\sqrt{\frac{23.5}{27.5}}=0.92$$

采用的是后张法，$A=25$。由式（10-7a）有

$$\sigma_{l5}=\frac{A+220\alpha_c\dfrac{\sigma_{pc\,\mathrm{I}}}{f'_{cu}}}{1+15\rho}=\frac{25+220\times0.92\times0.41}{1+15\times\dfrac{1}{2}\times0.033}=87(\mathrm{N/mm^2})$$

则第二批损失为

$$\sigma_{l\,\mathrm{II}}=\sigma_{l4}+\sigma_{l5}=14+87=101(\mathrm{N/mm^2})$$

总损失为

$$\sigma_l=\sigma_{l\,\mathrm{I}}+\sigma_{l\,\mathrm{II}}=80+101=181(\mathrm{N/mm^2})>80\mathrm{N/mm^2}$$

（3）抗裂验算

由式（10-42），混凝土有效预压应力为

$$\sigma_{pc\,\mathrm{II}}=\frac{(\sigma_{con}-\sigma_l)A_p-A_s\sigma_{l5}}{A_n}$$

$$=\frac{(1116-181)\times1120-452\times87}{47709}=21.13(\mathrm{N/mm^2})$$

在荷载效应标准组合下，有

$$\sigma_{ck}=\frac{N_k}{A_0}=\frac{1160.0\times10^3}{53779}=21.57(\mathrm{N/mm^2})$$

由式（10-55）有

$$\sigma_{ck}-\sigma_{pc\,\mathrm{II}}=21.57-21.13$$

$$=0.44(\mathrm{N/mm^2})<\alpha_{ct}f_{tk}=0.3\times2.85=0.86(\mathrm{N/mm^2})$$

在荷载效应准永久组合下，有

$$\sigma_{cq}=\frac{N_q}{A_0}=\frac{1032.0\times10^3}{53779}=19.19(\mathrm{N/mm^2})$$

由式（10-56）有

$$\sigma_{cq}-\sigma_{pc\,\mathrm{II}}=19.19-21.13<0$$

满足二级裂缝控制要求。

5. 施工阶段验算

（1）钢绞线应力验算

由式（10-40）有

$$\sigma_{pe\,\mathrm{II}}=\sigma_{con}-\sigma_l=1116-181=935(\mathrm{N/mm^2})$$

在施工状况下，有

$$N_s=N_{Gk}+N_{Qk}=840.0+30.0=870.0(\mathrm{kN})$$

由式（10-65）有

$$\sigma_{pe\,\mathrm{II}}+\alpha_E\frac{N_s}{A_0}=935+5.42\times\frac{870.0\times10^3}{53779}$$
$$=1023(\mathrm{N/mm^2})\leqslant0.55f_{ptk}=0.55\times1860=1023(\mathrm{N/mm^2})$$

满足要求。

(2) 混凝土应力验算

预应力筋张拉完毕时，混凝土压应力最大，由式（10-60）有

$$\sigma_{pc}=\frac{\sigma_{con}A_p}{A_n}=\frac{1116\times1120}{47709}=26.20(\mathrm{N/mm^2})$$

由式（10-58），截面上混凝土可承受的压应力为

$$\sigma_{cc}=\sigma_{pc}=26.20\mathrm{N/mm^2}<0.85f'_{ck}=0.85\times38.5=32.73\mathrm{N/mm^2}$$

满足要求。

(3) 锚具下局部受压验算。

1）端部受压区截面尺寸验算

OVM锚具的直径为120mm，锚具下垫板厚20mm，局部受压面积可按压力 F_l 从锚具边缘在垫板中按45°扩散的面积计算，在计算局部受压计算底面积时，近似地可按图10-24（a）两实线所围的矩形面积代替两个圆面积，即

$$A_l=280\times(120+2\times20)=44800(\mathrm{mm^2})$$

锚具下局部受压计算底面积为

$$A_b=280\times(160+2\times60)=78400(\mathrm{mm^2})$$

混凝土局部受压净面积为

$$A_{ln}=44800-2\times\frac{\pi}{4}\times55^2=40048(\mathrm{mm^2})$$

可得

$$\beta_l=\sqrt{\frac{A_b}{A_l}}=\sqrt{\frac{78400}{44800}}=1.32$$

采用的是C60混凝土，线性插值得混凝土强度影响系数为

$$\beta_c=\frac{80.0-60.0}{80.0-50.0}\times(1.0-0.8)+0.8=0.93$$

局部压力设计值 F_l 为

$$F_l=1.20\sigma_{con}A_p=1.20\times1116\times1120=1499.90\times10^3(\mathrm{N})=1499.90\mathrm{kN}$$

按式（10-64）有

$$1.35\beta_c\beta_l f_c A_{ln}=1.35\times0.93\times1.32\times27.5\times40048$$
$$=1825.17\times10^3(\mathrm{N})=1825.17\mathrm{kN}>F_l=1499.90\mathrm{kN}$$

满足要求。

2）局部受压承载力计算

间接钢筋采用4片Φ8方格焊接网片，如图10-24（b）所示，间距 $s=50$mm，网片尺寸如图10-24（d）所示。

$$A_{cor}=250\times250=62500(\mathrm{mm^2})<A_b=78400\mathrm{mm^2}$$

$$\beta_{cor}=\sqrt{\frac{A_{cor}}{A_l}}=\sqrt{\frac{62500}{44800}}=1.18$$

间接钢筋的体积配筋率为

$$\rho_v=\frac{n_1A_{s1}l_1+n_2A_{s2}l_2}{A_{cor}s}=\frac{4\times50.3\times250+4\times50.3\times250}{62500\times50}=0.032$$

采用的是C60混凝土，线性插值得间接钢筋对混凝土约束的折减系数为

$$\alpha=\frac{80.0-60.0}{80.0-50.0}\times(1.0-0.85)+0.85=0.95$$

按式（10-61）有

$$\begin{aligned}&0.9(\beta_c\beta_l f_c+2\alpha\rho_v\beta_{cor}f_y)A_{ln}\\=&0.9\times(0.93\times1.32\times27.5+2\times0.95\times0.032\times1.18\times270)\times40048\\=&1914.97\times10^3(\mathrm{N})=1914.97\mathrm{kN}>F_l=1499.90\mathrm{kN}\end{aligned}$$

满足要求。

10.6　预应力混凝土受弯构件的应力分析

预应力混凝土受弯构件各阶段的应力变化规律基本上与10.4节轴心受拉构件所述类同。但因受力方式不同，因而也有它自己的特点：与轴心受拉构件预应力筋的重心位于截面中心不同，受弯构件预应力筋的重心应尽可能布置在靠近梁的底部（即偏心布置），因此预应力筋回缩时的压力对受弯构件截面是偏心受压作用，故截面上的混凝土不仅有预压应力（在梁底部），而且有可能有预拉应力（在梁顶部，又称预拉区）。为充分发挥预应力筋对梁底受拉区混凝土的预压作用，以及减小梁顶混凝土的拉应力，受弯构件的截面经常设计成上、下翼缘不对称的I形截面［图10-25（a）］。对施工阶段要求在预拉区不能开裂的构件，通常还在梁上部设置预应力筋 A'_p，以防止放张或张拉预应力筋时截面上部开裂。同时在受拉区和受压区设置非预应力筋 A_s 和 A'_s，其作用是适当减少预应力筋的数量，增加构件的延性，满足施工、运输和吊装各阶段的受力及控制裂缝宽度的需要。

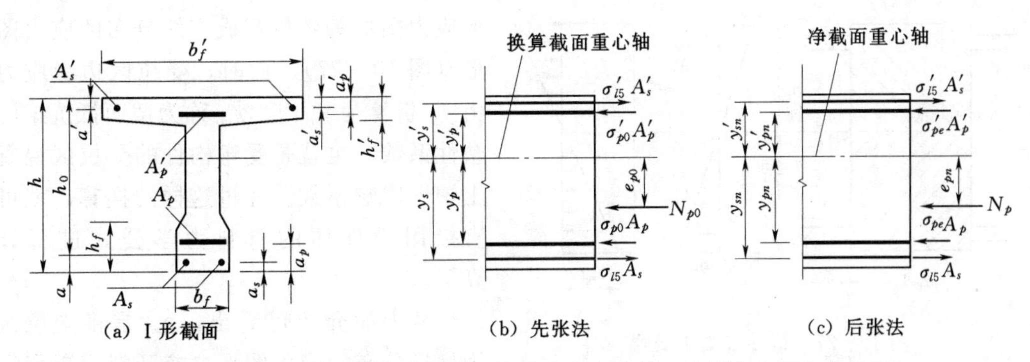

（a）I形截面　（b）先张法　（c）后张法

图10-25　I形截面预应力混凝土构件和预应力筋、非预应力筋合力位置

10.6.1　开裂内力计算方法与受拉区混凝土塑性影响系数

在进行预应力混凝土受弯构件的应力分析之前，先讨论构件开裂内力的计算方法，了解受拉区混凝土塑性系数的概念。为简单计，以钢筋混凝土受弯构件为例来讨论。

普通钢筋混凝土受弯构件正截面在即将开裂的瞬间，其应力状态处于第 $\mathrm{I_a}$ 应力状态，

截面实际应力与应变分布如图10-26（a）和图10-26（b）所示。此时，受拉区边缘的拉应变达到混凝土的极限拉应变ε_{tu}，受拉区应力分布为曲线形，具有明显的塑性特征，大部分拉应力达到混凝土的抗拉强度f_t；受压区混凝土仍接近于弹性工作状态，其应力分布图形近似为三角形；截面应变符合平截面假定；受拉钢筋应力σ_s约为20～30N/mm^2。

根据试验结果，在计算受弯构件的开裂弯矩M_{cr}时，混凝土受拉区应力图形可近似地假定为图10-26（c）所示梯形图形，并假定塑化区高度占受拉区高度的一半；混凝土受压区应力图形假定为三角形。

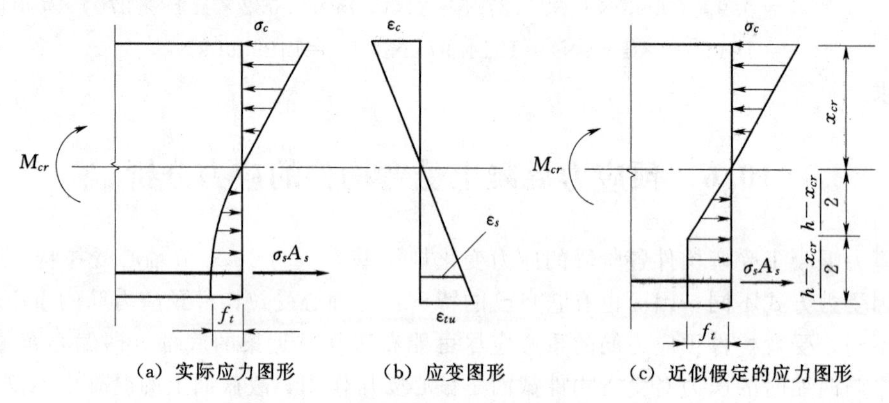

图10-26　钢筋混凝土受弯构件正截面即将开裂时截面应力与应变分布

按图10-26（c）的应力图形，利用平截面假定和力的平衡条件，可求出混凝土边缘压应力σ_c与受压区高度x_{cr}之间的关系。然后，再根据力矩的平衡条件就可求出截面开裂弯矩M_{cr}。

但上述直接求解M_{cr}的方法比较烦琐，为了计算方便，可采用等效换算的方法。即在保持开裂弯矩相等的条件下，将受拉区梯形应力图形等效折算成直线分布的应力图形（图10-27）。此时，受拉区边缘应力由f_t折算为$\gamma_m f_t$，γ_m称为截面抵抗矩的塑性系数，也就是受弯构件的受拉区混凝土塑性影响系数。经过这样的换算，就可直接用弹性体的材料力学公式进行计算了。

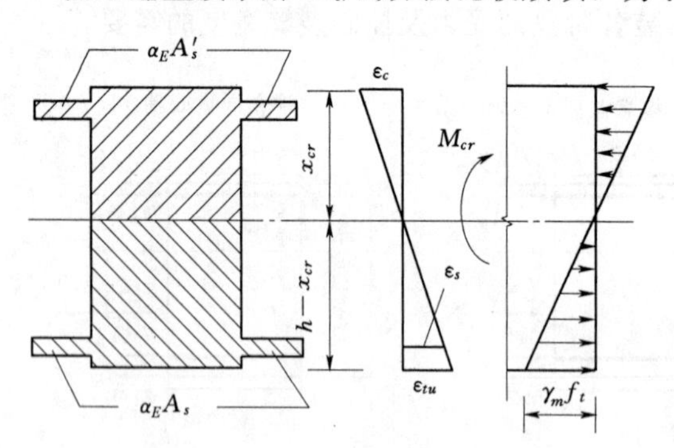

图10-27　钢筋混凝土受弯构件正截面抗裂弯矩计算图形

从上面介绍可看出，γ_m是将受拉区为梯形分布的应力图形，按开裂弯矩相等的原则折算成直线分布应力图形后，相应的受拉边缘应力与f_t的比值。因此，γ_m与截面形状及假定的应力图形有关。

对于一些常用截面，已求得其相应的γ_m值，见附录E表E-3，设计时可直接取用。

试验证明，γ_m值除了与截面形状有关外，还与截面高度h有关。截面高度h越大，γ_m值越小。由高梁（h=1200mmm、1600mm、2000mm）试验得出的矩形截面γ_m值大体上为1.23～1.39，由浅梁（$h \leqslant 200$mm）试验得出的γ_m值可大到2.0，总的趋势是γ_m值随着h的增大而减小。所以，应根据h值的不同对γ_m值进行修正。即按表E-3查得的截面抵抗矩的塑性系数γ_m，还应乘以考虑截面高度影响的修正系数$\left(0.7+\frac{120}{h}\right)$，该修正系数不应大于1.1。其中$h$以mm计，当$h>1600$mm时，取$h=1600$mm。对圆形和环形截面，$h$即外径$d$。

与轴心受拉构件同样道理，如果构件的受拉钢筋截面面积为A_s，受压钢筋截面面积为A_s'，则它们可换算为与钢筋同位置的受拉混凝土截面面积$\alpha_E A_s$与受压混凝土截面面积$\alpha_E A_s'$（图10-27）。如此，就可把构件视作截面面积为A_0的匀质弹性体，$A_0=A_c+\alpha_E A_s+\alpha_E A_s'$。引用材料力学公式，可得出受弯构件正截面抗裂弯矩$M_{cr}$的计算公式：

$$M_{cr}=\gamma_m f_t W_0 \tag{10-66}$$

其中

$$W_0=\frac{I_0}{h-y_0} \tag{10-67}$$

式中 W_0——换算截面A_0对受拉边缘的弹性抵抗矩；

y_0——换算截面重心轴至受压边缘的距离，按式（8-32）计算；

I_0——换算截面对其重心轴的惯性矩，按式（8-33）计算。

对于偏心受拉构件和偏压构件，同样将钢筋面积折算成同位置上的混凝土面积，将构件视作截面面积为A_0的匀质弹性体，再分别引入偏心受拉构件和偏心受压构件受拉区混凝土塑性影响系数$\gamma_{偏拉}$和$\gamma_{偏压}$，利用材料力学公式给出开裂内力计算公式：

$$\frac{M_{cr}}{W_0}+\frac{N_{cr}}{A_0}=\gamma_{偏拉} f_t \tag{10-68}$$

$$\frac{M_{cr}}{W_0}-\frac{N_{cr}}{A_0}=\gamma_{偏压} f_t \tag{10-69}$$

对于轴心受拉构件，沿截面高度混凝土拉应变与拉应力都是均匀的，即其应变梯度（应变沿截面高度的变化率）$i_{轴拉}=0$，塑性系数$\gamma_{轴拉}=1$；而受弯构件的应变梯度$i_{受弯}>0$，塑性系数$\gamma_m>1$，说明应变梯度越大，塑性系数越大。偏心受拉构件的应变梯度$i_{偏拉}<i_{受弯}$，但大于0，因此偏心受拉构件的塑性系数$\gamma_{偏拉}$应处于γ_m与1之间。

近似地认为$\gamma_{偏拉}$是随截面的平均拉应力σ_m的大小，按线性规律在1与γ_m之间变化，再利用受弯构件的平均拉应力$\sigma_m=0$、$\gamma_{偏拉}=\gamma_m$和轴心受拉构件的平均拉应力$\sigma=f_t$、$\gamma_{偏拉}=1$，有

$$\gamma_{偏拉}=\gamma_m-(\gamma_m-1)\frac{\sigma_m}{f_{tk}} \tag{10-70}$$

式中 σ_m——计算截面混凝土的平均应力。

偏心受拉构件是在受弯构件上加上轴向拉力，$\gamma_{偏拉}$小于γ_m，而偏心受压构件是在受弯构件上加上轴向压力，自然$\gamma_{偏压}$大于γ_m。用小值γ_m取代大值$\gamma_{偏压}$来求开裂内力，求得的开裂内力会偏小，偏于安全。为简化计算，$\gamma_{偏压}$可取与受弯构件相同的数值，即取$\gamma_{偏压}=\gamma_m$。

预应力构件的塑性系数取值和钢筋混凝土构件相同，但由于预压应力的作用，预应力偏拉构件的σ_m有可能小于0（$\sigma_m<0$），这时取$\sigma_m=0$，即取$\gamma_{偏拉}=\gamma_m$。

10.6.2 先张法预应力混凝土受弯构件的应力分析

先张法预应力混凝土受弯构件从张拉预应力筋开始直到破坏为止的整个应力变化情况，与轴心受拉构件完全类似，也可分为六种应力状态见表 10-8。

表 10-8　先张法预应力混凝土梁的应力变化情况

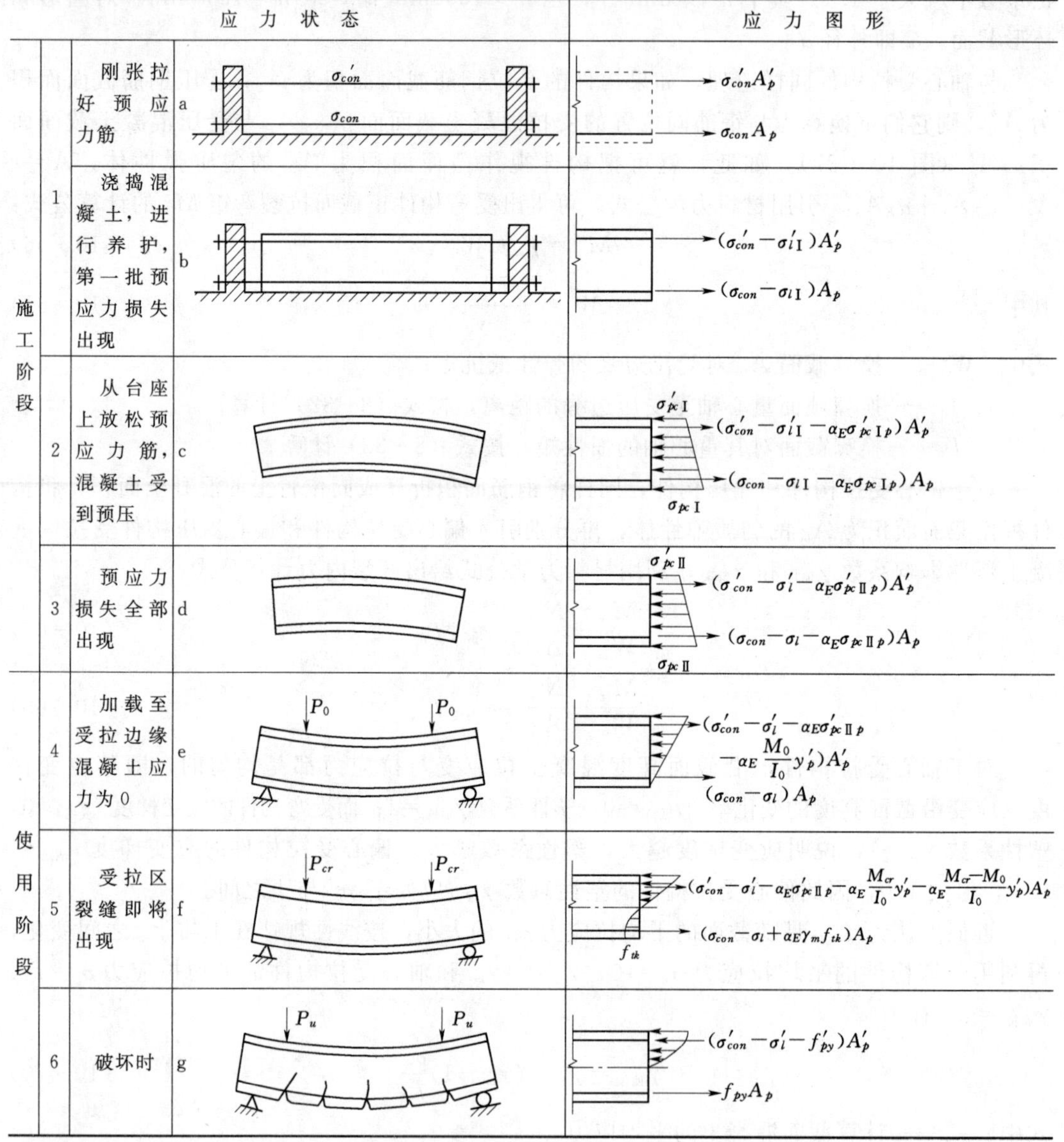

阶段		应力状态		图中荷载	应力图形
施工阶段	1	刚张拉好预应力筋	a		$\sigma'_{con}A'_p$；$\sigma_{con}A_p$
施工阶段	1	浇捣混凝土，进行养护，第一批预应力损失出现	b		$(\sigma'_{con}-\sigma'_{l\,\mathrm{I}})A'_p$；$(\sigma_{con}-\sigma_{l\,\mathrm{I}})A_p$
施工阶段	2	从台座上放松预应力筋，混凝土受到预压	c		$\sigma'_{pc\,\mathrm{I}}$；$(\sigma'_{con}-\sigma'_{l\,\mathrm{I}}-\alpha_E\sigma'_{pc\,\mathrm{I}\,p})A'_p$；$(\sigma_{con}-\sigma_{l\,\mathrm{I}}-\alpha_E\sigma_{pc\,\mathrm{I}\,p})A_p$；$\sigma_{pc\,\mathrm{I}}$
施工阶段	3	预应力损失全部出现	d		$\sigma'_{pc\,\mathrm{II}}$；$(\sigma'_{con}-\sigma'_l-\alpha_E\sigma'_{pc\,\mathrm{II}\,p})A'_p$；$(\sigma_{con}-\sigma_l-\alpha_E\sigma_{pc\,\mathrm{II}\,p})A_p$；$\sigma_{pc\,\mathrm{II}}$
使用阶段	4	加载至受拉边缘混凝土应力为 0	e	P_0	$(\sigma'_{con}-\sigma'_l-\alpha_E\sigma'_{pc\,\mathrm{II}\,p}-\alpha_E\frac{M_0}{I_0}y'_p)A'_p$；$(\sigma_{con}-\sigma_l)A_p$
使用阶段	5	受拉区裂缝即将出现	f	P_{cr}	$(\sigma'_{con}-\sigma'_l-\alpha_E\sigma'_{pc\,\mathrm{II}\,p}-\alpha_E\frac{M_{cr}}{I_0}y'_p-\alpha_E\frac{M_{cr}-M_0}{I_0}y'_p)A'_p$；$(\sigma_{con}-\sigma_l+\alpha_E\gamma_m f_{tk})A_p$；$f_{tk}$
使用阶段	6	破坏时	g	P_u	$(\sigma'_{con}-\sigma'_l-f'_{py})A'_p$；$f_{py}A_p$

注　为清晰起见，图中未标示出非预应力筋 A_s、A'_s 及其应力。

10.6.2.1 施工阶段

1. 应力状态 1——预应力筋放张前

张拉预应力筋时（表 10-8 图 a），A_p 的控制应力为 σ_{con}，A'_p 的控制应力为 σ'_{con}。当第一批预应力损失出现后（表 10-8 图 b），预应力筋的张拉力分别为（$\sigma_{con}-\sigma_{l\,\mathrm{I}}$）$A_p$ 及（$\sigma'_{con}-\sigma'_{l\,\mathrm{I}}$）$A'_p$。预应力筋和非预应力筋的合力（此时非预应力筋应力为 0）为

$$N_{p0\text{I}}=(\sigma_{con}-\sigma_{l\text{I}})A_p+(\sigma'_{con}-\sigma'_{l\text{I}})A'_p \tag{10-71}$$

$N_{p0\text{I}}$ 由台座（或钢模）支承平衡。在此状态，混凝土尚未受到压缩，应力为 0。

2. 应力状态 2——预应力筋放张后

在从台座（或钢模）上放张预应力筋时（表 10-8 图 c），$N_{p0\text{I}}$ 反过来作用在混凝土截面上，使混凝土产生法向应力。和轴心受拉构件类似，可把 $N_{p0\text{I}}$ 视为外力（偏心压力），作用在换算截面 A_0 上，按偏心受压公式计算截面上各点的混凝土法向预应力：

$$\begin{matrix}\sigma_{pc\text{I}}\\ \sigma'_{pc\text{I}}\end{matrix}=\frac{N_{p0\text{I}}}{A_0}\pm\frac{N_{p0\text{I}}e_{p0\text{I}}}{I_0}y_0 \tag{10-72}$$

式中 A_0——换算截面面积，$A_0=A_c+\alpha_EA_p+\alpha_EA_s+\alpha_EA'_p+\alpha_EA'_s$，不同品种钢筋应分别取用不同的弹性模量计算 α_E 值；

A_c——混凝土截面面积；

I_0——换算截面 A_0 的惯性矩；

$e_{p0\text{I}}$——预应力筋和非预应力筋合力至换算截面重心轴的距离；

y_0——换算截面重心轴至所计算纤维层的距离。

在利用式（10-72）求换算截面重心轴以下和以上各点混凝土预应力值时，对公式右边第二项前分别取相应的加号和减号，所求得的混凝土预应力值以压应力为正。

偏心力 $N_{p0\text{I}}$ 的偏心距 $e_{p0\text{I}}$ 可按下式求得

$$e_{p0\text{I}}=\frac{\sigma_{p0\text{I}}A_py_p-\sigma'_{p0\text{I}}A'_py'_p}{N_{p0\text{I}}} \tag{10-73}$$

式中 $\sigma_{p0\text{I}}$、$\sigma'_{p0\text{I}}$——放张前预应力筋 A_p、A'_p 的拉应力，$\sigma'_{p0\text{I}}=\sigma'_{con}-\sigma'_{l\text{I}}$，$\sigma_{p0\text{I}}=\sigma_{con}-\sigma_{l\text{I}}$；

y_p、y'_p——预应力筋 A_p、A'_p 各自合力点至换算截面重心轴的距离。

在应力状态 2，预应力筋 A_p、A'_p 的应力（受拉为正）和非预应力筋 A_s、A'_s 的应力（受压为正）分别为

$$\sigma_{pe\text{I}}=(\sigma_{con}-\sigma_{l\text{I}})-\alpha_E\sigma_{pc\text{I}p}=\sigma_{p0\text{I}}-\alpha_E\sigma_{pc\text{I}p} \tag{10-74}$$

$$\sigma'_{pe\text{I}}=(\sigma'_{con}-\sigma'_{l\text{I}})-\alpha_E\sigma'_{pc\text{I}p}=\sigma'_{p0\text{I}}-\alpha_E\sigma'_{pc\text{I}p} \tag{10-75}$$

$$\sigma_{s\text{I}}=\alpha_E\sigma_{pc\text{I}s} \tag{10-76}$$

$$\sigma'_{s\text{I}}=\alpha_E\sigma'_{pc\text{I}s} \tag{10-77}$$

式（10-74）～式（10-77）中 $\sigma_{pc\text{I}p}$、$\sigma'_{pc\text{I}p}$ 和 $\sigma_{pc\text{I}s}$、$\sigma'_{pc\text{I}s}$ 分别为第一批预应力损失出现后 A_p、A'_p 和 A_s、A'_s 重心处混凝土法向预应力值。它们可由式（10-72）求出，只要将式中的 y_0 分别代以 y_p、y'_p 及 y_s、y'_s 即可。

3. 应力状态 3——全部预应力损失出现

全部预应力损失出现后（表 10-8 图 d），由于混凝土收缩和徐变对 A_s、A'_s 有影响，混凝土法向预应力为 0 时（预应力筋合力点处）预应力筋和非预应力筋的合力变为 $N_{p0\text{II}}$：

$$N_{p0\text{II}}=(\sigma_{con}-\sigma_l)A_p+(\sigma'_{con}-\sigma'_l)A'_p-\sigma_{l5}A_s-\sigma'_{l5}A'_s \tag{10-78}$$

此时截面各点的混凝土法向预应力为

$$\left.\begin{matrix}\sigma_{pc\text{II}}\\ \sigma'_{pc\text{II}}\end{matrix}\right\}=\frac{N_{p0\text{II}}}{A_0}\pm\frac{N_{p0\text{II}}e_{p0\text{II}}}{I_0}y_0 \tag{10-79}$$

偏心力 $N_{p0\text{II}}$ 的偏心距 $e_{p0\text{II}}$ 可按下式求得

$$e_{p0\text{II}}=\frac{\sigma_{p0\text{II}}A_py_p-\sigma'_{p0\text{II}}A'_py'_p-\sigma_{l5}A_sy_s+\sigma'_{l5}A'_sy'_s}{N_{p0\text{II}}} \tag{10-80}$$

式中 $\sigma_{p0\text{II}}$、$\sigma'_{p0\text{II}}$——第二批预应力损失出现后，当混凝土法向预应力为 0 时，预应力筋 A_p、A'_p 的拉应力，$\sigma_{p0\text{II}}=(\sigma_{con}-\sigma_l)$，$\sigma'_{p0\text{II}}=(\sigma'_{con}-\sigma'_l)$；

y_s、y'_s——非预应力筋 A_s、A'_s 各自合力点至换算截面重心轴的距离。

当截面受压区不配置预应力筋 $A'_p(A'_p=0)$ 时，则式（10-78）和式（10-80）中的 σ'_{l5} 取等于 0。

在应力状态 3，相应的预应力筋 A_p、A'_p 的拉应力和非预应力筋 A_s、A'_s 的压应力分别为

$$\sigma_{pe\text{II}}=(\sigma_{con}-\sigma_l)-\alpha_E\sigma_{pc\text{II}p}=\sigma_{p0\text{II}}-\alpha_E\sigma_{pc\text{II}p} \tag{10-81}$$

$$\sigma'_{pe\text{II}}=(\sigma'_{con}-\sigma'_l)-\alpha_E\sigma'_{pc\text{II}p}=\sigma'_{p0\text{II}}-\alpha_E\sigma'_{pc\text{II}p} \tag{10-82}$$

$$\sigma_{s\text{II}}=\sigma_{l5}+\alpha_E\sigma_{pc\text{II}s} \tag{10-83}$$

$$\sigma'_{s\text{II}}=\sigma'_{l5}+\alpha_E\sigma'_{pc\text{II}s} \tag{10-84}$$

式（10-81）～式（10-84）中 $\sigma_{pc\text{II}p}$、$\sigma'_{pc\text{II}p}$ 和 $\sigma_{pc\text{II}s}$、$\sigma'_{pc\text{II}s}$ 值可由式（10-79）求得。

10.6.2.2 使用阶段

1. 应力状态 4——消压状态

在消压弯矩 M_0 作用下（表 10-8 图 e），截面下边缘拉应力刚好抵消下边缘混凝土的预压应力，即

$$\frac{M_0}{W_0}-\sigma_{pc\text{II}}=0 \tag{10-85a}$$

所以

$$M_0=\sigma_{pc\text{II}}W_0 \tag{10-85b}$$

式中 W_0——换算截面对受拉边缘弹性抵抗矩，仍按式（10-67）计算，但除了预应力筋外，还需将预应力筋截面面积换算成混凝土面积。

与轴心受拉构件不同的是，消压弯矩 M_0 仅使受拉边缘处的混凝土应力为 0，截面上其他部位的应力均不为 0。

此时预应力筋 A_p 的拉应力 σ_{p0} 由 $\sigma_{pe\text{II}}$ 增加 $\alpha_EM_0y_p/I_0$，A'_p 的拉应力 σ'_{p0} 由 $\sigma'_{pe\text{II}}$ 减少 $\alpha_EM_0y'_p/I_0$，即

$$\sigma_{p0}=\sigma_{pe\text{II}}+\alpha_E\frac{M_0}{I_0}y_p=\sigma_{p0\text{II}}-\alpha_E\sigma_{pc\text{II}p}+\alpha_E\frac{M_0}{I_0}y_p\approx\sigma_{p0\text{II}} \tag{10-86}$$

$$\sigma'_{p0}=\sigma'_{pe\text{II}}-\alpha_E\frac{M_0}{I_0}y'_p=\sigma'_{p0\text{II}}-\alpha_E\sigma'_{pc\text{II}p}-\alpha_E\frac{M_0}{I_0}y'_p \tag{10-87}$$

相应的非预应力筋 A_s 的压应力 σ_{s0} 则由 $\sigma_{s\text{II}}$ 减少 $\alpha_EM_0y_s/I_0$，A'_s 的压应力 σ'_{s0} 由 $\sigma'_{s\text{II}}$ 增加 $\alpha_EM_0y'_s/I_0$，具体公式不再列出。

2. 应力状态 5——即将开裂

如外荷载继续增加至 $M>M_0$，则截面下边缘混凝土的应力将转化为受拉应力，当受

拉边缘混凝土拉应变达到混凝土极限拉应变 ε_{tu} 时，混凝土即将出现裂缝（表 10-8 图 f），此时截面上受到的弯矩即为开裂弯矩 M_{cr}：

$$M_{cr}=M_0+\gamma_m f_{tk}W_0=(\sigma_{pc\text{II}}+\gamma_m f_{tk})W_0 \tag{10-88a}$$

也可用应力表示为

$$\sigma_{cr}=\sigma_{pc\text{II}}+\gamma_m f_{tk} \tag{10-88b}$$

式中 γ_m——受弯构件的截面抵抗矩塑性系数，按附录 E 表 E-3 取用。

在裂缝即将出现的瞬间，受拉区预应力筋 A_p 的拉应力由 σ_{p0} 增加 $\alpha_E\gamma_m f_{tk}$（近似），即

$$\sigma_{pcr}\approx\sigma_{p0}+\alpha_E\gamma_m f_{tk} \tag{10-89}$$

而受压区预应力筋 A'_p 的拉应力则由 σ'_{p0} 减少 $\alpha_E\dfrac{M_{cr}-M_0}{I_0}y'_p$，即

$$\sigma'_{pcr}=\sigma'_{p0}-\alpha_E\frac{M_{cr}-M_0}{I_0}y'_p \tag{10-90}$$

此时，相应的非预应力筋 A_s 的压应力 σ_{scr} 则由 σ_{s0} 减少 $\alpha_E\gamma_m f_{tk}$，A'_s 的压应力 σ'_{scr} 由 σ'_{s0} 增加 $\alpha_E(M_{cr}-M_0)y'_s/I_0$。

此状态为预应力混凝土受弯构件抗裂验算的应力计算模型和理论依据。

3. 应力状态 6——破坏状态

当外荷载继续增大至 $M>M_{cr}$ 时，受拉区就出现裂缝，裂缝截面受拉混凝土退出工作，全部拉力由纵向受拉钢筋承担。当外荷载增大至构件破坏时，截面受拉区预应力筋 A_p 和非预应力筋 A_s 的应力先达到屈服强度 f_{py} 和 f_y，然后受压区边缘混凝土应变达到极限压应变致使混凝土被压碎，构件达到极限承载力（表 10-8 图 g）。此时，受压区非预应力筋 A'_s 的应力可达到受压屈服强度 f'_y。而预应力筋 A'_p 的应力 σ'_p 可能是拉应力，也可能是压应力，但不可能达到受压屈服强度 f'_{py}。

10.6.3 后张法预应力混凝土受弯构件的应力分析

后张法预应力混凝土受弯构件的应力分析方法与后张法预应力混凝土轴心受拉构件类似，此处不再重述。仅指出它与先张法预应力混凝土受弯构件计算公式不同之处。

1. 施工阶段

(1) 在施工阶段求混凝土法向预应力的计算公式中，后张法一律采用净截面面积 A_n、惯性矩 I_n，计算纤维层至净截面重心轴的距离 y_n，如图 10-25（c）所示。

(2) 计算第一批预应力损失和全部预应力损失出现后的混凝土法向预应力，仍可按偏心受压求应力的公式计算，见式（10-91）、式（10-94）。但与先张法计算公式所不同的是：预应力筋和非预应力筋的合力应改为 $N_{p\text{I}}$、$N_{p\text{II}}$，见式（10-92）、式（10-95）；合力至净截面重心轴的偏心距应改为 $e_{pn\text{I}}$、$e_{pn\text{II}}$，见式（10-93）、式（10-96）。

第一批预应力损失出现后，混凝土应力、预应力筋合力和偏心距按下列公式计算：

$$\left.\begin{matrix}\sigma_{pc\text{I}}\\ \sigma'_{pc\text{I}}\end{matrix}\right\}=\frac{N_{p\text{I}}}{A_n}\pm\frac{N_{p\text{I}}e_{pn\text{I}}}{I_n}y_n \tag{10-91}$$

$$N_{p\text{I}}=(\sigma_{con}-\sigma_{l\text{I}})A_p+(\sigma'_{con}-\sigma'_{l\text{I}})A'_p \tag{10-92}$$

$$e_{pn\text{I}}=\frac{(\sigma_{con}-\sigma_{l\text{I}})A_p y_{pn}-(\sigma'_{con}-\sigma'_{l\text{I}})A'_p y'_{pn}}{N_{p\text{I}}} \tag{10-93}$$

全部预应力损失出现后，混凝土应力、预应力筋合力和偏心距按下列公式计算：

$$\left.\begin{matrix}\sigma_{pc\,\text{II}}\\ \sigma'_{pc\,\text{II}}\end{matrix}\right\}=\frac{N_{p\,\text{II}}}{A_n}\pm\frac{N_{p\,\text{II}}e_{pn\,\text{II}}}{I_n}y_n \tag{10-94}$$

$$N_{p\,\text{II}}=(\sigma_{con}-\sigma_l)A_p+(\sigma'_{con}-\sigma'_l)A'_p-\sigma_{l5}A_s-\sigma'_{l5}A'_s \tag{10-95}$$

$$e_{pn\,\text{II}}=\frac{(\sigma_{con}-\sigma_l)A_py_{pn}-(\sigma'_{con}-\sigma'_l)A'_py'_{pn}-\sigma_{l5}A_sy_{sn}+\sigma'_{l5}A'_sy'_{sn}}{N_{p\,\text{II}}} \tag{10-96}$$

2. 使用阶段

后张法受弯构件在使用阶段的各应力状态，消压弯矩、开裂弯矩和极限承载力的计算公式与先张法受弯构件相同。此处不再重述。可详见先张法构件相应计算公式［式（10-86)～式（10-90)］。

10.7 预应力混凝土受弯构件设计

10.7.1 使用阶段承载力计算

10.7.1.1 正截面承载力计算

试验表明，预应力混凝土受弯构件正截面破坏时，其截面平均应变符合平截面假定，应力状态类似于钢筋混凝土受弯构件，因而可采用和钢筋混凝土受弯构件相似的计算应力图形（图 10-28)。

由于预应力混凝土受弯构件在加荷前，混凝土和钢筋已处于自相平衡的高应力状态，截面已经有了应变。所以它与钢筋混凝土受弯构件的差别是：①界限破坏时的相对界限受压区计算高度 ξ_b 值有所不同；②破坏时受压区预应力筋 A'_p 的应力 σ'_p 值为 $(\sigma'_{p0\,\text{II}}-f'_{py})$，而不是 f'_{py}。这两点差异将在下面作具体介绍。

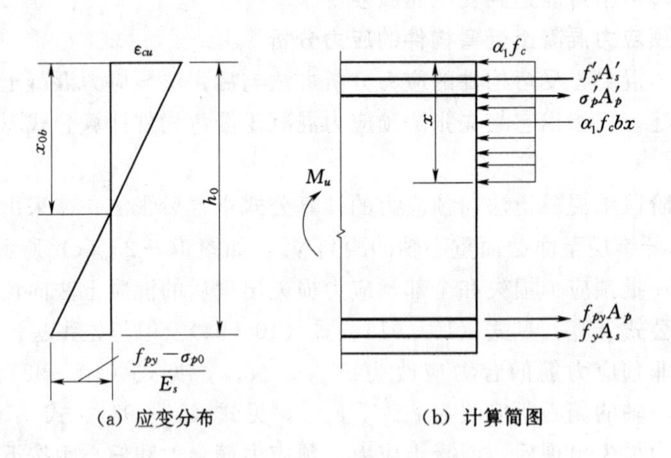

图 10-28 界限受压区高度及计算应力图形

1. 相对界限受压区计算高度 ξ_b

对于预应力混凝土受弯构件，相对界限受压区计算高度 ξ_b 仍由平截面假定求得。当受拉区预应力筋 A_p 的合力点处混凝土法向应力为 0 时，预应力筋中已存在拉应力 σ_{p0}，

相应的应变为 $\varepsilon_{p0}=\sigma_{p0}/E_s$。$A_p$ 合力点处的混凝土应力从 0 到界限破坏，预应力筋的应力增加了 $(f_{py}-\sigma_{p0})$，相应的应变增量为 $(f_{py}-\sigma_{p0})/E_s$。在 A_p 的应力达到 f_{py} 时，受压区边缘混凝土应变也同时达到极限压应变 ε_{cu}。等效矩形应力图形受压区计算高度与按平截面假定所确定的实际受压区高度的比值仍取为 β_1。根据平截面假定，由图 10-28 (a) 所示几何关系，可写出：

$$\xi_b=\frac{x_b}{h_0}=\frac{\beta_1 x_{0b}}{h_0}=\frac{\beta_1\varepsilon_{cu}}{\varepsilon_{cu}+\dfrac{f_{py}-\sigma_{p0}}{E_s}}=\frac{\beta_1}{1+\dfrac{f_{py}-\sigma_{p0}}{\varepsilon_{cu}E_s}} \tag{10-97a}$$

式中 f_{py}——预应力筋的抗拉强度设计值，可根据预应力筋的种类按附录 B 表 B-4 确定；

σ_{p0}——受拉区预应力筋合力点处混凝土法向应力为 0 时的预应力筋的应力，先张法 $\sigma_{p0}=\sigma_{con}-\sigma_l$，后张法 $\sigma_{p0}=\sigma_{con}-\sigma_l+\alpha_E\sigma_{pc\,\mathrm{II}\,p}$；

β_1——系数，取值和钢筋混凝土构件相同，混凝土强度等级不超过 C50 时，取 $\beta_1=0.8$；混凝土强度等级为 C80 时，取 $\beta_1=0.74$；其间，线性插值，具体取值可查表 3-1。

以上为采用有屈服点预应力筋时的相对界限受压区高度计算公式，当采用的预应力筋（钢丝、钢绞线等）无明显屈服点，而采用“协定流限”（$\sigma_{0.2}$）作为强度的设计标准时，因钢筋达到 $\sigma_{0.2}$ 时的应变为 $\varepsilon_{py}=0.002+f_{py}/E_s$，故式（10-97a）应改为

$$\xi_b=\frac{\beta_1\varepsilon_{cu}}{\varepsilon_{cu}+\left(0.002+\dfrac{f_{py}-\sigma_{p0}}{E_s}\right)}=\frac{\beta_1}{1+\dfrac{0.002}{\varepsilon_{cu}}+\dfrac{f_{py}-\sigma_{p0}}{\varepsilon_{cu}E_s}} \tag{10-97b}$$

可以看出，预应力混凝土受弯构件的 ξ_b 除与钢材性质有关外，还与预应力值 σ_{p0} 大小有关。当截面受拉区内配有不同种类或不同预应力值的钢筋时，受弯构件的相对界限受压区计算高度 ξ_b 应分别计算，并取其最小值。

2. 预应力筋和非预应力筋的应力 σ_{pi} 和 σ_{si}

（1）按平截面假定计算：

$$\sigma_{pi}=\varepsilon_{cu}E_s\left(\frac{\beta_1 h_{0i}}{x}-1\right)+\sigma_{p0i} \tag{10-98}$$

$$\sigma_{si}=\varepsilon_{cu}E_s\left(\frac{\beta_1 h_{0i}}{x}-1\right) \tag{10-99}$$

（2）按近似公式计算：

$$\sigma_{pi}=\frac{f_{py}-\sigma_{p0i}}{\xi_b-\beta_1}\left(\frac{x}{h_{0i}}-\beta_1\right)+\sigma_{p0i} \tag{10-100}$$

$$\sigma_{si}=\frac{f_y}{\xi_b-\beta_1}\left(\frac{x}{h_{0i}}-\beta_1\right) \tag{10-101}$$

由以上公式求得的钢筋应力应满足下列条件：

$$\sigma_{p0i}-f'_{py}\leqslant\sigma_{pi}\leqslant f_{py} \tag{10-102}$$

$$-f'_y\leqslant\sigma_{si}\leqslant f_y \tag{10-103}$$

式中 σ_{pi}、σ_{si}——第 i 层预应力筋、非预应力筋的应力（正值为拉应力，负值为压应

力)；

σ_{p0i}——第 i 层预应力筋截面重心处混凝土法向预应力为 0 时，预应力筋的应力；

h_{0i}——第 i 层钢筋截面重心至混凝土受压区边缘的距离；

f_y、f'_y——非预应力筋的抗拉和抗压强度设计值，按附录 B 表 B-3 确定；

f'_{py}——预应力筋的抗压强度设计值，按附录 B 表 B-4 确定。

3. 破坏时受压区预应力筋 A'_p 的应力 σ'_p

构件未受到荷载作用前，受压区预应力筋 A'_p 已有拉应变为 $\sigma'_{pe\,\mathrm{II}}/E_s$。$A'_p$ 处混凝土压应变为 $\sigma'_{pc\,\mathrm{II}\,p}/E_c$。当加荷至受压区边缘混凝土应变达到极限压应变 ε_{cu} 时，构件破坏，此时若满足 $x>2a'$ 条件（a' 为纵向受压钢筋合力点至受压区边缘的距离），A'_p 处混凝土压应变可按 $\varepsilon'_c=0.002$ 取值。那么，从加载前至构件破坏时，A'_p 处混凝土压应变的增量为 $\left(\varepsilon'_c-\dfrac{\sigma'_{pc\,\mathrm{II}\,p}}{E_c}\right)$。由于 A'_p 和混凝土变形一致，也产生 $\left(\varepsilon'_c-\dfrac{\sigma'_{pc\,\mathrm{II}\,p}}{E_c}\right)$ 的压应变，则受压区预应力筋 A'_p 在构件破坏时的应变为 $\varepsilon'_p=\dfrac{\sigma'_{pe\,\mathrm{II}}}{E_s}-\left(\varepsilon'_c-\dfrac{\sigma'_{pc\,\mathrm{II}\,p}}{E_c}\right)$，所以对先张法构件有

$$\begin{aligned}\sigma'_p&=\varepsilon'_pE_s=\sigma'_{pe\,\mathrm{II}}+\alpha_E\sigma'_{pc\,\mathrm{II}\,p}-\varepsilon'_cE_s\\&=\sigma'_{p0\,\mathrm{II}}-\alpha_E\sigma'_{pc\,\mathrm{II}\,p}+\alpha_E\sigma'_{pc\,\mathrm{II}\,p}-\varepsilon'_cE_s=\sigma'_{p0\,\mathrm{II}}-\varepsilon'_cE_s\end{aligned}$$

而 ε'_cE_s 即为预应力筋的抗压强度设计值 f'_{py}，因此可得

$$\sigma'_p=\sigma'_{p0}-f'_{py} \tag{10-104}$$

式（10-104）中，$\sigma'_{p0}=\sigma'_{p0\,\mathrm{II}}$，可以证明，该式对后张法同样适用。$\sigma'_{p0}$ 为全部预应力损失出现后，受压区预应力筋 A'_p 合力点处混凝土法向应力为 0 时的 A'_p 的应力。对先张法，$\sigma'_{p0}=\sigma'_{con}-\sigma'_l$；对后张法，$\sigma'_{p0}=\sigma'_{con}-\sigma'_l+\alpha_E\sigma'_{pc\,\mathrm{II}\,p}$。

由于 σ'_{p0} 为拉应力，所以 σ'_p 在构件破坏时可以为拉应力，也可以是压应力（但一定比 f'_{py} 要小）。因而，若构件破坏时 σ'_p 为拉应力，则对受压区钢筋施加预应力相当于在受压区放置了受拉钢筋，这会使构件截面的承载力有所降低。同时，对受压区钢筋施加预应力也减弱了使用阶段的截面抗裂性。因此，A'_p 只是为了要保证在预压时构件上边缘不发生裂缝才配置的。

4. 正截面承载力计算公式

预应力混凝土 I 形截面受弯构件（参见图 10-28）的计算方法，和钢筋混凝土 T 形截面的计算方法相同，首先应判别属于哪一类 T 形截面，然后再按第一类 T 形截面公式或第二类 T 形截面公式进行计算，并满足适筋构件的条件。

(1) 判别 T 形截面的类别。当满足下列条件时为第一类 T 形截面，其中截面设计时采用式（10-105）判别，承载力复核时采用式（10-106）判别。

$$M\leqslant\alpha_1f_cb'_fh'_f\left(h_0-\frac{h'_f}{2}\right)+f'_yA'_s(h_0-a'_s)-(\sigma'_{p0}-f'_{py})A'_p(h_0-a'_p) \tag{10-105}$$

$$f_yA_s+f_{py}A_p\leqslant\alpha_1f_cb'_fh'_f+f'_yA'_s-(\sigma'_{p0}-f'_{py})A'_p \tag{10-106}$$

式中 M——弯矩设计值，为式（2-20）（持久组合）或式（2-21）（短暂组合）计算值与 γ_0 的乘积；γ_0 为结构重要性系数，对于安全等级为一级、二级、三级的

结构构件，γ_0 分别取为1.1、1.0、0.9；

α_1——矩形应力图形压应力等效系数，取值和钢筋混凝土构件相同。混凝土强度等级不超过C50时，取 $\alpha_1=1.0$；混凝土强度等级为C80时，取 $\alpha_1=0.94$；其间，线性插值，具体取值可查表3-1；

A_p、A'_p——受拉区、受压区预应力筋的截面面积；

A_s、A'_s——受拉区、受压区非预应力筋的截面面积；

a'_p、a'_s——受压区预应力筋与非预应力筋各自合力点至受压区边缘的距离；

h_0——截面有效高度，$h_0=h-a$，其中 h 为截面高度，a 为受拉区纵向钢筋合力点至受拉区边缘的距离；

其余符号意义同前。

受拉区纵向钢筋合力点至受拉区边缘的距离 a 按下式计算：

$$a=\frac{A_p f_{py} a_p+A_s f_y a_s}{A_p f_{py}+A_s f_y} \tag{10-107}$$

(2) 第一类T形截面承载力计算公式。当满足式 (10-105) 或式 (10-106)，即受压区计算高度 $x\leqslant h'_f$ 时，承载力计算公式如下：

$$M\leqslant\alpha_1 f_c b'_f x\left(h_0-\frac{x}{2}\right)+f'_y A'_s(h_0-a'_s)-(\sigma'_{p0}-f'_{py})A'_p(h_0-a'_p) \tag{10-108}$$

$$\alpha_1 f_c b'_f x=f_y A_s-f'_y A'_s+f_{py}A_p+(\sigma'_{p0}-f'_{py})A'_p \tag{10-109}$$

(3) 第二类T形截面承载力计算公式。当不满足式 (10-105)、式 (10-106)，即受压区计算高度 $x>h'_f$ 时，承载力计算公式如下：

$$M\leqslant\alpha_1 f_c bx\left(h_0-\frac{x}{2}\right)+\alpha_1 f_c(b'_f-b)h'_f\left(h_0-\frac{h'_f}{2}\right)+f'_y A'_s(h_0-a'_s)-(\sigma'_{p0}-f'_{py})A'_p(h_0-a'_p) \tag{10-110}$$

$$\alpha_1 f_c[bx+(b'_f-b)h'_f]=f_y A_s-f'_y A'_s+f_{py}A_p+(\sigma'_{p0}-f'_{py})A'_p \tag{10-111}$$

(4) 适用条件。为保证适筋破坏和受压区钢筋处混凝土应变不小于 $\varepsilon'_c=0.002$，受压区计算高度 x 应符合下列要求：

$$x\leqslant\xi_b h_0 \tag{10-112}$$

$$x\geqslant 2a' \tag{10-113}$$

式中 a'——受压区纵向钢筋合力点至受压区边缘的距离。

当受压区预应力筋的应力 σ'_p 为拉应力或 $A'_p=0$ 时，式 (10-113) 应改为 $x\geqslant 2a'_s$。

当不满足式 (10-113) 时，承载力可按下列公式计算：

$$M\leqslant f_{py}A_p(h-a_p-a'_s)+f_y A_s(h-a_s-a'_s)+(\sigma'_{p0}-f'_{py})A'_p(a'_p-a'_s) \tag{10-114}$$

式中 a_p、a_s——受拉区纵向预应力筋、非预应力筋各自合力点至受拉区边缘的距离；

其余符号意义同前。

(5) 配筋率要求。为保证构件有较好的延性，避免截面开裂后立即失效而导致无预兆的脆性破坏，预应力混凝土受弯构件的纵向受拉钢筋配筋率应满足下列要求：

$$M_u\geqslant M_{cr} \tag{10-115}$$

式中　M_u——构件的正截面受弯承载力设计值，按式（10-108）和式（10-109）或式（10-110）和式（10-111）、式（10-114）计算；

M_{cr}——构件的正截面开裂弯矩，按式（10-88a）计算。

10.7.1.2　斜截面受剪承载力计算

试验表明，由于混凝土的预压应力可使斜裂缝的出现推迟，骨料咬合力增强，裂缝开展延缓，混凝土剪压区高度加大。因此，预应力混凝土构件斜截面受剪承载力比钢筋混凝土构件要高，JTS 151—2011 规范给出的预应力混凝土受弯构件受剪承载力计算公式如下。

当仅配置箍筋时，剪力设计值为

$$V\leqslant\frac{1}{\gamma_d}(V_{cs}+V_p) \tag{10-116}$$

其中

$$V_p=0.05N_{p0} \tag{10-117}$$

当配有箍筋及弯起钢筋时（图 10-29），剪力设计值为

$$V\leqslant\frac{1}{\gamma_d}(V_{cs}+V_p+0.8f_yA_{sb}\sin\alpha_s+0.8f_yA_{pb}\sin\alpha_p) \tag{10-118}$$

式中　V——构件斜截面上的剪力设计值，取值和第 4 章的规定相同；

A_{pb}——同一弯起平面的弯起预应力筋的截面面积；

α_p——斜截面处弯起预应力筋的切线与构件纵向轴线的夹角；

V_p——由预应力所提高的受剪承载力，对 N_{p0} 引起的截面弯矩与外荷载产生的弯矩方向相同的情况，以及允许出现裂缝的预应力混凝土构件，取 $V_p=0$；

N_{p0}——计算截面上混凝土法向预应力为 0 时的预应力筋和非预应力筋的合力，$N_{p0}=\sigma_{p0}A_p+\sigma'_{p0}A'_p-\sigma_{l5}A_s-\sigma'_{l5}A'_s$，其中，对先张法，$\sigma_{p0}=\sigma_{con}-\sigma_l$，$\sigma'_{p0}=\sigma'_{con}-\sigma'_l$；对后张法，$\sigma_{p0}=\sigma_{con}-\sigma_l+\alpha_E\sigma_{pc\,\mathrm{II}\,p}$，$\sigma'_{p0}=\sigma'_{con}-\sigma'_l+\alpha_E\sigma'_{pc\,\mathrm{II}\,p}$。当 $N_{p0}>0.3f_cA_0$ 时，取 $N_{p0}=0.3f_cA_0$。计算 N_{p0} 时不考虑预应力弯起钢筋的作用。

式（10-116）、式（10-118）中，V_{cs}、γ_d、A_{sb}、α_s 的意义及计算取值见第 4 章。

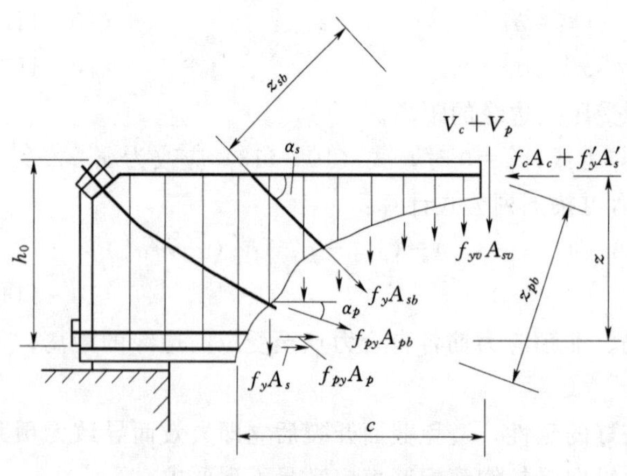

图 10-29　预应力混凝土受弯构件斜截面受剪承载力计算图

斜截面受剪承载力计算中的截面尺寸验算，斜截面计算位置的选取，箍筋、弯起钢筋、纵向钢筋的弯起及切断等相应构造要求同第 4 章。

先张法预应力混凝土受弯构件，如采用刻痕钢丝或钢绞线作为预应力筋时，在计算 N_{p0} 时应考虑端部存在预应力传递长度 l_{tr} 的影响（图 10-30）。在构件端部，预应力筋和混凝土的有效预应力值均为 0。通过一段 l_{tr} 长度上黏结应力的积累以后，应

力才由0逐步分别达到σ_{pe}和σ_{pc}（如采用骤然放张的张拉工艺，则对光面预应力钢丝l_{tr}应由端部$0.25l_{tr}$处算起，如图10-30所示）。为计算方便，在传递长度l_{tr}范围内假定应力为线性变化，则在$x\leqslant l_{tr}$处，预应力筋和混凝土的实际应力分别为$\sigma_{pex}=\frac{x}{l_{tr}}\sigma_{pe}$和$\sigma_{pcx}=\frac{x}{l_{tr}}\sigma_{pc}$。因此，在$l_{tr}$范围内求得的$N_{p0}$及$V_p$值也应按$x/l_{tr}$的比例降低。

预应力筋的预应力传递长度l_{tr}值按下式计算：

$$l_{tr}=\alpha\frac{\sigma_{pe}}{f'_{tk}}d \tag{10-119}$$

式中 σ_{pe}——放张时预应力筋的有效预应力；

d——预应力筋的公称直径，按附录C表C-3～表C-7取用；

α——预应力筋的外形系数，按附录D表D-3取用；

f'_{tk}——与放张时混凝土立方体抗压强度f'_{cu}相应的轴心抗拉强度标准值。

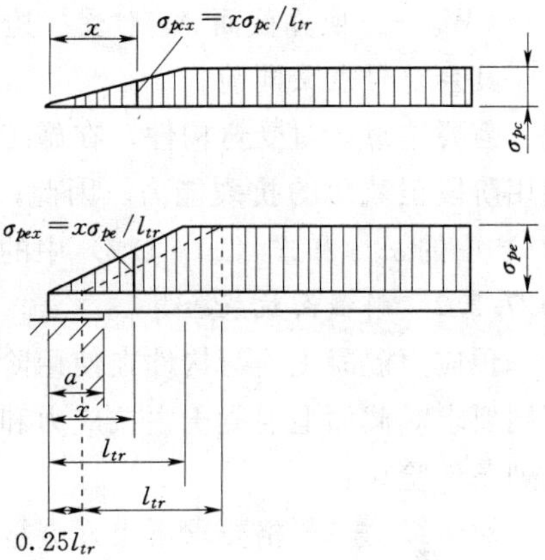

图10-30 有效预应力在传递长度范围内的变化

10.7.2 使用阶段抗裂验算

10.7.2.1 正截面抗裂验算

在水运工程中，预应力受弯构件应按裂缝控制等级的不同进行相应的正截面抗裂验算。

1. 一级——严格要求不出现裂缝的构件

按荷载效应标准组合［式（2-24）］进行计算时，构件受拉边缘混凝土不允许产生拉应力，即应满足下列要求：

$$\sigma_{ck}-\sigma_{pc\,\mathrm{II}}\leqslant 0 \tag{10-120}$$

其中

$$\sigma_{ck}=\frac{M_k}{W_0} \tag{10-121}$$

2. 二级——一般要求不出现裂缝的构件

按荷载效应标准组合［式（2-24）］进行计算时，构件受拉边缘混凝土允许产生拉应力，但拉应力应满足下列要求：

$$\sigma_{ck}-\sigma_{pc\,\mathrm{II}}\leqslant\alpha_{ct}\gamma_m f_{tk} \tag{10-122}$$

按荷载效应准永久组合［式（2-26）］进行计算时，构件受拉边缘混凝土不允许产生拉应力，即应满足下列要求：

$$\sigma_{cq}-\sigma_{pc\,\mathrm{II}}\leqslant 0 \tag{10-123}$$

其中

$$\sigma_{cq}=\frac{M_q}{W_0} \tag{10-124}$$

式中 σ_{ck}——荷载效应标准组合下构件抗裂验算截面受拉边缘的混凝土法向应力；

σ_{cq}——荷载效应准永久组合下构件抗裂验算截面受拉边缘的混凝土法向应力；

$\sigma_{pc\,\mathrm{II}}$——扣除全部预应力损失后在抗裂验算截面受拉边缘的混凝土预压应力，先、后张法构件分别按式（10-79）、式（10-94）计算；

f_{tk}——混凝土轴心抗拉强度标准值，按附录B表B-6取用；

γ_m——截面抵抗矩塑性系数，按附录E表E-3取用；

α_{ct}——混凝土拉应力限制系数，按附录E表E-1取用；

M_k——按荷载效应标准组合［式（2-24）］计算得到的弯矩；

M_q——按荷载效应准永久组合［式（2-26）］计算得到的弯矩；

W_0——换算截面 A_0 对受拉边缘的弹性抵抗矩，按式（10-67）计算；

其余符号意义同前。

需要注意，对受弯构件，在施工阶段预拉区（即构件顶部）出现裂缝的区段，会降低使用阶段正截面的抗裂能力。因此，在验算时，式（10-120）、式（10-122）和式（10-123）中的 $\sigma_{pc\text{II}}$ 和式（10-122）中的 $\alpha_{ct}\gamma_m f_{tk}$ 应乘以系数0.9。

10.7.2.2　斜截面抗裂验算

预应力混凝土受弯构件在使用阶段的斜截面抗裂验算，实质上是根据裂缝控制等级的不同要求对截面上混凝土主拉应力和主压应力进行验算，并满足一定的限值，即应分别按下列条件验算：

对一级——严格要求不出现裂缝的构件，要求满足：

$$\sigma_{tp} \leqslant 0.85 f_{tk} \tag{10-125}$$

对二级——一般要求不出现裂缝的构件，要求满足：

$$\sigma_{tp} \leqslant 0.95 f_{tk} \tag{10-126}$$

对以上两类构件，要求满足：

$$\sigma_{cp} \leqslant 0.60 f_{ck} \text{❶} \tag{10-127}$$

式中　σ_{tp}、σ_{cp}——荷载效应标准组合下混凝土的主拉应力和主压应力。

如满足上述条件，则认为满足斜截面抗裂要求，否则应加大构件的截面尺寸。

由于斜裂缝出现以前，构件基本上还处于弹性阶段工作，故可用材料力学公式计算主拉应力和主压应力，即

$$\left.\begin{matrix}\sigma_{tp}\\ \sigma_{cp}\end{matrix}\right\} = \frac{\sigma_x + \sigma_y}{2} \pm \sqrt{\left(\frac{\sigma_x - \sigma_y}{2}\right)^2 + \tau^2} \tag{10-128}$$

$$\sigma_x = \sigma_{pc\text{II}} + \frac{M_k y_0}{I_0} \tag{10-129}$$

$$\tau = \frac{(V_k - \sum \sigma_{pe} A_{pb} \sin\alpha_p) S_0}{I_0 b} \tag{10-130}$$

式中　M_k——按荷载效应标准组合［式（2-24）］计算得到的弯矩值；

σ_x——由预应力和弯矩值 M_k 在计算纤维处产生的混凝土法向预应力；

σ_y——由集中荷载标准值 F_k 产生的混凝土竖向压应力；

τ——由剪力 V_k 和弯起预应力筋的预应力在计算纤维处产生的混凝土剪应力，当计算截面上有扭矩作用时，尚应考虑扭矩引起的剪应力；

❶　对主压应力的验算是为了避免在双向受力时过大的压应力导致混凝土抗拉强度过多地降低和裂缝过早出现。

$\sigma_{pc\text{II}}$——扣除全部预应力损失后，在计算纤维处由预应力产生的混凝土法向应力，先、后张法构件分别按式（10-79）、式（10-94）计算；

σ_{pe}——纵向弯起预应力筋的有效预应力；

S_0——计算纤维层以上部分的换算截面面积对构件换算截面重心的面积矩；

A_{pb}——计算截面上同一弯起平面内的弯起预应力筋的截面面积；

α_p——计算截面上弯起预应力筋的切线与构件纵向轴线的夹角。

式（10-128）、式（10-129）中，σ_x、σ_y、σ_{pc}、$M_k y_o/I_o$ 为拉应力时，以正值代入；为压应力时，以负值代入。

验算斜截面抗裂时，应选取 M 及 V 都比较大的截面或外形有突变的截面（如 I 形截面腹板厚度变化处）。沿截面高度则选取截面宽度有突变处（如 I 形截面上、下翼缘与腹板交界处）和换算截面重心处。

对于预应力混凝土吊车梁，当梁顶作用有较大的集中力（如吊车轮压）时，集中力作用点附近将产生垂直压应力 σ_y，剪应力也将减小，这时应考虑垂直压应力 σ_y 和剪应力减小等影响，具体可参考文献［16］。

应当指出，对先张法预应力混凝土构件，在验算构件端部预应力传递长度 l_{tr} 范围内的正截面及斜截面抗裂时，也应考虑 l_{tr} 范围内实际预应力值的降低。在计算 $\sigma_{pc\text{II}}$ 时，要用降低后的实际预应力值。

除水运工程外，其他行业的有些预应力构件允许开裂，需验算裂缝宽度，要求 $W_{max} \leqslant [W_{max}]$。对使用阶段允许出现裂缝的预应力混凝土受弯构件（裂缝控制等级为三级），最大裂缝宽度的计算仍可参照钢筋混凝土构件的有关公式，但有关系数按预应力构件取用。

对于预应力混凝土受弯构件，裂缝宽度公式的 σ_s 相当于 N_{p0} 和外弯矩 M_q 共同作用下受拉区钢筋的应力增加量，可由图 10-31 对受压区合力点取矩求得，即

$$\sigma_s = \frac{M_q - N_{p0}(z - e_p)}{(A_s + A_p)z} \tag{10-131}$$

其中

$$z = [0.87 - 0.12(1-\gamma'_f)(h_0/e)^2]h_0 \tag{10-132}$$

$$e = e_p + \frac{M_q}{N_{p0}} \tag{10-133}$$

式中 N_{p0}——混凝土法向预应力等于 0 时全部纵向预应力和非预应力筋的合力；

z——受拉区纵向预应力筋和非预应力筋合力点至截面受压区合力点的距离；

e_p——N_{p0} 的作用点至受拉区纵向预应力筋和非预应力筋合力点的距离。

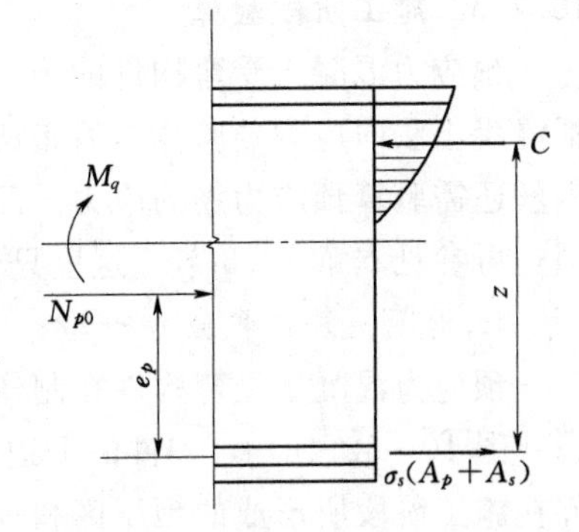

图 10-31 预应力混凝土受弯构件裂缝截面处的应力图形

10.7.2.3 挠度验算

预应力混凝土受弯构件的最大挠度应按荷载效应的准永久组合，并考虑荷载长期作用的影响进行验算。预应力混凝土受弯构件使用阶段的挠度是由两部分组成：①外荷载产生

的挠度；②预压应力引起的反拱值。两者可以互相抵消，故预应力混凝土构件的挠度比钢筋混凝土构件小得多。

1. 外荷载作用下产生的挠度 f_1

计算外荷载作用下产生的挠度，仍可利用材料力学的公式进行计算：

$$f_1 = S\frac{M_q l_0^2}{B_l} \tag{10-134}$$

式中 B_l——荷载效应准永久组合作用下预应力混凝土受弯构件的刚度。

B_l 仍按第8章式（8-31）、式（8-33）、式（8-37）和式（8-38）计算，但需注意式中的换算截面对其重心轴的惯性矩 I_0 应包括预应力钢筋面积 A_p 和 A'_p。

2. 预应力产生的反拱值 f_2

预压应力引起的反拱值，可按偏心受压构件的挠度公式计算：

$$f_2 = \frac{N_p e_p l_0^2}{8E_c I_0} \tag{10-135}$$

式中 N_p——扣除全部预应力损失后的预应力筋和非预应力筋的合力（预压力），先张法为 $N_{p0\text{II}}$，后张法为 $N_{p\text{II}}$；

e_p——N_p 对截面重心轴的偏心距，先张法为 $e_{p0\text{II}}$，后张法为 $e_{pn\text{II}}$；

l_0——构件跨度。

考虑到预压应力这一因素是长期存在的，所以反拱值可取为 $2f_2$。

对永久荷载所占比例较小的构件，应考虑反拱过大对使用上的不利影响。

3. 荷载作用时的总挠度 f

荷载作用时的总挠度按下式计算：

$$f = f_1 - 2f_2 \tag{10-136}$$

f 的计算值应不大于附录E表E-2所列的挠度限值。

10.7.3 施工阶段验算

预应力混凝土受弯构件的施工阶段是指构件制作、运输和吊装阶段。施工阶段验算包括混凝土法向应力的验算与后张法构件锚固端局部受压承载力计算，若预应力筋采用高强钢丝还需验算预应力筋的应力。后张法构件锚固端局部受压承载力计算和轴心受拉构件相同，可参见本章10.5节，这里只介绍混凝土法向预应力和预应力筋应力的验算。

1. 混凝土法向预应力验算

预应力混凝土受弯构件在制作时，混凝土受到偏心的预压力，使构件处于偏心受压状态［图10-32 (a)］，构件的下边缘受压，上边缘可能受拉，这就使预应力混凝土受弯构件在施工阶段所形成的预压区和预拉区位置正好与使用阶段的受拉区和受压区相反。在运输、吊装时［图10-32 (b)］，自重及施工荷载在吊点截面产生负弯矩［图10-32 (d)］，与制作阶段预压力产生的负弯矩［图10-32 (c)］方向相同，使吊点截面成为最不利的受力截面。因此，预应力混凝土受弯构件必须进行施工阶段混凝土法向应力的验算，并控制验算截面边缘的应力值不超过规范规定的允许值。

施工阶段截面应力验算，一般是在求得截面应力值后，按是否允许施工阶段出现裂缝而分为两类，分别对混凝土应力进行控制。

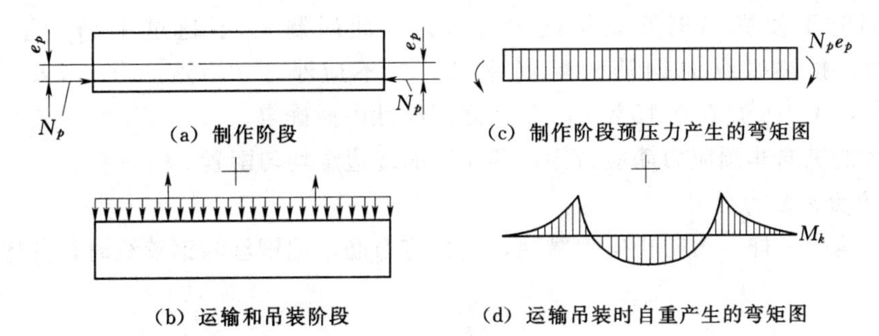

图 10-32 预应力混凝土受弯构件制作、运输和吊装时的弯矩图

(1) 施工阶段不允许出现裂缝的构件，或预压时全截面受压的构件，在预加应力、自重及施工荷载短暂组合作用下（必要时应考虑动力系数）截面边缘的混凝土上的法向应力应满足下列要求：

$$\sigma_{ct} \leqslant 0.7\gamma_m f'_{tk} \tag{10-137}$$

$$\sigma_{cc} \leqslant 0.85 f'_{ck} \tag{10-138}$$

截面边缘的混凝土法向应力按下式计算：

$$\sigma_{cc} \text{或} \sigma_{ct} = \sigma_{pc\,\mathrm{I}} \pm \frac{M_s}{W_0} \tag{10-139}$$

式中 σ_{cc}、σ_{ct}——相应施工阶段计算截面边缘纤维的混凝土压应力、拉应力；

f'_{ck}、f'_{tk}——与各施工阶段混凝土立方体抗压强度 f'_{cu} 相应的轴心抗压、抗拉强度标准值，可由附录 B 表 B-6 按线性内插法确定；

$\sigma_{pc\,\mathrm{I}}$——第一批应力损失出现后的混凝土法向应力，可由式（10-72）、式（10-91）求得；

M_s——构件自重及施工荷载的短暂状况荷载效应在计算截面产生的弯矩值；

其余符号意义同前。

除了从计算上应满足式（10-137）、式（10-138）外，为了防止由于混凝土收缩、温度变形等原因在预拉区产生竖向裂缝，要求预拉区还需配置一定数量的纵向钢筋，其配筋率 $(A'_s+A'_p)/A$ 不应小于 0.15%，其中 A 为构件截面面积。对后张法构件，则仅考虑 A'_s 而不计入 A'_p 的面积，因为在施工阶段，后张法预应力筋和混凝土之间没有黏结力或黏结力尚不可靠。

(2) 对于施工阶段预拉区允许出现裂缝的构件，当预拉区不配置预应力筋（$A'_p=0$）时，截面边缘的混凝土法向应力应满足下列要求：

$$\sigma_{ct} \leqslant 1.4\gamma_m f'_{tk} \tag{10-140}$$

$$\sigma_{cc} \leqslant 0.85 f'_{ck} \tag{10-141}$$

上两式中的 σ_{ct} 和 σ_{cc} 按公式（10-139）进行计算。

预拉区允许出现裂缝的构件，因为预拉区混凝土已不参加工作，所以按式（10-139）计算的截面上边缘的应力值 σ_{ct} 实际上已不存在，但 σ_{ct}（可称为名义拉应力）值仍可用来说明受拉的程度。预拉区出现裂缝后，拉力主要由布置在截面上边缘（预拉区）的非预应力纵向钢筋来承担。纵向钢筋数量的多少影响裂缝宽度的大小。为了控制裂缝的宽度和延伸深度，同时不使纵向钢筋数量配置过多，因此限制 σ_{ct} 不超过 $1.4\gamma_m f'_{tk}$。当 $\sigma_{ct}=1.4\gamma_m f'_{tk}$ 时，预拉区纵向钢筋的配筋率 A'_s/A 不应小于 0.4%；当 $0.7\gamma_m f'_{tk}<\sigma_{ct}<1.4\gamma_m f'_{tk}$ 时，A'_s/A 则在 0.15%～0.40%之间线性内插确定。

预拉区的纵向非预应力筋应沿构件预拉区的外边缘均匀配置。

2. 预应力筋应力验算

和轴拉构件一样，为防止应力腐蚀，当预应力筋采用钢丝和钢绞线时，其应力应满足如下要求：

$$\sigma_{pe\mathrm{II}} \pm \alpha_E \frac{M_s}{I_0} y_{p0} \leqslant 0.55 f_{ptk} \tag{10-142}$$

式中　$\sigma_{pe\mathrm{II}}$——钢丝或钢绞线的有效预应力，先张法按式（10－81）计算，后张法 $\sigma_{pe\mathrm{II}}=\sigma_{con}-\sigma_l$；

M_s——构件自重及施工荷载短暂组合产生的轴力，必要时应计入动力系数；

I_0——换算截面惯性矩；

y_{p0}——受拉区预应力合力点至换算截面重心的距离；

其余符号意义同前。

【例 10－2】 某海港高桩码头后方桩台面板为先张法预应力空心板，该板长 6.0m，净跨 5.60m，设计板宽 2.0m，板厚 500mm，圆形开孔直径为 250mm，圆孔圆心至截面底边 275mm，截面形状和实际尺寸如图 10－33（a）所示。试按 JTS 151—2011 规范设计该板。

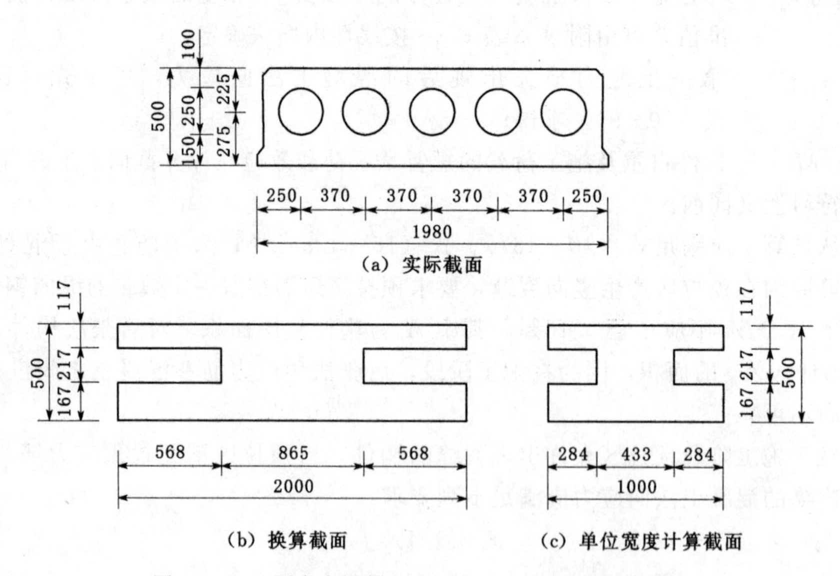

图 10－33　预应力混凝土空心板实际截面和换算截面

解：

1. 资料

二级安全等级，$\gamma_0=1.0$。面板上表面铺设 7mm 耐磨层，承受集装箱荷载 $q_k=30.0\mathrm{N/mm^2}$。

混凝土强度等级为 C40，$f_c=19.1\text{N/mm}^2$，$f_t=1.71\text{N/mm}^2$，$f_{ck}=26.8\text{N/mm}^2$，$f_{tk}=2.39\text{N/mm}^2$，$E_c=3.25\times10^4\text{N/mm}^2$，$\alpha_1=1.0$。放张时及施工阶段验算中混凝土实际强度取 $f'_{cu}=0.75f_{cu}=0.75\times40=30.0(\text{N/mm}^2)$，相应的 $f'_{ck}=20.1\text{N/mm}^2$，$f'_{tk}=2.01\text{N/mm}^2$。

我国近年推出的中强度预应力钢丝，其性能和经济性均优于冷加工钢筋。2015 年版《混凝土结构设计规范》（GB 50010—2010）已列入极限抗拉强度为 800N/mm^2、970N/mm^2和 1270N/mm^2 的三种中强度预应力钢丝。为反映行业的最新发展，本例不再选用水运工程中预应力板常用的冷拉热轧钢筋，而采用中强度预应力钢丝中的螺旋肋预应力钢丝。该钢丝用符号Φ^{HM}表示，$f_{ptk}=1270\text{N/mm}^2$，$f_{py}=810\text{N/mm}^2$，$E_s=2.05\times10^5\text{N/mm}^2$。张拉控制应力取 $\sigma_{con}=0.70f_{ptk}=0.70\times1270=889(\text{N/mm}^2)$。非预应力筋采用 HRB400 钢筋，$f_y=360\text{N/mm}^2$，$E_s=2.0\times10^5\text{N/mm}^2$。

台座张拉距离 7.0m，超张拉，采用筒式夹具，螺母后加 2 块垫片。采用钢模，与构件一同进入养护池养护。

该面板处于海上大气环境，由附录 D 表 D－1 取保护层最小厚度 $c=50\text{mm}$；由附录 E 表 E－1 知裂缝控制等级为二级，取 $\alpha_{ct}=0.40$（按冷拉钢筋和钢丝的平均值取用）。

取 1m 宽度，即一半板宽计算。

2. 内力计算

（1）荷载标准值

自重　$g_{1k}=25.0\times\left(2.0\times0.50-5\times\frac{\pi}{4}\times0.25^2\right)/2.0=9.43(\text{kN/m})$

磨耗层　$g_{2k}=24.0\times1.0\times0.007=0.17(\text{kN/m})$

合计　$g_k=g_{1k}+g_{2k}=9.43+0.17=9.60(\text{kN/m})$

堆货荷载　$q_k=30.0\times1.0=30.0(\text{kN/m})$

（2）计算跨度

净跨　$l_n=5.60\text{m}$

支座中到中距离　$l_c=5.60+0.5\times(6.0-5.60)=5.80(\text{m})$

计算跨度　$l_0=\min(1.05l_n,l_c)=\min(1.05\times5.60,5.80)$

$=\min(5.88,5.80)=5.80(\text{m})$

（3）弯矩及剪力

$\gamma_G=1.20$，$\gamma_Q=1.40$，$\psi_q=0.6$，截面承载力计算和正常使用验算所需弯矩和剪力见表 10－9。

表 10－9　内力计算

内力	表达式	算式	内力值
M	$\gamma_0\left[\frac{1}{8}(\gamma_G g_k+\gamma_Q q_k)l_0^2\right]$	$1.0\times\frac{1}{8}\times(1.20\times9.60+1.40\times30.0)\times5.80^2$	225.05kN·m
V	$\gamma_0\left[\frac{1}{2}(\gamma_G g_k+\gamma_Q q_k)l_n\right]$	$1.0\times\frac{1}{2}\times(1.20\times9.60+1.40\times30.0)\times5.60$	149.86kN

续表

内力	表达式	算式	内力值
M_k	$\frac{1}{8}(g_k+q_k)l_0^2$	$\frac{1}{8}\times(9.60+30.0)\times5.80^2$	166.52kN·m
V_k	$\frac{1}{2}(g_k+q_k)l_n$	$\frac{1}{2}\times(9.60+30.0)\times5.60$	110.88kN
M_q	$\frac{1}{8}(g_k+\psi_q q_k)l_0^2$	$\frac{1}{8}\times(9.60+0.6\times30.0)\times5.80^2$	116.06kN·m

3. 截面换算

按截面形心高度、面积、对形心转动惯量相同的条件将圆孔换算为 $b_h\times h_h$ 的矩形孔，即按下列公式进行换算：

$$\frac{1}{4}\pi d^2=b_h h_h \tag{10-143}$$

$$\frac{1}{64}\pi d^4=\frac{1}{12}b_h h_h^3 \tag{10-144}$$

由式（10-143）和式（10-144）可求得 $b_h=227\text{mm}$、$h_h=217\text{mm}$，则换算后的I形截面尺寸为：$b=2000-5\times227=865(\text{mm})$，$h=500\text{mm}$，$b'_f=b_f=2000\text{mm}$，$h'_f=225-0.5\times217=117(\text{mm})$，$h_f=275-0.5\times217=167(\text{mm})$，换算截面如图10-33（b）所示。

取1m板宽计算，则计算截面尺寸为：$b=865/2=433\text{mm}$，$h=500\text{mm}$，$b'_f=b_f=2000/2=1000(\text{mm})$，$h'_f=117\text{mm}$，$h_f=167\text{mm}$，计算截面如图10-33（c）所示。

4. 配筋方案估算

（1）预应力筋估算

混凝土截面重心至截面底边距离为

$$y=\frac{1000\times500\times500/2-(1000-433)\times217\times275}{1000\times500-(1000-433)\times217}=242(\text{mm})$$

1m板宽混凝土截面的面积和转动惯量分别为

$$A=1000\times500-(1000-433)\times217=376.96\times10^3(\text{mm}^2)$$

$$\begin{aligned}I=&\left[\frac{1}{12}\times1000\times500^3+1000\times500\times(500/2-242)^2\right]\\&-\left[\frac{1}{12}\times(1000-433)\times217^3+(1000-433)\times217\times(275-242)^2\right]\\=&9831.86\times10^6(\text{mm}^4)\end{aligned}$$

由式（10-121），弯矩标准组合作用下，受拉区边缘拉应力为

$$\sigma_{ck}=\frac{M_k y}{I}=\frac{166.52\times10^6\times242}{9831.86\times10^6}=4.10(\text{N/mm}^2)$$

由式（10-124），弯矩准永久组合作用下，受拉区边缘拉应力为

$$\sigma_{cq}=\frac{M_q y}{I}=\frac{116.06\times10^6\times242}{9831.86\times10^6}=2.86(\text{N/mm}^2)$$

由 $0.7+\frac{120}{h}=0.7+\frac{120}{500}=0.94<1.1$，$\frac{b_f}{b}=\frac{1000}{433}=2.31>2$，$\frac{h_f}{h}=\frac{167}{500}=0.334>0.2$，

查附录 E 表 E-3 得截面抵抗矩塑性影响系数 $\gamma_m=1.40\times\left(0.7+\frac{120}{h}\right)=1.40\times0.94=1.32$。由式（10-120）和式（10-123），为满足裂缝控制要求，应有

$$\sigma_{ck}-\sigma_{pc\,\mathrm{II}}\leqslant\alpha_{ct}\gamma_m f_{tk}=0.4\times1.32\times2.39=1.26(\mathrm{N/mm^2})$$

$$\sigma_{cq}-\sigma_{pc\,\mathrm{II}}\leqslant0$$

因而，混凝土有效预压力应满足：

$$\sigma_{pc\,\mathrm{II}}\geqslant\max(\sigma_{ck}-\alpha_{ct}\gamma_m f_{tk},\sigma_{cq})=\max(4.10-1.26,2.86)$$
$$=\max(2.84,2.86)=2.86(\mathrm{N/mm^2})$$

预应力筋单排布置，预估直径 9mm，合力作用点至截面底边距离为 $a_p=55\mathrm{mm}$，与截面重心之间距离 e 和截面有效高度 h_0 分别为

$$e=y-a_p=242-55=187(\mathrm{mm})$$
$$h_0=h-a_p=500-55=445(\mathrm{mm})$$

预计施工阶段板顶不出现裂缝，由式（10-79），应有

$$\sigma_{pc\,\mathrm{II}}=\frac{N_{p0\,\mathrm{II}}}{A}+\frac{N_{p0\,\mathrm{II}}e}{I}y\geqslant2.86$$

将 e、y、A 和 I 的数值代入上式，可得

$$N_{p0\,\mathrm{II}}\geqslant\frac{2.86}{\frac{1}{376.96\times10^3}+\frac{187\times242}{9831.86\times10^6}}=394.18(\mathrm{kN})$$

已知 $\sigma_{con}=889\mathrm{N/mm^2}$，预估预应力损失 $\sigma_l=30\%\sigma_{con}$、$\sigma_{l5}=80\mathrm{N/mm^2}$，则有

$$A_p\geqslant\frac{N_{p0\,\mathrm{II}}}{\sigma_{con}-\sigma_l}=\frac{394.18\times10^3}{889-0.30\times889}=633(\mathrm{mm^2})$$

中强度螺旋肋预应力钢丝直径有 5mm、7mm 和 9mm 三种，选用$\Phi^{HM}9$，单根截面面积为 63.6mm²，故配置 $\Phi^{HM}9@80$，$A_p=795\mathrm{mm^2}$。

（2）估算普通钢筋

$$\alpha_1 f_c b'_f h'_f(h_0-0.5h'_f)=1.0\times19.1\times1000\times117\times(445-0.5\times117)$$
$$=863.71\times10^6(\mathrm{N\cdot mm})=863.71\mathrm{kN\cdot m}>M=225.05\mathrm{kN\cdot m}$$

为第一种 T 形截面。

$$\alpha_s=\frac{M}{\alpha_1 f_c b'_f h_0^2}=\frac{225.05\times10^6}{1.0\times19.1\times1000\times445^2}=0.060$$

$$\xi=1-\sqrt{1-2\alpha_s}=1-\sqrt{1-2\times0.060}=0.062$$

$$A_s=\frac{\alpha_1 f_c b'_f\xi h_0-f_{yp}A_p}{f_y}=\frac{1.0\times19.1\times1000\times0.062\times445-810\times795}{360}<0$$

受拉区无须配置非预应力筋来满足承载力要求。

施工阶段不允许出现裂缝的构件，预拉区纵向钢筋的配筋率 $(A'_p+A'_s)/A$ 要求不小于 0.15%。因而，在受压区配置 Φ 10@100，$A'_s=785\mathrm{mm^2}$，$\frac{A'_s}{A}=\frac{785}{376.96\times10^3}=0.21\%>$ 0.15%，满足要求。

5. 截面几何特性

预应力筋、非预应力筋和混凝土弹性模量之比分别为

预应力筋： $\alpha_E = E_s/E_c = 2.05\times10^5/3.25\times10^4 = 6.31$

非预应力筋： $\alpha_E = E_s/E_c = 2.0\times10^5/3.25\times10^4 = 6.15$

换算截面面积 A_0 及惯性矩 I_0 分别见表10-10与表10-11。

表10-10　换算截面面积 A_0

区域	算式	面积/10^3mm^2	至截面底边距离 y/mm	面积矩/10^6mm^3
混凝土截面	$1000\times500-(1000-433)\times217$	376.96	242	91.22
预应力筋	$(6.31-1)\times795$	4.22	55	0.23
受压区普通钢筋	$(6.15-1)\times785$	4.04	445	1.80
Σ		$A_0=385.22$		$S_0=93.25$

换算截面重心轴至截面底边和顶边的距离分别为

$$y=\frac{S_0}{A_0}=\frac{93.25\times10^6}{385.22\times10^3}=242(\text{mm})$$

$$y'=h-y=500-242=258(\text{mm})$$

预应力筋和受压区普通钢筋合力点至截面重心轴的距离分别为

$$y_p=242-55=187(\text{mm})$$

$$y_s'=258-55=203(\text{mm})$$

表10-11　换算截面惯性矩 I_0

区域	算式	惯性矩/10^6mm^4
截面腹部	$\frac{1}{12}\times433\times217^3+433\times217\times(275-242)^2$	471.03
受压翼缘	$\frac{1}{12}\times1000\times117^3+1000\times117\times\left(500-\frac{117}{2}-242\right)^2$	4790.10
受拉翼缘	$\frac{1}{12}\times1000\times167^3+1000\times167\times\left(242-\frac{167}{2}\right)^2$	4583.54
预应力筋	$(6.31-1)\times795\times187^2$	147.62
受压区普通钢筋	$(6.15-1)\times785\times203^2$	166.60
Σ		10158.89

6. 预应力损失值

(1) 锚具变形损失 σ_{l1}

采用钢模浇筑和锥塞式锚具，钢模长度7.0m，查表10-2得螺母和垫片总变形值 $a=1+2\times1=3(\text{mm})$，由式（10-1）有

$$\sigma_{l1}=\frac{a}{l}E_s=\frac{3}{7000}\times2.05\times10^5=88(\text{N/mm}^2)$$

(2) 温差损失 σ_{l3}

钢模与构件一同养护，所以$\sigma_{l3}=0$。

(3) 预应力筋应力松弛损失σ_{l4}

由2015年版《混凝土结构设计规范》(GB 50010—2010) 查得，中强度预应力钢丝应力松弛引起的预应力损失为

$$\sigma_{l4}=0.08\sigma_{con}=0.08\times889=71(\text{N/mm}^2)$$

第一批预应力损失为

$$\sigma_{l\text{I}}=\sigma_{l1}+\sigma_{l3}+\sigma_{l4}=88+0+71=159(\text{N/mm}^2)$$

(4) 收缩与徐变损失σ_{l5}

第一批预应力损失出现后，即预应力钢筋放张后，混凝土所受的压力为

$$N_{p0\text{I}}=(\sigma_{con}-\sigma_{l\text{I}})A_p=(889-159)\times795=580.35\times10^3(\text{N})=580.35\text{kN}$$

此时，预压力至换算截面重心的距离为

$$e_{p0\text{I}}=y_p=187\text{mm}$$

由式(10-72)，在预应力筋重心处的混凝土法向预应力为

$$\sigma_{pc\text{I}}=\frac{N_{p0\text{I}}}{A_0}+\frac{N_{p0\text{I}}e_{p0\text{I}}^2}{I_0}$$

$$=\frac{580.35\times10^3}{385.22\times10^3}+\frac{580.35\times10^3\times187^2}{10158.89\times10^6}=3.50(\text{N/mm}^2)$$

截面受拉侧配筋率为

$$\rho=\frac{A_p+A_s}{A_0}=\frac{795+0}{385.22\times10^3}=0.21\%$$

C40混凝土，取$\alpha_c=1.0$，由式(10-7)有

$$\sigma_{l5}=\frac{A+220\alpha_c\dfrac{\sigma_{pc\text{I}}}{f'_{cu}}}{1+15\rho}=\frac{45+220\times1.0\times\dfrac{3.50}{30.0}}{1+15\times0.0021}=69(\text{N/mm}^2)$$

第Ⅱ阶段预应力损失为

$$\sigma_{l\text{II}}=\sigma_{l5}=69\text{N/mm}^2$$

预应力总损失为

$$\sigma_l=\sigma_{l\text{I}}+\sigma_{l\text{II}}=159+69=228(\text{N/mm}^2)>100\text{N/mm}^2$$

7. 使用阶段正截面受弯承载力计算

单位宽度空心板简化为T形截面计算，如图10-33(c)所示。

(1) 鉴别中和轴位置

不考虑受压区普通钢筋参与受压，有

$$f_cb'_fh'_f=19.1\times1000\times117=2234.70\times10^3(\text{N})=2234.70\text{kN}$$

$$f_{py}A_p=810\times795=643.95\times10^3(\text{N})=643.95\text{kN}$$

$$f_cb'_fh'_f>f_{py}A_p\text{，属于第一类T形截面}(x<h'_f)\text{。}$$

(2) 求受压区高度

$$\xi=\frac{f_yA_s+f_{py}A_p}{f_cb'_fh_0}=\frac{0+810\times795}{19.1\times1000\times445}=0.076$$

(3) 求相对界限受压区高度ξ_b并验证是否超筋

本例中，截面为第一类T形截面，且由以上计算过程可知ξ很小，可不验算$\xi \leqslant \xi_b$条件，但为演示仍然进行验算。

采用的是C40混凝土，由表3-1和式（3-1d）得$\beta_1=0.80$和$\varepsilon_{cu}=0.0033$；混凝土法向预应力为0时的预应力筋应力为

$$\sigma_{p0}=\sigma_{con}-\sigma_l=889-228=661(\text{N/mm}^2)$$

中强度预应力钢丝没有明显屈服点，由式（10-97b）有

$$\xi_b=\frac{\beta_1}{1+\frac{0.002}{\varepsilon_{cu}}+\frac{f_{py}-\sigma_{p0}}{\varepsilon_{cu}E_s}}=\frac{0.80}{1+\frac{0.002}{0.0033}+\frac{810-661}{0.0033\times 2.05\times 10^5}}=0.438$$

受拉区未配置非预应力筋，故$\xi_b=0.438$。$\xi<\xi_b$，满足要求。

(4) 受弯承载力复核：

$$\alpha_s=\xi(1-0.5\xi)=0.076\times(1-0.5\times 0.076)=0.073$$

$$M_u=\alpha_s\alpha_1 f_c b'_f h_0^2=0.073\times 1.0\times 19.1\times 1000\times 445^2$$

$$=276.11\times 10^6(\text{N}\cdot\text{mm})=276.11\text{kN}\cdot\text{m}>M=225.05\text{kN}\cdot\text{m}$$

正截面受弯承载力满足要求。

(5) 配筋率复核

由式（10-78），预应力损失全部出现后预压力为

$$N_{p0\text{II}}=(\sigma_{con}-\sigma_l)A_p-\sigma_{l5}A_s$$

$$=(889-228)\times 795-0=525.50\times 10^3(\text{N})=525.50\text{kN}$$

预压力的偏心距为

$$e_{p0\text{II}}=y_p=187\text{mm}$$

由式（10-79），截面底边的预压应力为

$$\sigma_{pc\text{II}}=\frac{N_{p0\text{II}}}{A_0}+\frac{N_{p0\text{II}}e_{p0\text{II}}y}{I_0}$$

$$=\frac{525.50\times 10^3}{385.22\times 10^3}+\frac{525.50\times 10^3\times 187\times 242}{10158.89\times 10^6}=3.71(\text{N/mm}^2)$$

由式（10-88a），截面开裂弯矩为

$$M_{cr}=(\sigma_{pc\text{II}}+\gamma_m f_{tk})W_0=(3.71+1.32\times 2.39)\times\frac{10158.89\times 10^6}{242}$$

$$=288.18\times 10^6(\text{N}\cdot\text{mm})=288.18\text{kN}\cdot\text{m}>M_u=276.11\text{kN}\cdot\text{m}$$

不满足要求，说明预应力施加过大。

降低σ_{con}，取$\sigma_{con}=0.60f_{ptk}=0.60\times 1270=762(\text{N/mm}^2)$，仍按上述步骤可求得：$\sigma_{l4}=61\text{N/mm}^2$，$\sigma_{l5}=67\text{N/mm}^2$，$\sigma_{l\text{I}}=149\text{N/mm}^2$，$\sigma_l=216\text{N/mm}^2$，$\sigma_{pc\text{II}}=3.06\text{N/mm}^2$，$N_{p0\text{I}}=487.34\text{kN}$，$N_{p0\text{II}}=434.07\text{kN}$，$M_{cr}=260.89\text{kN}\cdot\text{m}<M_u=276.11\text{kN}\cdot\text{m}$，满足要求。

8. 使用阶段斜截面承载力计算

(1) 截面尺寸验算

板的宽高比较大，$h_w/b<4$，$\beta_s=0.25$；C40混凝土，$\beta_c=1.0$，由式（4-16）有

$$\frac{1}{\gamma_d}\beta_s\beta_c f_c bh_0=\frac{1}{1.1}\times 0.25\times 1.0\times 19.1\times 433\times 445$$
$$=836.43\times 10^3(\text{N})=836.43\text{kN}>V=149.86\text{kN}$$

截面尺寸满足要求。

(2) 确定混凝土是否足够承担剪力

1) 钢筋合力

对先张法构件，计算支座边缘截面受剪承载力时，需考虑预应力筋在预应力传递长度l_{tr}范围内实际应力值的变化。

由附录D表D-3，螺旋肋预应力筋外形系数$\alpha=0.13$。放张时，预应力筋的有效预应力为

$$\sigma_{pe}=\sigma_{p0\text{I}}=\sigma_{con}-\sigma_{l\text{I}}=762-149=613(\text{N/mm}^2)$$

由式（10-119），应力传递长度为

$$l_{tr}=\alpha\frac{\sigma_{pe}}{f'_{tk}}d=0.13\times\frac{613}{2.01}\times 9=357(\text{mm})$$

混凝土法向预应力为0时，预应力筋应力为σ_{p0}。支座宽度为200mm，则支座边缘预应力筋的实际应力值为

$$\frac{200}{357}\sigma_{p0}=\frac{200}{357}\times(\sigma_{con}-\sigma_l)=\frac{200}{357}\times(762-216)=306(\text{N/mm}^2)$$

此时，支座截面所有钢筋合力为

$$306\times A_p=306\times 795=243.27\times 10^3(\text{N})=243.27\text{kN}$$

2) 斜截面承载力

截面高度$h<800$mm，截面高度影响系数$\beta_h=1.0$。

由式（4-15a），再考虑预应力对斜截面承载力的有利作用，参考式（10-116）和式（10-117），有

$$\frac{1}{\gamma_d}(0.7\beta_h f_t bh_0+0.05N_{p0})=\frac{1}{1.1}\times(0.7\times 1.0\times 1.71\times 433\times 445+0.05\times 243.27\times 10^3)$$
$$=220.73\times 10^3(\text{N})=220.73\text{kN}>V=149.86\text{kN}$$

混凝土已足够抗剪，无须再配置受剪钢筋。

9. 使用阶段抗裂验算

(1) 正截面抗裂验算

由之前的计算已知：$\sigma_{pc\text{II}}=3.06\text{N/mm}^2$。

荷载标准组合下，截面底边应力为

$$\sigma_{ck}=\frac{M_k y}{I_0}=\frac{166.52\times 10^6\times 242}{10158.89\times 10^6}=3.97(\text{N/mm}^2)$$

$$\sigma_{ck}-\sigma_{pc\text{II}}=3.97-3.06=0.91(\text{N/mm}^2)<\alpha_{ct}\gamma_m f_{tk}=1.26\text{N/mm}^2$$

满足要求。

荷载准永久组合下，截面底边应力为

$$\sigma_{cq}=\frac{M_q y}{I_0}=\frac{116.06\times10^6\times242}{10158.89\times10^6}=2.76(\mathrm{N/mm^2})$$

$$\sigma_{cq}-\sigma_{pc\,\mathrm{II}}=2.76-3.06=-0.30<0$$

满足要求。

(2) 斜截面抗裂验算

1) 混凝土剪应力

a. 截面重心轴位置剪应力

截面重心轴至截面顶边距离为 $y'=258\mathrm{mm}$，截面重心轴以上部分对于重心轴的面积矩为

$$\begin{aligned}S_0&=1000\times117\times(258-117/2)+433\times(258-117)\times(258-117)/2\\&=27.65\times10^6(\mathrm{mm^3})\end{aligned}$$

由式（10-130），荷载标准组合下，支座截面重心轴处剪应力为

$$\tau=\frac{V_k S_0}{bI_0}=\frac{110.88\times10^3\times27.65\times10^6}{433\times10158.89\times10^6}=0.70(\mathrm{N/mm^2})$$

b. 受压翼缘与腹板相交处剪应力

$$S_0=1000\times117\times(258-117/2)=23.34\times10^6(\mathrm{mm^3})$$

$$\tau=\frac{V_k S_0}{bI_0}=\frac{110.88\times10^3\times23.34\times10^6}{433\times10158.89\times10^6}=0.59(\mathrm{N/mm^2})$$

c. 受拉翼缘与腹板相交处剪应力

$$\begin{aligned}S_0&=1000\times117\times(258-117/2)+433\times217\times[258-(117+217/2)]\\&=26.40\times10^6(\mathrm{mm^3})\end{aligned}$$

$$\tau=\frac{V_k S_0}{bI_0}=\frac{110.88\times10^3\times26.40\times10^6}{433\times10158.89\times10^6}=0.67(\mathrm{N/mm^2})$$

2) 混凝土正应力

本例忽略荷载在截面重心轴引起的竖向正应力。

对先张法构件，计算预加压力在支座边缘截面重心轴处的正应力，需考虑预应力筋在预应力传递长度 l_{tr} 范围内实际应力值的变化，前面已计算得到支座边缘预应力筋的实际应力值为 $\sigma_{p0\,\mathrm{II}}=306\mathrm{N/mm^2}$，支座边缘截面有效预加力为 $N_{p0\,\mathrm{II}}=243.27\mathrm{kN}$。

由式（10-129）和式（10-79）可计算得预压力产生的正应力。支座边截面外荷载产生的弯矩近似为0，仅需考虑预压力引起的正应力，因而 $\sigma_x=\sigma_{pc\,\mathrm{II}}$。

a. 截面重心轴处正应力

考虑到弯矩在截面重心处不引起正应力，预加力在重心轴处引起的正应力为

$$\sigma_x=\frac{N_{p0\,\mathrm{II}}}{A_0}=\frac{243.27\times10^3}{385.22\times10^3}=0.63(\mathrm{N/mm^2})$$

b. 受压翼缘与腹板相交处正应力

由于受压区未配置预应力筋，且受拉区未配置非预应力筋，预压力偏心距就是预应力筋至截面重心的距离，也可由式（10-80）得到相同结果，即

$$e_{p0\mathrm{II}}=\frac{\sigma_{p0\mathrm{II}}A_py_p}{N_{p0\mathrm{II}}}=y_p=187(\mathrm{mm})$$

$$\begin{aligned}\sigma_x&=\frac{N_{p0\mathrm{II}}}{A_0}-\frac{N_{p0\mathrm{II}}e_{p0\mathrm{II}}}{I_0}y_0\\&=\frac{243.27\times10^3}{385.22\times10^3}-\frac{243.27\times10^3\times187}{10158.89\times10^6}\times(258-117)=0.0(\mathrm{N/mm^2})\end{aligned}$$

c. 受拉翼缘与腹板相交处正应力

$$\begin{aligned}\sigma_x&=\frac{N_{p0\mathrm{II}}}{A_0}+\frac{N_{p0\mathrm{II}}e_{p0\mathrm{II}}}{I_0}y_0\\&=\frac{243.27\times10^3}{385.22\times10^3}+\frac{243.27\times10^3\times187}{10158.89\times10^6}\times(242-167)=0.97(\mathrm{N/mm^2})\end{aligned}$$

3）混凝土主应力验算

由式（10－128），可计算得截面重心处、受压翼缘与腹板相交处、受拉翼缘与腹板相交处的主应力。

a. 截面重心处主应力

$$\begin{aligned}\frac{\sigma_{tp}}{\sigma_{cp}}&=\frac{\sigma_x+\sigma_y}{2}\pm\sqrt{\left(\frac{\sigma_x-\sigma_y}{2}\right)^2+\tau^2}\\&=\frac{-0.63+0}{2}\pm\sqrt{\left(\frac{-0.63-0}{2}\right)^2+0.70^2}=\begin{matrix}+0.45\\-1.08\end{matrix}(\mathrm{N/mm^2})\begin{matrix}(拉)\\(压)\end{matrix}\end{aligned}$$

b. 受压翼缘与腹板相交处主应力

$$\begin{aligned}\frac{\sigma_{tp}}{\sigma_{cp}}&=\frac{\sigma_x+\sigma_y}{2}\pm\sqrt{\left(\frac{\sigma_x-\sigma_y}{2}\right)^2+\tau^2}\\&=\frac{0+0}{2}\pm\sqrt{\left(\frac{0+0}{2}\right)^2+0.59^2}=\begin{matrix}+0.59\\-0.59\end{matrix}(\mathrm{N/mm^2})\begin{matrix}(拉)\\(压)\end{matrix}\end{aligned}$$

c. 受拉翼缘与腹板相交处主应力

$$\begin{aligned}\frac{\sigma_{tp}}{\sigma_{cp}}&=\frac{\sigma_x+\sigma_y}{2}\pm\sqrt{\left(\frac{\sigma_x-\sigma_y}{2}\right)^2+\tau^2}\\&=\frac{-0.97+0}{2}\pm\sqrt{\left(\frac{-0.97-0}{2}\right)^2+0.67^2}=\begin{matrix}+0.34\\-1.31\end{matrix}(\mathrm{N/mm^2})\begin{matrix}(拉)\\(压)\end{matrix}\end{aligned}$$

d. 验证主应力

$$0.95f_{tk}=0.95\times2.39=2.27(\mathrm{N/mm^2})$$

$$0.60f_{ck}=0.60\times26.8=16.08(\mathrm{N/mm^2})$$

因而，$\sigma_{tp}\leqslant0.95f_{tk}$，$\sigma_{cp}\leqslant0.60f_{ck}$，满足二级裂缝控制要求。

10. 挠度验算

（1）受弯刚度

由式（8－31）、式（8－37）和式（8－38）有

$$B_s=0.85E_cI_0=0.85\times3.25\times10^4\times10158.89\times10^6=280.64\times10^{12}(\mathrm{N/mm^2})$$

$$\theta=2.0-0.4\frac{\rho'}{\rho}=2.0-0.4\times\frac{785/(433\times445)}{795/(433\times445)}=1.61$$

$$B_l=\frac{B_s}{\theta}=\frac{280.64\times10^{12}}{1.61}=174.31\times10^{12}(\mathrm{N/mm^2})$$

(2) 外荷载作用下的挠度

由式（10-134），分布荷载作用下的挠度为

$$f_{1q}=\frac{5}{48}\frac{M_ql_0^2}{B_l}=\frac{5}{48}\times\frac{116.06\times10^6\times(5.80\times10^3)^2}{174.31\times10^{12}}=2.3(\mathrm{mm})$$

(3) 预加应力产生的反拱值

由式（10-135），预压力产生的反拱值为

$$f_2=\frac{N_pe_pl_0^2}{8E_cI_0}=\frac{434.07\times10^3\times187\times(5.80\times10^3)^2}{8\times3.25\times10^4\times10158.89\times10^6}=1.0(\mathrm{mm})$$

(4) 总挠度计算

$$f=f_{1q}-2f_2=2.3-2\times1.0=0.3(\mathrm{mm})$$

由附录E表E-2得板的最大挠度限值为 $[f]=\frac{l_0}{300}=\frac{5.8\times10^3}{300}=19.3(\mathrm{mm})$，$f<[f]$，满足要求。

11. 施工阶段验算

验算吊装状态空心板上、下边缘混凝土应力。吊装时，截面内同时受到预压力和自重的作用。

吊装时，不考虑混凝土徐变引起的预应力损失，预压力为 $N_{p0\mathrm{I}}=487.34\mathrm{kN}$，预压力至截面重心轴的距离为 $e_{p0\mathrm{I}}=187\mathrm{mm}$，预压力引起的混凝土应力可由式（10-72）计算。

板在吊装时由4个吊点承担板的自重，板所受内力较为复杂，此处仅按一个方向计算。

吊点设在距两端各 $0.1l$ 处，动力系数采用1.50。吊点处构件自重标准值在计算截面上产生的弯矩值为

$$M_k=1.50\times\frac{1}{2}g_k(0.1l)^2=1.50\times\frac{1}{2}\times9.43\times(0.1\times6.0)^2=2.55(\mathrm{kN\cdot m})$$

截面上边缘应力为

$$\sigma_{ct}=\frac{N_{p0\mathrm{I}}}{A_0}-\frac{N_{p0\mathrm{I}}e_{p0\mathrm{I}}y'}{I_0}-\frac{M_ky'}{I_0}$$

$$=\frac{487.34\times10^3}{385.22\times10^3}-\frac{487.34\times10^3\times187\times258}{10158.89\times10^6}-\frac{2.55\times10^6\times258}{10158.89\times10^6}$$

$$=-1.11(\mathrm{N/mm^2})(拉)$$

由式（10-137）有

$$\sigma_{ct}\leqslant0.7\gamma_mf_{tk}=0.7\times1.46\times2.01=2.05(\mathrm{N/mm^2})$$

截面下边缘应力为

$$\sigma_{cc}=\frac{N_{p0\,\text{I}}}{A_0}+\frac{N_{p0\,\text{I}}e_{p0\,\text{I}}y}{I_0}+\frac{M_k y}{I_0}$$

$$=\frac{487.34\times10^3}{385.22\times10^3}+\frac{487.34\times10^3\times187\times242}{10158.89\times10^6}+\frac{2.55\times10^6\times242}{10158.89\times10^6}$$

$$=3.50(\text{N/mm}^2)(\text{压})$$

由式（10-138）有

$$\sigma_{cc}\leqslant0.85f'_{ck}=0.85\times20.1=17.09(\text{N/mm}^2)$$

满足预压区不允许出现裂缝的构件混凝土应力的要求。

12. 空心板配筋图

分布钢筋选配Φ8@200。空心板配筋如图10-34所示。

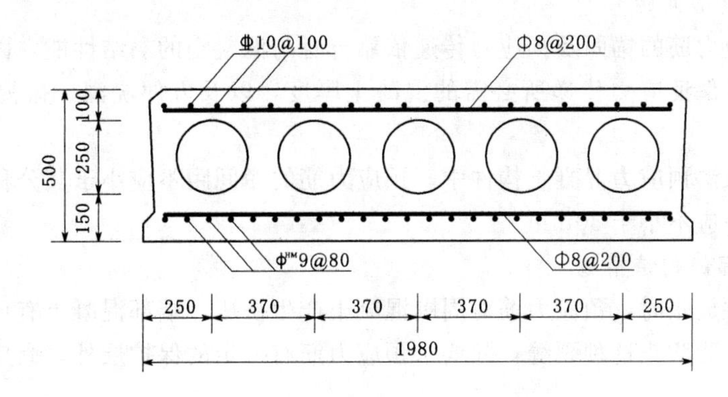

图10-34 空心板配筋图

10.8 预应力混凝土构件的一般构造要求

预应力混凝土构件除需满足受力要求以及有关钢筋混凝土构件的构造要求外，还必须满足由张拉工艺、锚固方式以及配筋的种类、数量、布置形式、放置位置等方面提出的构造要求。

10.8.1 受弯构件尺寸与配筋构造

1. 尺寸

预应力混凝土大梁，通常采用非对称I形截面。在一般荷载作用下梁的截面高度 h 可取跨度 l_0 的1/20～1/14；腹板肋宽 b 取（1/15～1/8）h，剪力较大的梁 b 也可取（1/8～1/5）h；上翼缘宽度 b'_f 可取（1/3～1/2）h，厚度 h'_f 可取（1/10～1/6）h。为便于拆模，上、下翼缘靠近肋处应做成斜坡，上翼缘底面斜坡为1/15～1/10，下翼缘顶面斜坡通常取1∶1。下翼缘宽度 b_f、厚度 h_f 应根据预应力筋的多少、钢筋的净距、预留孔道的净距、保护层厚度、锚具及承力架的尺寸等予以确定。

对施工时预拉区不允许出现裂缝的构件（如吊车梁），在受压区需配置一定的预应力筋，其截面面积 A'_p 在先张法构件中为受拉区预应力筋截面面积 A_p 的1/6～1/4，在后张

法构件中为 A_p 的1/8～1/6。

2. 配筋构造

当受拉区预应力筋已满足抗裂限值时，按承载力要求不足的部分允许采用非预应力筋。非预应力筋采用与预应力筋同级的冷拉钢筋时，其截面面积不宜大于受拉钢筋总截面面积的20%。

预应力混凝土T形、I形截面梁内应设置直径不小于10mm的箍筋，箱形截面梁腹板内应设置直径不小于12mm的箍筋，箍筋应采用带肋钢筋，间距不应大于250mm；自支座起长度不小于1倍梁高范围内应采用闭合式箍筋，间距不应大于100mm。在T形和I形截面下部的马蹄内应另设置直径不小于8mm、间距不应大于200mm的闭合式箍筋，马蹄内尚应设置直径不小于12mm的定位钢筋。

10.8.2 先张法预应力混凝土构件的构造措施

1. 预应力筋的间距

先张法预应力筋的锚固及预应力传递依靠自身与混凝土的黏结性能，因此预应力应有适宜的间距，以保证应力传递所必需的混凝土厚度，以及方便浇灌、振捣混凝土和使用夹具。

通常在先张法预应力混凝土构件中，预应力筋的净间距不应小于其公称直径或等效直径的1.5倍，且应不小于30mm。

2. 构件端部的构造措施

先张法构件放张时，预应力筋对周围混凝土产生挤压，端部混凝土有可能沿预应力筋周围产生裂缝。为防止这种裂缝，除要求预应力筋有一定的保护层外，尚应局部加强，其措施如下：

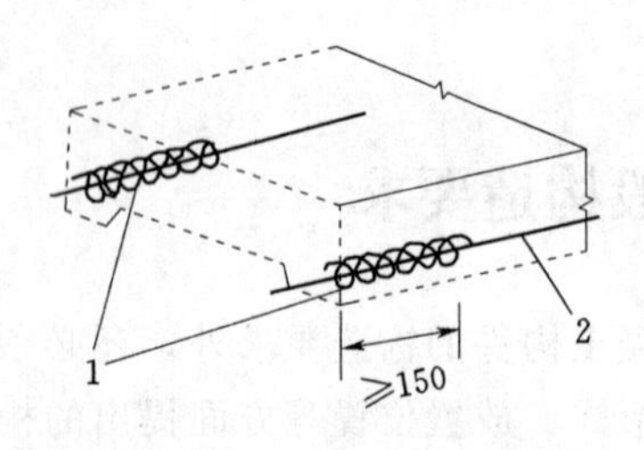

图10-35 单根预应力筋端部混凝土的局部加强措施
1—螺旋钢筋；2—预应力筋

(1) 对单根预应力筋（如板肋配筋），其端部宜设置长度不小于150mm且不小于4圈的螺旋钢筋，如图10-35所示。

(2) 对分散布置的预应力筋，在距构件端部10d（d为预应力筋直径）范围内，应设置3～5片与预应力筋垂直的钢筋网。

(3) 对采用钢丝配筋的薄板，应在距板端100mm范围内适当加密横向钢筋。

先张法空心板承受集中荷载时，应采用封闭箍筋。距板端1m区段内的箍筋，间距不大于200mm，其他部分不宜大于250mm。

10.8.3 后张法预应力混凝土构件的构造措施

1. 预留孔道尺寸与构造

后张法预应力筋预留孔道间的净距不应小于40mm，孔道至构件边缘的净距应满足最小保护层厚度要求。预留孔道的直径应比预应力钢筋束及连接器的外径大10～15mm。构件两端或跨中应设置灌浆孔或排气孔，孔距不宜大于12m。制作时有预先起拱要求的构件，预留孔道宜随构件同时起拱。

后张法构件中，当预应力筋为曲线配筋时，为了减少摩擦损失，曲线段的夹角不宜过大。对于钢丝束、钢绞线束，钢丝直径小于等于5mm时曲率半径不宜小于4m，钢丝直径大于5mm时曲率半径不宜小于6m；对于螺纹钢筋，当直径小于等于25mm时曲率半径不宜小于12m，当直径大于25mm时曲率半径不宜小于15m。

在后张法构件中，沿每个预应力筋的预留孔道均应设置直径不小于8mm的定位钢筋。

I形截面的后张法构件采用曲线配筋时，沿曲线孔道应设置封闭箍筋，箍筋截面面积可按式（10-145）计算，间距不宜大于200mm，孔道弯曲处除应加封闭箍筋外，尚应增大孔道上壁的混凝土厚度。

$$A_{sv1}=\frac{P_d s}{2rf_{yv}} \tag{10-145}$$

式中 A_{sv1}——箍筋单肢截面面积；

P_d——预应力筋的张拉力设计值，可取扣除锚圈口摩擦、钢筋回缩及计算截面处管道摩擦损失后的张拉力乘以1.2；

s——箍筋间距；

r——管道曲线半径；

f_{yv}——箍筋抗拉强度设计值。

2. 构件端部锚固区的构造

后张法构件端部的尺寸必须兼顾锚具的布置、张拉设备的尺寸和满足局部受压承载力的要求综合确定，必要时应适当加大。端部截面由于受到孔道削弱，且预应力筋、非预应力筋、锚拉筋、附加钢筋及预埋件上锚筋的纵横交叉，因此设计时必须考虑施工的可行性和便捷性。

在后张法构件端部锚固区，锚具下面应设置厚度不小于16mm的钢垫板或者采用具有喇叭管锚具垫板（图10-36）。锚垫板下应进行局部受压承载力计算，并应配置间接钢筋，体积配筋率不应小于0.5%。锚垫板四周混凝土应满足最小保护层厚度的要求。

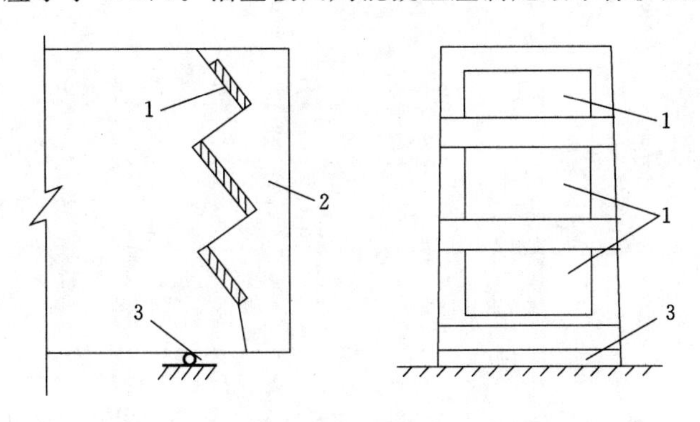

图10-36 构件端部预埋槽身截面配筋图

1—钢垫板；2—封堵混凝土；3—支座

后张法梁端部宜设置焊接钢筋网片，网片数量视梁跨大小设置4～6片，网片钢筋直径宜采用6～12mm，网片间距宜采用60～100mm。

后张法简支梁宜在靠近支座部位将一部分预应力筋弯起，预应力筋在构件端部宜均匀布置。在梁端部附近和构件下部位置，宜设置非预应力钢筋和箍筋。

3. 锚具防腐与孔道灌浆要求

孔道灌浆要求密实，水泥浆强度等级不宜低于M20，水灰比不得大于0.45。为减少收缩，水泥浆内宜适当掺入对钢筋无腐蚀作用的外加剂。水泥浆灌入孔道后，宜在0.5～0.6N/mm^2 的条件下封灌浆孔。后张法构件混凝土不宜掺加引气剂。

后张法构件设计时应选用可靠的锚固，其加工方法及质量要求应符合现行《水运工程混凝土施工规范》(JTS 202—2011) 的有关规定。在梁端均应加浇封锚混凝土，并在封锚混凝土中配置一定数量的构造钢筋，封锚混凝土必须设在梁支座以外。

附录A　水运工程混凝土部位划分

水运工程中混凝土部位可按海水环境和淡水环境划分为四类和三类，见表A-1和表A-2。

表A-1　　海水环境混凝土部位划分

<table>
<tr><th>掩护条件</th><th>划分类别</th><th>大气区</th><th>浪溅区</th><th>水位变动区</th><th>水下区</th></tr>
<tr><td>有掩护</td><td>按港工设计水位</td><td>设计高水位加1.5m以上</td><td>大气区下界至设计高水位减1.0m之间</td><td>浪溅区下界至设计最低水位减1.0m之间</td><td>水位变动区下界至泥面</td></tr>
<tr><td rowspan="2">无掩护</td><td>按港工设计水位</td><td>设计高水位加（η_0+1.0m）以上</td><td>大气区下界至设计高水位减η_0之间</td><td>浪溅区下界至设计最低水位减1.0m之间</td><td>水位变动区下界至泥面</td></tr>
<tr><td>按天文潮位</td><td>最高天文潮位加百年一遇有效波高$H_{1/3}$的70%以上</td><td>大气区下界至最高天文潮汐减百年一遇有效波高$H_{1/3}$之间</td><td>浪溅区下界至最低天文潮位减百年一遇有效波高$H_{1/3}$的20%之间</td><td>水位变动区下界至泥面</td></tr>
</table>

注　1. η_0值为设计高水位时的重现期50年$H_{1\%}$（波列累积频率为1%的波高）波峰面高度。

2. 当浪溅区上界计算值低于码头面高程时，应取码头面高程为浪溅区上界。

3. 当无掩护条件的海港工程混凝土结构无法按港工有关规范计算设计水位时，可按天文潮潮位确定混凝土结构的部位划分。

表A-2　　淡水环境混凝土部位划分

水　上　区	水　下　区	水位变动区
设计高水位以上	设计高水位以下	水上区与水下区之间

注　1. 水上区也可按历年来平均最高水位划分。

2. 库区工程分为水上区和水下区，以设计低水位作为分界。

附录B 材料强度的标准值、设计值及材料弹性模量

B.1 混凝土的强度设计值与弹性模量

构件设计时，混凝土强度设计值和弹性模量应分别按表B-1、表B-2采用。

表B-1 混凝土强度设计值 单位：N/mm^2

强度种类	混凝土强度等级													
	C15	C20	C25	C30	C35	C40	C45	C50	C55	C60	C65	C70	C75	C80
f_c	7.2	9.6	11.9	14.3	16.7	19.1	21.1	23.1	25.3	27.5	29.7	31.8	33.8	35.9
f_t	0.91	1.10	1.27	1.43	1.57	1.71	1.80	1.89	1.96	2.04	2.09	2.14	2.18	2.22

注 1. 计算现浇钢筋混凝土轴心受压和偏心受压构件时，如截面的长边或直径小于300mm则表中的混凝土强度设计值应乘以系数0.8；当混凝土成型、截面和轴线尺寸等确有保证时，可不受此限制。

2. 离心混凝土的强度设计值应按专业标准取用。

表B-2 混凝土弹性模量 单位：$10^4 N/mm^2$

混凝土强度等级	C15	C20	C25	C30	C35	C40	C45	C50	C55	C60	C65	C70	C75	C80
E_c	2.20	2.55	2.80	3.00	3.15	3.25	3.35	3.45	3.55	3.60	3.65	3.70	3.75	3.80

B.2 钢筋的强度设计值与弹性模量

构件设计时，普通钢筋抗拉强度设计值 f_y 及抗压强度设计值 f'_y 应按表B-3采用，预应力筋抗拉强度设计值 f_{py} 及抗压强度设计值 f'_{py} 应按表B-4采用。钢筋弹性模量按表B-5采用。

表B-3 普通钢筋强度设计值 单位：N/mm^2

钢筋种类		符号	f_y	f'_y
热轧钢筋	HPB300	Φ	270	270
	HRB335	Φ	300	300
	HRB400	Φ	360	360
	RRB400	Φ^R	360	360
	HRB500	Φ	435	400

注 横向钢筋的抗拉强度设计值应按表中 f_y 的数值取用，用作受剪、受扭、受冲切承载力计算时，其数值大于 $360N/mm^2$ 时应按 $360N/mm^2$ 取用。

表 B-4 **预应力筋强度设计值** 单位：N/mm^2

种类		符号	抗拉强度标准值 f_{ptk}	抗拉强度设计值 f_{py}	抗压强度设计值 f'_{py}
钢绞线	1×2 1×3 1×3I 1×7 (1×7)C	Φ^S	1470	1040	390
			1570	1110	
			1670	1180	
			1720	1220	
			1770	1250	
			1820	1290	
			1860	1320	
			1960	1380	
消除应力钢丝	光圆 螺旋肋 刻痕	Φ^P Φ^H Φ^I	1470	1040	410
			1570	1110	
			1670	1180	
			1770	1250	
			1860	1320	
钢棒	光圆	Φ^P	1080	760	400
	螺旋槽	Φ^{HG}	1230	870	
	螺旋肋	Φ^{HR}	1420	1005	
	带肋	Φ^R	1570	1110	
螺纹钢筋	PSB785	Φ^{PS}	980	650	400
	PSB830		1030	685	
	PSB930		1080	720	
	PSB1080		1230	820	
冷拉 HRB400 钢筋		Φ^I	500	420	360

注 1. 当预应力钢绞线、钢丝和钢棒的强度标准值不符合表中的规定时，强度设计值应按其不同强度标准值进行换算。

2. 表中消除应力钢丝的抗拉强度设计值 f_{py} 仅适用于低松弛钢丝。

表 B-5 **钢 筋 弹 性 模 量** 单位：$10^5 N/mm^2$

钢 筋 种 类	E_s
HPB 300 钢筋	2.10
HRB 335、HRB 400、RRB 400、HRB 500 钢筋	2.00
消除应力钢丝	2.05
钢绞线	1.95
钢棒、螺纹钢筋	2.00
冷拉 HRB400 钢筋	1.80

注 必要时钢绞线可采用实测的弹性模量。

B.3 混凝土和钢筋的强度标准值

混凝土强度标准值按表B-6采用，普通钢筋强度标准值按表B-7采用，预应力筋强度标准值按表B-8采用。

表B-6 混凝土强度标准值 单位：N/mm²

强度种类	混凝土强度等级													
	C15	C20	C25	C30	C35	C40	C45	C50	C55	C60	C65	C70	C75	C80
f_{ck}	10.0	13.4	16.7	20.1	23.4	26.8	29.6	32.4	35.5	38.5	41.5	44.5	47.4	50.2
f_{tk}	1.27	1.54	1.78	2.01	2.20	2.39	2.51	2.64	2.74	2.85	2.93	2.99	3.05	3.11

表B-7 普通钢筋强度标准值

种类		符号	d/mm	f_{yk}/(N/mm²)
热轧钢筋	HPB300	Φ	6~22	300
	HRB335	Φ	6~50	335
	HRB400	Φ	6~50	400
	RRB400	$Φ^R$	8~40	400
	HRB500	Φ	6~50	500

注 1. 热轧钢筋直径 d 系指公称直径。
2. 当采用直径大于40mm的钢筋时，应有可靠的工程经验。

表B-8 预应力筋强度标准值

种类		符号	公称直径 d/mm	f_{ptk}/(N/mm²)
钢绞线	1×2	$Φ^S$	5, 5.8	1570, 1720, 1860, 1960
			8, 10	1470, 1570, 1720, 1860, 1960
			12	1470, 1570, 1720, 1860
	1×3		6.2, 6.5	1570, 1720, 1860, 1960
			8.6	1470, 1570, 1720, 1860, 1960
			8.74	1570, 1670, 1860
			10.8, 12.9	1470, 1570, 1720, 1860, 1960
	1×3I		8.74	1570, 1670, 1860
	1×7		9.5, 11.1, 12.7	1720, 1860, 1960
			15.2	1470, 1570, 1670, 1720, 1860, 1960
			15.7	1770, 1860
			17.8	1720, 1860
			21.6	1770, 1860
	(1×7)C		12.7	1860
			15.2	1820
			18.0	1720

续表

种类		符号	公称直径 d/mm	f_{ptk}/(N/mm²)
消除应力钢丝	光圆螺旋肋	Φ^{P} Φ^{H}	4，4.8，5	1470，1570，1670，1770，1860
			6，6.25，7	1470，1570，1670，1770
			8，9	1470，1570
			10，12	1470
	刻痕	Φ^{I}	≤5	1470，1570，1670，1770，1860
			>5	1470，1570，1670，1770
钢棒	光圆	Φ^{P}	6，7，8，10，11，12，13，14，16	1080，1230，1420，1570
	螺旋槽	Φ^{HG}	7.1，9，10.7，12.6	
	螺旋肋	Φ^{HR}	6，7，8，10，12，14	
	带肋	Φ^{R}	6，8，10，12，14，16	
螺纹钢筋	PSB785	Φ^{PS}	18，25，32，40，50	980
	PSB830			1030
	PSB930			1080
	PSB1080			1230

注　1. 钢绞线直径 d 系指钢绞线外接圆直径，即现行国家标准《预应力混凝土用钢绞线》(GB/T 5224) 中的公称直径 D_n，钢丝和热处理钢筋的直径 d 均指公称直径。

2. 1×3I 为 3 根刻痕钢丝捻制的钢绞线；(1×7)C 为 7 根钢丝捻制又经模拔的钢绞线。

3. 根据国家标准，同一规格的钢丝、钢绞线和钢棒有不同的强度级别，因此表中对同一规格的钢丝、钢绞线和钢棒列出了相应的 f_{ptk} 值，在设计中可自行选用。

附录C 钢筋的计算截面面积表

表 C-1　　钢筋的公称直径、公称截面面积及理论质量

公称直径/mm	不同根数钢筋的公称截面面积/mm²									单根钢筋理论质量/(kg/m)
	1根	2根	3根	4根	5根	6根	7根	8根	9根	
6	28.3	57	85	113	142	170	198	226	255	0.222
6.5	33.2	66	100	133	166	199	232	265	299	0.260
8	50.3	101	151	201	252	302	352	402	453	0.395
10	78.5	157	236	314	393	471	550	628	707	0.617
12	113.1	226	339	452	565	678	791	904	1017	0.888
14	153.9	308	461	615	769	923	1077	1231	1385	1.210
16	201.1	402	603	804	1005	1206	1407	1608	1809	1.580
18	254.5	509	763	1017	1272	1527	1781	2036	2290	2.000
20	314.2	628	942	1256	1570	1884	2199	2513	2827	2.470
22	380.1	760	1140	1520	1900	2281	2661	3041	3421	2.980
25	490.9	982	1473	1964	2454	2945	3436	3927	4418	3.850
28	615.8	1232	1847	2463	3079	3695	4310	4926	5542	4.830
32	804.2	1609	2413	3217	4021	4826	5630	6434	7238	6.310
36	1017.9	2036	3054	4072	5089	6107	7125	8143	9161	7.990
40	1256.6	2513	3770	5027	6283	7540	8796	10053	11310	9.870
50	1964.0	3928	5892	7856	9820	11784	13748	15712	17676	15.420

表 C-2　　各种钢筋间距时每米板宽中的钢筋截面面积

钢筋间距/mm	钢 筋 直 径/mm															
	6	6/8	8	8/10	10	10/12	12	12/14	14	14/16	16	16/18	18	20	22	25
	钢筋截面面积/mm²															
70	404	561	718	920	1122	1369	1616	1907	2199	2536	2872	3254	3635	4488	5430	7012
75	377	524	670	859	1047	1278	1508	1780	2053	2367	2681	3037	3393	4189	5068	6545
80	353	491	628	805	982	1198	1414	1669	1924	2218	2513	2847	3181	3927	4752	6136
85	333	462	591	758	924	1127	1331	1571	1811	2088	2365	2680	2994	3696	4472	5775
90	314	436	559	716	873	1065	1257	1484	1710	1972	2234	2531	2827	3491	4224	5454

续表

钢筋间距/mm	钢筋直径/mm															
	6	6/8	8	8/10	10	10/12	12	12/14	14	14/16	16	16/18	18	20	22	25
	钢筋截面面积/mm²															
95	298	413	529	678	827	1009	1190	1405	1620	1868	2116	2398	2679	3307	4001	5167
100	283	393	503	644	785	958	1131	1335	1539	1775	2011	2278	2545	3142	3801	4909
110	257	357	457	585	714	871	1028	1214	1399	1614	1828	2071	2313	2856	3456	4462
120	236	327	419	537	654	798	942	1113	1283	1480	1676	1899	2121	2618	3168	4091
125	226	314	402	515	628	767	905	1068	1232	1420	1608	1822	2036	2513	3041	3927
130	217	302	387	495	604	737	870	1027	1184	1366	1547	1752	1957	2417	2924	3776
140	202	280	359	460	561	684	808	954	1100	1268	1436	1627	1818	2244	2715	3506
150	188	262	335	429	524	639	754	890	1026	1183	1340	1518	1696	2094	2534	3272
160	177	245	314	403	491	599	707	834	962	1110	1257	1424	1590	1963	2376	3068
170	166	231	296	379	462	564	665	785	906	1044	1183	1340	1497	1848	2236	2887
180	157	218	279	358	436	532	628	742	855	985	1117	1266	1414	1745	2112	2727
190	149	207	265	339	413	504	595	703	810	934	1058	1199	1339	1653	2001	2584
200	141	196	251	322	393	479	565	668	770	888	1005	1139	1272	1571	1901	2454
220	129	178	228	293	357	436	514	607	700	807	914	1036	1157	1428	1728	2231
240	118	164	209	268	327	399	471	556	641	740	838	949	1060	1309	1584	2045
250	113	157	201	258	314	383	452	534	616	710	804	911	1018	1257	1521	1963
260	109	151	193	248	302	369	435	514	592	682	773	858	979	1208	1462	1888
280	101	140	180	230	280	342	404	477	550	634	718	814	909	1122	1358	1753
300	94	131	168	215	262	319	377	445	513	592	670	759	848	1047	1267	1636
320	88	123	157	201	245	299	353	417	481	554	630	713	795	982	1188	1534
330	86	119	152	195	238	290	343	405	466	538	609	690	771	952	1152	1487

注 表中钢筋直径有写成分式如6/8者，系指直径6mm、8mm钢筋间隔配置。

表C-3　　钢绞线公称直径、公称截面面积和理论质量

种　　类	公称直径/mm	公称截面面积/mm²	理论质量/(kg/m)
1×3	8.6	37.4	0.295
	10.8	59.3	0.465
	12.9	85.4	0.671
1×7标准型	9.5	54.8	0.432
	11.1	74.2	0.580
	12.7	98.7	0.774
	15.2	140.0	1.101

表 C-4 钢丝公称直径、公称截面面积和理论质量

公称直径 /mm	公称截面面积 /mm^2	理论质量 /(kg/m)	公称直径 /mm	公称截面面积 /mm^2	理论质量 /(kg/m)
4.0	12.57	0.099	7.0	38.48	0.302
5.0	19.63	0.154	8.0	50.26	0.394
6.0	28.27	0.222	9.0	63.62	0.499

表 C-5 预应力混凝土用螺纹钢筋的公称直径、公称截面面积和理论质量

公称直径 /mm	公称截面面积 /mm^2	理论质量 /(kg/m)	公称直径 /mm	公称截面面积 /mm^2	理论质量 /(kg/m)
18	254.5	2.11	40	1256.6	10.34
25	490.9	4.10	50	1963.5	16.28
32	804.2	6.65			

表 C-6 预应力混凝土用光圆钢棒的公称直径、公称截面面积和理论质量

公称直径 /mm	公称截面面积 /mm^2	理论质量 /(kg/m)	公称直径 /mm	公称截面面积 /mm^2	理论质量 /(kg/m)
9.2	66.5	0.522	26.0	530.9	4.168
11.0	95.0	0.746	32.0	804.2	6.313
13.0	132.7	1.042	36.0	1019.0	7.991
17.0	227.0	1.782	40.0	1256.0	9.860
23.0	415.5	3.267			

表 C-7 预应力混凝土用异形钢棒的公称直径、公称截面面积和理论质量

公称直径 /mm	公称截面面积 /mm^2	理论质量 /(kg/m)	公称直径 /mm	公称截面面积 /mm^2	理论质量 /(kg/m)
7.1	40.0	0.314	10.7	90.0	0.706
9.0	64.0	0.502	12.6	125.0	0.981

附录D 一般构造规定

D.1 混凝土保护层最小厚度

钢筋混凝土结构和预应力混凝土结构纵向受力钢筋的混凝土保护层厚度（从钢筋外边缘算起）分别不应小于表D-1和表D-2所列的数值，表中构件所在部位具体划分见附录A。

表D-1 钢筋混凝土结构纵向受力钢筋的保护层最小厚度

构件所在部位		保护层最小厚度/mm			
		大气区	浪溅区	水位变动区	水下区
海水环境	北方	50	60	50	40
	南方	50	65	50	40
淡水环境		40（水气积聚） 35（不受水气积聚）	—	40	35

注 1. 箍筋直径超过6mm时，保护层厚度应按表中规定值增加5mm；无箍筋的构件，其保护层厚度可按表中规定值减小5mm。
2. 表中南方系指最冷月月平均气温高于0℃的地区。
3. 淡水环境的大气区不受水汽积聚时，保护层可采用35mm。
4. 位于海水环境浪溅区的细薄构件的混凝土保护层可取50mm。

表D-2 预应力混凝土结构纵向受力钢筋的保护层最小厚度

构件所在部位	保护层最小厚度/mm			
	大气区	浪溅区	水位变动区	水下区
海水环境	65	80	65	65
淡水环境	60	—	60	60

注 1. 采用特殊工艺制作的构件，经充分技术论证，对钢筋的防腐蚀作用确有保证时，保护层厚度可适当减小。
2. 后张法预应力钢筋保护层厚度系指预留孔道壁至构件表面的最小距离。
3. 有效预应力小于400N/mm² 的预应力混凝土保护层厚度可按附录D表D-1执行。
4. 预应力钢筋保护层厚度，海水环境不宜小于2.5倍主筋直径和50mm，淡水环境不宜小于1.5倍主筋直径。

D.2 受拉钢筋的最小锚固长度

计算中充分利用钢筋的抗拉强度时，受拉钢筋的锚固长度应大于最小锚固长度 l_a，l_a 按下列公式计算。纵向受压钢筋的锚固长度不应小于 $0.7l_a$。

普通钢筋 $$l_a=\alpha\frac{f_y}{f_t}d \tag{D-1}$$

预应力筋 $$l_a=\alpha\frac{f_{py}}{f_t}d \tag{D-2}$$

式中 α——钢筋外形系数，按表D-3取用；

f_y、f_{py}——普通钢筋和预应力筋抗拉强度设计值，按附录B表B-3和表B-4取用；

f_t——混凝土轴心抗拉强度设计值，按附录B表B-1取用；当混凝土强度等级大于C60时，按C60取值；

d——钢筋直径。

表D-3　钢筋外形系数 α

钢筋类型	光圆钢筋	带肋钢筋	刻痕钢丝	螺旋肋钢丝	三股钢绞线	七股钢绞线
α	0.16	0.14	0.19	0.13	0.16	0.17

注　光圆钢筋系指HPB300级钢筋，其末端应做180°弯钩，弯后平直段长度不应小于$3d$，但作受压钢筋时可不做弯钩；带肋钢筋系指热轧带肋钢筋。

按式（D-1）和式（D-2）计算得到的l_a应按下列规定修正，修正后的l_a不应小于修正前l_a的70%，且不应小于250mm。光圆钢筋的锚固长度l_a值不包括弯钩长度。

（1）钢筋直径大于25mm时，l_a应乘以修正系数1.1。

（2）环氧树脂涂层钢筋，l_a应乘以修正系数1.25。

（3）钢筋在混凝土施工过程中易受扰动时，l_a应乘以修正系数1.1。

（4）钢筋在锚固区的混凝土保护层厚度大于钢筋直径的3倍且配有箍筋时，l_a可乘以修正系数0.8。

（5）除构造需要的锚固长度外，当纵向受力钢筋的实际配筋面积大于设计计算面积，且有充分依据和可靠措施时，l_a可乘以设计计算面积与实际配筋面积的比值。有抗震设防要求和直接承受动力荷载的结构构件，不得修正。

纵向受拉钢筋末端采用机械锚固措施时，包括附加锚固端头在内的l_a可乘以修正系数0.7。机械锚固的形式和构造要求宜按图D-1采用。机械锚固长度范围内的箍筋不应少小于3根，其直径不应小于纵向钢筋直径的1/4，间距不应大于纵向钢筋直径的5倍，当纵向钢筋的混凝土保护层不小于钢筋直径的5倍时可不配置上述箍筋。

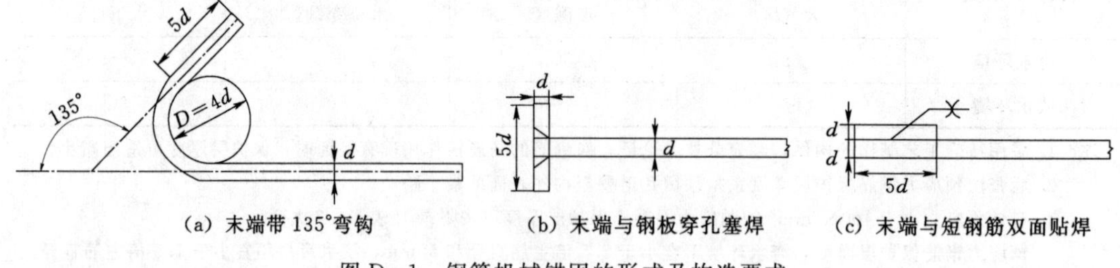

图D-1　钢筋机械锚固的形式及构造要求

D.3　钢筋的连接

钢筋的连接可采用绑扎搭接、机械连接或焊接。机械连接或焊接除满足下列要求外，其接头的类型和质量还应符合国家现行有关标准的规定。

（1）受力钢筋的连接接头宜设置在受力较小处。在同一根受力钢筋上宜少设接头。

（2）钢筋采用绑扎搭接时，应满足下列条件：

1）轴心受拉及小偏心受拉构件的纵向受力钢筋不得采用绑扎搭接；其他构件在受力

钢筋直径大于25mm时，不宜采用绑扎搭接。

2）同一构件相邻纵向受力钢筋的绑扎搭接接头宜相互错开。钢筋绑扎搭接接头连接区段的长度为$1.3l_l$（l_l为搭接长度），凡搭接接头中点位于连接区段长度内的搭接接头均属于同一连接区段（图D-2）。同一连接区段内纵向受力钢筋的搭接接头面积百分率ζ为该区段有搭接接头的纵向受力钢筋与全部纵向受力钢筋截面面积的比值。当直径不同的钢筋搭接时，按直径较小的面积计算。受拉钢筋的ζ，对于梁类、板类、墙类构件不宜大于25%，对柱类构件不宜大于50%。

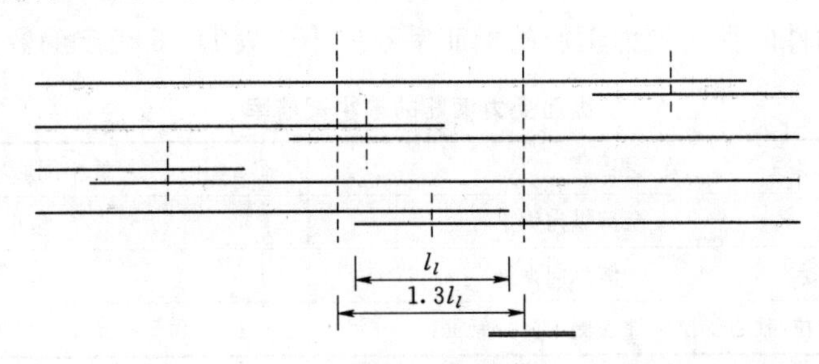

图D-2 同一连接区段内的纵向受拉钢筋绑扎搭接接头示意图

3）纵向受拉钢筋的绑扎搭接接头的搭接长度，应根据同一连接区段内纵向受力钢筋的搭接接头面积百分率按下式计算，且不应小于300mm。

$$l_l=\zeta_l l_a \tag{D-3}$$

式中 ζ_l——纵向受拉钢筋绑扎搭接长度的修正系数，按表D-4取用。

表D-4　纵向受拉钢筋绑扎搭接长度修正系数ζ_l

纵向钢筋搭接接头面积百分率ζ/%	≤25	50
ζ_l	1.2	1.4

4）纵向受压钢筋采用绑扎搭接连接时，其受压搭接长度不应小于式（D-4）计算值的70%，且不小于200mm。

5）纵向受力钢筋搭接长度范围内应配置箍筋，其直径不应小于搭接钢筋较大直径的1/4。钢筋受拉时，箍筋间距不应大于搭接钢筋最小直径的5倍，且不应大于100mm；钢筋受压时，箍筋间距不应大于搭接钢筋最小直径的10倍，且不应大于200mm。受压钢筋直径大于25mm时，尚应在搭接接头两个端面外100mm范围内各设置2个箍筋。

（3）钢筋采用机械连接时，应满足下列条件：

1）纵向受力钢筋的机械连接接头宜相互错开。钢筋机械连接区段的长度为$35d$，d为连接钢筋的最大直径。凡接头中点位于连接区段长度内的机械连接接头均属于同一连接区段。

受力较大处设置机械连接接头时，位于同一连接区段内纵向受拉钢筋的接头面积百分率ζ不宜大于50%。

2）直接承受动力荷载时，受力钢筋的ζ不宜大于50%。

3）机械连接接头连接件的保护层厚度宜满足有关钢筋最小保护层的规定，横向净间距不宜小于25mm。

（4）钢筋采用焊接连接时，应满足下列条件：

1）纵向受力钢筋的焊接接头宜相互锚开。钢筋焊接接头连接区段的长度为 $35d$ 且不小于500mm，d 为连接钢筋的最大直径。凡接头中点位于连接区段长度内的焊接接头均属于同一连接区段。

纵向受拉钢筋的接头面积百分率 ζ 不宜大于50%。

2）HRB500的焊接接头应采用闪光对焊。

D.4　钢筋混凝土构件的纵向受力钢筋最小配筋率 ρ_{min}

钢筋混凝土构件的纵向受力钢筋的配筋率不应小于表D-5规定的数值。

表D-5　　纵向受力钢筋的最小配筋率

受力类型		最小配筋率/%
受压构件	全部纵向钢筋	0.6
	一侧纵向钢筋	0.2
受弯/偏心受拉/轴心受拉构件一侧的受拉钢筋		0.2和 $45f_t/f_y$ 中的较大值

注　1. 受压构件全部纵向钢筋最小配筋率，当采用400级及以上钢筋时，可按表中规定减小0.1；当混凝土强度等级为C50及以上时，应按表中规定增大0.1。

2. 当钢筋沿构件截面周边布置时，"一侧纵向钢筋"系指沿受力方向两个对边中的一边布置的纵向钢筋。

3. 偏心受拉构件中的受压钢筋，应按受压构件一侧纵向钢筋考虑。

4. 受压构件的全部纵向钢筋和一侧纵向钢筋的配筋率以及轴心受拉构件和小偏心受拉构件一侧受拉钢筋的配筋率应按构件的全截面面积计算；受弯构件、大偏心受拉构件一侧受拉钢筋的配筋率应按全截面面积扣除受压翼缘面积后的截面面积计算。

5. 截面尺寸由抗倾、抗滑、抗浮或布置要求等条件确定的大体积钢筋混凝土受弯构件和刚性墩台的纵向受力钢筋最小配筋率可不受表D-5的限制，上述构件的受拉钢筋配筋率不得小于0.05%；厚度大于4m的构件每米宽度内的钢筋面积不得少于2500mm^2。

附录E　构件裂缝控制验算、挠度验算中的有关限值及系数值

E.1　构件裂缝控制等级与相应的混凝土拉应力限制系数和最大裂缝宽度限值

裂缝控制等级、混凝土拉应力限制系数和最大裂缝宽度限值应根据结构的工作条件、结构形式（钢筋混凝土结构与预应力混凝土结构）和钢筋种类按表E-1采用。

表E-1　混凝土拉应力限制系数 α_{ct} 和最大裂缝宽度限值 $[W_{max}]$

构件类别	钢筋种类		淡水港			海水港			
			水上区	水位变动区	水下区	大气区	浪溅区	水位变动区	水下区
钢筋混凝土结构	—	裂缝控制等级	三	三	三	三	三	三	三
		$[W_{max}]$/mm	0.25	0.25	0.40	0.20	0.20	0.25	0.30
预应力混凝土结构	冷拉HRB400级钢筋	裂缝控制等级	二	二	二	二	二	二	二
		α_{ct}	0.5	0.5	0.8	0.5	0.3	0.5	0.8
	钢丝、钢绞线、螺纹钢筋	裂缝控制等级	二	二	二	二	一	二	二
		α_{ct}	0.3	0.3	0.5	0.3	0.0	0.3	0.5

E.2　构件挠度限值

需要进行挠度验算的受弯构件，其最大挠度计算值不应超过表E-2规定的挠度限值。

表E-2　最大挠度限值 $[f]$

构件种类	轨道梁	一般梁	板
$[f]$	$l_0/800$	$l_0/600$	$l_0/300$

注　1. l_0 为计算跨度。
2. 短暂状况的正常使用极限状态对挠度有要求时，应根据具体情况确定。
3. 对悬臂构件的挠度限值，其计算跨度 l_0 按实际悬臂长度的2倍取用。

E.3　截面抵抗矩的塑性系数

矩形、T形、工形等截面的截面抵抗矩的塑性系数 γ_m 值见表E-3。

表E-3　截面抵抗矩的塑性系数 γ_m 值表

项次	截面特征	γ_m	截面图形
1	矩形截面	1.55	h

续表

项次	截面特征		γ_m	截面图形
2	翼缘位于受压区的T形截面		1.50	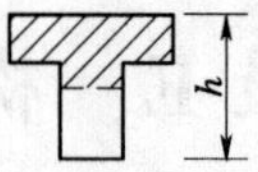
3	对称Ⅰ形或箱形截面	$b_f/b \leqslant 2$，h_f/h 为任意值	1.45	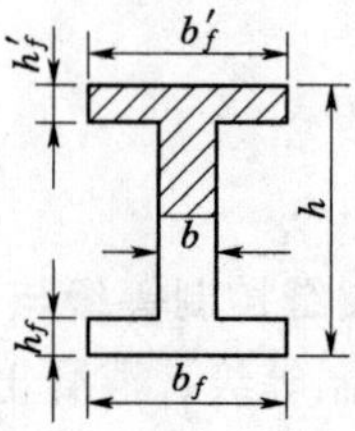
		$b_f/b > 2$，$h_f/h \geqslant 0.2$	1.40	
		$b_f/b > 2$，$h_f/h < 0.2$	1.35	
4	翼缘位于受拉区的倒T形截面	$b_f/b \leqslant 2$，h_f/h 为任意值	1.50	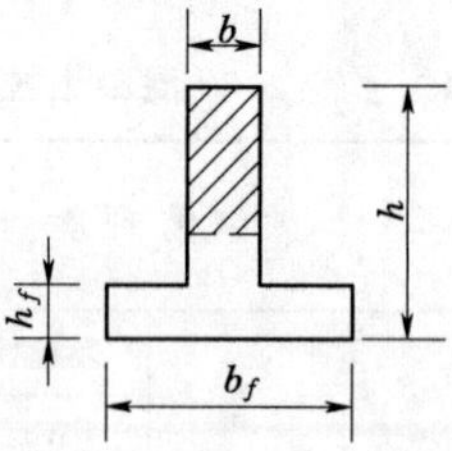
		$b_f/b > 2$，$h_f/h \geqslant 0.2$	1.55	
		$b_f/b > 2$，$h_f/h < 0.2$	1.40	
5	圆形和环形截面		$1.6 - 0.24 d_1/d$	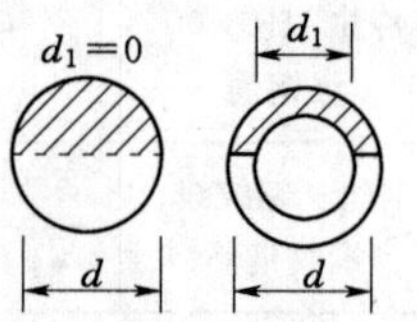
6	U形截面		1.35	

注 1. 对 $b'_f > b_f$ 的Ⅰ形截面，可按项次2与项次3之间的数值采用；对 $b'_f < b_f$ 的Ⅰ形截面，可按项次3与项次4之间的数值采用。

2. 根据 h 值的不同，表内数值尚应乘以修正系数，该修正系数按 $0.7 + \frac{120}{h}$ 计算，且不应大于1.1。h 以mm计，当 $h > 1600$mm时，取 $h = 1600$mm。对圆形和环形截面，h 即外径 d。

3. 对于箱形截面，表中 b 值系指各肋宽度的总和。

附录F 均布荷载作用下等跨连续板梁的跨中弯矩、支座弯矩及支座截面剪力的计算系数表

均布荷载下等跨连续梁的跨中弯矩、支座弯矩及支座截面剪力计算公式如下：

$$M=\alpha g l_0^2+\alpha_1 q l_0^2 \tag{F-1}$$

$$V=\beta g l_n+\beta_1 q l_n \tag{F-2}$$

支座反力为左右两截面的剪力绝对值之和。

双跨梁、三跨梁、四跨梁和五跨梁的相关计算系数见表F-1～表F-4。

表F-1　　双　跨　梁

编号	荷载简图	α或α_1			β或β_1			
		跨中弯矩		支座弯矩	剪力			
		M_1	M_2	M_B	V_A	V_B^l	V_B^r	V_C
1	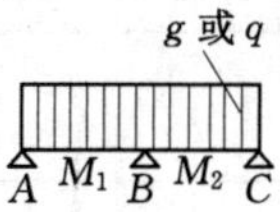	0.070	0.070	**−0.125**	0.375	**−0.625**	**0.625**	−0.375
2	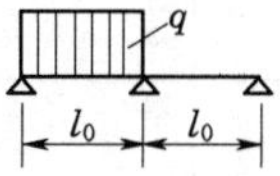	**0.096**	−0.025	−0.063	**0.437**	−0.563	0.063	0.063

表F-2　　三　跨　梁

编号	荷载简图	α或α_1				β或β_1					
		跨中弯矩		支座弯矩		剪　力					
		M_1	M_2	M_B	M_C	V_A	V_B^l	V_B^r	V_C^l	V_C^r	V_D
1	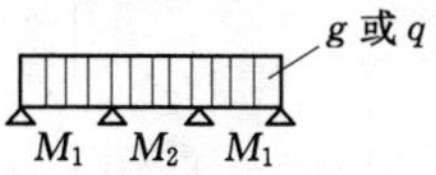	0.080	0.025	−0.100	−0.100	0.400	−0.600	0.500	−0.500	0.600	−0.400
2	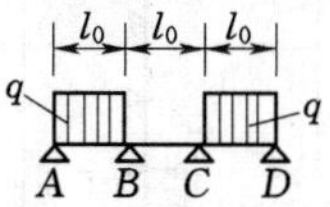	**0.101**	−0.050	−0.050	−0.050	**0.450**	−0.550	0.000	0.000	0.550	**−0.450**
3	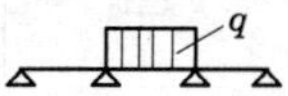	−0.025	**0.075**	−0.050	−0.050	−0.050	−0.050	0.500	−0.500	0.050	0.050
4	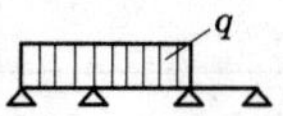	0.073	0.054	**−0.117**	−0.033	0.383	**−0.617**	**0.583**	−0.417	0.033	0.033
5	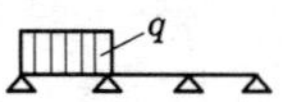	0.094	—	−0.067	0.017	0.433	−0.567	0.083	0.083	−0.017	−0.017

表F-3

四跨梁

编号	荷载简图	α或α_1							β或β_1								
		跨中弯矩				支座弯矩			剪力								
		M_1	M_2	M_3	M_4	M_B	M_C	M_D	V_A	V_B^l	V_B^r	V_C^l	V_C^r	V_D^l	V_D^r	V_E
1	g或q；M_1 M_2 M_3 M_4	0.077	0.036	0.036	0.077	−0.107	−0.071	−0.107	0.393	−0.607	0.536	−0.464	0.464	−0.536	0.607	−0.393
2	l_0 l_0 l_0 l_0；q；A B C D E	**0.100**	−0.045	**0.081**	−0.023	−0.054	−0.036	−0.054	**0.446**	−0.554	0.018	0.018	0.482	−0.518	0.054	0.054
3	q	0.072	0.061	—	0.098	**−0.121**	−0.018	−0.058	0.380	**−0.620**	**0.603**	−0.397	−0.040	−0.040	0.558	−0.442
4	q	—	0.056	0.056	—	−0.036	**−0.107**	−0.036	−0.036	−0.036	0.429	**−0.571**	**0.571**	−0.429	0.036	0.036
5	q	0.094	—	—	—	−0.067	0.018	−0.004	0.433	−0.567	0.085	0.085	−0.022	−0.022	0.004	0.004
6	q	—	0.074	—	—	−0.049	−0.054	0.013	−0.049	−0.049	0.496	−0.504	0.067	0.067	−0.013	−0.013

表 F-4 五 跨 梁

编号	荷载简图	α 或 α_1							β 或 β_1										
		跨中弯矩			支座弯矩				剪力										
		M_1	M_2	M_3	M_B	M_C	M_D	M_E	V_A	V_B^l	V_B^r	V_C^l	V_C^r	V_D^l	V_D^r	V_E^l	V_E^r	V_F
1	g 或 q; M_1 M_2 M_3	0.0781	0.0331	0.0462	−0.105	−0.079	−0.079	−0.105	0.394	−0.606	0.526	−0.474	0.500	−0.500	0.474	−0.526	0.606	−0.394
2	l_0 l_0 l_0 l_0 l_0; q; A B C D E F	**0.100**	−0.0461	**0.0855**	−0.053	−0.040	−0.040	−0.053	**0.447**	−0.553	0.013	0.013	0.500	−0.500	−0.013	−0.013	0.553	**−0.447**
3	q	−0.0263	**0.0787**	−0.0395	−0.053	−0.040	−0.040	−0.053	−0.053	−0.053	0.0513	−0.487	0.000	0.000	0.487	−0.513	0.053	0.053
4	q	0.073	0.059* / 0.078	—	**−0.119**	−0.022	−0.044	−0.051	0.380	**−0.620**	**0.598**	−0.402	−0.023	−0.023	0.493	−0.507	0.052	0.052
5	q	—** / 0.098	0.055	0.064	−0.035	**−0.111**	−0.020	−0.057	−0.035	−0.035	0.424	**−0.576**	**0.591**	−0.409	−0.037	−0.037	0.557	−0.443
6	q	0.094	—	—	−0.067	0.018	−0.005	0.001	0.433	−0.567	0.085	0.085	−0.023	−0.023	0.006	0.006	−0.001	−0.001
7	q	—	0.074	—	−0.049	−0.054	0.014	−0.004	−0.049	−0.049	0.495	−0.505	0.068	0.068	−0.018	−0.018	0.004	0.004
8	q	—	—	0.072	0.013	−0.053	−0.053	0.013	0.013	0.013	−0.066	−0.066	0.500	−0.500	0.066	0.066	−0.013	−0.013

* 分子及分母分别为 M_2 及 M_4 的 α_1 值。

** 分子及分母分别为 M_1 及 M_5 的 α_1 值。

附录G 端弯矩作用下等跨连续板(梁)各截面的弯矩及剪力计算系数表

端弯矩作用下等跨连续板(梁)各截面的弯矩及剪力计算公式如下：

$$M=\alpha' M_A \tag{G-1}$$

$$V=\beta' M_A / l_0 \tag{G-2}$$

式中 M_A——端弯矩；

l_0——梁的计算跨度。

弯矩及剪力计算系数见表G-1。

表G-1 弯矩及剪力计算系数表

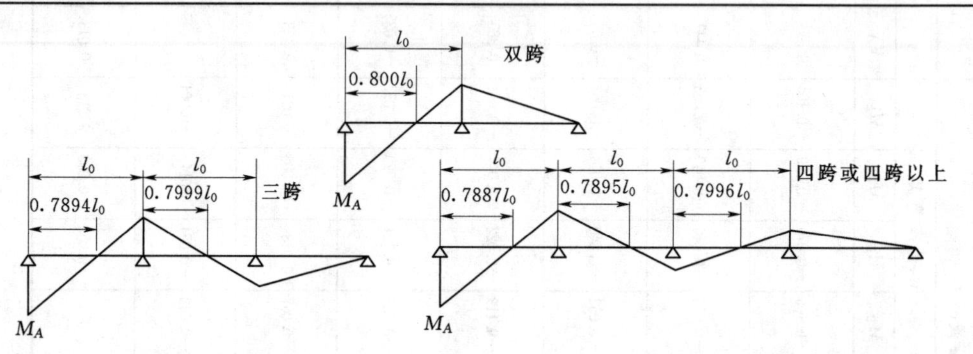

$\frac{x}{l_0}$	双跨		三跨		四跨或四跨以上	
	α'	β'	α'	β'	α'	β'
0.0	+1.0000	−1.2500	+1.0000	−1.2667	+1.0000	−1.2678
0.1	+0.8750	−1.2500	+0.8733	−1.2667	+0.8732	−1.2678
0.2	+0.7500	−1.2500	+0.7466	−1.2667	+0.7464	−1.2678
0.3	+0.6250	−1.2500	+0.6199	−1.2667	+0.6196	−1.2678
0.4	+0.5000	−1.2500	+0.4932	−1.2667	+0.4928	−1.2678
0.5	+0.3750	−1.2500	+0.3666	−1.2667	+0.3660	−1.2678
0.6	+0.2500	−1.2500	+0.2399	−1.2667	+0.2392	−1.2678
0.7	+0.1250	−1.2500	+0.1132	−1.2667	+0.1125	−1.2678
0.8	+0.0000	−1.2500	−0.0134	−1.2667	−0.0143	−1.2678
0.85	−0.0625	−1.2500	−0.0767	−1.2667	−0.0777	−1.2678
0.90	−0.1250	−1.2500	−0.1400	−1.2667	−0.1410	−1.2678

续表

$\frac{x}{l_0}$	双跨		三跨		四跨或四跨以上	
	α'	β'	α'	β'	α'	β'
0.95	−0.1875	−1.2500	−0.2033	−1.2667	−0.2044	−1.2678
1.0	−0.2500	{−1.2500 +0.2500	−0.2667	{−1.2667 +0.3334	−0.2678	{−1.2678 +0.3392
1.05	−0.2375	+0.2500	−0.2500	+0.3334	−0.2508	+0.3392
1.1	−0.2250	+0.2500	−0.2333	+0.3334	−0.2338	+0.3392
1.15	−0.2125	+0.2500	−0.2166	+0.3334	−0.2169	+0.3392
1.2	−0.2000	+0.2500	−0.2000	+0.3334	−0.1999	+0.3392
1.3	−0.1750	+0.2500	−0.1666	+0.3334	−0.1660	+0.3392
1.4	−0.1500	+0.2500	−0.1333	+0.3334	−0.1321	+0.3392
1.5	−0.1250	+0.2500	−0.0999	+0.3334	−0.0982	+0.3392
1.6	−0.1000	+0.2500	−0.0667	+0.3334	−0.0643	+0.3392
1.7	−0.0750	+0.2500	−0.0333	+0.3334	−0.0304	+0.3392
1.8	−0.0500	+0.2500	+0.0000	+0.3334	+0.0036	+0.3392
1.85	−0.0375	+0.2500	+0.0167	+0.3334	+0.0205	+0.3392
1.90	−0.0250	+0.2500	+0.0334	+0.3334	+0.0375	+0.3392
1.95	−0.0125	+0.2500	+0.0500	+0.3334	+0.0544	+0.3392
2.0	0.0000	+0.2500	+0.0667	{+0.3334 −0.0667	+0.0714	{+0.3392 −0.0893
2.05	—	—	+0.0634	−0.0667	+0.0669	−0.0893
2.1	—	—	+0.0600	−0.0667	+0.0625	−0.0893
2.2	—	—	+0.0534	−0.0667	+0.0535	−0.0893
2.3	—	—	+0.0467	−0.0667	+0.0446	−0.0893
2.4	—	—	−0.0400	−0.0667	+0.0357	−0.0893
2.5	—	—	−0.0334	−0.0667	+0.0268	−0.0893
3.0	—	—	0.0000	−0.0667	−0.0179	{−0.0893 +0.0179
3.5	—	—	—	—	−0.0090	+0.0179
4.0	—	—	—	—	0.0000	+0.0179

附录 H　移动的集中荷载作用下等跨连续梁各截面的弯矩系数及支座截面剪力系数表

移动的集中荷载作用下等跨连续梁各截面的弯矩系数及支座截面剪力计算公式如下：

$$M=\alpha Q l_0 \tag{H-1}$$

$$V=\beta Q \tag{H-2}$$

双跨梁、三跨梁、四跨梁和五跨梁的相关计算系数见表 H-1～表 H-4。

表 H-1　　**双　跨　梁**

力所在的截面	系数 α 所要计算弯矩的截面 1	2	3	4	5	6	7	8	9	B	系数 β 支座截面的剪力 V_A	V_B^l	V_B^r
A	0	0	0	0	0	0	0	0	0	0	1.0000	0	0
1	0.0875	0.0751	0.0626	0.0501	0.0376	0.0252	0.0127	0.0002	−0.0123	−0.0248	0.8753	−0.1247	0.0248
2	0.0752	0.1504	0.1256	0.1008	0.0760	0.0512	0.0264	0.0016	−0.0232	−0.0480	0.7520	−0.2480	0.0480
3	0.0632	0.1264	0.1895	0.1527	0.1159	0.0791	0.0422	0.0054	−0.0314	−0.0683	0.6318	−0.3682	0.0683
4	0.0516	0.1032	0.1548	0.2064	0.1580	0.1096	0.0612	0.0128	−0.0356	−0.0840	0.5160	−0.4840	0.0840
5	0.0406	0.0812	0.1219	0.1625	0.2031	0.1438	0.0844	0.0250	−0.0344	−0.0938	0.4063	−0.5937	0.0938
6	0.0304	0.0608	0.0912	0.1216	0.1520	0.1824	0.1128	0.0432	−0.0264	−0.0960	0.3040	−0.6960	0.0960
7	0.0211	0.0422	0.0632	0.0843	0.1054	0.1265	0.1475	0.0686	−0.0103	−0.0893	0.2108	−0.7892	0.0893
8	0.0128	0.0256	0.0384	0.0512	0.0640	0.0768	0.0896	0.1024	0.0152	−0.0720	0.1280	−0.8720	0.0720
9	0.0057	0.0115	0.0172	0.0229	0.0286	0.0344	0.0401	0.0458	0.0515	−0.0428	0.0573	−0.9427	0.0428
B	0	0	0	0	0	0	0	0	0	0	0	{−1.0000 0	{0 +1.0000
11	−0.0043	−0.0086	−0.0128	−0.0171	−0.0214	−0.0257	−0.0299	−0.0342	−0.0385	−0.0428	−0.0428	−0.0428	0.9428
12	−0.0072	−0.0144	−0.0216	−0.0288	−0.0360	−0.0432	−0.0504	−0.0576	−0.0648	−0.0720	−0.0720	−0.0720	0.8720
13	−0.0089	−0.0179	−0.0268	−0.0357	−0.0446	−0.0536	−0.0625	−0.0714	−0.0803	−0.0893	−0.0893	−0.0893	0.7893
14	−0.0096	−0.0192	−0.0288	−0.0384	−0.0480	−0.0576	−0.0672	−0.0768	−0.0864	−0.0960	−0.0960	−0.0960	0.6960
15	−0.0094	−0.0188	−0.0281	−0.0375	−0.0469	−0.0563	−0.0656	−0.0750	−0.0844	−0.0938	−0.0938	−0.0938	0.5938
16	−0.0084	−0.0168	−0.0252	−0.0336	−0.0420	−0.0504	−0.0588	−0.0672	−0.0756	−0.0840	−0.0840	−0.0840	0.4840
17	−0.0068	−0.0137	−0.0205	−0.0273	−0.0341	−0.0410	−0.0478	−0.0546	−0.0614	−0.0683	−0.0683	−0.0683	0.3683
18	−0.0048	−0.0096	−0.0144	−0.0192	−0.0240	−0.0288	−0.0336	−0.0384	−0.0432	−0.0480	−0.0480	−0.0480	0.2480
19	−0.0025	−0.0050	−0.0074	−0.0099	−0.0124	−0.0149	−0.0173	−0.0198	−0.0223	−0.0248	−0.0248	−0.0248	0.1248
C	0	0	0	0	0	0	0	0	0	0	0	0	0

表 H-2　　三　跨　梁

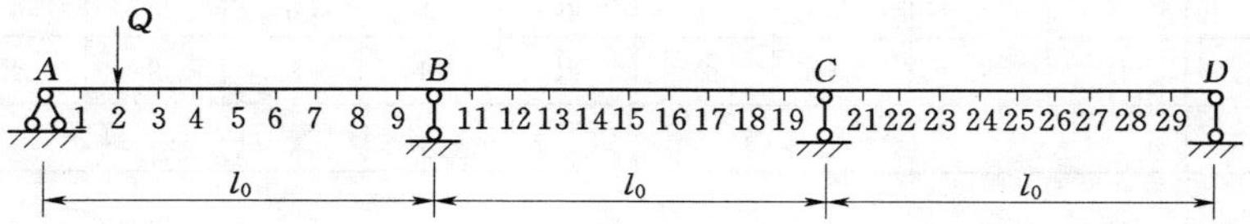

力所在的截面	系数 α															系数 β		
	所要计算弯矩的截面															支座截面的剪力		
	1	2	3	4	5	6	7	8	9	B	11	12	13	14	15	V_A	V_B^l	V_B^r
A	0	0	0	0	0	0	0	0	0	0	0	0	0	0	0	1.0000	0	0
1	**0.0874**	0.0747	0.0621	0.0494	0.0368	0.0242	0.0115	−0.0011	−0.0138	−0.0264	−0.0231	−0.0198	−0.0165	−0.0132	−0.0099	0.8736	−0.1264	0.0330
2	0.0749	**0.1498**	0.1246	0.0995	0.0744	0.0493	0.0242	−0.0010	−0.0261	−0.0512	−0.0448	−0.0384	−0.0320	−0.0256	−0.0192	0.7488	−0.2512	0.0640
3	0.0627	0.1254	**0.1882**	0.1509	0.1136	0.0763	0.0390	0.0018	−0.0355	−0.0728	−0.0637	−0.0546	−0.0455	−0.0364	−0.0273	0.6272	−0.3728	0.0910
4	0.0510	0.1021	0.1531	**0.2042**	0.1552	0.1062	0.0573	0.0083	−0.0406	−0.0896	−0.0784	−0.0672	−0.0560	−0.0448	−0.0336	0.5104	−0.4896	0.1120
5	0.0400	0.0800	0.1200	0.1600	**0.2000**	0.1400	0.0800	0.0200	−0.0400	−0.1000	−0.0875	−0.0750	−0.0625	−0.0500	−0.0375	0.4000	−0.6000	0.1250
6	0.0298	0.0595	0.0893	0.1190	0.1488	**0.1786**	0.1083	0.0381	−0.0322	−0.1024	−0.0896	−0.0768	−0.0640	−0.0512	−0.0384	0.2976	−0.7024	0.1280
7	0.0205	0.0410	0.0614	0.0819	0.1024	0.1229	**0.1434**	0.0638	−0.0157	−0.0952	−0.0833	−0.0714	−0.0595	−0.0476	−0.0357	0.2048	−0.7952	0.1190
8	0.0123	0.0246	0.0370	0.0493	0.0616	0.0739	0.0862	**0.0986**	0.0109	−0.0768	−0.0672	−0.0576	−0.0480	−0.0384	−0.0288	0.1232	−0.8768	0.0960
9	0.0054	0.0109	0.0163	0.0218	0.0272	0.0326	0.0381	0.0435	0.0490	−0.0456	−0.0399	−0.0342	−0.0285	−0.0228	−0.0171	0.0544	−0.9456	0.0570
B	0	0	0	0	0	0	0	0	0	0	0	0	0	0	0	0	{−1.0000 {0	{0 {+1.0000
11	−0.0039	−0.0078	−0.0117	−0.0156	−0.0195	−0.0234	−0.0273	−0.0312	−0.0351	−0.0390	**0.0534**	0.0458	0.0382	0.0306	0.0230	−0.0390	−0.0390	0.9240
12	−0.0064	−0.0128	−0.0192	−0.0256	−0.0320	−0.0384	−0.0448	−0.0512	−0.0576	−0.0640	0.0192	**0.1024**	0.0856	0.0688	0.0520	−0.0640	−0.0640	0.8320
13	−0.0077	−0.0154	−0.0231	−0.0308	−0.0385	−0.0462	−0.0539	−0.0616	−0.0693	−0.0770	−0.0042	0.0686	**0.1414**	0.1142	0.0870	−0.0770	−0.0770	0.7280
14	−0.0080	−0.0160	−0.0240	−0.0320	−0.0400	−0.0480	−0.0560	−0.0640	−0.0720	−0.0800	−0.0184	0.0432	0.1048	**0.1664**	0.1280	−0.0800	−0.0800	0.6160
15	−0.0075	−0.0150	−0.0225	−0.0300	−0.0375	−0.0450	−0.0525	−0.0600	−0.0675	−0.0750	−0.0250	0.0250	0.0750	0.1250	**0.1750**	−0.0750	−0.0750	0.5000
16	−0.0064	−0.0128	−0.0192	−0.0256	−0.0320	−0.0384	−0.0448	−0.0512	−0.0576	−0.0640	−0.0256	0.0128	0.0512	0.0896	0.1280	−0.0640	−0.0640	0.3840
17	−0.0049	−0.0098	−0.0147	−0.0196	−0.0245	−0.0294	−0.0343	−0.0392	−0.0441	−0.0490	−0.0218	0.0054	0.0326	0.0598	0.0870	−0.0490	−0.0490	0.2720
18	−0.0032	−0.0064	−0.0096	−0.0128	−0.0160	−0.0192	−0.0224	−0.0256	−0.0288	−0.0320	−0.0152	0.0016	0.0184	0.0352	0.0520	−0.0320	−0.0320	0.1680

续表

力所在的截面	系数 α															系数 β		
	所要计算弯矩的截面															支座截面的剪力		
	1	2	3	4	5	6	7	8	9	*B*	11	12	13	14	15	V_A	V_B^l	V_B^r
19	−0.0015	−0.0030	−0.0045	−0.0060	−0.0075	−0.0090	−0.0105	−0.0120	−0.0135	−0.0150	−0.0074	0.0002	0.0078	0.0154	0.0230	−0.0150	−0.0150	0.0760
C	0	0	0	0	0	0	0	0	0	0	0	0	0	0	0	0	0	0
21	0.0011	0.0023	0.0034	0.0046	0.0057	0.0068	0.0080	0.0091	0.0103	0.0114	0.0057	0.0000	−0.0057	−0.0114	−0.0171	0.0114	0.0114	−0.0570
22	0.0019	0.0038	0.0058	0.0077	0.0096	0.0115	0.0134	0.0154	0.0173	0.0192	0.0096	0.0000	−0.0096	−0.0192	−0.0288	0.0192	0.0192	−0.0960
23	0.0024	0.0048	0.0071	0.0095	0.0119	0.0143	0.0167	0.0190	0.0214	0.0238	0.0119	0.0000	−0.0119	−0.0238	−0.0357	0.0238	0.0238	−0.1190
24	0.0026	0.0051	0.0077	0.0102	0.0128	0.0154	0.0179	0.0205	0.0230	0.0256	0.0128	0.0000	−0.0128	−0.0256	−0.0384	0.0256	0.0256	−0.1280
25	0.0025	0.0050	0.0075	0.0100	0.0125	0.0150	0.0175	0.0200	0.0225	0.0250	0.0125	0.0000	−0.0125	−0.0250	−0.0375	0.0250	0.0250	−0.1250
26	0.0022	0.0045	0.0067	0.0090	0.0112	0.0134	0.0157	0.0179	0.0202	0.0224	0.0112	0.0000	−0.0112	−0.0224	−0.0336	0.0224	0.0224	−0.1120
27	0.0018	0.0036	0.0055	0.0073	0.0091	0.0109	0.0127	0.0146	0.0164	0.0182	0.0091	0.0000	−0.0091	−0.0182	−0.0273	0.0182	0.0182	−0.0910
28	0.0013	0.0026	0.0038	0.0051	0.0064	0.0077	0.0090	0.0102	0.0115	0.0128	0.0064	0.0000	−0.0064	−0.0128	−0.0192	0.0128	0.0128	−0.0640
29	0.0007	0.0013	0.0020	0.0026	0.0033	0.0040	0.0046	0.0053	0.0059	0.0066	0.0033	0.0000	−0.0033	−0.0066	−0.0099	0.0066	0.0066	−0.0330
D	0	0	0	0	0	0	0	0	0	0	0	0	0	0	0	0	0	0

表 H-3　　四跨梁

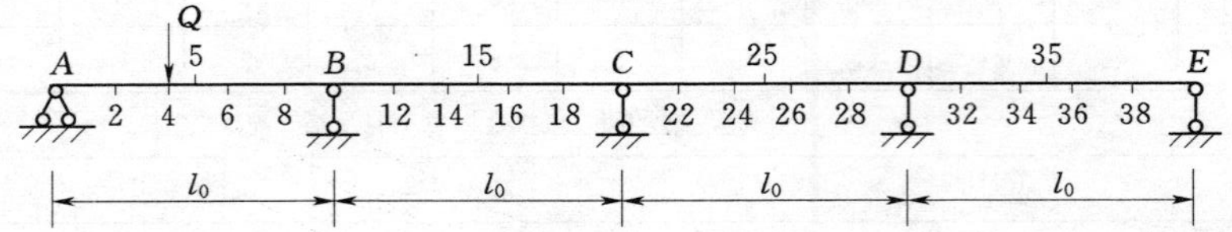

力所在的截面	系数 α												系数 β				
	所要计算弯矩的截面												支座截面的剪力				
	2	4	5	6	8	*B*	12	14	15	16	18	*C*	V_A	V_B^l	V_B^r	V_C^l	V_C^r
A	0	0	0	0	0	0	0	0	0	0	0	0	1.0000	0	0	0	
2	0.1497	0.0994	0.0743	0.0491	−0.0011	−0.0514	−0.0384	−0.0254	−0.0189	−0.0123	0.0007	0.0137	0.7486	−0.2514	0.0652	0.0652	−0.0171
4	0.1020	0.2040	0.1550	0.1060	0.0080	−0.0900	−0.0672	−0.0444	−0.0330	−0.0216	0.0012	0.0240	0.5100	−0.4900	0.1140	0.1140	−0.0300

续表

力所在的截面	系数 α												系数 β				
	所要计算弯矩的截面												支座截面的剪力				
	2	4	5	6	8	B	12	14	15	16	18	C	V_A	V_B^l	V_B^r	V_C^l	V_C^r
5	0.0799	0.1598	0.1998	0.1397	0.0196	−0.1004	−0.0750	−0.0496	−0.0368	−0.0241	0.0013	0.0268	0.3996	−0.6004	0.1273	0.1273	−0.0334
6	0.0594	0.1189	0.1486	0.1783	0.0377	−0.1029	−0.0768	−0.0507	−0.0377	−0.0247	0.0014	0.0274	0.2971	−0.7029	0.1303	0.1303	−0.0343
8	0.0246	0.0491	0.0614	0.0737	0.0983	−0.0771	−0.0576	−0.0381	−0.0283	−0.0185	0.0010	0.0206	0.1229	−0.8771	0.0977	0.0977	−0.0257
B	0	0	0	0	0	0	0	0	0	0	0	0	0	$\begin{cases}-1.0000\\0\end{cases}$	$\begin{cases}0\\+1.0000\end{cases}$	0	0
12	−0.0127	−0.0254	−0.0317	−0.0381	−0.0507	−0.0634	0.1024	0.0682	0.0511	0.0341	−0.0001	−0.0343	−0.0634	−0.0634	0.8291	−0.1709	0.0428
14	−0.0158	−0.0315	−0.0394	−0.0473	−0.0631	−0.0789	0.0432	0.1653	0.1263	0.0873	0.0094	−0.0686	−0.0789	−0.0789	0.6103	−0.3897	0.0863
15	−0.0147	−0.0295	−0.0368	−0.0442	−0.0589	−0.0737	0.0250	0.1237	0.1730	0.1223	0.0210	−0.0804	−0.0737	−0.0737	0.4933	−0.5067	0.1005
16	−0.0125	−0.0250	−0.0313	−0.0375	−0.0501	−0.0626	0.0128	0.0882	0.1259	0.1635	0.0389	−0.0857	−0.0626	−0.0626	0.3769	−0.6231	0.1072
18	−0.0062	−0.0123	−0.0154	−0.0185	−0.0247	−0.0309	0.0016	0.0341	0.0503	0.0665	0.0990	−0.0686	−0.0309	−0.0309	0.1623	−0.8377	0.0867
C	0	0	0	0	0	0	0	0	0	0	0	0	0	0	0	$\begin{cases}-1.0000\\0\end{cases}$	$\begin{cases}0\\+1.0000\end{cases}$
22	0.0034	0.0069	0.0086	0.0103	0.0137	0.0171	0	−0.0171	−0.0257	−0.0343	−0.0514	−0.0685	0.0171	0.0171	−0.0857	−0.0857	0.8377
24	0.0043	0.0086	0.0107	0.0129	0.0171	0.0214	0	−0.0214	−0.0321	−0.0429	−0.0643	−0.0857	0.0214	0.0214	−0.1072	−0.1072	0.6231
25	0.0040	0.0080	0.0101	0.0121	0.0161	0.0201	0	−0.0201	−0.0301	−0.0402	−0.0603	−0.0804	0.0201	0.0201	−0.1005	−0.1005	0.5067
26	0.0034	0.0069	0.0086	0.0103	0.0137	0.0171	0	−0.0171	−0.0257	−0.0343	−0.0514	−0.0686	0.0171	0.0171	−0.0857	−0.0857	0.3897
28	0.0017	0.0034	0.0043	0.0051	0.0069	0.0086	0	−0.0086	−0.0129	−0.0171	−0.0257	−0.0343	0.0086	0.0086	−0.0429	−0.0429	0.1708
D	0	0	0	0	0	0	0	0	0	0	0	0	0	0	0	0	0
32	−0.0010	−0.0021	−0.0026	−0.0031	−0.0041	−0.0051	0	0.0051	0.0077	0.0103	0.0154	0.0206	−0.0051	−0.0051	0.0257	0.0257	−0.0977
34	−0.0014	−0.0027	−0.0034	−0.0041	−0.0055	−0.0069	0	0.0069	0.0103	0.0137	0.0206	0.0274	−0.0069	−0.0069	0.0343	0.0343	−0.1303
35	−0.0013	−0.0027	−0.0033	−0.0040	−0.0054	−0.0067	0	0.0067	0.0100	0.0134	0.0201	0.0268	−0.0067	−0.0067	0.0335	0.0335	−0.1272
36	−0.0012	−0.0024	−0.0030	−0.0036	−0.0048	−0.0060	0	0.0060	0.0090	0.0120	0.0180	0.0240	−0.0060	−0.0060	0.0300	0.0300	−0.1140
38	−0.0007	−0.0014	−0.0017	−0.0021	−0.0027	−0.0034	0	0.0034	0.0051	0.0069	0.0103	0.0137	−0.0034	−0.0034	0.0171	0.0171	−0.0652
E	0	0	0	0	0	0	0	0	0	0	0	0	0	0	0	0	0

表 H-4

五跨梁

Q A 2 4 5 6 8 B 12 14 15 16 18 C 22 24 25 26 28 D 32 34 35 36 38 E 42 44 45 46 48 F; l_0 l_0 l_0 l_0 l_0

力所在的截面	系数 α															系数 β				
	所要计算弯矩的截面															支座截面的剪力				
	2	4	5	6	8	B	12	14	15	16	18	C	22	24	25	V_A	V_B^l	V_B^r	V_C^l	V_C^r
A	0	0	0	0	0	0	0	0	0	0	0	0	0	0	0	1.0000	0	0	0	0
2	0.1497	0.0994	0.0743	0.0491	−0.0012	−0.0515	−0.0384	−0.0254	−0.0189	−0.1230	0.0007	0.0138	0.0103	0.0068	0.0061	0.7485	−0.2515	0.0653	0.0653	−0.0175
4	0.1020	0.2040	0.1550	0.1059	0.0079	−0.0901	−0.0672	−0.0444	−0.0330	−0.0216	0.0013	0.0247	0.0184	0.0122	0.0091	0.5099	−0.4901	0.1142	0.1142	−0.0311
5	0.0800	0.1600	0.2000	0.1399	0.0197	−0.1005	−0.0749	−0.0495	−0.0368	−0.0241	0.0014	0.0269	0.0201	0.0133	0.0099	0.3995	−0.6005	0.1274	0.1274	−0.0341
6	0.0594	0.1188	0.1485	0.1782	0.0378	−0.1030	−0.0768	−0.0508	−0.0377	−0.0247	0.0014	0.0276	0.0206	0.0136	0.0101	0.2570	−0.7030	0.1306	0.1306	−0.0350
8	0.0246	0.0491	0.0614	0.0737	0.0962	−0.0772	−0.0576	−0.0381	−0.0282	−0.0185	0.0011	0.0206	0.0154	0.0102	0.0076	0.1228	−0.8772	0.0978	0.0978	−0.0261
B	0	0	0	0	0	0	0	0	0	0	0	0	0	0	0	0	{−1.0000 {0	{0 {+1.0000	0	0
12	−0.0127	−0.0254	−0.0316	−0.0381	−0.0508	−0.0635	0.1023	0.0681	0.0511	0.0340	−0.0002	−0.0344	−0.0256	−0.0170	−0.0127	−0.0635	−0.0635	0.8291	−0.1709	0.0436
14	−0.0158	−0.0315	−0.0394	−0.0473	−0.0630	−0.0788	0.0432	0.1652	0.1262	0.0672	0.0092	−0.0688	−0.0513	−0.0340	−0.0253	−0.0788	−0.0788	0.6100	−0.3900	0.0872
15	−0.0147	−0.0295	−0.0389	−0.0442	−0.0590	−0.0737	0.0250	0.1236	0.1729	0.1222	0.0208	−0.0805	−0.0600	−0.0398	−0.0296	−0.0737	−0.0737	0.4932	−0.5060	0.1018
16	−0.0125	−0.0250	−0.0313	−0.0375	−0.0500	−0.0625	0.0128	0.0881	0.1258	0.1634	0.0387	−0.0860	−0.0642	−0.0425	−0.0316	−0.0625	−0.0625	0.3765	−0.6235	0.1089
18	−0.0052	−0.0123	−0.0154	−0.0105	−0.0246	−0.0308	0.0016	0.0340	0.0502	0.0664	0.0988	−0.0688	−0.0513	−0.0340	−0.0253	−0.0308	−0.0360	0.1620	−0.8580	0.0872

续表

力所在的截面	系数 α															系数 β				
	所要计算弯矩的截面															支座截面的剪力				
	2	4	5	6	8	B	12	14	15	16	18	C	22	24	25	V_A	V_B^l	V_B^r	V_C^l	V_C^r
C	0	0	0	0	0	0	0	0	0	0	0	0	0	0	0	0	0	0	$\begin{cases}-1.0000\\0\end{cases}$	$\begin{cases}0\\+1.0000\end{cases}$
22	0.0034	0.0069	0.0086	0.0103	0.0138	0.0172	0	−0.0172	−0.0258	−0.0344	−0.0516	−0.0688	0.0983	0.0654	+0.0490	0.0172	0.0172	−0.0860	−0.0860	0.8356
24	0.0042	0.0084	0.0108	0.0127	0.0169	0.0211	0	−0.0211	−0.0317	−0.0422	−0.0634	−0.0845	0.0389	0.1624	+0.1242	0.0211	0.0211	−0.1057	−0.1057	0.6175
25	0.0040	0.0079	0.0099	0.0119	0.0158	0.0198	0	−0.0198	−0.0297	−0.0395	−0.0594	−0.0792	0.0208	0.1208	+0.1708	0.0198	0.0196	−0.0990	−0.0990	0.5000
26	0.0034	0.0067	0.0084	0.0101	0.0134	0.0168	0	−0.0168	−0.0252	−0.0336	−0.0504	−0.0671	0.0094	0.0859	+0.1242	0.0168	0.0168	−0.0839	−0.0839	0.3625
28	0.0017	0.0033	0.0042	0.0050	0.0066	0.0083	0	−0.0083	−0.0124	−0.0166	−0.0249	−0.0332	−0.0003	0.0326	+0.0490	0.0083	0.0083	−0.0415	−0.0415	0.1640
D	0	0	0	0	0	0	0	0	0	0	0	0	0	0	0	0	0	0	0	0
32	−0.0009	−0.0018	−0.0023	−0.0028	−0.0037	−0.0046	0	0.0046	0.0069	0.0092	0.0138	0.0134	0.0009	−0.0166	−0.0253	−0.0046	−0.0046	0.0230	0.0230	−0.0872
34	−0.0011	−0.0023	−0.0029	−0.0034	−0.0046	−0.0057	0	0.0057	0.0086	0.0114	0.0172	0.0229	0.0011	−0.0207	−0.0316	−0.0057	−0.0057	0.0286	0.0286	−0.1089
35	−0.0011	−0.0021	−0.0027	−0.0032	−0.0042	−0.0053	0	0.0053	0.0080	0.0106	0.0160	0.0213	0.0010	−0.0194	−0.0296	−0.0053	−0.0053	0.0265	0.0265	−0.1018
36	−0.0009	−0.0018	−0.0023	−0.0028	−0.0037	−0.0046	0	0.0046	0.0069	0.0092	0.0138	0.0184	0.0009	−0.0166	−0.0253	−0.0046	−0.0048	0.0230	0.0230	−0.0872
38	−0.0005	−0.0009	−0.0012	−0.0014	−0.0018	−0.0023	0	0.0023	0.0035	0.0046	0.0069	0.0092	0.0004	−0.0083	−0.0127	−0.0023	−0.0023	0.0115	0.0115	−0.0436
E	0	0	0	0	0	0	0	0	0	0	0	0	0	0	0	0	0	0	0	0
42	0.0003	0.0006	0.0007	0.0008	0.0011	0.0014	0	−0.0014	−0.0021	−0.0028	−0.0041	−0.0055	−0.0003	0.0050	0.0076	0.0014	0.0014	−0.0069	−0.0069	0.0261
44	0.0004	0.0007	0.0009	0.0011	0.0014	0.0018	0	−0.0018	−0.0028	−0.0036	−0.0058	−0.0074	−0.0004	0.0067	0.0101	0.0018	0.0018	−0.0093	−0.0093	0.0350
45	0.0004	0.0007	0.0009	0.0011	0.0014	0.0018	0	−0.0018	−0.0027	−0.0036	−0.0054	−0.0072	−0.0004	0.0065	0.0099	0.0018	0.0018	−0.0089	−0.0069	0.0341
46	0.0003	0.0006	0.0008	0.0010	0.0013	0.0016	0	−0.0016	−0.0024	−0.0032	−0.0048	−0.0064	−0.0003	0.0060	0.0091	0.0016	0.0016	−0.0081	−0.0061	0.0311
48	0.0002	0.0004	0.0005	0.0005	0.0007	0.0009	0	−0.0009	−0.0014	−0.0018	−0.0028	−0.0037	−0.0002	0.0033	0.0061	0.0009	0.0009	−0.0046	−0.0045	0.0175
F	0	0	0	0	0	0	0	0	0	0	0	0	0	0	0	0	0	0	0	0

附录J　承受均布荷载的等跨连续梁各截面最大及最小弯矩(弯矩包络图)的计算系数表

承受均布荷载的等跨连续梁各截面最大及最小弯矩计算公式如下：

$$M_{max}=\alpha g l_0^2+\alpha_1 q l_0^2$$

$$M_{min}=\alpha g l_0^2+\alpha_2 q l_0^2$$

式中　g、q——单位长度上的永久荷载及可变荷载；

　　　l_0——梁的计算跨度。

相关计算系数见表J-1。

表J-1　　　　计　算　系　数　表

双跨（三支座）			
$\frac{x}{l_0}$	弯矩		
	g 的影响	q 的影响	
	α	α_1	α_2
		(+)	(−)
0	0	0	0
0.1	+0.0325	0.0387	0.0062
0.2	+0.0550	0.0675	0.0125
0.3	+0.0675	0.0862	0.0187
0.4	+0.0700	0.0950	0.0250
0.5	+0.0625	0.0937	0.0312
0.6	+0.0450	0.0825	0.0375
0.7	+0.0175	0.0612	0.0437
0.8	−0.0200	0.0300	0.0500
0.85	−0.0425	0.0152	0.0577
0.9	−0.0675	0.0061	0.0736
0.95	−0.0950	0.0014	0.0964
1.0	−0.1250	0	0.1250
	gl_0^2	ql_0^2	ql_0^2

三跨（四支座）				
	$\frac{x}{l_0}$	弯矩		
		g 的影响	q 的影响	
		α	α_1	α_2
			(+)	(−)
第一跨	0.1	+0.035	0.040	0.005
	0.2	+0.060	0.070	0.010
	0.3	+0.075	0.090	0.015
	0.4	+0.080	0.100	0.020
	0.5	+0.075	0.100	0.025
	0.6	+0.060	0.090	0.030
	0.7	+0.035	0.070	0.035
	0.8	0	0.0402	0.0402
	0.85	−0.0212	0.0277	0.0490
	0.9	−0.0450	0.0204	0.0654
	0.95	−0.0712	0.0171	0.0883
	1.00	−0.1000	0.0167	0.1167
第二跨	1.05	−0.0762	0.0141	0.0903
	1.1	−0.0550	0.0151	0.0701
	1.15	−0.0362	0.0206	0.0568
	1.2	−0.0200	0.030	0.050
	1.3	+0.005	0.055	0.050
	1.4	+0.020	0.070	0.050
	1.5	+0.025	0.075	0.050
		gl_0^2	ql_0^2	ql_0^2

续表

四跨（五支座）

	$\frac{x}{l_0}$	弯矩		
		g 的影响	q 的影响	
		α	α_1	α_2
			+	−
第一跨	0.1	+0.0343	0.0396	0.0054
	0.2	+0.0586	0.0693	0.0107
	0.3	+0.0729	0.0889	0.0161
	0.4	+0.0771	0.0986	0.0214
	0.5	+0.0714	0.0982	0.0268
	0.6	+0.0557	0.0879	0.0321
	0.7	+0.0300	0.0675	0.0375
	0.786	0	0.0421	0.0421
	0.8	−0.0057	0.0374	0.0431
	0.85	−0.0273	0.0248	0.0522
	0.9	−0.0514	0.0163	0.0677
	0.95	−0.0780	0.0139	0.0920
	1.0	−0.1071	0.0134	0.1205
第二跨	1.05	−0.0816	0.0116	0.0932
	1.1	−0.0586	0.0145	0.0721
	1.15	−0.0380	0.0198	0.0578
	1.20	−0.0200	0.0300	0.0500
	1.266	0	0.0488	0.0488
	1.3	+0.0086	0.0568	0.0482
	1.4	+0.0271	0.0736	0.0464
	1.5	+0.0357	0.0804	0.0446
	1.6	+0.0343	0.0771	0.0429
	1.7	+0.0229	0.0639	0.0411
	1.8	+0.0014	0.0417	0.0403
	1.805	0	0.0409	0.0409
	1.85	−0.0130	0.0345	0.0475
	1.9	−0.0300	0.0310	0.0610
	1.95	−0.0495	0.0317	0.0812
	2.0	−0.0714	0.0357	0.1071
		gl_0^2	ql_0^2	ql_0^2

五跨（六支座）

	$\frac{x}{l_0}$	弯矩		
		g 的影响	q 的影响	
		α	α_1	α_2
			+	−
第一跨	0.1	+0.0345	0.0397	0.0053
	0.2	+0.0589	0.0695	0.0105
	0.3	+0.0734	0.0892	0.0158
	0.4	+0.0779	0.0989	0.0211
	0.5	+0.0724	0.0987	0.0263
	0.6	+0.0568	0.0884	0.0316
	0.7	+0.0313	0.0682	0.0368
	0.8	−0.0042	0.0381	0.0423
	0.9	−0.0497	0.0183	0.0680
	0.95	−0.0775	—	0.0938
	1.0	−0.1053	0.0144	0.1196
第二跨	1.05	−0.0815	—	0.0957
	1.1	−0.0576	0.0140	0.0717
	1.2	−0.0200	0.0300	0.0500
	1.3	+0.0076	0.0563	0.0487
	1.4	+0.0253	0.0726	0.0474
	1.5	+0.0329	0.0789	0.0461
	1.6	+0.0305	0.0753	0.0447
	1.7	+0.0182	0.0616	0.0434
	1.8	−0.0042	0.0389	0.0432
	1.9	−0.0366	0.0280	0.0646
	1.95	−0.0578	—	0.0879
	2.0	−0.0790	0.0323	0.1112
第三跨	2.05	−0.0564	—	0.0873
	2.1	−0.0339	0.0293	0.0633
	2.2	+0.0011	0.0416	0.0405
	2.3	+0.0261	0.0655	0.0395
	2.4	+0.0411	0.0805	0.0395
	2.5	+0.0461	0.0855	0.0395
		gl_0^2	ql_0^2	ql_0^2

注　x 为自左边支座至计算截面处的距离。

附录K 按弹性理论计算在均布荷载作用下矩形双向板的弯矩系数表

K.1 符号说明

M_x，$M_{x,\max}$——平行于 l_x 方向板中心点弯矩和板跨内的最大弯矩；

M_y，$M_{y,\max}$——平行于 l_y 方向板中心点弯矩和板跨内的最大弯矩；

M_x^0——固定边中点沿 l_x 方向的弯矩；

M_y^0——固定边中点沿 l_y 方向的弯矩；

M_{0x}——平行于 l_x 方向自由边的中点弯矩；

M_{0x}^0——平行于 l_x 方向自由边上固定端的支座弯矩。

代表固定边　　代表简支边　　代表自由边

K.2 计算公式

$$弯矩=表中系数\times ql_x^2$$

式中 q——作用在双向板上的均布荷载；

l_x——板跨，见表中插图所示。

表中弯矩系数均为单位板宽的弯矩系数。表中系数为泊松比 $\nu=1/6$ 时求得的，适用于钢筋混凝土板。表中系数是根据1975年版《建筑结构静力计算手册》中 $\nu=0$ 的弯矩系数表，通过换算公式 $M_x^{(\nu)}=M_x^{(0)}+\nu M_y^{(0)}$ 及 $M_y^{(\nu)}=M_y^{(0)}+\nu M_x^{(0)}$ 得出的。表中 $M_{x,\max}$ 及 $M_{y,\max}$ 也按上列换算公式求得，但由于板内两个方向的跨内最大弯矩一般并不在同一点，因此，求得的 $M_{x,\max}$ 及 $M_{y,\max}$ 仅为比实际弯矩偏大的近似值。

(1)

边界条件	(1) 四边简支		(2) 三边简支、一边固定									
l_x/l_y	M_x	M_y	M_x	$M_{x,\max}$	M_y	$M_{y,\max}$	M_y^0	M_x	$M_{x,\max}$	M_y	$M_{y,\max}$	M_x^0
0.50	0.0994	0.0335	0.0914	0.0930	0.0352	0.0397	−0.1215	0.0593	0.0657	0.0157	0.0171	−0.1212
0.55	0.0927	0.0359	0.0832	0.0846	0.0371	0.0405	−0.1193	0.0577	0.0633	0.0175	0.0190	−0.1187
0.60	0.0860	0.0379	0.0752	0.0765	0.0386	0.0409	−0.1166	0.0556	0.0608	0.0194	0.0209	−0.1158
0.65	0.0795	0.0396	0.0676	0.0688	0.0396	0.0412	−0.1133	0.0534	0.0581	0.0212	0.0226	−0.1124
0.70	0.0732	0.0410	0.0604	0.0616	0.0400	0.0417	−0.1096	0.0510	0.0555	0.0229	0.0242	−0.1087
0.75	0.0673	0.0420	0.0538	0.0549	0.0400	0.0417	−0.1056	0.0485	0.0525	0.0244	0.0257	−0.1048
0.80	0.0617	0.0428	0.0478	0.0490	0.0397	0.0415	−0.1014	0.0459	0.0495	0.0258	0.0270	−0.1007
0.85	0.0564	0.0432	0.0425	0.0436	0.0391	0.0410	−0.0970	0.0434	0.0466	0.0271	0.0283	−0.0965
0.90	0.0516	0.0434	0.0377	0.0388	0.0382	0.0402	−0.0926	0.0409	0.0438	0.0281	0.0293	−0.0922
0.95	0.0471	0.0432	0.0334	0.0345	0.0371	0.0393	−0.0882	0.0384	0.0409	0.0290	0.0301	−0.0880
1.00	0.0429	0.0429	0.0296	0.0306	0.0360	0.0388	−0.0839	0.0360	0.0388	0.0296	0.0306	−0.0839

(2)

边界条件	(3) 两对边简支、两对边固定						(4) 两邻边简支、两邻边固定					
l_x/l_y	M_x	M_y	M_y^0	M_x	M_y	M_x^0	M_x	$M_{x,\max}$	M_y	$M_{y,\max}$	M_x^0	M_y^0
0.50	0.0837	0.0367	−0.1191	0.0419	0.0086	−0.0843	0.0572	0.0584	0.0172	0.0229	−0.1179	−0.0786
0.55	0.0743	0.0383	−0.1156	0.0415	0.0096	−0.0840	0.0546	0.0556	0.0192	0.0241	−0.1140	−0.0785
0.60	0.0653	0.0393	−0.1114	0.0409	0.0109	−0.0834	0.0518	0.0526	0.0212	0.0252	−0.1095	−0.0782
0.65	0.0569	0.0394	−0.1066	0.0402	0.0122	−0.0826	0.0486	0.0496	0.0228	0.0261	−0.1045	−0.0777
0.70	0.0494	0.0392	−0.1031	0.0391	0.0135	−0.0814	0.0455	0.0465	0.0243	0.0267	−0.0992	−0.0770
0.75	0.0428	0.0383	−0.0959	0.0381	0.0149	−0.0799	0.0422	0.0430	0.0254	0.0272	−0.0938	−0.0760
0.80	0.0369	0.0372	−0.0904	0.0368	0.0162	−0.0782	0.0390	0.0397	0.0263	0.0278	−0.0883	−0.0748
0.85	0.0318	0.0358	−0.0850	0.0355	0.0174	−0.0763	0.0358	0.0366	0.0269	0.0284	−0.0829	−0.0733
0.90	0.0275	0.0343	−0.0767	0.0341	0.0186	−0.0743	0.0328	0.0337	0.0273	0.0288	−0.0776	−0.0716
0.95	0.0238	0.0328	−0.0746	0.0326	0.0196	−0.0721	0.0299	0.0308	0.0273	0.0289	−0.0726	−0.0698
1.00	0.0206	0.0311	−0.0698	0.0311	0.0206	−0.0698	0.0273	0.0281	0.0273	0.0289	−0.0677	−0.0677

(3)

边界条件	(5) 一边简支、三边固定					
	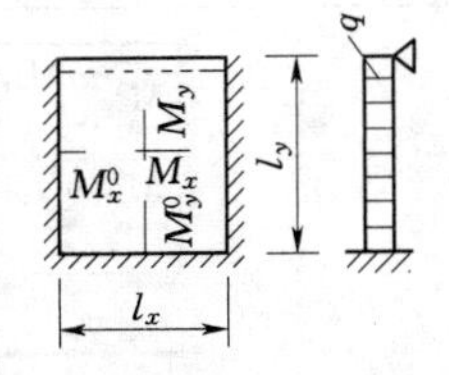					
l_x/l_y	M_x	$M_{x,\max}$	M_y	$M_{y,\max}$	M_x^0	M_y^0
0.50	0.0413	0.0424	0.0096	0.0157	−0.0836	−0.0569
0.55	0.0405	0.0415	0.0108	0.0160	−0.0827	−0.0570
0.60	0.0394	0.0404	0.0123	0.0169	−0.0814	−0.0571
0.65	0.0381	0.0390	0.0137	0.0178	−0.0796	−0.0572
0.70	0.0366	0.0375	0.0151	0.0186	−0.0774	−0.0572
0.75	0.0349	0.0358	0.0164	0.0193	−0.0750	−0.0572
0.80	0.0331	0.0339	0.0176	0.0199	−0.0722	−0.0570
0.85	0.0312	0.0319	0.0186	0.0204	−0.0693	−0.0567
0.90	0.0295	0.0300	0.0201	0.0209	−0.0663	−0.0563
0.95	0.0274	0.0281	0.0204	0.0214	−0.0631	−0.0558
1.00	0.0255	0.0261	0.0206	0.0219	−0.0600	−0.0500

(4)

边界条件	(5) 一边简支、三边固定						(6) 四边固定			
l_x/l_y	M_x	$M_{x,\max}$	M_y	$M_{y,\max}$	M_y^0	M_x^0	M_x	M_y	M_x^0	M_y^0
0.50	0.0551	0.0605	0.0188	0.0201	−0.0784	−0.1146	0.0406	0.0105	−0.0829	−0.0570
0.55	0.0517	0.0563	0.0210	0.0223	−0.0780	−0.1093	0.0394	0.0120	−0.0814	−0.0571
0.60	0.0480	0.0520	0.0229	0.0242	−0.0773	−0.1033	0.0380	0.0137	−0.0793	−0.0571
0.65	0.0441	0.0476	0.0244	0.0256	−0.0762	−0.0970	0.0361	0.0152	−0.0766	−0.0571
0.70	0.0402	0.0433	0.0256	0.0267	−0.0748	−0.0903	0.0340	0.0167	−0.0735	−0.0569
0.75	0.0364	0.0390	0.0263	0.0273	−0.0729	−0.0837	0.0318	0.0179	−0.0701	−0.0565
0.80	0.0327	0.0348	0.0276	0.0276	−0.0707	−0.0772	0.0295	0.0189	−0.0664	−0.0559
0.85	0.0293	0.0312	0.0268	0.0277	−0.0683	−0.0711	0.0272	0.0197	−0.0626	−0.0551
0.90	0.0261	0.0277	0.0265	0.0273	−0.0656	−0.0653	0.0249	0.0202	−0.0588	−0.0541
0.95	0.0232	0.0246	0.0261	0.0269	−0.0629	−0.0599	0.0227	0.0205	−0.0550	−0.0528
1.00	0.0206	0.0219	0.0255	0.0261	−0.0600	−0.0550	0.0205	0.0205	−0.0513	−0.0513

(5)

(7) 三边固定、一边自由

边界条件

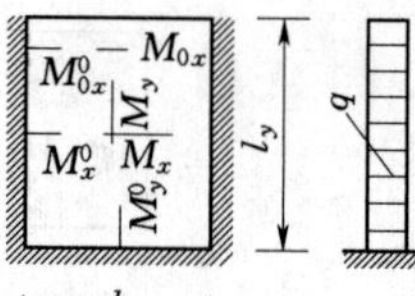

l_y/l_x	M_x	M_y	M_x^0	M_y^0	M_{0x}	M_{0x}^0	l_y/l_x	M_x	M_y	M_x^0	M_y^0	M_{0x}	M_{0x}^0
0.30	0.0018	−0.0039	−0.0135	−0.0344	0.0068	−0.0345	0.85	0.0262	0.0125	−0.0558	−0.0562	0.0409	−0.0651
0.35	0.0039	−0.0026	−0.0179	−0.0406	0.0112	−0.0432	0.90	0.0277	0.0129	−0.0615	−0.0563	0.0417	−0.0644
0.40	0.0063	−0.0008	−0.0227	−0.0454	0.0160	−0.0506	0.95	0.0291	0.0132	−0.0639	−0.0564	0.0422	−0.0638
0.45	0.0090	0.0014	−0.0275	−0.0489	0.0207	−0.0564	1.00	0.0304	0.0133	−0.0662	−0.0565	0.0427	−0.0632
0.50	0.0166	0.0034	−0.0322	−0.0513	0.0250	−0.0607	1.10	0.0327	0.0133	−0.0701	−0.0566	0.0431	−0.0623
0.55	0.0142	0.0054	−0.0368	−0.0530	0.0288	−0.0635	1.20	0.0345	0.0130	−0.0732	−0.0567	0.0433	−0.0617
0.60	0.0166	0.0072	−0.0412	−0.0541	0.0320	−0.0652	1.30	0.0368	0.0125	−0.0758	−0.0568	0.0434	−0.0614
0.65	0.0188	0.0087	−0.0453	−0.0548	0.0347	−0.0661	1.40	0.0380	0.0119	−0.0778	−0.0568	0.0433	−0.0614
0.70	0.0209	0.0100	−0.0490	−0.0553	0.0368	−0.0663	1.50	0.0390	0.0113	−0.0794	−0.0569	0.0433	−0.0616
0.75	0.0228	0.0111	−0.0526	−0.0557	0.0385	−0.0661	1.75	0.0405	0.0099	−0.0819	−0.0569	0.0431	−0.0625
0.80	0.0246	0.0119	−0.0558	−0.0560	0.0399	−0.0656	2.00	0.0413	0.0087	−0.0832	−0.0569	0.0431	−0.0637

附录 L　各种荷载化成具有相同支座弯矩的等效均布荷载表

编号	实际荷载简图	支座弯矩等效均布荷载 p_E
1	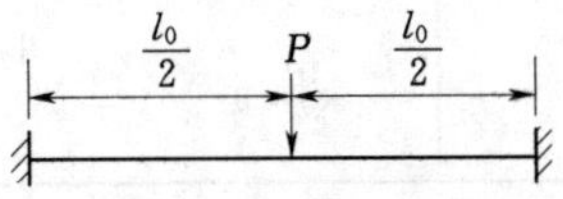 $\frac{l_0}{2}$ P $\frac{l_0}{2}$	$\frac{3}{2}\frac{P}{l_0}$
2	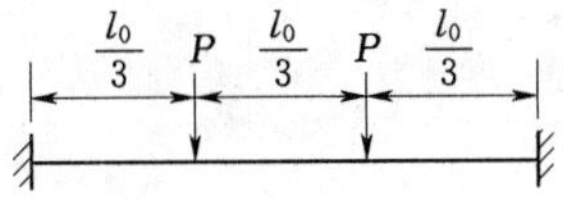 $\frac{l_0}{3}$ P $\frac{l_0}{3}$ P $\frac{l_0}{3}$	$\frac{8}{3}\frac{P}{l_0}$
3	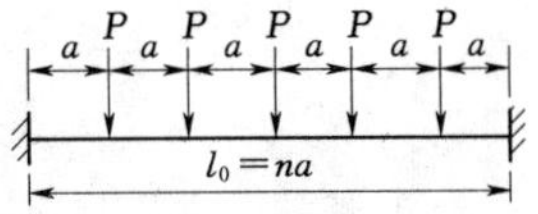 a P a P a P a P a P a；$l_0=na$	$\frac{n^2-1}{n}\frac{P}{l_0}$
4	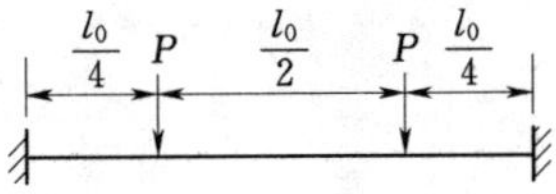 $\frac{l_0}{4}$ P $\frac{l_0}{2}$ P $\frac{l_0}{4}$	$\frac{9}{4}\frac{P}{l_0}$
5	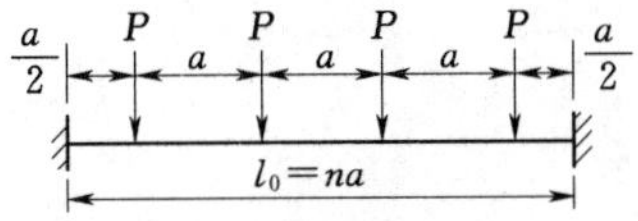 $\frac{a}{2}$ P a P a P a P $\frac{a}{2}$；$l_0=na$	$\frac{2n^2+1}{2n}\frac{P}{l_0}$
6	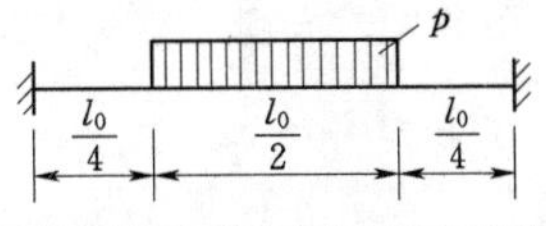 p；$\frac{l_0}{4}$ $\frac{l_0}{2}$ $\frac{l_0}{4}$	$\frac{11}{16}p$
7	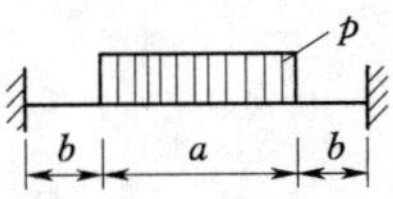 p；b a b；$\frac{a}{l_0}=\alpha$	$\frac{\alpha(3-\alpha^2)}{2}p$
8	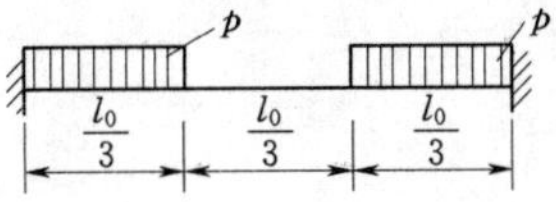 p p；$\frac{l_0}{3}$ $\frac{l_0}{3}$ $\frac{l_0}{3}$	$\frac{14}{27}p$
9	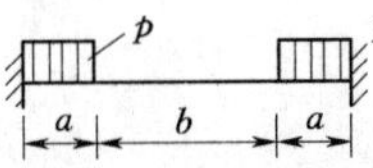 p p；a b a；$\frac{b}{l_0}=\beta$	$\frac{2(2+\beta)\alpha^2}{l_0^2}p$
10	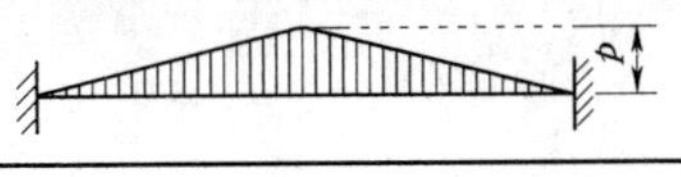 p	$\frac{5}{8}p$

续表

编号	实际荷载简图	支座弯矩等效均布荷载 p_E
11	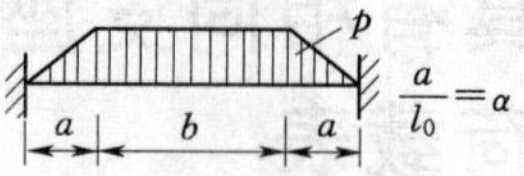 $\frac{a}{l_0}=\alpha$	$(1-2\alpha^2+\alpha^3)\ p$
12	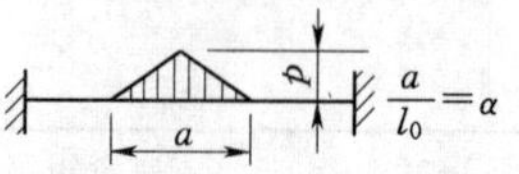 $\frac{a}{l_0}=\alpha$	$\frac{\alpha}{4}\left(3-\frac{\alpha^2}{2}\right)p$
13	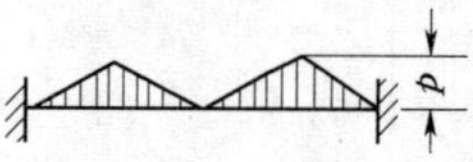	$\frac{17}{32}p$

注　对连续梁来说支座弯矩按下式决定：$M_c=\alpha p_E l_0^2$。式中：p_E 为等效均布荷载值；α 相当于附录F中的均布荷载系数。

参 考 文 献

[1] JTS 151—2011 水运工程混凝土结构设计规范 [S]. 北京：人民交通出版社，2011.

[2] GB 50158—2010 港口工程结构可靠性设计统一标准 [S]. 北京：中国计划出版社，2010.

[3] JTS 144—1—2010 港口工程荷载规范 [S]. 北京：人民交通出版社，2010.

[4] JTJ 275—2000 海港工程混凝土结构防腐蚀技术规范 [S]. 北京：人民交通出版社，2001.

[5] JTS/T 236—2019 水运工程混凝土试验检测技术规范 [S]. 北京：人民交通出版社，2019.

[6] JTS 167—2018 码头结构设计规范 [S]. 北京：人民交通出版社，2018.

[7] GB 50010—2010 混凝土结构设计规范（2015 年版）[S]. 北京：中国建筑工业出版社，2015.

[8] GB 50068—2018 建筑结构可靠性设计统一标准 [S]. 北京：中国建筑工业出版社，2018.

[9] GB 50009—2012 建筑结构荷载规范 [S]. 北京：中国建筑工业出版社，2012.

[10] GB/T 50081—2019 混凝土物理力学性能试验方法标准 [S]. 北京：中国建筑工业出版社，2019.

[11] CECS 51：93 钢筋混凝土连续梁和框架考虑内力重分布设计规程 [S]. 北京：中国计划出版社，1993.

[12] DL/T 5057—2009 水工混凝土结构设计规范 [S]. 北京：中国电力出版社，2009.

[13] SL/T 191—2008 水工混凝土结构设计规范 [S]. 北京：中国水利水电出版社，2009.

[14] 河海大学，等. 水工钢筋混凝土结构学 [M]. 5 版. 北京：中国水利水电出版社，2016.

[15] 梁兴文，史庆轩. 混凝土结构设计原理 [M]. 4 版. 北京：中国建筑工业出版社，2019.

[16] 梁兴文，史庆轩. 混凝土结构设计 [M]. 4 版. 北京：中国建筑工业出版社，2019.

[17] 东南大学，等. 混凝土结构（上册）——混凝土结构设计原理 [M]. 5 版. 北京：中国建筑工业出版社，2012.

[18] 王立成. 港工钢筋混凝土结构学 [M]. 北京：高等教育出版社，2018.

[19] 江见鲸. 混凝土结构工程学 [M]. 北京：中国建筑工业出版社，2001.

[20] 过镇海. 钢筋混凝土原理和分析 [M]. 北京：清华大学出版社，2003.

[21] 赵国藩. 高等钢筋混凝土结构学 [M]. 北京：机械工业出版社，2005.

[22] 周氐，等. 现代钢筋混凝土基本理论 [M]. 上海：上海交通大学出版社，1989.

[23] PARK，R，PAULAY，T. Reinforced Concrete Structures [M]. New York：John & Wiley，1975.